# Die Schadstoffkontrolle von Lebensmitteln aus ökonomischer Sicht

# Umwelt und Ökonomie — Band 20

Band 1: Michael Schröder
**Die volkswirtschaftlichen Kosten
von Umweltpolitik**
1991, ISBN 3-7908-0535-1

Band 2: Karl Heinz Gruber
**Zur methodischen Auswahl von
Emissionsminderungsmaßnahmen**
1991, ISBN 3-7908-0547-5

Band 3: Helmuth-M. Groscurth
**Rationelle Energieverwendung durch
Wärmerückgewinnung**
1991, ISBN 3-7908-0552-1

Band 4: Frank Stähler
**Kollektive Umweltnutzungen und
individuelle Bewertung**
1991, ISBN 3-7908-0572-6

Band 5: Rolf Winkler
**Konzeption und Bewertung
technischer Entsorgungswege**
1992, ISBN 3-7908-0577-7

Band 6: Michael van Mark/
Erik Gawel/Dieter Ewringmann
**Kompensationslösungen
im Gewässerschutz**
1992, ISBN 3-7908-0638-2

Band 7: Maria J. Welfens
**Umweltprobleme und Umweltpolitik
in Mittel- und Osteuropa**
1993, ISBN 3-7908-0654-4

Band 8: Hans-Dietrich Haasis
**Planung und Steuerung emissionsarm
zu betreibender industrieller
Produktionssysteme**
1994, ISBN 3-7908-0768-0

Band 9: Ute Bennauer
**Ökologieorientierte Produktentwicklung**
1994, ISBN 3-7908-0779-6

Band 10: Maria J. Welfens/
Nadja Schiemann (Hrsg.)
**Umweltökonomie und zukunftsfähige
Wirtschaft**
1994, ISBN 3-7908-0788-5

Band 11: Rolf Jacobs
**Organisation des Umweltschutzes in
Industriebetrieben**
1994, ISBN 3-7908-0797-4

Band 12: Frank Jöst
**Klimaänderungen, Rohstoffknappheit
und wirtschaftliche Entwicklung**
1994, ISBN 3-7908-0809-1

Band 13: Georg Müller-Fürstenberger
**Kuppelproduktion**
1995, ISBN 3-7908-0883-0

Band 14: Andreas Pfnür
**Informationsinstrumente und -systeme
im betrieblichen Umweltschutz**
1996, ISBN 3-7908-0894-6

Band 15: Christian Kölle
**Ökonomische Analyse internationaler
Umweltkooperationen**
1996, ISBN 3-7908-0901-2

Band 16: Rainer Souren
**Theorie betrieblicher Reduktion**
1996, ISBN 3-7908-0933-0

Band 17: Fritz Söllner
**Thermodynamik und Umweltökonomie**
1996, ISBN 3-7908-0940-3

Band 18: Thomas Nestler
**Umweltschutzinvestitionen
im Verarbeitenden Gewerbe**
1997, ISBN 3-7908-0962-4

Band 19: Anja Oenning
**Theorie betrieblicher Kuppelproduktion**
1997, ISBN 3-7908-1012-6

Graciela Wiegand

# Die Schadstoffkontrolle von Lebensmitteln aus ökonomischer Sicht

Aufgaben des Staates, Bedürfnisse der Verbraucher,
Maßnahmen der Anbieter sowie
eine Fallstudie zu Äpfeln und Apfelprodukten

Mit 8 Abbildungen
und 62 Tabellen

Physica-Verlag
Ein Unternehmen
des Springer-Verlags

**Reihenherausgeber**
Werner A. Müller
Peter Schuster

**Autorin**
Dr. Graciela Wiegand
Institut für Ernährungswirtschaft und Verbrauchslehre
Christian-Albrechts-Universität zu Kiel
Olshausenstr. 40
D-24098 Kiel

Gedruckt mit Genehmigung der Agrarwissenschaftlichen Fakultät der Christian-Albrechts-Universität zu Kiel.

ISBN-13: 978-3-7908-1024-0    e-ISBN-13: 978-3-642-47007-3
DOI: 10.1007/978-3-642-47007-3

Die Deutsche Bibliothek – CIP-Einheitsaufnahme
Wiegand, Graciela: Die Schadstoffkontrolle von Lebensmitteln aus ökonomischer Sicht: Aufgaben des Staates, Bedürfnisse der Verbraucher, Maßnahmen der Anbieter sowie eine Fallstudie zu Äpfeln und Apfelprodukten / Graciela Wiegand. – Heidelberg: Physica-Verl., 1997
    (Umwelt und Ökonomie; Bd. 20)

Dieses Werk ist urheberrechtlich geschützt. Die dadurch begründeten Rechte, insbesondere die der Übersetzung, des Nachdrucks, des Vortrags, der Entnahme von Abbildungen und Tabellen, der Funksendung, der Mikroverfilmung oder der Vervielfältigung auf anderen Wegen und der Speicherung in Datenverarbeitungsanlagen, bleiben, auch bei nur auszugsweiser Verwertung, vorbehalten. Eine Vervielfältigung dieses Werkes oder von Teilen dieses Werkes ist auch im Einzelfall nur in den Grenzen der gesetzlichen Bestimmungen des Urheberrechtsgesetzes der Bundesrepublik Deutschland vom 9. September 1965 in der jeweils geltenden Fassung zulässig. Sie ist grundsätzlich vergütungspflichtig. Zuwiderhandlungen unterliegen den Strafbestimmungen des Urheberrechtsgesetzes.

© Physica-Verlag Heidelberg 1997

Die Wiedergabe von Gebrauchsnamen, Handelsnamen, Warenbezeichnungen usw. in diesem Werk berechtigt auch ohne besondere Kennzeichnung nicht zu der Annahme, daß solche Namen im Sinne der Warenzeichen- und Markenschutz-Gesetzgebung als frei zu betrachten wären und daher von jedermann benutzt werden dürften.

Umschlaggestaltung: Erich Kirchner, Heidelberg
SPIN 10630001    88/2202-5 4 3 2 1 0 – Gedruckt auf säurefreiem Papier

# Vorwort

Die vorliegende Dissertation aus dem Institut für Ernährungswirtschaft und Verbrauchslehre der Christian-Albrechts-Universität zu Kiel wurde von Herrn Prof. Dr. Joachim von Braun betreut. Meinem Doktorvater möchte ich an dieser Stelle in mehrfacher Hinsicht danken. Er hat mir mit dem Thema der Schadstoffkontrolle von Lebensmitteln eine aktuelle, vielseitige und in der Agrarökonomie noch wenig beachtete Aufgabe gestellt, deren Bearbeitung zwar manchmal mühsam, aber niemals langweilig war. In konstruktiven und inspirierenden Diskussionen hat Professor von Braun mein analytisches Denken gefördert und gleichzeitig eine pragmatische Arbeitsweise angeregt. Auf seine vorbehaltlose Gesprächsbereitschaft und auf die guten Arbeitsbedingungen am Institut blicke ich dankbar zurück. Herrn Prof. Dr. Claus-Hennig Hanf danke ich für die Übernahme des Koreferats.

Die Kieler Promotionsjahre wurden durch meine Kollegen zu einer fachlich wie persönlich außergewöhnlich bereichernden Zeit. Die harmonische und freundschaftliche Atmosphäre am Institut half zuverlässig, promotionstypische Motivationseinbrüche zu überwinden. Die studentischen Hilfskräfte haben mir mit Fleiß und Umsicht viel Arbeit abgenommen. In der Endphase meiner Promotion scheuten meine Kollegen und Freunde Arnim Kuhn, Claudia Busch, Katinka Weinberger, Torsten Feldbrügge und Ute Wisch keine Mühe beim Korrekturlesen und Formatieren. Ihre großzügige Unterstützung hat mir die letzten Monate nicht nur erleichtert, sondern auch verschönt. Für die verbleibenden Unzulänglichkeiten meiner Arbeit trage ich die alleinige Verantwortung.

Im Rahmen meiner Fallstudie habe ich in Verbänden und öffentlichen Einrichtungen immer wieder hilfsbereite Menschen angetroffen. Sie stellten mir freundlicherweise unveröffentlichte Daten zur Verfügung und erläuterten beispielsweise Nachweisverfahren oder Kontrollabläufe. Ich danke ihrem Interesse an meinem Forschungsprojekt und ihrer Bereitschaft, dieses durch ihre Informationen zu unterstützen.

Besonders danke ich Bernhard Sessler für seine Auskünfte über den Obstbau und dafür, daß er mir seine praktischen Erfahrungen mit Kontrollen der integrierten Produktion zur Verfügung stellte.

Auch meiner Familie danke ich für ihr Interesse, Verständnis und Wohlwollen, mit dem sie meine Doktorarbeit begleitet und gefördert hat. Eine fundamentale Unterstützung in dem Bemühen, die Arbeit leichten Herzens und mit klarem Verstand zu erstellen, bot Chari.

Graciela Wiegand<br>
Kiel, im Februar 1997

# Inhaltsverzeichnis

Einleitung ................................................................................................................ 1

**1 Schadstoffe, Schadorganismen und Lebensmittelsicherheit:
naturwissenschaftliche Fakten und offene Fragen** ................................... 5

   1.1 Begriffserklärungen ........................................................................................ 5
      1.1.1 Schadstoffe .......................................................................................... 7
      1.1.2 Schadorganismen ................................................................................. 7
      1.1.3 Lebensmittelsicherheit ......................................................................... 7
   1.2 Zum Wissensstand über die Toxizität von Schadstoffen in Lebensmitteln ...... 8
      1.2.1 Untersuchungsmethoden der Lebensmittel-Toxikologie ..................... 8
      1.2.2 Das toxikologische Risiko und Schwierigkeiten der Risikobewertung .... 11
         1.2.2.1 Risikoerfassung .................................................................... 12
         1.2.2.2 Risikobewertung ................................................................... 13
      1.2.3 Grenzen der Lebensmittel-Toxikologie ............................................. 14
   1.3 Überblick über die Schadstoffbelastung von Lebensmitteln in Deutschland ..... 15
      1.3.1 Schadstoffe in pflanzlichen Lebensmitteln ........................................ 16
         1.3.1.1 Pflanzenschutzmittel ............................................................ 16
         1.3.1.2 Nitrat .................................................................................... 20
         1.3.1.3 Schwermetalle ...................................................................... 22
      1.3.2 Schadstoffe und Schadorganismen in tierischen Lebensmitteln ........ 25
         1.3.2.1 Pflanzenschutzmittel und andere Organochlorverbindungen ... 26
         1.3.2.2 Schwermetalle ...................................................................... 28
         1.3.2.3 Rückstände mit pharmakologischer Wirkung ..................... 29
         1.3.2.4 Lebensmittelinfektionen durch Schadorganismen ............... 32
      1.3.3 Schadstoffe in Trinkwasser ............................................................... 35
         1.3.3.1 Nitrat .................................................................................... 36
         1.3.3.2 Pflanzenschutzmittel ............................................................ 37
         1.3.3.3 Blei ....................................................................................... 37
      1.3.4 Exkurs: Verunreinigungen in Humanmilch ....................................... 38
   1.4 Fazit ............................................................................................................... 39

## 2 Zur Theorie des Marktes für Lebensmittelsicherheit und -kontrolle ........ 43

2.1 Das Glaubensgut Lebensmittelsicherheit und asymmetrische Information ......... 44

2.2 Lebensmittelsicherheit: Ein öffentliches und privates Gut .................................. 45

2.3 Aufgaben der Schadstoff- und Schaderregerkontrolle ......................................... 50
    2.3.1 Die Normsetzung ............................................................................................ 50
    2.3.2 Die direkte Kontrolle von Produkten anhand der Norm .................................. 51
    2.3.3 Die Maßnahmen aufgrund der Kontrollergebnisse .......................................... 52

2.4 Fazit ...................................................................................................................... 53

## 3 Lebensmittelsicherheit als öffentliche Aufgabe: staatliche Maßnahmen in Deutschland und internationale Aktivitäten ................ 55

3.1 Die Normsetzung: rechtliche Rahmenbedingungen der Lebensmittelsicherheit ............................. 55
    3.1.1 Entwicklung und Stand des Lebensmittelrechts in Deutschland ..................... 55
    3.1.2 Die Rechtslage für Schadstoffe ....................................................................... 58
    3.1.3 Der gesetzliche Rahmen der Lebensmittelüberwachung ................................ 60
    3.1.4 Internationale Aktivitäten der Normsetzung ................................................... 62
        3.1.4.1 Die Codex Alimentarius Kommission ............................................... 63
        3.1.4.2 Der Einfluß des GATT 1994 und der WTO auf die globale Normsetzung ................................................... 67

3.2 Die staatliche Lebensmittelüberwachung in Deutschland .................................. 68
    3.2.1 Ziele und Aufbau der staatlichen Lebensmittelüberwachung ......................... 69
    3.2.2 Ablauf und Umfang der Lebensmittelüberwachung ....................................... 70
        3.2.2.1 Betriebskontrollen ............................................................................. 71
        3.2.2.2 Probenahme und -untersuchung von Lebensmitteln ......................... 72
        3.2.2.3 Die Schadstoffkontrolle im Rahmen der amtlichen Lebensmittelüberwachung ................................................................. 77
    3.2.3 Versuch einer Kostenschätzung der staatlichen Lebensmittelüberwachung ... 80
        3.2.3.1 Kostenbereiche .................................................................................. 81
        3.2.3.2 Probleme der Kostenermittlung ........................................................ 81
        3.2.3.3 Methode und Ergebnisse ................................................................... 81

3.3 Staatliche Sanktions- und Informationsmaßnahmen ........................................... 84
    3.3.1 Sanktionsmaßnahmen zum Schutz der Lebensmittelsicherheit ...................... 84
    3.3.2 Staatliche Informationspolitik im Bereich der Lebensmittelsicherheit .......... 85

3.4 Fazit ...................................................................................................................... 86

# 4 Die Nachfrage nach Lebensmittelsicherheit und Kontrollaktivitäten der Verbraucher ..... 89

## 4.1 Das Risikoempfinden der Verbraucher ..... 89
### 4.1.1 Die Risikoeinschätzung der deutschen Konsumenten ..... 91
### 4.1.2 Erklärungsansätze zum Risikoempfinden der Verbraucher ..... 93

## 4.2 Die Nachfrage nach Lebensmittelsicherheit: Konzepte und Ergebnisse empirischer Nachfrageanalysen ..... 96
### 4.2.1 Konzepte der Nachfrageanalyse ..... 97
### 4.2.2 Ergebnisse hedonistischer Nachfrageanalysen ..... 98
### 4.2.3 Ergebnisse aus Untersuchungen nach der kontingenten Bewertungsmethode ..... 99
### 4.2.4 Weitere innovative Analysen der Nachfrage nach Lebensmittelsicherheit ..... 101

## 4.3 Handlungsalternativen der Verbraucher ..... 104
### 4.3.1 Konsum schadstoffarmer Lebensmittel und Hygienemaßnahmen im Haushalt ..... 104
### 4.3.2 Die individuelle Beschwerde ..... 106
### 4.3.3 Schadstoffkontrollen durch Verbraucher-Initiativen ..... 107
### 4.3.4 Kollektiver Kaufboykott: Der „Lebensmittel-Skandal" ..... 110

## 4.4 Fazit ..... 114

# 5 Das Angebot an Lebensmittelsicherheit: Strategien der Unternehmen ..... 117

## 5.1 Theoretische Einordnung ..... 117
### 5.1.1 Die Angebotsstruktur von Lebensmitteln in Deutschland ..... 118
### 5.1.2 Kontrollkosten ..... 121
#### 5.1.2.1 Einteilung und Erfassung der Kontrollkosten ..... 121
#### 5.1.2.2 Bewertung der Kontrollkosten ..... 125
#### 5.1.2.3 Kostenoptimierung ..... 125
### 5.1.3 Wettbewerbsstrategien und Lebensmittelsicherheit ..... 126
#### 5.1.3.1 Systematik der Wettbewerbsstategien ..... 126
#### 5.1.3.2 Lebensmittelsicherheit als Wettbewerbsstrategie ..... 127

## 5.2 Organisation der Kontrolle von Schadstoffen und Schadorganismen ..... 128
### 5.2.1 Betriebliche Selbstkontrolle ..... 128
### 5.2.2 Selbstkontrolle mit Fremdanalyse ..... 129
### 5.2.3 Überbetriebliche Selbstkontrolle ..... 129
### 5.2.4 Vertikale Integration und Kontrolle ..... 129

**5.3 Qualitätsmanagement-Konzepte und ihre Relevanz für die Kontrolle von Schadstoffen und Schadorganismen** .................................................. 130

    5.3.1 HACCP .................................................................................................. 131

    5.3.2 Normengerechtes Qualitätsmanagement und Zertifizierung ................... 132

    5.3.3 Total Quality Management ..................................................................... 134

    5.3.4 FMEA ..................................................................................................... 135

    5.3.5 Krisenmanagement ................................................................................ 135

**5.4 Kooperation mit staatlichen Behörden** ...................................................... 136

    5.4.1 Einfluß auf und Kooperation bei der gesetzlichen Normgebung ........... 137

    5.4.2 Kooperative Aspekte bei der amtlichen Lebensmittelüberwachung ...... 138

    5.4.3 Information und Beratung ...................................................................... 138

**5.5 Fazit** ................................................................................................................ 139

# 6 Fallstudie: Die Schadstoffkontrolle bei Äpfeln und Apfelprodukten - Fragestellung und Methode .................. 141

**6.1 Fragestellung und Ziele der Fallstudie** ....................................................... 141

**6.2 Eingrenzung der Fallstudie** ......................................................................... 141

    6.2.1 Produktspezifische Eingrenzung ........................................................... 142

    6.2.2 Schadstoffspezifische Eingrenzung ....................................................... 143

        6.2.2.1 Pflanzenschutzmittel-Rückstände ............................................ 143

        6.2.2.2 Natürliche Toxine .................................................................... 147

    6.2.3 Räumliche und zeitliche Eingrenzung ................................................... 148

**6.3 Methode** .......................................................................................................... 149

    6.3.1 Beschreibung der Kontrolleistung ......................................................... 149

    6.3.2 Ermittlung der Kontrollkosten ............................................................... 150

    6.3.3 Bewertungskriterien ............................................................................... 151

    6.3.4 Vorgehensweise und Datengrundlage .................................................... 152

**6.4 Vermarktungswege und Handelsströme im Überblick** ............................ 153

**6.5 Fazit** ................................................................................................................ 157

## 7 Fallstudie: Produktionsverfahren der Apfelerzeugung unter besonderer Berücksichtigung des Pflanzenschutzmittel-Einsatzes und der Rückstandskontrolle ............ 159

### 7.1 Produktionsverfahren und Anbaumethoden in der Apfelerzeugung ............ 159

### 7.2 Pflanzenschutzmittel-Einsatz und -Kontrolle in der integrierten Produktion ............ 162
- 7.2.1 Bedeutung der integrierten Marktapfelproduktion ............ 162
- 7.2.2 Einsatz von Pflanzenschutzmitteln in der integrierten Apfelproduktion ............ 163
- 7.2.3 Kontrollen in der integrierten Marktapfelproduktion ............ 166
- 7.2.4 Fallbeispiel Bodensee ............ 167
  - 7.2.4.1 Kontrollmaßnahmen ............ 167
  - 7.2.4.2 Kontrollkosten ............ 169
- 7.2.5 Fallbeispiel Altes Land ............ 170
  - 7.2.5.1 Kontrollmaßnahmen ............ 170
  - 7.2.5.2 Kontrollkosten ............ 171
- 7.2.6 Fallbeispiel Südtirol ............ 171
  - 7.2.6.1 Kontrollmaßnahmen ............ 173
  - 7.2.6.2 Kontrollkosten ............ 174
  - 7.2.6.3 Sanktionsmaßnahmen ............ 175
- 7.2.7 Vergleich der Kontrollen der drei Regionen ............ 175
  - 7.2.7.1 Vergleich der Durchführung der Kontrollen ............ 176
  - 7.2.7.2 Vergleich der Kontrollkosten ............ 177
  - 7.2.7.3 Maßnahmen aufgrund der Kontrollergebnisse ............ 179

### 7.3 Pflanzenschutzmittel-Einsatz und -Kontrolle in der ökologischen Produktion ............ 180
- 7.3.1 Einsatz von Pflanzenschutzmitteln in der ökologischen Apfelproduktion ............ 180
- 7.3.2 Kontrollverfahren nach der EG-Bio-Verordnung 2092/91 ............ 181
- 7.3.3 Geschätzte Kontrollkosten für Obstbaubetriebe ............ 181

### 7.4 Streuobst- und Hausgartenproduktion ............ 183
- 7.4.1 Pflanzenschutzmittel in der Streuobstproduktion ............ 184
- 7.4.2 Pflanzenschutzmittel in der Hausgartenproduktion ............ 184

### 7.5 Fazit ............ 185

## 8 Fallstudie: Die Weiterverarbeitung von Äpfeln und Schadstoffkontrollen der Ernährungsindustrie .......... 189

### 8.1 Wichtige Apfelprodukte im Überblick .......... 189
### 8.2 Überbetriebliche Kontrollen durch die Schutzgemeinschaft der Fruchtsaft-Industrie .......... 190
   8.2.1 Historische Entwicklung .......... 191
   8.2.2 Allgemeine Kontrolleistungen der Schutzgemeinschaft .......... 192
   8.2.3 Allgemeine Sanktionsmaßnahmen .......... 193
   8.2.4 Kosten der Kontrollen von Apfelsaft .......... 194
   8.2.5 Internationale Weiterentwicklung der Kontrolle .......... 195
### 8.3 Innerbetriebliche Kontrollstrategien der Saftindustrie .......... 197
### 8.4 Apfelsaft aus kontrolliertem Streuobstbau .......... 197
### 8.5 Schadstoffkontrollen bei Apfelmus .......... 201
### 8.6 Das Kontrollsystem für Kinder-Gläschenkost .......... 202
   8.6.1 Kontrollsystem und Kontrollkosten .......... 203
      8.6.1.1 Das Kontrollsystem des Babykostherstellers Alete .......... 203
      8.6.1.2 Schätzung der branchenweiten Kontrollkosten .......... 205
   8.6.2 Exkurs: Der „Babykost-Skandal" von 1994 .......... 206
      8.6.2.1 Chronologie des Skandals .......... 206
      8.6.2.2 Staatliche Reaktionen auf den Babykost-Skandal .......... 207
### 8.7 Fazit .......... 209

## 9 Fallstudie: Kontrollmaßnahmen der Handelsunternehmen bei Äpfeln und Apfelprodukten .......... 211

### 9.1 Kontrollen des Import- und Großhandels .......... 211
   9.1.1 Untersuchungsring des Verbandes des Hanseatischen Frucht-Import- und Großhandels Hamburg-Bremen e.V. .......... 213
   9.1.2 Zentralverband des Deutschen Früchte-Import- und Großhandels e. V. (ZVF) .. 215
   9.1.3 Zusammengefaßte Betrachtung der Kontrollen beider Verbände .......... 215
### 9.2 Kontrollen des Einzelhandels .......... 218
### 9.3 Fazit .......... 219

## 10 Fallstudie: Staatliche Überwachung von Äpfeln und Apfelprodukten ... 221

### 10.1 Schadstoffuntersuchungen der amtlichen Lebensmittelüberwachung ... 221
10.1.1 Kontrollintensitäten ... 221
10.1.2 Kontrollkosten ... 223

### 10.2 Indirekte staatliche Mitwirkung bei der Schadstoffkontrolle von Äpfeln und Apfelprodukten ... 224
10.2.1 Normgebung ... 224
10.2.2 Förderung der Erzeuger und der Erzeugerkontrollen ... 225
10.2.3 Betriebskontrollen der Ernährungsindustrie ... 225

### 10.3 Fazit ... 226

## 11 Fallstudie: Gesamtbewertung der einzelnen Kontrollmaßnahmen ... 227

### 11.1 Schadstoffkontrollen von Tafeläpfeln ... 227
11.1.1 Darstellung der erzielten Kontrollintensität und der gesamten Kontrollkosten ... 227
11.1.2 Bewertung der Schadstoffkontrollen von Tafeläpfeln ... 231
11.1.3 Ausblick: Entwurf eines abgestimmten und vereinheitlichten Kontrollkonzeptes für Tafeläpfel ... 238

### 11.2 Schadstoffkontrollen von Apfelsaft ... 240
11.2.1 Darstellung der erzielten Kontrollintensität und der gesamten Kontrollkosten ... 240
11.2.2 Bewertung der Schadstoffkontrollen von Apfelsaft ... 241

### 11.3 Fazit ... 243

## 12 Zusammenfassung und Schlußfolgerungen ... 245

### 12.1 Zusammenfassung ... 245

### 12.2 Schlußfolgerungen ... 253

### 12.3 Summary ... 256

## Literaturverzeichnis ... 259

## Anhang ... 283

## Schaubilder

| | | |
|---|---|---|
| Schaubild 2-1: | Das öffentliche und private Gut Lebensmittelsicherheit | 46 |
| Schaubild 5-1: | Schematische Darstellung der Angebotsstruktur von Lebensmitteln in Deutschland | 118 |
| Schaubild 5-2: | Betriebliche Kosten der Lebensmittelsicherheit | 123 |
| Schaubild 6-1: | Schematische Darstellung der Vermarktungsströme und Handelswege für Tafeläpfel und Apfelprodukte | 154 |
| Schaubild 6-2: | Schematische Darstellung der Warenströme bei Apfelsaft | 157 |
| Schaubild 11-1: | Gesamte inländische Kontrollen und Kontrollkosten bei Marktäpfeln (Jährliche Durchschnittswerte nach Herkunft) | 229 |
| Schaubild 11-2: | Verteilung der inländischen Kontrollen von Marktäpfeln auf die einzelnen Kontrollinstitutionen (Durchschnittswerte nach Herkunft) | 230 |
| Schaubild 11-3: | Kontrollintensität, rückstandskonforme Ware und Kontrollkosten | 236 |

## Tabellen

| | | |
|---|---|---|
| Tabelle 1-1: | Stufenprogramm der toxikologischen Prüfung | 9 |
| Tabelle 1-2: | Pflanzenschutzmittel und PCB in Kartoffeln, Obst und Gemüse, 1988-1992 | 18 |
| Tabelle 1-3: | Nitratgehalte in Gemüse, 1988-1992 (mg/kg Frischsubstanz) | 21 |
| Tabelle 1-4: | Tägliche Nitrataufnahme durch Kopfsalat, Spinat, Weißkohl und Mohrrüben | 22 |
| Tabelle 1-5: | Blei- und Cadmiumgehalte in pflanzlichen Lebensmitteln (µg/kg Frischsubstanz) | 24 |
| Tabelle 1-6: | Blei,- Cadmium- und Quecksilbergehalte in tierischen Lebensmitteln, 1988-1992 (µg/kg Frischsubstanz) | 28 |
| Tabelle 1-7: | Enteritis Infectiosa: Gemeldete und geschätzte Fälle, 1990-1994 | 33 |
| Tabelle 1-8: | Pflanzenschutzmittel und PCB in tierischen Lebensmitteln | 291 |
| Tabelle 1-9: | Mehrfachrückstände organischer Stoffe in Obst und Gemüse, 1988-1992 | 292 |
| Tabelle 1-10: | Stichproben des Bundesweiten Lebensmittel-Monitoring, 1988-1992 | 293 |
| Tabelle 1-11: | Ergebnisse der amtlichen Futtermittelüberwachung, 1991-1994 | 294 |
| Tabelle 3-1: | Geschätzter Umfang der amtlichen Lebensmittelüberwachung 1994 | 74 |
| Tabelle 3-2: | Beanstandungsgründe der amtlichen Lebensmittelüberwachung in Baden-Württemberg und Bayern, 1994 | 76 |
| Tabelle 3-3: | Untersuchungsschwerpunkte des Landesuntersuchungsamtes Südbayern, 1994 | 78 |
| Tabelle 3-4: | Personalbestand des Landesuntersuchungsamtes Südbayern, 1994 | 80 |
| Tabelle 3-5: | Kostenschätzung der amtlichen Lebensmittelüberwachung in DM, 1994 | 82 |

| Tabelle 3-6: | Straftaten im Zusammenhang mit Lebensmitteln in Deutschland, 1992-1994 | 85 |
|---|---|---|
| Tabelle 3-7: | Aufbau der Lebensmittelüberwachung in den 16 Bundesländern | 295 |
| Tabelle 3-8: | Übersicht der Lebensmittel-Untersuchungsämter in den 16 Bundesländern | 296 |
| Tabelle 3-9: | Haushalt der Chemischen Landesuntersuchungsanstalten und tierärztlichen Untersuchungsämter, Baden-Württemberg, 1994 | 297 |
| Tabelle 3-10: | Haushalt der Landesuntersuchungsämter für das Gesundheitswesen, Bayern 1994 | 298 |
| Tabelle 4-1: | Das Vertrauen europäischer Verbraucher in Lebensmittelsicherheit | 90 |
| Tabelle 4-2: | Einschätzung von Gesundheitsrisiken durch West- und Ostdeutsche | 91 |
| Tabelle 4-3: | Einschätzung von ernährungsabhängigen Gesundheitsrisiken durch West- und Ostdeutsche | 92 |
| Tabelle 4-4: | Risikofaktoren und Risikoempfinden | 299 |
| Tabelle 4-5: | Private Verbraucherorganisationen im Bereich der Schadstoffkontrolle von Lebensmitteln | 300 |
| Tabelle 6-1: | Die häufigsten Pestizidrückstände in Äpfeln, 1988-1992 | 144 |
| Tabelle 6-2: | Patulingehalt in apfelhaltigen Produkten (in µg/l oder µg/kg) | 148 |
| Tabelle 6-3: | Toxikologische Informationen über die häufigsten Pestizide in Äpfeln | 301 |
| Tabelle 6-4: | Preise für Rückstandsuntersuchungen privater Handelslabore 1995 (DM/Probe) | 302 |
| Tabelle 6-5: | Warenströme Äpfel und Apfelprodukte 1991-1993 | 303 |
| Tabelle 6-6: | Einkaufsstätten für Äpfel 1993 (in % des Einkaufsmenge) | 306 |
| Tabelle 7-1: | Exemplarische Produktionskosten der Kernobsterzeugung in Deutschland und Italien | 165 |
| Tabelle 7-2: | Vergleich der Kontrollen der integrierten Produktion in drei Regionen | 178 |
| Tabelle 7-3: | Kontrollkosten für ökologisch wirtschaftende Obstbetriebe | 182 |
| Tabelle 7-4: | Apfelernten in Westdeutschland 1984 - 1993 (t) | 306 |
| Tabelle 7-5: | Kontrollaufwand, -ergebnisse und -kosten der integrierten Obstproduktion in Baden-Württemberg und der Region Bodensee, 1991-1994 | 307 |
| Tabelle 7-6: | Kontrollaufwand, Kontrollergebnisse und Kontrollkosten der Integrierten Obstproduktion im Alten Land, 1991-1995 | 308 |
| Tabelle 7-7: | Pflanzenschutzmittel in der Apfelerzeugung 1995 | 309 |
| Tabelle 7-8: | Unerlaubte Wirkstoffe bei Rückstandsuntersuchungen in Baden-Württemberg, 1991-1993 | 310 |
| Tabelle 7-9: | Kontrollaufwand, Kontrollergebnisse und Kontrollkosten der Integrierten Obstproduktion in der Region Südtirol, 1991-1995 | 311 |
| Tabelle 7-10: | Unerlaubte Wirkstoffe bei Rückstandsuntersuchungen in Südtirol, 1991-1994 | 312 |

| | | |
|---|---|---|
| Tabelle 7-11: | Staatliche Zuschüsse im Obstbau 1995 in DM/ha | 313 |
| Tabelle 8-1: | Streuobst im Bodenseekreis und das NABU-Vermarktungskonzept: Produktion, Apfelsafterzeugung und Kontrolle 1990-1995 | 200 |
| Tabelle 8-2: | Obst- und gemüsehaltige Kinder-Gläschenkost 1992-1993 | 205 |
| Tabelle 8-3: | Amtliche Lebensmittelüberwachung 1994: Untersuchung von Säuglings- und Kinderkost | 208 |
| Tabelle 8-4: | Apfelmusangebot in fünf Kieler Einzelhandelsgeschäften, Sommer 1995 | 314 |
| Tabelle 8-5: | Untersuchungsergebnisse Babykost, Verbraucher Initiative e.V., April 1994 | 315 |
| Tabelle 9-1: | Beanstandungen bei Importobst nach Herkunftsland, 1991-1994 | 214 |
| Tabelle 9-2: | Jährliche Rückstandskontrollen der Großhandelsverbände bei Äpfeln (Mittelwert der Jahre 1992-1994) | 216 |
| Tabelle 9-3: | Rückstandskontrollkosten des Hanseatischen Untersuchungsrings von Äpfeln 1991-1994 | 316 |
| Tabelle 9-4: | Anzahl der Rückstandskontrollen des Zentralverbandes des Deutschen Früchte-Import- und Großhandels bei Äpfeln, 1992-1995 | 317 |
| Tabelle 10-1: | Geschätzte amtliche Schadstoffuntersuchungen von Äpfeln und Apfelprodukten, 1994 | 222 |
| Tabelle 10-2: | Amtliche Schadstoffuntersuchungen 1994 | 318 |
| Tabelle 11-1: | Gesamtbetrachtung aller inländischen Schadstoffkontrollen von Marktäpfeln (Angaben pro Jahr - vereinfachte Darstellung) | 228 |
| Tabelle 11-2: | Preise, Handelsspannen und Kosten der Schadstoffkontrolle am Beispiel der Sorte Golden Delicious | 233 |
| Tabelle 11-3: | Gesamtbetrachtung aller inländischen Schadstoffkontrollen von Apfelsaft (Angaben pro Jahr) | 240 |
| Tabelle 11-4: | Gesamtbetrachtung aller inländischen Schadstoffkontrollen von Tafeläpfeln (Durchschnittliche Angaben pro Jahr) | 319 |
| Tabelle 11-5: | Halbmonatliche Erzeugermarkt-, Großmarkt- und Einzelhandelspreise sowie Handelsspannen für die Sorten Cox Orange und Golden Delicious, 1991-1993 (DM/dt) | 321 |
| Tabelle 11-6: | Großhandelsabgabepreise für Cox Orange und Golden Delicious, Region Bodensee 1992/93 - 1994/95 | 323 |
| Tabelle 11-7: | Absatz der Sorten Cox Orange und Golden Delicious nach Fruchtgröße in der Region Bodensee, 1992/93 - 1994/95 (Angaben in Tonnen) | 324 |
| Tabelle 11-8: | Preise und Handelsspannen der Sorten Cox Orange und Golden Delicious, 1991-1993 | 325 |

## Erläuterungen

| | | |
|---|---|---|
| Anhang 1: | Annahmen bei der Kalkulation von „Warenströme Äpfel und Apfelprodukte, 1991-1993" (Tabelle 6-5 und Schaubilder 6-1 und 6-2) | 285 |
| Anhang 2: | Dokumentation Handelsspannenberechnung | 288 |

# Abkürzungen

| | |
|---|---|
| ADI | Acceptable Daily Intake for Man / duldbare tägliche Aufnahmemenge |
| AGÖL | Arbeitsgemeinschaft ökologischer Landbau |
| AGRIOS | Arbeitsgruppe für den integrierten Obstbau in Südtirol |
| AgV | Arbeitsgemeinschaft der Verbraucherverbände |
| A.I.J.N. | Association of the Industry of Juices and Nectars from Fruits and Vegetables of the European Economic Community |
| BBA | Biologische Bundesanstalt für Land- und Forstwirtschaft |
| BEE | Besondere Ernteermittlung |
| BGBl | Bundesgesetzblatt |
| BgVV | Bundesinstitut für gesundheitlichen Verbraucherschutz und Veterinärmedizin |
| BIP | Bruttoinlandsprodukt |
| BLL | Bund für Lebensmittelrecht und Lebensmittelkunde e.V. |
| BSE | bovine spongiforme Enzephalopathie (Rinderwahnsinn) |
| bST | bovines Somatotropin |
| BUND | Bund für Umwelt und Naturschutz Deutschland e.V. |
| CCPR | Codex Committee on Pesticide Residues |
| CLUA | Chemische Landesuntersuchungsanstalt |
| CMA | Centrale Marketing-Gesellschaft der deutschen Agrarwirtschaft mbH |
| DDE | Dichlor-dipenyl-dichlorethylen |
| DDR | Deutsche Demokratische Republik |
| DDT | Dichlor-diphenyl-trichlorethan |
| DFG S19 | Standardisierte Rückstandsanalytikmethode 19 nach der Deutschen Forschungsgemeinschaft |
| DGE | Deutsche Gesellschaft für Ernährung e.V. |
| DGQ | Deutschen Gesellschaft für Qualität |
| DIN | Deutsches Institut für Normung |
| DPA | Diphenylamin |
| DSU | Dispute Settlement Understanding (Streitschlichtungsverfahren n. WTO) |
| dt | Dezitonne (100 kg) |
| EG | Europäische Gemeinschaft |
| EPA | Environmental Protection Agency (US-amerikanische Umweltbehörde) |
| EQCS | European Quality Control System |
| EU | Europäische Union |
| EWG | Europäische Wirtschaftsgemeinschaft |
| FAO | Food and Agricultural Organization |
| FDA | Food and Drug Administration (US-amerikanische Lebensmittelbehörde) |
| FMEA | Failure Mode and Effect Analysis |
| FKS | Freiwilliges Kontrollsystem |
| GATT | General Agreement on Tariffs and Trade |
| GHP | Gute Herstellungs-Praxis |
| ha | Hektar |
| HACCP | Hazard Analysis Critical Control Point |
| HCB | Hexachlorbenzol |
| HCH | Hexachlorcyclohexan |
| HMF | Hydroxymethyl-Furfural |

| | |
|---|---|
| ICD | International Classification of Diseases |
| IP | Integrierte Produktion |
| IOBC | International Organisation for Biological and Integrated Control of Noxious Animals and Plants |
| IRMA | International Raw Material Assurance |
| ISO | International Standardisation Organisation |
| JMPR | Joint Meeting of the FAO Panel of Experts on Pesticide Residues in Food and the Environment and the WHO Expert Group on Pesticide Residues |
| kg | Kilogramm |
| KKS | Kaufkraftstandard |
| KP | Konventionelle Produktion |
| KTBL | Kuratorium für Technik und Bauwesen in der Landwirtschaft e.V. |
| l | Liter |
| $LD_{50}$ | Letale Dosis für 50% der Versuchstiere |
| LEH | Lebensmitteleinzelhandel |
| LMBG | Lebensmittel- und Bedarfsgegenständegesetz |
| NABU | Naturschutzbund Deutschland e.V |
| NOEL | no observable effect level |
| NRDC | National Resources Defense Council |
| n.v. | (Daten) nicht verfügbar |
| OECD | Organization for Economic Cooperation and Development |
| OVR | Obstbauversuchsring des Alten Landes e.V. |
| PCB | Polychlorierte Biphenyle |
| PCDD/F | Polychlorierte Dibenzodioxine und -furane |
| PR | Public Relations (Öffentlichkeitsarbeit) |
| QMA | Verein zur Förderung des Qualitätsmanagements in der Landwirtschaft |
| Rdn. | Randnummer |
| RHmV | Rückstandshöchstmengenverordnung |
| RSK | Richtwerte und Schwankungsbreiten bestimmter Kennzahlen |
| SGF | Schutzgemeinschaft der Fruchtsaft-Industrie |
| SPS-Abkommen | Abkommen über sanitäre und phytosanitäre Maßnahmen (GATT 1994) |
| t | Tonne |
| TQM | Total Quality Management |
| VdF | Verband der deutschen Fruchtsaft-Industrie e.V. |
| WHO | World Health Organization |
| WTO | World Trade Organization |
| ZEBS | Zentrale Erfassungs- und Bewertungsstelle für Umweltchemikalien |
| ZMP | Zentrale Markt- und Preisberichtstelle |
| ZVF | Zentralverband des Deutschen Früchte-Import- und Grosshandels e.V. |

# Einleitung

## Problemstellung

Rückstände, Verunreinigungen und Krankheitserreger in Lebensmitteln können die menschliche Gesundheit gefährden. Der Staat fordert die Einhaltung von Höchstmengen und Hygienerichtlinien. Verbraucher wünschen sichere Lebensmittel und ängstigen sich vor „Gift auf dem Tisch". Anbieter von Lebensmitteln produzieren und handeln mit diesen Waren. Sie müssen für die Sicherheit ihrer Produkte bürgen und stehen mit dem Qualitätsmerkmal Sicherheit im Wettbewerb miteinander um die Gunst der Käufer. Staat, Konsumenten und Anbieter von Lebensmitteln haben somit aus unterschiedlichen Gründen ein Interesse an der Kontrolle der Lebensmittelsicherheit.

Der Gehalt an Schadstoffen oder Schadorganismen kann nur mittels labortechnischer Verfahren ermittelt werden. Die Kontrolle der Lebensmittelsicherheit ist damit zunächst eine lebensmitteltechnologische Aufgabe. Gleichzeitig findet die Kontrolle aber innerhalb des komplexen Marktes für Lebensmittel statt. Lebensmittelsicherheit kann damit auch als ein Gut betrachtet werden, das angeboten und nachgefragt wird. Der ökonomischen Dimension der Kontrolle von Schadstoffen und Krankheitserregern in Lebensmitteln ist diese Arbeit gewidmet. In Form einer fachübergreifenden Betrachtung werden Zusammenhänge und Inkonsistenzen zwischen den einzelnen Marktteilnehmern herausgearbeitet.

## Zielsetzung

Diese Arbeit verfolgt mehrere Ziele. Das erste Ziel ist, die ökonomische Dimension des ursächlich technischen Problems der Lebensmittelsicherheit und Kontrolle in einem breiten und umfassenden Ansatz vorzustellen. Dabei sollen staatliche Maßnahmen, die Nachfrage nach Lebensmittelsicherheit und Strategien der Angebotsseite berücksichtigt werden.

Das zweite Ziel gilt der Darstellung der realisierten Schadstoffkontrollen bei Äpfeln und Apfelprodukten. Hier soll am praktischen Beispiel aufgearbeitet werden, welche Kontrollmechanismen entlang der Lebensmittelkette existieren.

Das dritte Ziel ist die ökonomische Bewertung der Schadstoffkontrollen bei den genannten Produkten. Es soll die Frage beantwortet werden, welchen Stellenwert die Kontrollkosten auf den einzelnen Vermarktungsstufen haben und wo sich Optimierungsmöglichkeiten abzeichnen.

Das vierte Ziel ist eine Bewertung des augenblicklichen Gesamtsystems an öffentlichen und privaten Kontrollen im Bereich der Lebensmittelsicherheit. Aus ihr sollen Anregungen abgeleitet werden, wie im Spannungsfeld globaler Märkte nationalstaatliche Überwachung und privatwirtschaftliche Kontrollen aufgebaut sein sollten, um Risiken und Ängste der Verbraucher kosteneffektiv zu minimieren.

*Einleitung*

**Aufbau der Arbeit**

Die Arbeit ist in zwei Hauptteile untergliedert. Die Kapitel 1 bis 5 dienen dem ersten Ziel, die Kontrolle der Lebensmittelsicherheit aus verschiedenen Perspektiven heraus zu beleuchten. Kapitel 6 bis 11 beinhalten die Fallstudie zur Schadstoffkontrolle bei Äpfeln und Apfelprodukten. Hier sind die Ziele zwei und drei verwirklicht. Das letzte Kapitel 12 faßt die Arbeit zusammen und nennt Schlußfolgerungen im Sinne des vierten Zieles. Der inhaltliche Zusammenhang zwischen den Kapiteln stellt sich wie folgt dar:

Das erste Kapitel bietet einen Überblick über die *toxikologischen und hygienischen Grundlagen*, die für das Verständnis von Problemen bei der Lebensmittelsicherheit erforderlich sind. Es werden die Möglichkeiten und Grenzen der toxikologischen Risikobewertung diskutiert und die aktuelle Belastung von Lebensmitteln in Deutschland anhand repräsentativer Studien dargestellt. Dabei werden Aspekte von Unsicherheit und Risiko untersucht, die den „Markt für Lebensmittelsicherheit" mitbestimmen.

Im zweiten Kapitel wird der Begriff der Lebensmittelsicherheit aus *wirtschaftstheoretischer Sicht* eingeordnet. Es wird herausgearbeitet, daß Lebensmittelsicherheit ein Glaubensgut ist und Informationen über Schadstoff- und Keimgehalte zwischen Anbietern und Nachfragern ungleich verteilt sind. Weiterhin wird diskutiert, inwieweit Lebensmittelsicherheit die Züge eines öffentlichen und eines privaten Gutes trägt und welches die Aufgaben der Kontrolle sind.

Das dritte Kapitel ist der Beschreibung und Analyse *staatlicher Maßnahmen* gewidmet. Die Rolle des Staates wird vor der Nachfrage- und Angebotsseite bearbeitet, da der Staat durch die Institution des Lebensmittelrechts die Normen vorgibt, anhand derer der Lebensmittelmarkt in Deutschland stattfinden kann. Der Normsetzungsprozeß wird nicht nur auf nationaler, sondern insbesondere auch auf europäischer und internationaler Ebene beschrieben. Weiterhin wird die amtliche Lebensmittelüberwachung in ihrem Aufbau und Arbeitsablauf vorgestellt. Für das Jahr 1994 werden die Kontrolleistung und die Kosten der amtlichen Überwachung geschätzt. Weiterhin werden staatliche Sanktionsmaßnahmen zum Schutz der Lebensmittelsicherheit angesprochen.

Das vierte Kapitel untersucht die *Nachfrage* nach Lebensmittelsicherheit und Kontrollaktivitäten der Verbraucher. Dazu werden zunächst das Risikoempfinden der Konsumenten bezüglich der Schadstoffe in Lebensmitteln beschrieben und Erklärungsansätze zu Struktur und Ausmaß dieses Risikoempfindens diskutiert. Anschließend werden Methoden und Ergebnisse der empirischen Nachfrageanalyse nach Lebensmittelsicherheit vorgestellt. Schließlich werden die Handlungsalternativen aufgeführt, die den Verbrauchern zur Kontrolle oder Beeinflussung von Lebensmittelsicherheit zur Verfügung stehen.

Das fünfte Kapitel beschließt den generellen Überblick und ist dem dritten und letzten Akteur auf dem Markt für Lebensmittelsicherheit gewidmet. Es beschäftigt sich mit Lebensmittelsicherheit und Kontrollen aus der Sicht der *Anbieter*. Dazu wird zunächst die Angebotsstruktur in Deutschland überblicksmäßig dargestellt sowie die Schadstoff- und Schaderregerkontrolle als Kostenfaktor und

*Einleitung* 3

Wettbewerbselement diskutiert. Anschließend werden Organisationsformen der Kontrolle vorgestellt und bekannte Qualitätsmanagement-Konzepte auf ihre Relevanz für die Schadstoff- und Schaderregerkontrolle hin überprüft. Das Kapitel schließt mit einer Betrachtung der Interaktionen zwischen privaten Anbietern von Lebensmitteln und den staatlichen Behörden.

Das sechste Kapitel führt in die *Fallstudie* ein. Die Fallstudie untersucht und bewertet die Schadstoffkontrollen bei Äpfeln und Apfelprodukten. Ausgangsüberlegung für die Durchführung einer Fallstudie war, daß Organisation und Intensität von Schadstoffkontrollen sehr verschieden ausgestaltet sein können. Sie sind vom Produkt, dessen relevanten Schadstoffen und von den Vermarktungsformen abhängig. Äpfel und Apfelprodukte können hauptsächlich mit Pflanzenschutzmittel-Rückständen und dem Mykotoxin Patulin belastet sein. Aus folgenden Gründen wurden Äpfel und Apfelprodukte für die Fallstudie ausgewählt. Erstens sind Äpfel das wichtigste Obst und Apfelsaft der meistgetrunkene Fruchtsaft in Deutschland. Es handelt sich also um Produkte von einiger Relevanz. Zweitens liegen, zumindest für Äpfel, repräsentative Daten über deren Schadstoffbelastung vor. Somit existiert eine Basisinformation über die erreichte Lebensmittelsicherheit und über problematische Stoffe. Drittens werden verschiedene Anbaumethoden praktiziert, die sich im Pflanzenschutzeinsatz und dessen Kontrolle unterscheiden. Es können also Kontrollmaßnahmen auf der Erzeugerebene untersucht werden. Viertens werden erhebliche Mengen an Äpfeln aus dem europäischen Ausland und aus Übersee nach Deutschland importiert. Damit stellt sich die Frage der grenzüberschreitenden Kontrolle. Fünftens werden Äpfel zu so unterschiedlichen Produkten wie Apfelsaft, Apfelmus oder Kinderkost weiterverarbeitet. Das bedeutet, daß auch die Schadstoffkontrollen der Lebensmittelindustrie untersucht werden können.

Das siebte Kapitel beschäftigt sich mit der *Erzeugung* von Äpfeln. Dabei wird insbesondere die integrierte Apfelproduktion in den drei bedeutenden Anbauregionen Bodensee, Altes Land und Südtirol mit ihren Kontrollsystemen und Kontrollkosten untersucht. Weiterhin wird der Pflanzenschutzmittel-Einsatz in der Streuobst- und Hausgartenproduktion diskutiert und die Kontrollkosten ökologisch erzeugter Äpfel angesprochen.

Das achte Kapitel hat die *Weiterverarbeitung* von Äpfeln zum Thema und beschreibt die Schadstoffkontrollen der Ernährungsindustrie. Es wurden sehr unterschiedliche Kontrollsysteme vorgefunden. Die Fruchtsaftindustrie organisiert ihre Kontrollen über eine gemeinsame Schutzgemeinschaft. Als Nischenprodukt wird Apfelsaft aus „kontrolliertem Streuobstbau" angeboten, hier übernehmen Naturschutzverbände die Kontrolle. Die rudimentären Schadstoffkontrollen in der Apfelmusindustrie unterscheiden sich wesentlich von den aufwendigen Kontrollen der Babykosthersteller.

Den Kontrollmaßnahmen des *Handels* wird im neunten Kapitel nachgegangen. Für den Importhandel haben zwei Fachverbände Untersuchungsringe für ihre Mitgliedsfirmen eingerichtet. Die Untersuchungstätigkeit dieser Ringe wie auch die entsprechenden Kontrollkosten werden analysiert. Auch die Kontrolltätigkeiten des Einzelhandels werden angesprochen.

Das zehnte Kapitel beschreibt die *staatliche Kontrolle* von Äpfeln und Apfelprodukten. Dazu ist eine schriftliche Befragung ausgewertet, die mit den verantwortlichen Stellen durchgeführt wurde.

Eine *Gesamtbewertung* der Kontrollsysteme und Kontrollkosten wird im elften Kapitel vorgenommen. Hier ist zusammenfassend herausgearbeitet, welchen Stellenwert die Kontrollkosten für Tafeläpfel und Apfelsaft auf den jeweiligen Vermarktungsstufen haben und ob die einzelnen Kontrollsysteme optimal ausgestaltet und aufeinander abgestimmt sind. In einem normativen Ansatz wird die ideale Kontrollintensität für Tafeläpfel diskutiert.

Das zwölfte Kapitel gibt eine Zusammenfassung der gesamten Arbeit und formuliert *Schlußfolgerungen*, die über die Fragestellung der Fallstudie hinausgehen. Es nennt allgemeine Anforderungen an den Staat, gibt Anregungen zur Verbraucherpolitik und spricht Trends im Lebensmittelangebot an. Mit einer Thematisierung zukünftiger Forschungsschwerpunkte im Bereich der Lebensmittelsicherheit endet die Arbeit.

# 1 Schadstoffe, Schadorganismen und Lebensmittelsicherheit: naturwissenschaftliche Fakten und offene Fragen

Die Sicherheit von Lebensmitteln kann durch Schadstoffe und Schadorganismen beeinträchtigt werden. Der Schwerpunkt der vorliegenden Arbeit liegt in der ökonomischen Analyse von Lebensmittelsicherheit und ihrer Kontrolle. Zum Verständnis der untersuchten Problematik ist die Kenntnis der naturwissenschaftlichen Gegebenheiten Voraussetzung. Das erste Kapitel hat die Vermittlung dieser Kenntnisse zum Ziel[1].

Dazu werden zunächst die Begriffe Schadstoffe, Schaderreger und Lebensmittelsicherheit definiert. Anschließend werden die wesentlichen Untersuchungs- und Bewertungsmethoden der Lebensmittel-Toxikologie überblicksmäßig dargestellt. Darauf folgt eine Beschreibung der aktuellen Belastungssituation in Deutschland. Hierzu werden Untersuchungen über pflanzliche und tierische Lebensmittel, über Trinkwasser und Humanmilch ausgewertet.

## 1.1 Begriffserklärungen

Allgemein kann bei Lebensmitteln zwischen der erwarteten Zusammensetzung der Nahrung (Inhalts- und Zusatzstoffe) und den unerwarteten Stoffen unterschieden werden. Obwohl auch Inhalts- und Zusatzstoffe eine schädliche Wirkung haben können, wie z.B. Solanin oder Azofarbstoffe, untersucht diese Arbeit nur *unerwartete* Stoffe mit schädlicher Wirkung und Schadorganismen. Die folgenden allgemeinen Merkmale verdeutlichen, warum ihre Kontrolle von besonderer Bedeutung ist:

- Schadstoffe und Schadorganismen können bei ausreichend hohen Konzentrationen bzw. häufiger Aufnahme gesundheitsschädigend für den Konsumenten[2] sein und sind deshalb von ihm unerwünscht.
- Der Verbraucher kann sie in einem Lebensmittel nicht erkennen, und sie müssen vom Lebensmittelanbieter nicht kenntlich gemacht werden.
- Selbst wenn Verbraucher über das Ausmaß der Kontamination informiert wären (z.B. Angaben von mg Schadstoff pro kg Lebensmittel), so könnten sie vermutlich das damit verbundene Risiko nicht selbst abschätzen.

---

[1] Einige Teile dieses Kapitels stützen sich auf Veröffentlichungen von WIEGAND (1994) und WIEGAND und VON BRAUN (1994).
[2] In dieser Arbeit wird bei der Bezeichnung von Personengruppen die gemeinhin übliche, männliche Sprachform (der Konsument, der Erzeuger) gewählt, obwohl Personen beiderlei Geschlechts Angehörige dieser Gruppe sein können. Auf eine beide Geschlechter gleichberechtigt berücksichtigende Sprachform wurde zugunsten des Sprachflusses verzichtet.

Eine weitere Einteilungsmöglichkeit bietet das Kriterium, wer für das Vorkommen eines Schadstoffes oder eines Schadorganismus in einem Lebensmittel verantwortlich ist (Verursacherprinzip). Es wird hierbei in Verunreinigungen und Rückstände unterschieden.

- **Verunreinigungen** sind Schadstoffe, die ungewollt und ohne Absicht des Herstellers in oder auf ein Lebensmittel gelangen. Es handelt sich hier hauptsächlich um Substanzen der „allgemeinen Umweltverschmutzung" wie Dioxine, Blei oder Cadmium. Aber auch früher gebräuchliche, schwer abbaubare Agrochemikalien wie DDT[3] werden heute, obwohl schon lange in der Anwendung verboten, als Verunreinigung nachgewiesen. Für einige Schadstoffe dieser Kategorie bestehen Richtwerte[4], die aber nicht rechtsverbindlich sind[5]. Auch Schadorganismen (Krankheitserreger) stellen eine Verunreinigung eines Lebensmittels dar.

- **Rückstände** sind hauptsächlich die Reste von Stoffen in und auf Lebensmitteln zum Verzehrszeitpunkt, die diesen oder ihren Vorprodukten absichtlich zugeführt wurden, um einen positiven Effekt zu bewirken (CLASSEN et al., 1987, S. 244). Grundsätzlich gelten für alle produktionssteigernden oder -sichernden Stoffe in Rechtsverordnungen festgelegte Höchstmengen. Der Einsatz nicht zugelassener Stoffe ist strafbar. Typische Rückstände sind z.B. Pflanzenschutzmittel. Bei Rückständen läßt sich, dem Verursacherprinzip folgend, weiterhin spezifizieren, wo in der Lebensmittelkette der Schadstoff dem Lebensmittel zugeführt wurde. Diese Spezifizierung ist vor allem dann relevant, wenn Ort, Zeitpunkt und Art von Kontrollmaßnahmen diskutiert werden.

Bei Rückständen ist weiterhin zu unterscheiden, ob der fragliche Wirkstoff entsprechend rechtlicher Verordnungen angewendet wurde und die Rückstandskonzentration gesetzliche Höchstmengen unterschreitet, oder ob gesetzwidrige Anwendungen vorgenommen wurden[6].

---

[3] Dichlor-diphenyl-trichlorethan.

[4] Die Richtwerte für die Schadstoffe Blei, Cadmium, Quecksilber, Thallium und Nitrat werden von der ZEBS (Zentrale Erfassungs- und Bewertungsstelle für Umweltchemikalien) jährlich im Bundesgesundheitsblatt veröffentlicht. „Sie werden nach statistischen, gesundheitlichen, aber auch die Versorgung der Bevölkerung berücksichtigenden Gesichtspunkten festgelegt. Allein toxikologisch zu begründen ist der einzelne Richtwert nicht, da nur die Gesamtzufuhr des jeweiligen Stoffes über alle verzehrten Lebensmittel zu bewerten ist" (NN, Bundesgesundheitsblatt 5/95, S. 204).

[5] Eine Ausnahme bilden die Blei- und Cadmiumwerte für Fleisch, die in die Fleischhygiene-Verordnung vom 30.10.1986, i.d.F. der ÄndVO vom 7.11.1991 festgelegt sind. Die Trinkwasserverordnung vom 22.5.1986 bestimmt rechtsverbindlich eine maximale Nitratkonzentration von 50 mg/l.

[6] Dabei werden Gesetzgeber und Verbraucher immer wieder mit der Entwicklung neuer Stoffe konfrontiert, deren Anwendung rechtlich noch nicht geklärt ist und für die den amtlichen Kontrollorganen auch noch keine effizienten Nachweisverfahren zur Verfügung stehen.
So wird zur Zeit diskutiert, ob die Anwendung von ß-Agonisten (z.B. Clenbuterol) in der Tierhaltung nicht ganz verboten werden sollte. Das als Broncholytikum zugelassene Mittel wird immer wieder mißbräuchlich als Masthilfe (Erhöhung des Fleischanteils) eingesetzt. Da alternative Mittel zur Behandlung von Bronchialerkrankungen vorliegen, würde ein völliges Verbot keine Probleme in der Tiergesundheit verursachen. Rückstände von ß-Agonisten wiesen dann eindeutig auf eine gesetzwidrige Anwendung hin. Noch bestehen hierzu in der EU aber kontroverse Meinungen (AGRA-EUROPE, 4.3.1996).

### 1.1.1 Schadstoffe

Die Bezeichnung Schadstoff ist ein „Sammelbegriff für alle chemischen Verbindungen (auch Metallionen), die mit der Nahrung in den menschlichen Organismus gelangen und dort Schädigungen hervorrufen". Die Zahl der heute bekannten Schadstoffe ist unübersehbar groß. Sie werden den unterschiedlichsten Stoffklassen zugeordnet (TÄUFEL et al., 1993, S. 489).

Häufig genannte Schadstoffe sind beispielsweise folgende Gruppen: Schwermetalle, Nitrat, Nitrit und Nitrosamine, polyzyklische aromatische Kohlenwasserstoffe, Dioxine und Dibenzofurane, technische Hilfsstoffe, Agrochemikalien, Wuchs- und Düngestoffe, Tierarzneimittel, Reinigungs- und Desinfektionsmittel, Radionukleotide.

### 1.1.2 Schadorganismen

Der Ausdruck Schadorganismus wird in dieser Arbeit für pathogene Mikroben, also Krankheitserreger, benutzt, die sich auf oder in Lebensmitteln befinden können. Alternativ wird auch der Ausdruck Schaderreger verwendet. BELITZ und GROSCH (1987, S. 378 f) unterteilen die toxischen Verbindungen mikrobieller Herkunft in zwei Sparten[7].

Zum einen gibt es Bakterien, welche die sogenannten Lebensmittelinfektionen verursachen können. Ihre Wirkung beruht auf Enterotoxinen, die auf den Verdauungstrakt des Menschen wirken. Die größte Bedeutung haben die fakultativ pathogenen Erreger *Salmonella spp.*.

Die zweite wichtige Gruppe toxischer Verbindungen mikrobieller Herkunft sind die Mykotoxine, die von Schimmelpilzen gebildeten Gifte. Es sind 80 bis 90 Mykotoxine bekannt, die von etwa 120 Schimmelarten unter bestimmten Bedingungen produziert werden.

### 1.1.3 Lebensmittelsicherheit

Der Begriff Lebensmittelsicherheit, wie er in dieser Arbeit verwendet wird, baut auf den im angelsächsischen Raum gebräuchlichen Terminus *food safety* auf. Auf der internationalen Ernährungskonferenz 1992 wurde *food safety* definiert als „*all conditions necessary during the production, processing, storage, distribution, and preparation of food to ensure that it is safe, sound, wholesome, and fit for human consumption*" (FAO und WHO, 1992, S. 1).

Diese Definition ist sehr allgemein gehalten und schließt alle Maßnahmen, die ein Lebensmittel sicher, gesund, bekömmlich und genießbar erhalten bzw. machen, ein. Der Begriff Lebensmittelsicherheit, wie er in dieser Arbeit verstanden sein soll, bezieht sich auf den Schutz und die Sicherheit der Konsumenten vor Schadstoffen und Schaderregern, die in Lebensmitteln enthal-

---

[7] VOLLMER et al. (1990, S. 262) ordnen Mykotoxine und Bakterientoxine unter den Oberbegriff „natürliche Schadstoffe" ein. Im Vergleich zu den unter 1.1.1 definierten chemischen Schadstoffen unterscheiden sich Bakterien und Pilze aber dahingehend, daß sie sich nach einer Verunreinigung eines Lebensmittels vermehren können. Damit kann auch die Produktion von Bakterien- und Mykotoxinen steigen. Die biologische Komponente dieser Toxine wird durch die Bezeichnung „Schaderreger" verdeutlicht.

ten sein können. Aus der Begriffsbestimmung von FAO und WHO wird bereits deutlich, daß Lebensmittelsicherheit nur durch Anstrengungen auf allen Ebenen der Lebensmittelkette (Produktion, Verarbeitung, Lagerung, Verteilung und Zubereitung) erreicht und erhalten werden kann.

Lebensmittel waren, sind und werden nie gänzlich unbelastet von Schadstoffen und Schaderregern sein. Lebensmittelsicherheit ist somit kein absolutes Konzept, sondern drückt sich in der Wahrscheinlichkeit bzw. dem Risiko aus, daß Menschen durch den Verzehr von verunreinigten Lebensmitteln gesundheitliche Einbußen erleiden. Daraus folgt, daß in realitätsbezogenen Diskussionen weniger die Eliminierung als vielmehr die Minimierung eines Risikos im Zentrum der Überlegungen steht.

## 1.2 Zum Wissensstand über die Toxizität von Schadstoffen in Lebensmitteln

Die Toxikologie ist eine interdisziplinäre Wissenschaft, die mit biowissenschaftlichen, chemischen und medizinischen Arbeitsmethoden untersucht, welche schädigenden (toxischen) Wirkungen chemische Stoffe auf Organismen und die Umwelt haben. Die Lebensmittel-Toxikologie konzentriert sich dabei auf Stoffe in der menschlichen Nahrung (MACHOLZ, 1991, S. 211). Ihre gängigen Untersuchungsmethoden sollen in der Folge kurz vorgestellt werden. Anschließend wird die toxikologische Risikoerfassung und -bewertung beschrieben und kritisch diskutiert.

### 1.2.1 Untersuchungsmethoden der Lebensmittel-Toxikologie

Lebensmitteltoxikologische Prüfungen werden anhand eines Stufenprogramms durchgeführt[8]. Die Ergebnisse der vorhergehenden Stufe entscheiden jeweils über den Untersuchungsfortgang. Untersuchungsobjekt sind in der Regel Versuchstiere, meistens Ratten und Mäuse. Das Untersuchungsschema gibt Tabelle 1-1 wieder.

Die **toxikokinetischen** Untersuchungen können u.U. einen hohen chemisch-analytischen Aufwand bedeuten, sie variieren in Abhängigkeit mit dem Untersuchungsstoff. Im Rahmen der Belastung des Menschen durch Schadstoffe in Nahrungsmitteln ist die Problematik der **akuten Toxizität** von vernachlässigbarem Stellenwert[9]. Sie wird durch einmalige Gaben im Tierver-

---

[8] Viele der in diesem Abschnitt zusammengestellten Informationen sind „Lehrbuchwissen". Sie wurden aus Veröffentlichungen von BALTES (1989), COHRSSEN und COVELLO (1989), FÜLGRAFF (1989), MACHOLZ (1991), MÜCKE (1989), RODRICKS (1992) und TÄUFEL et al. (1993) zusammengetragen. Aus Gründen der Lesbarkeit wurde auf einen Quellenverweis im Text verzichtet. Bei direkten Zitaten oder wertenden Aussagen sind Autor und Textstelle wie gewohnt aufgeführt.

[9] Anders sind allerdings akute Erkrankungen zu bewerten, die durch mikrobiologische Krankheitserreger vor allem in tierischen Erzeugnissen hervorgerufen wurden: So starben 1994 in Deutschland 122 Menschen an Salmonellose (vergl. Tabelle 1-7). Fachlich werden diese sogenannten Lebensmittelinfektionen hauptsächlich der Lebensmittel-Hygiene zugeordnet und zählen nicht zum Arbeitsbereich der Lebensmittel-Toxikologen. Ernährungsökonomen beziehen die infektiöse Nahrungsmittelvergiftung allerdings oft in ihre Betrachtungen über Lebensmittelsicherheit mit ein.

such untersucht und mit Hilfe der Indexzahl $LD_{50}$ charakterisiert. Der $LD_{50}$ Wert benennt die (letale) Dosis, bei der 50% der Versuchstiere verenden.

Tabelle 1-1: **Stufenprogramm der toxikologischen Prüfung**

| Untersuchung | Untersuchungsziel |
|---|---|
| Toxikokinetik-Metabolismus | Quantitative Beschreibung der Aufnahme, Verteilung, Speicherung, Biotransformation und Ausscheidung des Stoffes |
| Akute Toxizität | Erfassung der Symptome und des Ablaufs der akuten Vergiftung. Ermittlung des $LD_{50}$-Wertes. |
| Subchronische Toxizität | Erkennung toxischer Effekte, Auffinden von Zielorganen, Feststellung kumulativer Wirkungen. Ermittlung des Wertes NOEL. |
| Chronische Toxizität | Erkennung chronisch-toxischer Effekte, Auffinden von Dosis-Wirkungs-Beziehungen. Ermittlung des Wertes NOEL. |
| Teratogenität | Erkennung embryotoxischer Wirkungen |
| Mutagenität (z.T. auch *in vitro* Methoden) | Erkennung genetischer Veränderungen |
| Cancerogenität | Erkennung cancerogener Wirkungen, Erfassung von Tumoren nach Art, Häufigkeit und Zeitpunkt des Auftretens |
| Reproduktionstoxizität | Auffinden von Reproduktionsstörungen, Beeinträchtigung der Nachkommenschaft |

*Quelle*: Eigene Darstellung in Anlehnung an MACHOLZ, 1991, S. 220.

Das Hauptaugenmerk der Lebensmittel-Toxikologen richtet sich auf die **chronische Toxizität**, die in langfristigen Tierversuchen durch wiederholte Gaben niedriger Schadstoffdosen erforscht wird. Für die meisten Stoffe wird dabei angenommen, daß ihre bloße Anwesenheit in einem biologischen System noch keine Wirkung oder gar Schadwirkung auslösen muß, erst ab einer bestimmten Menge oder Konzentration kommt es zu einem schädlichen Einfluß. Unterhalb dieser angenommenen Wirkungsschwelle liegt somit definitionsgemäß die „höchste Dosis ohne beobachtbare Wirkung" (no-observable-effect-level NOEL)[10].

Für **teratogene, mutagene** und **cancerogene Stoffe** können keine Grenzwerte für eine unbedenkliche Aufnahmemenge bestimmt werden. Schon die kleinste Stoffmenge kann eine Mutation hervorrufen. Neben Tierversuchen (*in-vivo* Methoden) kommen bei diesen Untersuchungen vor allem *in-vitro* Methoden zum Einsatz. Letztere untersuchen an Bakterienstämmen oder an Säugetierzellen die von Schadstoffen ausgelösten Genmutationen. Es wird davon ausgegangen, daß mutagene Substanzen potentiell auch cancerogen wirken können. *In-vivo* Prüfungen am Ganztier oder an Organsystemen werden angesetzt, um das fruchtschädigende Potential von Schadstoffen zu testen. Allgemein sind für cancerogene Wirkungen eine lange Latenzzeit

---

[10] Das Ergebnis „keine beobachtete Wirkung" (NOEL) kann naturgemäß keine Sicherheit dafür bieten, daß es nicht doch eine Wirkung gibt, die der Beobachtung entgangen ist (FÜLGRAFF, 1989, S.31; SRU, 1987, § 1656).

zwischen Krebsauslösung und Tumormanifestation charakteristisch. Beim Menschen wird dadurch der Nachweis des ursächlichen Zusammenhangs zwischen Cancerogenexposition und Tumormanifestation erschwert, wenn nicht sogar oft unmöglich (SRU, 1987, § 1664). WELZL (1984, S. 248) klassifiziert Cadmium, Nitrosamine und die chlorierten Kohlenwasserstoffe HCH[11], DDT und PCB[12] als cancerogen. Erbschäden und Mißbildungen an Föten verursachen Cadmium, Blei, HCH und PCB.

Bei der Übertragung der Ergebnisse eines standardisierten Laborversuches mit genetisch oft einheitlichen Versuchstieren auf die Spezies Mensch wird der NOEL Wert mit einem Sicherheitsfaktor[13] multipliziert, um so den ADI-Wert (acceptable daily intake for man), die duldbare tägliche Aufnahmemenge für den Menschen, zu ermitteln. Systematische Toxizitätsuntersuchungen am Menschen verbieten sich aus ethischen wie rechtlichen Gründen. Allerdings können Toxikologen epidemiologische Studien durchführen und kasuistische Erfahrungen (Unfälle) auswerten. Diese Methoden werden im Einzelfall angewendet und ergänzen die standardisierten Tierversuche.

Auf Grundlage des ADI-Wertes wird anschließend für jedes einzelne Lebensmittel die duldbare Konzentration festgelegt. Dazu fließen neben dem ADI-Wert das durchschnittliche Körpergewicht des Menschen und die durchschnittliche Tagesverzehrsmenge des Lebensmittels ein. Bei rückstandsbildenden Stoffen wie Pflanzenschutzmitteln wird zusätzlich untersucht, wie hoch die erwarteten Rückstände bei einer „guten landwirtschaftlichen Praxis" sind. Dieser Wert liegt oft deutlich unter der duldbaren Konzentration. Aus duldbarer Konzentration und erwarteter Rückstandskonzentration wird dann eine Höchstmenge gesetzlich festgelegt. Mengen unterhalb dieses Wertes gelten als technisch unvermeidbar und für den Menschen ungefährlich. Es bestehen Höchstmengenverordnungen z.B. für zugelassene Pflanzenschutz- und Tierarzneimittel. Für Verunreinigungen, also Umweltkontaminanten, gibt es keine zulässigen Höchstmengen. Für einige Stoffe hat das Bundesgesundheitsamt Richtwerte aufgestellt, die sich allerdings an der tatsächlichen Belastungssituation orientieren und keine toxikologischen Schwellenwerte im Sinne des Verbraucherschutzes darstellen (HAPKE, 1989, S. 169). Auch rechtlich führt ein Überschreiten der Richtwerte zu keinen Konsequenzen.

**Kombinationswirkungen** durch die gleichzeitige Aufnahme verschiedener Schadstoffe (Mehrfachbelastungen) werden in der klassischen Lebensmittel-Toxikologie nicht getestet, sie untersucht die Wirkungen eines Schadstoffs. Tatsächlich nimmt der Mensch heute aber gleichzeitig eine Vielzahl unterschiedlicher Schadstoffe auf (vergl. Kap. 1.3). Die Nahrung ist dabei

---

[11] Hexachlorcyclohexan.
[12] Polychlorierte Biphenyle.
[13] FÜLGRAFF (1989, S. 40) kommentiert hierzu, daß besser von einem *Unsicherheitsfaktor* gesprochen werden sollte. Er schaffe nicht mehr Sicherheit, sondern lege lediglich einen Abstand zwischen die Unsicherheit bei der Abschätzung der Dosis ohne erkennbare Wirkung und der Extrapolation von Tierversuchsergebnissen auf den Menschen. Der Sicherheitsfaktor, der von einem Sachverständigengremium festgesetzt wird, liegt in der Regel zwischen 10 und 1.000, meistens bei 100.

nur ein Eintragsweg, der Körper wird ebenfalls über die Atemwege und über die Haut Schadstoffen ausgesetzt, hinzu kommen Wirkungen von Medikamenten u.a.m. Aber selbst ein einziges Nahrungsmittel kann bereits mit verschiedenen Stoffen belastet sein: Das Lebensmittel-Monitoring stellte beispielsweise fest, daß über die Hälfte aller untersuchten Erdbeerproben mit mehr als einem Pestizidrückstand belastet waren (vergl. Anhang, Tabelle 1-9). Laut Umweltbericht 1987 wird allerdings „die Häufigkeit und die Wahrscheinlichkeit des Auftretens bedrohlicher Wechselwirkungen zweier oder mehrer Stoffe [...] in der Öffentlichkeit weiterhin überschätzt" (SRU, 1987, § 1672). Auch DIEHL (1993a, S. 244) hält es für sehr unwahrscheinlich, daß die „Gefahr synergistischer Wirkungen im Niederdosisbereich eine nennenswerte Rolle spielt". Ähnlich lautet auch eine Antwort der Bundesregierung zu einer entsprechenden Anfrage des Bundestags. Allerdings gibt sie zu bedenken, „daß systematische wissenschaftliche Ansätze zur Prüfung von Kombinationswirkungen bisher nicht vorliegen" (DEUTSCHER BUNDESTAG, 1990, S. 7)[14].

Auch für die Überprüfung der **allergischen Wirkung** eines Stoffes stehen keine geeigneten Verfahren zur Verfügung. Die Ursachen für Allergien scheinen individuelle Empfindlichkeiten eines begrenzten, aber anscheinend wachsenden Personenkreises zu sein. Es gibt keine Tiermodelle oder *in-vitro* Tests, mit deren Hilfe für einzelne Stoffe vorhergesagt oder ausgeschlossen werden könnte, daß sie sensibilisierend wirken und Allergien auslösen können.

### 1.2.2 Das toxikologische Risiko und Schwierigkeiten der Risikobewertung

Im allgemeinen Sprachgebrauch werden die Begriffe Risiko und Risikobewertung vieldeutig verwendet. Grundsätzlich ist Risiko immer eine zusammengesetzte Größe. Sie besteht aus den zwei Komponenten Schaden bzw. Schadenshöhe und der Wahrscheinlichkeit, daß dieser Schaden eintritt.

Schadenshöhe und Eintrittswahrscheinlichkeit sind im technischen Produktionsprozeß oft recht einfach zu messen und zu bewerten. Die Übertragung dieser technischen Risikodefinition auf gesundheitliche Bereiche ist schwierig. Einige Toxikologen halten dies sogar für unmöglich, da die Beeinträchtigung von Gesundheit und Befinden, also die Schadenshöhe, nicht objektiv zu quantifizieren sei. Die Toxikologie könne sie lediglich beschreiben, eine Bewertung sei stets von den gesellschaftlichen Rahmenbedingungen und von dem Wertesystem des bewertenden

---

[14] Es gibt einige methodische Ansätze, die Toxizität gleich wirkender, chemisch verwandter Stoffe mit Hilfe von Toxizitätsäquivalenten zusammenzuzählen. Dieser Ansatz wird für die zusammenfassende Bewertung der 75 verschiedenen Dioxin- und 135 Furanverbindungen angewandt. Ähnlich wird bei der Analyse von Organophosphorrückständen in dem Gutachten *Pesticides in the Diets of Infants and Children* (NRC, 1993, S. 297 ff.) vorgegangen. In dieser US-amerikanischen Studie wird versucht, die Wirkung fünf weitverbreiteter Pestizide, die alle auf den Überträgerstoff zwischen Nerven- und Muskelfasern (Acetylcholin) einwirken, zusammenzufassen. Insgesamt sind auch dies, wenn auch erweiterte, einzelstoffliche Bewertungssysteme.
Für canceroge Substanzen gibt es neuerdings Ansätze, das Krebsrisiko in Form von standardisierten *unit risks* darzustellen. Damit ist es möglich, das Krebsrisiko einzelner Substanzen zu addieren. Diese Methode wurde bisher bei der Beurteilung von Luftverschmutzung angewendet. Sie wird u.a. wegen der Annahme einer linearen Dosis-Wirkungs-Beziehung aber auch kritisiert (SRU, 1994, § 676).

Wissenschaftlers abhängig (FÜLGRAFF, 1989, S. 17). Die Gesundheitsökonomie hat allerdings Methoden entwickelt, innerhalb eines Wertesystems Krankheit, Schmerz und Tod zu quantifizieren. Sie bewegen sich im Rahmen ermittelbarer Marktpreise (Humankapitalansatz) oder subjektiver Bewertungen (Zahlungsbereitschaft)[15].

Zum Verständnis der Arbeitsweise der Toxikologen sollen die Risikoerfassung und -bewertung vorgestellt und die Grenzen der Lebensmittel-Toxikologie besprochen werden.

### 1.2.2.1 Risikoerfassung

Aus dem Umwelt- und Gesundheitsbereich seien zwei Definitionen des Risikobegriffes vorgestellt. CORHSSEN und COVELLO (1989, S. 7) beschreiben Risiko als *„the possibility of suffering harm from a hazard"*. Ihre Risikodefinition besteht dabei aus drei Komponenten: Die Risikoursache (*risk agent*) ist die gefährliche Substanz oder Aktion, die Schaden bewirken kann. Die Risikoumstände (*events*) machen eine Schadenswirkung möglich. Und die statistische Wahrscheinlichkeit (*statistical likelihood*) gibt an, mit welcher Wahrscheinlichkeit der Schaden eintreten wird.

RODRICKS (1992, S. 48) definiert das Risiko von Umweltchemikalien als *„... the probability that the toxic properties of a chemical will be produced in populations of individuals under their actual conditions of exposure"*. Um dieses Risiko bestimmen zu können, werden seiner Begriffsbestimmung nach folgende Informationen benötigt: die toxischen Wirkungsarten einer Substanz, die Expositionsbedingungen (Dosis und Dauer), ab denen die toxischen Wirkungen auftreten, und die tatsächlichen Expositionsbedingungen (Dosis, Dauer und Zeitpunkt) der Bevölkerung, deren Risiko bestimmt werden soll.

Für die umfassende Risikoerfassung eines Schadstoffes im Rahmen der Lebensmittel-Toxikologie[16] müssen also folgende Fragen beantwortet werden:

---

[15] Eine übliche Methode der Gesundheitsökonomie ist die Krankheitskostenstudie. Neben der Erfassung der direkten Krankheitskosten schätzt sie die indirekten Kosten nach der Humankapitalmethode. Die Humankapitalmethode bewertet den Produktivitätsverlust aufgrund von Morbidität oder Mortalität i.d.R. anhand des durchschnittlichen Bruttoeinkommens unselbständig Erwerbstätiger (vergl. HENKE et al., 1986, S. 72). In dieser simplen Vorgehensweise wird die Haushaltsproduktion nicht berücksichtigt. Durch die gewählte Bewertungsgrundlage ist dadurch Krankheit oder Tod von Frauen und von Alten weniger wert als bei Männern und jüngeren Menschen. Auch Aspekte wie Schmerz und Angst sind nicht berücksichtigt.
Alternativ kann durch Befragung die maximale Zahlungsbereitschaft (potentiell) Erkrankter erfaßt werden, von einer Krankheit zu genesen bzw. eine Erkrankung zu verhindern. Die Bewertung durch die Betroffenen schließt automatisch die psycho-sozialen Kosten mit ein. Eine Literaturübersicht über diese Methode im Gesundheitsbereich gibt THOMPSON (1986).
LANDEFIELD und SESKIN (1982) haben versucht, die „subjektive" Bewertung, gemessen als Zahlungsbereitschaft, und den „objektiven" volkswirtschaftlichen Humankapitalwert in einer Formel zu verbinden (*adjusted willingness to pay / human capital method*).

[16] Die Lebensmittel-Toxikologie bezieht ihre Risikountersuchungen auf den Menschen. Viele Schadstoffe, die in Lebensmitteln vorkommen, wirken indes auch toxisch auf andere Spezies und sind auch in Stoffkreisläufen außerhalb der Nahrungskette vorhanden. Die Wirkungen auf die gesamte Umwelt untersucht die Öko-Toxikologie. Ihre Methoden und Ansätze sollen in dieser Arbeit nicht weiter vertieft werden. Richtungsweisend scheint hier die Entwicklung von Umweltindikatorensystemen zu sein, die mit dem Konzept kritischer

1. Welche potentiellen Schadwirkungen hat die Substanz?
2. Ab welcher Expositionshöhe und -dauer können die Schadwirkungen eintreten?
3. Mit welcher Wahrscheinlichkeit treten die Schadwirkungen bei einer bestimmten Exposition ein?
4. Wie hoch ist die tatsächliche Exposition der Bevölkerung (im Durchschnitt und im Maximum)?
5. Sind bestimmte Bevölkerungsgruppen besonders gefährdet?

Die ersten drei Fragen werden im Rahmen der toxikologischen Prüfung (vergl. Kap. 1.2.1) untersucht.

Für die Bearbeitung der letzten beiden Punkte müssen zusätzlich Daten von sog. Verzehrsstudien (*total diet studies*) hinzugezogen und mit den toxikologischen Untersuchungsergebnissen verknüpft werden. Erst dann können Aussagen über die tatsächliche Belastung des Menschen gemacht werden[17]. Das Problem der aufwendigen Verzehrsstudien ist allerdings, daß die Verzehrsgewohnheiten innerhalb einer Bevölkerung sehr variabel sind. Wird eine Durchschnittsdiät[18] untersucht, so ist das Ergebnis wenig aussagekräftig für Gruppen mit „unüblichen" Eßgewohnheiten, sie könnten überdurchschnittlich stark gefährdet sein. Weitere Risikogruppen sind jene Personen, die aufgrund physiologischer Umstände überdurchschnittlich mehr Schadstoffe resorbieren oder besonders empfindlich reagieren. Wegen der Schwierigkeiten, Risikogruppen zu quantifizieren, zu identifizieren oder oftmals auch nur zu definieren, sind Personen, die einer Risikogruppe angehören, weitgehend ungeschützt (SRU, 1987, § 1252-1254).

### 1.2.2.2 Risikobewertung

Nach der Risikoerfassung muß eine Risikobewertung erfolgen. Erst dann läßt sich entscheiden, ob Maßnahmen der Risikoprävention gefordert sind. Die Risikobewertung ist kein der Risikoerfassung vergleichbarer wissenschaftlicher Prozeß. Vielmehr ist die Bewertung abhängig von den Werturteilen einer Gesellschaft (FÜLGRAFF, 1989, S. 20). Sie ist auch nicht mehr Teil der Toxizitätsprüfung. Für die Risikobewertung kann die Höhe des Risikos dem Ausmaß an Nutzen, die der Schadstoff an anderer Stelle stiften mag, gegenübergestellt werden (Risiko-

---

Konzentrationen, kritischer Eintragsraten und kritischer struktureller Veränderungen arbeiten (SRU, 1994, § 256).

[17] Bei Analysen tischfertiger Nahrung wird häufiger festgestellt, daß die Konzentration von Rückständen und Verunreinigungen nach der Zubereitung und Verarbeitung von Rohprodukten wesentlich geringer ist als im Ausgangsprodukt (THIER, 1991, S. 33).

[18] Es werden hierfür z.B. die Mahlzeiten für Krankenhausbedienstete analysiert. Statistisch-analytische Hinweise für aussagekräftige Modelle zur Schätzung von akuten wie chronischen Gesundheitsrisiken, verursacht durch Schadstoffe in Lebensmitteln, geben CARRIQUI et al. (1991). Sie zeigen, daß für eine gute Schätzung *chronischer Effekte* die Nahrungsaufnahme pro Individuum mehrmals erfaßt werden muß, nur so läßt sich die intraindividuelle Variation schätzen. Die Datenansprüche für die Schätzung *akuter Effekte* beziehe sich hingegen auf eine einmalige Beobachtung, allerdings sind hier neben der Erfassung des Verzehrs Daten über Lagerung, Kochen, Zubereitung und Verzehrsgewohnheiten nötig.

Nutzen-Analyse). Alternativ kann das Risiko in Bezug auf die Kosten der Risikominimierung betrachtet werden (Risiko-Kosten-Analyse).

Für die Diskussion der Bewertung scheint es sinnvoll, die Unterteilung in individuelle und gesellschaftliche Risiken von MEYER-ABICH (1990) zu übernehmen. Bei den sogenannten individuellen Risiken steht dem Individuum, das ein Risiko eingeht, auch der Nutzen des Risikos zur Verfügung (z.B. Autofahren). Risiken einzugehen, ist Teil des Grundrechtes auf freie Entfaltung der Persönlichkeit. Die individuelle Risikoentscheidung erfolgt aufgrund der individuellen Präferenzstruktur.

Gesellschaftliche Risiken zeichnen sich dadurch aus, daß Risiko und Nutzen bzw. Risiko und Kosten nicht das gleiche Individuum treffen. So verbessern beispielsweise Anabolika die Masterfolge eines Fleischerzeugers. Anabolikarückstände in Fleisch sind schädlich für den Konsumenten. In der Annahme, daß der Mäster als Gewinnmaximierer die illegale Produktivitätssteigerung durch die Anabolika nicht über niedrigere Preise an den Verbraucher weitergibt, ist er der Nutznießer des Risikos, das der Konsument durch den Fleischverzehr eingeht. Bei diesen gesellschaftlichen Risiken muß der Staat entscheiden, wieviel Risiko akzeptabel ist. MEYER-ABICH (1990) spricht daher von Risiken in öffentlicher Verantwortung. Er fordert, in der öffentlichen Risikobewertung die Nutzenseite zu vernachlässigen und allein die Kosten verschiedener Alternativen mit einem vergleichbaren Nutzenniveau zu vergleichen (ebd., S. 179). Die Rolle des Staates wird in den Kapiteln 2 und 3 noch ausführlich diskutiert.

### 1.2.3 Grenzen der Lebensmittel-Toxikologie

In der Öffentlichkeit wird immer wieder gefordert, daß die Unschädlichkeit einer Substanz zweifelsfrei bewiesen werden solle. Dies ist schon erkenntnistheoretisch unmöglich, da Nichtwirkungen nicht bewiesen werden können (SRU, 1987, § 1629). Weiterhin ist die eindeutige Einteilung in „gesunde" und „schädliche" Substanzen und Lebensmittel selten möglich, da in der Regel das Zusammenspiel von Dosis, individuellem Gesundheitszustand und Lebensstil[19] des Konsumenten die toxische Wirkung bestimmt. Die Grenzen der Lebensmittel-Toxikologie erklären sich aus methodischen Schwierigkeiten ebenso wie aus Mangel an Daten:

- Die **Extrapolation von Ergebnissen aus Tierversuchen** auf den Menschen ist ein allgemein anerkannter Schwachpunkt toxikologischer Methoden. Unterschiede im Metabolismus zwischen Tier und Mensch können zu folgenschweren Fehlentscheidungen führen[20].
- Die **Risikobewertung** der üblicherweise niedrigen Schadstoffdosen in Lebensmitteln ist problematisch (RODRICKS, 1992, S. 225; HENSON und TRAILL, 1993, S. 152). Während die

---

[19] So modifizieren Alter, Geschlecht, genetische Disposition, Gesundheitszustand, Ernährung und Lebensstil die Toxizität eines Stoffes ebenso wie beispielsweise das Klima oder die zusätzliche Berufs- und Umweltexposition (MACHOLZ, 1991, S. 217).
[20] Ratten zeigten beispielsweise selbst bei wiederholten, hohen Gaben von Thalidomid (Contergan®) keinerlei Fruchtschädigungen, dagegen genügte beim Menschen eine Einzeldosis von nur 0,5 mg/kg Körpergewicht, um die bekannten Mißbildungen am Ungeborenen hervorzurufen (SENAUER et al., 1991, S. 245).

Rückstandsanalytik durch moderne Methoden wie Gaschromatographie oder Massenspektroskopie inzwischen Spuren von Substanzen nachweisen kann, ist die toxikologische Bewertung dieser subklinischen Dosen nach dem jetzigen Wissensstand oft nicht möglich[21].

- Es liegen keine umfassenden und systematischen Untersuchungen über **die Kombinationswirkung verschiedener Schadstoffe** vor, die gleichzeitig auf einen Organismus einwirken. „Auch für viele bekannte und häufig vorkommende Stoffe ist nicht bekannt, ob und wie sie zusammenwirken" (FÜLGRAFF, 1989, S. 34-35)[22].

- Untersuchungen über das von Chemikalien ausgelöste Risiko konzentrieren sich häufig auf das Krebsrisiko beim Menschen und unterschätzen **andere, chronische Gesundheits- und ökologische Risiken** (COHRSSEN und COVELLO, 1989, S. 12).

- Für eine umfassende toxikologische Risikoerfassung und -bewertung ist die **Datenlage ungenügend**. Es liegen für Deutschland nur sporadisch statistisch abgesicherte Daten über die wichtigsten Schadstoffbelastungen in ausgewählten Lebensmitteln vor. Die Verknüpfung mit repräsentativen Verzehrsdaten ist bisher nicht erfolgt (vergl. Kap. 1.3).

## 1.3 Überblick über die Schadstoffbelastung von Lebensmitteln in Deutschland

In diesem Unterkapitel wird die aktuelle Schadstoffbelastung der wichtigsten Lebensmittelgruppen in Deutschland vorgestellt. Ziel ist, einen Überblick darüber zu vermitteln, welche Schadstoffe bei welcher Lebensmittelgruppe von besonderer Relevanz sind.

Eine lückenlose und umfassende *Quantifizierung* der Schadstoffbelastung ist mangels repräsentativer Daten nicht möglich. WEIGERT (1987, S. 4) beurteilt die Datenlage in Deutschland so: „Verläßliche Angaben über die mit der täglichen Gesamtnahrung vom Verbraucher aufgenommenen Rückstände und Kontaminanten gibt es für die Bundesrepublik Deutschland bisher nicht". Es wurden und werden zwar Untersuchungen zu diesem Thema durchgeführt, doch beziehen sich diese nur auf einige Schadstoffe, auf bestimmte Lebensmittel oder begrenzte Regionen. Die für sich stimmigen Einzelergebnisse lassen sich aufgrund ihrer methodisch unterschiedlichen Konzeptionen selten verknüpfen und verallgemeinern. Quantitative Angaben in diesem Unterkapitel stützen sich daher besonders auf Ergebnisse von Studien, die auf einer repräsentativen Stichprobe beruhen oder von Expertengremien zusammengestellt wurden[23]. Die große Menge begrenzter Einzelstudien wurde nicht explizit aufgearbeitet.

---

[21] Donald Kennedy, der frühere Leiter der US-Behörde FDA *(Food and Drug Administration)* bringt das Dilemma wie folgt auf den Punkt: *"We can detect more than we can evaluate, and measure more than we can understand"* (zitiert in SENAUER et al., 1991, S. 244).

[22] BECK (1986, S. 60) kommentiert in seiner Analyse und Kritik der „Risikogesellschaft" die Grenzen toxikologischer Methoden wie folgt: „Die Menschen sind nun einmal notgedrungen in ihren zivilisatorischen Gefährdungslagen nicht von Einzelschadstoffen, sondern *ganzheitlich* bedroht. Auf ihre ihnen aufgezwungene Frage nach ihrer *ganzheitlichen* Bedrohung mit einzelstofflichen Grenzwerte-Tabellen zu antworten, kommt einer kollektiven Verhöhnung mit nicht mehr nur latenten giftmörderischen Folgen gleich".

[23] Repräsentative Studien sind das bundesweite Lebensmittel-Monitoring (ZEBS, 1994), die Besondere Ernteermittlung (OCKER et al., 1995) und der Nationale Rückstandskontrollplan (BgVV, 1996). Zusammenfas-

Die *Bewertung* des Schadstoffvorkommens in Lebensmitteln ist nicht direkt von dem Belastungszustand ablesbar (vergl. Kap. 1.2.3). Soweit Bewertungen in der Literatur vorgenommen wurden, werden sie hier wiedergegeben.

### 1.3.1 Schadstoffe in pflanzlichen Lebensmitteln

Im Durchschnitt verzehrt ein erwachsener Deutscher täglich etwa 390 g Obst, 230 g Gemüse und je 200 g Getreideprodukte und Kartoffeln. Zusammen mit Zucker (90 g) und pflanzlichen Ölen (40 g) bestreitet er damit 55% seiner Energie- und 36% seiner Fettaufnahme (DGE, 1992, S. 28).

Der Selbstversorgungsgrad für Getreide, Kartoffeln und Zucker liegt bei bzw. über 100%. Das bedeutet, daß das Angebot auf dem deutschen Lebensmittelmarkt überwiegend aus inländischen Produkten besteht. Gemüse, Obst sowie pflanzliche Öle und Fette stammen hingegen zu über 50% aus dem Ausland (BML, 1995, S. 194). Der Grad der Umweltverschmutzung und Pflanzenschutzpraxis in den Ausfuhrländern ist daher bei diesen Produktgruppen auch von Relevanz.

Allgemein werden bei pflanzlichen Lebensmitteln Rückstände von Pflanzenschutzmitteln und Nitrat sowie die Kontamination mit Organochlorverbindungen und Schwermetallen häufig beobachtet[24].

#### 1.3.1.1 Pflanzenschutzmittel

In der pflanzlichen Produktion und im Vorratsschutz werden in großem Maße Pflanzenschutzmittel eingesetzt. Im Wirtschaftsjahr 1994/95 betrug der Inlandsabsatz an Pflanzenschutzmittel-Wirkstoffen 26.500 t (BML, 1996, Materialband S. 136). Auch bei eingeführten Lebensmitteln ist davon auszugehen, daß sie in der Regel mit Hilfe von Pflanzenschutzmitteln produziert wurden.

Die drei bedeutendsten Pflanzenschutzmittel-Gruppen sind die Herbizide, Fungizide und Insektizide, die jeweils auf eine Vielzahl von Wirkstoffen zurückgreifen[25]. Im Jahre 1994 waren nach § 15 des Pflanzenschutzgesetzes in Deutschland 939 verschiedene Wirkstoffe zugelassen (BML, 1995, S. 85).

---

sende Darstellungen von Expertengremien finden sich im Ernährungsbericht (DGE, 1992), in den Daten zur Umwelt (UMWELTBUNDESAMT, versch. Jhg.) und in den Umweltgutachten 1987 und 1994 (SRU, 1987, 1994).

[24] In der folgenden Diskussion wird das Vorkommen von Mykotoxinen in Lebensmitteln nicht berücksichtigt. Am bekanntesten sind die hochtoxischen Aflatoxine. Sie kontaminieren vorwiegend pflanzliche Lebensmittel (z.B. Erdnüsse), gelangen über Futtermittel aber auch in die Milch. Durch umfangreiche Analysen und die Festlegung von Höchstmengen und Rechtsvorschriften ist die Kontamination von Aflatoxinen stark zurückgegangen (BELITZ und GROSCH, 1987, S. 379 ff). In den Kapiteln 6 und 8 wird das Vorkommen und die Kontrolle des Mykotoxins Patulin in Äpfeln und Apfelprodukten eingehend dargestellt.

[25] Auf die Systematik der Wirkstoffgruppen von Pflanzenschutzmitteln einzugehen, würde den Rahmen dieser Arbeit sprengen.

Der Nachweis der Wirkstoffe kann z.T. über sogenannte Multimethoden erfolgen. Bei der Überprüfung von Pflanzenschutzmittel-Rückständen wird standardmäßig die Multimethode DFG S19 eingesetzt. Mit Hilfe der Gaschromatographie können hiermit vorrangig Organochlor- und Organophosphorverbindungen nachgewiesen werden[26]. Andere übliche Wirkstoffgruppen wie Carbendazime, Dithiocarbamate oder Methylcarbamate werden mit dieser Multimethode nicht erfaßt (THIER und FREHSE, 1986, S. 175 f). Dies bedeutet für die praktische Rückstandsanalytik, daß diese Wirkstoffgruppen wesentlich seltener bzw. gar nicht erfaßt werden (DGE, 1992, S. 113; KATALYSE, 1990, S. 95). Die somit unterschiedliche Untersuchungsintensität der Wirkstoffe muß bei der Interpretation von Untersuchungsergebnissen berücksichtigt werden.

Die Rückstandssituation kann für Obst, Gemüse und Kartoffeln anhand der Ergebnisse des bundesweiten Lebensmittel-Monitoring dargestellt werden. Das Lebensmittel-Monitoring wurde 1988-1992 erstmals erprobt und ist inzwischen als kontinuierliches Element in das LMBG (Lebensmittel- und Bedarfsgegenständegesetz) aufgenommen. Es ist „ein System wiederholter Beobachtungen, Messungen und Bewertungen von Gehalten an gesundheitlich unerwünschten Stoffen (...), die zum frühzeitigen Erkennen von Gesundheitsgefährdungen unter Verwendung repräsentativer Proben einzelner Lebensmittel oder der Gesamtnahrung durchgeführt werden"[27]. Die Planung, Koordination, Auswertung und Berichterstattung des Monitoring oblag dem Bundesgesundheitsamt. Nach der Auflösung dieses Amtes ist eine seiner Nachfolgeorganisationen, das BgVV (Bundesinstitut für gesundheitlichen Verbraucherschutz und Veterinärmedizin) für diese Aufgaben zuständig. Probenahme und Untersuchungen wurden von 35 Untersuchungsämtern in den alten Bundesländern durchgeführt (ZEBS, 1994, S. 4)[28]. Daten für die neuen Bundesländer wurden in den letzten Jahren ebenfalls erhoben, die Ergebnisse sind aber noch nicht veröffentlicht. Insgesamt wurden aus den alten Bundesländern 39.598 Proben untersucht, die sich auf fünf tierische und zehn pflanzliche Lebensmittel beziehen und auch Importware berücksichtigen. Die Stichprobe ist im Anhang in Tabelle 1-10 wiedergegeben. Die Ergebnisse der Rückstandsuntersuchungen pflanzlicher Lebensmittel sind in Tabelle 1-2 zusammengestellt. Sie zeigen, daß bei den neun untersuchten Lebensmitteln 38 -70 verschiedene Pflanzenschutzmittel-Wirkstoffe und PCB festgestellt wurden. Höchstmengenüberschreitungen von über einem Prozent der Gesamtprobenzahl wurden nur für sechs Wirkstoffe nachgewiesen. Besonders betroffen hiervon waren Kopfsalat und Erdbeeren.

---

[26] Auch Polychlorierte Biphenyle (PCB) werden mit der Multimethode DFG S19 erfaßt. Sie sind keine Pflanzenschutzmittel, sondern ein Schadstoff aus der industriellen Produktion.
[27] Zweites Gesetz zur Änderung des Lebensmittel- und Bedarfsgegenständegesetztes, 25.11.94, BGBl, I, S. 3539, § 46c.
[28] Zur Absicherung der Vergleichbarkeit der Untersuchungsergebnisse aus den einzelnen Ämtern wurden aufwendige Laborvergleichs- und Paralleluntersuchungen durchgeführt (ZEBS, 1994, S. 32 ff).

**Tabelle 1-2: Pflanzenschutzmittel und PCB in Kartoffeln, Obst und Gemüse, 1988-1992**

| | Anzahl geprüfter Stoffe (n) | Anzahl quantifizierter Stoffe (n) | Relative Häufigkeit der fünf am häufigsten quantifizierten Rückstände, Angaben in absoluten Zahlen | | | | | Wirkstoffe mit Höchstmengenüberschreitungen (%) |
|---|---|---|---|---|---|---|---|---|
| | | | < 5% | 5-10% | 10-15% | 15-20% | > 20% | |
| Kartoffeln | 73 | 44 | 4 (3)[a] | 1 | | | | keine |
| frischer Spinat | 82 | 38 | 4 (2)[a] | 1 (1)[a] | | | | keine |
| tiefgefr. Spinat | 85 | 39 | 4 (1)[a] | 1 (1)[a] | | | | keine |
| Tomaten | 91 | 48 | 3 | | 1 | 1 | | keine |
| Gemüsepaprika | 102 | 49 | 1 (1)[a] | 2 | | 2 | | Vinclozolin (1,4) |
| Äpfel | 96 | 64 | | 4 | 1 | | | Tetradifon (1,9) |
| Pfirsich | 100 | 61 | | 5 | | | | Iprodion (2,1) |
| Mohrrüben | 109 | 64 | 3 | 2 | | | | Fonofos (1,0) Iprodion (2,0) |
| Erdbeeren | 97 | 63 | | 1 | 1 | | 3 | Tetradifon (3,4) |
| Kopfsalat | 121 | 70 | | | | 2 | 3 | Dithiocarbamate (4,3) Bromhaltige Begasungsmittel (2,8) |

*Anmerkungen:* Weißkohl zeigte so selten quantifizierbare Rückstände, daß er nach der ersten Hauptphase des Monitoring aus dem Untersuchungsprogramm genommen wurde (ZEBS, 1994, S. 15).

a: Die Zahlen in Klammern geben an, wieviele der quantifizierten "Rückstände" tatsächlich Verunreinigungen wie DDE, Dieldrin oder Lindan sind.

*Quelle:* Eigene Zusammenstellung aus ZEBS, 1994, S. 152, 159-163 und 173.

Für die einzelnen Lebensmittel lassen sich folgende Beobachtungen machen:

- Weißkohl beinhaltete so selten quantifizierbare Rückstände, daß er nach einem guten Jahr aus dem Monitoringprogramm herausgenommen wurde.

- Bei Kartoffeln, Spinat und Tomaten kamen auch die häufigsten Rückstände nur in wenigen Proben vor, Höchstmengenüberschreitungen wurden nicht festgestellt. Bei Kartoffeln und Spinat sind mehrere der von der ZEBS als Rückstände benannten Stoffe tatsächlich Verunreinigungen[29].

- In Gemüsepaprika, Äpfeln, Pfirsichen und Mohrrüben wurden die häufigsten Wirkstoffe etwas öfter beobachtet und auch Höchstmengenüberschreitungen kamen bei 1-2% der Proben vor.

- Bei Erdbeeren wurden allein die drei Fungizide Vinclozolin, Procymidon und Dichlofluanid in 56, 34 bzw. 31% aller Proben nachgewiesen. Bei Kopfsalat wurden bromhaltige Begasungsmittel[30] in 60%, und die Fungizide Vinclozolin und Iprodion in 30 bzw. 27% der Ge-

---

[29] Dieser Unterschied ist aus toxikologischer Sicht unwichtig. Er ist jedoch relevant, soll aus den Rückstandsanalysen der Kontrollbedarf der heutigen Pflanzenschutzmittel-Anwendung abgeleitet werden. Die nachgewiesenen Organochlorverbindungen DDE, Lindan, Dieldrin und HCB sind schon lange verboten. Sie haben sich aber in der Vergangenheit im Boden angereichert und gelangen darüber immer noch in die Lebensmittel. Sie sind eine allgemein verbreitete Verunreinigung und kein Hinweis auf das Verhalten der Landwirte heute.

[30] Die Entseuchung größerer Anbauflächen mit bromhaltigen Begasungsmitteln ist in Deutschland nicht zugelassen. Sie ist aber in den Beneluxländern üblich (DGE, 1992, S. 115).

samtproben gefunden (ZEBS, 1994, S. 174). Der intensive chemische Pflanzenschutz dieser leicht verderblichen Produkte wird durch die Rückstandszahlen deutlich. Höchstmengenüberschreitungen wurden in 3-4% der Proben beobachtet.

Neben der einzelstofflichen Belastung ist im Sinne einer toxikologischen Risikobewertung das Ausmaß der Mehrfachbelastung von Interesse. Von Mehrfachbelastung wird gesprochen, wenn mehr als ein Wirkstoff in einer Probe nachgewiesen wird. Aus den Ergebnissen des Monitoring ergibt sich, daß die Mehrfachbelastung bei Kartoffeln und Spinat vernachlässigbar selten vorkommt (ZEBS, 1994, S. 58). Bei Mohrrüben und Tomaten waren 15-18% der Proben mehrfach belastet, dieser Anteil liegt für Pfirsich, Apfel und Gemüsepaprika bei 22-27%. Bei Kopfsalat wurden in 39% aller Proben Mehrfachbelastungen festgestellt, für Erdbeeren liegt die Quote bei 57% (vergl. Anhang Tabelle 1-9). Bei der Analyse der Mehrfachbelastungen berücksichtigte die ZEBS auch die Herkunft der Produkte. Für Erdbeeren, Gemüsepaprika, Pfirsiche und Tomaten konnte beobachtet werden, daß spanische Produkte überproportional oft mit Mehrfachrückständen belastet waren (ZEBS, 1994, S. 67, 69, 71, 72). Diese Befunde decken sich mit den Kontrollergebnissen der Fruchtimporteure, die in Kapitel 9 diskutiert werden.

Repräsentative Untersuchungen über Getreide liefert die alljährliche Besondere Ernteermittlung (BEE), die das Landwirtschaftsministerium in Auftrag gibt und die von der Bundesanstalt für Getreide-, Kartoffel- und Fettforschung in Detmold durchgeführt wird. Sie untersucht pro Jahr ca. 360 Weizen- und 180 Roggenproben aus allen 16 Bundesländern (OCKER et al., 1995, S. 118). Für die Überprüfung des Gehaltes an Schwermetallen werden außerdem jährlich noch etwa 400 Brotproben zusätzlich zu den Getreideproben analysiert (BRÜGGEMANN und OCKER, 1993, S. 159).

Ergebnisse der BEE für die Jahre 1991-1993 für alle Bundesländer veröffentlichten OCKER et al. (1995). Nach ihren Untersuchungen ging die Belastung mit den „klassischen Wirkstoffen" der insektiziden und fungiziden Organohalogene und Phosphorsäureester (ohne Lindan) in diesem Zeitraum erheblich zurück. Sie waren 1991 in 30% und 1993 in 7% der Proben nachweisbar. Auch die nachweisbare Belastung mit Lindan, das heute nur noch zur Vorsaatbehandlung von Zuckerrüben zugelassen ist, sank in dieser Periode von 86 auf 60%, die Maximalwerte verringerten sich ebenfalls. Die Umweltkontaminante PCB konnte 1993 in keiner Probe mehr festgestellt werden.

Zusätzlich zu den Vorjahren wurde das Getreide 1993 von OCKER et al. (1995) auch auf weitere Insektizide (Pyrethroide, Carbamate) sowie auf 20 Fungizide und 28 Herbizide untersucht, die mit der Multimethode DFG S19 nicht erfaßt werden. Einige Wirkstoffe konnten in bis zu 5% der Proben nachgewiesen werden, Höchstwerte wurden zum Teil erreicht, aber nicht massiv überschritten. Insgesamt waren 45% der Getreideproben ohne einen nachweisbaren Rückstand, 33% waren mit einem Wirkstoff belastet. Bei 14% der Proben wurden zwei und bei 8% drei und mehr Wirkstoffe gleichzeitig festgestellt.

OCKER et al. (1995, S. 122) konnten aufgrund ihrer Untersuchungen eine weitgehend korrekte Pflanzenschutzanwendung feststellen und beurteilen die Rückstände in Brotgetreide als für den Verbraucher ungefährlich. Für eine sachgerechte fortlaufende Beobachtung der Rückstandssituation bei den derzeit niedrigen Konzentrationen fordern sie einen höheren apparativen wie methodischen Aufwand, der über die Durchführung der Multimethode DFG S19 hinausgeht. Nur so könne die Vielzahl der Wirkstoffe sachgerecht überprüft werden.

Die ZEBS ist mit der Bewertung ihrer Untersuchungsergebnisse bezüglich Obst und Gemüse zurückhaltend und stellt pauschal „ein befriedigendes Bild für die Rückstandsbelastung" pflanzlicher Lebensmittel fest (ZEBS, 1994, S. 175). Die Deutsche Gesellschaft für Ernährung (DGE) analysiert im Ernährungsbericht 1992 ebenfalls die Daten des Lebensmittel-Monitoring. Sie fordert, zumindest für Erdbeeren den Pflanzenschutzmittel-Einsatz zu minimieren und besonders die Fungizidbehandlung zum Transportzeitpunkt (also kurz vor dem Verzehr) zu überdenken[31]. Rückstandsfreie Proben bewiesen, daß eine geringere Pflanzenschutzmittel-Anwendung möglich sei. Die DGE weist außerdem darauf hin, daß die Pflanzenschutzmittel-Belastung bei einigen Produkten saisonalen Schwankungen unterliege. Außerhalb der natürlichen Wachstumsperiode würden vermehrt Rückstände nachgewiesen. Dies sei insbesondere bei Kopfsalat im Winter und bei Äpfeln im Sommer zu beobachten (DGE, 1994, S. 115).

### 1.3.1.2 Nitrat

In der pflanzlichen Produktion werden Boden und Pflanze u.a. mit Stickstoff gedüngt. Wird der Pflanze mehr Dünger angeboten als sie zum eigenen Stoffwechsel und zum Aufbau von Eiweiß bedarf, so speichert sie den überflüssigen Stickstoff in Form von Nitrat (HAPKE, 1989, S. 182).

Nitrat hat nur eine geringe Eigentoxizität. Durch Reduktion entsteht jedoch Nitrit, das durch Bildung von Methämoglobin den Sauerstofftransport im Blut behindert. Dies kann besonders bei Kleinkindern zu lebensbedrohlichen Zuständen führen (Methämoglobinämie oder auch Blausucht) (TÄUFEL et al., 1993, S. 224). Weiterhin können im Organismus im sauren Milieu des Magens und bei Vorhandensein von biogenen Aminen aus Nitrit Nitrosamine gebildet werden, die eine stark cancroge Wirkung haben (BELITZ und GROSCH, 1987, S. 396 f).

Im Lebensmittel-Monitoring wurde der Nitratgehalt von Kopfsalat, Spinat, Weißkohl und Mohrrüben untersucht, Tabelle 1-3 stellt die Ergebnisse vor.

---

[31] Eine Fungizidbehandlung zum Transportzeitpunkt ist in Deutschland verboten. Bei leicht verderblicher Importware, die lange Transportwege zurückzulegen hat, ist der Anreiz für so eine Behandlung aber hoch.

**Tabelle 1-3: Nitratgehalte in Gemüse, 1988-1992 (mg/kg Frischsubstanz)**

|  | Min. Wert | Max. Wert | 50. Perzentil $^a$ | 90. Perzentil $^a$ | Richtwert $^b$ | Anteil Proben > Richtwert (%) |
|---|---|---|---|---|---|---|
| Kopfsalat | 3 | 6.834 | 2.100 | 4.300 | 3.000 | 21 |
| frischer Spinat | 20 | 4.961 | 1.400 | 2.800 | 2.000 | 25 |
| tiefgefrorener Spinat | 13 | 2.885 | 900 | 1.900 | kein | nicht berechenbar |
| Weißkohl | 4 | 3.245 | 400 | 800 | kein | nicht berechenbar |
| Mohrrüben | 1 | 1.998 | 160 | 450 | kein | nicht berechenbar |

*Anmerkungen:* a: Hier ist der höchste angegebene Wert von verschiedenen Perioden wiedergegeben.
b: Der Richtwert zur Zeit der ZEBS-Analyse Anfang 1994. Seit der Verabschiedung der RHmV vom 1.9.94 gelten folgende Höchstmengen: Kopfsalat, Mai-Oktober: 2.500 mg/kg, November-April: 3.500 mg/kg. Frischer Spinat: 2.500 mg/kg, tiefgekühlter Spinat 2.000 mg/kg (RHmV i.d.F. vom 1.9.94, Anlage 3). Für tiefgefrorenen Spinat, Weißkohl und Mohrrüben existiert kein Richtwert.
*Quelle:* ZEBS, 1994, S. 247, 248, 261 ff.

Die breite Schwankung zwischen Minimal- und Maximalwerten weist darauf hin, daß bei bedarfsgerechter Stickstoffdüngung geringe Nitratwerte möglich sind, starke Überdüngung aber zu hohen Nitratgehalten besonders bei Kopfsalat und frischem Spinat führt. Die Spalte 50. Perzentil gibt an, welche Belastung in der Mitte der Verteilung (Median) gemessen wurde. Der Nitratwert, der von einem Zehntel der Proben erreicht bzw. überschritten wird, gibt das 90. Perzentil wieder. Richtwerte für Nitrat in Salat und Spinat wurden von 21 bzw. 25% der Proben überschritten[32]. Besonders bei Kopfsalat konnte eine starke saisonale Schwankung der Nitratbelastung beobachtet werden. Während im ersten Jahresquartal der Richtwert bei über der Hälfte aller Proben überschritten war, wurde dies im Sommer meist nur bei 5% der Proben festgestellt (ZEBS, 1994, S. 249).

Anhand der Nitratmessungen für die o.g. Gemüse schätzte die ZEBS die Nitrataufnahme einer 18jährigen Frau, 58 kg schwer, und eines 18jährigen Mannes mit einem Körpergewicht von 70 kg. In verschiedenen Szenarien wurde die saisonale Konzentration (Sommer/Winter), ein durchschnittlicher bzw. hoher Gemüseverzehr und eine durchschnittliche bzw. hohe Belastung angenommen. Vier der Szenarien sind in Tabelle 1-4 wiedergegeben.

---

[32] Für die anderen Produkte sind keine Richtwerte festgelegt; deswegen können auch keine Überschreitungen ausgewiesen werden.

**Tabelle 1-4:** Tägliche Nitrataufnahme durch Kopfsalat, Spinat, Weißkohl und Mohrrüben

| | Berechnungsgrundlage | | Frau | | | Mann | | |
|---|---|---|---|---|---|---|---|---|
| Saison | Verzehrsmenge | Nitratgehalt | Lebensmittelaufnahme (g) | Nitrataufnahme (mg) | Auslastung ADI (%) | Lebensmittelaufnahme (g) | Nitrataufnahme (mg) | Auslastung ADI (%) |
| Sommer | Durchschnittlich | Mittelwert | 82 | 71 | 34 | 86 | 76 | 30 |
| Sommer | Hochverzehrer | 90. Perzentil | 171 | 264 | 125 | 181 | 286 | 112 |
| Winter | Durchschnittlich | Mittelwert | 82 | 92 | 43 | 86 | 96 | 38 |
| Winter | Hochverzehrer | 90. Perzentil | 171 | 322 | 152 | 181 | 346 | 135 |

*Quelle:* Eigene Darstellung nach ZEBS, 1994, S. 281, 273, 274, 277, 278.

Der durchschnittliche Esser durchschnittlich belasteter Ware nimmt in diesem Rechenexempel durch den Verzehr der vier Gemüse 30-43% der duldbaren täglichen Aufnahmemenge[33] von Nitrat in sich auf. Im Winter ist die Belastung ein gutes Viertel höher als im Sommer. In der nachteiligsten Konstellation eines hohen Verzehrs überdurchschnittlich belasteter Gemüse wird im Sommer und noch mehr im Winter der ADI-Wert deutlich überschritten, besonders betroffen sind dabei Frauen mit 152% im Winter. Da eine erhöhte Nitrataufnahme auch noch aus anderen Nahrungsquellen erfolgen kann (siehe Nitrat in Trinkwasser, Kapitel 1.3.3), muß eine Nitrataufnahme über der duldbaren täglichen Aufnahmemenge für Teile der Bevölkerung angenommen werden. Die ZEBS bewertet diesen Sachverhalt mit folgenden Worten: „Ein unmittelbares gesundheitliches Risiko für den Konsumenten läßt sich aus den hohen Nitratkonzentrationen nicht ableiten, da sich quantitative Rückschlüsse auf eine mögliche Nitrosaminbildung nicht direkt ziehen lassen. Das Nitrat selbst ist nicht toxisch" (ZEBS, 1994, S. 250). Der Sachverständigenrat für Umweltfragen betont hingegen, daß der ADI-Wert sich nur auf die direkte Nitrattoxizität bezöge und die krebserzeugende Nitrosaminbildung in diesem Wert nicht berücksichtigt wäre. Maßnahmen zur Verringerung des Nitratgehaltes in Lebensmitteln seien daher notwendig (SRU, 1987, § 1351).

### 1.3.1.3 Schwermetalle

Pflanzliche Lebensmittel können insbesondere mit den Schwermetallen Blei und Cadmium verunreinigt sein. Nach der Verwendung in der Industrie gelangen diese Schwermetalle als Elemente oder in Form ihrer Verbindungen als Staub in die Luft. Mit den Niederschlägen gelangen sie anschließend auf die Oberfläche der Vegetation und in die Böden (HAPKE, 1989, S. 166).

**Blei** kontaminiert die Pflanzen hauptsächlich als äußere Verunreinigung, eine Aufnahme über die Wurzeln kommt nur bei ungewöhnlich hoch belasteten Böden vor. Die anorganischen Bleiverbindungen auf der Pflanze können durch Reinigung zu 30-70% entfernt werden. Im Magen-Darm-Trakt werden, je nach Art der Bleiverbindung, 3-10% der verzehrten Menge resorbiert.

---

[33] Die vorläufige duldbare tägliche Aufnahmemenge (ADI-Wert) für Nitrat beträgt 3,65 mg/kg Körpergewicht (SRU, 1987, § 1351).

Blei hemmt im menschlichen Körper bestimmte Enzyme und löst damit hämatologische und neurologische Wirkungen aus. Die Wirkungen sind dosisabhängig und treten ein, wenn bestimmte Schwellenwerte langfristig überschritten werden (HAPKE, 1989, S. 167 f). Die Verminderung des Bleigehaltes in Kraftstoffen hat zu einer Reduzierung der Bleikontamination von Lebensmitteln geführt (SRU, 1987, § 1302)[34]. Als Folge dieses Rückganges konnte der gesondert hohe Richtwert für Blei in Grünkohl von 2,0 auf 0,8 mg/kg Frischsubstanz gesenkt werden (BUNDESGESUNDHEITSBLATT, 5/95, S. 206).

Das meiste **Cadmium** gelangt durch Emissionen von Müllverbrennungsanlagen oder verarbeitender Industrien in die Umwelt und erreicht über Niederschläge den Boden (WELZL, 1984, S. 245). Dort wird es über die Wurzeln aufgenommen und reichert sich in den Pflanzenzellen an. Die Küchenzubereitung hat nur einen geringen Einfluß auf den Cadmiumgehalt. Cadmium wird mit der Nahrung und besonders mit Tabakrauch aufgenommen. In den menschlichen Körper aufgenommenes Cadmium wird nur sehr langsam ausgeschieden und reichert sich vor allem in der Nierenrinde an. Im Vordergrund möglicher gesundheitlicher Beeinträchtigungen stehen irreversible Nierenfunktionsstörungen (SRU, 1987, § 1766-1768). Durch Cadmiumbelastung werden essentielle Mineralstoffe in ihrer Verfügbarkeit und Wirksamkeit beeinträchtigt (TÄUFEL et al., 1994, S. 252 f). Eine besondere Risikogruppe stellen Personen mit Eisen- oder Calciummangel dar, ihre Cadmiumresorption ist ein Mehrfaches der üblichen Menge. Zu dieser Risikogruppe zählen insbesondere ältere Frauen (SRU, 1987, § 1770). Die beobachteten Cadmiumwerte haben sich im letzten Jahrzehnt nicht verändert (DGE, 1992, S. 131).

Im Lebensmittel-Monitoring und bei der Besonderen Ernteermittlung wurden die Blei- und Cadmiumgehalte bei Obst, Gemüse und Getreide ermittelt. Sie sind in Tabelle 1-5 wiedergegeben. Die Minimalwerte geben an, wie gering der Blei- und Cadmiumgehalt in pflanzlichen Lebensmitteln sein kann, die Höchstwerte (Max. Wert) verweisen auf das Ausmaß von Spitzenbelastungen. Die Spalte 50. Perzentil stellt die mittlere Belastung (Median) dar, das 90. Perzentil nennt den Wert, den 10% der Proben überschreiten.

Wird der Median zum Maßstab genommen, so scheint Spinat relativ stark mit beiden Schwermetallen belastet zu sein. Roggenkorn zeigt relativ hohe Bleigehalte, während Weizenkorn höher mit Cadmium belastet ist. In der Weiterverarbeitung zum Brotgetreide sinkt bei der handelsüblichen Vermahlung der Cadmiumgehalt um 20-30% und der Bleigehalt um 50-70%. Beim Verbacken des Brotes wird der Schwermetallgehalt, bezogen auf die Gewichtseinheit der Frischsubstanz, erneut um 30-40% erniedrigt (BRÜGGEMANN und OCKER, 1993, S. 159).

---

[34] Untersuchungen an Haaren und Knochen haben gezeigt, daß die Bleibelastung des Menschen in vorindustrieller Zeit größer war als heute. Mögliche Ursachen sind die Verwendung von Blei für Wasserleitungsrohre, bleihaltiges Zinngeschirr und bleihaltige Glasuren (BELITZ und GROSCH, 1987, S. 377).

**Tabelle 1-5: Blei- und Cadmiumgehalte in pflanzlichen Lebensmitteln (µg/kg Frischsubstanz)**

| | Min. Wert | Max. Wert | 50. Perzentil[a] | 90. Perzentil[a] | Richt-wert | Anzahl Proben > Richtwert (%) |
|---|---|---|---|---|---|---|
| | | | **Blei** | | | |
| Kartoffeln | 1,0 | 1.800 | 10 | 57 | 250 | 0,9 |
| Kopfsalat | 2,0 | 2.240 | 24 | 80 | 800 | 0,2 |
| Weißkohl | 1,0 | 4.720 | - | 36 | 800 | 0,2 |
| frischer Spinat | 6,0 | 2.360 | 60 | 174 | 800 | 0,6 |
| Mohrrüben | 3,0 | 1.420 | 24 | 60 | 250 | 0,8 |
| Erdbeeren | 1,0 | 870 | - | 60 | 500 | 0,1 |
| Äpfel | 2,0 | 3.700 | 20 | 53 | 500 | 0,2 |
| Weizenkorn | n.n | 637 | 31 | keine Ang. | 300 | keine Ang. |
| Roggenkorn | n.n | 1.500 | 47 | keine Ang. | 400 | keine Ang. |
| Mischbrot ABL | n.n | 367 | 33 | keine Ang. | 400 | 0,0 |
| Mischbrot NBL | n.n | 570 | 32 | keine Ang. | 400 | keine Ang. |
| | | | **Cadmium** | | | |
| Kartoffeln | 1,0 | 430 | 18 | 43 | 100 | 1,1 |
| Kopfsalat | 0,8 | 930 | 24 | 64 | 100 | 1,7 |
| Weißkohl | 0,1 | 750 | 4 | 10 | 100 | 0,3 |
| frischer Spinat | 2,3 | 2.120 | 58 | 182 | 100 | 0,8 |
| Mohrrüben | 0,9 | 710 | 17 | 60 | 100 | 2,5 |
| Erdbeeren | 0,3 | 610 | 6 | 23 | 50 | 1,7 |
| Äpfel | 0,1 | 600 | - | 10 | 50 | 0,5 |
| Weizenkorn | 11,0 | 1.500 | 43 | keine Ang. | 100 | keine Ang. |
| Roggenkorn | 2,0 | 260 | 11 | keine Ang. | 100 | keine Ang. |
| Mischbrot ABL | 6,0 | 61 | 18 | keine Ang. | 100 | 0,0 |
| Mischbrot NBL | 6,0 | 59 | 20 | keine Ang. | 100 | 0,0 |

*Anmerkungen:* Für Mischbrot wurde als Richtwert der höchste Getreidekornwert angenommen. Der Maximalwert liegt nur bei Blei, NBL, über dem angenommenen Richtwert.
a: Hier ist der höchste angegebene Wert von verschiedenen Perioden wiedergegeben.

*Beobachtungszeitraum und Quellen:* Obst und Gemüse für die Jahre 1988-1992: Eigene Darstellung nach ZEBS, 1994, S. 245, 246, 260 ff. Getreide für die Jahre 1975-1992: BRÜGGEMANN und OCKER, 1993, S. 159. Roggen-Weizen-Mischbrot für die Jahre 1985-1992 (alte Bundesländer), 1990-1992 (neue Bundesländer): BRÜGGEMANN und OCKER, 1993, S. 159 f.

Die von der Bundesregierung vorgegebenen Richtwerte werden, außer bei Cadmium in Spinat, auch vom 90. Perzentil nicht erreicht. Die Anzahl der Proben, die insgesamt über dem Richtwert lagen, betrug in den meisten Fällen weniger als ein Prozent. Die Richtwerte stellen allerdings weder gesundheitlich unbedenkliche Konzentrationen noch gesetzliche Höchstmengen dar. Sie beschreiben nur die gegenwärtige Situation. Ihre Überschreitung macht auf eine besonders starke Kontamination aufmerksam. Die Ausschöpfung der Richtwerte könnte langfristig zu Gesundheitsschäden führen (HAPKE, 1989, S. 173). Die ZEBS bewertet die Blei- und Cadmiumbelastung von Obst und Gemüse als zufriedenstellend. Einschränkend kritisiert sie aber die im Einzelfall gemessenen Extrembelastungen (ZEBS, 1994, S. 246). BRÜGGEMANN und OCKER (1993, S. 160) schätzen, daß über einen durchschnittlichen Brotverzehr der ADI-Wert für Cadmium zu 5-10% und für Blei zu 1-2% ausgelastet würde. Von der ZEBS wurde die gesamte Blei- und Cadmiumaufnahme, analog zu den Schätzungen der Nitrataufnahme, nicht berechnet, obwohl dies durchaus möglich gewesen wäre, da im Rahmen des Lebensmittel-Monitoring auch die Schwermetallbelastung der wichtigsten tierischen Lebensmittel gemessen wurde.

### 1.3.2 Schadstoffe und Schadorganismen in tierischen Lebensmitteln

Unter den Oberbegriff der tierischen Lebensmittel fallen die Produktgruppen Fleisch und Fleischwaren, Milch und Milcherzeugnisse, Eier und Fisch. In Deutschland wurden 1994 ca. 110 Mio. Stück Geflügel, 25 Mio. Schweine und 16 Mio. Rinder gehalten (BML, 1995, S. 130). Die Inlandserzeugung tierischer Produkte umfaßte in diesem Jahr gut 6 Mio. Tonnen Fleisch (Schlachtgewicht), knapp 28 Mio. Tonnen Milch und 0,8 Mio. Tonnen Eier (BML, 1995, S. 147, 149). Der Selbstversorgungsgrad ist bei den meisten tierischen Produkten hoch. Nennenswerte Einfuhren zur Bedarfsdeckung sind jedoch bei Schweine- und Geflügelfleisch sowie bei Fisch zu verzeichnen (BML, 1995, S. 194).

Das Vorkommen von Schadstoffen ist in tierischen Lebensmitteln besonders vielseitig: Einerseits stehen Tiere am Ende der Nahrungskette und beinhalten daher in besonderem Maße persistente Kontaminanten. Die Anreicherung erfolgt in bestimmten Organen oder Gewebsarten[35] und steigt mit dem Lebensalter der Tiere. Andererseits werden in der Tierhaltung zahlreiche Tierarzneimittel eingesetzt, deren Rückstände auf den Konsumenten schädlich wirken können. Schließlich bieten tierische Lebensmittel Krankheitserregern unter bestimmten Umweltbedingungen einen guten Nährboden für ihre Vermehrung. Sie lösen die sogenannten Lebensmittelinfektionen aus.

Ein wichtiger Eintragsweg von Schadstoffen in das Tier erfolgt über das Futter. Futtermittel können von einer Vielzahl unterschiedlicher Schadstoffe und Schaderreger belastet sein. In der amtlichen Futtermittelüberwachung, die laut § 19 des Futtermittelgesetzes[36] bei Herstellern und Vertreibern von Futtermitteln durchgeführt wird, wurden zwischen 1991-1994 jährlich gut 14.000 Proben untersucht. Knapp ein Viertel der durchgeführten Einzelbestimmungen galten dem Nachweis schädlicher Substanzen. Die häufigsten Beanstandungen[37] bezogen sich auf unzulässige Zusätze (8,1%), auf mikrobiologische Verunreinigungen (6,5%), auf verbotene

---

[35] Blei und Cadmium werden vornehmlich in Leber und Niere gespeichert, während die persistenten Organohalogenverbindungen im Fettgewebe bzw. in den Fettfraktionen von Milch und Eiern vorkommen.
[36] Futtermittelgesetz vom 2.7. 1975 i.d.Ä. vom 12.1.1987, 26.2.1993 und 27.4.1993.
[37] Auf alle Beanstandungen bezogen erfolgte in 47% keine Maßnahme, in 22% der Fälle wurden Hinweise und Belehrungen erteilt, Verwarnungen wurden bei 18% der Beanstandungen ausgesprochen. Ein Bußgeldverfahren wurde bei 12% angestrengt, zu einem Strafverfahren kam es bei weniger als einem Prozent (vergl. Anhang, Tabelle 1-11).

Stoffe (2,9%) und auf den unzulässig hohen Zusatz von Leistungsförderern (2,6%) (vergl. Anhang, Tabelle 1-11).

Die Futtermittelüberwachung bezieht sich nur auf gehandelte Ware. Viele Landwirte produzieren jedoch ihre Futtermittel auch selbst. Neben Getreide und Silomais hat insbesondere das Grün- und Rauhfutter[38] von Wiesen und Weiden eine große Bedeutung in der Tierernährung. Über die Schadstoffbelastung des Wirtschaftsfutters liegen keine der Futtermittelüberwachung vergleichbare Untersuchungen vor.

Das Vorkommen der wichtigsten Schadstoffe in tierischen Lebensmitteln soll in den nachstehenden Abschnitten vorgestellt werden. Dazu werden Pflanzenschutzmittel und PCB, Schwermetalle und Arzneimittelrückstände sowie das Ausmaß der Lebensmittelinfektionen diskutiert.

### 1.3.2.1 Pflanzenschutzmittel und andere Organochlorverbindungen

Im bundesweiten Lebensmittel-Monitoring wurden Milch, Eier, Leber und Fettgewebe von Rind und Schwein sowie Proben der Regenbogenforelle auf persistente Organochlorverbindungen untersucht. Das Vorkommen der häufigsten Stoffe gibt Tabelle 1-8 im Anhang wieder. Die Angaben machen deutlich, daß die seit etwa 20 Jahren verbotenen Pestizide HCB[39] und DDE[40] und das nur noch eingeschränkt zugelassene Lindan und seine Isomere $\alpha$- und $\beta$-HCH[41] ebenso in der Mehrzahl der tierischen Lebensmittel vorkommen wie polychlorierte Biphenyle (PCB)[42]. Milch, Rinderleber und Rinderfett sind deutlich häufiger belastet als die Schweine- und Eierproben, dies ist mit der längeren Lebensdauer und damit längeren Schadstoffakkumulation der Rinder erklärbar. An der oftmaligen Verunreinigung der Regenbogenforelle wird deutlich, daß auch Gewässer und ihre Bewohner mit persistenten Organohalogenverbindungen belastet sind[43].

---

[38] Grün- und Rauhfutter stellt 50% des Futteraufkommens aus Inlandserzeugung und Einfuhren dar (gemessen in Getreideeinheiten, BML, 1995, S. 122).

[39] Hexachlorbenzol war in 38% (Schweineleber) bis 86% (Milch) der Proben nachweisbar.

[40] Dichlor-dipenyl-dichlorethylen ist ein Abbauprodukt von DDT (Dichlor-diphenyl-trichlorethan) und wurde in 42% (Schweineleber) bis 84% (Forelle) aller Proben festgestellt.

[41] Hexachlorcyclohexan (HCH) besteht aus fünf Isomeren, von denen nur $\gamma$-HCH (Lindan) insektizid wirksam ist. Technisches HCH enthält auch als Verunreinigung $\beta$-HCH, das besonders persistent ist; seine Halbwertszeit im Boden wird auf acht Jahre geschätzt (DUNKELBERG, 1989, S. 114 f). HCH wurde in 19% (Schweinefett) bis 63% (Forelle) der untersuchten Proben beobachtet.

[42] Polychlorierte Biphenyle wurden in zahlreichen technischen Verwendungen wie Transformatoren und Kondensatoren eingesetzt. Ihre Herstellung und Inverkehrbringung ist seit 1989 verboten. In Lebensmitteln kommen über 50 verschiedene Kongenere vor, sechs von ihnen werden aufgrund internationaler Konventionen als sogenannte Leitkongenere in der Regel überprüft. Die höherchlorierten PCB wie PCB 138, 153 und 180 sind besonders schwer abbaubar (DGE, 1992, S. 126). PCB 153 war in 25% (Schweinefett) bis 88% (Rinderleber) aller tierischen Lebensmittel nachweisbar.

[43] Fische und Fischereierzeugnisse sind von der Verunreinigung mit persistenten Wirkstoffen besonders betroffen. Sie sind beispielsweise so stark mit Polychlorterpenen belastet, daß ein Großteil dieser Produkte nach der geltenden Rückstands-Höchstmengen-Verordnung vom 1.9.94 nicht verkehrsfähig wäre. Bis Ende 1996 ist noch eine Übergangsfrist mit höheren Werten gültig. Polychlorterpene sind Pflanzenschutzmittel-Wirkstoffe, die in Deutschland seit 15 Jahren verboten sind (AGRA-EUROPE, 11.3.1996).

Für die meisten Produkte wurden Höchstmengenüberschreitungen nur vereinzelt festgestellt. Bei Rinderleber und -fett betragen die gesamten Höchstmengenüberschreitungen der PCB 1-2% aller Proben. Die Häufigkeit der Mehrfachbelastung wurde von der ZEBS nicht dargestellt. Angesichts der großen Verbreitung nachweisbarer Verunreinigungen von 6-9 Stoffen pro Lebensmittel muß von Mehrfachbelastungen ausgegangen werden.

Eine Betrachtung des Gesamtverzehrs chlororganischer Wirksstoffe wird im Abschlußbericht des Lebensmittel-Monitoring nicht angestellt. In Ergänzung seien daher zwei an Verzehrsstudien ausgerichtete Untersuchungen zitiert:

KIBLER und LEPSCHY-V. GLEISSENTHALL (1990) analysierten den PCB-Gehalt von 160 Gesamtverzehrsproben, die von 20 Probanden aus dem Großraum München stammten. Nach der Bestimmung der sechs PCB-Indikator-Kongenere wurde die tägliche Aufnahme an Gesamt-PCB geschätzt[44]. Die ermittelten Werte lagen deutlich unter dem ADI-Wert der WHO, der bei 1µg Gesamt-PCB pro kg Körpergewicht liegt (HAPKE, 1989, S. 194).

Die tägliche Aufnahme von HCH, HCB und DDE untersuchten GEORGII et al. (1989) anhand von 49 Tagesrationen stationär verpflegter Patienten und von 41 Säuglings- und Kleinkinderportionen in Hessen. Die durchschnittliche Ausschöpfung des ADI-Wertes der WHO betrug weniger als ein Prozent. Zu der Aufnahme von γ-HCH und DDE trugen insbesondere Wurst (53-59% der Gesamtaufnahme) und Butter (16-18%) bei. Während allgemein für tierische Lebensmittel aus der EU ein rückläufiger Gehalt an chlororganischen Pestiziden beobachtet wurde, enthielt Schafskäse aus Drittländern wiederholt erhöhte HCH-Gehalte. In Drittländern wird HCH noch zur Bekämpfung von Ektoparasiten eingesetzt (GEORGII et al., 1989, S. 386).

Verunreinigungen tierischer Lebensmittel mit polychlorierten Dibenzodioxinen und -furanen (PCDD/F) wurden von der ZEBS nicht untersucht. Diese Nebenprodukte zahlreicher chemischer Prozesse, in denen Chlor verwendet wird, sind sehr stabil und lagern sich im Fettgewebe ab. Die Toxizität der 75 verschiedenen Dioxine und 135 Furane ist äußerst unterschiedlich, der Nachweis der Stoffe aufwendig (DGE, 1992, S. 128). Nach HEESCHEN und BLÜTHGEN (1994, S. 189) betrug 1992 die tägliche orale Aufnahme eines Erwachsenen in Deutschland 135,6 pg in Toxizitätsäquivalenten[45], 85% stammen dabei aus tierischen Lebensmitteln. Diese Aufnahme ist doppelt so hoch wie der gewünschte Vorsorgewert in Deutschland, aber er beträgt nur ein Fünftel des Toleranzwertes, den die WHO für PCDD/F vorschlägt. Insgesamt konnte in den 90er Jahren ein stetiger Rückgang der PCDD/F-Belastung beobachtet werden (BLÜTHGEN et al., 1996, S. 32). Die Aufnahme des Säuglings von Dioxinen und Furanen über die Muttermilch ist, bezogen auf das Körpergewicht, etwa dreimal so hoch wie beim Erwachsenen. Auf das

---

[44] Die tägliche PCB-Gesamtaufnahme eines 70 kg schweren Menschen würde einer Aufnahme von 0,06 µg (Mittelwert), 0,004 µg (Median) bzw. 0,17 µg (90. Perzentil) pro Kilogramm Körpergewicht entsprechen.
[45] Um ein aggregiertes Toxizitätsmaß eines Gemisches aus verschiedenen Dioxin- und Furanverbindungen zu erreichen, wurde ihre Toxizität relativ zu dem besonders toxisch wirkenden 2,3,7,8-TCDD ausgedrückt. Die Angaben in Toxizitätsäquivalenten lassen sich dann aufaddieren (KÜHN, 1991, S. 60).

Vorkommen der PCDD/F wird daher in Abschnitt 1.3.4, Verunreinigungen in Humanmilch, nochmals eingegangen.

### 1.3.2.2 Schwermetalle

Tierische Lebensmittel enthalten von Natur aus nur geringe Mengen an Blei, Cadmium und Quecksilber. Dies belegen die Mindestwerte in Tabelle 1-6, in der die Untersuchungsergebnisse des Lebensmittel-Monitoring zusammengestellt sind. Milch ist in dieser Untersuchungsreihe nicht enthalten, da Schwermetalle sich in diesem Lebensmittel nicht anreichern.

**Tabelle 1-6: Blei,- Cadmium- und Quecksilbergehalte in tierischen Lebensmitteln, 1988-1992 (µg/kg Frischsubstanz)**

|  | Min. Wert | Max. Wert | 50. Perzentil[a] | 90. Perzentil[a] | Richt-wert | Anzahl Proben > Richtwert (%) |
|---|---|---|---|---|---|---|
| **Blei** | | | | | | |
| Rindfleisch | 5,0 | 940 | 10 | 70 | 250 | 0,5 |
| Rinderleber | 8,0 | 2.960 | 80 | 240 | 500 | 0,9 |
| Rinderniere | 10,0 | 4.510 | 160 | 371 | 500 | 4,6 |
| Schweinefleisch | 5,0 | 900 | - | 85 | 250 | 0,6 |
| Schweineleber | 4,0 | 923 | 25 | 140 | 500 | 0,5 |
| Schweineniere | 4,0 | 1.827 | 30 | 156 | 500 | 0,8 |
| **Cadmium** | | | | | | |
| Rindfleisch | 0,9 | 672 | - | 35 | 100 | 0,2 |
| Rinderleber | 6,0 | 1.540 | 71 | 165 | 300 | 1,2 |
| Rinderniere | 34,0 | 4.730 | 316 | 820 | 500 | 24,8 |
| Schweinefleisch | 1,0 | 330 | - | - | 100 | 0,3 |
| Schweineleber | 1,0 | 1.024 | 50 | 132 | 300 | 1,5 |
| Schweineniere | 12,0 | 6.570 | 244 | 617 | 500 | 15,0 |
| **Quecksilber** | | | | | | |
| Rinderniere | 1,0 | 2.550 | 10 | 25 | 100 | 1,0 |
| Schweineniere | 1,0 | 570 | - | 25 | 100 | 0,7 |
| Regenbogenforelle | 2,0 | 796 | 27 | 94 | 500 | 1,0 |

*Anmerkungen:* Die Zahlen beziehen sich auf Daten aus den Jahren 1988-1992.
[a]: Hier ist der höchste angegebene Wert von verschiedenen Perioden wiedergegeben.
*Quellen:* Eigene Darstellung nach ZEBS, 1994, S. 243, 253 ff und Anlage 5, Bd. 1.

Der Vergleich zwischen den Probenarten Fleischgewebe, Leber und Niere macht deutlich, daß besonders in dem Entgiftungsorgan Niere Blei und Cadmium angereichert wird. Aber auch das 50. und 90. Perzentil der Leber liegt über den Fleischwerten. Innereien von Rindern sind stärker mit Blei und Cadmium belastet als die vom Schwein. Dieser Unterschied erklärt sich aus der längeren Lebensdauer der Rinder, die eine längere Schwermetallanreicherung zuläßt.

Der Richtwert für Cadmium wurde von 24,8% der Rindernieren und 15% der Schweinenieren überschritten. Der Bleigehalt von 4,6% aller Rindernieren lag ebenfalls über dem Richtwert.

Der begrenzte Aussagewert von Richtwertüber- oder Unterschreitungen wurde bereits auf S. 24 diskutiert. Nach der Fleischhygiene-Verordnung gilt Fleisch dann als gesundheitlich bedenklich, wenn der Richtwert für Schwermetalle um das Doppelte überschritten wird. Die doppelte Überschreitung lag bei Blei[46] unter einem Prozent, bei Cadmium fielen 5,6% der Rindernieren und 3,3% der Schweinenieren in diese Kategorie (ZEBS, 1994, S. 244).

Bei Quecksilber wurden Richtwertüberschreitungen bei unter einem Prozent der Proben beobachtet. Maximalwerte, die den Richtwert z.T. um das 25fache übersteigen, weisen allerdings auf vereinzelte Belastungen hin, die gesundheitsgefährdend hoch sein können.

### 1.3.2.3 Rückstände mit pharmakologischer Wirkung

Paragraph 15 des LMBG regelt die Rückstände in tierischen Lebensmitteln mit pharmakologischer Wirkung. Unter diesen Begriff fallen sowohl die Tierarzneimittel, die nach dem Arzneimittelrecht zugelassen sind, als auch bestimmte Futtermittelzusatzstoffe, deren Einsatz vom Futtermittelrecht geregelt wird. Der Umsatz der Tierarzneimittelindustrie betrug 1994 nach eigenen Angaben in Deutschland 1,15 Mrd. DM[47].

*Beschreibung der relevanten Wirkstoffgruppen*

Die momentan relevanten Rückstände lassen sich in folgende Wirkstoffgruppen unterscheiden[48]:

**Antibiotika und Chemotherapeutika** werden in der Tierheilkunde zur Bekämpfung von Infektionskrankheiten eingesetzt. Zusätzlich werden bestimmte Antibiotika auch als sog. Leistungsförderer zur Verbesserung der Futterverwertung als Futtermittelzusatz angewendet. Als Futtermittelzusatz sind außerdem Arzneimittel zugelassen, die der Prophylaxe der Kokzidiose und Schwarzkopfkrankheit, zwei häufige Erkrankungen bei Geflügel, dienen.

Als **Anabolika (Sexualhormone)** werden u.a. körpereigene und körperfremde Sexualhormone bezeichnet, die beim Masttier die Eiweißsynthese und damit den Muskelaufbau fördern. Seit dem 1.1.1988 ist die Anwendung anabol wirksamer Sexualhormone zu Mastzwecken in der EU verboten[49]. Wie weiter unten ausgeführt wird, ist der illegale Einsatz aber weit verbreitet.

---

[46] Allgemein kann für Blei eine sinkende Konzentration beobachtet werden, die es auch erlaubte, die Richtwerte für Blei in Innereien 1990 zu senken (DGE, 1992, S. 121).
[47] Der Umsatz untergliedert sich wie folgt: Futterzusatzstoffe 39%, Antibiotika 18%, Biologika 15%, Antiparasitika 11%, Hormone 3%, sonstige 13% (BfT, 1995, S. 1).
[48] Die Beschreibung der Wirkstoffe ist im wesentlichen MALISCH, 1991, S. 37 ff entnommen.
[49] Außerhalb der EU sind Hormongaben als Masthilfen in vielen Ländern erlaubt. Die USA, Kanada, Australien und Neuseeland haben jetzt offiziell die Einleitung eines Konsultationsverfahrens bei der Welthandelsorganisation beantragt. Die Einfuhr ihrer Fleischprodukte würde durch das EU-Hormonverbot in ungerechtfertigter Weise behindert (AGRA-EUROPE, 12.2.1996). Das Hormonverbot stellt damit ein typisches nichttarifäres Handelshemmnis dar.

**ß-Agonisten** erregen die Beta-Rezeptoren des Herzens und der glatten Muskulatur und eignen sich zur Therapie von Atemwegserkrankungen und zur Wehenunterdrückung. Erhöhte Dosen verbessern das Fleisch-/Fettverhältnis von Masttieren um bis zu 10%. Zu diesem Zweck werden Präparate wie Clenbuterol immer wieder mißbräuchlich besonders in der Kälbermast eingesetzt[50].

Das **Wachstumshormon Somatotropin** ist artspezifisch. Das Rinder-Somatotropin (bST) steigert die Milchleistung bedeutend. Es ist in den USA zugelassen, in der Europäischen Gemeinschaft aber nicht (AGRA-EUROPE, 28.5.1996). Aufgrund der artspezifischen Wirkung des porcinen und bovinen Somatotropin wird davon ausgegangen, daß sie auf den Menschen keine Wirkung haben (UNGEMACH, 1996, S. 4).

Neuroleptika, Tranquilizer und Beta-Blocker dienen als **Beruhigungsmittel**. Die Verabreichung kurz vor dem Transport zum Schlachthof ist nicht legal, da die geforderte Wartezeit zwischen Applikation und Schlachtung nicht eingehalten werden kann. Gerade der Transport ist für die Tiere aber eine Streßsituation, und es besteht daher ein Anreiz, Transportverluste durch den illegalen Einsatz von Psychopharmaka zu senken.

*Das Verbraucherrisiko durch Rückstände pharmakologisch wirksamer Stoffe*

Für den Verbraucher sind Rückstände der genannten pharmakologischen Stoffe von unterschiedlicher Gefährlichkeit. **Fütterungsantibiotika** bergen das Risiko der Resistenzbildung bei für den Menschen gefährlichen Krankheitserregern. Das heißt, daß Erreger gegenüber Therapeutika der Humanmedizin unempfindlich werden können. Wie groß dieses Risiko ist, ist zur Zeit noch nicht abzuschätzen (KÜPPER, 1995, S. 327).

**Natürliche Sexualhormone** (Östrogen, Testosteron, Progesteron) stellen für den Verbraucher, mit Ausnahme der Injektionsstellen, aller Wahrscheinlichkeit nach keine Gesundheitsgefährdung dar. Die Hormonkonzentration im Gewebe behandelter Tiere liegt innerhalb des physiologischen Schwankungsbereiches unbehandelter erwachsener Tiere. Bei **sexualhormonartig wirkenden Fremdstoffen** wie Trenbolon und Zeranol existieren keine physiologischen Normalwerte. An den Applikationsstellen können auch nach Ablauf der Wartezeiten unvertretbar hohe Konzentrationen vorliegen (UNGEMACH, 1996, S. 3)[51].

**ß-Agonisten** wie Clenbuterol können in hohen Dosen akut toxisch auf den Menschen wirken. Bei regelmäßiger (illegaler) Verabreichung von ß-Agonisten sinkt die Wirkung durch eine Herabsetzung der Rezeptorendichte. Dieser Effekt wird z.T. durch die illegale Gabe von Gluko-

---

[50] Clenbuterol ist durch den Fall Katrin Krabbe auch als Dopingmittel im Spitzensport bekannt geworden (AGRA-EUROPE, 4.3.1996).

[51] In Ländern, in denen Hormone oder hormonartige Substanzen in der Rindermast zugelassen sind, werden die Wirkstoffe in Form von Implantaten in den Ohrgrund appliziert. Die Ohren werden bei der Schlachtung verworfen. Beim illegalen Einsatz dieser Stoffe werden diese hingegen möglichst wenig sichtbar intramuskulär injiziert. Wird der Mißbrauch nicht bemerkt, kommen auch die hoch belasteten Injektionsstellen in den Verkehr (UNGEMACH, 1996, S. 3).

kortikoiden oder Schilddrüsenhormonen abgeschwächt. Die Auswirkungen dieser Kombinationen an Pharmazeutika auf die Verbraucher- und Tiergesundheit sind derzeit nicht abzuschätzen, die Verwendung aber mit Sicherheit abzulehnen (UNGEMACH, 1996, S. 5).

*Beschreibung der Rückstandssituation*

Die folgenden Angaben beziehen sich vornehmlich auf Rückstände in Fleisch. Für die Milcherzeugung haben Anabolika keine Bedeutung. Antibiotikarückstände werden im Eigeninteresse der Molkereien vor der Weiterverarbeitung überprüft, da sie Milchsäurebakterien und andere, für die Produktion von Milchprodukten essentielle Mikroorganismen beeinträchtigen können (DGE, 1992, S. 109).

Angaben über pharmakologisch wirksame und andere gesundheitsgefährdende Substanzen im Schlachttier werden bundesweit im Rahmen des nationalen Rückstandskontrollplans[52] erfaßt. Das BgVV gibt an die Bundesländer jährlich Probenpläne aus, in denen Probenzahl, Tierart und nachzuweisende Substanzen festgelegt sind. Die Probenzahl orientiert sich an der Vieh- und Schlachttierzahl des jeweiligen Bundeslandes. Die Stichproben werden nicht nach dem Zufallsprinzip bestimmt, sondern es sollen gezielt die landwirtschaftlichen Betriebe und Schlachthäuser untersucht werden, bei denen eine Übertretung am ehesten vermutet wird. Dies sind z.B. große, intensive Mastbetriebe bzw. Schlachtkörper mit besonders guter Bemuskelung (BgVV, 1995, S. 2). Auftraggeber des nationalen Rückstandskontrollplanes ist das Bundesgesundheitsministerium, die Durchführung der Untersuchungen erfolgt durch die jeweiligen Kontrollorgane der Lebensmittelüberwachung auf Landesebene. Die Ergebnisse des nationalen Rückstandskontrollplanes werden nicht veröffentlicht und sind auch der Wissenschaft nicht zugänglich. Überblickszahlen für 1989 sind im Ernährungsbericht 1992 zitiert (DGE, 1992, S. 108).

Einige ausgesuchte Ergebnisse des nationalen Rückstandskontrollplans 1995 wurden im Rahmen einer Pressemitteilung bekanntgegeben (BgVV, 1996). Danach hat die illegale Anwendung bestimmter Substanzen im Vergleich zu den Vorjahren zugenommen. Das aufgrund seines gentoxischen Potentials seit August 1994 verbotene Antibiotikum Chloramphenicol wurde in 18% aller untersuchten Kälbermastbetriebe nachgewiesen. Die im Fleisch festgestellten Rückstände stellten aber nach Einschätzung des BgVV keine Gesundheitsgefährdung der Verbraucher dar. Höchstmengenüberschreitungen bei Sulfonamiden traten bei 2,1% aller untersuchten Schlachtschweine auf. Der als Masthilfe verbotene ß-Agonist Clenbuterol wurde bei

---

[52] Der nationale Rückstandskontrollplan stellt eine Umsetzung der EG-VO 2377/90 dar. Diese EG-Verordnung über Höchstmengen von Tierarzneimitteln in tierischen Lebensmitteln verbesserte die gültige Rechtslage in Deutschland erheblich. Ab 1997 dürfen nur noch Stoffe angewendet werden, die in den Anhängen I bis III der Verordnung incl. ihrer Höchstmengen genannt werden. Analytisch ist der Nachweis einiger Höchstmengen schwierig, es liegen noch keine Routineverfahren vor, und der apparative und personelle Aufwand ist groß (CLUA (CHEMISCHE LANDESUNTERSUCHUNGSANSTALT) SIGMARINGEN, 1994, S. 151 f).

5,1% aller Kälber gefunden. Verbotswidrige Rückstände wurden in 0,9% aller Geflügelmastbetriebe festgestellt.

Die Angaben aus der Pressemitteilung der BgVV (1996) beziehen sich nur auf einige Elemente des Rückstandskontrollplans. Da die Proben gezielt in „verdächtigen" Betrieben und von zweifelhaften Schlachtkörpern gezogen werden sollten (BgVV, 1995, S. 2), zeichnen die Ergebnisse vermutlich ein pessimistisches Bild der Realität. Überraschender Weise wird die Stichprobenziehung in der Pressemitteilung nicht erläutert.

Für die Problematik von Tierarzneimittel-Rückständen in Fleisch sind zwei Komponenten verantwortlich. Einerseits sind die Gewinnzuwächse insbesondere durch illegale Masthilfen hoch. Es wird geschätzt, daß im Rahmen des gemeinschaftlichen Handelsklassenschemas Rindfleischerzeuger durch den Einsatz von Anabolika pro Tier 100-200 ECU mehr verdienen (EUROPÄISCHES PARLAMENT, 1994, S. 28). Andererseits haben Mäster über einen international organisierten Schwarzmarkt leichten Zugang zu verbotenen Tierarzneimitteln. Die Bundestierärztekammer teilte auf Anfrage mit, daß es für Deutschland keine aktuellen Statistiken darüber gäbe. Sie ginge aber davon aus, „daß der Handel mit Tierarzneimitteln und Wirkstoffen weiterhin zu einem erheblichen Teil jenseits der rechtlichen Vorschriften stattfindet" (TIETJEN, 1996). Das totale Verbot von Hormonen zu Mastzwecken fördert den Schwarzmarkt und den illegalen und unsachgemäßen Einsatz dieser Mittel. Faktisch führt diese Praxis zu einer Verschlechterung des Verbraucherschutzes (EUROPÄISCHES PARLAMENT, 1994, S. 36).

Der EU-Ministerrat beschloß im März 1996 eine Verschärfung der Sanktionen bei Verstößen des EU-Hormonverbots. Im Falle einer Überschreitung werden die EU-Tierprämien für ein Jahr, im Wiederholungsfall für fünf Jahre gestrichen. Außerdem muß der Tierbestand getötet werden. Zusätzlich erfolgt eine Strafverfolgung nach nationalem Recht (AGRA-EUROPE, 25.3.1996).

### 1.3.2.4 Lebensmittelinfektionen durch Schadorganismen

Lebensmittelinfektionen sind laut WHO „Krankheiten infektiöser oder toxischer Natur, die tatsächlich oder wahrscheinlich auf den Verzehr von Lebensmitteln oder Wasser zurückgeführt werden können" (SCHMIDT und KOLB, 1996, S. 6). Sie werden von pathogenen Mikroorganismen ausgelöst, die entweder schon bei der Entstehung in oder auf ein Lebensmittel gelangen, oder im Verlauf der Verarbeitung ein Lebensmittel verunreinigen. Besonders Eier, Fleisch und Milch können mikrobiologisch verunreinigt sein, da bereits das lebende Tier Träger der Infektionserreger sein kann (DGE, 1992, S. 160). Die krankmachende Wirkung der Mikroorganismen beruht auf ihrer Fähigkeit, sich im Menschen zu vermehren (Lebensmittelinfektion) oder Toxine zu produzieren (Lebensmittelintoxikation). Mikrobiologische Lebensmittelinfektionen können durch Bakterien, Pilze, Viren oder Parasiten ausgelöst werden (KRÄMER, 1991, S. 86-88). Die von ihnen verursachten Darmerkrankungen können von unspezifischen Störungen des Allgemeinbefindens über leicht bis schwer verlaufende Magen-Darm-Erkrankungen bis hin zu lebensbedrohlichen Komplikationen führen (KÜPPER, 1996, S. 249). Das Statistische Bundesamt unterteilt die wichtigsten Erkrankungen in *Enteritis infectiosa* (infektiöse Magen-Darm-Erkrankung), Botulismus, Cholera, Typhus, Paratyphus und Shigellenruhr. Der überwiegende Teil gemeldeter Lebensmittelinfektionen gilt der *Enteritis infectiosa*, die größtenteils von dem Bakterium *Salmonella enteritis* ausgelöst wird (KOHLMEIER et al., 1993, S. 221). Diese Erkrankung wird als Salmonellose bezeichnet und soll als gesundheitspolitisch wie wirtschaftlich wichtigste Lebensmittelinfektion im Zentrum der folgenden Ausführungen stehen.

*Verbreitung von Lebensmittelinfektionen*

Mikrobielle Lebensmittelinfektionen und -intoxikationen sind nach § 3 des Bundesseuchengesetzes meldepflichtig. Es wird allerdings für Deutschland wie für andere Länder davon ausgegangen, daß nur ein Bruchteil der Erkrankungen tatsächlich gemeldet wird. KRUG und REHM (1983, S. 52) ermittelten, daß die gemeldeten Fälle mit dem Faktor 12,4 multipliziert werden müßten, um das tatsächliche Ausmaß der Infektionen zu schätzen. Daß weniger als ein Zehntel aller Erkrankungen gemeldet werden, kann daran liegen, daß Erkrankte keinen Arzt aufsuchen, daß der Arzt bzw. das Labor die Erkrankung nicht richtig diagnostizieren oder die Fälle nicht an die Behörden weitermelden. Die gemeldeten und geschätzten *Enteritis infectiosa* Fälle der letzten fünf Jahre sind in Tabelle 1-7 abgebildet.

**Tabelle 1-7: Enteritis Infectiosa: Gemeldete und geschätzte Fälle, 1990-1994**

|  | 1991 | 1992 | 1993 | 1994 |
|---|---|---|---|---|
| **Gemeldete Erkrankungen** | | | | |
| Enteritis infectiosa | 177.386 | 246.569 | 198.763 | 197.309 |
| davon Salmonellose | 135.366 | 195.378 | 140.435 | 132.858 |
| **Gemeldete Sterbefälle** | | | | |
| Infektiöse Krankheiten des Verdauungssystems (ICD 001-009) [a] | 377 | 467 | 411 | 330 |
| davon Salmonelleninfektion (ICD 003) [a] | 152 | 202 | 133 | 122 |
| **Geschätzte Erkrankungen [b]** | | | | |
| Enteritis infectiosa | 2.199.586 | 3.057.456 | 2.464.661 | 2.446.632 |
| davon Salmonellose | 1.678.538 | 2.422.687 | 1.741.394 | 1.647.439 |

*Anmerkungen:* a: ICD = Internationale Klassifikation der Krankheiten, Verletzungen und Todesursachen.
b: Multiplikation mit dem Faktor 12,4 (nach KRUG und REHM, 1985, S. 56).

*Quellen:* Daten und eigene Berechnungen nach STATISTISCHES BUNDESAMT, Fachserie 12 (Gesundheitswesen), Reihe 2 (Meldepflichtige Krankheiten) und 4 (Todesursachen in Deutschland), versch. Jhg.

Aus den Zahlen in Tabelle 1-7 geht hervor, daß in Deutschland jährlich zwischen 1,8 und 3,1 Millionen Menschen an *enteritis infectiosa* erkranken. Dreiviertel der Erkrankungen sind dabei auf eine Salmonelleninfektion zurückzuführen. Tödlich verlief die Salmonellose jährlich für 122 bis 202 Menschen. Bei den gemeldeten Sterbefällen sind über 80% der Opfer alte Menschen (65 Jahre und älter). Ein bis 1992 stark ansteigender Trend der Erkrankungen scheint sich in den darauf folgenden zwei Jahren nicht mehr fortzusetzen. SCHMIDT und KOLB (1996, S. 5) interpretieren den Rückgang der Salmonellosemeldungen eher als Zeichen einer genaueren Diagnostik denn als Hinweis auf die tatsächliche Abnahme der Fälle. Experten prognostizieren, daß veränderte Produktionsbedingungen (Massentierhaltung), größere Märkte, weltweiter Warenverkehr und veränderte Ernährungsgewohnheiten in der Zukunft eher zu einem weiteren Anstieg der Lebensmittelinfektionen führen werden (ERNÄHRUNGSUMSCHAU, 1995, S. 185).

Die Ausbreitung von *Salmonella enteritis* wird insbesondere durch ungenügende Kühlung auf allen Stufen der Gewinnung, Be- und Verarbeitung einschließlich der küchentechnischen Zubereitung in Privathaushalten begünstigt. Eier und Lebensmittel mit Eizusatz gelten als Hauptinfektionsquelle für den Menschen. Mit der Hühner-Salmonellen-Verordnung vom 11.4.1994, der Hühnerei-Verordnung vom 5.7.1994 und der Eiprodukte-Verordnung vom 17.12.1993 versucht der Gesetzgeber, entsprechende Hygienemaßnahmen vorzugeben (SCHMIDT und KOLB, 1996, S. 6). Stätten der Gemeinschaftsverpflegung wie Restaurants und Kantinen sind häufig Ausgangspunkte für größere Salmonelloseausbrüche (EISGRUBER und STOLLE, 1994, S. 336).

*Kosten der Lebensmittelinfektionen*

Lebensmittelinfektionen führen, im Gegensatz zu den subklinischen Belastungen durch Verunreinigungen und Rückstände, zu meßbaren Erkrankungen. Diese Erkrankungen lassen sich auch aus ökonomischer Sicht quantifizieren. Das am häufigsten angewandte Konzept ist die Krankheitskostenanalyse. Hierbei wird der durch Krankheit und Tod hervorgerufene Ressourcenverlust an Gütern und Dienstleistungen zu Marktpreisen bewertet und zusammengefaßt. Es wird dabei in direkte, indirekte und psycho-soziale Kosten unterschieden, die den unmittelbar betroffenen und den mittelbar betroffenen Personen entstehen[53].

Für Deutschland erstellten KRUG und REHM (1983) eine Kostenschätzung der Salmonellose, die KOLB (1993) auf das Jahr 1991 extrapolierte. Letzterer kommt dabei zu dem Ergebnis, daß die durch Salmonellosen verursachten Kosten in Deutschland mindestens 1,57 Mrd. DM betragen. In der Ausgangsstudie von KRUG und REHM (1983) ist die Verteilung des volkswirtschaftlichen Schadens zwischen Mensch bzw. Verbraucher (45%) und Tier bzw. Landwirtschaft (55%) ausgewiesen (ebd., S. 15). Die wichtigsten Kostenarten beim Menschen sind Freizeitverlust (42%), Wohlstandsverlust (23%) und Konsumverlust (16%), Heilkosten betragen nur 12% (KRUG und REHM, 1983, S. 69).

---

[53] Für eine ausführliche Darstellung der Methodik von Krankheitskostenstudien siehe exemplarisch HENKE et al. (1986). Ausführliche Krankheitskostenstudien über Lebensmittelinfektionen in den USA und Kanada bieten z.B. CURTIN und KRYSTYNAK (1991), ROBERTS und FOEGEDING (1991), TODD (1989a/1989b), ROBERTS und MARKS (1995), ROBERTS et al. (1995), FOEGEDING und ROBERTS (1996), BUZBY und ROBERTS (1996). Aufgrund unterschiedlicher Morbiditätsschätzungen und Bewertungsansätze, z.B. für Todesfälle und Freizeitverlust aufgrund von Krankheit, variieren ihre Ergebnisse entsprechend. SOCKETT (1993) untersucht die sozialen und ökonomischen Aspekte der Salmonellose in England und Wales.

In der Wirkungsanalyse verschiedener Bekämpfungsmaßnahmen erwies sich die Kombination von Maßnahmenbündeln in den Bereichen Futtermittel und Mensch am kosteneffektivsten. Der volkswirtschaftliche Nutzen betrüge hier das über Dreifache der Kosten (ebd., S. 22)[54]. Wirkungsvoll, aber nicht kosteneffektiv und in der Öffentlichkeit umstritten ist die Möglichkeit, Lebensmittel durch Bestrahlung zu entkeimen (SMULDERS und JOHNSON, 1990, S. 91; DIEHL, 1993b).

KOHLMEIER et al. (1993) schätzen die Krankheitskosten aller Lebensmittelinfektionen und -intoxikationen und lassen den Agrarbereich unberücksichtigt. Ihre Berechnungen belaufen sich auf 1,4 Mrd. DM Gesamtkosten, die zu 21% aus direkten Heilkosten und zu 79% aus indirekten Ressourcenverlusten bestehen. Größter Kostenfaktor sind die indirekten Kosten infolge von Arbeitsunfähigkeit mit 77% der Gesamtkosten.

*BSE (Rinderwahnsinn)*

Seit Mitte der 80er Jahre beunruhigt die hauptsächlich in Großbritannien auftretende Rinderkrankheit BSE (bovine spongiforme Enzephalopathie), auch Rinderwahnsinn genannt, die Öffentlichkeit. Die Infektion ist vermutlich durch unzureichend sterilisierte Schlachtabfälle von Schafen hervorgerufen worden, die mit dem Scrapie-Virus infiziert waren und, als Tiermehl weiterverarbeitet, an Rinder verfüttert wurden. Deutliche Analogien zum Creutzfeld-Jacob-Syndrom, einer zentralnervösen Erkrankung des Menschen, wecken Vermutungen, daß sich Menschen über den Verzehr von BSE-verseuchtem Rindfleisch infizieren könnten (DGE, 1992, S. 164). Diese Vermutung wurde durch neue epidemiologische Erkenntnisse aus Großbritannien erhärtet. Nach einer diesbezüglichen öffentlichen Erklärung britischer Wissenschaftler am 20. März 1996 wurde sieben Tage später ein Exportverbot für Rindfleisch und Lebendvieh aus Großbritannien verhängt (DLG-Mitteilungen, 5/1996, S. 4). Die Erklärung verursachte einen Konsumrückgang, der auch deutsches Rindfleisch mit einbezog. Die bestehenden Unsicherheiten über die tatsächliche Infektionsrate des Menschen durch BSE-verseuchtes Fleisch erschweren epidemiologische Prognosen und machen es schwierig, die politischen Entscheidungen und privaten Verhaltensweisen zu bewerten.

### 1.3.3 Schadstoffe in Trinkwasser

Der Mensch benötigt täglich etwa 5-6 Liter Wasser für die Nahrungszubereitung und zum Trinken (KATALYSE, 1990, S. 325). Trinkwasser kann aus Grundwasser oder aus Oberflächenwasser gewonnen werden. In den alten Bundesländern entfielen 1989 in der öffentlichen

---

[54] CURTIN und KRYSTYNAK (1991) stellen ihrer Kostenanalyse ein geplantes Salmonellosekontrollprogramm des kanadischen Landwirtschaftsministeriums gegenüber. Angelehnt an das Kontrollkonzept HACCP (Hazard Analysis Critical Control Point) wurden 17 Infektionspunkte entlang der Produktions-Verarbeitungs-Konsumkette identifiziert. Für jeden Infektionspunkt wurden die Kosten und der Erfolg von Kontrollmaßnahmen geschätzt. Die Gegenüberstellung von Kosten und Nutzen zeigt, daß die meisten Kontrollmaßnahmen ökonomisch gerechtfertigt wären.

Wasserversorgung auf das Grundwasser 65%, 27% stammten von Oberflächenwasser, und 8% waren Quellwasser. Diese Aufteilung ist jedoch regional verschieden, so stammt in Nordrhein-Westfalen knapp 60% des Trinkwassers aus Oberflächenwasser (DGE, 1992, S. 135).

Nitrat und Pestizide sind häufige, von der Landwirtschaft verursachte Verunreinigungen in Wasser. Der Bleigehalt des Trinkwassers in Altbauten kann durch bleihaltige Wasserrohre erhöht sein. Die Normen für den Schadstoffgehalt von Trinkwasser sind in der Trinkwasser-Verordnung, Anlage 2, vorgegeben, die am 12.12.1990 den europäischen Richtlinien angepaßt wurde[55]. Die dort aufgeführten Grenzwerte sind nicht nach einem einheitlichen toxikologischen Maßstab festgelegt worden (DGE, 1992, S. 136).

Eine bundesweite, repräsentative Untersuchung zur Schadstoffbelastung von Trinkwasser gibt es in Deutschland nicht. Das Umweltbundesamt hat allerdings Daten einzelner Bundesländer zur Grundwasserbeschaffenheit zusammengetragen; keine Aussagen werden über das stärker belastete Oberflächenwasser gemacht. Das Umweltbundesamt betont, daß die Daten der Bundesländer nur beschränkt miteinander vergleichbar seien und fügt hinzu, daß es keine gesetzliche Verpflichtung zur Datenübermittlung an den Bund gibt (UMWELTBUNDESAMT, 1994, S. 438-439).

### 1.3.3.1 Nitrat

Unbelastetes Wasser enthält in der Regel weniger als 10 mg Nitrat pro Liter. Der Grenzwert für Trinkwasser ist bei 50 mg/l festgelegt. In landwirtschaftlich intensiv genutzten Regionen kann Rohwasser einen Nitratgehalt erreichen, der deutlich über dem Grenzwert liegt (DGE, 1992, S. 137). Die Nitratbelastung hat eine steigende Tendenz. In den alten Bundesländern genossen 1989 nur noch knapp 70% der Bevölkerung ein Trinkwasser mit einem Nitratgehalt von unter 20 mg/l, der Anteil des leicht und stark belasteten Wassers steigt (UMWELTBUNDESAMT, 1994, S. 444).

Konsumiert ein Erwachsener Trinkwasser, das in Grenzwerthöhe mit Nitrat belastet ist, so wird allein über das Wasser der ADI-Wert zu 39% erreicht. Kinder sind durch ihren erhöhten Wasserbedarf, bezogen auf das Körpergewicht, noch stärker gefährdet. Abgefülltes Trinkwasser mit dem Hinweis auf eine Eignung zur Säuglingsernährung darf daher nur 10 mg Nitrat pro Liter enthalten (DGE, 1992, S. 137). Im Umweltgutachten 1987 wird für Nitrat in Trinkwasser festgestellt, daß die Grenze der zumutbaren Belastung erreicht oder überschritten sei. Auch, wenn eine akute Gefährdung nicht erkennbar sei, könne das Belastungsniveau aus präventiver Sicht nicht hingenommen werden (SRU, 1987, § 1237).

---

[55] Verordnung zur Änderung der Verordnung über Trinkwasser und über Wasser für Lebensmittelbetriebe vom 12.12.1990, BGBl I, S. 2613.

## 1.3.3.2 Pflanzenschutzmittel

Die Trinkwasser-Verordnung bestimmt für Pflanzenschutzmittel-Rückstände einen pauschalen Grenzwert von 0,1 µg/l für den Einzelstoff und von 0,5 µg/l für die Summe aller Stoffe. Ziel dieser Bestimmung ist, das Trinkwasser nahezu frei von Pflanzenschutzmittel-Rückständen zu halten. Die niedrigen Grenzwerte dienen der Vorsorge und stützen sich nicht auf eine toxikologische Begründung (DGE, 1992, S. 139).

Die elf alten Bundesländer und 94 einzelne Wasserversorgungsunternehmen stellten dem Umweltbundesamt auf freiwilliger Basis die Ergebnisse von Trinkwasseruntersuchungen zur Verfügung. Bis Dezember 1992 waren 195.628 Untersuchungsbefunde über den Zeitraum 1986-1992 eingegangen. Obwohl diese Befunde auf keinem repräsentativen Stichprobenplan beruhen, vermögen sie einen Eindruck über die Belastungssituation zu geben:

- In 9,7% aller Untersuchungen wurden Pflanzenschutzmittel-Wirkstoffe bzw. ihre Abbauprodukte nachgewiesen.
- Bei 3,2% aller Analysen lag die Pflanzenschutzmittel-Konzentration über dem Grenzwert der Trinkwasserverordnung von 0,1 µg/l.
- Fast 70% aller nachgewiesenen Pflanzenschutzmittel bezogen sich auf die Triazine Atrazin, Simazin und das Abbauprodukt Desethylatrazin.
- Die Zahl der positiven Befunde und der Grenzwertüberschreitungen nahmen von 1990 bis 1992 kontinuierlich ab (UMWELTBUNDESAMT, 1994, S. 439 ff)[56].

Nach Meinung der DGE ist selbst für Säuglinge und Kleinkinder der Pestizidgehalt im Trinkwasser nicht problematisch (DGE, 1992, S. 139).

## 1.3.3.3 Blei

In der Trinkwasserverordnung wird für den Bleigehalt ein Grenzwert von 40 µg/l angegeben, dieser Wert wird in den Wasserwerken problemlos unterschritten. Die Kontamination erfolgt nach der Wasseraufbereitung durch bleihaltige Wasserrohre. Knapp eine halbe Million Haushalte haben eine bleihaltige Hausanschlußleitung, noch größer ist der Personenkreis, deren Hausinstallationen bleihaltig sind. Allein in den alten Bundesländern sind hiervon sechs Millionen Menschen betroffen (SRU, 1987, § 1304).

Blei in Trinkwasser trägt durchschnittlich zu 21% der gesamten resorbierten Bleimenge bei. Blei in Lebensmitteln hat einen Anteil von 58%, während über die Atemluft 21% resorbiert werden (SRU, 1987, Tab. 2.5.15). Kinder werden durch Blei besonders belastet. Zum einen ist ihre Nahrungs- und Trinkwasseraufnahme, bezogen auf das Körpergewicht, höher als bei Er-

---

[56] KATALYSE (1990, S. 329) merkt zur Trinkwasserverordnung kritisch an, daß die Wasserwerke aus analytischen und finanziellen Gründen kaum in der Lage seien, routinemäßige und umfassende Pestizidkontrollen durchzuführen. Aus der hier zitierten Veröffentlichung des Umweltbundesamtes ist nicht ersichtlich, auf wieviele Pflanzenschutzmittel im Einzelfall untersucht wurde.

wachsenen. Zum anderen resorbieren sie Blei mindestens fünfmal stärker als Erwachsene. Deshalb sind Kleinkinder in Häusern mit bleihaltigen Trinkwasserleitungen besonders hoch exponiert (SRU, 1987, S. 365). Eine Bleibelastung zeigt sich in Fehlfunktionen des zentralen Nervensystems mit Hyperaktivität, Lernschwächen und verminderter Intelligenzentwicklung (HAPKE, 1989, S. 168).

### 1.3.4 Exkurs: Verunreinigungen in Humanmilch

Humanmilch wird nur von einer kleinen Gruppe der Bevölkerung für eine begrenzte Zeit konsumiert. Ihre Verunreinigung soll hier aus zwei Gründen dennoch diskutiert werden: Zum einen ist die Humanmilch ein guter Indikator für die Belastung des erwachsenen Menschen mit lipophilen, persistenten Schadstoffen. Sie können im Milchfett nachgewiesen werden. Zum anderen sind Neugeborene besonders empfindlich, und toxische Stoffe können einen gravierenden Einfluß auf die weitere Entwicklung des Kindes nehmen. Eine schadstoffarme Muttermilch ist also von besonders großer Bedeutung.

Im Fettanteil der Frauenmilch werden insbesondere bestimmte Organochlorverbindungen nachgewiesen. Aufgrund ihrer Persistenz reichern sie sich im Laufe der Nahrungskette immer mehr an und gelangen hauptsächlich über tierische Lebensmittel[57] in den Menschen. Die drei besonders problematischen Stoffgruppen sind

- Organochlorpestizide, insbesondere DDT/DDE, β-HCH und HCB
- polychlorierte Biphenyle (PCB)
- polychlorierte Dibenzodioxine und -furane (PCDD/F) (UMWELTBUNDESAMT, 1994, S. 607).

Im Vergleich einer Studie von 1979-1981 und einer systematischen Erhebung in den alten Bundesländern von 1990 zeigt sich, daß die Konzentration der Organochlorpestizide und der PCB in diesen zehn Jahren um 50 bis 80% abgenommen hat. In der DDR wurde DDT in der Forstwirtschaft noch bis 1988 eingesetzt. Die Gehalte an Gesamt-DDT liegen in den neuen Bundesländern folglich auch doppelt so hoch wie in den alten Bundesländern. Die Belastung mit PCB ist hingegen deutlich niedriger. Ob auch die Dioxin- und Furankonzentrationen abnehmen, gilt als noch nicht gesichert. Es konnte aber eindeutig festgestellt werden, daß zumindest kein steigender Trend vorliegt (UMWELTBUNDESAMT, 1994, S. 607-609).

BRUNN (1993, S. 292) kommt bei Muttermilchanalysen in Mittelhessen zu dem Ergebnis, daß bei voll gestillten Säuglingen die tägliche Aufnahme von Dioxinen mit der Frauenmilch 14fach über der duldbaren, täglichen Aufnahme liegt. Trotzdem sei es wegen zahlreicher Unwägbarkeiten nicht möglich, eine eindeutige Risikobewertung auszusprechen (ebd., S. 293). Die Anreicherung von Dioxinen und Furanen ist toxikologisch schwer zu beurteilen, da der Großteil

---

[57] Im Durchschnitt stammen knapp zwei Drittel des Gesamtfetts der Nahrung von tierischen Lebensmitteln. Es ist in diesem Zusammenhang nicht verwunderlich, daß die Milch von Vegetarierinnen geringer mit Organohalogenverbindungen belastet ist (SRU, 1987, § 1282).

dieser Rückstände den weniger giftigen Isomeren angehört. Die Autoren des Umweltgutachtens 1987 regen dennoch an, die Vor- und Nachteile des Stillens neu zu bewerten und die empfohlene Stillzeit gegebenenfalls zu reduzieren (SRU, 1987, § 1295). In einer amerikanischen Studie wird festgestellt, daß die vielgestaltigen Vorteile des Stillens[58] das Risiko durch die Schadstoffbelastung in Frauenmilch überwögen. Es gäbe keine bedeutsamen Untersuchungen, die tatsächlich adverse Gesundheitseffekte bei gestillten Kindern bewiesen hätten (NRC, 1993, S. 243).

Die Schwermetallbelastung der Muttermilch ist in der Regel niedrig. Erhöhte Cadmiumkonzentrationen können bei schwangeren und stillenden Raucherinnen auftreten (TEUFEL und NIESSEN, 1991, S. 142).

## 1.4 Fazit

Das erste Kapitel beginnt mit einer Definition der drei zentralen Begriffe Schadstoffe, Schadorganismen und Lebensmittelsicherheit. Es sei an dieser Stelle daran erinnert, daß dieses Spektrum kein vollständiges Bild über die gesamte „toxische" Wirkung von Lebensmitteln vermittelt. So sind z.B. die natürlichen Toxine, da Teil der Inhaltsstoffe, in dieser Diskussion nicht berücksichtigt.

Es folgt eine Einführung in die Methoden der Lebensmittel-Toxikologie. Aus ihr geht hervor, daß eine toxikologische Risikobewertung der oft niedrigen Konzentrationen an Verunreinigungen und Rückständen selten mit der Genauigkeit möglich ist, mit der sie von der besorgten Öffentlichkeit gefordert wird.

Die unzureichende toxikologische Beurteilung ist teilweise auch durch eine mangelnde Datengrundlage bedingt. Der Sachverständigenrat für Umweltfragen kommt schon 1987 zu dem Schluß, daß die Belastung der Nahrungsmittel durch Verunreinigungen und die damit verbundene Exposition der Bevölkerung durch diese Stoffe derzeit nicht hinreichend sicher beschrieben werden könne. Repräsentative Verzehrserhebungen, die auch die Varianz individueller Verzehrsgewohnheiten erfaßten, wären bisher nicht simultan mit der Verteilung von Schadstoffbelastungen analysiert worden. Risikogruppen könnten daher nicht explizit definiert werden (SRU, 1987, § 1237). Diese unzureichende Datenlage ist auch durch die erste Untersuchungsphase des Lebensmittel-Monitoring (1988-1992) nicht grundlegend verbessert worden, da die Ergebnisse des Monitoring nicht mit Verzehrsstudien verknüpft wurden[59].

---

[58] Neben einer optimalen Nährstoffversorgung des Säuglings enthält Muttermilch z.B. auch Immunglobuline, Lysozym und Lactoferrin, die die Abwehrkraft des Kindes stärken. Darüber hinaus soll das Stillen auch die psychische und geistige Entwicklung eines Kindes positiv beeinflussen (KATALYSE, 1990, S. 304).

[59] Dabei wurde zwischen Oktober 1985 und Januar 1989 die nationale Verzehrsstudie durchgeführt, in der repräsentative, ernährungsbezogene Daten von knapp 25.000 Menschen erfaßt wurden (PROJEKTTRÄGERSCHAFT, 1991, S. 3 und 81). Die Verknüpfung der Ergebnisse des Lebensmittel-Monitoring mit der Nationalen Verzehrsstudie war zu Beginn des Lebensmittel-Monitoring ein erklärtes Ziel (WEIGERT, 1987, S. 7). Es wird im Abschlußbericht (ZEBS, 1994), außer bei der Berechnung der Nitrat-

Aus der Aufarbeitung der vorhandenen Analyseergebnisse lassen sich dennoch folgende generellen Aussagen über die Belastung von Lebensmitteln ableiten:

- Pflanzliche Lebensmittel sind mit einer großen Vielfalt von **Pflanzenschutzmittel-Rückständen** behaftet. Höchstmengenüberschreitungen, die noch keine gesundheitliche Gefährdung für den Verbraucher bedeuten, sind aber selten. Normalerweise kann also von einer ordnungsgemäßen Pflanzenschutzmittel-Praxis ausgegangen werden. Standardisierte Multimethoden der Pflanzenschutzmittel-Rückstandsanalyse decken jedoch nicht das ganze Wirkstoffspektrum der Pflanzenschutzmittel ab. Es bleibt daher eine Restunsicherheit über das tatsächliche Belastungsspektrum. Auch das Gesamtrisiko durch die gleichzeitige Belastung mit mehreren Pflanzenschutzmitteln kann mangels geeigneter Methoden nicht bestimmt werden.

- Der Gehalt an **persistenten Organochlorverbindungen** in Lebensmitteln, die früher als Insektizide oder technische Stoffe in Verwendung waren, ist rückläufig. Dies gilt auch für **Blei**. Hier zeigen sich die Erfolge verschärfter gesetzlicher Auflagen.

- **Cadmium** wird in z.T. bedenklichen Konzentrationen in Lebensmitteln vorgefunden. Es werden Maßnahmen gefordert, die den Eintrag in die Umwelt verringern (DGE, 1992, S.134). Da Cadmium sich besonders in Niere und Leber z.B. landwirtschaftlicher Nutztiere anreichert, ist der Konsumverzicht dieser Organe eine mögliche Vorsichtsmaßnahme. Rauchen verdoppelt den Cadmiumgehalt in der menschlichen Niere (SRU, 1987, § 1772).

- Bei **Nitrat** ist die Überschreitung des ADI-Wertes für einige Bevölkerungsgruppen wahrscheinlich. Schränkten Verbraucher ihren Gemüseverzehr daraufhin ein, verringerte sich dadurch auch ihre Vitamin- und Mineralstoffaufnahme. Während bei Gemüse die Substitution nitratreicher Arten (z. B. Salat und Spinat) mit nitratärmeren Arten möglich ist, ist eine kostenneutrale Substitution nitratbelasteten Trinkwassers nicht machbar. Hier müßte Leitungswasser durch Mineralwasser ersetzt werden.

  Aus präventiver Sicht ist eine Verringerung des Cadmium- und Nitratgehalts in Lebensmitteln und Trinkwasser zu fordern (SRU, 1987, § 1237 und 1994, § 553).

- In der heutigen Tierproduktion kommen **Tierarzneimittel** im Rahmen der präventiven und kurativen Veterinärmedizin, als zugelassene Leistungsförderer und als illegale Masthilfen in Einsatz. Besonders Rückstände von Antibiotika, von synthetischen Hormonen und ß-Agonisten können für den Verbraucher gesundheitsgefährdend sein. In der Tiermast ist der illegale Einsatz bestimmter pharmakologischer Stoffe lukrativ. Über einen international organisierten Schwarzmarkt sind diese Stoffe interessierten Mästern zugänglich. Nach amtlichen Angaben werden insbesondere in Kalbfleisch Rückstände verbotener Arzneimittel vermehrt festgestellt. Das Ergebnis der jährlich bundesweit durchgeführten Rückstandskontrollen wird von der Bundesregierung nur auszugsweise veröffentlicht.

---

belastung (siehe S. 21), nicht verwirklicht. Dies liegt, nach Aussage des Leiters der ZEBS, vorrangig am Personalmangel der ZEBS (verschiedene persönliche Mitteilungen von Dr. Arnold, Anfang 1996).

- Die Erkrankungen und Todesfälle aufgrund **mikrobieller Krankheitserreger** verursachen hohe private und volkswirtschaftliche Kosten. Es erkranken jährlich schätzungsweise 2,4 Mio. Menschen an einer Lebensmittelinfektion. Produktions- und Verarbeitungsweisen sowie Ernährungsgewohnheiten der Verbraucher lassen vermuten, daß das Problem der Lebensmittelinfektionen sich in der Zukunft eher noch verschärfen wird.

Mit dem Abschluß des ersten Kapitels endet die naturwissenschaftliche Einführung in das Thema sicherer Lebensmittel. Das nächste Kapitel ordnet Lebensmittelsicherheit anhand wirtschaftstheoretischer Überlegungen ein und leitet den Bedarf an Kontrolle ab.

## 2 Zur Theorie des Marktes für Lebensmittelsicherheit und -kontrolle

Im ersten Kapitel wurden die naturwissenschaftlichen Aspekte der Schadstoffe und Schadorganismen in Lebensmitteln dargelegt. Ziel dieses zweiten Kapitels ist es, Lebensmittelsicherheit anhand wirtschaftstheoretischer Überlegungen zu charakterisieren. Es wird insbesondere die Verteilung von Information und der öffentliche und private Charakter des Gutes Lebensmittelsicherheit diskutiert. Außerdem werden die einzelnen Aufgaben der Kontrolle definiert.

Ein Lebensmittel besitzt verschiedene Merkmale wie beispielsweise Kaloriengehalt, Geschmack oder eben der Gehalt an Schadstoffen. Die einzelnen Merkmale können jeweils als ein wirtschaftliches Gut verstanden werden, so daß ein Lebensmittel ein ganzes Bündel an Gütern darstellt[60]. Diese einzelnen Güter werden am Markt angeboten und nachgefragt.

Auch das Gut Lebensmittelsicherheit wird angeboten und nachgefragt. Die Nachfrage nach Lebensmittelsicherheit ist durch die Bereitschaft der Verbraucher bestimmt, für zusätzliche Sicherheit mehr zu bezahlen. Es wird davon ausgegangen, daß bei steigendem Sicherheitsniveau der Grenznutzen einer weiteren Einheit Lebensmittelsicherheit abnimmt und die Bereitschaft, mehr zu zahlen, sinkt. Das Angebot von Lebensmittelsicherheit ist durch die Kosten der Risikominderung bestimmt. Mit wachsendem Sicherheitsstandard steigen vermutlich die Kosten, das Risiko weiter zu verringern. Der Markt ist im Gleichgewicht, wenn Grenznutzen und Grenzkosten gleich hoch sind. Das durch die Marktkräfte erzielte Sicherheitsniveau entspricht einem akzeptierten Risikostandard, der nicht notwendiger Weise ein Nullrisiko sein muß (HENSON und TRAILL, 1993, S. 153-154)[61]. Ob dieser Marktmechanismus einwandfrei funktionieren kann, soll an der Eigenschaft der Lebensmittelsicherheit als Glaubensgut hinterfragt werden.

---

[60] Diese Betrachtungsweise ist Grundlage der Charakteristika-Modelle, die auf S. 97 weiter vorgestellt werden.

[61] AULD (1990, S. 539) zitiert einige kritische Stimmen, die die Annahme der Ernährungsökonomen, Lebensmittel seien ein „normales" Gut mit Risiken und Nutzen, hinterfragen: Einerseits sei für arme Menschen in Ländern mit unzureichender Lebensmittelversorgung Nahrung ein so vitales Grundbedürfnis, dessen Befriedigung nicht gesichert wäre, daß hier eine Risiko-Nutzen-Abwägung der Konsumenten nicht stattfände. Andererseits sei in den Überflußgesellschaften reicher Industrieländer der Anspruch zu beobachten, daß Lebensmittel risikofrei sein müßten. Auch hier würde nicht entsprechend der Risiko-Nutzen-Prämisse entschieden.
Der Hinweis von AULD (1990) macht deutlich, daß Lebensmittelsicherheit selbstverständlich nur ein Merkmal des komplexen Güterbündels „Lebensmittel" ist. Die Interdependenzen zwischen verschiedenen Gütern wie beispielsweise Energiegehalt, Geschmack, Prestige oder Schadstoffgehalt werden in der nachfolgenden Diskussion vernachlässigt.

## 2.1 Das Glaubensgut Lebensmittelsicherheit und asymmetrische Information

Kennzeichnend für Schadstoffgehalte ist, daß der Verbraucher sie weder vor noch nach dem Kauf und Verbrauch erkennen kann[62]. Auch andere Marktteilnehmer, die in dem normalerweise mehrstufigen System der Lebensmittelkette als Käufer auftreten (Handel und Industrie), können ohne entsprechende Laboranalysen den Schadstoffgehalt nicht erkennen. Informationsökonomen nennen ein Gut, dessen Qualität der Käufer nicht selbst erkennen oder erfahren kann, ein **Glaubensgut** (RINGBECK, 1987, S. 237).

Bei den viel diskutierten Rückständen (z.B. Pflanzenschutz- oder Tierarzneimittel) hat der Produzent gegenüber dem Käufer einen Informationsvorteil. Er allein weiß, welche Mittel in welchen Dosen tatsächlich appliziert wurden. Aber auch Großhändler besitzen i.d.R. mehr Informationen über Herkunft und Produktionverfahren ihrer Ware als Einzelhändler. Und die Lebensmittelindustrie hat normalerweise genauere Kenntnis über den Schadstoffgehalt ihrer Produkte als der nachgelagerte Handel. Eine **asymmetrische Informationsverteilung** bezüglich des Wissens um Schadstoffgehalte ist auf dem Lebensmittelmarkt also häufig zu beobachten. Die Informationsverteilung ist, sofern keine vertikalen Informations- und Kontrollmechanismen eingeführt wurden, u.a. um so ungleicher,

- je mehr Marktteilnehmer auf der Anbieter- und Abnehmerseite beteiligt sind
- je mehrstufiger das Vermarktungssystem ist
- je größer die räumliche Distanz zwischen Schadstoffeintrag und Konsum ist.

Nach der Theorie von AKERLOF (1970) bewirkt eine asymmetrische Informationslage, daß sich überdurchschnittliche Produkte (weniger Schadstoffe, höhere Produktionskosten) am Markt nicht etablieren können: Kann der Verbraucher die Qualität eines Produktes nicht selbst beurteilen, so werden auch qualitativ hochwertige Produkte nur zu durchschnittlichen Marktpreisen gekauft (*adverse selection*). Dies führt in der Folge dazu, daß diese hochwertigen Produkte nicht mehr angeboten werden - unabhängig davon, ob nicht „eigentlich" eine Nachfrage für sie besteht. Können Individualbedürfnisse über den Marktmechanismus nicht optimal befriedigt werden, liegt **Marktversagen** vor.

Staatliche und private Interventionen können diesem Marktversagen entgegenwirken. Wie der folgende Abschnitt zeigt, wird hierdurch Lebensmittelsicherheit teilweise zu einem öffentlichen und teilweise zu einem privaten Gut.

---

[62] Dies gilt nicht für die mikrobiellen Krankheitserreger, die eine akute Lebensmittelvergiftung auslösen. In diesem Fall ist Lebensmittelsicherheit ein **Erfahrungsgut**, dessen mangelhafte Qualität nach dem Konsum erfahrbar ist. Dieser Sonderfall soll in den hier gemachten allgemeinen Betrachtungen nicht berücksichtigt werden.

## 2.2 Lebensmittelsicherheit: Ein öffentliches und privates Gut

In Deutschland ist es verboten, Lebensmittel für andere derart herzustellen oder zu behandeln, daß ihr Verzehr gesundheitsschädigend sein kann. Ebenso ist das Inverkehrbringen solcher Lebensmittel gesetzwidrig[63]. Dieses Postulat sicherer Lebensmittel gilt damit für alle Lebensmittel, die zwischen Herstellung und Konsum einer Transaktion unterliegen[64]. In der arbeitsteiligen Struktur heutiger westlicher Industriegesellschaften, zu denen auch Deutschland zählt, ist dies der überwältigende Teil aller Lebensmittel. Die in Fußnote 64 gemachte Einschränkung soll daher in der folgenden theoretischen Betrachtung vernachlässigt werden.

Die staatlich vorgeschriebene Lebensmittelsicherheit, durch den Akt der gesetzlichen Normgebung festgesetzt, trägt die Züge eines **öffentliches Gutes**[65]. Von der Nutzung der öffentlichen Lebensmittelsicherheit ist niemand, der am Lebensmittelmarkt teilnimmt, ausschließbar oder kann sich ausschließen. Da praktisch die gesamte Bevölkerung über den deutschen Lebensmittelmarkt Nahrung bezieht, konsumieren alle Menschen das öffentliche Gut Lebensmittelsicherheit. Auch die Nicht-Rivalität ist bei der staatlichen Normsetzung gegeben: Die Kosten der Normsetzung sind unabhängig von der Anzahl der Käufer[66]. Das faktische Niveau des öffentlichen Gutes Lebensmittelsicherheit wird durch Gesetze und Verordnungen[67] im Detail vorgegeben und ist durch Gesetzesänderungen variierbar.

Nun kann davon ausgegangen werden, daß in einer Volkswirtschaft die Nachfrage nach Lebensmittelsicherheit bei verschiedenen Verbrauchern verschieden hoch ist. Ebenso ist vorstellbar, daß Anbieter von Lebensmitteln ein Sicherheitsniveau realisieren, das oberhalb der gesetzlichen Norm liegt. Ein Sicherheitsniveau unterhalb der Norm ist gesetzwidrig und wird in dieser theoretischen Überlegung nicht mit einbezogen. Die Beziehung zwischen verschiedenen Standards an Lebensmittelsicherheit und die Kategorisierung von Lebensmittelsicherheit in ein öffentliches oder privates Gut verdeutlicht Schaubild 2-1.

---

[63] LMBG (Lebensmittel- und Bedarfsgegenständegesetz), § 8 (Verbote zum Schutze der Gesundheit).
[64] Ausgeschlossen von dem Verbot sind definitionsgemäß die Lebensmittel der Subsistenzproduktion; sie sind für den eigenen Verzehr bestimmt.
[65] Öffentliche Güter, auch Kollektivgüter genannt, unterscheiden sich von privaten Gütern durch drei Merkmale. Erstens kann das Ausschlußprinzip nicht angewendet werden. Niemand kann von der Nutzung eines öffentlichen Gutes ausgeschlossen werden. Zweitens gilt das Nichttrivialitätsaxiom. Der dem Individuum aus der Nutzung des öffentlichen Gutes zufließende Nutzen ist unabhängig von der Zahl der Nutzer. Drittens kann der Konsum öffentlicher Güter häufig nicht zurückgewiesen werden. Individuen können sich des Konsums nicht enthalten, auch wenn sie dieses wünschen (GABLER, 1988, S. 671; BANNOCK et al., 1992, S. 350).
[66] Diese Überlegungen beziehen sich allein auf das Gut Lebensmittel*sicherheit*. Wäre die Betrachtungsebene das Lebensmittel *insgesamt* und würde dieses als homogenes Gut und nicht als Güterbündel verstanden, so wäre ein Lebensmittel als privates Gut einzuordnen.
[67] Z.B. Pflanzenschutz-Höchstmengen-Verordnung, Schadstoff-Höchstmengen-Verordnung, Fleisch-Hygieneverordnung etc.

**Schaubild 2-1: Das öffentliche und private Gut Lebensmittelsicherheit**

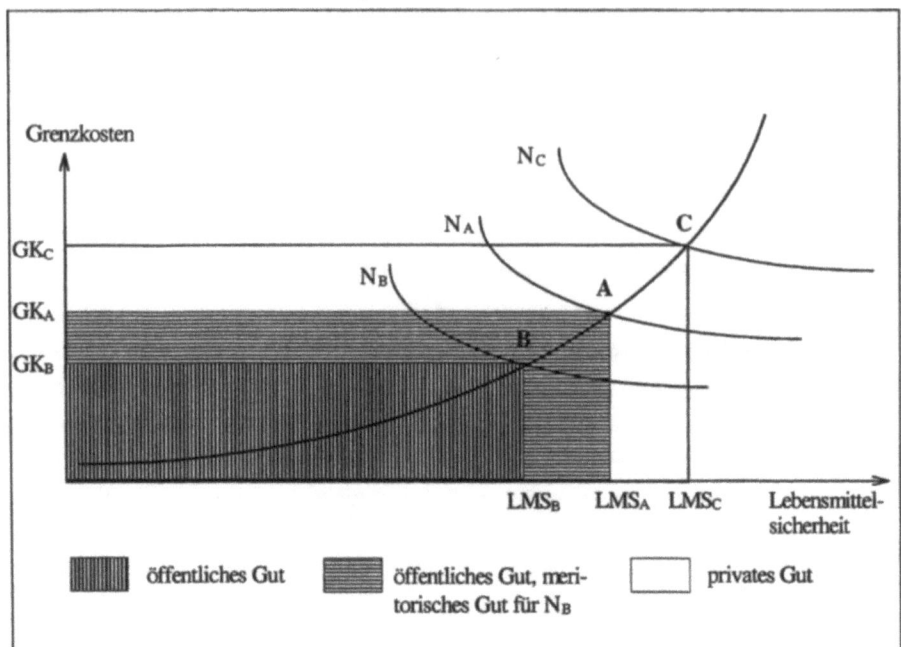

*Quelle:* Eigene Darstellung.

Die abgebildete Grenzkostenkurve stellt die Änderung der Kosten für eine gegebene Änderung des Outputs an Lebensmittelsicherheit dar. Zusätzlich sind die Nachfragekurven dreier Konsumentengruppen eingezeichnet, welche die verschieden hohe Lebensmittelsicherheit $LMS_B$, $LMS_A$ bzw. $LMS_C$ nachfragen.

Das Niveau des öffentlichen Gutes Lebensmittelsicherheit ist mit $LMS_A$ bezeichnet und wird als gesundheitlicher Mindestschutz verstanden. Es soll hier vereinfachend von einem idealen Gesetzgeber ausgegangen werden, der optimal seine knappen Ressourcen einsetzt und den gesundheitlichen Mindestschutz möglichst genau nach den neuesten hygienisch-toxikologischen Erkenntnissen festlegt. Angesichts knapper öffentlicher Mittel ist davon auszugehen, daß die Lebensmittelsicherheit am Punkt A nicht 100% beträgt, sondern noch ein Restrisiko beinhaltet. Legte der Staat das Sicherheitsniveau über oder unter dem Idealpunkt A fest, so entstünden Wohlfahrtsverluste[68].

---

[68] In der Praxis können zwei Gründe die Festlegung eines idealen Maßes A verhindern. Erstens zeigte Kapitel 1, daß oft die naturwissenschaftlichen Erkenntnisse fehlen, um zweifelsfrei beurteilen zu können, welches Sicherheitsniveau sicher genug ist. Zweitens müßte bei der Festsetzung von A auch die Kostenseite berücksichtigt werden. Neben den Kosten der Realisierung dieses Sicherheitsniveaus wären auch die Kosten des mit A verknüpften Restrisikos zu berücksichtigen. Die Höhe des Restrisikos ist oft unbekannt, und selbst wenn es bekannt wäre, ist die angemessene Quantifizierung gesundheitlicher Einbußen nicht unumstritten (vergl. Kap. 1.2.2).

Es ist anzunehmen, daß nicht alle Verbraucher genau das staatliche Sicherheitsniveau LMS$_A$ nachfragen[69]. Einige Konsumenten (mit der Nachfragekurve N$_B$ abgebildet) würden sich beispielsweise auch mit dem Sicherheitsniveau LMS$_B$ begnügen, das geringere Kosten (GK$_B$ statt GK$_A$) verursacht und unterhalb des staatlich festgelegten Mindestschutzes LMS$_A$ läge. Für diese Personengruppe trägt der Bereich A-B die Züge eines **meritorischen Gutes**[70]. DE PALMA et al. (1994) weisen darauf hin, daß bei Individuen, die persönlich nicht die Kapazität (*information processing capacity*) besitzen, den Grenznutzen des Sicherheitszuwachses A-B in Relation zu den Grenzkosten richtig einzuschätzen, ein paternalistisches Vorgehen gerechtfertigt sei. Die Bewertung von Schadstoffniveaus in Lebensmitteln ist sicherlich ein gutes Beispiel für einen komplexen Sachverhalt, bei dem viele Menschen die sachliche Kompetenz für eine rational-optimale Entscheidung nicht besitzen. Zum Paternalismus, der Bevormundung des Bürgers durch den Staat, gehört allerdings neben einem wissensmäßig überlegenen Staat auch dessen Fähigkeit, seine Entscheidung durchzusetzen (DE PALMA et al., 1994, S. 430). Dieser Aspekt wird in Kapitel 3.2 ausführlich untersucht.

Von sehr viel größerer Bedeutung als die Menschen, die das gesundheitsgefährdend niedrige Sicherheitsniveau LMS$_B$ nachfragen würden, sind die Verbraucher, die den staatlich festgesetzten Mindestschutz LMS$_A$ als zu niedrig empfinden (vergl. Kapitel 4.1). Lebensmittelanbieter reagieren auf die Nachfrage nach hoher Lebensmittelsicherheit und bieten entsprechende Produkte (z.B. aus integrierter oder ökologischer Produktion) an. Während ein Sicherheitsniveau bis LMS$_A$ gesetzlich erzwungen und (theoretisch) bei allen Anbietern gegeben ist, entsteht ein Sicherheitsniveau LMS$_C$ „freiwillig" durch das Zusammenspiel von Angebot und Nachfrage. Damit trägt dieser Sicherheitsbereich oberhalb des Niveaus von LMS$_A$ die Attribute eines **privaten Gutes**.

Auf Seite 44 wurde die Vermutung geäußert, daß sich das Sicherheitsniveau LMS$_C$ aufgrund der Glaubensqualität und der asymmetrischen Informationsverteilung auf dem Markt eventuell nicht realisieren ließe. Allerdings können die Anbieter zur Verhinderung des Marktversagens versuchen, mit Informations- und Werbemaßnahmen ihre **Reputation** bei den Konsumenten zu steigern. Gerade bei häufig gekauften Verbrauchsgütern wie Lebensmitteln beziehen sich Werbeinformationen häufig auf technische und ideelle Glaubensqualitäten. Etablierte Marken schaffen sich auf gesättigten Märkten qualitative Konkurrenzvorteile über eine emotionale Produktdifferenzierung (RINGBECK, 1987, S. 238 und 243). Gelingt es einem Anbieter, den Käufer von der guten Qualität seines Produktes zu überzeugen und führt dies zu Wiederholungskäufen, so ist es dem Anbieter gelungen, bei dem Käufer **Goodwill** (Vertrauen) aufzubauen (VON UNGERN-STERNBERG und VON WEIZSÄCKER, 1981, S. 613). Langfristig kann die

---

[69] Die Nachfrage nach Lebensmittelsicherheit wird in Kapitel 4 ausführlich diskutiert.
[70] Meritorische Güter sind Güter, deren Bereitstellung durch den Staat damit gerechtfertigt wird, daß aufgrund verzerrter Präferenzen der Bürger deren am Markt geäußerte Nachfrage zu einer (volkswirtschaftlich) suboptimalen Allokation dieser Güter führt (GABLER, 1988, S. 367).

hohe Qualität nur angeboten werden, wenn die Mehrkosten der Produktion und Werbung durch eine Preisprämie mindestens gedeckt werden (TOLLE, 1994, S. 928).

Zusätzlich zu diesen marktinternen Maßnahmen kann auch der Staat den Abbau des Marktversagens oberhalb des gesetzlichen Mindestschutzes unterstützen. Dazu kann er entweder die Transaktionen direkt regulieren oder indirekt die Funktionsweise des Marktes verbessern (schwartz, 1995, S. 32). VAHRENKAMP (1991, S. 20 ff) nennt folgende Bereiche, in denen eine staatliche Einflußnahme in Deutschland zu beobachten ist:

- Sicherung bzw. Herstellung eines funktionsfähigen Wettbewerbs.

Es wird davon ausgegangen, daß durch das Vorhandensein wirksamer Konkurrenz die Anbietermacht eingeschränkt wird und Produzenten dadurch zu einem fairen Verhalten gegenüber den Nachfragern gezwungen werden. Grundlage der Wettbewerbspolitik sind das Gesetz gegen Wettbewerbsbeschränkungen und das Gesetz gegen unlauteren Wettbewerb[71]. Im weiteren Sinne zählen zur Wettbewerbsförderung alle Maßnahmen, die Wettbewerbshemmnisse verringern. Die Rolle von Lebensmittelsicherheit als Wettbewerbselement wird in den Kapitel 5.1.3 (allgemein) und 8.6 (für Babykost) weiter untersucht.

- Abbau von Informationsdefiziten auf Verbraucherseite.

Die Informationsdefizite der Verbraucher kann der Staat einerseits durch die Regulierung der angebotsseitigen Information (z.B. Inhaltsdeklarationen) mindern. Andererseits kann er die Produktion und Verbreitung komplemetärer Informationen unterstützen. Gerade, wenn die Informationskosten nicht zu hoch sind, kann die Subventionierung von Informationskosten eine allokationsverbessernde Maßnahme darstellen (VAHRENKAMP, 1991, S. 159). Komplementäre Informationen bieten beispielsweise Verbraucherzentralen oder Qualitätstests der Stiftung Warentest. Die Analysen von Lebensmitteln durch die Zeitschriften TEST und ÖKO-TEST werden in Kapitel 4.3.3 diskutiert.

- Stärkung der juristischen Stellung der Verbraucher.

Eine Reihe gesetzlicher Regelungen soll die rechtliche Position der Verbraucher stärken. Hierzu zählen neben den Allgemeinen Geschäftsbedingungen und dem Rücktrittsrecht insbesondere das Produkthaftungsrecht[72]. Letzteres beinhaltet in Deutschland eine weitgehende Gefährdungshaftung des Produzenten. In seiner spieltheoretischen Analyse der Produzentenhaftung versus der Konsumentenhaftung kommt HEMPELMANN (1995, S. 1136) zu dem Schluß, daß die Konsumsicherheit je Haftungsform von der Schadenshöhe, der Risikoeinschätzung der Konsumenten, der Verwendungssorgfalt der Konsumenten und dessen

---

[71] Gesetz gegen Wettbewerbsbeschränkungen vom 27.7.1957 i.d.F. vom 20.2.1990; Gesetz gegen den unlauteren Wettbewerb vom 7.7.1909.
[72] Gesetz über die Haftung fehlerhafter Produkte vom 15.12.1989.

Auswirkung auf das Sicherheitsniveau und vom risikokompensatorischen Verhalten[73] der Konsumenten abhängt.
- Unterstützung der Organisation und Repräsentation von Verbraucherinteressen.

Diese Strategie beinhaltet die Förderung eigenständiger Verbraucherorganisationen als legitime Interessenvertreter der Verbraucher, aber auch die Unterstützung von Verbraucherfremdorganisationen (z.B. Verbraucherzentralen), die als Expertenvereinigungen Verbraucherinteressen vertreten.

Konzeption direkter Produkt- und Produzentenregulierung.

In Hinblick auf das Ziel des Gesundheitsschutzes sind für eine Vielzahl von Produkten detaillierte Qualitätsstandards vorgegeben. Dies gilt insbesondere für Lebensmittel, für die neben dem LMBG noch zahlreiche weitere lebensmittelrechtliche Bestimmungen bestehen. Außerdem wird über die Erfordernis von Befähigungsnachweisen (z.B. Meisterbrief) der Marktzutritt von Produzenten reguliert und damit ein Qualitätsstandard für das eingesetzte Humankapital vorgegeben.
- Förderung angebotsseitiger Selbstregulierung.

Durch freiwillige Selbstbeschränkung und -normung kann die Anbieterseite zur Markttransparenz beitragen. Der Staat kann diese Bestrebungen unterstützen, indem er beispielsweise private Institutionen, die Gütesiegel vergeben, anerkennt. In Fragen der Lebensmittelsicherheit fällt die staatliche Förderung der Selbstkontrolle in diesen Bereich. Sie wird im Rahmen der Fallstudie in den Kapiteln 7.2.3 und 8.4 vertieft.

Aus den vorangestellten theoretischen Überlegungen läßt sich von mehreren Seiten ein Bedarf an bzw. ein Anreiz zur Schadstoffkontrolle ableiten. Sie ist das zentrale Instrument, um ein gewünschtes Maß an Lebensmittelsicherheit zu garantieren. Die verschiedenen Marktteilnehmer verbinden mit der Kontrolle unterschiedliche Ziele und handeln dabei als Kostenminimierer (Staat), risikoaverse Nutzenmaximierer (Verbraucher) bzw. Gewinnmaximierer (Anbieter):

- Der Staat muß einerseits kontrollieren, ob seine vorgegebenen Anforderungen an einen Mindeststandard an Lebensmittelsicherheit (also das öffentliche Gut Lebensmittelsicherheit) eingehalten werden.
- Andererseits ist die Überwachung privater Standards, die eine öffentliche Förderung oder Anerkennung genießen, Aufgabe der Obrigkeit.

---

[73] HEMPELMANN (1995, S. 1120) bezieht sich hier auf die in verhaltenswissenschaftlichen Analysen oft diskutierte Risikokompensationshypothese. Sie besagt, daß Konsumenten auf eine gesteigerte Produktsicherheit mit geringerer Sorgfalt im Umgang mit dem betreffenden Produkt reagieren. Gerade beim zunehmend sorgloseren Umgang der Konsumenten mit leicht verderblichen Lebensmitteln könnte ein risikokompensatorisches Verhalten der Verbraucher vermutet werden. Dieser Aspekt wird in Kapitel 4.3.1 weiter aufgegriffen.

- Verbraucherorganisationen[74] können Lebensmittel auf Schadstoffe kontrollieren lassen, um das Informationsdefizit der Konsumenten abzubauen oder um auf Defizite im staatlichen Kontrollsystem hinzuweisen.
- Inverkehrbringer von Lebensmitteln müssen durch Kontrollen die Unbedenklichkeit ihrer Produkte überprüfen. Dazu verpflichtet sie das Gesetz (LMBG, § 8).
- Bei Systemen angebotsseitiger Selbstregulierung müssen Kontrollmechanismen der beteiligten Anbieter bestehen, um den Anreiz zu Übertretungen (*moral hazard*) bei den Mitgliedern zu unterbinden.

Nachdem hiermit der Bedarf an und die Ziele von Kontrolle herausgearbeitet wurden, sollen nun die Aufgaben der Kontrolle näher definiert werden.

## 2.3 Aufgaben der Schadstoff- und Schaderregerkontrolle

Unter Kontrolle soll hier die Überprüfung eines Ist-Zustandes mit einer vorher festgelegten Norm verstanden werden. Das Ziel der Kontrolle ist die Einhaltung der Norm. Aus dieser Definition leiten sich drei Hauptaufgaben der Kontrolle ab:

- Normsetzung
- Kontrolle von Produkten anhand der Norm
- Maßnahmen aufgrund der Kontrollergebnisse.

Die einzelnen Aufgaben und Ziele der Kontrolle sollen hier kurz beschrieben werden.

### 2.3.1 Die Normsetzung

Zu der Normsetzung können alle Aktivitäten gezählt werden, die zur Formulierung von Standards beitragen. Dies beinhaltet drei Bereiche.

- Die Schaffung nationaler Gesetze und Verordnungen.

  Hier sollte der Staat, unter Respektierung des Grundrechts auf Unversehrtheit, seine Entscheidung nach wohlfahrtsökonomischen Gesichtspunkten fällen. In der Praxis ist dies schwierig, da der Mindestschutz sich nicht am durchschnittlichen Verbraucher orientieren kann, sondern auch Risikogruppen ausreichend absichern muß. Die in Kapitel 1 erörterten Informationslücken bedeuten, daß u.U. auch Forschung zur Verbesserung der Entscheidungsgrundlagen der Politik im weiteren Sinne zu den Aufgaben der staatlichen Normsetzung gehört.

- Die Schaffung internationaler Normen.

  Im internationalen Handel wirken nationale Qualitätsstandards nicht selten als nicht-tarifäre Handelshemmnisse. Ein freier Außenhandel und ein unverzerrter internationaler Wettbewerb

---

[74] Kontrollen von Seiten individueller Konsumenten scheiden aus Kostengründen normalerweise aus.

begünstigen eine kosteneffektive Lebensmittelproduktion an vorteilhaften Standorten. International anerkannte Schadstoffstandards vereinfachen den Lebensmittelhandel.
- Die Schaffung privatwirtschaftlich definierter Normen.

Es kann für Lebensmittelanbieter gewinnmaximierend sein, sich im Wettbewerb durch eine höhere Lebensmittelsicherheit von Konkurrenzprodukten zu unterscheiden. Die höhere Sicherheit muß von den Konsumenten erkannt, geglaubt und bezahlt werden.

### 2.3.2 Die direkte Kontrolle von Produkten anhand der Norm

Bei der direkten Kontrolle werden Produkte auf ihren Schadstoffgehalt oder auf ihre bakteriologische Beschaffenheit hin überprüft und mit der vorgegebenen Norm verglichen. Ergänzend kann der gesamte Produktions- bzw. Prozeßablauf überprüft werden. Der Kontrollvorgang kann vom Ablauf her in folgende Schritte untergliedert werden:

1. Probenauswahl. In den meisten Handels- und Verarbeitungsstufen für Lebensmittel ist eine hundertprozentige Schadstoffkontrolle nicht realisierbar, die Kontrolle ist also nicht vollständig. Statt dessen wird eine Stichprobe festgelegt (BERG, 1993, S. 47). Bei knappen Kontrollressourcen und einem umfassenden Kontrollauftrag, wie etwa bei der staatlichen Lebensmittelüberwachung, beinhaltet die Probenauswahl nicht nur die Probendichte, sondern auch die Auswahl der Lebensmittel, die beprobt werden sollen. Anschließend folgt die

2. Probenahme. Im Bereich der Rückstandskontrollen sollte die Probenahme zeitlich wie räumlich möglichst nah am potentiellen Verursacher erfolgen, um positive Befunde auf diesen zurückführen zu können. Bei der Kontrolle mikrobieller Schaderreger werden die Proben zur Kontrolle der Prozeßabläufe an sogenannten kritischen Kontrollpunkten gezogen (vergl. Kapitel 5.3.1). Zur Beurteilung der bakteriologischen Beschaffenheit des Endproduktes sind Stichproben aus dem Einzelhandel am aussagekräftigsten. Die Proben kommen dann zur

3. Analyse und Bewertung. Das Spektrum und die Genauigkeit des Analyseverfahrens sowie die Aufbereitung der Ergebnisse hängen wesentlich von den vorgegebenen Kontrollzielen ab. In der Rückstandsanalytik sollten möglichst regionale Experten über das Kontrollspektrum entscheiden. Sie wissen am genauesten, welche Pflanzenschutz- oder Tierarzneimittel von den Produzenten überhaupt in Erwägung gezogen wurden. Je weiter die Kontrolle vom Verursachungspunkt entfernt stattfindet, desto breiter muß das Untersuchungsprogramm ausgestaltet sein. Der letzte Schritt der direkten Kontrolle ist dann die

4. Darstellung der Ergebnisse.

Soll der Kontrollvorgang aus entscheidungstheoretischer Sicht eingeordnet werden, so können Kontrollen wie folgt untergliedert werden:

- Intern induzierte und durchgeführte Kontrollen:

  Dies trifft im Fall der aufwendigen Schadstoffkontrolle lediglich für große Unternehmen der Ernährungsindustrie zu (vergl. Kapitel 8). SCHLENZ (1996, S. 77) attestiert gerade einer oligopolen Marktform eine hohe Motivation, auf Qualitätsvariationen der Konkurrenz zu reagieren bzw. selbst qualitätspolitisch zu agieren. Allerdings ist gerade hier auch der Anreiz zur Kartellabsprache besonders hoch - neben Preisabsprachen sind Qualitätsabsprachen durchaus denkbar.

- Intern induzierte, aber extern ausgeführte Kontrollen:

  Hier haben sich Erzeuger, Händler oder Verarbeiter für eine Schadstoffkontrolle entschieden, die sie aber aufgrund des Kontrollaufwandes von einer externen Organisation durchführen lassen. Wie die Fallstudie in den Kapiteln 7 bis 9 zeigen wird, haben sich Anbieter eines gleichen Produkts häufig zu Kontrollgemeinschaften zusammengeschlossen (z.B. Obsterzeuger, Safthersteller und Fruchtgroßhändler). So ein Verhalten ist besonders auf polypolistischen Märkten zu erwarten, auf denen der einzelne Mengenanpasser keinen Einfluß auf die Qualität seiner Konkurrenten hat.

- Extern induzierte und extern ausgeführte Kontrollen:

  Diese Kontrollen finden unabhängig von einer Unternehmensentscheidung statt. Hierzu zählt die staatliche Lebensmittelüberwachung (siehe Kapitel 3.2 und 10.1) ebenso wie Initiativen von Verbraucherseite (vergl. Kapitel 4.3.3).

### 2.3.3 Die Maßnahmen aufgrund der Kontrollergebnisse

Mögliche Maßnahmen aufgrund der Kontrollergebnisse sind Information und Sanktion.

Entsprechend der Kontrollziele wird über das Ergebnis der direkten Kontrolle (Ist-Zustand) informiert. Die Zielgruppe für die Information definiert sich ebenfalls durch die Kontrollziele, der Verbreitungsgrad der Information variiert dementsprechend. Das Spektrum reicht von einer intern-vertraulichen Mitteilung allein an den Chef der Qualitätssicherung einer Firma bis hin zu einer landesweiten Warnung amtlicher Stellen, die über alle Massenmedien verbreitet wird. Charakteristisch für Schadstoffe und Krankheitserreger ist, daß die reine Information über Kontrollergebnisse für Laien wenig aussagekräftig ist. Soll diese Information von einem breiteren Publikum verstanden und genutzt werden, muß sie entsprechend aufbereitet sein. Die Information muß also über eine angemessene Kommunikationsform erfolgen.

Lebensmittelanbieter, deren Produkte der Norm nicht entsprochen haben, werden ggf. mit Sanktionen bedacht. Eine angemessene Form und Höhe verhaltenskorrigierender Sanktionen hängt u.a. von der Wahrscheinlichkeit externer Kontrollen und den Kosten interner Kontrollmaßnahmen ab. Dieser Punkt wird in Kapitel 5.1.2 weiter ausgeführt.

Alternativ bzw. komplementär zu Sanktionen können Anreize ein bestimmtes Verhalten fördern. Anreize können einerseits über den Markt, durch einen höheren Preis und/oder Absatzgarantien, wirken. Andererseits kann auch der Staat Anreize schaffen, indem er z.B. schadstoffarme Anbaumethoden bezuschußt oder Kontrollkosten teilweise übernimmt. Die Fallstudie greift diesen Aspekt an mehreren Stellen (Kapitel 7.2.7.2 und 8.4) auf.

## 2.4 Fazit

In den vorangegangenen drei Abschnitten wurde gezeigt, daß das Gut Lebensmittelsicherheit, wie andere Merkmale innerer Qualität, ein Glaubensgut ist und Informationen über Schadstoffgehalte und Schaderreger asymmetrisch verteilt sind. Weiterhin konnte herausgearbeitet werden, daß durch die staatliche Normsetzung Lebensmittelsicherheit bis zum gesetzlichen Standard die Merkmale eines öffentlichen Gutes trägt. Darüber liegende Niveaus an Lebensmittelsicherheit werden durch das Zusammenspiel von Angebot und Nachfrage erzielt und sind ein privates Gut.

Kontrolle ist das zentrale Instrument, um die Sicherheit von Lebensmitteln mit ausreichender Wahrscheinlichkeit garantieren zu können. Die Aufgabe der Kontrolle von Schadstoffen und Krankheitserregern in Lebensmitteln lassen sich in drei Bereiche gliedern: die Normsetzung, die direkte Kontrolle anhand der Norm und die Maßnahmen aufgrund der Kontrollergebnisse.

Grundsätzlich hängt das Niveau an Lebensmittelsicherheit, das in einer Gesellschaft erzielt wird, von einer Reihe von Faktoren ab[75]:

- Der Stand von Wissenschaft und Technik:

    Das Wissen über die Wirkungsweise von Schadstoffen und Schadorganismen und über ihre Vermeidung gibt den Rahmen vor, innerhalb dessen über Lebensmittelsicherheit entschieden werden kann. Technische Lösungen bzw. Schwierigkeiten ermöglichen bzw. beschränken die praktische Umsetzung von Lebensmittelsicherheit. In einer kurzfristigen Betrachtungsweise sind Wissen und Technik fixe Determinanten. Wird Lebensmittelsicherheit hingegen als langfristiger und dynamischer Prozeß gesehen, so sind auch Forschung und damit technischer Fortschritt von der Nachfrage nach Lebensmittelsicherheit bestimmt.

- Das Wohlstandsniveau einer Volkswirtschaft:

    Das Wohlstandsniveau beeinflußt einerseits die Ressourcenausstattung und Präferenzen der Nachfrager nach Lebensmittelsicherheit und bestimmt andererseits die öffentlichen Mittel, die der Produktion des öffentlichen Gutes Lebensmittelsicherheit zur Verfügung stehen. Mit steigendem Wohlstand steigt das Niveau öffentlich bereitgestellter Lebensmittelsicherheit ebenso wie die Nachfrage nach sichereren Lebensmitteln. Diesen Zusammenhang stützen Untersuchungen, die in Kapitel 4.1 diskutiert werden.

---

[75] Die folgenden Punkte wurden in Anlehnung an SCHLENZ (1996, S. 156 f) entwickelt.

- Die Marktsysteme der Güterproduktion und -distribution:

  Der Anreiz zur Produktion, zum Erhalt und zur Überprüfung von Lebensmittelsicherheit ist zum einen abhängig vom Vertrauens- und Machtverhältnis zwischen Transaktionspartnern. Zum anderen beeinflußt das Maß an Wettbewerb das angebotene Niveau an Lebensmittelsicherheit.

- Der Umfang der Staatseingriffe:

  Die verschiedenen Bereiche staatlicher Interventionen wurden bereits angesprochen. Welche Maßnahmen die öffentliche Hand in Deutschland konkret ergreift, wird im folgenden Kapitel thematisiert.

# 3 Lebensmittelsicherheit als öffentliche Aufgabe: staatliche Maßnahmen in Deutschland und internationale Aktivitäten

Durch die Institution des Lebensmittelrechts reglementiert der Staat weite Bereiche des Lebensmittelmarktes. Im vorgehenden Kapitel war herausgearbeitet worden, daß die staatlichen Normen ein Mindestmaß an Lebensmittelsicherheit vorgeben, welches für alle Produkte verbindlich ist. Aus dieser Überlegung heraus erscheint es logisch, sich vor der Analyse der Nachfrage und des privaten Angebots an Lebensmittelsicherheit zunächst den staatlichen Maßnahmen zu widmen.

Bei der Untersuchung staatlicher Aktivitäten ist eine rein nationalstaatliche, nur auf Deutschland bezogene Sichtweise zu kurz gegriffen. Theoretisch gibt es seit dem 1.1.1993 bereits keinen deutschen Lebensmittelmarkt mehr. Er wurde von einem „Raum ohne Binnengrenzen" (Artikel 8a des EWG-Vertrages), dem europäischen Binnenmarkt, abgelöst. Praktisch ist die Verwirklichung des Binnenmarktes ein kontinuierlicher Prozeß, der ständig neues Recht schafft und bestehendes ändert (BLL, 1995, S. 2). Deshalb wird in Abschnitt 3.1, bei der Untersuchung der Normsetzung, besonders auf die Verzahnung bzw. Überlagerung des nationalen Rechts durch das europäische Recht eingegangen. Im einzelnen wird die Normsetzung bezüglich der Schadstoffe und der Lebensmittelüberwachung im deutschen und europäischen Recht dargelegt.

Darüber hinaus werden auch Bestrebungen auf internationaler Ebene, global geltende Normen zur Lebensmittelsicherheit auszuhandeln und durchzusetzen, vorgestellt. Dies betrifft insbesondere die Arbeit des Codex Alimentarius und das Vertragswerk des GATT (*General Agreement on Tariffs and Trade*) und der Welthandelsorganisation WTO (*World Trade Organization*).

Trotz der Integrationsentwicklungen der Europäischen Union bleibt die amtliche Lebensmittelüberwachung innerhalb des Hoheitsgebietes der Bundesrepublik Deutschland der direkte öffentliche Beitrag zur aktiven Kontrolle von Lebensmittelsicherheit. Sie wird in Abschnitt 3.2 in ihrem Aufbau und ihrer Leistung beschrieben. Anschließend werden die Kosten der direkten Kontrolle durch die Behörden geschätzt. Nach einer Darstellung des staatlichen Sanktionsapparates im Bereich des Lebensmittelrechts wird in Kapitel 3.4 eine abschließende Bewertung der staatlichen Maßnahmen vorgenommen.

## 3.1 Die Normsetzung: rechtliche Rahmenbedingungen der Lebensmittelsicherheit

### 3.1.1 Entwicklung und Stand des Lebensmittelrechts in Deutschland

Lebensmittel wurden schon von alters her staatlich reglementiert. Dabei wurden neben den eigentlichen lebensmittelrechtlichen Zielen, dem Gesundheits- und Verbraucherschutz, oft auch noch andere Zwecke verfolgt. Insbesondere fiskalische, wirtschaftspolitische oder auch rein protektionistische Absichten wurden mit dem Instrument lebensmittelrechtlicher Regelungen verknüpft. Diese Vermengung verschiedener Zielsetzungen ist auch heute noch zu beobachten.

Nach ersten lebensmittelrechtlichen Vorschriften in einzelnen Städten wurden Ende des Mittelalters erstmals auch landes- und reichsrechtliche Regelungen erlassen. Verbreitete Mißstände führten nach der Gründung des Deutschen Reiches zur Verabschiedung des Reichsgesetzes vom 14.5.1879, das neben der Strafverfolgung auch dem Bedarf an Prävention und regelmäßiger Lebensmittelkontrolle entgegenkam. In den Jahren 1927 und 1958 wurde dieses Gesetz erweitert. Eine Gesamtreform des Lebensmittelrechts fand 1974 mit dem Erlaß des noch heute gültigen LMBG (Lebensmittel- und Bedarfsgegenständegesetz) vom 15. August 1974 statt (STREINZ, 1993, S. 6 f).

Das Lebensmittelrecht besitzt einen multidisziplinären Charakter, es berücksichtigt wissenschaftliche, rechtliche und institutionelle Gesichtspunkte. Hinzu kommt die Vernetzung mit zahlreichen anderen Rechtsgebieten. So beeinflussen beispielsweise Bestimmungen des Umweltrechts und Agrarrechts (insbesondere das Pflanzenschutzrecht, Futtermittelrecht und Düngermittelrecht) die Ausgestaltung des Lebensmittelrechts (ECKERT, 1991, S. 221).

Die zentralen Vorschriften des LMBG betreffen den Gesundheitsschutz (§ 8), den Täuschungsschutz (§ 17) und die Lebensmittelüberwachung (§ 40-46). Die einzelnen Regelungen des Lebensmittelrechts lassen sich grundsätzlich in horizontale und vertikale Bestimmungen unterscheiden. Die horizontalen Regelungen betreffen die Allgemeinheit der Lebensmittel, jedes Produkt muß diesen Bestimmungen genügen (FREIDHOF, 1991, S. 159). Dazu zählen etwa die Verordnungen über Höchstmengen an Pflanzenschutzmitteln oder Schadstoffen. Die vertikalen Regelungen betreffen dagegen einzelne Produktgruppen. Sie enthalten spezielle Angaben beispielsweise über Herstellungsmethoden oder Inhaltsstoffe. Es gelten eine Vielzahl solcher Vorschriften für verschiedene Lebensmittelgruppen[76].

Die Darstellung der rechtlichen Rahmenbedingungen zur Lebensmittelsicherheit wäre unvollständig, würde nicht der maßgebliche Einfluß des Europarechts auf das deutsche Lebensmittelrecht herausgestellt. Grundsätzlich ist das Verhältnis zwischen Gemeinschaftsrecht und nationalem Recht dergestalt, daß prinzipiell die europäische Rechtsprechung über der nationalen Gesetzgebung steht. Dies bedeutet, daß der deutsche Lebensmittelgesetzgeber in seinen Gestaltungsmöglichkeiten zunehmend beschränkt ist und letztendlich „alle wichtigen, materiell rechtlichen Entscheidungen in Brüssel fallen" (ECKERT, 1991, S. 238).

Lebensmittelrechtler unterscheiden zwischen dem primären und sekundären Gemeinschaftsrecht. Unter dem primären Gemeinschaftsrecht wird das allgemeine Vertragsrecht der Europäischen Union verstanden. Hier ist der Artikel 30 des EG Vertrages von besonderer Bedeutung. Er besagt, daß innerhalb des europäischen Binnenmarktes mengenmäßige Einfuhrbeschränkungen sowie

---

[76] Etwa für Fleisch- und Fische; Eier und Eiprodukte; Milch und Fett; Getreide, Brot, Obst und Gemüse; Zucker, Süßstoff, zucker- und alkaloidhaltige Produkte; alkoholische und alkoholfreie Getränke und Wasser sowie für Würzstoffe (vergl. STREINZ, 1993, S. 8, Fußnoten 46 bis 52).

Maßnahmen gleicher Wirkung verboten sind. Für den freien Warenverkehr von Lebensmitteln innerhalb der EU bedeutet dies, daß die nicht harmonisierten Rechts- und Verwaltungsvorschriften der Mitgliedstaaten nach dem sogenannten **Subsidiaritätsprinzip** gegenseitig anzuerkennen sind (ECKERT, 1993, S. 15)[77]. Das Prinzip der gegenseitigen Anerkennung ist seit dem 1.1.1993 durch § 47a LMBG in nationales Recht umgesetzt[78]. Allerdings besteht das Problem innereuropäischer Handelshemmnisse fort, und STREINZ (1993, S. 14) bescheinigt den Mitgliedstaaten einen erstaunlichen Einfallsreichtum in der Erfindung neuer Handelsbarrieren. Nur in Fragen des (tatsächlichen) Gesundheitsschutzes sind die nationalen Regierungen weiterhin gehalten, Verkehrsverbote auszusprechen (EG Vertrag Artikel 36). Von diesem Recht machte Bundesgesundheitsminister Seehofer in der BSE-Krise Gebrauch und verfügte am 23.3.96 ein Einfuhrverbot für britisches Rindfleisch.

Nach Maßgabe der Gründungsverträge (des Primärrechts) sind die rechtsetzenden Organe der EU, der Rat und die Kommission[79], begrenzt ermächtigt, Rechtsakte zu erlassen. Dieses sogenannte sekundäre Gemeinschaftsrecht erfaßt inzwischen alle wesentlichen Bereiche der Lebensmittelgesetzgebung. Seine Ausgestaltung wird durch die verschiedenartigsten Einflüsse der nationalen Gesetzgebung und Rechtstraditionen und durch internationale Entwicklungen bestimmt (ECKERT, 1993, S. 26). Neben dem Prinzip der gegenseitigen Anerkennung (siehe S. 57) wird der freie Warenverkehr durch eine **Harmonisierung** des europäischen Binnenmarktes realisiert. Als harmonisierungsbedürftige horizontale Bereiche des Lebensmittelrechts identifizierte die Kommission 1985 grundsätzlich folgende Gebiete:

- Schutz der öffentlichen Gesundheit
- Bedürfnis der Verbraucher nach Unterrichtung und deren Schutz in nicht-gesundheitlichen Bereichen
- lauterer Wettbewerb
- Notwendigkeit der amtlichen Überwachung (BLL, 1995, S. 5).

Ob der Rat oder die Kommission im Sinne einer Harmonisierung aktiv werden, liegt in ihrem politischen Ermessensspielraum. Es können dabei alternativ Verordnungen oder Richtlinien

---

[77] Richtungsweisend war hier das Urteil des Europäischen Gerichtshofes über den 'Cassis de Dijon' vom 20.2.1979 (vergl. STREINZ, 1993, S. 10).
[78] Das Prinzip der gegenseitigen Anerkennung stellt die Verkehrsfähigkeit von Erzeugnissen aus *anderen* Mitgliedstaaten sicher, Produkte heimischer Produktion unterliegen weiterhin den möglicherweise strengeren nationalen Bestimmungen (z.B. das Reinheitsgebot für Bier). Diese sogenannte umgekehrte oder Inländerdiskriminierung kann zu deutlichen Wettbewerbsnachteilen führen (BLL, 1995, S. 12).
[79] Unterstützt wird die Kommission u.a. vom wissenschaftlichen Lebensmittelausschuß. Er wurde 1974 gegründet, um „die Kommission in sämtlichen Fragen bezüglich des Schutzes der Gesundheit und Sicherheit von Personen im Bereich des Nahrungsmittelverbrauchs ... zu beraten. Er setzt sich aus unabhängigen wissenschaftlichen Persönlichkeiten zusammen" (EUROPÄISCHE KOMMISSION, 1995, S. 37). Die nicht vergütete Arbeit der Experten wird in Form von Berichten veröffentlicht. In den Jahren 1991-1995 sind elf Berichtsfolgen erschienen, in denen insgesamt zu 43 Themen Stellung genommen wurde, fünf davon betrafen Fragen der Lebensmittelsicherheit (Eigene Zusammenstellung aus den Berichten des Wissenschaftlichen Lebensmittelausschusses, 24.-34. Folge. Europäische Union, Brüssel 1991 - 1995).

erlassen werden. Der Vorteil der Verordnung liegt darin, daß sie unmittelbar in jedem Mitgliedstaat gilt. Angesichts dessen ist es naheliegend, daß die Kommission zu dieser Rechtsform tendiert. Allerdings hat die EU keine direkte Kontroll- und Sanktionsbefugnis, mit der sie die Einhaltung einer Verordnung durchsetzen könnte. Die Richtlinie beläßt den Mitgliedstaaten hingegen die Wahl der Form und der Mittel zur Erreichung des Richtlinienziels[80]. Die damit verbundene Gestaltungsfreiheit und Souveränität führt dazu, daß der Ministerrat die Richtlinie der Verordnung vorzieht (STREINZ, 1993, S. 25 und 31).

Im Rahmen der nationalen und europäischen Gesetzgebung stellt sich die aktuelle Rechtslage[81] bezüglich der Schadstoffe in Lebensmitteln in Deutschland wie folgt dar:

### 3.1.2 Die Rechtslage für Schadstoffe

Die Rechtslage für die wichtigsten Rückstände ist in § 14 (Pflanzenschutz- oder sonstige Mittel) und § 15 (Stoffe mit pharmakologischer Wirkung) des LMBG dargelegt.

Konkrete Vorgaben über zugelassene Höchstmengen von **Pflanzenschutz- und Schädlingsbekämpfungsmitteln**, Düngemitteln und sonstigen Mitteln sind in der Rückstands-Höchstmengen-Verordnung (RHmV)[82] festgehalten. Die festgelegten Höchstmengen liegen laut WARNING (1994, Rdn. 169) deutlich unter einem gesundheitsgefährdenden Schwellenwert und dienen damit dem vorbeugenden Verbraucherschutz. Die RHmV wurde am 1.9.1994 in einer Neufassung verabschiedet und setzt die bestehenden gemeinschaftlichen Regelungen in deutsches Recht um. Das geltende europäische Recht besteht aus einer Reihe von Richtlinien, die bisher nur Teilbereiche abdecken und erst durch die Umwandlung in nationales Recht wirksam werden (BLL, 1995, S. 49 f). Wichtig in diesem Zusammenhang ist die Rahmenrichtlinie 90/642/EWG[83] für pflanzliche Lebensmittel, die die EU 1990 erließ. Ihr Ziel sind europaweit harmonisierte Rückstandshöchstmengen in Lebensmitteln. Einem umfangreichen Arbeitsprogramm folgend sollen dafür jährlich nach einer Prioritätenliste Höchstmengen für 30 Stoffe verabschiedet werden. Angesichts hunderter verschiedener Pflanzenschutzmittel bedeutet dies, daß ergänzende nationale Regelungen in absehbarer Zukunft weiterhin erforderlich sind. Nach TÖPNER (1993, S. 79 f) wird im Rahmen dieses Arbeitsprogramms sorgfältig vorgegangen, und es werden strenge, internationale Maßstäbe angesetzt[84]. Ein großer Aufwand

---

[80] In der Vergangenheit konnten Individuen durch die verzögerte, unvollständige oder gänzlich unterbliebene Umsetzung von EU-Richtlinien in nationales Recht Nachteile entstehen. Inzwischen können Mitgliedstaaten bei fehlerhafter Umsetzung zu Schadenersatz verklagt werden (vergl. STREINZ, 1993, S. 29).

[81] Einen jährlich überarbeiteten Überblick über das europäische Lebensmittelrecht und seine Umsetzung in nationales Recht gibt der Bund für Lebensmittelrecht und Lebensmittelkunde mit Sitz in Bonn heraus: „In Sachen Lebensmittel: Das gemeinschaftliche Lebensmittelrecht".

[82] Verordnung über Höchstmengen an Rückständen von Pflanzenschutz- und Schädlingsbekämpfungsmitteln, Düngemitteln und sonstigen Mitteln in oder auf Lebensmitteln und Tabakerzeugnissen (Rückstands-Höchstmengenverordnung - RHmV) vom 1.9.1994 (BGBl. I, S. 2299 ff).

[83] Richtlinie 90/642/EWG des Rates vom 27.11.1990 über die Festsetzung von Höchstgehalten an Rückständen von Schädlingsbekämpfungsmitteln auf und in bestimmten Erzeugnissen pflanzlichen Ursprungs, einschließlich Obst und Gemüse (Abl. Nr. L 350 S. 71), geändert durch 2 Einzelrichtlinien.

[84] Hier greift die EU insbesondere auf die Normen des Codex Alimentarius zurück (AGRA-EUROPE, 14.8.1995, S. 7; ECKERT, 1995, S. 380).

entsteht in diesem Prozeß den Pflanzenschutzmittelherstellern. Sie müssen für eine EU-weite Zulassung eine umfangreiche Dokumentation vorlegen[85]. Werden die Unterlagen innerhalb von vier Jahren nicht vorgelegt, wird die Höchstmenge für den fraglichen Wirkstoff bei der analytischen Bestimmungsgrenze festgelegt. Dies entspricht faktisch einer Beendigung der Zulassung. Bei der Festlegung europaweit geltender Höchstmengen müssen Kompromisse eingegangen werden. Dies bedeutet, daß in Deutschland für einzelne Lebensmittel höhere Höchstmengen akzeptiert werden mußten. In der Mehrzahl der Fälle entsprechen die Werte des Gemeinschaftsrechts aber den deutschen Verordnungen oder sind sogar strenger. Zum Teil schloß das Gemeinschaftsrecht auch Lücken der deutschen Gesetzgebung (TÖPNER, 1993, S. 81).

Für die gesetzliche Regelung von **Tierarzneimittelrückständen** gilt auf der Basis von § 15 LMBG die Verordnung über Stoffe mit pharmakologischer Wirkung[86]. In ihr sind die zulässigen Höchstmengen für Tierarzneimittel festgelegt. Darüber hinaus sind in der Anwendung von Tierarzneimitteln Wartezeiten einzuhalten (§ 15 LMBG, Absatz 2)[87]. Europaweit ist seit 1988 durch die Richtlinie 88/146/EWG[88] der Einsatz künstlicher und natürlicher Hormone in der Tiermast verboten[89]. Ein Gemeinschaftsverfahren zur Schaffung von Höchstmengen für andere Stoffe mit pharmakologischer Wirkung ist in der Verordnung (EWG) 2377/90[90] des Rates vom 26.6.1990 und zwölf Änderungsverordnungen festgelegt (vergl. BLL, 1995, S. 52 ff).

Für **Verunreinigungen** gelten, abgesehen von wenigen Ausnahmen, keine stoff- und lebensmittelspezifischen Höchstmengen. Die RHmV nennt daher einen Wert von 0,01 mg/kg für alle Substanzen, die zu den „anderen gesundheitsgefährdenden Stoffen" gezählt werden. Für einige wenige Stoffe (PCB, Quecksilber) nennt die Schadstoff-Höchstmengen Verordnung[91] Höchstmengen in tierischen Lebensmitteln. Auf europäischer Ebene wurde 1993 die Verordnung (EWG) 315/93[92] zur Festlegung von gemeinschaftlichen Verfahren zur Kontrolle von Kontaminanten in Lebensmitteln ausgesprochen. Diese Rahmenrichtlinie muß noch mit konkreten Höchstmengenangaben gefüllt

---

[85] Nach Angaben der Industrie benötigt die Zusammenstellung der Zulassungsunterlagen für einen bereits in einem Land zugelassenen Wirkstoff 3.000 Arbeitsstunden und füllt 30.000 Seiten (AGRA-EUROPE, 15.1.1996).
[86] Verordnung über Stoffe mit pharmakologischer Wirkung vom 24.9.1984, BGBl I S. 1713, in der letzten Änderung vom 24.6.1994, BGBl I, S. 1416.
[87] Allerdings ist der Nachweis, daß Wartezeiten mißachtet wurden, in der praktischen Lebensmittelkontrolle außerordentlich schwierig (SCHULZE, 1989, Rdn 148).
[88] Richtlinie 88/146/EWG vom 16.3.1988 zum Verbot des Gebrauchs von bestimmten Stoffen mit hormonaler Wirkung im Tierbereich (Abl. Nr. L 70 vom 16.3.1988, S. 16).
[89] Eine ausführliche Dokumentation und Bewertung der europäischen Meinungsbildung und Gesetzgebung bezüglich des Hormoneinsatzes in der Rindfleischproduktion findet sich in einer Studie des EUROPÄISCHEN PARLAMENTS (1994).
[90] Verordnung (EWG) 2377/90 des Rates vom 26.6.1990 zur Schaffung eines Gemeinschaftswesens für die Festsetzung von Höchstmengen für Tierarzneimittelrückstände in Nahrungsmitteln tierischen Ursprungs (Abl. Nr. L 224 vom 18.8.1990, S. 1).
[91] Verordnung über Höchstmengen an Schadstoffen in Lebensmitteln (Schadstoff-Höchstmengenverordnung - SHmV) vom 23.3.1988 (BGBl. I, S. 422 ff).
[92] Verordnung (EWG) 315/93 des Rates vom 8.2.1993 zur Festlegung von gemeinschaftlichen Verfahren zur Kontrolle von Kontaminanten in Lebensmitteln (Abl. Nr. L 37 vom 13.2.1993, S. 1).

werden, bei der Grenzwertfestlegung ist der Wissenschaftliche Lebensmittelausschuß einzubeziehen. Es besteht die Hoffnung, daß durch die EG-Verordnung 315/93 bestehende Rechtslücken in der Bundesrepublik (z.B. für Schwermetalle in pflanzlichen Lebensmitteln) geschlossen werden (TÖPNER, 1993, S. 86).

Die **mikrobiologische Beschaffenheit** von Lebensmitteln wird in Bestimmungen zur Hygiene geregelt. Dazu besteht eine Vielzahl produktspezifischer Regelungen wie die Fleisch-Hygieneverordnung, das Geflügelfleischhygienegesetz, die Hühner-Salmonellenverordnung, die Milchverordnung etc. Es würde den Rahmen dieses Übersichtskapitels sprengen, Inhalt, Umfang und europäische Dimension der einzelnen Regelungen darzulegen. HECKNER (1993, S. 206) bemerkt hierzu, daß für den Bereich der leicht verderblichen tierischen Lebensmittel mit geringsten Ausnahmen vertikale EG-Regelungen bestünden, die die Hygieneanforderungen europaweit gleich und detailliert regeln würden. Zusätzlich wurde vom Europäischen Rat die allgemeine Hygiene-Richtlinie 93/43/EWG[93] mit dem Ziel erlassen, einen angemessenen hygienischen Standard von Lebensmitteln zu jedem Zeitpunkt des Herstellens und Behandelns sowie des Inverkehrbringens sicherzustellen. Neben anderen obligatorischen Maßnahmen sind Unternehmen verpflichtet, zur Schwachstellenanalyse und Risikobewertung die Grundsätze des HACCP-Systems anzuwenden. Dabei orientieren sich die Grundsätze des HACCP-Systems an den Angaben des Codex Alimentarius[94]. Die Unternehmen werden weiterhin aufgefordert, die freiwilligen Leitlinien der Qualitätssicherungsnormen (EN 29.000 ff bzw. DIN ISO 9.000 ff) anzuwenden (BLL, 1995, S. 57 f). Die EG-Hygienerichtlinie 93/43 ist in Deutschland bisher noch nicht in einheitliches nationales Recht umgesetzt, noch berät sich hierzu eine Bund-Länder-Kommission. Der Themenkomplex firmeninterner Qualitätssicherung und ihre Überprüfung durch die staatliche Lebensmittelüberwachung wird im Gliederungspunkt 5.4 noch weitergehend erörtert.

### 3.1.3 Der gesetzliche Rahmen der Lebensmittelüberwachung

Die Aufgaben der amtlichen Lebensmittelüberwachung sind in § 40-46 LMBG spezifiziert. Sie umfassen „alle Stufen des gewerbemäßigen Umgangs mit Lebensmitteln von der Herstellung bis zur Abgabe an den Verbraucher, um die Einhaltung der zum Schutze der Gesundheit, des redlichen Handelsbrauchs und der Verbraucherinteressen erlassenen Vorschriften sicherzustellen" (SCHULZE, 1989, Rdn. 91). Entspricht eine Probe nicht den gesetzlichen Bestimmungen, so kann eine Ordnungswidrigkeit (§ 53-54 LMBG) oder eine Straftat (§ 51-52 LMBG) vorliegen. Sie wird mit einem Bußgeld, einer Geld- oder Haftstrafe geahndet[95]. Die Zuständigkeit für die Überwachung ist gemäß § 40 LMBG grundsätzlich Sache der Länder. Sie sind mit § 46 LMBG auch befugt, weitere landesrechtliche Bestimmungen zur Durchführung der Überwachung zu erlassen. Der Bundesminister für Gesundheit ist jedoch als oberste Bundesbehörde ermächtigt, Vorschriften über die perso-

---

[93] Richtlinie 93/43/EWG des Rates vom 14.6.1993 über Lebensmittelhygiene (Abl. L vom 19.7.1993, S. 1).
[94] Wesen und Arbeitsweise des Codex Alimentarius wird in Kapitel 3.1.4.1 näher erläutert.
[95] SIEBER (1991, S. 455) bemerkt hierzu, daß die meisten Ge- und Verbote des LMBG durch Straf- und Ordnungswidrigkeiten abgesichert seien.

nelle und apparative Mindestausstattung sowie über Probennahmeverfahren und Untersuchungsmethoden zu erlassen (§ 44 LMBG).

Seit dem zweiten Gesetz zur Änderung des LMBG vom 25.11.1994 gehört das Lebensmittel-Monitoring ebenfalls zu den Aufgaben der amtlichen Lebensmittelüberwachung (§ 46c und 46d LMBG). Das Monitoring wurde in Kapitel 1.3.1.1 bereits beschrieben. Es hat nicht die Überwachung geltender Gesetze, sondern eine wissenschaftlich fundierte Bestandsaufnahme über die allgemeine Belastungssituation zum Thema. Damit wurde eine wichtige weitere staatliche Aufgabe gesetzlich verankert.

Zur Harmonisierung der Lebensmittelüberwachung hat der Europäische Rat 1989 die Richtlinie 89/397/EWG[96] verabschiedet. In ihr ist der ausdrückliche Grundsatz aufgestellt, daß die zum Versand in andere Mitgliedstaaten bestimmten Erzeugnisse mit derselben Sorgfalt zu kontrollieren sind wie diejenigen, die zur nationalen Vermarktung bestimmt sind. Zur Umsetzung dieser Richtlinie mußte § 50 LMBG entsprechend angepaßt werden. Da die amtliche Lebensmittelüberwachung dadurch auch alle für den Export bestimmten Produkte gleich intensiv untersuchen muß, mußte sie ihre Kontrolltätigkeit wesentlich auf die Hersteller und Erzeuger verlagern und Planproben aus dem Handel verringern (MIETHKE und BERG, 1992, S. 223). Ein weiterer Mehraufwand entsteht für die Staaten, die an der Außengrenze der EU liegen. Ihnen obliegt es, alle eingeführten Erzeugnisse, unabhängig von ihrem Bestimmungsland innerhalb der EU, mit gleicher Intensität zu kontrollieren. Stark belastet wird dadurch z.B. die bayerische Lebensmittelüberwachung (HECKNER, 1993, S. 208). Eine Angleichung der Intensität und Effektivität der Lebensmittelüberwachung der einzelnen Mitgliedstaaten ist nicht nur aus Gründen des Verbraucherschutzes (Gesundheits- und Täuschungsschutz) von großer Bedeutung. Auch den redlichen Hersteller gilt es durch eine harmonisierte Überwachung vor Wettbewerbsverfälschungen zu schützen[97].

Die Richtlinie 89/397/EWG beinhaltet weiterhin in § 14 die Bestimmung, daß die Mitgliedstaaten der Kommission Art und Häufigkeit der Überwachung in Vorausschätzungsprogrammen ebenso mitteilen wie die Überwachungsergebnisse des Vorjahres. Die Kommission gibt ihrerseits alljährlich den Mitgliedstaaten eine „Empfehlung für ein koordiniertes Überwachungsprogramm für das folgende Jahr". Aus diesem Dialog soll die Überwachung optimiert und regelmäßig an geänderte Gegebenheiten angepaßt werden können. Die Umsetzung in die Praxis ist bisher allerdings noch nicht erfolgt (HECKNER, 1993, S. 211).

Eine in Kontrollintensität und -qualität vergleichbare Lebensmittelüberwachung in den einzelnen Mitgliedstaaten ist eine Voraussetzung für mehr Subsidiarität auf dem europäischen Binnenmarkt. Nur, wenn Vertrauen zwischen den einzelstaatlichen Verwaltungen herrscht, läßt sich das Prinzip

---

[96] Richtlinie 89/397/EWG des Rates vom 14.6.1989 über die amtliche Lebensmittelüberwachung (Abl. L vom 30.6.1989, S. 23).
[97] STREINZ (1993, S. 56) führt diesen Gedanken des Schutzes des freien Wettbewerbes weiter aus. Einerseits könnten Länder mit einer „laschen" Lebensmittelüberwachung einen Standortvorteil bieten. Andererseits könnte aber auch das Image einer verläßlichen Qualitätskontrolle in einem Herkunftsland ein Wettbewerbsvorteil darstellen.

der gegenseitigen Anerkennung auch durchsetzen (AGRA-EUROPE, 17.1.1994, S. 4). Zur qualitativen Angleichung der Lebensmittelüberwachung in den Mitgliedstaaten erließ der Rat daher die Richtlinie 93/99/EWG[98]. Kernpunkt dieser Bestimmung ist ein Qualitätssicherungssystem für die amtlichen Prüflaboratorien gemäß der europäischen Norm EN 45 001 ff. Die Bewertung der Labore ist durch amtliche Akkreditierungsstellen zu erfolgen. Auch die Laborergebnisse sollen validiert und damit die gegenseitige Anerkennung erleichtert werden. Die für die amtliche Lebensmittelüberwachung in Deutschland zuständigen Länderbehörden haben bisher keinen abgestimmten Gesetzentwurf vorbereitet, wie diese Richtlinie in nationales Recht umgesetzt werden soll (BLL, 1995, S. 86 f). MIETHKE und BERG (1992, S. 226) schlagen vor, daß die zu schaffenden amtlichen Akkreditierungsstellen für staatliche Labore auch die Gegenproben-Sachverständigen und die Laboratorien der Lebensmittelindustrie und privaten Handelslabore zertifizieren sollten.

### 3.1.4 Internationale Aktivitäten der Normsetzung

Qualitätsvorgaben, wie z.B. Schadstoffhöchstmengen, können auch im internationalen Handel wie nicht-tarifäre Handelshemmnisse wirken. Allein zwischen 1980 und 1990 wurden weltweit über 80 Handelsbarrieren bezüglich Rückstände und Verunreinigungen beim GATT[99] angemeldet (KINSEY, 1993, S. 165). LAIRD und YEATS (1990) illustrieren in ihrer Untersuchung nicht-tarifärer Handelshemmnisse in 18 OECD Ländern, daß diese zwischen 1966 und 1986 erheblich zugenommen haben. Für 1986 stellten sie fest, daß 92% aller Lebensmittelimporte von einem nicht-tarifären Handelshemmnis betroffen waren (ebd., Tab. 4). Transaktionen, die aufgrund zu hoher Hemmnisse überhaupt nicht realisiert wurden, sind in dieser Untersuchung nicht berücksichtigt.

In den 1993 in Uruguay abgeschlossenen GATT-Verhandlungen wurde die Frage der Lebensmittelsicherheit mit einbezogen und ein Abkommen über sanitäre und phytosanitäre Maßnahmen, das sogenannte SPS-Abkommen, geschlossen. Dabei setzt das Abkommen selbst keine Normen oder Standards, sondern enthält reine Verfahrensregeln. Als inhaltlicher Maßstab wird auf die internationalen Standards und Richtlinien des Codex Alimentarius der Vereinten Nationen verwiesen (MULTILATERAL TRADE NEGOCIATIONS, 1993, Absatz 9 und 11 bzw. Annex A). Danach gelten gesundheitspolizeiliche und pflanzenschutzrechtliche Maßnahmen eines Vertragsstaates mit handelsbeschränkender Wirkung ohne weitere Prüfung als GATT-

---

[98] Richtlinie 93/99/EWG des Rates vom 29. Oktober 1993 über zusätzliche Maßnahmen im Bereich der amtlichen Lebensmittelüberwachung (Abl. L 290 vom 24.11.1993, S. 14).

[99] Die Ziele des allgemeinen Zoll- und Handelsabkommens GATT *(General Agreement on Tariffs and Trade)* sind die Erhöhung des Lebensstandards sowie die Förderung der Beschäftigung und des wirtschaftlichen Wachstums in den Mitgliedstaaten durch Intensivierung des internationalen Güteraustauschs. Das GATT hat den Rang einer autonomen internationalen Organisation gewonnen und gehört zu den Sonderorganisationen der Vereinten Nationen (GABLER WIRTSCHAFTSLEXIKON, 1988, S. 1964). Mit dem Abschluß der Uruguay-Runde 1993 wurde zusätzlich zum GATT die World Trade Organization (WTO) gegründet. Sie steht jedem Land offen, das alle Übereinkommen der Uruguay-Runde akzeptiert und bietet u.a. ein transparenteres Schlichtungsverfahren. Ihr Status entspricht dem der Weltbank und des Internationalen Währungsfonds (EUROPÄISCHE KOMMISSION, 1994, S. 27).

konform, wenn sie auf dem in den Codex-Normen festgelegten Schutzniveau beruhen. Ein strengeres Schutzniveau muß wissenschaftlich begründet sein (WAGNER, 1995, S. 4). Die Einführung strengerer Normen kann angefochten und ein Streitschlichtungsverfahren bei der WTO beantragt werden (EUROPÄISCHE KOMMISSION, 1994, S. 15). Die Bedeutung dieser neuen Welthandelsordnung für den internationalen Lebensmittelhandel und für das realisierte Niveau an Lebensmittelsicherheit wird auf Seite 67 weiter erörtert. Zunächst sollen die Ziele, der Aufbau und die Arbeitsweise der Codex Alimentarius Kommission vorgestellt werden.

### 3.1.4.1 Die Codex Alimentarius Kommission

Die Codex Alimentarius Kommission, auf die sich das SPS-Abkommen der letzten GATT-Verhandlungsrunde beruft, wurde 1962 gegründet. Sie ist ein von FAO und WHO gemeinsam besetztes Gremium, das zur Förderung und Vereinfachung des Weltlebensmittelhandels internationale Richtlinien über Lebensmittelstandards und entsprechende Verhaltenscodi erarbeitet[100]. Dabei steht neben der Förderung des redlichen Lebensmittelhandels der Gesundheitsschutz der Verbraucher im Mittelpunkt der Bemühungen. Im Jahre 1993 beinhaltete der Codex Alimentarius Standards für 219 Lebensmittel. Er enthielt zu diesem Zeitpunkt 35 technologische und Hygienerichtlinien und nennt 3.019 Höchstmengen für Pestizidrückstände in Lebensmitteln. Es wurden 523 Zusatzstoffe, 187 Pflanzenschutzmittel, 57 Kontaminanten und 20 Tierarzneimittel evaluiert (FAO, 1993c, S. 2).

Im Jahre 1995 gehörten der Codex Alimentarius Kommission 151 Mitgliedstaaten an. Die Facharbeit wird in 30 Komitees bzw. Expertengruppen und Regionalkomitees geleistet. Sechs Komitees widmen sich besonders Fragen der Lebensmittelsicherheit. Dies sind die Codex Komitees für:

- Rückstände von Pflanzenschutzmitteln
- Rückstände von Tierarzneimitteln in Lebensmitteln
- Lebensmittelzusatzstoffe und Kontaminanten
- Lebensmittelhygiene
- Lebensmittelimport- und Exportkontrolle und Zertifikationssysteme
- Analysemethoden und Probenahme.

15 Komitees und zwei Expertengruppen arbeiten produktbezogen[101], fünf Koordinierungskomitees stimmen die Bemühungen des Codex Alimentarius in den Regionen Afrika, Asien,

---

[100] Neben der Förderung des Welthandels durch einheitliche Mindeststandards können die Normen des Codex Alimentarius auch auf nationaler Ebene von Bedeutung sein. In Entwicklungsländern, in denen das Lebensmittelrecht noch nicht voll ausgestaltet ist, bietet der Codex einen fertigen, wissenschaftlich abgesicherten Orientierungsrahmen (FAO, 1993c, S. 3; SCHULZE und MÜCKE, 1983, S. 128).

[101] Zur Zeit sind davon sieben Ausschüsse aktiv: die Komitees für Fisch- und Fischerzeugnisse, für Ernährung und diätetische Lebensmittel, für Fleischhygiene, für Fleisch- und Geflügelfleischerzeugnisse, für Getreide, Hülsenfrüchte und Leguminosen, für tropisches frisches Obst und Gemüse und für Milch und Milcherzeugnisse (FAO, 1993c, S. 8).

Europa, Lateinamerika und Karibik sowie Nordamerika und Südwestpazifik ab (WAGNER, 1995, S. 6 ff). Die von den Komitees ausgearbeiteten Standardentwürfe durchlaufen ein achtstufiges Verfahren, bevor sie von der Codex Alimentarius Kommission beschlossen und den Regierungen der Mitgliedstaaten zur Annahme empfohlen werden. Im Laufe des Verfahrens haben die Regierungen und die Komitees jeweils zweimal die Möglichkeit, den Vorschlag zu kommentieren (FAO und WHO, 1988, S. 12).

Für die Länder, die Mitglied des Codex Alimentarius sind, existieren gegenwärtig drei mögliche Formen, einen von der Codex Alimentarius Kommission verabschiedeten Standard anzunehmen:

- die Vollannahme (*full acceptance*)
- die Annahme mit spezifizierten Abweichungen (*acceptance with specified deviations*)[102]
- die Erklärung der freien Verkehrsfähigkeit (*free distribution*) (CODEX ALIMENTARIUS COMMISSION, 1992, S. 3-7).

Bei den ersten zwei Annahmeformen verpflichten sich die Mitgliedstaaten zum freien Verkehr des standardkonformen Erzeugnisses als auch zum Verbot von Produkten, die dem Standard nicht entsprechen. Die Erklärung der freien Verkehrsfähigkeit verpflichtet hingegen nur zur Sicherstellung des freien Verkehrs innerhalb des Mitgliedstaates und erfordert damit nicht zwingend eine Änderung nationaler Bestimmungen. Sie dürfte künftig im Hinblick auf das SPS-Abkommen eine noch größere praktische Bedeutung erlangen (ECKERT, 1995, S. 378).

Weiter oben wurde bereits die große Anzahl an Standards aufgezählt, die die Codex Alimentarius Kommission seit ihrer Gründung beschlossen hat. Vielfach haben aber die Länder, die als Codex-Mitglied für den Standard gestimmt haben, den Standard anschließend nicht formell in einer der drei möglichen Formen angenommen. Sehr zurückhaltend sind hier besonders auch die EU und ihre Mitgliedstaaten[103]. Dagegen haben eine Reihe von Entwicklungsländern die Codex-Standards in der Regel in Form der Vollannahme übernommen (ECKERT, 1995, S. 379).

Die Codex-Verbindungsstelle für Deutschland ist am Bundesministerium für Gesundheit eingerichtet. Sie unterrichtet folgende Institutionen über alle Einladungen und Tagesordnungen der einzelnen Codex-Komitees:

- die zu beteiligenden Ressorts an den Ministerien

---

[102] Die Annahme mit spezifizierten Abweichungen ist für Höchstmengen von Pflanzenschutz- und Tierarzneimittelrückständen nicht vorgesehen. Sie ist aber eine Option bei der Annahme von Produktstandards oder allgemeinen Standards.

[103] Teilweise liegt die Zurückhaltung in der formellen Annahme der Codex-Standards auch an der speziellen lebensmittelrechtlichen Situation in der EU. Die EU ist einerseits kein Mitglied des Codex Alimentarius und kann daher auch keine Annahmeerklärungen abgeben. Andererseits werden in Europa lebensmittelrechtliche Fragen immer mehr in Brüssel und weniger nationalstaatlich geregelt, so daß die einzelnen europäischen Länder wenig entscheidungsfreudig sind.

- den Bund für Lebensmittelrecht und Lebensmittelkunde stellvertretend für die deutsche Ernährungswirtschaft
- die Arbeitsgemeinschaft der Verbraucherverbände als Repräsentantin der Verbraucherschaft.

Die vorgenannten Institutionen können Vertreter für die deutsche Delegation benennen. Im Einzelfall werden auch noch weitere Verbände oder Experten von der Bundesregierung in die Delegation berufen. Vor einer Codex-Sitzung findet mit allen Beteiligten, insbesondere den gemeldeten Delegationsmitgliedern, eine Vorbesprechung statt. In der Vorbesprechung haben die Delegationsmitglieder die Möglichkeit, ihre Meinung zu der schriftlichen Stellungnahme der Bundesregierung einzubringen, die diese an die Codex Alimentarius Kommission vor Sitzungsbeginn abgibt. Die Veröffentlichungen des Codex Alimentarius sind in deutscher Sprache bei der Centralen Marketinggesellschaft der deutschen Agrarwirtschaft in Bonn zu erhalten (WAGNER, 1995, S. 9-11).

Beispielhaft soll an der Arbeit des Komitees für Pflanzenschutzmittelrückstände CCPR (*Codex Committee on Pesticide Residues*) der Arbeitsablauf und -umfang der Fachausschüsse beschrieben werden. Das CCPR wird vom niederländischen Gesundheitsministerium aus koordiniert[104]. Die jährlichen Sitzungen finden in der Regel in Den Haag statt und umfassen einen Zeitraum von sieben Tagen (OLTHOF, 1995, persönliche Mitteilung). In den Jahren 1993 und 1994[105] nahmen an der Tagung 35 (1993) bzw. 53 (1994) Länder teil, die Teilnehmerzahl der Länderdelegationen betrug insgesamt 102 (1993) bzw. 165 (1994) Personen[106]. Zusätzlich zu den Länderabordnungen nahmen acht (1993) bzw. 12 (1994) internationale Organisationen an der Sitzung teil, sie waren insgesamt durch 30 (1993) bzw. 65 (1994) Personen vertreten. Zu diesen internationalen Organisationen zählen neben der FAO, WHO und dem Codex Alimentarius Sekretariat folgende Institutionen:

- Europäische Union
- Association of Official Analytical Chemistry (AOAC International)
- Fédération Internationale des Vins et Spiritueux (FIVS)
- International Organization for Standardization (ISO)
- International Toxicology Information Centre (ITIC)

---

[104] Alle Codex-Komitees werden von einem bestimmten Land aus koordiniert und auch finanziert. Deutschland ist das Gastgeberland des Komitees für Ernährung und diätetische Lebensmittel (FAO, 1993c, S. 8).
[105] Die folgenden Angaben sind den Sitzungsberichten des CCPR für die Jahre 1993 und 1994 entnommen (vergl. CODEX ALIMENTARIUS COMMISSION 1993 und 1995).
[106] Die deutsche Delegation bestand 1993 aus vier und 1994 aus zehn Teilnehmern. Neben jeweils einem Beamten des Gesundheits- und Landwirtschaftsministeriums zählten ein (1993) bzw. drei (1994) Wissenschaftler der Bundesforschungsanstalten sowie ein (1993) bzw. vier (1994) Vertreter der Pflanzenschutzmittel-Industrie zu den Delegationsteilnehmern. 1994 war zusätzlich ein Mitarbeiter der Landesuntersuchungsanstalt Karlsruhe in der Abordnung. Repräsentanten der Verbraucherverbände waren weder 1993 noch 1994 Teil der deutschen Delegation.

- International Union of Pure and Applied Chemistry (IUPAC)
- International Federation of National Associations of Pesticide Manufacturers (GIFAP)
- Office International de la Vigne et du Vin (O.I.V.).

Die Bundesrepublik Deutschland ist damit nicht nur direkt durch ihre nationale Delegation, sondern auch indirekt über die Vertretung der EU repräsentiert. Die teilnehmerstärkste Delegation war 1994 die internationale Vertretung der Pflanzenschutzmittelhersteller GIFAP mit 39 Personen.

Aus der Zusammensetzung des CCPR läßt sich ablesen, daß die Delegationen zwar aus sachkundigen Personen bestehen, diese aber eindeutig nationale oder berufsständische Interessen vertreten. Inhaltlich wird die Arbeit des CCPR daher von einem unabhängigen Expertengremium, dem JMPR, unterstützt.

Das JMPR (*Joint Meeting of the FAO Panel of Experts on Pesticide Residues in Food and the Environment and the WHO Expert Group on Pesticide Residues*) ist ein von FAO und WHO gemeinsam zusammengestelltes Expertengremium. Die Mitglieder des JMPR sollen kompetente und unabhängige Fachleute sein, die das von den nationalen Delegationen besetzte Codex-Komitee CCPR in der inhaltlichen Arbeit unterstützen[107] (FAO und WHO, 1988, S. 16 f). Die Expertengruppe JMPR trifft sich jährlich für ca. neun Tage in Genf oder Rom und ist nicht offen für Außenstehende. In Jahre 1994 nahmen sechs von der WHO, acht von der FAO und 19 vom Codex Alimentarius Sekretariat berufene Sachverständige an der JMPR-Sitzung teil, darunter auch eine Mitarbeiterin der Bundesforschungsanstalt in Kleinmanchow (FAO, 1994, S. v-vii). Ergebnisse der JMPR-Sitzungen sind z.B. konkrete Empfehlungen über duldbare tägliche Aufnahmemengen (ADI) von Pflanzenschutzmittelrückständen bzw. lebensmittelspezifische Höchstmengenangaben (FAO, 1993c, S. 17). Sie werden jährlich in drei Publikationen veröffentlicht: „Pesticide Residues in Food, Report", „Evaluations, Part I - Residues", „Evaluations, Part II - Toxicology" (OLTHOF, 1995, persönliche Mitteilung).

Aus den Berichten des Codex-Komitees CCPR und der Expertengruppe JMPR wird deutlich, daß diese zwei Gremien eng zusammenarbeiten und beispielsweise Anfragen des CCPR bezüglich eines bestimmten Pflanzenschutzmittels vom JMPR beantwortet werden[108]. Dabei ist das JMPR davon abhängig, von den Mitgliedstaaten Daten und Versuchsergebnisse zu erhalten. Diese Literatur wird dann ausgewertet, eigene Untersuchungen werden nicht vorgenommen.

---

[107] Ein entsprechendes Expertengremium gibt es seit 1985 auch für den Bereich der Tierarzneimittelrückstände (FAO, 1993c, S. 16).

[108] So fragte beispielsweise das CCPR 1989, ob die Höchstmenge für Vinclozolin bei Steinobst nicht von 5 auf 25 mg/kg erhöht werden könne. Das JMPR konstatierte dazu 1990, daß die Datenlage zur Entscheidung dieser Anfrage ungenügend sei. 1992 lagen dann neue Untersuchungsergebnisse vor, und das JMPR empfahl nach deren Evaluation, bei einer Höchstmenge von 5 mg/kg zu bleiben. Diese Empfehlung wurde vom CCPR 1994 aufgenommen (FAO, verschiedene Jahrgänge).

### 3.1.4.2 Der Einfluß des GATT 1994 und der WTO auf die globale Normsetzung

Die internationale Normsetzung im Bereich der Lebensmittel hat seit der Ratifizierung des letzten GATT-Abkommens (GATT 1994) und Gründung der WTO erheblich an Dynamik und Bedeutung gewonnen. Standards der Codex Alimentarius Kommission gelten als Richtlinie bei Streitigkeiten im internationalen Lebensmittelhandel, die der WTO angetragen werden. Neu ist auch das Streitschlichtungsverfahren (*Dispute Settlement Understanding* - DSU) der WTO. Neben einer Reihe von Regelungen, die das Verfahren transparent und zügig gestalten, ist das „Konsensprinzip im umgekehrten Sinne" ein zentrales Element. Es besagt, daß sich der Konsens nicht auf die Anwendung einer Entscheidung oder Maßnahme, sondern umgekehrt auf dessen Nichtanwendung beziehen muß. Der Betroffene (ein „angeklagter" Staat) kann danach eine für ihn negative Entscheidung nur verhindern, wenn er die Zustimmung aller Beteiligten erhält (ECKERT, 1995, S. 367). Damit ist international ein Sanktionsmechanismus geschaffen, um die Einhaltung von Normen auch zu gewährleisten[109].

Die Codex Normen haben durch die Einbindung in das GATT 1994 einen Bedeutungswandel erfahren. Die zügige Verhandlung von Codex-Standards war in der Vergangenheit nicht zuletzt deshalb möglich, weil Staaten mit der Verabschiedung eines Standards durch die Codex Alimentarius Kommission nicht gehalten waren, diesen Standard künftig selber auch einzuhalten. Dies ist jetzt durch das SPS-Abkommen anders. Ein aktuelles Beispiel der geänderten Rechtslage ist der sogenannte Hormonstreit. Mit einer knappen Mehrheit verabschiedete die Codex Alimentarius Kommission im Juli 1995 Höchstmengen für die umstrittenen Wachstumshormone Estradiol, Progesteron, Testeron, Zeranol und Trenbulon-Acetat. Diese, wie auch alle anderen Wachstumshormone sind in der EU in der Tiermast grundsätzlich verboten, in den USA und anderen Ländern hingegen erlaubt. Inzwischen haben die USA, Neuseeland, Australien und Kanada bei der WTO offiziell gegen das Hormonverbot der EU Beschwerde eingelegt. Lebensmittelrechtler bezweifeln, daß die EU im Streitschlichtungsverfahren der WTO ihr Einfuhrverbot für Fleisch, das Hormonrückstände (unterhalb der Codexhöchstmenge) enthält, erfolgreich rechtfertigen kann[110].

Die Verwaltung des Abkommens über sanitäre und phytosanitäre Maßnahmen obliegt einem „Ausschuß für gesundheitspolizeiliche und pflanzenschutzrechtliche Fragen", der 1995 bereits dreimal zusammentrat. Die Hauptthemen der Sitzungen waren dabei Risikobewertungsverfahren, die Ausgestaltung des Notifizierungsverfahrens sowie die Information über und das Monitoring von der Anwendung internationaler Standards (ECKERT, 1995, S. 375 und 388 f). Aus

---

[109] Unklar ist, ob Codex-Standards, die vor 1994 verabschiedet wurden, nachträglich einfach als verbindliche internationale Richtlinien des GATT 1994 bzw. der WTO eingesetzt werden können. Es ist daher in der Diskussion, in der nächsten Sitzung der Codex Alimentarius Kommission (Juli 1997) alle diejenigen bisherigen Standards, gegen die eine Mehrheit der Delegierten keine Einwände hat, nachträglich als Bezugsnorm im Sinne des SPS-Abkommens zu legitimieren (ECKERT, 1995, S. 384).
[110] Zusammengefaßte Informationen aus: AGRA-EUROPE, 31.7.1995 und 12.2.1996, ECKERT, 1995, S. 382; LEBENSMITTELZEITUNG, 23.2.1996, S. 25.

diesen Fragestellungen ergibt sich ein deutlicher Abstimmungsbedarf mit der Codex Alimentarius Kommission, die ihrerseits bestimmte Verfahren den neuen Anforderungen anzupassen hat. Die neue Welthandelsordnung wird auch auf das europäische Lebensmittelrecht einwirken. Der „Hormonstreit" ist das erste Beispiel möglicher Konflikte. Dringlich scheint für die Vertretung europäischer Interessen die Vollmitgliedschaft der EU in der Codex Alimentarius Kommission. Dies entspräche dann ihrem Status in der WTO.

Wie gut bzw. effizient und effektiv das SPS-Abkommen den freien Handel sicherer Lebensmittel zu fördern versteht, bleibt zu diesem frühen Zeitpunkt abzuwarten. Die Errichtung eines Schutzniveaus oberhalb eines Codexstandards von Seiten eines Nationalstaates dürfte in Zukunft schwierig sein, sie müßte nach Artikel 3 bzw. 5 des SPS-Abkommens wissenschaftlich begründet werden. In Anbetracht der Schwierigkeiten einer objektiven, naturwissenschaftlichen Risikobewertung im Bereich der Lebensmittelsicherheit (vergl. Kap. 1.2.3) kann im konkreten Einzelfall ein höheres Schutzniveau insbesondere im Sinne eines präventiven Verbraucherschutzes strittig sein. Zu fragen wäre auch, ab wann dieser supranationale Regelungsmechanismus undemokratisch zu nennen wäre. So lehnt die Mehrheit der europäischen Konsumenten den Einsatz von Hormonen in der Tiermast ab[111]. Sollte die EU gezwungen werden, die Fleischeinfuhr hormonbehandelter Tiere zuzulassen, würde der Wille dieser Mehrheit ignoriert. Es würde dann die Herausforderung europäischer Fleischproduzenten und -händler sein, weiterhin ohne Hormone[112] zu produzieren, dieses Produktionsverfahren auch zu kontrollieren und den Verbrauchern glaubhaft anzubieten. Inwieweit sie dies angesichts deutlich höherer Produktionskosten tun werden, bleibt zweifelnd abzuwarten[113]. Scheitert diese Produktdifferenzierung (z.B. nach einem für die EU negativen WTO-Urteil und anschließender Öffnung europäischer Grenzen etwa für amerikanisches Fleisch), so läge ein typisches Marktversagen im AKERLOF'schen Sinne vor (vergl. S. 44).

Nachdem in diesem Unterkapitel die Normsetzung auf nationaler und internationaler Ebene beschrieben wurde, konzentriert sich der folgende Abschnitt auf die Darstellung der praktischen Durchführung der amtlichen Lebensmittelüberwachung in Deutschland.

## 3.2 Die staatliche Lebensmittelüberwachung in Deutschland

„Recht kann seine Aufgabe nur erfüllen, wenn es Mechanismen gibt, die seine Beachtung sicherstellen. Das materielle Lebensmittelrecht als Recht zum Schutz des Verbrauchers ... bedarf daher ... einer effektiven Lebensmittelüberwachung" (STREINZ, 1993, S. 55). Die amtliche Lebensmittelüberwachung hat die Aufgabe, die Einhaltung aller Vorschriften des LMBG und der

---

[111] Zum Standpunkt der Verbraucher siehe EUROPÄISCHES PARLAMENT, 1994, S. 15 f.
[112] Zum Ausmaß des illegalen Hormoneinsatzes in der europäischen Tiermast siehe Kapitel 1.3.2.3.
[113] In den Vereinigten Staaten liegen die Produktionskosten für eine hormonfreie Rindermast 20-25% über denen der Mast mit Hormonen. Dies wurde einer Bundestagsdelegation im Rahmen einer Informationsreise in Iowa mitgeteilt (LEBENSMITTELZEITUNG, 19.4.1996, S. 20).

lebensmittelrechtlichen Nebengesetze zu überprüfen (HERZBERG, 1994, S. 140). Sie schützt damit nicht nur den Verbraucher, sondern auch den „reel arbeitenden Hersteller oder Vermarkter" (WOLLENBERG, 1995, S. 482). Indirekt sichert die Lebensmittelüberwachung also auch den fairen und freien Wettbewerb.

Wie diese Aufgabe gelöst wird und zu welchen Kosten dies geschieht, beschreiben die folgenden vier Abschnitte. Dabei wird in der Beschreibung der amtlichen Lebensmittelüberwachung versucht, die Kontrollaktivitäten auch empirisch darzustellen. Aus folgenden Gründen ist dies allerdings nur beispielhaft und anhand ausgesuchter Bundesländer möglich:

- **Informationsform**: Informationen über die Aktivitäten der amtlichen Lebensmittelüberwachung liegen in ausgesprochen disaggregierter und uneinheitlicher Form vor. In der Regel verfassen zwar die einzelnen Untersuchungsämter Jahresberichte. Nach Wissen der Verfasserin werden diese Berichte aber nur in einigen Bundesländern auf Länderebene zusammengefaßt. Die Art der Berichterstattung und Aufbereitung der Untersuchungsergebnisse ist zudem von Bundesland zu Bundesland ziemlich verschieden.

- **Informationsaufbereitung**: Es gibt keine Institution, die die Jahresberichte aller Untersuchungsämter systematisch auswertet oder auch nur sammelt[114]. Auch der Zentralen Erfassungs- und Bewertungsstelle für Umweltchemikalien am Bundesinstitut für gesundheitlichen Verbraucherschutz und Veterinärmedizin in Berlin werden nicht von allen Bundesländern die Berichte zugeschickt (eigene Feststellung vor Ort).

- **Informationspolitik**: Die Behörden der amtlichen Lebensmittelüberwachung haben weder eine allgemeine Informationspflicht gegenüber der Öffentlichkeit noch ein für Öffentlichkeitsarbeit abgestelltes Personal. Bei Anfragen sind die Reaktionen daher unterschiedlich. Während einige Ämter bereitwillig ganze Jahresberichte oder bestimmte Daten zur Verfügung stellen, verweigern andere hingegen jede Auskunft.

Eine quantitativ vollständige Darstellung aller amtlichen Überwachungsaktivitäten ist aus den oben genannten Gründen daher nicht zu leisten. Für die Fallstudie dieser Arbeit wurde aber mit Hilfe einer Fragebogenaktion der spezifische Kontrollaufwand für Äpfel und Apfelprodukte näherungsweise erfaßt (vergl. Kap. 10). Allgemeine Angaben aus den Fragebögen sind weiter unten in Tabelle 3-1 ausgewertet.

### 3.2.1 Ziele und Aufbau der staatlichen Lebensmittelüberwachung

Die staatliche Lebensmittelüberwachung dient dem Ziel des Gesundheitsschutzes und dem Schutz vor Täuschung. Diesen beiden Oberzielen lassen sich alle Maßgaben des Lebensmittel-

---

[114] Diese Aussage stimmt nicht für das Bundesweite Lebensmittel-Monitoring und den nationalen Rückstandskontrollplan. Wie in Kapitel 1.3 bereits erläutert wurde, sind dies bundesweit koordinierte und zentral ausgewertete Maßnahmen. Sie dienen allerdings nicht der direkten Überwachung, sondern haben das Ziel, den Belastungszustand der Lebensmittel in Deutschland repräsentativ zu erfassen. Die Ergebnisse werden, wie in Kapitel 1 ausgeführt wurde, nur teilweise veröffentlicht.

rechts und der Kontrolltätigkeit zuordnen. Die Schadstoffkontrolle, Thema der hier vorgelegten Untersuchung, dient dabei eindeutig dem Gesundheitsschutz.

Nach § 40 LMBG sind die einzelnen Bundesländer zuständig für die praktische Durchführung der Lebensmittelkontrolle. Sie haben das Recht, ihr eigenes Kontrollsystem auszugestalten und zur Durchführung diesbezügliche landesrechtliche Bestimmungen zu erlassen (§ 46 LMBG). In den meisten Bundesländern ist ein dreistufiges System mit folgenden Verwaltungsebenen zu beobachten[115]:

1. Das zuständige Landesministerium als oberste Dienst- und Fachaufsicht übernimmt die Koordination und Organisation der Überwachung. Je nach Bundesland ist diese Behörde das Ministerium für Umwelt, Landwirtschaft, Inneres, Gesundheit oder Soziales. In Bremen, dem Saarland und Schleswig-Holstein verteilen sich diese Kompetenzen auf zwei, in Baden-Württemberg sogar auf drei Ministerien (vergl. Anhang, Tabelle 3-7).

2. Auf der zweiten Verwaltungsstufe stehen die Bezirksregierungen bzw. Regierungspräsidien als obere Überwachungsbehörde. Diese Instanz leitet Weisungen der ersten Verwaltungsebene an die unteren Überwachungsbehörden weiter. In Berlin, Brandenburg, Bremen, Mecklenburg-Vorpommern, dem Saarland und Schleswig-Holstein fehlt diese mittlere Ebene.

3. Die untere Überwachungsbehörde ist bei den Landräten bzw. Oberbürgermeistern angesiedelt. Hier wird auf kommunaler Ebene die Lebensmittelkontrolle durchgeführt, auch Ordnungswidrigkeitsverfahren werden von diesen Institutionen abgewickelt. Die mittlere Verwaltungsstufe dient dabei als Widerspruchsinstanz.

### 3.2.2 Ablauf und Umfang der Lebensmittelüberwachung

Die amtliche Lebensmittelüberwachung erstreckt sich auf alle Stufen der Erzeugung, der Einfuhr, der Behandlung, der Lagerung, der Beförderung, des Vertriebs und des Handels. Daraus ergeben sich folgende Tätigkeiten bei der Überwachung:

- Inspektion (Betriebskontrolle)
- Probenahme und Analyse
- Hygieneuntersuchung des Personals
- Prüfung der Schrift- und Datenträger
- Untersuchung der gegebenenfalls vorhandenen Selbstkontrollsysteme und der damit erzielten Ergebnisse (SCHULZE, 1989, Rdn. 91).

---

[115] Eine vollständige Übersicht über den Aufbau der Lebensmittelüberwachung der einzelnen Bundesländer ist im Anhang, Tabelle 3-7 aufgeführt. Eine ausführliche Darstellung für jedes Bundesland findet sich bei STREINZ und HAMMERL (1994), Rdn. 25-88.

*Staatliche Maßnahmen*

Die Betriebskontrollen und Probenahmen werden überwiegend von Lebensmittelkontrolleuren durchgeführt[116]. Sie sind in den meisten Bundesländern Gesellen oder Meister aus dem Lebensmittelgewerbe, die an der Akademie für das öffentliche Gesundheitswesen zu Lebensmittelkontrolleuren weitergebildet wurden[117]. In Baden-Württemberg sind die Kontrolleure speziell weitergebildete Polizeibeamte, die im Rahmen des Wirtschaftskontrolldienstes diese Aufgaben übernehmen.

In einigen Bundesländern führen auch die wissenschaftlichen Sachverständigen der Untersuchungsämter einen Großteil der Betriebskontrollen und Probenahmen durch (so in Brandenburg, Hessen und Nordrhein-Westfalen). Die wissenschaftlichen Sachverständigen sind hauptsächlich Lebensmittelchemiker, Amtstierärzte, Humanmediziner und Apotheker. Ein Spezialfall ist die Weinkontrolle. Sie wird in vielen Bundesländern von nicht wissenschaftlichen Fachkontrolleuren durchgeführt (STREINZ und HAMMERL, 1994, Rdn. 46-48b und 25-88).

### 3.2.2.1 Betriebskontrollen

Gemäß § 41 LMBG kontrolliert die amtliche Lebensmittelüberwachung Hersteller- und Handelsbetriebe, Einrichtungen der Gemeinschaftsverpflegung und Inverkehrbringer von Lebensmitteln auf Wochenmärkten, Volksfesten etc.. Eine bestimmte Kontrollintensität ist dabei nicht vorgegeben. Allerdings schreibt das LMBG eine regelmäßige Kontrolle vor, und häufig spezifiziert das Landesrecht die Überwachungsfrequenz. Dabei werden die Häufigkeit der Kontrollen und die Probenahmen gestaffelt nach Betriebsformen sowie der Bedeutung einzelner Lebensmittel im Warenkorb[118].

Exemplarisch seien hier die Betriebskontrollen im Jahre 1994 in Baden-Württemberg beschrieben[119]. Es wurden 3.581 Betriebskontrollen vorgenommen. Ohne Beanstandung waren dabei 37% aller Betriebe. Bei 49% wurden „Hygienische Mängel und unsachgemäße Handhabung

---

[116] Im Freistaat Bayern sind beispielsweise über 300 Lebensmittelkontrolleure an den Kreisverwaltungsbehörden tätig (STREINZ und HAMMERL, 1994, Rdn. 32).
[117] Träger der Akademie für das öffentliche Gesundheitswesen sind die Bundesländer Berlin, Bremen, Hamburg, Hessen, Niedersachsen, Nordrhein-Westfalen und Schleswig-Holstein. Die zweijährige Ausbildung zum Lebensmittelkontrolleur unterteilt sich in 17 praktische Monate an den Einstellungsbehörden und fünf Monate theoretischen Unterrichts. Der theoretische Unterricht umfaßt die Fächer Recht (200 Stunden), Warenkunde (180 Stunden), Lebensmittel- und Betriebshygiene (80 Stunden) und Umwelthygiene, Ernährungslehre, Mikrobiologie, Parasitologie (60 Stunden) (AKADEMIE FÜR DAS ÖFFENTLICHE GESUNDHEITSWESEN, 1994, S. 1).
[118] SCHULZE (1989, Rdn. 95) erläutert beispielsweise eine Dienstanweisung des hessischen Sozialministers. Danach sollen Betriebe mit kleiner Warenfrequenz zweimal jährlich, Großbetriebe monatlich und Fleischgroßmärkte, Markthallen, Jahr- und Wochenmärkte im gegebenen Fall täglich auf ihren Hygienezustand überprüft werden.
[119] Auf den folgenden Seiten werden zur Illustration amtlicher Lebensmittelüberwachung mehrfach Angaben über die staatlichen Kontrollen in Baden-Württemberg und Bayern gemacht. Diese beiden Bundesländer wurden deshalb ausgewählt, da hier die Überwachungsaktivitäten von den Untersuchungsanstalten in vier (Baden-Württemberg) bzw. zwei (Bayern) Jahresberichten dokumentiert wurden, die der Verfasserin für das Jahr 1994 vollständig vorlagen. Es wird angenommen, daß die Zahlen dieser beiden bevölkerungsreichen Bundesländer (zusammen 22 Mio. Einwohner), die über eine starke Agrar- und Ernährungswirtschaft ebenso wie über Ballungsräume und Auslandsgrenzen verfügen, beispielhaft für die Bundesrepublik sind.

bei Lebensmitteln" festgestellt. Darunter waren 3,6% aller Lebensmittel nicht zum Verzehr geeignet, in 5,5% der Fälle mußte eine förmliche Beanstandung ausgesprochen werden[120]. Zur Interpretation dieser Zahlen ist ein Hinweis aus dem Bericht der Chemischen Landesuntersuchungsanstalt (CLUA) Freiburg wichtig. Hier wird vermerkt, daß die statistischen Angaben zu Betriebskontrollen kein repräsentatives Bild über den allgemeinen Zustand der Lebensmittelunternehmen gäben, da Kontrollen besonders in sogenannten Problembetrieben durchgeführt würden (CLUA Freiburg, 1994, S. 77). Bei der CLUA Karlsruhe wird als Ursache der meisten Beanstandungen die Unzulänglichkeit des menschlichen Verhaltens genannt. Dies zeige sich insbesondere im mangelnden Hygieneverständnis und -bewußtsein des Personals (CLUA Karlsruhe, 1994, S. 108).

Einen wichtigen Nebeneffekt der Betriebskontrolle, der in Jahresberichten aus verschiedenen Bundesländern immer wieder angesprochen wird, thematisiert die CLUA Stuttgart. Sie beschreibt die beratende Funktion der Kontrolleure insbesondere im Bereich der Qualitätskontrolle und des HACCP-Konzeptes. In Übereinstimmung mit der EG-Überwachungsrichtlinie 89/397 hat das Land Baden-Württemberg verfügt, daß die Unternehmen der Ernährungswirtschaft die Pflicht zur Eigenkontrolle haben und diese Eigenkontrolle auch glaubhaft machen müssen. Dabei haben die Kontrollbehörden insbesondere auf die von den Unternehmen festgestellten kritischen Kontrollpunkte zu achten (vergl. EG-Hygienerichtlinie 93/43). In der Praxis stellten die Stuttgarter Kontrolleure fest, daß selbst bei Firmen, die eine Zertifizierung haben oder anstreben, über das HACCP-System weitgehende Unkenntnis herrsche. Nicht ein Betrieb habe über einen Ablaufplan verfügt, in dem die kritischen Lenkungspunkte vermerkt gewesen wären. Auch Reklamationen würden nur im Einzelfall systematisch ausgewertet und damit zur Fehlervermeidung eingesetzt (CLUA Stuttgart, 1994, S. 94f).

### 3.2.2.2 Probenahme und -untersuchung von Lebensmitteln

Neben den Betriebskontrollen vor Ort, die ihren Schwerpunkt in der Überwachung der ordnungsgemäßen und hygienischen Handhabe von Lebensmitteln haben, werden Proben von Lebensmitteln und Bedarfsgegenständen an den Untersuchungsanstalten auf verschiedenste Parameter hin überprüft. Bei der Probenahme kann grundsätzlich in vier Arten von Proben unterschieden werden:

- **Planproben** sind diejenigen Proben, die im Rahmen eines allgemeinen, in der Regel jährlich festgelegten Probenplans gezogen und untersucht werden. Das Planprobenaufkommen richtet sich, falls nicht landesrechtlich anders verfügt, nach einem Rundschreiben des Reichsministers des Inneren von 1934. Danach entfallen auf 1.000 Einwohner jährlich mindestens fünf Lebensmittelproben.
- **Verdachtsproben** werden, wie der Name besagt, im Verdachtsfalle entnommen.

---

[120] Eigene Zusammenstellung aus den Jahresberichten 1994 der Chemischen Landesuntersuchungsanstalten (CLUA) Freiburg, Karlsruhe, Sigmaringen und Stuttgart.

*Staatliche Maßnahmen*

- **Verfolgs-** oder auch **Nachproben** überprüfen einen Betrieb bzw. Produkt, der oder das in der Vergangenheit auffällig war.
- **Beschwerdeproben** werden aufgrund von Verbraucherbeschwerden untersucht (SCHULZE, 1989, Rd. 100 f).

In den Jahresberichten der CLUA Karlsruhe und Sigmaringen ist die Aufteilung der Proben nach Probenart für 1994 vermerkt. Danach waren 86% aller Lebensmittelproben Planproben, 6% wurden aufgrund eines Verdachts untersucht und 5% bezogen sich auf Nach- und Vergleichsproben. Knapp 3% waren Beschwerdeproben, die Verbraucher eingereicht bzw. veranlaßt hatten. Gut die Hälfte dieser Beschwerdeproben führten anschließend zu einer amtlichen Beanstandung (CLUA KARLSRUHE, 1994, S. 22; CLUA SIGMARINGEN, 1994, S. 16)[121].

Die Proben werden nach der Probenahme an den staatlichen oder kommunalen Instituten überprüft. Die Anzahl der Untersuchungsämter und die Aufteilung ihrer Aufgaben variiert von Bundesland zu Bundesland stark und ist im Anhang in Tabelle 3-8 aufgelistet. Häufig obliegt die bakteriologische Untersuchung tierischer Lebensmittel speziellen Veterinärämtern, während chemische Untersuchungsämter die Inhalts- und Zusatzstoffe ebenso überprüfen wie den Gehalt an Rückständen und Verunreinigungen. In einigen Ländern werden diese verschiedenen Aufgaben auch von einem Institut bewältigt, das eventuell aber nur für eine Teilregion verantwortlich ist. Besonders dezentral organisiert ist Nordrhein-Westfalen mit 24 chemischen Untersuchungsämtern.

Angaben über den Umfang der staatlichen Untersuchungen sind in Tabelle 3-1 zusammengestellt. Die Zahlen beruhen teilweise aus Antworten auf die versendeten Fragebögen und teilweise aus Angaben in den jeweiligen Jahresberichten. Es konnte so die Untersuchungstätigkeit aus 13 Bundesländern zusammengestellt werden, in denen 91% der Bevölkerung leben. Die Angaben wurden entsprechend auf die Gesamtbevölkerung hochgerechnet.

---

[121] Aus einer Untersuchung Anfang der 80er Jahre geht hervor, daß der Planprobenanteil der einzelnen Bundesländer zwischen 60-95% liegt (KALLISCHNIGG und LEGEMANN, 1982, S. 18). Wird ein Planprobenaufkommen von fünf Lebensmittelproben pro 1.000 Einwohner angenommen (vergl. S. 72), so liegt der bundesweite Planprobenanteil bei 77% (vergl. 6,5 Gesamtproben pro 1.000 Einwohner, Tabelle 3-1).

**Tabelle 3-1: Geschätzter Umfang der amtlichen Lebensmittelüberwachung 1994**

| Bundesland | Bevölkerung 1993 in 1.000 | Insgesamt untersuchte Lebensmittel (Warencode 01 - 59) | davon Beanstandungen | Beanstandungen in % von insgesamt | Proben/ 1.000 Einwohner |
|---|---|---|---|---|---|
| Baden-Wü. | 10.196 | 48.587 | 8.581 | 17,7 | 4,8 |
| Bayern | 11.818 | 96.055 | 14.907 | 15,5 | 8,1 |
| Berlin | 3.471 | 26.995 | 3.209 | 11,9 | 7,8 |
| Brandenburg | 2.546 | 13.872 | 2.524 | 18,2 | 5,4 |
| Bremen | 684 | 2.198 | 292 | 13,3 | 3,2 |
| Hamburg | 1.699 | 8.592 | 1.962 | 22,8 | 5,1 |
| Hessen | 5.950 | 34.927 | 6.252 | 17,9 | 5,9 |
| Niedersachsen | 7.616 | 48.464 | 7.797 | 16,1 | 6,4 |
| NRW | 17.722 | 110.307 | 15.583 | 14,1 | 6,2 |
| Rheinland-Pfalz | 3.904 | 13.112 | 2.045 | 15,6 | 3,4 |
| Saarland | 1.085 | 9.298 | 1.122 | 12,1 | 8,6 |
| Sachsen | 4.624 | 32.769 | 5.937 | 18,1 | 7,1 |
| Thüringen | 2.538 | 17.049 | 2.459 | 14,4 | 6,7 |
| Summe | 73.853 | 462.225 | 72.670 | 15,7 | 6,3 |
| Extrapoliert auf Gesamtbev. | 81.179 | 508.078 | 79.879 | 15,7 | 6,3 |

*Anmerkung:* Aus Mecklenburg-Vorpommern, Sachsen-Anhalt und Schleswig-Holstein wurden keine Daten zur Verfügung gestellt.

*Quellen:* Bevölkerungszahlen: STATISTISCHES BUNDESAMT, Statistisches Jahrbuch 1995, S. 47.

Untersuchungszahlen: Berliner Betrieb für Zentrale Gesundheitliche Aufgaben, Berlin, Schreiben vom 28.2.1996; Chemische Landesuntersuchungsanstalten und Chemische Untersuchungsämter Baden-Württemberg, gemeinsame Antwort auf Fragebogen; Chemisches Untersuchungsämter Speyer und Trier, Rheinland-Pfalz, Antwort auf Fragebogen; Hessisches Ministerium für Frauen, Arbeit und Sozialordnung: Ergebnisse der amtlichen Lebensmittelüberwachung in Hessen für das Jahr 1994; Hygiene Institut Hamburg, Antwort auf Fragebogen; Landesuntersuchungsamt für Chemie, Hygiene und Veterinärmedizin der Freien und Hansestadt Bremen, Antwort auf Fragebogen; Landesuntersuchungsamt für das Gesundheitswesen Nordbayern und Südbayern, Jahresberichte 1994; Landesuntersuchungsanstalt für das Gesundheits- und Veterinärwesen Sachsen, Antwort auf Fragebogen; Medizinal-, Lebensmittel- und Veterinäruntersuchungsamt Erfurt, Thüringen, Anwort auf Fragebogen; Ministerium für Umwelt, Raumordnung und Landwirtschaft des Landes Nordrhein-Westfalen, Anwort auf Fragebogen; Staatliche Veterinär- und Lebensmitteluntersuchungsämter Frankfurt (Oder) und Potsdam, Brandenburg, Antwort auf Fragebogen; Staatliches Institut Gesundheit und Umwelt, Saarbrücken, Saarland, Antwort auf Fragebogen; Staatliches Lebensmitteluntersuchungsamt Braunschweig, Niedersachsen, Antwort auf Fragebogen.

Tabelle 3-1 gibt an, daß 1994 schätzungsweise eine halbe Million Proben[122] von der amtlichen Lebensmittelüberwachung untersucht wurden. Bezogen auf die Bevölkerungszahl sind dies im Durchschnitt 6,5 Proben pro 1.000 Einwohner. Die Beanstandungsquote betrug durchschnittlich 15,7%[123].

---

[122] Nur Lebensmittel, keine Bedarfsgegenstände.

[123] Es wird davon abgesehen, die Zahlen der einzelnen Bundesländer miteinander zu vergleichen. Dies ist ohne Berücksichtigung der Überwachungsorganisation und Berichtsweise nicht direkt möglich. Es ist auch nicht auszuschließen, daß in einigen Ländern nicht alle Überwachungsinstitutionen erfaßt wurden.

Wieviele Proben auf welche Parameter untersucht werden, ist aus den Angaben und Jahresberichten der Ämter nicht abzuleiten. In Hessen werden im Durchschnitt je Probe vier bis fünf Parameter untersucht, diese Größenordnung dürfte in anderen Bundesländern ähnlich sein[124]. Zumindest das Spektrum der Untersuchungen läßt sich aber aus den Beanstandungsgründen ablesen. Sie wurden aus den Jahresberichten der baden-württembergischen und bayerischen Untersuchungsämter für das Jahr 1994 in Tabelle 3-2 zusammengestellt. Aus ihr geht hervor, daß 1994 in Baden-Württemberg und Bayern insgesamt 17,7 bzw. 15,5 aller Proben beanstandet wurden. Die Beanstandungsgründe werden nach einem einheitlichen Code verschlüsselt und sind in der Tabelle nach Beanstandungen im Sinne des Täuschungsschutzes und im Sinne des Gesundheitsschutzes unterteilt. Mit Ausnahme des Beanstandungsgrundes 19[125] ist die relative Bedeutung der verschiedenen Beanstandungsgründe in Baden-Württemberg und Bayern gut vergleichbar.

Aus der Aufstellung wird deutlich, daß der Täuschungsschutz mit ca. drei Viertel aller Beanstandungen die Ressourcen der amtlichen Lebensmittelüberwachung vermutlich zu einem ganz erheblichen Anteil bindet. Beanstandungen im Sinne des Gesundheitsschutzes wurden in 21,6% (Baden-Württemberg) bzw. 23,7% (Bayern) aller Beanstandungen ausgesprochen. Dabei ist der Grund „nicht zum Verzehr geeignet", Code 05 und 06, mit 17,4% (Baden-Württemberg) bzw. 19,9% (Bayern) von herausragender Bedeutung. Die Codes 05 und 06 beziehen sich beide auf § 17 Absatz 1 Nr.1 LMBG. Nicht zum Verzehr geeignete Lebensmittel wurden beispielsweise unter ekelerregenden Umständen hergestellt oder gelagert oder sind ungenießbar. Eine Gesundheitsschädlichkeit liegt bei einer Beanstandung nach Code 05 oder 06 noch nicht vor. Bei gesundheitsschädlichen Zuständen müßte eine Beanstandung gemäß Code 01 oder 02 ( § 8 LMBG) ausgesprochen werden.

---

[124] HESSISCHES MINISTERIUM FÜR FRAUEN, ARBEIT UND SOZIALORDNUNG, 1994, S. 21.
[125] Eine genauere Betrachtung dieses Beanstandungsgrundes verdeutlicht die Schwierigkeit, Daten bundesländerübergreifend zu vergleichen. Die häufige Nennung des Beanstandungscode 19 in Bayern beruht zu über 90% auf Trink- Mineral-, Tafel- und Quellwasseruntersuchungen der Landesuntersuchungsanstalt Südbayern. Besonders bei kleineren und mittleren Trinkwasseranlagen bestimmter Regionen wurden Übertretungen von Nitrat-, Pflanzenschutzmittel- und pH-Werten festgestellt. Entsprechende Beanstandungen wurden in Baden-Württemberg ebenfalls in größerem Umfang ausgesprochen, aber mit großer Wahrscheinlichkeit unter dem Code 18 verbucht. Insgesamt ist die Beanstandungsquote bei Wasser in Bayern mit 21% und Baden-Württemberg mit 25% ähnlich hoch, auch wenn in Bayern mit 17.304 Untersuchungen zehnmal mehr Analysen durchgeführt wurden als in Baden-Württemberg (1.756 Untersuchungen) (Angaben aus den in Tabelle 3-2 zitierten Berichten).

**Tabelle 3-2: Beanstandungsgründe der amtlichen Lebensmittelüberwachung in Baden-Württemberg und Bayern, 1994**

|  |  | Baden-Württemberg |  | Bayern |  |
|---|---|---|---|---|---|
| Beanstandungen in Prozent aller Untersuchungen |  | 17,7 |  | 15,5 |  |
|  |  | n | in % | n | in % |
| **Genannte Beanstandungsgründe insgesamt** |  | 9.156 | 100,0 | 18.115 | 100,0 |
| *davon Beanstandungen im Sinne des Täuschungsschutzes* | Code |  |  |  |  |
| Verstöße gegen Kennzeichnungsvorschriften (§ 19 LMBG) | 11 | 2.364 | 25,8 | 2.949 | 16,3 |
| irreführend (§ 17 (1) Nr. 5 LMBG) | 08 | 1.526 | 16,7 | 2.650 | 14,6 |
| nachgemacht, wertgemindert (§ 17 (1) Nr. 2 LMBG) | 07 | 1.502 | 16,4 | 1.746 | 9,6 |
| Verstöße gegen sonstige Vorschriften des LMBG | 18 | 913 | 10,0 | 3.274 | 18,1 |
| Zusatzstoffe, fehlende Kenntlichmachung (§ 16 LMBG) | 12 | 278 | 3,0 | 504 | 2,8 |
| Zusatzstoffe, unzulässige Verwendung (§ 11 (1) LMBG) | 13 | 272 | 3,0 | 398 | 2,2 |
| Verstöße gegen unmittelbar geltendes EG-Recht | 20 | 104 | 1,1 | 84 | 0,5 |
| Verstöße gegen sonstige, Lebensmittel betreffende nationale Vorschriften | 19 | 96 | 1,0 | 2.094 | 11,6 |
| unzulässige gesundheitsbezogene Aussagen (§ 18 LMBG) | 10 | 63 | 0,7 | 35 | 0,2 |
| unzulässiger Hinweis auf naturrein o.ä. (§ 17 (1) Nr. 4 LMBG) | 09 | 54 | 0,6 | 52 | 0,3 |
| Keine Übereinstimmung mit Hilfsnormen, stoffliche Beschaffenheit | 21 | 6 | 0,1 | 44 | 0,2 |
| **Beanstandungen im Sinne des Täuschungsschutzes insgesamt** |  | 7.178 | 78,4 | 13.830 | 76,3 |
| *davon Beanstandungen im Sinne des Gesundheitsschutzes* | Code |  |  |  |  |
| nicht zum Verzehr geeignet (andere Ursachen, § 17 (1) Nr. 1 LMBG) | 06 | 998 | 10,9 | 1.793 | 9,9 |
| nicht zum Verzehr geeignet (mikrobiell, § 17 (1) Nr. 1 LMBG) | 05 | 592 | 6,5 | 1.808 | 10,0 |
| gesundheitsgefährdend (andere Ursachen, § 9 (1) LMBG) | 04 | 202 | 2,2 | 17 | 0,1 |
| Pflanzenschutzmittel, Höchstmengenüberschreitung (§ 14 (1) Nr. 1 LMBG) | 14 | 100 | 1,1 | 166 | 0,9 |
| gesundheitsschädlich (andere Ursachen, § 8 LMBG) | 02 | 33 | 0,4 | 30 | 0,2 |
| Pharmakologisch wirksame Stoffe, Überschreitungen (§ 15 LMBG) | 16 | 29 | 0,3 | 5 | 0,03 |
| Pflanzenschutzmittel, unzulässige Anwendung (§ 14 (1) Nr. 2 LMBG) | 15 | 10 | 0,1 | 0 | 0,0 |
| gesundheitsgefährdend (mikrobiell, § 9 (1) LMBG) | 03 | 6 | 0,1 | 2 | 0,01 |
| Schadstoffe, Höchstmengen-Überschreitungen (§ 9 (4) LMBG) | 17 | 5 | 0,1 | 11 | 0,1 |
| gesundheitsschädlich (mikrobiell, § 8 LMBG) | 01 | 3 | 0,03 | 453 | 2,5 |
| **Beanstandungen im Sinne des Gesundheitsschutzes insgesamt** |  | 1.978 | 21,6 | 4.285 | 23,7 |
| davon vorsorgender Gesundheitsschutz (Code 05 - 06, 14 - 17) |  | 1.734 | 18,9 | 3.783 | 20,9 |
| davon gesundheitsgefährdend oder -schädlich (Code 01 - 04) |  | 244 | 2,7 | 502 | 2,8 |

*Anmerkung:* Die Summe der hier aufgelisteten Beanstandungsgründe ist größer als die Anzahl beanstandeter Proben in Tabelle 3-1, da für eine Probe mehrere Beanstandungsgründe ausgesprochen werden können.

*Quellen:* Eigene Berechnung und Darstellung nach Daten der CLUA Freiburg, Karlsruhe, Sigmaringen, Stuttgart (1994) und der Landesuntersuchungsämter für das Gesundheitswesen Nordbayern und Südbayern (1994).

Die Beanstandungsgründe im Sinne des Gesundheitsschutzes sind in Tabelle 3-2 noch weiter in die Untergruppen „vorsorgender Gesundheitsschutz" und „gesundheitsgefährdend oder gesundheitsschädlich" unterteilt. Dabei wird deutlich, daß unter die letztere Kategorie nur knapp 3% aller Beanstandungen fallen[126]. Bezogen auf alle untersuchten Proben (vergl. Tabelle 3-1) beträgt der Anteil der als gesundheitsgefährdend oder -schädlich beanstandeten Proben 0,5%. Diese wie die anderen in Tabelle 3-2 genannten Zahlen dürfen allerdings nicht uneingeschränkt als repräsentativ für die Lebensmittelqualität und -sicherheit auf dem deutschen Markt gewertet werden. Schon die Planprobengestaltung und insbesondere die Verdachts-, Verfolgs- und Beschwerdeproben sind gezielt darauf ausgelegt, Überschreitungen des Lebensmittelrechts aufzudecken. Daher sind die Ergebnisse der Lebensmittelüberwachung nicht repräsentativ, sondern zeichnen ein in die negative Richtung verzerrtes Bild.

### 3.2.2.3 Die Schadstoffkontrolle im Rahmen der amtlichen Lebensmittelüberwachung

Aus der vorangegangenen Beschreibung der staatlichen Lebensmittelüberwachung wurde deutlich, daß die Schadstoffkontrolle, oder allgemeiner, die Überwachung der Lebensmittelsicherheit, nur eine der Aufgaben der amtlichen Lebensmittelkontrolle ist. In diesem Abschnitt wird die Schadstoffkontrolle in Umfang und Intensität im Detail dargestellt.

Grundsätzlich gibt es drei große Überwachungsprogramme, die sich teilweise oder ausschließlich der Schadstoffkontrolle widmen:

- In der **allgemeinen amtlichen Lebensmittelüberwachung** werden Lebensmittel nach einem allgemeinen Probenplan auf Rückstände, Verunreinigungen und Schadorganismen untersucht. Wie weiter vorne diskutiert, liegt hier die Zielsetzung in der Aufdeckung von Rechtsüberschreitungen. Die Probenauswahl folgt nicht nach repräsentativen Gesichtspunkten und liegt in der Entscheidung der einzelnen Bundesländer.
- Das **Lebensmittel-Monitoring**, durch § 46d LMBG ebenfalls Aufgabe der staatlichen Lebensmittelüberwachung, hat hingegen zum Ziel, die generelle Belastung wichtiger Lebensmittel mit Pflanzenschutzmitteln und Umweltkontaminanten zu erfassen. Entsprechend erfolgt die Probennahme nach einem bundesweiten Probenplan, auch die Laboranalysen werden weitmöglichst standardisiert.
- Auch der **Nationale Rückstandskontrollplan** ist bundesweit koordiniert. In Befolgung der EG Verordnung 90/2377 wird hier die Belastung tierischer Lebensmittel mit pharmakologisch wirksamen Stoffen untersucht (vergl. Kapitel 1.3.2.3).

---

[126] Die relativ häufige Nennung von Code 01 (mikrobiell bedingte Gesundheitsschädlichkeit) in Bayern bezieht sich zu drei Viertel auf die Produktgruppen Fleisch, Fleischerzeugnisse, Wurstwaren und Eier. Diese Produkte werden in Baden-Württemberg von den staatlichen tierärztlichen Untersuchungsämtern überprüft, deren Tätigkeiten in Tabelle 3-2 nicht mitberücksichtigt sind.
In Baden-Württemberg wurde der Beanstandungsgrund 04, andere gesundheitsgefährdende Ursachen, relativ häufig angegeben. Die Hälfte dieses Beanstandungsgrundes bezieht sich auf Gewürze. Insbesondere Paprika- und Chilipulver wurden 1994 landesweit auf Aflatoxine untersucht. Die häufigen Höchstmengen-Überschreitungen gemäß der Aflatoxinverordnung veranlaßten das Umweltministerium Baden-Württemberg, vor dem Verzehr von türkischem, scharfen Paprikapulver, das beispielsweise zur Herstellung von Döner Kebab verwendet wird, öffentlich zu warnen (CLUA Sigmaringen, 1994, S. 142, alle anderen Angaben aus den in Tabelle 3-2 zitierten Berichten).

Bei der Durchsicht von Jahresberichten wird deutlich, daß die Untersuchungsämter außerdem häufig noch in weitere Untersuchungsprogramme eingebunden sind wie beispielsweise im Gewässerschutz oder bei der Messung von Radioaktivität.

Der Umfang der Untersuchungen, der nicht immer identisch mit der Anzahl der Proben ist, da eine Probe auf verschiedene Schadstoffe hin untersucht werden kann, wird in den Jahresberichten der Untersuchungsämter nicht in zusammengefaßter Form präsentiert. Um die verschiedenen Untersuchungsbereiche und die Zuordnung zu den Untersuchungsprogrammen ansatzweise für die Fragestellung der Schadstoffkontrolle zu quantifizieren, ist in der folgenden Tabelle die Überwachung der Lebensmittelsicherheit in Südbayern 1994 beschrieben:

**Tabelle 3-3: Untersuchungsschwerpunkte des Landesuntersuchungsamtes Südbayern, 1994**

| | Anzahl Proben/Untersuchungen | davon Lebensmittelmonitoring | davon Nationaler Rückstandskontrollplan | davon Strahlenschutzprogramme | davon Gewässermonitoring |
|---|---|---|---|---|---|
| Mikrobiologische Untersuchungen | 20.210 | - | - | - | - |
| Proben zum Nachweis von Spurenelementen | 2.635 | 345 | 200 | - | 128 |
| Proben zum Nachweis pharmakologischer Stoffe | 2.473 | - | 2.473 | - | - |
| Proben zum Nachweis von Pflanzenschutzmitteln u. PCB | 2.295 | 500 | 116 | - | 121 |
| Proben zum Nachweis von Mykotoxinen | 1.058 | - | - | - | - |
| Proben zur Messung von Radioaktivität | 932 | - | - | 748 | - |
| Lebensmittelproben insg. (ohne Wein, einschl. Trinkwasser) | 48.712 | - | - | - | - |

*Anmerkung:* Nur einige ausgewählte Untersuchungsschwerpunkte sind in dieser Zusammenstellung genannt, sie enthält nicht alle Untersuchungsaktivitäten des Landesuntersuchungsamtes Südbayern.

*Quelle*: Eigene Zusammenstellung aus LANDESUNTERSUCHUNGSAMT FÜR DAS GESUNDHEITSWESEN SÜDBAYERN, 1994.

Aus dieser exemplarischen Darstellung aus der Arbeit eines „typischen" Landesuntersuchungsamtes lassen sich folgende Punkte ablesen:

- Die mikrobiologischen Untersuchungen nehmen zahlenmäßig den größten Raum ein. Die Untersuchungen konzentrieren sich dabei zu je einem Drittel auf Milch/Milchprodukte, Trinkwasser und andere Produktgruppen. Häufig untersucht werden auch noch Fleisch/Fleischprodukte und Speiseeis (LANDESUNTERSUCHUNGSAMT SÜDBAYERN, 1994, S. 86 f).

- Bei den Analysen auf Spurenelemente wurden pro Probe durchschnittlich 2,6 Elemente bestimmt. Über die Hälfte aller Untersuchungen galt dem Nachweis der Umweltkontaminanten Blei, Cadmium und Quecksilber (ebd., S. 47). Etwa ein Viertel aller Untersuchungen wurden aufgrund der Sonderprogramme durchgeführt. Die am intensivsten überwachten Lebensmittel waren Trinkwasser, Säuglings- und Kleinkindernahrung, Fleisch (bzw. Innereien) und Fisch (ebd., S. 47 ff).

- Pharmakologisch wirksame Substanzen scheinen nur im Rahmen des nationalen Rückstandskontrollplans durchgeführt zu werden. Je Probe (vom lebenden Tier oder Fleisch) wurden durchschnittlich 1,4 pharmakologisch wirksame Substanzen überprüft (ebd., S. 57).

- Beim Nachweis von Pflanzenschutzmitteln und PCB werden ein Drittel der Proben im Rahmen der Sonderprogramme ausgewertet. Die hier eingesetzten Multimethoden können pro untersuchter Probe ein breites Spektrum von Pflanzenschutzmitteln überprüfen. Untersuchungsschwerpunkte waren Trinkwasser, Fleisch, Obst, Gemüse und Säuglings- und Kleinkindernahrung (ebd., S. 40 ff).

- Die Radioaktivitätsmessungen erfolgten zum Großteil im Rahmen bundesweiter und bayerischer Überwachungsprogramme. Nur 20% der Messungen wurden außerhalb dieser Programme durchgeführt (ebd., S. 61).

Tabelle 3-3 zeigt das breite Überwachungsspektrum der staatlichen Überwachung und die Verknüpfung der reinen Überwachungstätigkeit mit Aufgaben im Monitoring bzw. in Sonderprogrammen. Die verschiedenen Untersuchungsschwerpunkte erfordern einen unterschiedlichen personellen und apparativen Aufwand. Zur Verdeutlichung ist der Personalbestand des südbayerischen Landesuntersuchungsamtes in der folgenden Tabelle 3-4 wiedergegeben. Die Tabelle zeigt, daß die Abteilung „Chemie" mit 196 Mitarbeitern einen fast doppelt so großen Personalbestand benötigt wie die Abteilung „Veterinärmedizin" mit 109 Personen. Das heißt, die chemischen Rückstandsuntersuchungen und der Nachweis von Spurenelementen sind wesentlich personalaufwendiger als die mikrobiologischen Untersuchungen, die von der veterinärmedizinischen Abteilung durchgeführt werden[127].

---

[127] Diese Abteilung hat zudem noch andere Aufgaben im Bereich der Tiergesundheit zu erfüllen (z.B. Pathologie, Virusdiagnostik, Herstellung von Impfstoffen). Es ist daher davon auszugehen, daß die lebensmittelhygienischen Untersuchungen nicht alle Arbeitskräfte der Abteilung „Veterinärmedizin" binden.

**Tabelle 3-4: Personalbestand des Landesuntersuchungsamtes Südbayern, 1994**

| | Chemie<br>Abt. IV-VII | Veterinär-<br>medizin<br>Abt. II-III | Human-<br>medizin<br>Abt. I | Verwaltung<br>Abt. Z | Summe |
|---|---|---|---|---|---|
| **Beamte** | 52 | 29 | 15 | 9 | 105 |
| Lebensmittelchemiker | 44 | - | - | - | 44 |
| Veterinärmediziner | 2 | 27 | 3 | 1 | 33 |
| Humanmediziner | - | 1 | 8 | - | 9 |
| Lebensmittelchemiker u. Apotheker | 2 | - | - | - | 2 |
| Apotheker | 3 | - | - | - | 3 |
| Biologen | - | - | 2 | - | 2 |
| Juristen | - | - | - | 1 | 1 |
| Verwaltungsbeamte | - | - | - | 7 | 7 |
| Milchkontrolleur | - | 1 | - | - | 1 |
| Weinkontrolleur | 1 | - | - | - | 1 |
| nicht wissenschaftliche Kräfte | - | - | 2 | - | 2 |
| **Angestellte** | 127 | 66 | 49 | 66 | 308 |
| wissenschaftliche Angestellte | 8 | 4 | 2 | - | 14 |
| technische Angestellte | 113 | 62 | 47 | - | 222 |
| Verwaltungskräfte | 3 | - | - | 66 | 69 |
| Weinkontrolleur | 1 | - | - | - | 1 |
| Getränkekontrolleur | 2 | - | - | - | 2 |
| **Arbeiter** | 17 | 14 | 19 | 12 | 62 |
| **Personalbestand insgesamt** | 196 | 109 | 83 | 87 | 475 |

*Quelle:* Eigene Zusammenstellung nach LANDESUNTERSUCHUNGSAMT FÜR DAS GESUNDHEITSWESEN SÜDBAYERN, 1994, S. 139-140.

Die Frage nach dem finanziellen Aufwand der amtlichen Lebensmittelüberwachung soll in dem nächsten Abschnitt eingehender und bundesweit erörtert werden.

### 3.2.3 Versuch einer Kostenschätzung der staatlichen Lebensmittelüberwachung

In der veröffentlichten Literatur liegt nach Wissen der Verfasserin keine aktuelle Kostenschätzung der staatlichen Lebensmittelüberwachung vor. Die letzte Schätzung bezieht sich auf das Jahr 1976 und wurde im Umweltgutachten 1978 veröffentlicht. Hier wurden auf Grundlage des Stellenplans der Chemischen und Lebensmittel-Untersuchungsämter Personalkosten von 62,5 Mio. DM errechnet. Zu dieser Summe wurden pauschal 20-25% für andere Kostenarten hinzuaddiert. Daraus ergab sich für das Jahr 1976 eine Gesamtkostenschätzung der Lebensmittelüberwachung von rund 80 Mio. DM bzw. 1,30 DM/Einwohner (SRU, 1978, § 1632).

Es soll an dieser Stelle eine weitere Gesamtkostenschätzung anhand aktueller Daten vorgenommen werden. Die Kostenschätzung beinhaltet nur den Bereich der direkten Kontrolle, also die Schritte von der Probenahme bis zur Analyse. Die Kosten der Normsetzung sind aus dieser Schätzung ebenso ausgegrenzt wie die Kosten der Strafverfolgung.

*Staatliche Maßnahmen*

### 3.2.3.1 Kostenbereiche

Grundsätzlich lassen sich bei der direkten Lebensmittelüberwachung folgende Kostenbereiche unterscheiden:

- Personalkosten:

    Hierunter fallen die Beamten und Angestellen der drei Verwaltungsstufen (vergl. Anhang Tabelle 3-7), die Mitarbeiter der Untersuchungsämter und die Lebensmittelkontrolleure.

- Sachkosten:

    Es wird davon ausgegangen, daß besonders der Laborbetrieb in den Untersuchungsämtern in erheblichem Maße Arbeitsmaterial und Apparaturen benötigt.

- Gemeinkosten:

    Unter diesen Oberbegriff fallen allgemeine Kosten wie beispielsweise der Unterhalt oder die Miete von Gebäuden, Aufwendungen für Kommunikationsmittel und Fahrzeuge, die Verwaltung und Aktualisierung einer Fachbibliothek u.a.m..

### 3.2.3.2 Probleme der Kostenermittlung

Die Probleme der Kostenermittlung zur Schätzung des Aufwandes der staatlichen Lebensmittelüberwachung sind groß. Dies liegt u.a. daran, daß die Organisation der Lebensmittelüberwachung und das Aufgabenspektrum der einzelnen Untersuchungsämter von Bundesland zu Bundesland sehr verschieden sind. Häufig nehmen die Untersuchungsämter auch Untersuchungen vor, die außerhalb der Belange der Lebensmittelüberwachung liegen. Dies kann so diverse Aufgaben wie Entlausungsaktionen in Schulen oder Blutalkoholuntersuchungen für die Verkehrspolizei ebenso beinhalten wie Impfkampagnen oder Mastitiskontrollen im Bereich der Tiergesundheit. Die Kosten der drei Verwaltungsstufen (vergl. Anhang, Tabelle 3-7) sind ebensowenig zentral erfaßt. Dies gilt auch für die Kosten der Probenahmen und Betriebskontrollen. Letztere Aufgaben werden größtenteils von den Lebensmittelkontrolleuren wahrgenommen. Sie zählen in der Regel nicht zum Personal der Untersuchungsämter, sondern gehören den Gemeindeverwaltungen, den Landrats- oder Ortsämtern an. Die oben zitierte Schätzung von 1976 hat die Tätigkeiten der drei Verwaltungsstufen nicht einbezogen. Sie hat auch die Lebensmittelkontrolleure nicht berücksichtigt.

### 3.2.3.3 Methode und Ergebnisse

Die tatsächlichen Gesamtkosten der Lebensmittelüberwachung für jedes Bundesland getrennt zu erfassen, wäre eine sehr genaue, aber ausgesprochen aufwendige Vorgehensweise. Es wurden daher aus Gründen der Praktikabilität nur die Kosten der amtlichen Lebensmittelüberwachung in Bayern und Baden-Württemberg für das Jahr 1994 geschätzt. In diesen beiden Bundesländern lebt gut ein Viertel der deutschen Bevölkerung. Die Ergebnisse werden anschließend für die Bundesrepublik Deutschland extrapoliert.

Als Datengrundlage dienten folgende Quellen:

- die Jahresberichte 1994 der vier chemischen Landesuntersuchungsanstalten und der drei staatlichen tierärztlichen Untersuchungsämter Baden-Württembergs sowie persönliche Mitteilungen einiger Direktoren dieser Ämter
- die zwei Jahresberichte 1994 der Landesuntersuchungsämter Nord- und Südbayerns sowie persönliche Mitteilungen der jeweiligen Amtsdirektoren
- die Landeshaushalte 1994 der Bundesländer Baden-Württemberg und Bayern
- Angaben des Bundesverbandes der Lebensmittelkontrolleure
- durchschnittliche Gehaltsangaben (Brutto) im öffentlichen Dienst für Beamte und Angestellte 1994.

Aus diesen Quellen sind zunächst die Kosten für die Lebensmittelüberwachung in Baden-Württemberg und Bayern geschätzt worden. Dazu wurden die im Haushalt für die Untersuchungsämter ausgewiesenen Mittel um den Anteil gekürzt, der „überwachungsfremden" Aufgaben zugeordnet werden konnte. Im Detail sind das Budget und die daraus abgeleiteten Kosten im Anhang in Tabelle 3-9 und Tabelle 3-10 aufgelistet. Zusammengefaßt sind die Schätzungen in Tabelle 3-5:

**Tabelle 3-5: Kostenschätzung der amtlichen Lebensmittelüberwachung in DM, 1994**

|  | Baden-Württemberg | Bayern | Summe |
|---|---|---|---|
| Nettokosten Untersuchungsämter | 59.122.500 | 61.136.200 |  |
| darunter geschätzt für Überwachung | 45.059.600 | 37.904.400 |  |
| geschätzte Personalkosten | 32.442.900 | 28.428.300 |  |
| geschätzte Sachmittel | 12.616.700 | 9.476.100 |  |
| geschätzte Personalkosten Lebensmittelkontrolleure | 16.516.200 | 18.724.800 |  |
| Überwachungskosten insgesamt | 61.575.800 | 56.629.200 | 118.205.000 |
| Überwachungskosten DM/Einwohner | 6,04 | 4,79 | 5,37 |
| **geschätzte Überwachungskosten bundesweit** |  |  | **435.893.690** |

Quellen: Eigene Berechnungen. Für die Datengrundlage siehe Anhang, Tabelle 3-9 und Tabelle 3-10.

Die Schätzungen in Tabelle 3-5 weisen jährliche Überwachungskosten von durchschnittlich 5,37 DM pro Einwohner aus. Diese Zahl ist viermal so hoch wie die Schätzung von 1976 (vergl. S. 80). Extrapoliert auf eine Gesamtbevölkerung von 81,179 Mio. Menschen summieren sich die Überwachungskosten bundesweit auf 436 Mio DM/Jahr. Dabei belaufen sich rund 50% der Ausgaben auf das Personal der Untersuchungsämter. Ein Viertel bis ein Drittel der Kosten wird durch die Entlohnung der Lebensmittelkontrolleure verursacht. Die verbleibenden 17 - 21% sind Aufwendungen für die Sachmittel der Untersuchungsämter.

Absolut liegen die Kosten pro Einwohner in Baden-Württemberg mit 6,04DM um 26% über den Kosten von Bayern (4,79 DM). Dies mag daran liegen, daß in Bayern zwei zentrale Ämter für die gesamten Untersuchungen zuständig sind. In Baden-Württemberg wird dagegen der Großteil der Analysen von vier chemischen Untersuchungsanstalten durchgeführt. Mikrobiologische Untersuchungen tierischer Produkte werden von drei tierärztlichen Untersuchungsämtern vorgenommen. Die dezentralere Untersuchungsstruktur führt dazu, daß in Baden-Württemberg die Personalkosten/Einwohner 32% und die Sachmittelkosten/Einwohner 54% über den entsprechenden Kosten in Bayern liegen. Die Kosten für die Lebensmittelkontrolleure differieren hingegen nur um 2%. Sie sind in beiden Bundesländern ähnlich dezentral organisiert: In Baden-Württemberg sind die Beamten des Wirtschaftskontrolldienstes bei allen Polizeidirektionen vertreten, in Bayern sind die Kontrolleure den Kreisverwaltungsbehörden unterstellt (STREINZ und HAMMEL, 1994, Rdn. 22 und 31). Es sei an dieser Stelle daran erinnert, daß in anderen Bundesländern die Lebensmittelüberwachung noch dezentraler organisiert ist, wie beispielsweise im bevölkerungsreichen Nordrhein-Westfalen mit 24 chemischen Untersuchungsämtern (vergl. Anhang, Tabelle 3-8).

Die errechnete Summe von 436 Mio. DM jährlichen Üerwachungskosten enthält Elemente der Unter- und der Überschätzung. Eine Überschätzung der Kosten kann darin liegen, daß die Untersuchungsämter wie z.T. auch die Lebensmittelkontrolleure einen Teil ihrer Ressourcen Aufgaben widmen, die nicht in den Bereich der Lebensmittelüberwachung fallen. Es wurde versucht, für diese Überschätzung zu korrigieren (vergl. Anhang, Tabelle 3-9 und Tabelle 3-10).

Die Kosten sind definitiv dahingehend unterschätzt, als daß die Kosten der übergeordneten Verwaltung der Lebensmittelüberwachung in den Bundesländern (vergl. Anhang Tabelle 3-7) in den Berechnungen nicht berücksichtigt sind. Weiterhin ist bei der Kostenschätzung für die Lebensmittelkontrolleure nur eine pauschale Vergütung nach der Besoldungsgruppe A8 berechnet worden. Es muß aber davon ausgegangen werden, daß die ca. 2.144 Kontrolleure[128], die täglich bundesweit Betriebskontrollen vornehmen und Untersuchungsproben ziehen, zusätzliche Mittel für die Ausübung ihrer Tätigkeit beanspruchen.

Ferner wurde eingangs zu dieser Kostenschätzung festgelegt, daß der Aufwand der Normsetzung ebenso unberücksichtigt bleiben sollte wie die Kosten der Strafverfolgung. Ohne dieses vor- und nachgelagerte Element ist eine Kontrolle nicht denkbar. Daher muß besonders aus gesamtwirtschaftlicher Sicht betont werden, daß die geschätzten Kosten von 436 Mio. DM/Jahr nur einen Teil der tatsächlichen Kosten repräsentieren.

Abschließend soll in der Diskussion der Überwachungskosten nochmals betont werden, daß die Schadstoffkontrolle nur einen Teil der amtlichen Lebensmittelüberwachung darstellt. Abschnitt 3.2.2.3 hatte herausgearbeitet, daß neben der Überwachung der Lebensmittelsicherheit der

---

[128] Eigene Schätzung nach Angaben des Bundesverbandes der Lebensmittelkontrolleure e.V. und der Innenministerien der Länder Baden-Württemberg und Saarland.

Schutz vor Täuschung ein wichtiges, wenn nicht das wichtigste Arbeitsgebiet der Ämter darstellt. Hinzu kommen Tätigkeiten im Bereich der Ausbildung, Forschung, Beratung, Information und Öffentlichkeitsarbeit. Der komplexe Apparat staatlicher Lebensmittelüberwachung besteht aus mehr als einer Anzahl von Untersuchungslaboren.

## 3.3 Staatliche Sanktions- und Informationsmaßnahmen

Eine Kontrolle ohne Folgen bei der Feststellung von Normübertretungen kann nur eine begrenzt lenkende und abschreckende Wirkung haben. Daher sollten Übertretungen sanktioniert werden. Auch diese Aufgabe zählt im Rahmen der amtlichen Überwachung zu den Anforderungen an den Staat. Außerdem gilt es, die Öffentlichkeit in angemessenem Rahmen über die Tätigkeiten und Ergebnisse der amtlichen Überwachung zu informieren.

### 3.3.1 Sanktionsmaßnahmen zum Schutz der Lebensmittelsicherheit

Verstöße gegen das Lebensmittelrecht stellen, je nach Schwere des Vergehens, eine Ordnungswidrigkeit oder eine Straftat dar. Ordnungswidrigkeiten sind weniger schwere Vergehen, die in § 53 und 54 LMBG präzisiert sind. Sie werden mit einer Geldbuße in Höhe von bis zu 50.000 DM geahndet. Eine Ordnungswidrigkeit wird direkt von der übergeordneten Kontrollbehörde verfolgt. Schwerere Verstöße gegen das Lebensmittelrecht sind in § 51 und 52 LMBG festgehalten und werden als Straftat von der Staatsanwaltschaft geahndet. Sie können mit einer Freiheitsstrafe bis zu drei Jahren oder mit einer Geldstrafe belegt werden.

Über den Umfang und das Ausmaß von Verwarngeldern, Prüfgeldern und Bußgeldern gibt der hessische Jahresbericht Auskunft. Danach führten die hessischen Kontrollbehörden 1994 insgesamt 150.526 Überprüfungen durch. Anschließend mußten 18.762 (12,5%) Mängelberichte verfaßt werden. Verwarngelder wurden in 2.828 (1,9%) Fällen und Bußgelder in 611 (0,4%) Fällen eingezogen. Strafverfahren wurden 38 mal (0,03%) angestrengt. Die Gesamtsumme aus den Verfahren betrug 567.420 DM. Bezogen auf die Anzahl der Verwarn-, Buß- und Strafverfahren errechnet sich hieraus 163 DM pro Fall (HESSISCHES MINISTERIUM FÜR FRAUEN, ARBEIT UND SOZIALORDNUNG, 1994, S. 7-10).

Bundesweit werden in der Polizeilichen Kriminalstatistik alle Straftaten im Zusammenhang mit Lebensmitteln ausgewiesen. Die Statistik ist für 1992 bis 1994 in der folgenden Tabelle wiedergegeben:

**Tabelle 3-6: Straftaten im Zusammenhang mit Lebensmitteln in Deutschland, 1992-1994**

|  | 1992 | 1993 | 1994 |
|---|---|---|---|
| Straftaten insgesamt | 6.291.519 | 6.750.613 | 6.537.748 |
| Straftaten im Zusammenhang mit Lebensmitteln | 7.592 | 6.491 | 6.449 |
| - Aufklärungsquote | 95,9 | 92,5 | 92,2 |
| darunter nach dem LMBG | 4.296 | 4.592 | 4.222 |
| - Aufklärungsquote | 94,4 | 90,7 | 91,6 |
| darunter nach dem Arzneimittelgesetz | 1.005 | 810 | 1.137 |
| - Aufklärungsquote | 95,1 | 94,1 | 88,7 |
| darunter nach dem Weingesetz | 1.822 | 582 | 547 |
| - Aufklärungsquote | 99,3 | 98,8 | 98,2 |

Quelle: Eigene Zusammenstellung nach BUNDESKRIMINALAMT: Polizeiliche Kriminalstatistik 1992 und 1994.

Aus Tabelle 3-6 geht hervor, daß in Deutschland 1994 insgesamt rund 6,5 Mio. Straftaten vom Bundeskriminalamt registriert wurden. Davon wurden 0,1% oder 6.449 Straftaten im Zusammenhang mit Lebensmitteln verübt. Die Aufklärungsrate liegt bei über 90%.

Werden diese Angaben mit den Zahlen aus Tabelle 3-1 verknüpft, so läßt sich folgende Schätzung über das Ausmaß und die Schwere der Verletzungen des Lebensmittelrechts machen: 1994 wurden schätzungsweise 79.879 Beanstandungen[129] von der amtlichen Lebensmittelüberwachung ausgesprochen. Im gleichen Jahr wurden 5.902 Straftaten[130] im Zusammenhang mit Lebensmitteln bekannt. Das heißt, daß etwa jede dreizehnte Beanstandung auf einer Straftat beruht bzw. ca. 93% aller Beanstandungen höchstens als Ordnungswidrigkeit einzustufen sind. SIEBER (1991, S. 476 f) kommt in seiner Analyse des Lebensmittelstrafrechts zu dem Schluß, daß es trotz der verhältnismäßig geringen Zahl von Strafverfahren eine erhebliche praktische Bedeutung habe. Allerdings bestünden Probleme, die auf der Komplexität des Regelungsgegenstandes beruhten. Da es häufig um abstrakte Gefährdungsdelikte und den Schutz überindividueller Rechtsgüter ginge, schlägt er für die Zukunft eine Stärkung der Betroffenen im Zivilrecht vor. Außerdem sollten andere Rechtsformen wie etwa die „soft laws" entwickelt werden. Darunter wird ein von den Marktteilnehmern selbst entworfenes Instrument der Selbstregulierung verstanden, das beispielsweise bestimmte Verhaltens- oder Ethikcodes beinhaltet (ebd., S. 473). Europarechtlich besteht zur Zeit das Problem, daß supranationale, einheitliche Sanktionsmechanismen nicht bestehen (ebd., S. 474).

### 3.3.2 Staatliche Informationspolitik im Bereich der Lebensmittelsicherheit

Wie das anschließende vierte Kapitel zeigen wird, ist die Öffentlichkeit besorgt um die Sicherheit ihrer Lebensmittel und reagiert empfindlich auf negative Informationen. Die Aufgabe der

---

[129] Vergl. Tabelle 3-1, die Erzeugnisse des Weinrechts nicht berücksichtigt.
[130] Tabelle 3-6, ohne Straftaten nach dem Weingesetz.

öffentlichen Hand sollte daher nicht bei der Überwachung und Sanktionierung enden. Auf Seite 69 wurde bereits erwähnt, daß die Untersuchungsämter keinem klaren Konzept an Öffentlichkeitsarbeit zu folgen scheinen. Dieser Problematik nahm sich auch der 8. Deutsche Lebensmittelrechtstag an, der das Thema „Transparente Lebensmitteluntersuchung und Öffentlichkeit" behandelte. Die unterschiedlichen Meinungen zu dieser Fragestellung sind von HOLZER (1995) zusammengefaßt worden. Danach schienen sich die Experten uneinig, ob Verbraucher zuwenig oder zuviel Information erhielten und ob Informationen die Ängste der Konsumenten beseitigen könnten. Einige Teilnehmer schlugen vor, die amtliche Kontrolle und ihre Ergebnisse grundsätzlich öffentlich zu machen. Andere plädierten dafür, nur bei Vorkommnissen oberhalb der Gesundheitsgefahrenschwelle zu informieren. Strittig war auch, ob die Lebensmittelindustrie und/oder der Staat eine größere Informationsleistung zu erbringen habe. Es wurde angemerkt, daß es nicht die Aufgabe des Staates sein könne, der Lebensmittelwirtschaft ein angenehmes PR-Klima zu verschaffen. Als hemmend für eine freie und anschauliche staatliche Informationspolitik erweise sich einerseits die Angst der Beamten vor Schadensersatzklagen[131] von Seiten der Industrie. Andererseits führe auch die unterschiedliche Organisation und Zuständigkeit auf Länderebene dazu, daß „der Staat" angesichts bundesweiter oder sogar internationaler Probleme uneinheitlich auftrete. Nur überregionale staatliche Zuständigkeiten wären angesichts eines überregionalen Lebensmittelmarktes angemessen.

Es scheint, daß die föderative Struktur der amtlichen Lebensmittelüberwachung nicht nur eine effiziente Kontrolle, sondern auch eine flexible Öffentlichkeitsarbeit und aufgeschlossene Informationspolitik erschwert.

### 3.4 Fazit

In den theoretischen Überlegungen des zweiten Kapitels (vergl. S. 50) wurden die Aufgaben der Schadstoffkontrolle in die drei Bereiche Normsetzung, direkte Kontrolle und Maßnahmen aufgrund der Kontrollergebnisse unterteilt. In dieser Einteilung sollen auch die öffentlichen Maßnahmen zusammenfassend bewertet werden.

Die **Normsetzung** nimmt bei der staatlichen Bereitstellung von Lebensmittelsicherheit einen breiten Raum ein. Dabei führt die steigende Globalisierung der Märkte (europäischer Binnenmarkt, GATT 1994) auch zu einer zunehmenden Globalisierung der Standards. Ein Welthandel von Lebensmitteln gemäß internationaler Sicherheitsstandards mag den Mißbrauch des Sicherheitsarguments zur Importbeschränkung erschweren. Er schränkt aber auch den Entscheidungsfreiraum der einzelnen Staaten ein, über das Niveau an staatlich festgesetzter Lebensmittelsicherheit souverän zu entschei-

---

[131] In diesem Zusammenhang wird in der Literatur immer wieder der „Birkel-Skandal" zitiert. Das Regierungspräsidium hatte im August 1985 öffentlich vor „mikrobiell verseuchten Teigwaren aus dem Hause Birkel" gewarnt. Der Absatz von Birkelprodukten brach daraufhin zusammen. Die Firma Birkel verklagte daraufhin das Land Baden-Württemberg auf Schadensersatz in Millionenhöhe und bekam Recht. Die genannten Produkte waren nicht gesundheitsgefährdend gewesen (HORST, 1989, S. 533; BERG, 1990, S. 565; HORST, 1994, S. 491).

den. Während die Harmonisierungsbestrebungen und das Prinzip der gegenseitigen Anerkennung in der EU bisher zu keinem nennenswerten Rückgang an Lebensmittelsicherheit führten, bleibt abzuwarten, welchen Einfluß die neue Welthandelsordnung haben wird. Sie stützt sich auf die Standards des Codex Alimentarius, bei dem jeder Mitgliedstaat eine Stimme hat. Theoretisch wäre damit eine Normsetzung unterhalb des deutschen und europäischen Sicherheitsniveaus durchaus denkbar.

Die wissenschaftliche Struktur der internationalen Expertengremien darf nicht darüber hinwegtäuschen, daß die konkrete Risikobewertung eines Schadstoffs immer noch von Unsicherheiten geprägt sein kann (vergl. auch Kapitel 1.2.3). Daß es noch keine einheitliche und international anerkannte Methode der Risikoanalyse und -bewertung gibt, zeigt das Arbeitsprogramm einer Expertentagung der FAO und WHO vom März 1995 (ECKERT, 1995, S. 388). Auch in der nationalen Gesetzgebung fehlt ein konsistentes Vorgehen. Kritische Wissenschaftler urteilen, daß in Deutschland eine öffentlich nachvollziehbare Nutzen-Risiko-Abwägung, z.B. in der Höchstmengenfestsetzung, nicht stattfände (WEBER und BALZER, 1992, S. 26).

Es wurde in der Analyse nicht versucht, das Sicherheitsniveau der realen Normsetzung in Deutschland oder international zu bewerten. Es liegt, im Sinne des vorsorgenden Gesundheitsschutzes, vermutlich meistens weit über dem „gesundheitlichen Mindestschutz", der im zweiten Kapitel formuliert wurde (vergl. S. 46). Ein hohes Niveau öffentlich bereitgestellter Lebensmittelsicherheit kann aus wirtschaftsliberaler Sicht als ineffizient eingeschätzt werden. In diesem Sinne beklagen die Toxikologinnen ADESHINA und TODD (1991, S. 74 f) die Überschätzung von Gesundheitsrisiken in der nordamerikanischen Gesetzgebung. Die extrem konservativen Risikoeinschätzungen seien zwar irgendwie reizvoll [und politisch opportun], sie entsprächen aber nicht notwendigerweise den wissenschaftlichen Fakten. Die bewußte Überschätzung von Gesundheitsrisiken könne kontraproduktiv wirken, da sie zu einer falschen Gewichtung öffentlicher Prioritäten und zur Fehlallokation von Ressourcen führen könnte. Aus der Darstellung der internationalen Normsetzung von Pflanzenschutzmittel-Höchstmengen wurde allerdings deutlich, daß Vertreter der Pflanzenschutzmittel-Industrie und der landwirtschaftlichen Produktion am Entscheidungsprozeß beteiligt sind. Repräsentanten der Verbraucherschaft hingegen fehlen. Diese Zusammensetzung der Delegationen läßt vermuten, daß die Normen für Schadstoffhöchstmengen nicht unangemessen streng ausfallen.

Die **direkte Kontrolle**, also die staatliche Lebensmittelüberwachung, hat nicht nur die Überwachung der Lebensmittelsicherheit, sondern auch den Schutz vor Täuschung zur Aufgabe. Dies macht es schwierig, die staatliche Schadstoffkontrolle isoliert zu betrachten. Im Einzelfall mag der Übergang vom Täuschungs- zum Gesundheitsschutz auch fließend sein. Ein Vergleich der Beanstandungsgründe läßt vermuten, daß der Täuschungsschutz die meisten öffentlichen Ressourcen beansprucht. Gesundheitsgefährdende oder -schädliche Beanstandungen mußten beispielsweise 1994 in Süddeutschland nur bei 0,5% aller untersuchten Proben ausgesprochen werden. Geringe Beanstandungsquoten können auch als Indiz dafür gelten, daß ein hohes Maß an Lebensmittelsicherheit herrscht.

Die Analyse der amtlichen Untersuchungstätigkeiten ergab, daß im Schadstoffbereich neben der eigentlichen Kontrolle der Normeinhaltung das Monitoring eine zunehmend wichtiger werdende Aufgabe darstellt. Hier wird die flächendeckende Verbreitung und Kapazität der staatlichen Institute dazu genutzt, repräsentative Informationen über die reale Schadstoffbelastung zu sammeln. Die Ergebnisse der Monitoringprogramme sind für die Anpassung der gesetzlichen Vorgaben an die tatsächliche Belastungssituation eine wichtige Information. In einer Kostenschätzung wurde errechnet, daß die amtliche Lebensmittelüberwachung insgesamt in Deutschland jährlich mindestens 436 Mio. DM kostet (5,37 DM pro Einwohner). Der Anteil der Mittel, die dabei für die Schadstoffkontrolle zur Verfügung stehen, ist nicht solide schätzbar.

Aus einer Befragung der Ämter wurde geschätzt, daß die Lebensmittelüberwachung in Deutschland jährlich insgesamt ca. eine halbe Million Proben untersucht. Dies entspricht gut 6 Proben pro 1.000 Einwohner. Die Vorgehensweise, die Probenintensität in bezug auf die Einwohnerzahl darzustellen, ist mindestens seit den 30er Jahren üblich (vergl. S. 72). Schon damals wurde eine Überwachung in Höhe von 5 Planproben pro 1.000 Einwohner angeordnet. Seitdem hat sich die Ernährung in Deutschland erheblich diversifiziert. Es scheint daher angebracht, die Kontrollintensitäten der staatlichen Überwachung zu überdenken. Mittels moderner statistischer Methoden und aktueller Verzehrsstudien sollte es möglich sein, die Probenintensität einerseits nach dem angestrebten Maß an Lebensmittelsicherheit und andererseits entsprechend produktspezifischer Besonderheiten festzulegen. Für solch ein Vorgehen wäre eine einheitliche, bundesweit koordinierte Struktur der Lebensmittelüberwachung förderlich, wenn nicht sogar notwendig.

Tatsächlich ist die Organisation der Lebensmittelüberwachung in Deutschland aber in jedem Bundesland unterschiedlich, und die Untersuchungen werden auch innerhalb eines Bundeslandes häufig von verschiedenen Anstalten durchgeführt. Eine effiziente und fachübergreifende Untersuchungstätigkeit wird so erschwert.

Die **Maßnahmen aufgrund der Kontrollergebnisse** können sanktionierender oder informierender Natur sein. Die Untersuchung zeigt, daß die amtliche Lebensmittelüberwachung in erster Linie ein präventives Instrument ist, das, gemessen am Umfang der Kontrollen und Untersuchungen, nur selten auf die Sanktionsmöglichkeiten des Strafrechts zurückgreifen muß. Bei den regelmäßigen Betriebskontrollen übernehmen die Kontrolleure außerdem u.U. eine beratende Funktion, die über die Dienstleistung der Überwachung hinausgeht.

Wenig sichtbare staatliche Anstrengungen widmen sich der Vertrauensbildung bei den Verbrauchern. Die staatliche Lebensmittelüberwachung beinhaltet keine schlüssige und offensive Informationspolitik.

Die Verbraucher und ihre Nachfrage nach Lebensmittelsicherheit stehen im Zentrum des folgenden Kapitels.

# 4 Die Nachfrage nach Lebensmittelsicherheit und Kontrollaktivitäten der Verbraucher

Im vorangegangenen Kapitel wurde der Staat als normsetzende, normkontrollierende und sanktionierende Instanz auf dem Markt für Lebensmittelsicherheit vorgestellt. Dieses Kapitel ist den Verbrauchern gewidmet und gliedert sich in drei Teile. Als erstes werden das Risikoempfinden der Konsumenten bezüglich der Schadstoffe in Lebensmitteln beschrieben und Erklärungsansätze zu Struktur und Ausmaß dieses Risikoempfindens diskutiert. Anschließend werden Methoden und Ergebnisse der empirischen Nachfrageanalyse nach Lebensmittelsicherheit vorgestellt. Die Unterscheidung in Risikoempfindung oder persönliche Wahrnehmung einerseits und tatsächlichem Konsumverhalten am Markt andererseits wird deshalb thematisiert, weil bei Lebensmittelsicherheit wie auch bei anderen Qualitätsmerkmalen zwischen diesen beiden Aspekten nur eine unvollkommene Übereinstimmung herrscht (LASSEN, 1993, S. iii). Im dritten Teil des Kapitels werden die Handlungsalternativen aufgeführt, die den Verbrauchern zur Kontrolle oder Beeinflussung von Lebensmittelsicherheit zur Verfügung stehen.

## 4.1 Das Risikoempfinden der Verbraucher

Die Ermittlung des Risikoempfindens der Verbraucher fällt in das komplexe Gebiet der sozialpsychologischen Forschung. Das übliche Instrumentarium der Datenerfassung für diesen Forschungsbereich sind Verbraucherbefragungen, wobei offene und geschlossene Befragungsmethoden zu unterschiedlichen Ergebnissen führen können (OLTERSDORF, 1994, S. 292). FROHN (1996, S. 113 f) unterscheidet in die Befragung anhand repräsentativer Zufallsstichproben (z.B. sog. Haushaltspanels) und in ad-hoc-Umfragen. Während die Aussagen der Haushaltspanels auch quantitativ ausgewertet werden können, liefern die Antworten der ad-hoc-Umfragen eher qualitative Informationen über Motive, Meinungen oder Gefühle.

Eine 1995 europaweit durchgeführte repräsentative Telefonumfrage des FOOD MARKETING INSTITUTE berichtet über die Einstellungen europäischer und deutscher Verbraucher[132]. Dabei wurde auch das Vertrauen der Verbraucher in die Lebensmittelsicherheit abgefragt. Die Antworten sind in Tabelle 4-1 wiedergegeben. Sie zeigen, daß das Vertrauen in die Lebensmittelsicherheit zwischen 1992 und 1995 gestiegen ist. Der europäische Binnenmarkt scheint die Konsumenten nicht verunsichert zu haben. 1995 fanden 78% der Europäer, daß sie der Sicherheit ihrer Lebensmittel ganz oder ziemlich vertrauen könnten. Eher zweifelnd waren 17% und viele Zweifel äußerten 3% der Befragten. Im nationalen Vergleich sind die deutschen Konsumenten besonders mißtrauisch. Totales Vertrauen empfanden 1995 nur 8% der Verbraucher,

---

[132] Es wurden 12.851 Menschen befragt, die ganz oder hauptsächlich für den Lebensmitteleinkauf ihres Haushalts verantwortlich waren. Die Anzahl deutscher Befragungsteilnehmer betrug 1.966 (FOOD MARKETING INSTITUTE, 1995, S. 3 f).

40% hatten eher Vertrauen und 41% eher Zweifel bezüglich der Sicherheit ihrer Lebensmittel. Sehr besorgt (viele Zweifel) waren 8% der Deutschen.

**Tabelle 4-1: Das Vertrauen europäischer Verbraucher in Lebensmittelsicherheit**

Frage: *Wieviel Vertrauen haben Sie in die Lebensmittel, die Sie in Ihrem üblichen Geschäft kaufen?*

|     | totales Vertrauen | | eher Vertrauen | | eher Zweifel | | viele Zweifel | | weiß nicht | | BIP/Kopf |
| --- | --- | --- | --- | --- | --- | --- | --- | --- | --- | --- | --- |
|     | 1992 | 1995 | 1992 | 1995 | 1992 | 1995 | 1992 | 1995 | 1992 | 1995 | 1993 |
| E   | 21 | 72 | 47 | 26 | 28 | 2  | 4  | 0 | 1 | 0 | 12.330 |
| P   | 14 | 49 | 52 | 32 | 32 | 19 | 2  | 1 | 1 | 0 | 10.935 |
| IRL | 34 | 42 | 54 | 50 | 10 | 6  | 0  | 1 | 2 | 1 | 12.826 |
| DK  | 18 | 38 | 62 | 51 | 16 | 7  | 3  | 3 | 1 | 1 | 17.815 |
| UK  | 23 | 35 | 65 | 59 | 11 | 5  | 1  | 1 | 1 | 0 | 15.717 |
| GR  | 11 | 34 | 37 | 32 | 40 | 25 | 11 | 6 | 1 | 3 | 9.998 |
| I   | 8  | 33 | 48 | 48 | 33 | 16 | 6  | 3 | 5 | 1 | 16.228 |
| FIN | -  | 29 | -  | 58 | -  | 12 | -  | 1 | - | 0 | 14.387 |
| S   | 21 | 29 | 44 | 57 | 28 | 13 | 4  | 0 | 2 | 1 | 15.590 |
| F   | 15 | 28 | 50 | 56 | 30 | 14 | 2  | 1 | 3 | 1 | 17.434 |
| NL  | 18 | 26 | 63 | 61 | 14 | 10 | 2  | 1 | 3 | 2 | 16.308 |
| LUX | 9  | 25 | 55 | 53 | 31 | 19 | 2  | 1 | 3 | 0 | keineAng. |
| N   | 21 | 22 | 56 | 56 | 20 | 16 | 2  | 2 | 1 | 3 | keineAng. |
| B   | 14 | 20 | 54 | 63 | 28 | 13 | 3  | 1 | 2 | 2 | 17.946 |
| A   | 7  | 16 | 48 | 35 | 34 | 37 | 6  | 8 | 5 | 4 | 17.718 |
| **D** | **5** | **8** | **30** | **40** | **35** | **41** | **23** | **8** | **7** | **3** | 17.147 |
| EUR | 14 | 31 | 48 | 47 | 27 | 17 | 8  | 3 | 3 | 1 | 15.170 |

*Anmerkungen:* Befragungsangaben in Prozent. Repräsentative, telefonische Befragung von 12.851 Personen.

BIP/Kopf: Bruttoinlandsprodukt zu Marktpreisen in Kaufkraftparitäten pro Kopf. Angaben in Kaufkraftstandards (KKS), die einen direkten Ländervergleich erlauben.

Die Länderabkürzungen entsprechen der internationalen Autokennzeichnung, EUR = Europa.

*Quellen:* Eigene Darstellung nach Daten von FOOD MARKETING INSTITUTE, 1995, S. 81 und EUROSTAT, 1995, S. 198.

In der letzten Spalte von Tabelle 4-1 ist für 1993 das Bruttoinlandsprodukt pro Kopf zu Marktpreisen in Kaufkraftstandards (KKS) für 14 Länder angegeben. Der Mittelwert der ersten sieben Länder (Spanien bis Italien) liegt mit rund 13.700 KKS deutlich unter dem Mittelwert der letzten sieben Länder (Finnland bis Deutschland), der rund 16.600 KKS beträgt. Hier deutet sich an, daß die Einwohner reicherer Länder tendenziell besorgter über ungenügende Lebensmittelsicherheit sind als beispielsweise die Spanier, Portugiesen oder Iren.

Der nächste Abschnitt geht mit Hilfe weiterer Befragungsergebnisse noch eingehender auf die Empfindungen und Meinungen der deutschen Verbraucher gegenüber Gesundheits- und Ernährungsrisiken ein.

### 4.1.1 Die Risikoeinschätzung der deutschen Konsumenten

Eine detaillierte und repräsentative Befragung speziell zu Gesundheits- und Ernährungsrisiken führte OLTERSDORF (1994) in Deutschland durch. Die Befragten wurden u.a. gebeten, zehn Gesundheitsrisiken nach ihrer Bedeutung zu gewichten. Diese Gewichtung ist in Tabelle 4-2 wiedergegeben.

Tabelle 4-2: Einschätzung von Gesundheitsrisiken durch West- und Ostdeutsche

| | Westdeutsche | | Ostdeutsche | |
|---|---|---|---|---|
| Rang | 1992 | 1993 | 1992 | 1993 |
| 1. | Radioaktivität | Radioaktivität | Verkehr | Verkehr |
| 2. | Luft | Luft | Luft | Zigaretten |
| 3. | Verkehr | Verkehr | Zigaretten | Radioaktivität |
| 4. | Zigaretten | Klima | Radioaktivität | Luft |
| 5. | **Nahrung/Getränke** | Zigaretten | Streß im Beruf | Streß im Beruf |
| 6. | Klima | **Nahrung/Getränke** | Klima | Lärm |
| 7. | Arzneimittel | Arzneimittel | Arzneimittel | Klima |
| 8. | Streß im Beruf | Streß im Beruf | Lärm | Arzneimittel |
| 9. | Lärm | Lärm | Wasser | **Nahrung/Getränke** |
| 10. | Wasser | Wasser | **Nahrung/Getränke** | Wasser |

*Anmerkungen:* Rangordnung: 1. = häufigste Nennung, 10. = seltenste Nennung.
Befragungstechnik: Geschlossene Frage, N=2.000 Westdeutsche und 500 Ostdeutsche.
*Quelle:* Eigene Darstellung nach OLTERSDORF, 1994, S. 294.

Ein Vergleich zwischen den Jahren 1992 und 1993 zeigt, daß sich die Bedeutung einzelner Gesundheitsrisiken relativ schnell ändern kann, dies ist besonders in Ostdeutschland deutlich. Die vier größten Risiken sind für West- wie Ostdeutsche Radioaktivität, Luft, Verkehr und Zigaretten. Ernährungsbedingte Risiken, hier unter dem Stichwort „Nahrung/Getränke" zusammengefaßt, nehmen bei den Westdeutschen eine mittlere Position ein. In beiden Jahren wurde diese Risikoursache von 33% der Befragten angegeben. In Ostdeutschland wird „Nahrung/Getränke" 1992 an letzter Stelle (11% Nennungen) und 1993 an neunter Stelle (20%) positioniert. OLTERSDORF (1994) interpretiert diesen Anstieg als eine Angleichung des Risikoempfindens zwischen West und Ost. Innerhalb der Bevölkerungsgruppen ist die Risikoeinschätzung überraschend gleichmäßig verteilt. Tendenziell nannten jüngere Menschen, Personen mit höherem Einkommen und höherer Bildung, Bewohner von Großstädten und Beamte überdurchschnittlich viele Gesundheitsrisiken und zeigten sich damit besorgter als die anderen Befragten (ebd., S. 294).

In der gleichen Studie beurteilten Verbraucher auch 13 verschiedene ernährungsabhängige Gesundheitsrisiken. Die relative Bedeutung der Risiken und die Anzahl der Nennungen sind für West- und Ostdeutsche in Tabelle 4-3 dargestellt. Risiken, die von Schadstoffen oder Schaderregern verursacht werden, sind durch Fettdruck hervorgehoben.

**Tabelle 4-3: Einschätzung von ernährungsabhängigen Gesundheitsrisiken durch West- und Ostdeutsche**

| Westdeutsche | | | |
|---|---|---|---|
| *1992* | | *1993* | |
| 1. Pestizid- /Insektizidrückstände | 52% | Pestizid- /Insektizidrückstände | 47% |
| 2. Verdorbene Lebensmittel | 47% | Bestrahlte Lebensmittel | 40% |
| 3. Schimmelgifte | 45% | Verdorbene Lebensmittel | 37% |
| 4. Tierarznei- /Hormonrückstände | 45% | Tierarznei- /Hormonrückstände | 35% |
| 5. Bestrahlte Lebensmittel | 38% | **Schimmelgifte** | 30% |
| 6. Lebensmittel-Zusatzstoffe | 29% | Lebensmittel-Zusatzstoffe | 30% |
| 7. Cholesterin | 23% | Gentechnisch veränd. Lebensmittel | 25% |
| 8. Gentechnisch veränd. Lebensmittel | 18% | Cholesterin | 20% |
| 9. Zu viel/zu einseitig essen | 18% | Zu viel/zu einseitig essen | 16% |
| 10. Alkohol | 16% | Alkohol | 16% |
| 11. Unverarbeitete, rohe Lebensmittel | 16% | Biotechnolog. veränd. Lebensmittel | 16% |
| 12. Natürliche Gifte | 15% | Natürliche Gifte | 12% |
| 13. Biotechnolog. veränd. Lebensmittel | 11% | Unverarbeitete, rohe Lebensmittel | 10% |
| **Ostdeutsche** | | | |
| *1992* | | *1993* | |
| 1. **Verdorbene Lebensmittel** | 46% | **Verdorbene Lebensmittel** | 46% |
| 2. **Schimmelgifte** | 44% | **Pestizid- /Insektizidrückstände** | 43% |
| 3. **Pestizid- /Insektizidrückstände** | 33% | **Schimmelgifte** | 32% |
| 4. Lebensmittel-Zusatzstoffe | 31% | Bestrahlte Lebensmittel | 32% |
| 5. Alkohol | 25% | Lebensmittel-Zusatzstoffe | 28% |
| 6. Bestrahlte Lebensmittel | 24% | Alkohol | 28% |
| 7. Cholesterin | 24% | **Tierarznei- /Hormonrückstände** | 23% |
| 8. **Tierarznei- /Hormonrückstände** | 22% | Cholesterin | 19% |
| 9. Zu viel/zu einseitig essen | 19% | Zu viel/zu einseitig essen | 18% |
| 10. Unverarbeitete, rohe Lebensmittel | 13% | Natürliche Gifte | 13% |
| 11. Natürliche Gifte | 11% | Gentechnisch veränd. Lebensmittel | 13% |
| 12. Gentechnisch veränd. Lebensmittel | 7% | Unverarbeitete, rohe Lebensmittel | 10% |
| 13. Biotechnolog. veränd. Lebensmittel | 6% | Biotechnolog. veränd. Lebensmittel | 10% |

*Anmerkungen:* Häufigkeit der Nennungen in Prozent. Befragungstechnik: Geschlossene Frage, N=2.000 Westdeutsche und 500 Ostdeutsche.
*Quelle:* Eigene Darstellung nach OLTERSDORF, 1994, S. 294.

Auch die Einschätzung ernährungsabhängiger Gesundheitsrisiken variiert von Jahr zu Jahr und zwischen West- und Ostdeutschland. Insgesamt können folgende Aussagen über das Risikoempfinden gemacht werden:

- Westdeutsche fürchten sich am meisten vor **Pflanzenschutzmittelrückständen**. Bei den Ostdeutschen nahm die Beunruhigung bezüglich dieser Stoffe drastisch zu.
- Auch die **anderen Schadstoffe und Schaderreger** rangieren an den obersten Plätzen der Risikoskala. Eine Ausnahme stellen die Tierarznei- und Hormonrückstände dar, denen in Ostdeutschland nur ein mittlerer Rang zugeordnet wurde.

*Die Nachfrage* 93

- „Verdorbene Lebensmittel", hierunter wird der Befall von Lebensmitteln mit **Schadorganismen** verstanden, wurden in Ostdeutschland als größtes ernährungsabhängiges Risiko genannt. In Westdeutschland wurden sie als weniger gefährlich als Pestizidrückstände eingestuft. Angesichts der Millionen von Menschen, die jährlich akut an einer Lebensmittelinfektion erkranken (vergl. Kapitel 1.3.2.4), entspricht diese Rangfolge nicht derjenigen, die Experten vornehmen würden.
- **Unbekannte, neue Risiken**, die durch Bestrahlung, Gentechnik oder Biotechnologie verursacht werden könnten, wurden in West und Ost 1993 höher eingeschätzt als 1992.
- **Natürliche Gifte** stellen, nach Meinung der Verbraucher, nur ein geringes Risiko dar. Dies widerspricht der wissenschaftlichen Bewertung (AMES et al., 1987, 1990a, 1990b).
- Alkoholkonsum und Fehlernährung („zu viel/zu einseitig essen") sind Risiken, die von den Verbrauchern selbst durch ihr **Ernährungsverhalten** verursacht werden. Sie werden von ihnen nur als mäßig gefährlich eingeschätzt[133]. Tatsächlich gelten 39% der Männer und 47% der Frauen in Deutschland als übergewichtig (PROJEKT-TRÄGERSCHAFT, 1991, S. 8). Die DGE schätzt unter allen ernährungsabhängigen Risikofaktoren die weitverbreitete Überernährung als Hauptproblem ein[134]. Sie verursacht jährlich hohe direkte und indirekte Kosten[135].

Von der relativen Überschätzung insbesondere der Risiken, die von Schadstoffen verursacht werden, gegenüber den Risiken, die durch das Ernährungsverhalten ausgelöst werden, wird auch aus den USA berichtet[136]. Der Erklärung dieser „subjektiven Fehleinschätzung" ist der nächste Abschnitt gewidmet.

### 4.1.2 Erklärungsansätze zum Risikoempfinden der Verbraucher

Einige Autoren bezweifeln, daß die Verbraucher das Risiko von Schadstoffen in Lebensmitteln überhaupt einschätzen und eine effektive Wahl zwischen verschiedenen, ernährungsbedingten Risiken treffen könnten. Die begrenzte kognitive Kapazität der Konsumenten erlaubten ihnen nur eine kleine, subjektive Auswahl von Informationen zur Entscheidungshilfe hinzuzuziehen (HENSON und TRAILL, 1993, S. 155 ff). LICHTENSTEIN et al. (1978) fanden heraus, daß Menschen beim Abschätzen von Risiken in einer systematischen primären Verzerrung hohe Risiken unter- und niedrige Risiken überschätzten. In einer nicht-systematischen, zweiten Verzerrung würden weiterhin bestimmte Risikofaktoren unter- bzw. überbewertet. Die Untersuchungen

---

[133] Bemerkenswert ist allerdings, daß in Ostdeutschland dem Alkohol mit 25-28% Nennungen ein deutlich höheres Risiko zugeordnet wird als in Westdeutschland mit 16%.
[134] Übergewicht gilt einerseits als unabhängiger Risikofaktor für verschiedene chronische Erkrankungen. Andererseits begünstigt Übergewicht den Anstieg von Blutfett und Harnsäure im Blutserum. Auch die Altersdiabetes wird durch Übergewicht begünstigt (DGE, 1992, S. 44).
[135] Allein die drei ernährungsabhängigen Krankheiten Herz-Kreislauf-Erkrankungen, Diabetes und Alkoholismus verursachten 1990 in den alten Bundesländern Kosten von 40,2 Mrd. DM. Dies entspricht 14,6% aller Krankheitskosten im Jahre 1990 (KOHLMEIER et al., 1993, S. 4 und 327).
[136] SENAUER et al. 1991, HUANG et al., 1991, OTT et al., 1991, VAN RAVENSWAAY und HOEHN, 1991b.

von MAGAT und VISCUSI (1992, S. 64) zeigen, daß ein Anstieg des Risikos anders empfunden und bewertet wird als eine Risikoverringerung. Die vollständige Eliminierung eines Risikos wird wiederum anders als eine Verringerung bewertet und mit einer sehr hohen Sicherheitsprämie honoriert.

Psychologisch begründete Erklärungsansätze für diese Verzerrungen liegen u.a. in der Vorstellbarkeit eines Risikos, welche eng mit dem individuellen Erfahrungsschatz eines Menschen verknüpft ist. Das Risiko kann persönlich erfahren oder bei anderen Menschen beobachtet worden sein. Eine indirekte Erfahrungsquelle sind die Massenmedien.

SINGER und ENDRENY (1993) untersuchten in den USA, wie die Risikoberichterstattung in den Massenmedien erfolgt. Sie erläutern, daß über die beiden Risikokomponenten Schaden und Eintrittswahrscheinlichkeit nicht gleich häufig berichtet würde[137]. Die Meldungen beschränkten sich vielmehr auf die Beschreibung des Schadens (*hazard*), ohne diesen durch die statistische Wahrscheinlichkeit seines Eintretens statistisch zu objektivieren (ebd., S. 7). Ferner würde hauptsächlich von sensationellen Ereignissen berichtet, von Katastrophen mit Toten und Verletzten sowie über neue, unbekannte Risiken. Diese Ereignisse hätten in der offiziellen Todesursachenstatistik meistens nur einen geringen Stellenwert (ebd., S. 160 f).

Die Medien sind allerdings nicht unbedingt unabhängige Meinungsmacher, sondern werden ihrerseits von gesellschaftlichen Gruppen beeinflußt, sie sind eher reaktiv. In dem „Alar-Skandal"[138] der USA hatte das NRDC (*National Resource Defence Council*) eigens eine Public Relations Agentur mit der wirkungsvollen Verbreitung seines Anliegens beauftragt. Die wiederholte Aufmerksamkeit der Medien und die „spontane" Bildung einer Verbraucher-Initiative unter der Leitung der bekannten Schauspielerin Meryl Streep folgte nach Plan und Konzept der Agentur (AULD, 1990, S. 540).

Berichte über Schadstoffe in Lebensmitteln finden auch in den deutschen Medien ein breites Interesse. In ihrer systematischen Auswertung von fünf Printmedien über den Zeitraum von 25 Jahren (1966 - 1990) stellt FRANZEN (1991) fest, daß die Berichterstattung über Nahrungsmittelqualität überwiegend negativ[139] ausfällt, beim SPIEGEL enthielten 100% aller Berichte mit diesem Themenschwerpunkt negative Bewertungen (FRANZEN, 1991, S. 76). Dieses Meinungsbild wird auch von REENTS (1993) für die Jahre 1990 - 1992 bestätigt.

---

[137] Vergl. Risikodefinition in Kapitel 1.2.2.
[138] In der landesweiten Nachrichtensendung *60 Minutes* wurde von Untersuchungsergebnissen des NRDC berichtet. Sie besagten, daß ein Metabolit des Pflanzenschutzmittels Alar (Wirkstoff Daminozid) krebserregend sei. Alar wurde in den USA vielfach als Wachstumsregler im Obstbau angewendet. Da Kinder besonders viel Äpfel und Apfelsaft konsumierten, seien sie besonders gefährdet. Nach der Sendung brach eine landesweite „Panik" aus. Trotz Gegendarstellungen der Regierung und anderer Wissenschaftler erfuhren Äpfel und Apfelprodukte Verkaufseinbußen von 100 Mio. US$. Der Hersteller von Alar nahm das Produkt freiwillig vom Markt (AULD, 1990, S. 536) (siehe eine ausführliche Darstellung des Skandals auf S. 110 f).
[139] Berichte über Nahrungsmittelqualität enthielten zu 62% negative Bewertungen, 15% waren neutral gehalten und 23% positiv dargestellt (FRANZEN, 1991, S. 67).

COHRSSEN und COVELLO (1989) zeigen 20 Faktoren auf, die beeinflussen, ob ein Risiko eher größer oder kleiner empfunden wird. Die Beachtung des Risikos in den Medien ist dabei ein Element (siehe Anhang, Tabelle 4-4). Ein Risiko wird u.a. dann als hoch eingeschätzt, wenn

- die Effekte irreversibel sind und erst verzögert auftreten (z.b. Krebserkrankungen)
- Kinder besonders gefährdet sind
- der Effekt des Risikos unbekannt ist/nicht verstanden wird
- die wissenschaftliche Risikobewertung unsicher und/oder kontrovers ist
- der Verbraucher das Risiko unfreiwillig eingegangen ist und keine Kontrolle darüber hatte
- der Nutzen des Risikos nicht erkennbar ist bzw. nicht dem Risikoträger dient
- das Vertrauen in zuständige Institutionen wie z.B. Überwachungsbehörden gering ist
- das Risiko eine große Beachtung in den Medien findet (vergl. Anhang, Tabelle 4-4).

Alle diese Aspekte treffen auf das Risiko durch Rückstände und Verunreinigungen in Lebensmitteln zu. Damit wird erklärlich, warum Verbraucher so wenig bereit scheinen, z.B. Pestizidrückstände in Lebensmitteln zu tolerieren. Derselbe Verbraucher akzeptiert problemlos das Risiko Autofahren, denn: Er setzt sich freiwillig in das Auto, die Folgen eines Unfalls sind bekannt, unmittelbar fühlbar, verständlich und mit etwas Glück reparabel. Autofahren kann einen hohen persönlichen Nutzen bedeuten, und eine gleichwertig mobile und bequeme Fortbewegungsalternative gibt es nicht. Das hohe und weiter steigende Verkehrsaufkommen beweist, daß das mit dem Autofahren verbundene Risiko offensichtlich akzeptiert wird[140].

Das Risikoempfinden und -verhalten einer Bevölkerung kann bzw. könnte durch Risikoinformation beeinflußt werden. SLOVIC (1986, S. 403) stellt in diesem Zusammenhang fest, daß das Ziel, die Öffentlichkeit über bestimmte Risiken zu informieren, im Prinzip einfach, aber in der Praxis überraschend schwierig sei. Neben den oft unsicheren technischen Fakten ist die Präsentationsform der Risikoinformation von großer Relevanz. So ergaben psychologische Tests, wie verschieden die meinungsbildende Wirkung statistischer Ergebnisse in Abhängigkeit von ihrer verbalen und sonstigen Präsentation ist[141].

Anscheinend gelingt es auch der öffentlichen Hand in Deutschland nicht, das insgesamt hohe Niveau an Lebensmittelsicherheit und die umfangreichen Überwachungsanstrengungen den Verbrauchern glaubhaft zu machen (vergl. auch Tabelle 4-1). In einer Verbraucherbefragung in Kiel im Jahre 1995 wurde die Aussage getestet „man kann bei uns alles ohne Bedenken essen, weil es eine staatliche Lebensmittelkontrolle gibt". Fast die Hälfte der Befragten (46%) gaben an, daß diese Aussage eher nicht oder überhaupt nicht zutreffe. Nur 31% stimmten dem State-

---

[140] Für das Jahr 1993 wurden in Deutschland 385.000 Unfälle mit Personenschaden gemeldet, die Zahl der Unfälle nur mit Sachschaden betrug 1,96 Millionen. Für gut 9.000 Menschen verlief ein Verkehrsunfall tödlich (STATISTISCHES BUNDESAMT, 1995, S. 341).
[141] Beispielsweise reagierten auf die zwei Formulierungsvarianten „68% überleben die Operation" und „32% werden bei der Operation sterben" Laien wie Mediziner mit sehr unterschiedlichen Risikoeinschätzungen (SLOVIC, 1986, S. 405).

ment voll oder eher zu, während 22% unentschieden waren (VON ALVENSLEBEN, 1995, o.S.)[142].

Politische Entscheidungsträger stehen in Fragen der Lebensmittelsicherheit immer wieder vor einem Dilemma. Einerseits könnten sie ihre begrenzten Ressourcen streng nach wissenschaftlichen Kriterien einsetzen und die Risiken bekämpfen, die nach fachlich-rationaler Einschätzung besonders groß sind und deren Verringerung besonders kostengünstig wäre. In Fragen der Lebensmittelsicherheit wären dies an erster Stelle Anstrengungen zur Verringerung des hygienischen Risikos. Andererseits könnten sie sich, entsprechend dem öffentlichen Risikoempfinden, vor allem den Risiken widmen, die besonders große Ängste auslösen (AULD, 1990, S. 538). Dies entspräche dem Bedürfnis der Wähler und würde etwa den Pflanzenschutzmitteln eine hohe Priorität zugestehen. Ein seriöser Ernährungswissenschaftler schließt nicht aus, daß „... durch das Trommelfeuer der Massenmedien gegen „Gift in der Nahrung" ... bei Verbrauchern Ängste geschürt werden ..., die zu behandlungsbedürftigen Erkrankungen führen" (DIEHL, 1992, S. 242 f).

Tatsächlich scheint das Risikoempfinden der Öffentlichkeit die staatliche Risikopolitik zu beeinflussen. Im Umweltgutachten von 1994 wird die Unausgewogenheit der staatlichen Risikopolitik in Deutschland beklagt. Tagespolitische Rücksichten bestimmten hier die Schwerpunktsetzung. Der Staat bemühe sich nicht um die verhältnismäßige Minderung eines bestimmten Gesamtrisikos, sondern erließe für einige Risikokomponenten einschneidende Maßnahmen, während andere vernachlässigt würden. Eine ausgewogene Risikopolitik, die nach Prioritäten vorgeht und auf alle Risikokomponenten entsprechend dem vorhandenen Risikominderungspotential einwirkte, wäre nicht nur wirksamer, sondern auch effizienter (SRU, 1994, § 78).

Abschnitt 4.1 hat das Risikoempfinden und die Einstellungen der Verbraucher untersucht. Dazu wurden Ergebnisse sozial-psychologischer Studien vorgestellt. Das nun folgende Unterkapitel diskutiert die Nachfrage nach Lebensmittelsicherheit aus ökonomischer Sicht.

## 4.2 Die Nachfrage nach Lebensmittelsicherheit: Konzepte und Ergebnisse empirischer Nachfrageanalysen[143]

Ernährungsökonomen haben im vergangenen Jahrzehnt insbesondere in den USA versucht, die Nachfrage nach Lebensmittelsicherheit auch quantitativ zu erfassen. Die dabei vorwiegend angewendeten Konzepte und illustrative Untersuchungsergebnisse aus der internationalen Literatur werden in den nächsten vier Unterkapiteln vorgestellt.

---

[142] Verbraucherbefragung in Kiel im Jahre 1995 durch das Institut für Agrarökonomie, Lehrstuhl für Agrarmarketing, Christian-Albrechts-Universität zu Kiel. Es wurden 308 Personen befragt.
[143] Der Inhalt des Kapitels 4.2 basiert u.a. auf WIEGAND und VON BRAUN, 1994, S. 300 ff.

## 4.2.1 Konzepte der Nachfrageanalyse

Zur Messung der Nachfrage nach Lebensmittelsicherheit kommen häufig haushaltsökonomische Modelle zur Anwendung. Dabei wird Lebensmittelsicherheit als ein Qualitätsmerkmal eines gegebenen Lebensmittels angesehen, das, wie verschiedene andere Eigenschaften eines Produktes, auf Angebots- und Nachfrageverhalten Einfluß nimmt. BROCKMEIER (1993, S. 7) weist bezüglich des Qualitätsbegriffs in der Wirtschaftstheorie darauf hin, daß das Güterangebot vieler Industrienationen durch einen hohen Grad an Produktdifferenzierung, die vor allem durch eine Variation der Produkteigenschaften erreicht wird, gekennzeichnet ist. Daraus folgt, daß die traditionelle Nachfragetheorie, die von homogenen Gütern ausgeht, kein ausreichendes Erklärungsmodell darstellt (ebd., S. 9). Statt dessen kommen Charakteristika-Modelle zum Tragen, die die Nachfrage nach Produkteigenschaften beschreiben. Konzeptionell stehen dabei zwei verschiedene Ansätze zur Verfügung: die hedonistische Preisanalyse nach HOUTHAKKER-THEIL mit ihren Varianten und das Haushaltsproduktionsmodell von STIGLER und BECKER, das von LANCASTER und später von LADD und SUVANNUNT (*Consumer Goods Characteristics Model*) weiter entwickelt wurde[144].

Die Nachfrageanalyse nach Lebensmittelsicherheit bedient sich vermehrt dieser beiden oben genannten Methoden, die auch in der Umweltökonomie zur Anwendung kommen. Die Präferenzen der Konsumenten können dabei in direkten oder indirekten Verfahren erfaßt werden.

Im *indirekten* (kardinalen) Bewertungsansatz wird die *tatsächliche* Zahlungsbereitschaft anhand vollzogenen Konsumverhaltens bzw. anhand von Marktdaten ermittelt. Der Vorteil dieser Methode liegt darin, daß das Konsumverhalten in realen Marktpreisen erfaßbar ist. Nachteilig wirkt sich aus, daß jeweils nur die Untergrenze der Zahlungsbereitschaft ermittelt wird. In Studien zur Nachfrage nach Lebensmittelsicherheit kommt die **hedonistische Preisanalyse** dabei häufig als kardinale Bewertungsmethode zur Anwendung. Beispiele werden in Kapitel 4.2.2 vorgestellt.

Das *direkte* (ordinale) Verfahren ermittelt durch Befragungstechniken die *maximale* Zahlungsbereitschaft, die dann mit Hilfe regressionsanalytischer Modelle auf die jeweilige Gesamtpopulation hochgerechnet wird. Die Vorteile dieser Methode liegen darin, daß psychische Aspekte mit erfaßt werden, auch wenn sie als Einzelgröße nicht darstellbar sind. Desweiteren kann dieser Ansatz auch als Aggregation individueller Nutzen- und Schadenswerte interpretiert werden. Die Aussagen dieser Methode gelten glaubwürdiger als die der hedonistischen Preisanalyse, weil sie präziser auch solche Wohlfahrtseinbußen erfassen, welche als bloße Wohlbefindensminderungen oder Einbußen der Erlebniswelt sowie als entgangene Konsumentenrenten anfallen. Die Nachteile dieses Verfahrens liegen in Meßproblemen. Es ist zeitaufwendiger und teurer und hat die jeweils bestehenden Einkommens- und Vermögensverteilungen mit zu beachten.

---

[144] Für eine ausführliche Erörterung siehe BROCKMEIER, 1993, Kapitel 2 (Qualitätsdiskussion) und Kapitel 3 (Theoretische Analyse).

Außerdem wird die hypothetisch ermittelte Zahlungsbereitschaft systematisch überschätzt, da Einkommenseffekte bei isolierten Befragungen nicht erfaßt werden können (SRU, 1987, § 223-224)[145]. Im Rahmen von Forschungsarbeiten zur Lebensmittelsicherheit ist besonders häufig das direkte Verfahren der **kontingenten Bewertungsmethode** zum Einsatz gekommen. Aber auch die conjoint-Analyse und Laboratoriumsexperimente (*experimental economics*) sind mögliche Methoden, die von Ökonomen zur Erforschung der Nachfrage nach Lebensmittelsicherheit angewendet werden.

### 4.2.2 Ergebnisse hedonistischer Nachfrageanalysen

Diese Methode geht von der LANCASTER'schen Idee aus, daß der Preis eines privaten Gutes eine Funktion seiner Charakteristika ist. Ein Unterschied in einem Charakteristikum bewirkt einen ceteris paribus unterschiedlichen Preis. Der Preisunterschied stellt den impliziten oder auch hedonistischen Preis dar (und spiegelt zugleich den Nutzenzuwachs bzw. die Nutzeneinbuße wieder), der für die Abweichung in dem betrachteten Charakteristikum zu entrichten ist oder gegebenenfalls eingespart werden kann (POMMEREHNE und RÖMER, 1992, S. 179). Bezogen auf die Lebensmittelsicherheit wird hier konzeptionell der Schadstoffgehalt als ein Produktmerkmal neben anderen untersucht.

HAMMITT (1986) hat bereits Mitte der 80er Jahre die Zahlungsbereitschaft der Verbraucher bezüglich der Verringerung von Risiken, hervorgerufen durch Pestizidrückstände in Nahrungsmitteln, analysiert. Mit Hilfe der hedonistischen Preisanalyse wurde die Preisdifferenz ökologisch und konventionell angebauten Obstes und Gemüses in Kalifornien untersucht. Die Preise der Ökoprodukte lagen dabei meist deutlich und signifikant über der vergleichbaren, konventionell angebauten Ware (HAMMITT, 1986, S. 25). Dieser Preisunterschied entspricht nach HAMMITTs Konzept der Prämie, die zur Vermeidung chronischer Krankheiten, verursacht durch Pestizidrückstände, gezahlt wird. Sie betrug bei einer 50 Jahre andauernden Ernährung mit ökologisch erzeugten Produkten und einer Diskontierung von 5% im Median 1.400 US$ (ebd., S. 55). HAMMITT extrapoliert anschließend toxikologische Daten und schätzt, daß das Risiko, an durch Pestizidrückstände verursachten Krebs zu sterben, eine Wahrscheinlichkeit von $14 \times 10^{-6}$ betrüge[146]. Das heißt, der implizite Wert des Lebens liegt bei dieser Schätzung im Median bei 100 Mio. US$[147]. Dieser hohe Wert mag erklären, warum verhältnismäßig wenig

---

[145] Probleme können bei diesem Verfahren dadurch aufkommen, daß die Ergebnisse systematisch durch folgende Komponenten verzerrt werden: durch das strategische Verhalten der Probanden, die keinen Anreiz haben, ihre wahre Zahlungsbereitschaft mitzuteilen. Auch der nur hypothetische Marktcharakter einer Befragung und das konkrete Vorgehen der Befragung (welche Informationen werden wie vermittelt, welches Zahlungsinstrument steht den Probanden zur Verfügung etc.) kann verzerrend wirken (POMMEREHNE und RÖMER, 1992, S. 195).

[146] HAMMITT hat seiner hedonistischen Preisanalyse eine Befragung von 45 Konsumenten gegenübergestellt. Dabei fand er heraus, daß die Konsumenten konventionell angebauter Produkte das Risiko, an durch Pestizidrückstände verursachten Krebs zu sterben, nur auf $0,8 \times 10^{-6}$ einschätzten, während die Käufer ökologischer Produkte das Risiko tausendfach höher mit $850 \times 10^{-6}$ bewerteten (HAMMITT, 1986, S. 68).

[147] Lebenslange Ökoprämie : Pestizidverursachtes Krebsrisiko = $[1.400 : (14 \times 10^{-6})]$ = 100 Mio.

Verbraucher bereit sind, deutliche Mehrkosten für Ökoprodukte zu zahlen, um ein relativ geringes Risiko weiter zu minimieren (ebd., S. 57).

VAN RAVENSWAAY und HOEHN (1991c, S. 3-4) kritisieren an HAMMITTs *ceteris-paribus*-Konzept die Annahme, daß sich für den Verbraucher ökologische und konventionell erzeugte Produkte nur in dem Merkmal Schadstoffgehalt unterscheiden würden. Weiterhin geben sie zu bedenken, daß die Preisprämie ökologischer Produkte als zusätzliche Angebotskosten und nicht als zusätzliche Zahlungsbereitschaft zu interpretieren wären.

Dieser Punkt wird von HAGNER (1994) weiter erhellt. Sie untersuchte auf dem deutschen Markt mit Hilfe der hedonistischen Preisanalyse die Preise von Müsliprodukten aus kontrolliert biologischem Anbau (Biomüsli) und aus konventionellem Anbau[148]. Dabei stellt sie fest, daß insgesamt die Biomüslis einen statistisch signifikanten Mehrpreis von 37% gegenüber den konventionellen Müslis erzielen (HAGNER, 1994, S. 363). In der weiteren Analyse betrachtet HAGNER die Preise in Abhängigkeit der Verkaufsstätten Bioladen und Supermarkt. Der Vergleich zeigt, daß das Preisniveau der Biomüslis in Bioläden höher ist als im Supermarkt. Außerdem besteht im Supermarkt kein signifikanter Preisunterschied zwischen Biomüslis und konventionellen Müslis. Dies erklärt die Autorin damit, daß die Skaleneffekte der Großvertriebsformen des Lebensmitteleinzelhandels einerseits und die Marktmacht der Supermarktketten andererseits einen niedrigeren Preis für Bioprodukte bewirke. Die in Befragungen wiederholt festgestellte erhöhte Zahlungsbereitschaft für Bioprodukte schlüge sich also nicht grundsätzlich in allen Verkaufsstätten auf den Produktpreis nieder (HAGNER, 1994, S. 366).

### 4.2.3 Ergebnisse aus Untersuchungen nach der kontingenten Bewertungsmethode[149]

Die kontingente Bewertungsmethode ist das gängigste Verfahren bei der ökonomischen Bewertung von Lebensmittelsicherheit (CASWELL, 1993, S. 528). Sie zählt zu den direkten Ansätzen der Präferenzerfassung, bei denen Entscheidungen von Testpersonen in einer hypothetischen Situation erfaßt werden, sie bezieht sich also nicht auf Marktdaten. Dies hat den Vorteil, daß auch nutzungsunabhängige Wertkomponenten mit erfaßt werden und die Schätzungen nicht auf Beobachtungen aus der Vergangenheit aufbauen müssen (POMMEREHNE und RÖMER, 1992, S. 189).

---

[148] Die Literatur, die sich der Nachfrage nach Bioprodukten widmet, soll in dieser Arbeit nicht umfassend aufgearbeitet werden. Bioprodukte implizieren zwar das Attribut „rückstandsfrei", sind aber der Gefahr einer bakteriellen Kontamination mindestens so ausgesetzt wie konventionelle Produkte. Außerdem beinhaltet die Nachfrage nach Bioprodukten neben der Nachfrage nach Gesundheit auch die Merkmale wertvollere Inhaltsstoffe, Beitrag zu Umwelt- und Naturschutz und Geschmack (CMA, 1993, S. 5). Der Konsum von Bioprodukten als eine Handlungsalternative zur Steigerung der individuellen Lebensmittelsicherheit wird in Kapitel 4.3.1 vertieft.

[149] Dieser im Englischen unter *contingent evaluation method* bekannte Ansatz wird in der deutschen Literatur auch mit „Zahlungsbereitschaftsanalyse" übersetzt. Mit dem Ausdruck „Kontingente Bewertungsmethode" wird dem Übersetzungsvorschlag von RÖMER gefolgt (1991, S. 413). Neben der maximalen Zahlungsbereitschaft kann mit Hilfe der kontingenten Bewertungsmethode auch die minimale Kompensationsforderung (hier soll sich die Testperson in die Rolle des Verkäufers versetzen) geschätzt werden.

Das zentrale Anliegen der kontingenten Bewertungsmethode besteht darin, im Rahmen eines in besonderer Weise strukturierten Interviews den Befragten zur Bekanntgabe seiner Wertschätzung für ein konkretes Gut zu bewegen. Zu diesem Zweck wird das zu bewertende Gut und dessen quantitative und qualitative Änderung genau beschrieben, gegebenenfalls mit Hilfe visueller oder akustischer Mittel. Eine marktanaloge Situation wird dadurch geschaffen, daß dem Befragten eine wohldefinierte Änderung dieses Gutes 'angeboten' wird. Der Teilnehmer wird in die Lage eines Käufers versetzt. Ähnlich wie bei einer Auktion kann er seine maximale Zahlungsbereitschaft nennen, um in den Genuß der angebotenen Verbesserung zu kommen (POMMEREHNE und RÖMER, 1992, S. 190). Im folgenden sollen einige empirische Ergebnisse vorgestellt werden, die mit Hilfe der kontingenten Bewertungsmethode erzielt wurden.

In der ökonomischen Erforschung von Lebensmittelsicherheit haben VAN RAVENSWAAY und HOEHN (1991a-c) den kontingenten Bewertungsansatz dazu genutzt, die Nachfrage US-amerikanischer Verbraucher nach Äpfeln in Beziehung zum Einsatz von Pestiziden zu untersuchen[150]. Die Nachfragefunktion in ihrem Modell umfaßt dabei den Trade-Off zwischen Qualität, Preis und Produkteigenschaften (VAN RAVENSWAAY und HOEHN, 1991a, S. 3). Die Untersuchung wurde in Form einer landesweiten Fragebogenaktion, zu der auch Fotos von Äpfeln beigelegt wurden, durchgeführt. Das Ergebnis der Befragung zeigt, daß die Konsumenten im Durchschnitt bereit sind, einen Aufpreis von 0,53 US$/kg Äpfel dafür zu zahlen, daß die Ware auf Rückstände getestet wurde und die Belastung unterhalb der staatlich festgeschriebenen Höchstgrenze liegt (VAN RAVENSWAAY und HOEHN, 1991b, Tab. 13). Die Autoren interpretieren diese Angabe dahingehend, daß sich die Verbraucher von der Überprüfung der Einhaltung gesetzlicher Normen eine Minderung des Gesundheitsrisikos versprechen. Verunsichert sind sie also darüber, ob diese Normen überhaupt eingehalten und wirksam kontrolliert werden[151]. Der größte Nutzen für die Konsumenten läge damit in der Information, daß Lebensmittel umfassend kontrolliert und die bestehenden Verordnungen nicht nennenswert verletzt werden (VAN RAVENSWAAY und HOEHN, 1991a, S. 15). Die Verbraucher fragen also eine Versicherung über eine geringe *Varianz* der Pestizidbelastung nach. Angaben über die durchschnittliche Belastung würden Befürchtungen über „Ausreißer" nicht dämpfen.

Theoretisch wird der Einfluß von Qualität und Zuverlässigkeit auf die Nachfrage von FALKINGER (1993) untersucht. Er stellt fest, daß zwischen Qualität und Zuverlässigkeit eines Produkts zu unterscheiden ist und daß höhere Zuverlässigkeit eher eine höhere Nachfrage induziert als höhere Qualität. Er weist nach, daß für alle konkaven und linearen Nachfragekurven die Erhöhung der Zuverlässigkeit eines Produkts definitiv die Nachfrage erhöht (ebd., S. 424).

---

[150] Siehe VAN RAVENSWAAY und HOEN 1991a für den konzeptionellen Rahmen und Schätzergebnisse, 1991b für Darstellung und Interpretation des Datensatzes und 1991c für Auswirkungen auf die Ernährungspolitik und Erörterung zukünftiger Forschungsschwerpunkte.

[151] SENAUER (1993, S. 260) bemerkt hierzu ergänzend, daß laut FDA (*Food and Drug Administration*) bei Kontrollen tatsächlich nur sehr wenige Äpfel mit Pestizidrückständen oberhalb der Höchstgrenze gefunden werden. D.h., die Verbraucher sind bereit, für eine überzeugende Bestätigung der augenblicklichen Befunde einen beachtlichen Aufpreis zu zahlen.

Mit Hilfe ihrer Fotodarstellungen von Äpfeln untersuchten VAN RAVENSWAAY und HOEHN auch die Bereitschaft der Konsumenten, Ware mit sichtbarem Schädlingsbefall zu kaufen. Sie konnten hier feststellen, daß Verbraucher in den USA nur wenig tolerant gegenüber äußerlich sichtbaren Schadstellen an Äpfeln sind (VAN RAVENSWAAY und HOEHN, 1991a, S. 16). Ein weiteres wichtiges Ergebnis in diesem Zusammenhang ist, daß die Höhe der zusätzlichen Zahlungsbereitschaft für pestizid*freie* Äpfel (0,84 US$/kg Äpfel) nicht ausreichen würde, um die Mehrkosten eines Apfelanbaus ohne Pflanzenschutzmitteleinsatz zu decken (VAN RAVENSWAAY und HOEHN, 1991b, S. 5).

Auch OTT et al. (1991) bedienten sich der strukturierten Fragebogentechnik, um die Nachfrage nach frischem Obst und Gemüse im Zusammenhang mit Pestizidrückständen zu erklären. Ihre Ergebnisse lauten, daß die Verbraucher in den USA zwar allgemein Pestizide in Nahrungsmitteln als größtes Gesundheitsrisiko in der Nahrung ansehen. Andererseits werden frisches Obst und Gemüse, die mit Hilfe von Pestiziden produziert werden, als risikoärmer eingeschätzt als Lebensmittel mit hohen Gehalten an Cholesterin, Fett, Salz oder Zucker (OTT et al., 1991, S. 186). Kleingärtner, die selbst Pestizide anwenden, sind deutlich weniger besorgt über deren Risiken. Die Autoren bemerken hierzu, daß diese Gruppe neben den Risiken auch den Nutzen der Pestizidanwendung klarer erkennen als die Probanden ohne Nutzgarten. Die Skepsis der Konsumenten gegenüber staatlichen Kontrollinstanzen kommt darin zum Ausdruck, daß die Befragungsteilnehmer lieber unabhängige Labore als staatliche Einrichtungen mit der Kontrolle beauftragt wissen würden (ebd., S. 187).

Auch in dieser Studie wird die Nachfrage nach größerer Sicherheit und Kontrolle deutlich, allerdings ist die Zahlungsbereitschaft für mehr Kontrolle bei dieser Stichprobe geringer als in der Stichprobe von VAN RAVENSWAAY und HOEHN. Nur 45% erklärten sich bereit, einen Aufpreis zu zahlen, dieser liegt bei den zahlungsbereiten Testpersonen unter 10% des normalen Marktpreises (ebd., Tab. 9.7). OTT et al. interpretieren diese niedrige Zahlungsbereitschaft dahingehend, daß die Verbraucher der Meinung sind, ein Recht auf rückstandsfreies Obst und Gemüse zu haben (ebd., S. 186)[152].

### 4.2.4 Weitere innovative Analysen der Nachfrage nach Lebensmittelsicherheit

In der Literatur sind, neben Untersuchungen basierend auf der hedonistischen Preisanalyse und der kontingenten Bewertungsmethode, weitere, innovative Konzepte zur Erforschung der Nachfrage nach Lebensmittelsicherheit dokumentiert. Sie versuchen, zusätzliche Elemente wie Risiko, Unsicherheit, Gesundheit oder auch Lernprozesse einzubeziehen. Zum Teil sind sie bisher nur in theoretischen Überlegungen geäußert worden, die einer empirischen Überprüfung noch unterzogen werden müssen.

---

[152] In einer anderen Studie verlassen die o.g. Autoren das Konzept der Zahlungsbereitschaft und folgen einem informationstheoretischen Ansatz (vergl. HUANG et al., 1991).

BAKER und CROSBIE (1994) gelingt es, mit Hilfe der Conjoint- und Clusteranalyse die potentiellen Käufer roter Deliciousäpfel in den USA in drei Gruppen zu unterteilen: die preisbewußten, die qualitätsorientierten und die rückstandsbesorgten Verbraucher. Die ersten beiden Gruppen repräsentieren 84% der Befragten. Sie legen geringen Wert auf strengere Pflanzenschutzverordnungen oder differenzierte Zertifizierungs- und Kontrollsysteme. Dagegen haben 16% der Konsumenten, die rückstandsbesorgten Verbraucher, eine große Präferenz und hohe Zahlungsbereitschaft für Äpfel, die mit weniger Pestiziden produziert und auf Rückstände kontrolliert sind (BAKER und CROSBIE, 1994, S. 322). In der Diskussion ihrer Ergebnisse unterstreichen die Wissenschaftler, daß es nicht *den* durchschnittlichen oder typischen Konsumenten gibt. Lebensmittelanbieter wie der Staat müßten sich auf die verschiedenen Bedürfnisse unterschiedlicher Käufergruppen einstellen (ebd., S. 323).

Die Nachfrage nach Lebensmitteln und ihrer Sicherheit stellen LIN und MILON (1993) als einen zweistufigen Entscheidungsprozeß dar. Zunächst wird entschieden, ob ein Produkt konsumiert werden soll. Anschließend wird die Höhe des Konsums festgelegt. Es wurde die Hypothese aufgestellt, daß neben anderen Attributen das Merkmal Sicherheit in diesem zweistufigen Entscheidungsprozeß eine Rolle spielt. Beispielhaft wird hierzu die Nachfrage nach Austern und Garnelen[153] mit Hilfe von Telefoninterviews empirisch untersucht. Zur Überraschung der Autoren hat das Attribut Sicherheit auf keine der beiden Entscheidungsstufen einen signifikanten Einfluß. Sie mußten ihre Hypothese verwerfen. Allerdings hat die Tatsache, ob die Befragten einen kritischen Fernsehbericht über das mangelhafte Kontrollsystem der US-Behörden bei Meeresfrüchten gesehen hatten, einen hochsignifikanten, negativen Einfluß auf den Konsum. Daraus wird geschlossen, daß ein verbessertes Kontrollsystem und damit eine höhere Sicherheit keinen direkten Einfluß auf die Nachfrage hätte. Allerdings könnte es helfen, Nachfrageeinbußen bei negativen Risikoinformationen abzuschwächen (LIN und MILON, 1993, S. 728).

In einem aufwendigen Experiment versuchen HAYES et al. (1995), den hypothetischen Charakter von Versuchen oder Befragungen zu reduzieren. In wiederholten Versteigerungsrunden um ein fleischhaltiges Sandwich, für das die Probanden mit richtigem Geld bieten, wird die Zahlungsbereitschaft für ein „streng kontrolliertes" Sandwich erfaßt. Zu Beginn des Versuchs hatten sich die Teilnehmer schriftlich verpflichtet, ein „normales" Sandwich, das mit einer durchschnittlichen Wahrscheinlichkeit mit Krankheitserregern kontaminiert war, am Ende der Veranstaltung zu essen. Sie konnten aber auch versuchen, das streng kontrollierte Sandwich zu ersteigern und mit dem normalen einzutauschen. Im Laufe der Versteigerungsrunden wurden die Probanden mit Risikoinformationen über Lebensmittelinfektionen konfrontiert. Die Analyse des Bietverhaltens zeigt, daß die Teilnehmer das Risiko einer Lebensmittelinfektion unterschätzen und auch nach einer Aufklärung zum Teil an ihren alten Vorstellungen festhielten. Im

---

[153] Meeresfrüchte sind leicht mit pathogenen Keimen verseucht und unterliegen in den USA keinem umfassenden Kontrollsystem wie beispielsweise Fleisch (LIN und MILON, 1993, S. 724).

Durchschnitt betrug die zusätzliche Zahlungsbereitschaft für ein streng kontrolliertes Sandwich 0,70 US$ (HAYES et al., 1995, S. 50 f).

CHOI und JENSEN (1991) beschäftigen sich mit der Frage, wie das Nachfragemodell nach Lebensmitteln verändert werden sollte, wenn Lebensmittel als risikoreiche Güter (*risky goods*) betrachtet werden müssen. Risikoreiche Güter erhöhen den augenblicklichen und senken den zukünftigen Nutzen. Entsprechend folgen die Autoren der VON NEUMANN-MORGENSTERN entwickelten Nutzenfunktion, die das Abwägen des Konsumenten zwischen direktem Nutzen und Gesundheitsrisiken berücksichtigt. Da die Verbraucher die Gefährlichkeit der Güter (also den Gehalt an Schadstoffen oder Schadorganismen) nicht selbst erfassen können, muß diese Information von der Anbieterseite geliefert werden. CHOI und JENSEN (1991) bemerken, daß bei vollkommenen Wettbewerbsbedingungen der Staat nicht direkt einzugreifen bräuchte, er kann sich auf die Kontrolle und Kommunikation von Information beschränken. Sie führen weiter aus, daß die direkte Risikokommunikation an die Verbraucher in der Praxis schwierig sein mag, denn Konsumenten mögen subjektive Risikoeinschätzungen haben, die schwer zu revidieren sind. In der Aufdeckung des Prozesses der Risikokommunikation und seiner Hindernisse liegt nach Ansicht der Autoren ein wichtiger Forschungsbereich. Außerdem spielt nach ihrer Meinung auch die Marktstruktur und das Verhalten der Firmen eine wichtige Rolle bei der Formulierung angemessener staatlicher Maßnahmen.

Auch EOM (1993) basiert sein theoretisches Konzept über das Konsumentenverhalten bei unsicheren Produkteigenschaften (*uncertain product attributes*) auf das Modell des erwarteten Nutzens der VON NEUMANN-MORGENSTERN-Nutzenfunktion. Diese Funktion wird allerdings zu einem "Selbstschutzmodell" (*self-protection model*) weiterentwickelt und berücksichtigt Risikoempfinden, dynamischen Informationszuwachs durch Lernen und risikominderndes Verhalten. Dieser Ansatz wird in einer weiteren Arbeit aus dem Jahre 1994 fortentwickelt.

FALCONI und ROE (1991) stützen ihren Ansatz auf andere Arbeiten, die Gesundheit als eine Determinante in die Nutzenfunktion einbeziehen. Sie berücksichtigen dabei die Meinung des Konsumenten über Gesundheitsaspekte von Lebensmitteln, die Festigkeit seiner Ansicht und die Rolle von Information. Im Gegensatz zu CHOI und JENSEN (1991) kommen FALCONI und ROE (1991) in ihrem neoklassischen Modell maximierten erwarteten Nutzens zu dem Schluß, daß unter Wettbewerbsbedingungen Gesundheitsaspekte bestimmter Substanzen nicht berücksichtigt werden und daß die Anbieter keinen Anreiz haben, Konsumenten über gesundheitliche Risiken aufzuklären. Trotz Wettbewerbs versagt hier der Markt bei der Maximierung sozialer Wohlfahrt. Die Autoren skizzieren schließlich, wie ein wohlwollender Staat, unter Ausschluß von *rent-seeking*, durch ein optimales Maß an Information und Steuern einen pareto-optimalen Zustand herbeiführen kann.

Die vorgestellte Literatur zeigt, daß insbesondere US-amerikanische Ernährungsökonomen sich intensiv mit der Nachfrage nach sicheren Lebensmitteln beschäftigen. Eine vergleichbare Forschungsintensität in Europa bzw. Deutschland konnte nicht beobachtet werden. Mehrheitlich konzentrieren sich die Veröffentlichungen auf methodische Fragen. Selten beinhalten die Untersuchungen praxisreife Empfehlungen an den Staat oder die Wirtschaft, wie der Markt für Lebensmittelsicherheit die Nachfrage besser befriedigen kann.

### 4.3 Handlungsalternativen der Verbraucher

In den vorangegangenen Abschnitten dieses Kapitels ist die Nachfrage nach Lebensmittelsicherheit mittels sozio-psychologischer und ökonomischer Konzepte diskutiert worden. In diesem Unterkapitel sollen die praktischen Handlungsalternativen vorgestellt werden, die den Verbrauchern zur Beeinflussung der Lebensmittelsicherheit zur Verfügung stehen.

Verbraucher können durch direkte Maßnahmen oder durch Aktionen ihrer Interessenvertreter versuchen, einerseits unmittelbar auf das Sicherheitsniveau ihrer Lebensmittel einzuwirken und andererseits diese Lebensmittelsicherheit auch zu kontrollieren. Das Maßnahmenspektrum, das hier diskutiert werden soll, läßt sich in vier Handlungsalternativen untergliedern. Die erste Alternative betrifft Verhaltensweisen im täglichen Konsum und Haushalten. Zweitens hat der Verbraucher die Möglichkeit, sich individuell bei Unternehmen oder bei der staatlichen Lebensmittelüberwachung über ungenügende Lebensmittelsicherheit zu beschweren. Drittens könnten Verbraucher-Initiativen und -Verbände selbst Schadstoffkontrollen durchführen und die Ergebnisse ihren Mitgliedern oder der Öffentlichkeit mitteilen. In der vierten Handlungsalternative agieren viele Verbraucher angesichts eines „Lebensmittel-Skandals" ähnlich. Durch die so gebündelte Marktmacht „bestrafen" sie ein in Verruf geratenes Unternehmen oder Produkt durch einen kollektiven Kaufboykott.

#### 4.3.1 Konsum schadstoffarmer Lebensmittel und Hygienemaßnahmen im Haushalt

In seinem Alltag hat der Verbraucher zwei Möglichkeiten, aktiv die Sicherheit seiner Nahrung zu beeinflussen. Zum einen kann er bei dem Erwerb von Lebensmitteln versuchen, möglichst unbelastete Produkte zu kaufen[154]. Andererseits können Anstrengungen im Bereich der Haushaltsproduktion, hierunter fallen z.B. die sachgerechte Lagerung, Verarbeitung und Zubereitung von Lebensmitteln, den Standard an Lebensmittelsicherheit halten oder sogar erhöhen. Beide Aspekte sollen auch aus einer ökonomischen Sichtweise heraus betrachtet werden.

Werden möglichst rückstandsfreie und kontrollierte Lebensmittel gewünscht, bietet sich der Kauf von Lebensmitteln aus kontrolliert ökologischer Produktion an. Eine repräsentative Untersuchung der CMA zeigt, daß diese Möglichkeit verstärkt genutzt wird und die Nachfrage

---

[154] Die Eigenproduktion von Lebensmitteln als weitere Handlungsalternative wird an dieser Stelle vernachlässigt. Sie führt, abgesehen von unkontrollierbaren Verunreinigungen aus der Umwelt, zu einer vollen Kontrolle über die Produktqualität. Für die überwiegende Mehrheit der deutschen Verbraucher ist aber eine nennenswerte Eigenproduktion keine realistische Alternative. Diese allgemeine Aussage trifft für spezifische Produkte nicht unbedingt zu. Frischäpfel stammen in Deutschland beispielsweise zu 25% aus dem eigenen Garten (vergl. Kapitel 6.4).

*Die Nachfrage*

nach Bioprodukten in den letzten Jahren deutlich zugenommen hat. So stieg die gelegentliche Verwendung von alternativ erzeugten Nahrungsmitteln bei den Verbrauchern zwischen 1980 und 1992 von 20 auf 67%. Im gleichen Zeitraum sank die grundsätzliche Ablehnung dieser Produkte von 75 auf 25%. (CMA, 1993, S. 6). Dabei wird alternativ/biologischen Produkten als größter Vorteil ein hoher Gesundheitswert zugesprochen, schwerwiegendster Nachteil konventioneller Produkte ist, nach Ergebnissen der Umfrage, ihre Belastung mit Rückständen (ebd., S. 26-27)[155].

Es ist bekannt, daß Produkte aus dem kontrolliert biologischen Anbau in der Regel teurer als konventionell produzierte Produkte sind. Allerdings nutzen Haushalte die Möglichkeit, durch eine Anpassung ihrer Ausgabenstruktur die „Ökoprämie" zu kompensieren. BROMBACHER (1992) zeigt in ihrer ökonomischen Analyse des Einkaufverhaltens von „Bio-Haushalten"[156], daß diese trotz höherer Preise nicht mehr für ihre Ernährung ausgeben als die Vergleichs-Haushalte. Die Bio-Haushalte kompensieren die höheren Preise durch geringeren Tabakwarenkonsum sowie durch weniger Fleisch- und Außer-Haus-Verzehr. Einkommen ist nach dieser Studie als Bestimmungsgrund der Nachfrage nahezu bedeutungslos. Dagegen waren gesundheitliche und umweltschützerische Motive entscheidend für das Kaufverhalten. Die leichte Beschaffbarkeit eines ökologisch erzeugten Produktes, also die Höhe der Transaktionskosten, beeinflußte eine Kaufentscheidung mehr als der eigentliche Produktpreis (BROMBACHER, 1992, S. 165).

Den unfreiwilligen Verzehr von Umweltkontaminanten und Rückständen können Verbraucher auch durch die Auswahl und Zubereitung ihrer Nahrung reduzieren. Generell streut eine abwechslungsreiche Diät das Risiko. Wer bestimmte, besonders kontaminierte Produkte wie Innereien oder Pilze meidet, verringert weiter die Aufnahme unerwünschter Stoffe.

Ein weiterer wichtiger Aspekt sicherer Ernährung ist die Lagerung und Zubereitung von Lebensmitteln. Bei Umweltkontaminanten und Pestiziden können beispielsweise Schälen, Waschen und Kochen ihre Konzentration im Lebensmittel zum Teil erheblich senken. In Kapitel 1 wurden dazu Beispiele gegeben. Noch entscheidender ist aber die sachgerechte Handhabe leichverderblicher Ware, die einen idealen Nährboden für Krankheitserreger bietet. Ungenügendes Kühlen bzw. Erhitzen sowie unhygienisches Arbeiten mit diesen Lebensmitteln erlaubt eine rasante Vermehrung der pathogenen Keime, die wiederum zu einer Lebensmittelinfektion führen können (vergl. Kapitel 1.3.2.4).

Die genannten präventiven Maßnahmen im Bereich der Lagerung und Zubereitung von Lebensmitteln erfordern zwei Inputs: Wissen um diese Maßnahmen und Zeit, sie umzusetzen.

---

[155] Neben der steigenden Nachfrage nach Bioprodukten ist auch ein Anstieg der Produktion zu verzeichnen. Im Jahre 1995 betrug in Deutschland der Anteil der Vollerwerbsbetriebe, die entsprechend der EG Verordnung 2092/91 kontrolliert nach ökologischen Grundsätzen wirtschafteten, 2,3%. Wie in den Vorjahren war die Anzahl der Betriebe und noch mehr die ökologisch bewirtschaftete Fläche im Vergleich zu 1994 deutlich gestiegen (BML, 1996, S. 12, 32, 33).
[156] Dies sind Haushalte, die sich überwiegend mit Nahrungsmitteln aus dem ökologischen Landbau ernähren.

Heutzutage schwindet dieses Wissen, und die Zeitkosten steigen. In immer weniger Familien gibt es die hauptberufliche Hausfrau. Haushaltsführung und insbesondere der Umgang mit Lebensmitteln wird immer weniger formell gelernt oder das Wissen informell in der Familie weitergegeben. Weiterhin ist zu vermuten, daß eine steigende Produktqualität gerade im Bereich der Hygiene zu einem sorgloseren Verhalten der Verbraucher führt.

Neben fehlendem Wissen sind es auch die Opportunitätskosten der Zeit, die die Maßnahmen zur Lebensmittelsicherheit im Haushalt teuer machen. Wenn beispielsweise im Erwerbsleben ein Nettolohn von 15 DM/Stunde verdient wird und wenn die Löhne dem Grenznutzen der Freizeit entsprechen, dann kosten täglich 10 Minuten zusätzliche Küchenarbeit zur Verbesserung der Hygiene 17,50 DM/Woche.

Wie in allen westlichen Industrieländern nimmt auch in Deutschland der Außer-Haus-Verzehr zu. Damit verringert sich die Einflußnahme des Konsumenten auf die Sicherheit seiner Nahrung mit Hilfe der eben genannten Maßnahmen.

### 4.3.2 Die individuelle Beschwerde

Während der vorangegangene Abschnitt präventive Handlungsmöglichkeiten der Verbraucher vorstellte, ist die Beschwerde ein Instrument, um auf mangelhafte Lebensmittelsicherheit hinzuweisen. Eventuell wird der Beschwerdeführer für die ungenügende Qualität oder den erlittenen Schaden sogar entschädigt. Verbraucher können sich mit ihrer Beschwerde entweder direkt an den Hersteller bzw. Händler wenden oder die amtliche Lebensmittelüberwachung einschalten. Einschränkend muß dabei erwähnt werden, daß der einzelne Verbraucher nur ein kleines Spektrum der möglichen Schadstoffe erkennen kann - dazu zählen vorrangig offensichtlich verdorbene bzw. akut krankmachende Lebensmittel.

KUTSCH (1992) ging dem Beschwerdeverhalten der Verbraucher nach und untersuchte alle lebensmittelbezogenen Verbraucherreklamationen beim amtlichen Wirtschaftskontrolldienst in Stuttgart im Jahre 1985. Außerdem wurden 14 große und namhafte Lebensmittelhersteller über die Handhabung von Verbraucherreklamationen befragt. Einleitend bemerkt er, daß die beobachtete Reklamationsfrequenz zweifellos geringer ist als die tatsächliche Häufigkeit von Beschwerdeanlässen. Viele Gründe wie die Geringfügigkeit des Preises, psychologische Hemmschwellen, der Aufwand an Kosten und Zeit, eine schwierige Beweislage, die mangelnde Kenntnis zuständiger Behörden u.a. mögen den Schritt zur Reklamation verhindern (ebd., S. 142).

Die Analyse von 1.129 Reklamationen beim Wirtschaftskontrolldienst zeigt, daß deutlich über die Hälfte der Beschwerden berechtigt waren[157]. Die Beschwerdeführer wendeten sich zu 82% zum ersten Mal an den Wirschaftskontrolldienst, und die angegebenen Reklamationsgründe

---

[157] Ähnlich hohe Beanstandungsraten bei Beschwerdeproben werden für 1994 auch in den Jahresberichten der CLUA Karlsruhe und Sigmaringen genannt (vergl. S. 73).

betrafen größtenteils entweder sichtbare Qualitätsmängel oder körperliche Reaktionen. Dabei wurde der Mangel bei 66,7% der Beschwerdeführer erst beim oder nach dem Verzehr bemerkt - also sehr bzw. zu spät für den Konsumenten, um eine Beeinträchtigung der Gesundheit noch zu verhindern. Im Vergleich zur Gesamtbevölkerung waren unter den Beschwerdeführern die unter 30- und über 65jährigen unterrepräsentiert. Das Bildungsniveau der Beschwerdeführer war überdurchschnittlich hoch (KUTSCH, 1992, S. 143 ff). Das heißt, die Möglichkeit der Beschwerde bei der amtlichen Lebensmittelüberwachung nehmen überwiegend gut gebildete Menschen mittleren Alters wahr[158]. Im Tätigkeitsbericht des Chemischen Untersuchungsamtes der Stadt Nürnberg wird der Wert der Verbraucherbeschwerden für die eigene Arbeit gewürdigt. Die Verbraucherbeschwerde stelle für die Lebensmittelüberwachung durchaus einen hilfreichen Hinweis auf versteckte Mängel dar (STADT NÜRNBERG, 1994, o.S.).

Aus der Befragung der Ernährungsindustrie konnte abgeleitet werden, daß die Reklamationsquote mit der Höhe des Preises positiv korreliert ist. Diese Beobachtung scheint einleuchtend, da sich das Investment in eine Beschwerde um so mehr „lohnt", je höher die Ausgabe für das beanstandete Lebensmittel war. Als typische Reklamationsgründe wurden erstens Verderb, zweitens Fremdkörper in den Produkten und drittens eine Fehlmenge bzw. fehlende Komponenten genannt. Sozio-ökonomisch ordneten die Firmen die Reklamierenden als aus allen sozialen Schichten und Altersgruppen kommend ein (KUTSCH, 1992, S. 146).

Die Beschwerde ist im Einzelfall der akuten, gesundheitlichen Einbuße durch ein krankmachendes Lebensmittel eine angemessene Möglichkeit für den Verbraucher, sich zu artikulieren. Sie ist allerdings kein probates Mittel, die subtile Angst vor unmerklichen Schadstoffen zu verringern, die chronische Langzeitschäden auslösen könnten.

### 4.3.3 Schadstoffkontrollen durch Verbraucher-Initiativen

Die ersten zwei Handlungsalternativen haben den begrenzten Handlungsradius des einzelnen Verbrauchers in Fragen der Lebensmittelsicherheit gezeigt. Insbesondere die Verringerung von Unsicherheit bezüglich der Schadstoff- oder Keimgehalte durch Kontrolle ist dem Einzelnen nicht möglich. Aber nicht nur die Kontrollkosten, auch die Informationskosten sind für einen Menschen allein sehr hoch. Es liegt daher nahe, daß sich gleichgesinnte Verbraucher zu Interessensverbänden o.ä. zusammenschließen, um so Wissen und finanzielle Ressourcen für eine Kontrolle zu bündeln.

Die Interessensvertretung von Verbrauchern kann grundsätzlich in der Form der Fremdorganisation oder als Selbstorganisation strukturiert sein. Die Fremdorganisation zeichnet sich dadurch aus, daß die Verbraucherinteressen stellvertretend durch staatliche und nichtstaatliche Institutionen ohne direkte Einflußmöglichkeit der Verbraucher artikuliert, aggregiert und finanziert werden (BRUNE, 1975, S. 113 f). Eine staatliche Initiierung und Finanzierung erfolgt

---

[158] Weitere Untersuchungsergebnisse beispielsweise über das Geschlecht der Beschwerdeführer oder die beanstandeten Produkte sind leider nicht veröffentlicht.

in den Bereichen, in denen die Motivation der Verbraucher unzureichend scheint. Wichtig in diesem Zusammenhang ist in Deutschland die Arbeitsgemeinschaft der Verbraucherverbände (AgV) oder die Verbraucherzentralen (VAHRENKAMP, 1991, S. 23). Eine erklärte und unabhängige Kontrollinstitution im Spektrum der Fremdorganisationen ist die Stiftung Warentest, die ihre Ergebnisse in der Zeitschrift „test" veröffentlicht. Die rund 800.000 Zeitschriftenexemplare werden monatlich von über 6 Mio. Menschen gelesen. Die Einnahmen der Stiftung decken inzwischen 85% des Budgets, den Rest finanziert das Bundeswirtschaftsministerium (LEBENSMITTEL-ZEITUNG, 31.5.1996, S. 42). Eine Auswertung der Jahrgänge 1994 und 1995 zeigt, daß nur 3% der getesteten Artikel Lebensmittel sind[159]. Der Kontrollschwerpunkt der Stiftung Warentest liegt damit eindeutig bei höherpreisigen Gebrauchsgütern.

Charakteristisch für eine Selbstorganisation ist, daß sich eine Gruppe von Verbrauchern aus eigener Initiative zusammenschließt, ihre gemeinsamen Interessen festlegt, dieselben selbst oder durch Vertreter artikuliert und durchzusetzen versucht sowie sich, zumindest teilweise, selbst finanziert (KUHLMANN, 1990, S. 416). Auf diesen zweiten Bereich, die Selbstorganisationen und ihr Engagement in der Schadstoffkontrolle, sollen sich die hier gemachten Überlegungen beschränken. Zwar sind die AgV oder die Verbraucherzentralen eine wichtige Interessensvertretung, auch beraten und informieren sie die Konsumenten. Ihre Arbeit stellt aber für den einzelnen Verbraucher, der sich in Sachen „Schadstoffkontrolle von Lebensmitteln" engagieren und dafür organisieren möchte, keine Handlungsalternative dar.

Damit sich Menschen zur Vertretung ihrer Interessen organisieren, müssen einige Bedingungen erfüllt sein. In der verbraucherpolitischen Literatur werden immer wieder Argumente genannt, die die Unorganisierbarkeit der Verbraucher unterstreichen. Häufig genannte Gründe lauten:

- Verbraucher sind keine abgegrenzte soziale Gruppe
- ihre Interessen sind zu heterogen, zu allgemein, und zu instabil in zeitlicher Hinsicht
- der Nutzen des Organisationsbeitritts ist gering im Vergleich zu Handlungsalternativen
- Erfolge der Organisation nutzen auch den inaktiven Nichtmitgliedern (Trittbrettfahrern)
- Die Gegenseite (Anbieter von Lebensmitteln) ist zu dominant und gut organisiert[160].

RUND (1995) untersuchte, wieviele private Verbraucherinitiativen in Deutschland Schadstoffkontrollen von Lebensmitteln durchführen. Sie konnte 17 Organisationen im gesamten Bundesgebiet identifizieren (vergl. Tabelle 4-5 im Anhang). Elf Organisationen beantworteten

---

[159] In den Jahren 1994 und 1995 untersuchte die Zeitschrift test 207 Artikel, davon waren sieben Lebensmittel (Olivenöl, Orangensäfte, Fertiggerichte, Frühstückscerealien, Sportgetränke, energy drinks und Fischstäbchen). Außer bei Sportgetränken und energy drinks wurden die Lebensmittel auch auf ihren Schadstoffgehalt hin untersucht. Außerdem erschienen in den zwei Jahren in den Rubriken Umwelt, Ernährung, Gesundheit bzw. Leseraktion 19 Artikel, die sich mit Lebensmitteln befaßten. Die Hälfte dieser Artikel informierte dabei hauptsächlich oder auch über Fragen der Lebensmittelsicherheit: In sechs Fällen wurden Rückstände/Verunreinigungen thematisiert. Drei Beiträge bezogen sich auf Salmonellen / Lebensmittelinfektionen und ein Artikel auf Schimmel.
[160] Zusammenstellung nach RUND, 1995, S. 39.

einen standardisierten Fragebogen. Aus den Antworten geht hervor, daß nur sechs dieser elf Organisationen Schadstoffkontrollen durchführen (lassen). Die Kontrollen umfassen ein kleines und spezielles Spektrum wie z.b. nur Radioaktivitätsmessungen oder nur Trinkwasseruntersuchungen. Die Anzahl der festen und ehrenamtlichen Mitarbeiter ist klein, die Mitgliederzahl beträgt 30 - 9.000, der jährliche Mitgliedsbeitrag der befragten Organisationen lag 1995 zwischen 60 und 120 DM (RUND, 1995, S. 49 ff).

Die Ergebnisse von RUNDs Studie zeigen, daß der Schadstoffkontrolle von Lebensmitteln durch Verbraucher-Initiativen bestenfalls eine marginale Rolle im gesamtwirtschaftlichen Kontrollgeflecht zukommt. Diese Feststellung überrascht angesichts der weit verbreiteten Unsicherheiten und Ängste, die Verbraucher in Meinungsumfragen äußern (vergl. Kapitel 4.1). Welche Gründe hinter dem verschwindend geringen Organisierungsgrad stehen, müßte eingehender untersucht werden. Festzuhalten bleibt, daß Schadstoffkontrollen durch Verbraucher-Initiativen keine „dritte Kraft" gegenüber der amtlichen Überwachung und den Selbstkontrollen der Anbieter darstellen. Für sehr kleine Untergruppen der Verbraucherschaft mögen diese Verbände allerdings eine sinnvolle und nutzenstiftende Ergänzung der sonstigen Kontrollen darstellen.

Eine andere, kommerzialisierte Form der Selbstorganisation stellt die Zeitschrift ÖKO-TEST dar. Alternativ bzw. komplementär zu der Zeitschrift test erscheint ÖKO-TEST ebenfalls monatlich. Sie wurde 1985 gegründet und hatte 1995 eine Auflage von 110.000 Exemplaren. ÖKO-TEST finanziert sich einerseits über knapp 2.000 Gesellschafter, die sich mit 500 bis 25.000 DM an der Zeitschrift beteiligen (ÖKO-TEST 7/94, S. 34). Außerdem schaltet ÖKO-TEST Anzeigen wie andere kommerzielle Medien auch. Ein Interessenskonflikt zwischen Anzeigenkunden und Testergebnissen kann somit nicht grundsätzlich ausgeschlossen werden. Die Auswahl der zu untersuchenden Produkte trifft die Redaktion (BESSER, persönliche Mitteilung, 4.7.1996). In den Jahren 1994 und 1995 wurden 69 verschiedene Produkte unter der Rubrik „ÖKO-Tests" untersucht. Darunter befanden sich 17 Lebensmittel[161]. Dies entspricht einem Anteil von 25% aller getesteten Artikel. Von den 17 Lebensmitteln wurden im Rahmen der Tests 13 auch auf Schadstoffe untersucht[162]. Der Anteil von Lebensmitteln an den Untersuchungen der Zeitschrift ÖKO-TEST von 25% ist relativ hoch im Vergleich zum Lebensmittelanteil von 3% der Zeitschrift TEST (vergl. S. 108). Er könnte den erhöhten Informationsbedarf des „kritischen Öko-Verbrauchers" bezüglich Lebensmittel reflektieren. Bemerkenswert ist, daß es sich bei sechs der 17 getesteten Lebensmitteln um Produkte speziell für Säuglinge und Kleinkinder handelt. Aus ökonomischer Sicht ist interessant, daß der Informations- und Kontrollbedarf dieses Segments an Konsumenten über eine kommerziell organisierte Zeitschrift befriedigt wird. Hier

---

[161] Die untersuchten Lebensmittel 1994 und 1995 waren: Honig, Babybreie, Vitaminpräparate, Gläschenkost, Baby-Wasserfilter, Muttermilchersatz, Fischstäbchen, Babytees, Weihnachtsgänse, Apfelsaft, Baby-Säfte, Tee, Olivenöl, Krabben, Süßstoffe und Zuckeraustauschstoffe, Gewürze, Rosinen.
[162] Die Häufigkeit der Untersuchungen je Schadstoffgruppe war: Pflanzenschutzmittel 9, Schwermetalle 7, Bakterien 5, Toxine 4 und Fremdstoffe (Nematoden, Maden) 2 (eigene Auswertung, in der Regel wurde ein Produkt auf mehrere Schadstoffgruppen untersucht).

funktioniert der private Markt für Informationen und Kontrolle (vergl. die Unterscheidung in öffentliche und private Lebensmittelsicherheit in Kapitel 2.2).

#### 4.3.4 Kollektiver Kaufboykott: Der „Lebensmittel-Skandal"

Ein Skandal ist ein Ärgernis, ein aufsehenerregendes, schockierendes Vorkommnis (DUDEN, 1982). KUTSCH (1992, S. 147) definiert einen Lebensmittel-Skandal als „Übertretungen des Lebensmittelgesetzes ..., die in der Öffentlichkeit bekannt geworden sind und bei den Verbrauchern Unruhe auslösen". In Beobachtung des Lebensmittelmarktes kann nach Ansicht der Verfasserin diese Definition noch weiter präzisiert werden:

> *Ein Lebensmittel-Skandal ist eine öffentlich bekannt gewordene negative Information über ein Lebensmittel, die das Konsumverhalten eines meßbar großen Anteils der Verbraucherschaft kurzfristig und/oder dauerhaft beeinflußt.*

Die Auswirkungen dieser Konsumänderung, überspitzt als „kollektiver Kaufboykott" bezeichnet, können für einzelne Hersteller, aber auch ganze Branchen, gravierend sein. In bezug auf die Verbraucherschaft könnte die gleichgerichtete Verhaltensänderung vieler Konsumenten auch als Überwindung der Unorganisierbarkeit verstanden werden. „Organisatoren" des kollektiven Handelns sind Multiplikatoren, die neue negative Informationen über die Lebensmittelsicherheit eines Produktes an die Öffentlichkeit bringen.

Nach SMITH et al. (1988) verändert eine negative Information die Qualitätseinschätzung (*perception*), die ein Verbraucher für ein bestimmtes Produkt hegt. Eine gesunkene Qualitätseinschätzung bedeutet, daß das Produkt beim Konsumenten nun auch einen geringeren Nutzen erzeugt. Also reduziert dieser, im Interesse seiner Nutzenoptimierung, den Konsum des „skandalösen" Produktes und steigert in der Regel den Konsum von Substituten (ebd., S. 513 f).

Die tatsächliche, naturwissenschaftlich und rechtlich begründbare Schwere eines Lebensmittel-Skandals kann in vier Gefahrenstufen unterteilt werden:

1. Die legale Praxis der Lebensmittelproduktion oder -verarbeitung wird, z.B. aufgrund neuer Erkenntnisse, von interessierten Kreisen kritisch hinterfragt. Obwohl das Lebensmittelrecht nicht verletzt wird, kann eine breite öffentliche Diskussion zu erheblichen Markteinbrüchen führen.

Ein auch in der wissenschaftlichen Öffentlichkeit leidenschaftlich diskutiertes Beispiel[163] ist hierfür der sogenannte Alar-Skandal in den USA vom Frühjahr 1989 (vergl. auch S. 94). Das Pflanzenschutzmittel Alar war u.a. als Wachstumsregler in der Apfelproduktion seit Jahrzehnten zugelassen. Verschiedene Versuchsergebnisse aus den 80er Jahren erlaubten

---

[163] Siehe zu diesem Thema beispielsweise die Beiträge im Editorial und der Leserbriefsektion in der Zeitschrift Science im März, April und Mai 1989.

unterschiedliche bis kontroverse toxikologische Bewertungen des Mittels[164]. Eine akute Gefährdung wurde von keiner Seite angenommen. Mit Hilfe einer Public Relations Agentur lancierte die Umweltschutzorganisation *National Resources Defence Council* (NRDC) sehr erfolgreich eine landesweite und wochenlange Medienkampagne über die Gefährlichkeit von Alar. Drei Wochen vor Beginn der Kampagne hatte die Umweltbehörde *Environmental Protection Agency* (EPA) die Aufhebung der Zulassung für Alar angekündigt. Bis Alar vom Markt genommen wäre, wären ca. zwei bis drei Jahre vergangen (WEINSTEIN, 1991, S. 279). Bereits vor dem Skandal hatten einige Handelsketten begonnen, nur noch „Alarfreie" Äpfel zu vertreiben. Recherchen während des Skandals ergaben allerdings, daß der propagierte Nichteinsatz von Alar wenig überwacht und nicht immer eingehalten wurde (O'ROURKE, 1990, S. 418). Damit erodierte das Vertrauen der verunsicherten Verbraucher in private Kontrollen. Aufgrund der öffentlichen Berichterstattung sank der Konsum von Äpfeln und Apfelprodukten für mehrere Wochen beträchtlich. Der Hersteller von Alar, die Firma Uniroyal, nahm das Mittel freiwillig vom Markt. Zwei Jahre später stellt MARSHALL (1991, S. 21) fest, daß seit dem Skandal Äpfel auch ohne den Einsatz von Alar problemlos produziert werden konnten. Dies bestätigt auch ein Artikel in einer amerikanischen Fachzeitschrift für Obstbau (LACASSE und CONSTANTE, 1989). O'ROURKE (1990) schätzt mit Hilfe von Preisprognosemodellen, daß allein die Obstproduzenten im Bundesstaat Washington durch den Skandal einen Verlust von 130 Mio. US$ erlitten hätten. Dies entspricht 15% des Umsatzes, der mit den wichtigsten drei Sorten erzielt wird. Allerdings betrafen die Preis- und Absatzeinbrüche nur die weitverbreitete Sorte Red Delicious (ebd., S. 423). Die Nachfrage war also sehr differenziert nur für rote Äpfel gesunken, bei denen Alar hauptsächlich eingesetzt wurde. Gelb- und grünschalige Sorten wie Golden Delicious und Granny Smith verzeichneten sogar Preisanstiege (ebd., S. 419).

2. Eine Verletzung des Lebensmittelrechts wird publik. Allerdings ist eine Gesundheitsgefährdung auszuschließen, daher werden weder von amtlicher Seite eine Warnung ausgesprochen noch vom Hersteller Rückrufaktionen durchgeführt.
Als Beispiel für diese Kategorie nennt HECKNER (1994, S. 5) Produkte, die einen Pestizidrückstand enthalten, welcher die erlaubte Höchstmenge um das Doppelte übersteigt. Auch der 1987 von der Fernsehsendung Monitor publik gemachte Nematodenbefall von Nordseefischen wies auf einen ekelerregenden, aber nicht gesundheitsgefährdenden Zustand hin (RIX, 1994, S. 8 f). Der Babykost-Skandal von 1994 (erhöhte Pflanzenschutzmittelrückstände in Gläschenkost) würde auch in diese Gefahrenkategorie fallen. Allerdings entschloß sich hier der betroffene Hersteller Schlecker zu einer Rückrufaktion. Dieser Skandal wird in

---

[164] Die Umweltorganisation NRDC schätzte, daß die Aufnahme von Alarrückständen allein in den ersten sechs Lebensjahren das Risiko einer Krebserkrankung um 1 : 4.200 erhöhen würde. Die Umweltbehörde EPA ging hingegen von einem 240 mal kleineren Faktor aus (3-4 Krebsfälle pro 100.000) (ROBERTS, 1989, S. 1281).

der Fallstudie in Zusammenhang mit den Kontrollsystemen für Kinderkost ausführlich dargestellt (vergl. Kap. 8.6).

3. Aufgrund potentiell gesundheitsgefährdender Umstände wird eine öffentliche Warnung ausgesprochen. Es wird dem Verbraucher überlassen, das Produkt weiterhin zu konsumieren oder zu meiden.

In Deutschland gibt es keine gefestigte Rechtsprechung, wann eine Behörde eine öffentliche Warnung auszusprechen hat. Nur in den Ländern Baden-Württemberg und Brandenburg existieren bisher diesbezügliche landesrechtliche Regelungen, die sich an dem Prinzip der Verhältnismäßigkeit orientieren. Grundsätzlich ist die Warnung durch den Hersteller/Anbieter der behördlichen Warnung vorzuziehen - bei einer ungerechtfertigten Warnung können Behörden mit hohen Schadensersatzforderungen konfrontiert werden (HECKNER, 1994, S. 1, 14-15; siehe auch Fußnote 131).

4. Die Verletzung des Lebensmittelrechts ist von gesundheitsschädlichem Ausmaß. Neben der öffentlichen Warnung wird eine Rückrufaktion eingeleitet und eventuell die Produktion eines bestimmtes Produktes bis zur Sanierung der Kontaminationsursache untersagt.

Im Sommer 1993 lösten Salmonellen in paprikagewürzten Snack-Produkten der Firma Bahlsen eine Rückrufaktion für fünf Produkte aus. Obwohl Salmonellen sich kaum in Chips vermehren können, konnte eine Gefährdung wenig widerstandsfähiger Menschen nicht ausgeschlossen werden (HECKNER, 1994, S. 7). Die Rückrufaktion von 3.000 Tonnen kostete Bahlsen 33 Mio. DM, der Umsatzausfall von mindestens einer Monatsproduktion Paprika-Snacks wird auf 35-40 Mio. DM geschätzt. Zusätzlich investierte Bahlsen 3 Mio. DM in eine spezielle Werbe- und Aufklärungskampagne, um den erlittenen Imageverlust auszugleichen (MALORNY und KASSEBOHM, 1994, S. 176). Der Gesamtschaden kann somit auf mindestens 71 Mio. DM geschätzt werden. Bahlsen gab zunächst bekannt, den Lieferanten des kontaminierten Paprikapulvers, die Gewürzhandelsfirma Fuchs, auf Schadensersatz verklagen zu wollen (DIE WOCHE, 1.8.1993, S. 10). Im Juli 1996 wurde auf Nachfrage von Bahlsen erklärt, man habe sich mit Fuchs gütlich einigen können (Firma BAHLSEN, 1996, persönliche Mitteilung).

Das Ausmaß und der Schaden von Lebensmittel-Skandalen ist oft schwer zu messen bzw. wird auch ungern veröffentlicht. Eine tragende Rolle in der Bekanntmachung von Verletzungen der Lebensmittelsicherheit spielen die Massenmedien. Allerdings zeigt eine ökonometrische Analyse von Einkommenseinbußen aufgrund eines Lebensmittel-Skandals auf Hawaii, daß nicht nur die negative Berichterstattung in den Medien, sondern auch andere Informationsquellen (Gespräche, Mund-zu-Mund Propaganda) einen signifikanten Einfluß auf den Kaufverzicht der Konsumenten hatten. Positive Informationen in den Massenmedien (z.B. Bekanntgaben der

Hersteller, Aussagen der Behörden, beschwichtigende Artikel) zeigten in der statistischen Analyse keine Wirkung auf das Kaufverhalten[165].

In der Literatur wird kaum darauf eingegangen, welchen Schaden oder Vorteil bzw. welche Kosten und Nutzen die Lebensmittel-Skandale bei den Verbrauchern verursachen. Die Kosten bzw. der Nutzen können auf gesundheitlicher, psychischer und ökonomischer Ebene angesiedelt sein.

Bei den Gefahrenstufen 1 und 2 ist die tatsächliche Gesundheitsgefährdung sehr gering. Eine Veränderung des Konsumverhaltens wird die Schadstoffaufnahme insgesamt kaum verändern. Handelt es sich bei den geächteten Lebensmitteln um ernährungsphysiologisch hochwertige Produkte wie z.B. Frischäpfel, so ist die Substitution durch andere Obstsorten wahrscheinlich nicht kostenneutral, sondern teurer. Bei begrenztem Einkommen führt dies vermutlich dazu, daß weniger Obst verzehrt wird und sich beispielsweise die Vitaminversorgung verschlechtert. Diese Art von Lebensmittel-Skandalen, die auf wenig skandalösen Ursachen beruhen, können sich u.U. über das substituierende Konsumverhalten nachteilig für die Verbraucher auswirken.

Bei der Stufe 3 bleibt ein potentiell gesundheitsgefährdendes Produkt auf dem Markt. Hier ist ein Konsumverzicht auch aus ökonomischer Sicht sinnvoll. Er reflektiert die Präferenz des Verbrauchers für sichere Lebensmittel.

In der 4. Gefahrenstufe wird das belastete Produkt vom Markt genommen. Das Vertrauen der Verbraucher ist hier aber so erschüttert, daß häufig der Konsumverzicht ähnlicher, unbelasteter Produkte beobachtet wird (siehe hierzu z.B. Fußnote 165). Dieses Verhalten ist weder als Gesundheitsmaßnahme noch aus ökonomischer Sicht sinnvoll. Abgesehen von seiner angstmindernden Wirkung senkt es den Nutzen des Verbrauchers.

Lebensmittel-Skandale können allerdings nicht nur aus dem haushaltsökonomischen Blickwinkel heraus betrachtet werden. Sie sind auch Ausdruck und Impuls gesellschaftspolitischer Prozesse. Gerade der Alar-Skandal ist ein gutes Beispiel dafür, wie letztlich durch den Skandal der Einsatz eines Pflanzenschutzmittels unterbunden wurde, das durch besseres Management substituiert werden kann. Gesellschaft und Umwelt sind mit einer Chemikalie weniger belastet, ohne daß die Apfelproduktion wesentlich beeinträchtigt würde. Und jeder Lebensmittel-Skandal erinnert wahrscheinlich branchenübergreifend die Anbieter von Lebensmitteln an ihre Sorgfaltspflicht. Dieser positive, indirekte Einfluß auf die nicht betroffenen Marktteilnehmer ist ebenso schwer zu messen wie der Einfluß, den Skandale auf den Überwachungseifer von Behörden haben könnten. Diesem Nutzen steht eine, in den meisten Fällen (Gefahrenstufe 1, 2 und 4) irrationale und nachteilige Konsumveränderung der Verbraucher gegenüber, die nur

---

[165] SMITH et al. (1988) untersuchten die Verkaufseinbußen von Milch auf der Insel Hawaii, nachdem in Frischmilch Rückstände des Pestizids Heptachlor festgestellt worden waren. Zwischen März und April 1982 mußten acht Rückrufaktionen durchgeführt werden. Obwohl auch während der Krise ausreichend unbelastete Milch vom amerikanischen Festland zur Verfügung stand, sank der Konsum um 29% und war auch nach 15 Monaten noch nicht wieder ganz auf dem Niveau, das vor dem Skandal geherrscht hatte. Die Konsumenten substituierten Milch vorwiegend mit Fruchtsaft.

ansatzweise die Verunsicherung und Angst widerspiegelt, die bei ihnen durch Lebensmittel-Skandale ausgelöst werden. Bisher liegen keine überzeugenden Konzepte vor, wie es möglich gemacht werden könnte, offen über Unregelmäßigkeiten bei der Lebensmittelsicherheit zu berichten, ohne bei den Verbrauchern unnötig hohe psychische und monetäre Kosten zu verursachen.

## 4.4 Fazit

Meinungsumfragen zeigen, daß Verbraucher Schadstoffen in Lebensmitteln ein relativ hohes Risiko zuordnen. Dabei zeigen sich die Deutschen im internationalen Vergleich als die besorgtesten Konsumenten. Während Verbraucher nach Meinung von Ernährungsexperten einerseits besonders das Risiko von Schadstoffen, aber auch von Schadorganismen überschätzen, unterschätzen sie andererseits die Gesundheitsgefahren, die durch falsches Ernährungsverhalten verursacht werden. Psychologische Modelle erklären, daß einige Charakteristika des Schadstoffrisikos wie z.B. die Unsicherheit über die Risikowirkung oder die Unfreiwilligkeit und mangelnde Kontrolle des Risikonehmers zu der beobachteten Risikoüberschätzung führen. Die Kommunikation über Risiken zwischen Fachleuten und der Öffentlichkeit scheint im Fall der Schadstoffe in Lebensmitteln besonders schwierig.

Ökonomen haben mit Hilfe verschiedener Methoden wie beispielsweise der hedonistischen Preisanalyse oder der kontingenten Bewertungsmethode versucht, die Nachfrage nach Lebensmittelsicherheit zu quantifizieren. Je nach Fragestellung und Modellansatz ist die ermittelte zusätzliche Zahlungsbereitschaft für mehr Sicherheit unterschiedlich hoch. In Zukunft werden innovative, erweiterte Nachfrageanalysen zu klären haben, wie die Nachfrage nach Lebensmittelsicherheit am besten abzubilden ist. Heute vorliegende Ergebnisse lassen erkennen, daß „absolute Schadstofffreiheit" ein Gut ist, das nur von einer (beachtenswerten) Minderheit bezahlt wird bzw. würde. Dagegen wird die Nachfrage nach einem garantiert kontrollierten Sicherheitsstandard mit einem niedrigen Schadstoffniveau von einer größeren Käufergruppe artikuliert. Die Unsicherheit über die tatsächliche Belastung von Lebensmitteln und die Ungewißheit über das davon ausgehende Risiko scheint die Verbraucher besonders zu belasten. Sachgemäß durchgeführte und überzeugend kommunizierte Kontrolle könnte hier zu einer „Ent-Sorgung" der Verbraucher beitragen.

Die Handlungsalternativen, mit denen die Konsumenten die Sicherheit ihrer Lebensmittel beeinflussen bzw. kontrollieren können, beinhalten Maßnahmen im Haushalt, Beschwerden bei Behörden und Lebensmittelanbietern, eigene Kontrollen im Rahmen von Verbraucher-Initiativen und Konsumverzicht bei Bekanntgabe von „Lebensmittel-Skandalen". Die umsichtige Auswahl und sachgerechte Lagerung und Zubereitung von Lebensmitteln scheint dabei noch die erfolgreichste Strategie, den individuellen Schadstoffkonsum zu minimieren. Allerdings benötigen Haushalte hierfür Zeit und das entsprechende Know-how. Beschwerden infolge ungenügender Lebensmittelsicherheit ist ein mögliches Korrektiv bei auffälligen Verletzungen des

Lebensmittelrechts. Breitenwirksame Kontrollen durch Verbraucher-Initiativen konnten nicht beobachtet werden. Institutionalisierte Kontrollorgane wie die Zeitschrift test legen den Schwerpunkt ihrer Warentests auf Nonfood-Produkte. Die privatwirtschaftlich organisierte Zeitschrift ÖKO-TEST kommt dem Informations- und Kontrollbedürfnis des „kritischen Öko-Verbrauchers" entgegen. Ihr relativer Anteil an wie die absolute Anzahl von getesteten Lebensmitteln liegt deutlich über den Untersuchungen von test. Die regelmäßig auftretenden „Lebensmittel-Skandale" mögen in einer Volkswirtschaft insgesamt ein wichtiger Impuls zum Erhalt und zur Verbesserung der Lebensmittelsicherheit sein. Für die einzelnen Haushalte überwiegen in den meisten Fällen die negativen Effekte eines Skandals. Sie lösen zunächst Angst oder Verunsicherung aus und führen daraufhin zu suboptimalem Konsumverzicht bzw. Konsumveränderungen.

Nach Kapitel 3, das die staatlichen Maßnahmen im Bereich der Lebensmittelsicherheit vorstellte, untersuchte dieses vierte Kapitel die Nachfrage nach Lebensmittelsicherheit. Das folgende fünfte Kapitel hat das Angebot an Lebensmittelsicherheit zum Thema.

# 5 Das Angebot an Lebensmittelsicherheit: Strategien der Unternehmen

Das fünfte Kapitel beschließt den generellen Überblick und ist dem dritten und letzten Akteur auf dem Markt für Lebensmittelsicherheit gewidmet. Es beschäftigt sich mit Lebensmittelsicherheit und Kontrollen aus der Sicht der Anbieter.

Dazu wird in der theoretischen Einordnung zunächst die Angebotsstruktur in Deutschland überblicksmäßig dargestellt sowie die Schadstoff- und Schadorganismenkontrolle als Kostenfaktor und Wettbewerbselement diskutiert. Abschnitt 5.2 beschäftigt sich mit Organisationsformen der Kontrolle. In Unterkapitel 5.3 werden Qualitätsmanagement-Konzepte auf ihre Relevanz für die Schadstoff- und Schadorganismenkontrolle hin überprüft. Der letzte Abschnitt thematisiert die Interaktionen zwischen privaten Anbietern von Lebensmitteln und den staatlichen Behörden.

## 5.1 Theoretische Einordnung

Für Anbieter von Lebensmitteln bedeuten Rückstände, Verunreinigungen oder Krankheitserreger in Lebensmitteln eine Minderung der von ihnen angebotenen Qualität. Um gesetzlichen Vorgaben und den Anforderungen des Marktes gerecht zu werden, müssen Anbieter von Lebensmitteln ausreichend genau Kenntnis über den Schadstoff- und Schadorganismengehalt ihrer Produkte haben und bei überhöhten Gehalten regulierend eingreifen. Dabei handeln Unternehmen als Gewinnmaximierer. Die realisierte Kontrollintensität (z.B. Anzahl Proben pro Tonne Endprodukt) und die dadurch erzielte Sicherheit bezüglich der Schadstoff- und Schadorganismengehalte wird erstens von den anfallenden Kontrollkosten bestimmt. Zweitens beeinflussen Wahrscheinlichkeit und Höhe der Sanktionen bei Unterschreitung einer Norm an Lebensmittelsicherheit das Kontrollverhalten ebenso wie Anreize bei der Einhaltung bzw. Überschreitung eines Standards. Sanktionen oder Anreize können vom Staat eingeleitet bzw. angeboten werden. Es ist aber auch möglich, daß „der Markt" diese Signale setzt. Durch Veränderungen der Lebensmittelsicherheit kann sich die Wettbewerbsfähigkeit eines Produktes verändern.

In der unternehmerischen Praxis ist die Schadstoff- und Schadorganismenkontrolle von Lebensmitteln häufig ein Element eines umfassenderen Qualitätsmanagement-Systems. Soweit es möglich ist, soll in diesem Kapitel aber die „Teilqualität Lebensmittelsicherheit" weiterhin im Mittelpunkt der Überlegungen stehen. Bevor hierzu insbesondere die Kontrollkosten und Wettbewerbsstrategien diskutiert werden, soll zunächst der Agrar- und Ernährungssektor in Deutschland überblicksmäßig dargestellt werden.

## 5.1.1 Die Angebotsstruktur von Lebensmitteln in Deutschland

Kennzeichnend für die Angebotsstruktur von Lebensmitteln in Deutschland ist, daß sie aus einem mehrstufigen System sehr unterschiedlicher Unternehmen zusammengesetzt ist. Eine schematische Darstellung der in sich vielfach verknüpften Angebotskette gibt Schaubild 5-1 wieder.

**Schaubild 5-1: Schematische Darstellung der Angebotsstruktur von Lebensmitteln in Deutschland**

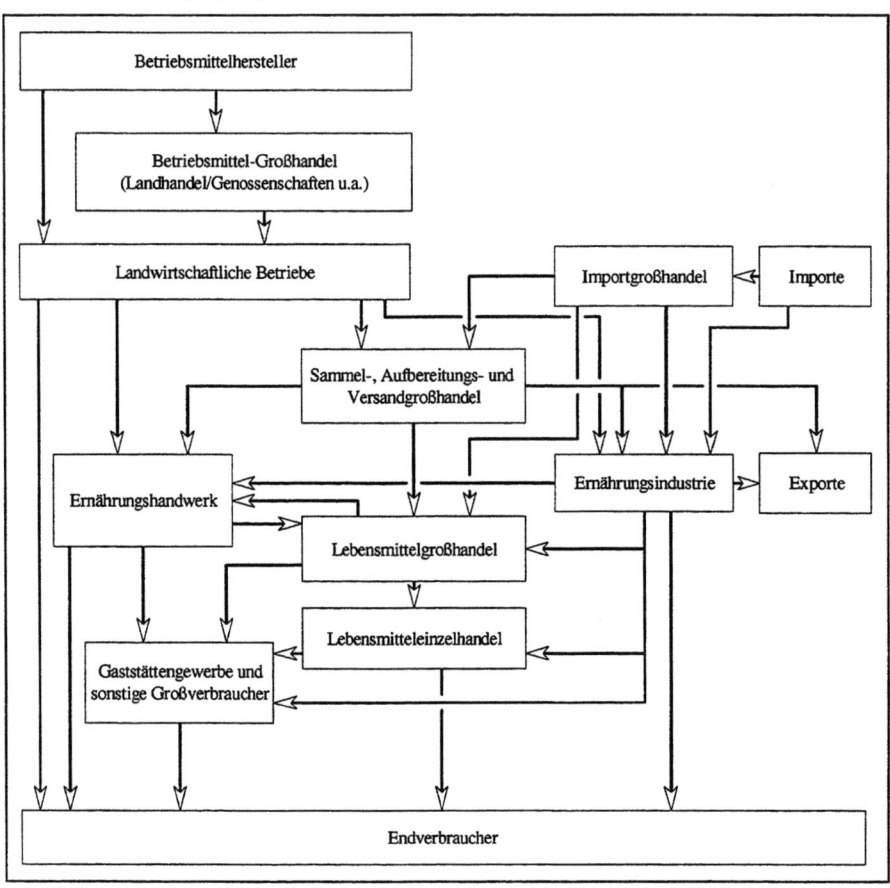

*Quelle*: Eigene Darstellung nach STRECKER, REICHERT und POTTEBAUM, 1990, S. 20.

Aus Schaubild 5-1 lassen sich vier wesentliche Stufen ableiten:

- die Landwirtschaft mit der Produktion der Rohstoffe
- die Verarbeitungsstufe (Lebensmittelindustrie und Lebensmittelhandwerk)
- der Lebensmittelhandel
- das Gaststättengewerbe.

Jede Stufe weist sehr unterschiedliche Konzentrations- und Wettbewerbsstrukturen auf und ist außerdem häufig noch in weitere Segmente unterteilt[166].

Die **Landwirtschaft** ist in Deutschland immer noch von einer großen Anzahl bäuerlicher Familienbetriebe geprägt. Im Jahre 1995 wurden rund 550.000 Betriebe gezählt, davon wurden 253.700 im Vollerwerb bewirtschaftet (BML, 1996, S. 1). Die Verkaufserlöse des Wirtschaftsjahres 94/95 bezifferten sich für die Landwirtschaft auf 57 Mrd. DM, der Wert der Vorleistungen betrug 34 Mrd. DM (ebd., S. 16). Aufgrund der größtenteils flächenabhängigen Produktion sind die landwirtschaftlichen Betriebe räumlich weit verteilt. Die Absatzwege sind produktspezifisch und variieren auch regional. Eine wichtige Rolle in der Angebotsbündelung spielen hierbei vielfach die Erzeugergemeinschaften. Ende 1995 gab es in Deutschland 1.438 anerkannte Erzeugergemeinschaften (ebd., S. 112). Bedeutsam für den Sektor der Primärproduktion ist weiterhin das umfangreiche Regelwerk der europäischen und deutschen Agrarpolitik. Durch zahlreiche agrarpolitische Instrumente werden die Wettbewerbsbedingungen der Agrarmärkte erheblich beeinflußt und mit Produktionsvorgaben wie beispielsweise Quotensysteme das Entscheidungsspektrum der Landwirte eingeschränkt.

Für das **Produzierende Ernährungsgewerbe**[167] (die Lebensmittelindustrie) wurden 1994 ca. 5.200 Betriebe statistisch erfaßt. Sie erzielten einen Umsatz von 218 Mrd. DM. Insgesamt ist diese Branche mittelständisch strukturiert, auf die zehn größten Unternehmen der alten Bundesländer entfallen nur 10,7% des Umsatzes[168]. Zum **Ernährungshandwerk** zählten 1994 in ganz Deutschland 61.600 Betriebe, die zu 95% dem Fleischer-, Bäcker- und Konditorhandwerk angehörten. Der Umsatz des Ernährungshandwerks betrug in den alten Bundesländern in diesem Jahr 59 Mrd. DM (BML, 1996, S. 84 f).

Über den Handel liegen Daten aus dem Jahre 1993 vor, die Umsatzzahlen beziehen sich auf 1992. Danach gab es 18.300 Unternehmen des **Großhandels** mit Nahrungsmitteln, Getränken und Tabakwaren, die 236 Mrd. DM umsetzten. Die rund 77.600 Unternehmen und Verkaufsstellen des **Einzelhandels** verzeichneten einen Umsatz von 244 Mrd. DM. Auf der Einzelhandelsebene sind dabei starke Konzentrationen (Supermarktketten etc.) zu beobachten. 1994 setzten die 50 umsatzstärksten Unternehmen 97% des Gesamtumsatzes des Lebensmitteleinzelhandels um (LEBENSMITTELZEITUNG, 1995, S. 9). Ein Teil der gehandelten Lebensmittel wird nicht in Deutschland produziert bzw. ist für Endverbraucher im Ausland bestimmt. Der deutsche **Außenhandel** mit Gütern der Land- und Ernährungswirtschaft verzeichnete 1994 Einfuhren in Höhe von 63 Mrd.

---

[166] Zum Beispiel Ferkelerzeuger und Schweinemäster in der Landwirtschaft, Hersteller von Halbwaren und Endprodukten in der Lebensmittelindustrie oder die Unterteilung des Handels in Groß- und Einzelhandel.
[167] Hierunter wird die Ernährungsindustrie einschließlich industrieller Kleinbetriebe und Großunternehmen des Ernährungshandwerks verstanden. Statistisch erfaßt werden nur Betriebe mit mindestens 20 (z.T. 10) Beschäftigten (BML, 1996, S. 84).
[168] Angaben für 1991. Bei einigen Wirtschaftszweigen wie den Ölmühlen, der Zuckerindustrie oder den Brennereien ist der Konzentrationsgrad erheblich größer. Bei den umsatzstarken Warenbereichen Backwaren, Süßwaren, Milch, Fleisch und Bier ist die Konzentration gering bis mäßig einzustufen (BML, 1995, S. 84 und Materialband, S. 112).

DM. Die Ausfuhren betrugen 36 Mrd. DM. Für die Sicherheit der eingeführten Waren haftet der Importeur (BML, 1996, S. 86-88).

Das **Gaststättengewerbe** sollte bei der Diskussion von Lebensmittelsicherheit ebenfalls genannt werden, da auf dieser Stufe die Sicherheit von Lebensmitteln noch einmal wesentlich beeinflußt wird. 1993 wurden 170.400 Gaststätten gezählt. Gemeinsam mit den 52.300 Beherbergungsunternehmen erwirtschaftete die Branche in diesem Jahr knapp 90 Mrd. DM Umsatz (BML, 1996, S. 88).

Bezogen auf die Schadstoff- und Schadorganismenkontrolle können aus dieser vielstufigen und vielartigen Angebotsstruktur folgende Beobachtungen angestellt werden:

- Die Anbieter von Lebensmitteln bzw. Rohstoffen sind ihrerseits auch immer Kunden der ihnen vorgelagerten Stufe. Dies trifft auch für die Landwirtschaft zu, die Betriebsmittel wie Futter- oder Pflanzenschutzmittel beim vorgelagerten Sektor nachfragt. Damit ist die in Kapitel 4 für die Konsumenten beobachtete Unsicherheit bezüglich der Qualität des Glaubensgutes Lebensmittelsicherheit auch für die Anbieterseite von Relevanz.

- Im Ablauf der Lebensmittelkette sind kleinbetriebliche Strukturen (Landwirtschaft, Ernährungshandwerk, Gaststätten), relativ wenige Betriebe pro Stufe (Ernährungsindustrie, Großhandel) und eine starke Konzentration auf der Einzelhandelsstufe zu beobachten. Dieses impliziert sehr unterschiedliche Möglichkeiten der Unternehmen, selber Kontrollen durchzuführen.

- Aufgrund der unterschiedlichen Strukturen der einzelnen Stufen ist weiterhin anzunehmen, daß die vertikale Marktmacht zwischen den Stufen verschieden verteilt ist. Dies kann bei Verhandlungen über Schadstoff- bzw. Schadorganismengehalte, Garantien oder Standards von Bedeutung sein.

- In bezug auf die staatliche Überwachung des privaten Sektors wird deutlich, daß die direkte Kontrolle der landwirtschaftlichen Betriebe, des Ernährungshandwerks, der Verkaufsstätten des Einzelhandels und der Gaststätten sehr aufwendig ist. „Flaschenhälse", d.h. Stufen in der Lebensmittelkette, in der das Angebot relativ konzentriert bei wenigen Unternehmen vorzufinden ist, sind auf der Ebene der Ernährungsindustrie und des Großhandels vorzufinden. Hier bietet es sich an, insbesondere Rückstände und Verunreinigungen zu überprüfen. In den ca. 310.000 Betrieben des Ernährungshandwerks, des Lebensmitteleinzelhandels und der Gaststätten werden aufgrund der Vermehrungsfähigkeit pathogener Keime regelmäßige Hygienekontrollen unersetzlich sein und bleiben.

Nach diesem Überblick über die Angebotsstruktur im Agrar- und Ernährungssektor soll nun die einzelbetriebliche Entscheidung bezüglich der Maßnahmen zur Lebensmittelsicherheit diskutiert werden.

## 5.1.2 Kontrollkosten

In der Unternehmensentscheidung über Art und Ausmaß der Kontrolle ist der Kostenfaktor ein zentrales Entscheidungskriterium. Grundsätzlich werden Kosten als bewerteter Faktorverzehr definiert (SIEBERT, 1992, S. 202). Entsprechend dieser Definition ist für die Darstellung von Kosten die mengenmäßige Erfassung der Inputs und ihre (in Geld ausgedrückte) quantitative Bewertung erforderlich. Die einheitliche Bewertung ermöglicht es, den Verbrauch verschiedener Produktionsfaktoren zu einem Kostenbegriff zu aggregieren.

In der Volkswirtschaftslehre werden Faktoren nach dem Prinzip der Opportunitätskosten bewertet: Die Kosten eines Faktors sind gleich dem entgangenen Ertrag in der bestmöglichen anderen Verwendung[169]. In der betrieblichen Praxis bestimmt der Zweck der Kostenanalyse, welcher der zahlreichen Kostenbegriffe der Betriebswirtschaft zur Anwendung kommt (WOLL, 1993, S. 166).

Um die Kosten der Schadstoff- und Schadorganismenkontrolle zu definieren und einzuordnen, bietet es sich an, sich an der Literatur zur Qualitätskostenberechnung zu orientieren. Ziel der Qualitätskostenuntersuchungen ist „die Steuerung und Kontrolle der Wirtschaftlichkeit der qualitätssichernden Tätigkeiten und der Wirtschaftlichkeit der Entwicklung und Fertigung des Produkts selbst" (STEINBACH, 1988, S. 881). Analog soll die Kontrollkostenanalyse dazu dienen, die Wirtschaftlichkeit der Schadstoff- bzw. Schadorganismenkontrolle zu prüfen.

### 5.1.2.1 Einteilung und Erfassung der Kontrollkosten

Zur Erfassung und Bewertung der Kontrollkosten ist es sinnvoll, diese zunächst zu systematisieren. Es wird dazu die klassische Aufteilung der Qualitätskosten übernommen, die die folgenden drei Bereiche unterscheidet (PICHARDT, 1994, S. 6 f)[170]:

*Fehlerverhütungskosten*

Fehlerverhütungskosten sind die Kosten, die durch präventive Maßnahmen anfallen. Sie senken deutlich die anderen beiden Kostenkategorien (Prüf- und Fehlerkosten). Typische präventive Maßnahmen sind Qualitätsmanagement-Konzepte (siehe Kapitel 5.3), aber auch eine schadstofforientierte Lieferantenauswahl oder Schulungsprogramme für das Personal können dazu gezählt werden. In der graphischen Darstellung der Fehlerverhütungskosten in Schaubild 5-2 ist der investive Charakter dieser Kostengruppe durch eine Stufenkurve verdeutlicht. Eine Investition z.B. in eine neue Kühlanlage verringert sprunghaft den Keimgehalt. Mit steigender

---

[169] In der praktischen Anwendung bereitet das Prinzip der Opportunitätskosten immer dann Schwierigkeiten, wenn keine vollständige Ertrags-Kosten-Kongruenz der alternativen Verwendung besteht.
[170] Diese Dreiteilung wird in der Literatur auch als „herkömmliche Einteilung" (KANDAOUROFF, 1994, S. 765) oder als „traditionelle Kostengliederung" (WILDEMANN, 1992, S. 762) bezeichnet. Sie wird auch in aktuellen Veröffentlichungen noch angewendet (ebd.).

Lebensmittelsicherheit steigt der Investitionsbedarf, der für eine weitere Reduzierung des Keimgehaltes benötigt wird.

*Prüfkosten*

Prüfkosten betreffen alle Überprüfungen, die am Rohstoff, während des laufenden Produktionsprozesses oder am Endprodukt vorgenommen werden, bevor die Ware dem Kunden zur Verfügung gestellt wird. Hierunter fallen also die Maßnahmen der „direkten Schadstoff- bzw. Schadorganismenkontrolle", wie sie in Kapitel 2.3.2 definiert wurden. Die Überprüfungen verändern nicht direkt die Lebensmittelsicherheit. Sie steigern aber die Sicherheit der Annahmen über ihre tatsächliche Höhe. Das Prüfergebnis ist die Entscheidungsgrundlage für etwaige Korrekturmaßnahmen.

Bei den Prüfkosten wird ein linearer Kostenverlauf angenommen (vergl. Schaubild 5-2). Allerdings trifft diese Annahme nicht mehr zu, wenn eine höhere Sicherheit über den Schadstoff- oder Schadorganismengehalt nur durch ein umfangreicheres Prüfprogramm (z.B. Untersuchung von mehr Indikatoren) erreicht werden kann.

Schaubild 5-2 spiegelt nicht den Einfluß wieder, den die Fehlerverhütungskosten auf die Prüfkosten haben können. In der Praxis könnte hier eine gegenläufige Beziehung bestehen: Je sicherer zu hohe Schadstoff- oder Schadorganismengehalte durch präventive Investitionen in die Lebensmittelsicherheit ausgeschlossen werden können, desto seltener muß überprüft werden. Im produktspezifischen Einzelfall könnte die Prüfkostenkurve, bei hohen Investitionen in die Fehlerverhütung, dann nur noch eine flache Steigung aufweisen oder sogar einen abnehmenden Verlauf nehmen.

*Fehlerkosten*

Fehlerkosten treten dann auf, wenn ein Produkt den Anforderungen an die Lebensmittelsicherheit nicht mehr entspricht. Die internen Fehlerkosten beinhalten die Aspekte, die mangelnde Qualität innerhalb des Unternehmens verursachen. Hierzu zählen Fehlersuche, Fehlerbeseitigung, Nachkontrollen, Vernichtung oder Entsorgung und Lieferverzögerung. Externe Fehlerkosten entstehen durch die Reaktionen der Kunden auf Fehler. Dies können Reklamationen sein, Transportkosten für Rücksendungen oder auch Kosten im Sinne der Produkthaftung. Auch der durch Fehler verursachte Imageverlust zählt zu der Kategorie der externen Fehlerkosten.

In Schaubild 5-2 sind die internen und externen Fehlerkosten getrennt dargestellt. Die internen Fehlerkosten haben einen abnehmenden Verlauf, mit sinkendem Schadstoff- bzw. Schadorganismengehalt nehmen diese Kosten ab. Für die externen Fehlerkosten ist nur die *Wahrscheinlichkeit* des Eintritts dieser Kosten abgebildet. Sie steigt mit sinkender Lebensmittelsicherheit. Die Höhe der externen Fehlerkosten werden nur wenig vom tatsächlichen Schadstoff- bzw. Schadorganismengehalt bestimmt und sind deshalb nicht dargestellt. Wie die Diskussion der

"Lebensmittel-Skandale" (vergl. Kapitel 4.3.4) bereits zeigte, werden die externen Fehlerkosten z.B. auch von der Beachtung durch die Massenmedien beeinflußt.

**Schaubild 5-2: Betriebliche Kosten der Lebensmittelsicherheit**

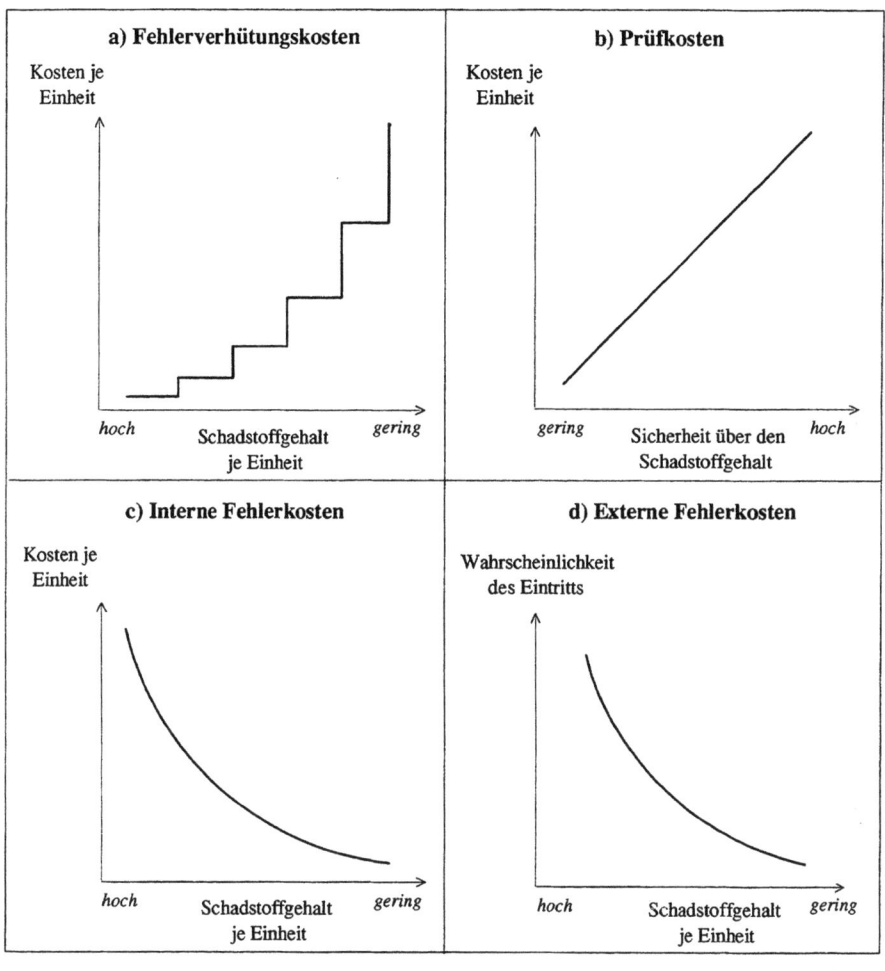

*Quelle:*   Eigene Darstellung.

*Erfassung der Kontrollkosten*

Die dreiteilige Gliederung in Fehlerverhütungs-, Prüf- und Fehlerkosten wird auch von der Deutschen Gesellschaft für Qualität (DGQ, 1985, S. 14 ff) vorgeschlagen. STEINBACH (1988, S. 883 ff) stellt in seinem Beitrag über Qualitätskosten dar, wo die relevanten Kosteninformationen im betrieblichen Rechnungswesen festgehalten sind. Die Fehlerverhütungs- und Prüfkosten könnten direkt aus dem System der Kosten- und Leistungsrechnung abgelesen werden. Fehlerkosten seien hingegen entweder als zusätzliche Kosten in verschiedensten Kostenarten und -stellen verbucht oder entstünden durch eine Erlösminderung. Daher sei es unumgänglich, ein ergänzendes System der Erfassung und Bewertung der Fehlerkosten einzurichten (ebd., S. 890).

*Kritik an der Einteilung der Kontrollkosten*

In der Literatur wird die klassische Dreiteilung der Qualitätskosten, die soeben zur Systematisierung der Schadstoffkontrollkosten[171] anwendet wurde, auch kritisch besprochen. WILDEMANN (1992, S. 762) faßt in seinem Beitrag die Kritik verschiedener Autoren in drei wesentliche Bereiche zusammen. Erstens verkenne die traditionelle Kostenauffassung die Tatsache, daß unter den Begriff der Qualitätskosten einige Aufwendungen fallen, die die Fähigkeit zur Erzeugung fehlerfreier Erzeugnisse schaffen und erhalten. Diese Kosten der Fehlerverhütung stellten eine „positive Investition" dar und dürften nicht begrifflich mit den Kosten der realisierten Abweichung, den Fehlerkosten, verknüpft werden. CROSBY (1990) folgend schlägt WILDEMANN (1992) daher eine Einteilung der Qualitätskosten in Kosten der Übereinstimmung und Kosten der Abweichung vor. Zweitens würde der Block der Prüfkosten sowohl Kosten der Übereinstimmung (z.B. Qualitätsaudits) als auch der Abweichung (z.B. Aussortieren fehlerhafter Endprodukte) beinhalten. Dies sei eine willkürliche Zusammenfassung einzelner Kostengrößen. Drittens liege schließlich die kostenoptimale Qualität bei der traditionellen Dreiteilung der Kosten bei einem niedrigeren Vollkommenheitsgrad als bei der Kostengliederung in Übereinstimmung und Abweichung.

Für die Untersuchung der speziellen Qualitätskomponente „Schadstoff- bzw. Schadorganismengehalt" haben die auf Seite 121 f gemachten Ausführungen allerdings gezeigt, daß die klassische Dreiteilung der Kosten in Fehlerverhütungs-, Prüf- und Fehlerkosten ein brauchbares Konzept darstellt. Trotzdem sollen einige innovative Argumente von WILDEMANN (1992) für die Betrachtung der Schadstoffkontrollkosten übernommen werden:

- Der positiv investive Charakter der Fehlerverhütungskosten wurde bereits angesprochen. Diese Kostenkategorie sollte grundsätzlich anders bewertet werden als die Fehlerkosten, die eine Erlösminderung darstellen. Diese Unterscheidung scheint für den Lebensmittelsektor besonders relevant, da die Höhe externer Fehlerkosten teilweise von den Unternehmen nicht mehr beherrschbar ist.
- Die Ergebnisse einer Kontrollkostenrechnung kann als Motivation zu einem qualitätsgerechten Verhalten der Mitarbeiter genutzt werden. Dabei empfiehlt WILDEMANN (1992) insbesondere, die Identifizierung der Mitarbeiter mit ihrer Qualitätsverantwortung zu fördern. Mittelfristig gälte es, das Problemlösungspotential und die Qualitätsfähigkeit des Personals

---

[171] Unter den Begriff der „Schad*stoff*kontrollkosten" sollen auch die Kosten fallen, die durch die Kontrolle von Schad*organismen* verursacht werden. Die Vereinfachung wurde zugunsten des Sprachflusses vorgenommen.

zu steigern. Diese Motivationsfunktion der Kostenrechnung würde allerdings vom Management bisher kaum beachtet (ebd., S. 769 f).

Die Erfassung der Schadstoffkontrollkosten ist der erste Schritt einer Kontrollkostenanalyse. In einem zweiten Schritt müssen die Kosten bewertet werden, um beurteilen zu können, ob ihre Höhe angemessen ist. Erst durch die Bewertung werden kostspielige Schwachstellen sichtbar, die dann gezielt optimiert werden können.

### 5.1.2.2 Bewertung der Kontrollkosten

Die Bewertung von Kontrollkosten erfolgt durch ein „in Relation setzen" mit anderen betrieblichen Kenngrößen. Die Bezugsgrößen können erlösorientiert oder kostenorientiert sein (STEINBACH, 1988, S. 895). Ein möglicher erlösorientierter Indikator wäre die Höhe der Kontrollkosten in Relation zum Umsatz. Dieser Indikator kommt in der Beurteilung der Kontrollkosten, die in den Kapiteln 7-11 beschrieben werden, zur Anwendung. Alternativ können Kontrollkosten z.B. als Anteil der gesamten Herstellkosten dargestellt werden. Eine kostenorientierte Bezugsgröße ist immer dann sinnvoll, wenn stark schwankende Marktpreise für das Endprodukt vorliegen. Mit Hilfe der Kostenindikatoren können verschiedene Betriebe, verschiedene Perioden oder Soll- und Istkosten miteinander verglichen werden.

Generell sind die Kostenindikatoren kein absoluter Maßstab zur Bewertung der Wirtschaftlichkeit der Schadstoff- bzw. Schadorganismenkontrolle, da auch viele wirtschaftlichkeitsneutrale Einflüsse auf die absolute Höhe der Kontrollkosten wirken[172]. Außerdem wird bei der Bildung der Indikatoren, die durch eine einfache Division der Schadstoffkontrollkosten durch z.B. Umsatz oder Gesamtkosten errechnet wird, eine einfache lineare Beziehung zwischen den beiden Quotienten vorausgesetzt. Die ist wegen der in der Regel vorhandenen proportionalen und Fixkostenanteile der Kontrollkosten aber nicht der Fall (STEINBACH, 1988, S. 896).

### 5.1.2.3 Kostenoptimierung

Im speziellen Bereich der Schadstoffe und Schadorganismen wie allgemein bei Qualitätskosten ist eine Kostenoptimierung zweigeteilt. Einerseits muß als kurzfristiges Ziel ein aufgetretener Fehler, also ein überhöhter Schadstoff- oder Keimgehalt, möglichst schnell beseitigt werden, um die Folgekosten zu minimieren. Andererseits muß in Hinblick auf die mittelfristige Kostenoptimierung das erneute Auftreten des Fehlers durch präventive Maßnahmen verhindert werden. WILDEMANN (1992, S. 776 ff) regt daher an, für die Gesamtkostenoptimierung im Qualitätsbereich mit einem System aus mehreren Kostenindikatoren zu arbeiten. Dabei sei es nicht notwendig, eine vollständige Systematik zu entwickeln. Es käme vielmehr darauf an,

---

[172] Ein wirtschaftlichkeitsneutraler Einfluß auf die Kontrollkosten könnte z.B. eine neue Verordnung sein, die eine andere als bisher verwandte Prüfmethode im Produktionsprozeß vorschreibt. Das betriebsinterne Kontrollsystem muß entsprechend umgestellt werden, die Kontrollkosten des Umstellungsjahres könnten daraufhin absolut höher sein als die des Vorjahres.

einige valide Kennzahlen aufzustellen und ihre Veränderungen im Zeitablauf festzuhalten. Die Entwicklung der Kennzahlen könnte in Form einer Qualitätsbilanz dargestellt werden. Dort würden die Qualitätskosten den Qualitätsleistungen (Sicherung der Erlöse, Kostenoptimierung, Schaffung von Qualitätsfähigkeit) dann gegenübergestellt.

In diesem Abschnitt 5.1.2 wurden Kontrollkosten als eine der Größen diskutiert, die das Verhalten der Unternehmen bestimmen. Eine zweite Determinante ist das Kontrollverhalten der Wettbewerber. Daher wird im nächsten Abschnitt der Zusammenhang zwischen Wettbewerb und Kontrolle der Lebensmittelsicherheit untersucht.

### 5.1.3 Wettbewerbsstrategien und Lebensmittelsicherheit

Ein ökonomischer Wettbewerb kann als Leistungskampf zwischen Wirtschaftseinheiten am Markt verstanden werden (GABLER Wirtschaftslexikon, 1988, S. 2694). Er findet immer dann statt, wenn Märkte mit mindestens zwei Anbietern oder Nachfragern existieren und sich diese antagonistisch verhalten, d.h. ihren Zielerreichungsgrad zu Lasten anderer Wirtschaftssubjekte zu verbessern suchen.

Wettbewerb wird häufig auf der horizontalen Ebene betrachtet, d.h. zwischen Anbietern bzw. Nachfragern auf der gleichen Stufe. Die unterschiedliche Struktur und damit auch Marktmacht der verschiedenen Anbieter im Lebensmittelsystem haben in der neueren Forschung die Untersuchung des vertikalen Wettbewerbs stimuliert. Erste Beiträge, die auf spieltheoretischen Überlegungen oder der Prinzipal-Agent-Theorie aufbauen, liefern hierzu beispielsweise CALDENTEY (1996) und MCCORRISTON (1996).

Nachfolgend werden die verschiedenen Wettbewerbsstrategien kurz vorgestellt und anschließend auf den speziellen Aspekt der Lebensmittelsicherheit angewendet.

#### 5.1.3.1 Systematik der Wettbewerbsstategien

PORTER (1992) hat in seiner Systematik der Wettbewerbsstrategien grundsätzlich drei Handlungsalternativen herausgestellt:

- Die **Kostenführerschaft** verfolgt das Ziel, der kostengünstigste Hersteller der Branche zu werden. Die Ursachen, die eine Kostenführerschaft ermöglichen, sind vielschichtig und werden von der Branchenstruktur bedingt. Dazu können größenbedingte Kostendegressionen, unternehmenseigene Technologie oder der Zugang zu Rohstoffen unter Vorzugsbedingungen zählen. Kostenführer verkaufen in der Regel Standard- und keine Luxusprodukte (PORTER, 1992, S. 33).

- Mit der **Differenzierungsstrategie** bemüht sich ein Unternehmen, in einigen, bei den Abnehmern allgemein hochgeschätzten Produktmerkmalen einmalig zu sein, sich von den Konkurrenten zu differenzieren. Diese Einmaligkeit wird mit höheren Preisen belohnt. Allerdings ist das Unternehmen erst dann erfolgreich, wenn die höheren Preise über den

Zusatzkosten der Einmaligkeit liegen. Deshalb sind niedrige Kosten bei Erhalt der Einmaligkeit ein Kernziel auch dieser Strategie (ebd., S. 35).

- Bei der **Konzentrationsstrategie** nutzt ein Unternehmen die Suboptimierung der Konkurrenten, die ein breites Angebot haben, und konzentriert sich auf ein begrenztes Wettbewerbsfeld innerhalb der Branche. Die bessere Bedienung einer speziellen Käufergruppe kann durch einen Kosten- oder Differenzierungsschwerpunkt erreicht werden (ebd., S. 36).

### 5.1.3.2 Lebensmittelsicherheit als Wettbewerbsstrategie

Die Erlangung und der Erhalt eines bestimmten Standards an Lebensmittelsicherheit verursacht Kosten. Außerdem ist Lebensmittelsicherheit eine Produkteigenschaft, über die ein Hersteller sein Produkt differenzieren kann. Ein Unternehmen kann ihr in bezug auf sein Wettbewerbsverhalten folgende Beachtung schenken:

*Kostenführerschaft*

Bei dieser Strategie wird so wenig wie möglich in Lebensmittelsicherheit investiert[173]. Es fallen dadurch geringe Kontrollkosten an, somit ist ein Wettbewerb über den Preis möglich. Wie allerdings die Analyse von Lebensmittelskandalen zeigte (vergl. Kapitel 4.3.4), kann eine objektiv ungenügende oder auch nur subjektiv als ungenügend empfundene Lebensmittelsicherheit dem Image eines Produktes, eines Unternehmens oder sogar einer ganzen Branche erheblich schaden und zu hohen externen Fehlkosten führen. Der „Babykost-Skandal", der im Rahmen der Fallstudie in Kapitel 8.6.2 vorgestellt wird, ist ein gutes Beispiel dafür, wie eine Kostenführerstrategie, die auch „auf Kosten" der Lebensmittelsicherheit basierte, scheiterte.

*Differenzierungsstrategie*

Unternehmen, die diesen Weg verfolgen, produzieren ein hohes Niveau an Lebensmittelsicherheit. Über Marketingmaßnahmen wird versucht, diese (unsichtbare) Produkteigenschaft glaubhaft hervorzuheben und sich damit gegenüber den Konkurrenzprodukten zu differenzieren. Über einen höheren Preis werden die Qualitäts- bzw. Kontrollkosten gedeckt. Dieser Anbietertyp hat auch ein Interesse daran, das Trittbrettfahren[174] von Mitbewerbern zu verhindern. Eine Differenzierungsstrategie verfolgen z.B. die Anbieter von Produkten aus kontrolliert biologischem Anbau.

---

[173] Eventuell werden sogar Werte unterhalb der staatlichen Norm in Kauf genommen, wenn davon ausgegangen werden kann, daß externe Kontrollen ausreichend unwahrscheinlich bzw. die zu erwartenden externen Fehlerkosten entsprechend niedrig sind.
[174] Hierunter werden in diesem Falle Anbieter eines niedrigeren Niveaus an Lebensmittelsicherheit verstanden, die vorgeben, ein höheres Niveau anzubieten und den gleichen Preis wie die überdurchschnittlichen Anbieter verlangen.

*Konzentrationsstrategie*

Als Beispiel einer Konzentrationsstrategie mit einem Differenzierungsschwerpunkt kann in der Fallstudie die Vermarktung von Apfelsaft aus kontrolliertem Streuobstbau genannt werden (vergl. Kapitel 8.4). Hier wird ein hochpreisiges Nischenprodukt vermarktet, welches das Qualitätsmerkmal „ungespritzt" mit den Merkmalen „Umweltschutz" (Erhalt ökologisch wertvoller Streuobstwiesen) und „aus der Region" verknüpft.

*„Zwischen den Stühlen sitzen"*

PORTER (1992, S. 38) bezeichnet eine Haltung, die weder eine Kosten- noch eine Qualitätsführerschaft anstrebt, als „zwischen den Stühlen sitzen". Diese Unternehmen verfügten über keinen Wettbewerbsvorteil und könnten nur einen Gewinn erzielen, wenn die Branchenstruktur günstig sei. Bezogen auf die Schadstoff- bzw. Schadorganismenkontrolle könnte so eine indifferente Haltung dazu führen, daß Kontrolle z.B. als Teil der allgemeinen Qualitätssicherung durchgeführt wird. Bei der Ausgestaltung der Kontrolle spielen Wettbewerbsüberlegungen, d.h. ein günstiges Preis-Leistungsverhältnis, aber nur eine untergeordnete Rolle. Lebensmittelsicherheit wird nicht als Marketingargument verstanden und genutzt.

Solch ein wirtschaftlich gesehen unklares Qualitäts- und Kontrollkonzept kann z.B. dann entstehen, wenn die Kontrolle im Rahmen einer „klassischen Qualitätssicherung" von einer technologisch dominierten Qualitätssicherungsabteilung durchgeführt wird, ohne daß der Qualitätsleistung Qualitätskostenindikatoren gegenüber gestellt werden. Nach Meinung von CLAUSSEN und LIPPERT (1995, Rdn. 302) gibt es in Deutschland noch erstaunlich viele Betriebe der Lebensmittelindustrie, „die kaum in systematischer Form Optimierungen durchführen, welche das Ziel verfolgen, gleichzeitig Kosten zu senken und die Qualität von Produkten und Dienstleistungen zu verbessern".

## 5.2 Organisation der Kontrolle von Schadstoffen und Schadorganismen

Für die Hersteller und Vertreiber von Lebensmitteln stellen sich grundsätzlich die gleichen Probleme wie für die Konsumenten: Sie müssen sich durch geeignete Maßnahmen über das unsichtbare Qualitätsmerkmal Lebensmittelsicherheit informieren. Dazu können sie entweder selbst Kontrollen durchführen, sich einer externen Kontrollorganisation anschließen oder sich über den Schadstoff- bzw. Schadorganismengehalt mittels Garantien oder Zertifikate absichern. Die Organisation und Durchführung der Kontrolle kann unterschiedlich konzipiert sein. In der Praxis können verschiedene Varianten der Kontrollorganisation beobachtet werden, die teilweise kombinierbar sind.

### 5.2.1 Betriebliche Selbstkontrolle

Unternehmen mit betrieblicher Selbstkontrolle haben ein Qualitätssicherungs-System eingerichtet, welches das Personal und die technische Ausstattung besitzt, auch selber auf Schadstoffe

*Das Angebot*

und -organismen zu kontrollieren. Diese aufwendige Kontrollorganisationsform wird in umsatzstarken Unternehmen zu finden sein, die besonders kontrollbedürftige Produkte anbieten. In der Fallstudie sind dafür die Kinderkosthersteller ein Beispiel (vergl. Kapitel 8.6).

### 5.2.2 Selbstkontrolle mit Fremdanalyse

Selbstkontrolle mit Fremdanalyse soll die Organisationsform genannt werden, in der die Schadstoff- bzw. Schadorganismenkontrolle wie bei der betrieblichen Selbstkontrolle eine einzelbetriebliche Maßnahme darstellt. In diesen Betrieben fehlt aber die interne Ausstattung zum Nachweis von Schadstoffen bzw. Schadorganismen. Daher wird für die Analyse beispielsweise ein Handelslabor beauftragt.

### 5.2.3 Überbetriebliche Selbstkontrolle

In der überbetrieblichen Selbstkontrolle haben sich Anbieter einer Branche, also Konkurrenten, zu einem gemeinsamen Kontrollsystem zusammengefunden. Der Vorteil, gemeinsam ein einheitliches Maß an Lebensmittelsicherheit anzubieten, überwiegt in diesem Fall den Nachteil, sich nicht über Lebensmittelsicherheit differenzieren zu können. In der Fallstudie wird diese Organisationsform gleich mehrmals beobachtet: Die Produzenten von integriert produzierten Äpfeln sind ebenso einem überbetrieblichen Kontrollsystem angeschlossen wie die Fruchtsaftindustrie und die Obstimporteure (siehe Kapitel 7.2.3, 8.2 und 9.1).

### 5.2.4 Vertikale Integration und Kontrolle

Die vertikale Integration ist eine zunehmende Tendenz in der Lebensmittelbranche, die auch einen Einfluß auf die Organisation der Schadstoff- und Schadorganismenkontrolle haben kann. Unter vertikaler Integration wird verstanden, daß ein Unternehmen mehrere Stufen der Lebensmittelkette in sich vereinigt. Dies ist vermehrt bei den großen Lebensmitteleinzelhandelsketten zu beobachten, die z.B. eigene Importabteilungen besitzen oder selbst Lebensmittel herstellen (lassen), um sie dann unter einer eigenen Handelsmarke zu vertreiben. In Bezug auf abiotische Schadstoffe hat ein Warenfluß innerhalb eines vertikal strukturierten Unternehmens den Vorteil, daß nur an einer Stelle (z.B. beim Einkauf von Rohprodukten) kontrolliert werden muß und damit für alle folgenden Stufen Sicherheit über den Schadstoffgehalt herrscht. Die mikrobiologische Beschaffenheit muß dagegen weiterhin an mehreren Kontrollpunkten überwacht werden.

Eine spezielle Form der vertikalen Integration ist im Lebensmittelbereich der sogenannte Vertragsanbau. Hier schließen Verarbeitungsindustrie und Landwirte einen Vertrag, der Liefertermine, Mengenangaben und Qualitätsvorgaben beinhalten kann und dafür in der Regel die Abnahme einer bestimmten Menge zu einem festgesetzten Preis garantiert. Ein Vertrag kann u.a. das Qualitätsrisiko senken und die Effizienz steigern[175]. Zusätzliche Beratungs- und Kontrollmechanismen der Industrie geben dieser eine größere Sicherheit über die tatsächlich angewandten Produktionsmethoden der Landwirte und damit über die Qualität der Rohstoffe. Die garantierte Abnahme zu einem im Einzelfall über dem Marktpreis liegenden Garantiepreis stellt für die Landwirte einen Anreiz dar, sich an die Vertragsbedingungen zu halten. In der Fallstudie wird der Vertragsanbau bei der Apfelsafterzeugung aus Streuobst und bei den Herstellern von Kinderkost beschrieben (vergl. Kapitel 8.4 und 8.6)[176].

Die Schadstoff- und Schadorganismenkontrolle der Angebotsseite ist ein Aspekt der Qualitätskontrolle. Die Qualitätskontrolle wird in der aktuellen betriebswirtschaftlichen Theorie und Praxis eher als Qualitätssicherung bzw. Qualitätsmanagement verstanden und bezeichnet. Der folgende Abschnitt stellt die bekanntesten Qualitätsmanagement-Konzepte vor und prüft ihre Relevanz für die Kontrolle von Schadstoffen und Schadorganismen.

## 5.3 Qualitätsmanagement-Konzepte und ihre Relevanz für die Kontrolle von Schadstoffen und Schadorganismen

Die neuere Literatur zu den Bereichen Qualitätssicherung und -management ist umfangreich. In dieser Arbeit wird nicht der Versuch unternommen, die diesbezüglichen Veröffentlichungen zusammenfassend wiederzugeben, zum Großteil beziehen sie sich schwerpunktmäßig auf das Qualitätsmanagement in der industriellen Fertigung. Die Deutsche Gesellschaft für Qualität (DGQ) nennt drei Bereiche, die die Qualitätssicherung von Lebensmitteln von der anderer Produkte unterscheidet:

- Die Haltbarkeit und Lagerfähigkeit von Lebensmitteln ist begrenzt.
- Lebensmittel werden aus natürlichen Rohstoffen hergestellt, die eine schwankende Qualität aufweisen. Es ist dadurch sehr viel schwieriger, ein normiertes und standardisiertes Endprodukt herzustellen.
- Einige verkaufsrelevante Qualitätseigenschaften (z.B. Geschmack) werden subjektiv bewertet und sind durch qualitätssichernde Maßnahmen schwer zu standardisieren (DGQ, 1992, S. 32).

Bisher gibt es (noch) keine unmittelbare gesetzliche Regelung, die Unternehmen dazu verpflichten würde, bestimmte Qualitätsmanagement-Konzepte einzusetzen. Allerdings zeichnet sich ab, daß im Rahmen des harmonisierten Europäischen Binnenmarktes standardisierte Konzepte an Bedeutung gewinnen. Erstens wird in der EG-Hygienerichtlinie 93/43/EWG

---

[175] Eine umfassende Untersuchung über die vertraglich vertikale Koordination in der deutschen Landwirtschaft bietet DRESCHER (1993).
[176] Umfangreichere Kooperationen über alle Stufen der Lebensmittelkette hinweg werden vermehrt im Ausland beobachtet. So beschreibt HELBIG (1995) für die Schweinefleischproduktion eine gelenkte Kettenorganisation in den Niederlanden und eine partizipative Kettenorganisation in Dänemark und vergleicht diese Organisationsformen mit der in Deutschland üblichen Kettenorganisation über Verträge.

(vergl. Kapitel 3.1.2) zur Risikoanalyse das HACCP-Konzept vorgeschrieben. Das mikrobielle Qualitätsmanagement ist eine besondere Herausforderung für die Lebensmittelindustrie. Zweitens wird durch das „Globale Konzept"[177] und die EG-Richtlinie über die amtliche Lebensmittelüberwachung 89/397/EWG (vergl. Kapitel 3.1.3) die Einführung eines normierten und zertifizierten Qualitätssicherungssystems gefördert. Und drittens stellt das neue Produkthaftungsgesetz eine weitere Motivation für Unternehmen dar, durch ein schlüssiges und dokumentiertes Qualitätsmanagement-System die erfüllte Sorgfaltspflicht jederzeit beweisen zu können (CLAUSSEN und LIPPERT, 1995, Rdn. 301)[178].

Bezogen auf die Schadstoff- und Schadorganismenkontrolle als Teil eines Qualitätsmanagement-Systems stellt die Verteilung der Schadstoffe und Mikroorganismen im Podukt, die geforderte Genauigkeit der Analyse und der dafür benötigte Zeitbedarf eine besondere Herausforderung dar. Schadstoffe und Schadorganismen sind innerhalb einer Produktcharge häufig nicht gleichmäßig verteilt. Um eine genügend genaue Aussage über die tatsächliche Belastung zu erhalten, muß die Stichprobe daher ausreichend groß sein[179]. Der Nachweis geringer Schadstoffmengen kann aufwendig sein und der Zeitbedarf z.B. in der konventionellen mikrobiologischen Analytik beträgt mehrere Tage. Dies bedeutet, daß die entsprechenden Chargen in der Regel längst vermarktet sind. Daraus folgt, daß der Schwerpunkt des Qualitätsmanagements der Lebensmittelsicherheit in präventiven Verfahren liegen muß.

### 5.3.1 HACCP

Die Abkürzung HACCP steht für den englischen Ausdruck *Hazard Analysis and Critical Control Points*, zu Deutsch „Risikoanalyse zur Ermittlung der kritischen Kontrollpunkte". Das Konzept wurde in den 60er Jahren in den USA speziell für den Lebensmittelsektor entwickelt und 1993 vom Codex Alimentarius als international anerkannte Vorgehensweise im Bereich der Lebensmittelhygiene anerkannt. Ein kritischer Kontrollpunkt im Sinne des HACCP-Konzeptes ist eine bestimmte Stelle im Herstellungsprozeß, an der ein negativer biologischer, chemischer oder physischer Einfluß auf die Lebensmittelsicherheit erkannt und bekämpft werden kann. Bei komplexeren Prozeßabläufen ist es in der Regel möglich, mehrere kritische Kontrollpunkte zu identifizieren. An der Entwicklung eines HACCP-Konzeptes sollte möglichst ein multidisziplinäres Team arbeiten, das z.B. aus einem Prozeßverantwortlichen, einem Techniker, einem Qualitätsmanagement-Beauftragten und einem Mikrobiologen bestehen kann. Die Entwicklung durchläuft die folgenden Schritte:

---

[177] Die Europäische Kommission verkündete 1989 ein „Globales Konzept für Zertifizierung und Prüfwesen - Instrument der Gewährleistung der Qualität bei Industrieerzeugnissen", das ein Qualitätssicherungsverfahren der Normenreihe EN 29.000 bzw. DIN ISO 9.000 ff anspricht. Zu Industrieerzeugnissen zählen hier auch weiterverarbeitete Lebensmittel (GORNY, 1995, S. 1).
[178] Den Zusammenhang zwischen Produkthaftung und Qualitätssicherung hat HAHN (1993) für die Lebensmittelwirtschaft in Form eines Leitfadens aufgearbeitet.
[179] Einen Überblick über Stichprobenpläne für chemische, physikalische, sensorische und mikrobiologische Kontrollen bietet PICHARDT, 1994, S. 122 ff.

1. Festlegung des Umfangs und der Zielsetzung der HACCP-Studie, Identifizierung von möglichen Gefahren und der sich daraus ergebenden Risiken und Möglichkeiten zu deren Beherrschung.
2. Identifizierung und Festlegung der kritischen Punkte.
3. Festlegung von Lenkungsbedingungen und Grenzwerten.
4. Festlegung eines Verfahrens zur Überwachung jedes einzelnen kritischen Punktes.
5. Festlegung der Korrekturmaßnahmen bei Überschreitung der Grenzwerte.
6. Festlegung eines Verfahrens zur Überprüfung der Effizienz des Systems.
7. Lenkung der festgelegten Verfahren und Arbeitsanweisungen und Organisation der Dokumentation (CLAUSSEN und LIPPERT, 1995, Rdn. 338a).

Für handwerklich strukturierte Betriebe kann das HACCP-Konzept als eigenes Qualitätsmanagement-System ausreichend sein. In der Lebensmittelindustrie ist das HACCP-Konzept eher als ein Element eines umfassenderen Qualitätsmanagement-Systems wie etwa DIN EN ISO 9.001 vorstellbar (ebd.). Aber auch im Handel, etwa im Bereich der Frischfleisch- und Käseabteilungen, kann die Hygienekontrolle mit Hilfe des HACCP-Konzeptes durchgeführt werden (SCHWAB, 1996, S. 54 f). In der landwirtschaftlichen Produktion ist beispielsweise die Kontrolle von Salmonellen bei Geflügel mit dem HACCP-Konzept möglich (CURTIN und KRYSTYNAK, 1991).

### 5.3.2 Normengerechtes Qualitätsmanagement und Zertifizierung

Ein normiertes und zertifiziertes Qualitätsmanagement-System beinhaltet zwei Aspekte. Erstens hat ein Unternehmen ein Qualitätsmanagement-System errichtet, das nach vorgegebenen Normen aufgebaut ist. Zweitens hat eine unabhängige Institution die Übereinstimmung des individuellen Systems mit der Norm überprüft und mit einem Zertifikat bestätigt.

Eine „zertifizierte Qualität" verringert die Unsicherheit und erhöht die Transparenz bezüglich schwer meßbarer Qualitätsmerkmale wie z.B. Schadstoffgehalte. Dies ist besonders bei mehrstufigen Angebotsstrukturen vorteilhaft und senkt die Transaktionskosten.

In Deutschland stehen als Normen für ein Qualitätsmanagement-System die branchenübergreifenden Vorgaben des Regelwerkes DIN EN ISO 9.000 bis 9.004 zur Verfügung, die mit den europäischen und internationalen Normen übereinstimmen. Die Normen umfassen wichtige Hinweise zum Auf- und Ausbau eines Qualitätsmanagement-Systems, normen aber *nicht* das System selbst. Das heißt, daß jedes Unternehmen sein individuelles System selbst entwickeln muß. Anschließend muß es die Normenkonformität seines Qualitätsmanagement-Systems von einer neutralen Institution bestätigen lassen[180]. Diese stellt dem Unternehmen ein Zertifikat aus, welches das Unternehmen dann seinen Kunden vorlegen kann (PAULUS und CHRISTELSOHN, 1993, S. 434 f).

---

[180] Für den Bereich der Lebensmittelwirtschaft gab es Anfang 1995 zehn akkreditierte Zertifizierungsorganisationen für Qualitätsmanagement-Systeme (CLAUSSEN und LIPPERT, 1995, Rdn. 345). Die Normkonformitätsprüfung wird auch als externes Audit bezeichnet und wird für den Lebensmittelsektor z.B. von GORNY (1990) ausführlich beschrieben.

CLAUSSEN und LIPPERT (1995, Rdn. 306, 345) stellen fest, daß die deutsche Lebensmittelindustrie, im Vergleich zu Unternehmen in England und Frankreich, erst spät damit begonnen hat, ein zertifiziertes Qualitätsmanagement-System nachzufragen. Anfang 1995 wurden erst rund 100 zertifizierte Unternehmen aus der Lebensmittelbranche gezählt, für die kommenden Jahre wird ein erheblicher Nachholbedarf prognostiziert. Dabei spielte bisher der Erhalt eines Zertifikats, also die nach außen dokumentierbare Qualität, die größte Rolle. Der unternehmensinterne wirtschaftliche Nutzen eines Qualitätsmanagement-Systems sei häufig nicht bekannt oder würde unterschätzt. MAURER und DRESCHER (1996, S. 231 ff) unterstreichen, daß eine Zertifizierung es gerade kleineren und mittleren Unternehmen ermögliche, sich mit einer überdurchschnittlichen Qualität gegenüber ihren Konkurrenten im Sinne einer Differenzierungsstrategie am Markt zu behaupten. Mit der Zeit würden die Pioniergewinne[181] für zertifizierte Unternehmen allerdings sinken und die Zertifizierung eine Eintrittsbarriere für neue Firmen im Ernährungssektor darstellen. Nicht-zertifizierte Unternehmen könnten mittelfristig vom Markt verdrängt werden.

In der deutschen Landwirtschaft wird die normengerechte Zertifizierung erst in jüngster Zeit stärker thematisiert. Ausschlaggebend ist dabei eine Zertifizierungswelle des der Landwirtschaft vor- und nachgelagerten Bereichs sowie der ausländischen Konkurrenz. 1994 gründeten die Spitzenverbände der deutschen Agrarwirtschaft den Verein zur Förderung des Qualitätsmanagements in der Landwirtschaft (QMA). Ihm steht seit 1995 auch eine Zertifizierungsgesellschaft namens AGRI-ZERT zur Seite (KELLER, 1996, S. 21 f). Verschiedene Autoren sind der Meinung, daß eine Zertifizierung des bäuerlichen Einzelbetriebes in der Regel nicht sinnvoll sei (SCHEBLER, 1996, S. 49; HELZER, 1996, S. 98)[182]. Abgesehen davon, daß in den landwirtschaftlichen Betrieben die Qualitätsarbeit und -verantwortung überwiegend in einer Hand läge, wären die einmaligen Qualifizierungs- und Zertifizierungskosten in Höhe von ca. 30.000 DM zu hoch (SCHEBLER, 1996, S. 51). Alternativ können z.B. Erzeugergemeinschaften oder ähnliche Zusammenschlüsse ein Gruppenzertifikat anstreben. Dies stellt eine kostengünstigere Möglichkeit dar, den Absatz zu sichern bzw. zu steigern und die Qualität rentabel zu verbessern (DAHL und STIEREN, 1996).

Eine weitere Handlungsalternative für einzelne Landwirte aber auch Erzeugergemeinschaften ist die sogenannte Kundenzertifizierung. Darunter wird verstanden, daß das Qualitätssicherungssystem nicht von einer neutralen Organisation, sondern vom Kunden (i.d.R. Großhandel oder Industrie) begutachtet und zugelassen wird (CLAUSSEN und LIPPERT, 1995, Rd. 345). Diese einfachere und kostengünstigere Variante der Zertifizierung scheint besonders für die Kontrolle der Lebensmittelsicherheit geeignet. Oft sind es spezielle Prozesse wie der Pflanzen-

---

[181] Pioniere im normengerechten Qualitätsmanagement sind beispielsweise die niederländische und dänische Schweinefleischindustrie. In Dänemark verlagert sich der Zertifizierungsprozeß jetzt auf den Agrarsektor (MAURER und DRESCHER, 1996, S. 236).
[182] Es gibt aber auch erste Erfahrungen, daß die Normenreihe DIN EN ISO 9.000 ff auf die Qualitätssicherung eines landwirtschaftlichen Familienbetriebs übertragen werden kann (vergl. NÜSSEL, 1996).

schutz oder Maßnahmen zur Tiergesundheit, die den Schadstoffeintrag oder die hygienische Beschaffenheit maßgeblich beeinflussen. Eine entsprechend angepaßte Kontrolle und Dokumentation der landwirtschaftlichen Produktionspraxis kann die Unsicherheit der abnehmenden Hand bezüglich der Lebensmittelsicherheit erheblich verringern.

### 5.3.3 Total Quality Management

Unter dem sogenannten TQM (Total Quality Management) wird ein erweitertes Qualitätsmanagement-Konzept verstanden, das über den vorrangig technisch definierten Ansatz des Konzepts nach DIN EN ISO 9.000 ff hinausgeht. Es wird insbesondere von den Unternehmen angestrebt, die bereits zertifiziert sind. ZINK und SCHILDKNECHT (1992, S. 81 ff) unterscheiden zwischen den fünf Konzepten von Deming, Juran, Feigenbaum, Ishikawa und Crosby, die seit dem Zweiten Weltkrieg insbesondere in den USA (Entwicklung der Konzepte) und Japan (Umsetzung in die Praxis) ihre Theorien entwickelten und erprobten. Allen gemeinsam ist ein ganzheitlicher Ansatz, der folgenden Prinzipien folgt:

- Das wichtigste Unternehmensziel ist die Zufriedenheit des Kunden.
- Zur Erlangung der Kundenzufriedenheit ist eine störungsfreie, beherrschte Prozeßqualität unternehmensweit notwendig.
- Zur Erzielung der angestrebten Qualität tragen alle Mitarbeiter bei, die partizipativ in Projektgruppen, Qualitätszirkeln u.ä. mitwirken.
- Zu den technischen Rahmenbedingungen zählen statistische Methoden und Qualitätskostenanalysen.

Dieses weitgehende Verständnis eines Qualitätsmanagement-Systems kommt in der deutschen Wirtschaft erst mit deutlicher Verzögerung zum Tragen (ZINK und SCHILDKNECHT, 1992, S. 103).

Ein normengerechtes Qualitätsmanagement nach DIN EN ISO 9.000 ff und das Total Quality Management stehen nicht im Widerspruch zueinander, sondern bauen aufeinander auf. Auch bei einer Unternehmensphilosophie, die auf dem TQM-Konzept beruht, besteht die Notwendigkeit, die technische Qualitätssicherung durch eine Zertifizierung nach außen dokumentieren zu können. Das TQM ist ein Instrument, die Wirtschaftlichkeit des Qualitätsmanagements besonders durch die Einbeziehung aller Mitarbeiter weiter zu optimieren. Daß gerade eine stärkere Beachtung des sozialen Systems und der Komponente „Mensch" beim Erhalt und der Verbesserung der Lebensmittelsicherheit eine zentrale Rolle spielt, bekräftigen CLAUSSEN und LIPPERT (1995, Rdn. 309). Als Hauptursachen für Fehler in der Lebensmittelindustrie nennen sie, mit abnehmender Bedeutung, folgende Punkte: Unzulängliches Management[183], mangelhafte Prozeßentwicklung, unzureichende Schulung der Mitarbeiter, technische Defekte der

---

[183] So führten autoritäre Strukturen und fehlende Kommunikation häufig zu unmündigen, frustrierten und nicht engagierten Mitarbeitern.

Produktionsanlagen, uneinheitliche Qualität der Rohwaren, Nachlässigkeit (z.B. bei der Reinigung) und ungeeignete Arbeitsbedingungen.

### 5.3.4 FMEA

Die *Failure Mode and Effect Analysis* (FMEA) wird im Deutschen als Fehlermöglichkeits- und Einflußanalyse übersetzt. Besonders die Prozeß-FMEA wird als empfehlenswerte Methode beschrieben, in der Lebensmittelindustrie Störeinflüsse zu erkennen und systematisch deren kostengünstigste Behebung zu identifizieren. Die Vorgehensweise orientiert sich an folgendem Schema:

1. Die Analyse aller möglicher Fehler einschließlich der Analyse der Fehlerfolgen und Fehlerursachen.
2. Die Risikobewertung der Fehler mit einer quantitativen Bewertung der Fehlerhäufigkeit und der Schwere des Fehlers. Die Schwere des Fehlers wird dabei durch die externen Fehlerkosten ausgedrückt.
3. Die Formulierung von Verbesserungsvorschlägen, die mit Hilfe technischer und wirtschaftlicher Kennzahlen charakterisiert werden.

Die Verbreitung der FMEA im Ernährungssektor ist bisher noch gering. Bisher führte „die Unkenntnis moderner Methoden zur Fehleranalyse und Prozeßoptimierung bzw. die Einschätzung, daß derartige Methoden in der Lebensmittelindustrie mit ihren nicht genormten Rohwaren nicht einsetzbar seien ... [dazu, daß Methoden wie die FMEA] selten und nur zögernd eingesetzt werden" (CLAUSSEN und LIPPERT, 1995, Rdn. 340-344).

### 5.3.5 Krisenmanagement

Kein noch so gutes Qualitätsmanagement-System kann eine Krise mit hundertprozentiger Sicherheit verhindern. Unter einer Krise soll hier ein wie in Kapitel 4.3.4 definierter Lebensmittel-Skandal verstanden werden. Die Lebensmittelsicherheit ist tatsächlich oder vermeintlich nicht mehr gewährleistet, eventuell ist die Gesundheit der Verbraucher gefährdet, ein Produkt, ein Unternehmen, eine Branche oder die ganze Lebensmittelwirtschaft gerät in Verruf. Die externen Fehlerkosten können existenzgefährdend hoch werden.

Der Bund für Lebensmittelrecht und Lebensmittelkunde (BLL, 1986) hat einen Leitfaden für das Krisenmanagement im Lebensmittelbereich herausgegeben, dessen wichtigsten Empfehlungen hier wiedergegeben werden sollen.

Um von einer Krise nicht überrascht zu werden, sollte stets ein aktualisierter Katastrophenplan vorliegen[184]. Er enthält drei Bereiche:

---

[184] PICHARDT (1994, S. 198) empfiehlt, den Katastrophenplan einmal jährlich praktisch auf seine Effizienz hin zu überprüfen.

- Die Besetzung des Krisenstabes. Der Krisenstab sollte ein möglichst kleines und kompetentes Gremium sein, das im Ernstfall alle Entscheidungen trifft. Ihm gehören der Unternehmer bzw. ein maßgebendes Vorstandsmitglied, je ein federführender Vertreter der Produktion, des Vertriebs und der Qualitätssicherung, ein juristischer Berater und der Verantwortliche für die Öffentlichkeitsarbeit an.
- Der aktualisierte Adressenpool. Krisenmanagement ist Informationsmanagement. Für eine unverzügliche Information und Kooperation mit allen relevanten Stellen (Geschäftspartner, Behörden, Presse etc.) müssen deren Anschrift, Telefon- und Faxnummern vorliegen.
- Präzise Verfahrensregeln für einen Warenrückruf. Verschiedene Szenarien wie Vertriebsstop, Rundruf innerhalb des Vertriebsnetzes und die Verbreitung einer öffentlichen Warnung (welche Medien sollten angesprochen werden) sollten fertig ausgearbeitet vorliegen.

Im praktischen Krisenmanagement ist dann die präzise Identifikation des Problems oberstes Gebot. Sollte das Problem branchenweit sein, übernimmt der entsprechende Verband wesentliche Teile des Krisenmanagements.

Beim Umgang mit der Presse wird empfohlen, weder vorschnelle Statements abzugeben, noch eine Hinhaltetaktik zu betreiben. Die Stellungnahmen gegenüber der Presse sollten glaubwürdige, belegbare Aussagen enthalten und eindeutig und verständlich formuliert sein. Bei großem Interesse der Medien kann es angebracht sein, eine eigene Pressekonferenz zu organisieren. Dies sollte nach professionellen Maßstäben erfolgen.

Mit Behörden sollte ein ständiger, offener und seriöser Informationsaustausch stattfinden. Dieser Aspekt der Kooperation mit staatlichen Behörden wird im folgenden Abschnitt noch vertieft.

## 5.4  Kooperation mit staatlichen Behörden

Die Lebensmittelwirtschaft operiert nicht im luftleeren Raum, sondern muß sich einerseits mit ihren Kunden und andererseits mit dem Staat auseinandersetzen. Die Auseinandersetzung mit den Nachfragern nach Lebensmitteln findet auf dem Markt, über den Austausch von Gütern und Dienstleistungen statt. Sie ist offensichtlich und direkt. Komplexer und diffuser ist die Auseinandersetzung zwischen Anbietern und Staat. Sie soll an dieser Stelle genauer betrachtet werden.

In Kapitel 5.1.1 wurde deutlich, wie heterogen und vielschichtig „die Lebensmittelwirtschaft" ist. Je nach Sachverhalt wird ein Einzelunternehmen, ein branchenspezifischer oder regional begrenzter Fachverband, bundesweite oder europaweite Vereinigungen die Interessen der Anbieter von Lebensmitteln vertreten. Ebenso gibt es nicht „den Staat" als monolithische Erscheinung. Er tritt dem einzelnen Unternehmen in der Person des Lebensmittelkontrolleurs gegenüber, agiert als Untersuchungsamt oder erläßt Gesetze auf Landes-, Bundes- und auf europäischer Ebene. Insbesondere kooperative Elemente bei der Normgebung und bei der

*Das Angebot*

amtlichen Überwachung sollen genauer beschrieben werden. Auch der Informationsfluß zwischen Unternehmen und Behörden wird angesprochen.

### 5.4.1 Einfluß auf und Kooperation bei der gesetzlichen Normgebung

In Kapitel 3.1 war deutlich geworden, daß Veränderungen im Lebensmittelrecht inzwischen im wesentlichen durch die europäische Gesetzgebung erfolgen. Dieser Aspekt wird deshalb hier diskutiert. Die hohe Komplexität und erforderliche Detailkenntnis vieler lebensmittelrechtlicher Fragen macht es erforderlich bzw. wünschenswert, den Sachverstand der Wirtschaft zu einem frühen Zeitpunkt der Entwicklung von Gesetzesentwürfen zu nutzen. Diese Einflußmöglichkeit ist selbstverständlich auch im Interesse der Ernährungswirtschaft. Allerdings darf eine Kooperation auf fachlicher Ebene weder dazu führen, daß andere Beteiligte wie etwa die Verbraucher benachteiligt werden. Noch entläßt die Zusammenarbeit mit der Lebensmittelwirtschaft den Gesetzgeber aus seiner alleinigen Verantwortung für den Inhalt der Gesetze.

Die Kooperationsmöglichkeiten der Wirtschaft im Rahmen der europäischen Gesetzgebung erörtert HORST (1994). Er stellt fest, daß in einigen Fällen von der Kommission Stellungnahmen und Vorschläge der Wirtschaft bereits zu einem frühen Entwurfstadium integriert wurden. Institutionell sei auch der „Beratende Ausschuß Lebensmittel" ein Gremium, das allen Beteiligten eine Mitsprache einräume[185]. Der Einfluß dieses Ausschusses werde allerdings als eher gering eingeschätzt. Schwierig für die Vertreter der Lebensmittelwirtschaft in Brüssel sei weiterhin, daß ihre Belange teils von der Generaldirektion III (Industrie) und teils von der Generaldirektion VI (Landwirtschaft) bearbeitet würden. Dies führe immer wieder zu Unstimmigkeiten und Inkonsistenzen (ebd., S. 479).

Bei Rechtsetzungsverfahren auf Ratsebene ist die Bundesregierung der Ansprechpartner der deutschen Lebensmittelwirtschaft. Hier sei der Informationsfluß noch verbesserungswürdig. Ein Ansatz zur kontinuierlichen Kooperation stelle jedoch der monatlich stattfindende „Jour fixe" dar, zu dem sich das Bundesministerium für Gesundheit, die Arbeitsgemeinschaft der Verbraucherverbände, ein Vertreter der Bundesländer und der Bund für Lebensmittelrecht und Lebensmittelkunde als Repräsentant der Lebensmittelwirtschaft zusammenfänden. Bei den Treffen würden aktuelle, mittel- und langfristige Entwicklungen im Zusammenhang mit dem europäischen Binnenmarkt diskutiert (ebd., S. 481).

HUFEN (1993, S. 248) weist bei der Frage der kooperativen Normgebung u.a. auf die Arbeit der Lebensmittelbuch-Kommission hin[186]. Sie sei ein bereits institutionalisiertes Gremium, das bei der Entwicklung von Normsystemen noch weiter einbezogen werden könnte.

---

[185] Dieser Ausschuß setzt sich paritätisch aus Repräsentanten der Landwirtschaft, der Industrie, des Handels, der Verbraucher und der Gewerkschaften zusammen. Er nimmt zu Vorschlägen der Kommission Stellung und gibt ggf. Anregungen (HORST, 1994, S. 478).

[186] Die Deutsche Lebensmittelbuch-Kommission wird laut LMBG, § 34 vom Bundesgesundheitsminister berufen. Sie setzt sich aus Vertretern der Wissenschaft, der Lebensmittelüberwachung, der Verbraucherschaft und der Lebensmittelwirtschaft zusammen und legt die Leitsätze des Deutschen Lebensmittelbuches

## 5.4.2 Kooperative Aspekte bei der amtlichen Lebensmittelüberwachung

Der direkte Kontakt zwischen Unternehmen der Ernährungswirtschaft und dem Staat findet bei der amtlichen Lebensmittelüberwachung statt.

Ein neuer, breit diskutierter Aspekt der Überwachung wird durch Artikel 5 der EG-Überwachungs-Richtlinie 89/397/EWG ermöglicht, die seit 1.1.93 in nationales Recht umgesetzt ist. Artikel 5 besagt, daß bei der amtlichen Überwachung gegebenenfalls die von Unternehmen eingerichteten Kontrollsysteme und die damit erzielten Ergebnisse überprüft werden können. Dies stellt ein Novum in der Überwachung dar, bisher waren betriebseigene Kontrollsysteme und deren Ergebnisse nicht Gegenstand der amtlichen Überwachung (GORNY, 1989, S. 354). Unter den Begriff eines betriebseigenen Kontrollsystems fallen beispielsweise Systeme wie das HACCP oder ein zertifiziertes Qualitätssicherungssystem nach DIN EN ISO 9.000 ff. Liegt ein umfassendes und übersichtlich dokumentiertes Qualitätssicherungssystem vor, so können Frequenz- und Inspektionstiefe der amtlichen Überwachung spürbar verringert werden (WIECHMANN, 1995, S. 95). Dabei sollte der Staat primär die betriebseigene Kontrolle gesundheitsrelevanter Parameter mittels mikrobiologischer und rückstandsanalytischer Methoden überprüfen (EMDE, 1992, S. 47). Statt einer punktuellen, produktbezogenen Überwachung können so alle verfahrensbezogenen Maßnahmen zum Erhalt der Lebensmittelsicherheit inspiziert werden.

Es mag überzogen sein, die staatliche Überwachung betriebseigener Kontrollsysteme kooperativ zu nennen. Auf jeden Fall bekommt der Lebensmittelkontrolleur hierbei aber einen tiefen Einblick in den Produktionsprozeß. Die differenzierte Beurteilung des Kontrollsystems und der Kontrollergebnisse sollte im Dialog mit der Betriebsleitung erfolgen.

## 5.4.3 Information und Beratung

„Zugleich 'weichste', wichtigste und oft wirksamste Form der Kooperation und Steuerung von Risiken ist die schlichte Information" (HUFEN, 1993, S. 238). Die zuständigen Behörden sollten für die Unternehmen der Agrar- und Ernährungswirtschaft für Fragen bezüglich der Lebensmittelsicherheit, aber auch für andere Bereiche des Lebensmittelrechts mit ihrer Kompetenz und ihren Informationen zur Verfügung stehen. Im Einzelfall werden verbindliche Aussagen allerdings wegen etwaiger Amtshaftungsansprüche höchst zögerlich erteilt (ebd.).

In der praktischen Überwachung wird von beratenden Tätigkeiten der Überwachungsämter berichtet. So war ein Schwerpunkt der Betriebskontrollen 1994 der LUA Nordbayern das „Mitwirken bei der Umsetzung von HACCP-Konzepten im Rahmen der Qualitätssicherung bei milchwirtschaftlichen Betrieben" (LANDESUNTERSUCHUNGSAMT FÜR DAS GESUNDHEITSWESEN NORDBAYERN, 1994, S. 76).

---

fest. Die Leitsätze beschreiben die für die Verkehrsfähigkeit von Lebensmitteln bedeutsamen Merkmale wie Herstellung und Beschaffenheit (LMBG, § 33).

Auch bei der Information der Öffentlichkeit wird die Kooperation von Staat und Anbietern empfohlen. Nur so ließe sich die „Schere zwischen dem objektiv guten Lebensmittelangebot und der weitverbreiteten schlechten Meinung darüber [schließen]" (HORST, 1994, S. 494).

## 5.5 Fazit

Das Angebot von Lebensmitteln erreicht in Deutschland den Endverbraucher über ein mehrstufiges System. Wesentliche Elemente der Angebotskette sind die Landwirtschaft, die Lebensmittelindustrie und das Lebensmittelhandwerk, der Handel und das Gaststättengewerbe. Bezogen auf Schadstoffe und Schadorganismen ist prinzipiell jeder Teilnehmer in dieser Kette auch Nachfrager von Rohstoffen oder anderen Inputs. Damit unterliegen Anbieter von Lebensmitteln der gleichen Unsicherheit bezüglich der Lebensmittelsicherheit wie die Konsumenten.

Die Anzahl, Größe und Konzentration der Unternehmen der einzelnen Angebotsstufen ist unterschiedlich. Entsprechend variieren die Möglichkeiten der innerbetrieblichen Kontrolle. Generell bedeuten für Anbieter Rückstände, Verunreinigungen oder Krankheitserreger in Lebensmitteln eine Minderung der von ihnen angebotenen Qualität.

Die Unternehmensentscheidung über Art und Ausmaß der Kontrolle wird u.a. von den Kontrollkosten bestimmt. Zur Definition und Einteilung der Kontrollkosten bietet sich die Systematik an, die allgemein für Qualitätskosten entwickelt wurde. Sie unterscheidet in Fehlerverhütungs-, Prüf- und Fehlerkosten. Zur Bewertung der Kontrollkosten werden diese mit erlös- oder kostenorientierten Kenngrößen in Relation gesetzt. Für eine Gesamtkostenoptimierung empfiehlt es sich, mehrere Kostenindikatoren zu berücksichtigen.

Lebensmittelsicherheit ist ein Produktmerkmal, dessen Ausprägung auch durch die gewählte Wettbewerbsstrategie eines Unternehmens bestimmt wird. Es ist grundsätzlich möglich, als Kostenführer, über die Differenzierungs- oder über die Konzentrationsstrategie wettbewerbsfähig zu sein und zu bleiben. Allerdings zeigt sich in Fragen der Lebensmittelsicherheit die Kostenführerschaft als besonders riskante Strategie. Viele Unternehmen haben die Kontrolle der Lebensmittelsicherheit allerdings bisher noch nicht als betriebswirtschaftliche Strategiekomponente erkannt.

Die praktische Organisation der Kontrolle hängt von der Größe des Unternehmens und der Kontrollbedürftigkeit seiner Produkte ab. Als Organisationsform kann in betriebliche Selbstkontrolle, Selbstkontrolle mit Fremdanalyse, überbetriebliche Selbstkontrolle und vertikale Integration unterschieden werden.

Im betrieblichen Management ist die Schadstoff- und Schadorganismenkontrolle häufig ein Element eines umfassenderen Qualitätsmanagementsystems. Ein speziell für Schadorganismen entwickeltes System stellt das HACCP-Konzept dar. Weiterführende Konzepte sind ein normengerechtes und zertifiziertes Qualitätsmanagement nach DIN EN ISO 9.000 ff, das Total Quality Management und die Fehlermöglichkeits- und Einflußanalyse FMEA. Für Krisenfälle sollten Unternehmen der Lebensmittelbranche ein Krisenmanagement-System vorbereitet haben.

Im Verhältnis zu den staatlichen Behörden bieten sich auf verschiedenen Ebenen kooperative Verhaltensweisen an. Bei der Formulierung neuer Gesetze sollten Stellungnahmen der Lebensmittelwirtschaft frühzeitig erfolgen. Eine, insbesondere in bezug auf die Verbraucher übermäßige Einflußnahme ist allerdings nicht wünschenswert. In der amtlichen Überwachung wird in Zukunft weniger die stichprobenartige Überprüfung des Endprodukts als die „Kontrolle des betriebseigenen Kontrollsystems" im Vordergrund stehen. Dies wird den Einblick der Kontrolleure in das Betriebsgeschehen vertiefen und den Dialog zwischen Staat und Wirtschaft fordern.

Mit Kapitel 5 ist die allgemeine Beschreibung und Analyse des Markes für Lebensmittelsicherheit und des Bedarfs an Kontrolle abgeschlossen. Die folgenden sechs Kapitel sind einer Fallstudie gewidmet, in der die konkreten Kontrollmaßnahmen und Kontrollkosten bei Äpfeln und Apfelprodukten dargestellt und bewertet werden.

# 6 Fallstudie: Die Schadstoffkontrolle bei Äpfeln und Apfelprodukten - Fragestellung und Methode

Die Fallstudie untersucht und bewertet die Schadstoffkontrollen bei Äpfeln und Apfelprodukten. Ausgangsüberlegung für die Durchführung einer Fallstudie ist, daß Organisation und Intensität von Schadstoffkontrollen sehr verschieden ausgestaltet sein können. Sie sind vom Produkt, dessen relevanten Schadstoffen, von den Angebotsstrukturen und Vermarktungsformen abhängig. Deshalb scheint es zweckmäßig, sich auf die Erforschung der Kontrollen einer Produktgruppe zu konzentrieren.

Dieses Kapitel stellt den Einstieg in die Fallstudie dar. Der erste Abschnitt konkretisiert die Fragestellung der Fallstudie. Anschließend wird die inhaltliche Eingrenzung der Fragestellung begründet. Der darauf folgende Methodenteil erörtert Erfassungs- und Bewertungskriterien sowie die gewählte Vorgehensweise. Im letzten Abschnitt werden die Vermarktungswege und Handelsströme von Äpfeln und Apfelprodukten vorgestellt.

Aufbauend auf den grundsätzlichen Überlegungen dieses Kapitels untersuchen die anschließenden Kapitel 7 bis 9 privatwirtschaftliche Schadstoffkontrollen in der Produktion, der Weiterverarbeitung und im Handel. Nach der Darstellung staatlicher Kontrollen im zehnten Kapitel bewertet Kapitel 11 alle Einzelmaßnahmen gemeinsam.

## 6.1 Fragestellung und Ziele der Fallstudie

Die Problematik von Schadstoffen und Schaderregern in Lebensmitteln wurde in ihrer Komplexität in den vorangegangenen Kapiteln grundlegend diskutiert. Eine Schlußfolgerung, die aus den bisher dargelegten Informationen gezogen werden kann, lautet, daß eine Darstellung und ökonomische Bewertung von Kontrollmaßnahmen verschiedener privater und/oder staatlicher Institutionen von Relevanz ist. Sie wurde bisher in der nationalen und internationalen Forschung wenig berücksichtigt.

Die Ziele der Fallstudie sind daher erstens, die realisierten Schadstoffkontrollen bei Äpfeln und Apfelprodukten entlang der Lebensmittelkette aufzuzeigen und zweitens diese auch ökonomisch zu bewerten. Insbesondere soll die Frage beantwortet werden, welchen Stellenwert die Kontrollkosten auf den einzelnen Vermarktungsstufen haben und wo sich Optimierungsmöglichkeiten abzeichnen.

## 6.2 Eingrenzung der Fallstudie

Für die Durchführung der Fallstudie ist es notwendig, den Untersuchungsrahmen abzustecken und die Fragestellung einzugrenzen. Die Eingrenzung bezieht sich auf die zu betrachtende Produktgruppe, auf die relevanten Schadstoffe und auf den räumlichen und zeitlichen Rahmen.

### 6.2.1 Produktspezifische Eingrenzung

Auswahlkriterien bei der Wahl des zu untersuchenden Lebensmittels sind die Bedeutung des Produktes und die verfügbaren Hintergrundinformationen. Das Produkt sollte möglichst viel, oft und von vielen Menschen verzehrt werden. Außerdem müssen produktionstechnische und toxikologische Hintergrundinformationen in ausreichendem Maße vorliegen, um dann mit den Kontrollkosten verknüpft werden zu können. Die toxikologischen Hintergrundinformationen werden im Auswahlprozeß zuerst beachtet, da hier z.T. noch große Informationsdefizite herrschen (vergl. Kapitel 1.3).

Um die Fallstudie möglichst einfach und aussagekräftig zu gestalten, wird ein Produkt ausgewählt, über dessen Schadstoffbelastung gesicherte Erkenntnisse vorliegen. Hierzu bieten sich die Ergebnisse des bundesweiten Monitoring 1988-1992 an, die in Kapitel 1.3 schon vorgestellt wurden (siehe Tabelle 1-10 im Anhang). Im Monitoring wurden 15 Lebensmittel auf Rückstände und Verunreinigungen untersucht.

Bei sechs dieser Produkte wurden neben „konventioneller" Ware zusätzlich auch Proben aus ökologischer Erzeugung gezogen. Dies ermöglicht eine direkte Gegenüberstellung verschiedener Anbaumethoden. Obwohl die Beprobung ökologisch erzeugter Produkte nicht umproblematisch[187] war, soll das in der Fallstudie untersuchte Lebensmittel eines dieser sechs Produkte sein. Bei der Auswahl wird außerdem berücksichtigt, daß das Lebensmittel auch international gehandelt wird und Importe im Monitoring ebenfalls untersucht wurden. Tabelle 1-10 gibt wieder, daß alle vier pflanzlichen Produkte Kopfsalat, frischer Spinat, Mohrrübe und Apfel einen hohen Anteil importierter Ware (45 - 60%) und Proben aus ökologischer Produktion (21 - 29%) aufweisen. Von diesen vier Lebensmitteln werden Äpfel und Apfelprodukte mit einem durchschnittlichen Jahresverbrauch von ca. 32 kg pro Kopf in der weitaus größten Menge konsumiert und daher für die Fallstudie ausgewählt (ZMP, 1995a, S. 23).

Neben frischen Tafeläpfeln bietet sich an, auch die Schadstoffkontrollen der wichtigsten weiterverarbeiteten Produkte in die Fallstudie einzubeziehen. Dies sind in erster Linie Apfelsaft und Apfelmus. Im Jahre 1993 wurden in Deutschland schätzungsweise 10 l Apfelsaft pro Kopf getrunken (VdF, 1993, S. 26). Der Verbrauch von Apfelkonserven (Apfelmus) bezifferte sich 1992 auf knapp 1 kg pro Kopf (ZMP, 1994a, S. 7). Wie am Ende des Kapitels in Schaubild 6-2 gezeigt wird, stammt die Rohware für diese Produkte zu einem beträchtlichen Umfang aus dem Ausland. Somit stellt sich auch hier die Kontrollfrage in einem internationalen Kontext.

Aufgrund der hohen Qualitätsansprüche gerade bezüglich der Schadstoffbelastung wird außerdem die Kontrolle apfelhaltiger Kindernahrung (Gläschenkost) in die Fallstudie einbezogen. Im Jahre 1993 wurden in Deutschland 68.060 t Säuglings- und Kindernahrung auf Obst-

---

[187] Die Probleme ergaben sich insbesondere bei der Gestaltung angemessener Stichprobenpläne. In ausgewählten Landkreisen wurden für das gleiche Produkt konventionelle und ökologische Erzeuger beprobt, in Stadtstaaten traten an die Stelle der Erzeuger die einschlägigen Läden (ZEBS, 1994, S. 22).

und Gemüsebasis produziert (STATISTISCHES BUNDESAMT, Fachserie 4). Der Apfelanteil an dieser Gesamtmenge ist schwer zu schätzen. Nach eigenen Angaben verarbeitete aber allein die Firma Alete 1993 ca. 10.000 t Frischäpfel zu Kinderkost. Auch die anderen großen Kindernahrungshersteller wie Hipp und Milupa bieten apfelhaltige Produkte an. Äpfel sind also ein relevanter Bestandteil in der industriell hergestellten Kindernahrung.

### 6.2.2 Schadstoffspezifische Eingrenzung

Die Fallstudie betrachtet die Kontrolle der wichtigsten Schadstoffgruppen der gewählten Produkte. Grundsätzlich könnten Umweltkontaminanten, Rückstände und natürliche Toxine bei Äpfeln und Apfelprodukten von Bedeutung sein. Bezüglich einer Verunreinigung mit Umweltkontaminanten ergeben die Untersuchungen des bundesweiten Monitoring, daß Äpfel nur gering mit Schwermetallen belastet sind (ZEBS, 1994, S. 267). Diese Einschätzung wird auch durch Analysen aus Südtirol bestätigt, wo Blei und polyzyklische aromatische Kohlenwasserstoffe auf Äpfeln nur in geringen Konzentrationen nachgewiesen wurden (SANTER, 1996). Die anderen zwei Schadstoffgruppen werden in der Folge diskutiert.

### 6.2.2.1 Pflanzenschutzmittel-Rückstände

Äpfel enthalten relativ häufig Pflanzenschutzmittel-Rückstände. Das bundesweite Monitoring untersuchte Apfelproben auf 96 verschiedene Stoffe, von denen 64 als Rückstand bestätigt wurden (ZEBS, 1994, S. 152)[188]. Tabelle 6-1 faßt die am häufigsten gefundenen Stoffe zusammen. Eine kurze chemische und toxikologische Beschreibung der dort aufgeführten Mittel ist im Anhang in Tabelle 6-3 zusammengestellt.

---

[188] Insgesamt fanden die im Monitoring eingebundenen amtlichen Untersuchungsämter bei Äpfeln 326 verschiedene Wirkstoffe (ZEBS, 1994, Anlage 5, Bd. 2, S. 592 ff). Die ZEBS bezog in ihre weiterführenden Analysen aber nur die 96 Wirkstoffe ein, nach denen in mindestens 85% der Stichproben auch gesucht worden war. Nur bei diesen Stoffen kann von einer repräsentativen Stichprobe ausgegangen werden.
Nicht im Untersuchungsspektrum der Ämter waren die im Obstbau relevanten Mittel Cyhexatin, Diflubenzuron, Fenazaquin, Fenbutation-Oxid und Fenoxicarb. Sie können nicht mit Hilfe der Standard-Multimethoden nachgewiesen werden. Auch bei dem breit angelegten Screening blieben also einige Stoffe unberücksichtigt.

**Tabelle 6-1: Die häufigsten Pestizidrückstände in Äpfeln, 1988-1992**

| Wirkstoff | Untersuchung konventionell erzeugter Äpfel | | | | Untersuchung ökologisch erzeugter Äpfel | | |
|---|---|---|---|---|---|---|---|
| | Analysen je Wirkstoff | davon Rückstände | | davon Höchstmengenüberschreitungen[c] | Analysen je Wirkstoff | davon Rückstände | |
| | Anzahl | Anzahl | in % | Anzahl     in % | Anzahl | Anzahl | in % |
| Captan (n) | 1.732 | 208 | 12,0 | 0         0,00 | 181 | 0 | 0,0 |
| Dichlofluanid (z) | 1.740 | 200 | 11,5 | 0         0,00 | 181 | 6 | 3,3 |
| Chlorpyrifos (z) | 1.689 | 176 | 10,4 | 1         0,06 | 181 | 2 | 1,1 |
| Dithiocarbamate (n/z)[a] | 1.659 | 106 | 6,4 | 2         0,12 | 174 | 1 | 0,6 |
| Brompropylat (n) | 1.687 | 102 | 6,0 | 0         0,00 | 164 | 0 | 0,0 |
| Phosalon (z) | 1.724 | 104 | 6,0 | 0         0,00 | 181 | 1 | 0,6 |
| Parathion[b] | 2.703 | 143 | 5,3 | max. 5   max. 0,18 | 181 | 0 | 0,0 |
| Vinclozolin (z) | 1.743 | 83 | 4,8 | 4         0,23 | 181 | 4 | 2,2 |
| Tetradifon (n) | 1.299 | 41 | 3,2 | 23        1,77 | 164 | 0 | 0,0 |

*Anmerkungen:* (n): Wirkstoff zum Untersuchungszeitraum nicht zugelassen.
(z): Wirkstoff zum Untersuchungszeitraum zugelassen.
a: Einige Dithiocarbamate sind zugelassen (z.B. Mancozeb), andere nicht (z.B. Ferbam).
b: Parathion, z.T. auch Parathion-ethyl genannt, um es vom weniger giftigen Parathion-methyl zu unterscheiden, ist seit 1993 für den Obstbau nicht mehr zugelassen. Die maximal mögliche Anzahl der Höchstmengenüberschreitungen wurden aus ZEBS, 1994, Anlage 5, Bd. 2, S. 630 abgeleitet.
c: Alle Höchstmengenüberschreitungen außer einer Tetradifonprobe entstammen importierter Ware. Bei ökologisch erzeugten Äpfeln wurden keine Höchstmengenüberschreitungen festgestellt.

*Quelle:* ZEBS, 1994, S. 232 ff; Anlage 5, Bd. 2, S. 592 ff; Anlage 7, S. 412 ff. Es wurden bei konventionell erzeugten Äpfeln nur die Untersuchungszeiträume berücksichtigt, in denen die Stichprobenplanerfüllung >= 85% betrug (vergl. ZEBS, 1994, S. 231 ff).

Tabelle 6-1 und Tabelle 6-3 erlauben folgende Schlußfolgerungen:

- Die sieben häufigsten Wirkstoffe wurden in 5-12% aller Apfelproben nachgewiesen[189].

- Es wurden ca. genauso oft zugelassene wie nicht zugelassene Stoffe festgestellt, verbotene Substanzen spielten keine wesentliche Rolle[190].

- Höchstmengenüberschreitungen wurden bei vier der hier diskutierten Pestizide festgestellt und sind, mit Ausnahme von Tetradifon, in unter 1% aller Fälle zu beobachten[191].

---

[189] Die 55 Wirkstoffe, die in Tabelle 6-1 nicht aufgeführt sind, aber mindestens einmal quantifiziert werden konnten, wurden in durchschnittlich weniger als 1% aller Proben nachgewiesen (ZEBS, 1994, Anhang 5, Bd. 2, S. 592 ff).

[190] Im Monitoring wurden beim Apfel auch zehn verbotene Wirkstoffe überprüft. Die Pestizide Aldrin, Captafol und Dieldrin wurden in 0,1% der Proben nachgewiesen. DDT, HCB, HCH und Heptachlor, inzwischen eher als Umweltkontaminanten denn als Rückstände einzuordnen, konnten in 0,2% der Proben quantifiziert werden (ZEBS, 1994, S. 231 ff). Über den Unterschied zwischen nicht zugelassenen und verbotenen Pestiziden siehe Seite 163.

[191] Tabelle 6-3 im Anhang weist, neben den international und national gültigen Höchstmengen, auch den maximalen, im Monitoring gemessenen Wert auf. Für Parathion ist die Überschreitung beider Höchstmengenangaben zu beobachten. Mindestens eine von 2.703 Proben liegt mit 0,82 mg/kg über der zulässigen Höchstmenge von 0,5 mg/kg. Bei dem geltenden ADI von 0,005 mg/kg Körpergewicht (FAO, 1991, S. 116)

- Die Höchstmengenüberschreitungen wurden nahezu ausschließlich in Importproben festgestellt (29 der insgesamt 30 Überschreitungen).
- Auch ökologisch erzeugte Äpfel zeigten in einigen Fällen Pestizidrückstände. D.h., bei Äpfeln mit dem Merkmal „ökologisch produziert" kann zwar von einer deutlich verminderten Wahrscheinlichkeit von Pestizidrückständen ausgegangen werden, diese Wahrscheinlichkeit ist aber nicht gleich Null. Höchstmengenüberschreitungen wurden bei ökologisch produzierten Äpfeln nicht beobachtet.

Aus den Erläuterungen in Kapitel 1.2.1 ging hervor, daß „moderate" Höchstmengenüberschreitungen noch keine Gesundheitsgefährdung darstellen. Somit kann gefolgert werden, daß die Pestizidbelastung von frischen Äpfeln für den Verbraucher nicht bedenklich ist[192]. Diese Einschätzung bedarf allerdings einer vorsichtigen Einschränkung: Bei 24% aller Apfelproben wurden mehrere Wirkstoffe gleichzeitig nachgewiesen. (vergl. Tabelle 1-9 im Anhang). Inwieweit bei einer Mehrfachbelastung ein mehr als additives Gesundheitsrisiko vorliegt, kann zur Zeit nicht beurteilt werden (vergl. die diesbezüglichen Erläuterungen in Kapitel 1.2.3).

Ein weiterer Aspekt der toxikologischen Bewertung von Pestiziden ist, neben der Einschätzung der Belastung des Verbrauchers, die Gefahr für die sogenannten Anwender, die Menschen, die direkt mit den Pestiziden umgehen. Sie sind wesentlich höheren Konzentrationen und zusätzlich anderen als oralen Aufnahmewegen ausgesetzt. GOEDICKE (1989, S. 535) schätzt besonders die dermale Exposition im intensiven Apfelanbau als hoch ein. BEITZ und BANASIAK (1989, S. 69) erläutern, daß insbesondere das Ansetzen der Spritzbrühe, wenn die Vorgaben des Arbeitsschutzes nicht beachtet werden, eine große Gefährdung darstellt. Auch das Ausbringen der Spritzbrühe ist in der Raumkultur Apfelanlage mit einer höheren Exposition verbunden als beispielsweise bei Feldkulturen. Schließlich können die handarbeitsintensiven Pflege- und Erntearbeiten, werden die Wartezeiten zwischen Behandlung und Wiederbetreten der Anlage nicht beachtet, gesundheitliche Schäden hervorrufen. Eine Untersuchung von DEMERS und ROSENSTOCK (1991) belegt, daß Landarbeiter des US-amerikanischen Bundesstaates Washington[193] einem insgesamt 50% höherem Gesundheitsrisiko ausgesetzt sind als andere Arbeiter. Neben einem erhöhten Verletzungsrisiko sind auch die Raten für Dermatitis (Hautentzündungen) und systemische Vergiftungen erhöht. Die Autoren vermuten, daß in ihrer Schätzung die von Pflanzenschutzmitteln ausgelösten Gesundheitsprobleme noch unterrepräsentiert sind, da sie nicht immer erkannt und nur selten gemeldet werden. Gesundheitliche Einbußen durch den Kontakt mit Pestiziden werden in der Literatur besonders häufig aus Entwicklungsländern berichtet, wo unzureichende gesetzliche Regelungen und fehlende

---

dürfte ein 70 kg schwerer Erwachsener nur 400 g und ein 20 kg schweres Kind nur 120 g dieserart belasteter Äpfel essen. Die Organophosphor-Verbindung Parathion wird allerdings auch schnell wieder abgebaut und ausgeschieden. Eine akut toxische Reaktion ist bei einer Belastung von unter einem Milligramm nicht zu erwarten (DUNKELBERG, 1989, S. 121 ff).

[192] Auch die Autoren des ZEBS Berichtes schreiben in ihrer vorsichtigen Bewertung, die Rückstandsbelastung pflanzlicher Lebensmittel ergebe ein befriedigendes Bild (ZEBS, 1994, S. 175).

[193] Der Staat Washington ist u.a. eine bedeutende Obstbauregion der USA.

Kontrolle, mangelhafte Schutzvorrichtungen und ungenügendes Wissen der Betroffenen unheilvoll zusammenwirken[194].

Aber auch in den westlichen Industrienationen wird die Arbeit mit Pestiziden kritisch gesehen. Die Europäische Landarbeiter-Vereinigung erarbeitet zur Zeit eine Liste von Pestiziden, die ihrer Meinung nach europaweit verboten werden sollten. Dazu zählen u.a. alle Mittel der WHO Gefahrenklasse I (extrem oder hoch gefährlich), zu denen auch Organophosphate zählen wie beispielsweise Parathion, das beim Monitoring in 5% aller Apfelproben nachgewiesen wurde (vergl. Tabelle 6-1)[195].

Schutzbestimmungen werden z.T. auch wider besseres Wissen mißachtet. Als Bequemlichkeit und „kognitive Dissonanz" (subjektive Unterschätzung eines Risikos) werden diese Aspekte in psychologischen Erklärungsansätzen eingeordnet. Sie sind Verhaltensweisen, die in ökonomischen Modellen nicht vollständig erfaßt werden können (ZILBERMAN und CASTILLO, 1994, S. 603).

Ob und wie stark in der Apfelproduktion eingesetzte Arbeitskräfte durch Pestizide gesundheitlich beeinträchtigt werden, ist in der Literatur nicht belegt. So lange gut informierte Landwirte sich „freiwillig" einer Kontamination aussetzen, mag ihr Verhalten ihren persönlichen Nutzen maximieren[196]. Auszuschließen ist allerdings nicht, daß auch z.B. für die Ernte eingestellte Saisonarbeitskräfte zu Schaden kommen. Die Saisonarbeiter würden vermutlich nicht freiwillig eine Kontamination riskieren, da darin für sie kein zusätzlicher Nutzen entstünde - es sei denn, nur so könnten sie ihre Beschäftigung für die Erntezeit sichern.[197].

In der Fallstudie wird die Anwenderbelastung bzw. der Schutz der Anwender nicht explizit betrachtet. Bezogen auf die Schadstoffkontrolle kann allerdings davon ausgegangen werden, daß eine effektive Kontrolle, die einen vorschriftsmäßigen Pflanzenschutzmittel-Einsatz fördert, das Anwenderrisiko senkt. Damit sinken private wie volkswirtschaftliche Kosten.

---

[194] Siehe z.B. MCCONELL et al. (1990) über die Belastung nicaraguanischer Mechaniker von Flugzeugen im Pflanzenschutzmittel-Einsatz; PINGALI et al. (1994) und ANTLE und PINGALI (1994) mit ihren medizinisch-ökonomischen Untersuchungen philippinischer Reisfarmer; CRISSMAN et al. (1994) über Pestizide im Kartoffelanbau und den Gesundheitsstatus der ekuadorianischen Landbevölkerung; sowie weiterführende Politik- und Forschungsansätze von ANTLE und CAPALBO (1994); ZILBERMAN und CASTILLO (1994); und CROPPER (1994).

[195] Weitere Substanzen, welche die europäische Landarbeiter-Vereinigung zum Verbot vorschlägt, sind 16 Pflanzenschutzmittel, die mit dem Rückgang der Fischbestände in der Nordsee in Verbindung gebracht werden und Methylbromid, das die Ozonschicht schädigen soll (FARMERS WEEKLY, 13.5.1994).

[196] Dabei können sie einen Teil der Kosten ihres risikofreudigen Verhaltens externalisieren. Die durch eine Pestizidbelastung hervorgerufenen Krankheitskosten werden in Industrienationen in der Regel von der Allgemeinheit, der Krankenkasse oder Berufsgenossenschaft, oder von anderen Versicherungsformen übernommen (ZILBERMAN und CASTILLO, 1994, S. 603).

[197] Eine differenziertere Aussage über diesen Punkt ließe sich nur in einer eingehenderen Studie bestimmter Erzeugerregionen machen. Die Verhandlungsposition der Saisonarbeiter hängt dabei wesentlich von den regionalen Arbeitsmärkten für ungelernte Kräfte zur Erntezeit ab. Zumindest in Deutschland kommen z.Z. die Saisonarbeitskräfte im Obstbau überwiegend aus Polen. Es ist unwahrscheinlich, daß sie für den kurzen Arbeitseinsatz in Deutschland organisiert sind.

## 6.2.2.2 Natürliche Toxine

Bei Apfelprodukten ist als Schadstoff neben den Pestizidrückständen auch das Mykotoxin Patulin von Relevanz. Patulin ist ein Stoffwechselprodukt, das von verschiedenen Gattungen der Schimmelpilze *Penicillium* und *Aspergillus* gebildet wird. Am häufigsten wird *Penicillium expansum* beobachtet, der Erreger der Braunfäule bei Äpfeln. Patulin wirkt toxisch auf etliche biologische Systeme wie Mikroorganismen, Pflanzen oder Tiere[198]. Eine toxische Wirkung auf den Menschen ist nicht bewiesen, kann aber wegen der karzinogenen, mutagenen und teratogenen Wirkungen bei anderen Spezies nicht ausgeschlossen werden[199]. Patulin ist in sauren Milieus relativ stabil und bis 125°C hitzeresistent, wird also z.B. bei der Pasteurisation von Säften nicht zerstört. Es baut sich in gelagertem Apfelsaft allerdings innerhalb eines halben Jahres nahezu vollständig ab (HERMES, 1995, S. 56). Schwefeldioxid inaktiviert Patulin, frische Luft und Temperatur um 23°C fördern seine Produktion. Äpfel und Apfelprodukte sind die am häufigsten mit Patulin kontaminierten Lebensmittel (SHARMA und SALUNKHE, 1991, S. 21f.; MCKINLEY und CARLTON, 1991, S. 191 ff).

Die WHO empfiehlt, einen Wert von 50µg[200] Patulin pro Liter Saft nicht zu überschreiten, moderne Analysemethoden können noch Konzentrationen von 20 µg/l quantitativ nachweisen (DITTRICH, 1993, S. 74; MCKINLEY und CARLTON, 1991, S. 202). Neuere Untersuchungsergebnisse über die Belastung von Apfelprodukten mit Patulin sind in Tabelle 6-2 zusammengestellt. Der Anteil belasteter Proben mit einem Patulingehalt von über 50 µg/l schwankt je nach Studie von unter einem Prozent bis zu einem knappen Drittel. Die recht hohen Patulinwerte in trüben Apfelsäften in Großbritannien wiederholten sich nicht im folgenden Jahr, nachdem die Safthersteller auf das Problem aufmerksam gemacht worden waren (BERG et al., 1995, S. 63). Auch BURDA (1992, S. 797) weist auf den Einfluß der einzelnen Verarbeiter hin. Von den neun australischen Herstellern, deren Produkte sie untersuchte, wurde bei fünf keine Überschreitung des kritischen Wertes von 50 µg/l festgestellt[201]. Bei den anderen vier Herstellern lag der Anteil von Proben über dem Grenzwert zwischen 30 und 100%.

---

[198] Tierversuche ergaben bei oralen Gaben von Patulin einen $LD_{50}$ Wert von 25-46 mg/kg Körpergewicht bei Mäusen und 27,8-30,5 mg/kg Körpergewicht bei Ratten. In einer Langzeitstudie (109 Wochen) mit niedrigeren Dosen bis zu 1,5 mg/kg Körpergewicht konnten keine krankhaften Veränderungen beobachtet werden (MCKINLEY und CARLTON, 1991, S. 221).

[199] Weitere Toxizitätsstudien und biochemische Untersuchungen sollten bestehende Informationsdefizite über Patulin abbauen. Dabei sollte die mögliche Gesundheitsgefährdung des Menschen ebenso untersucht werden wie das Vorkommen Patulins in Lebensmitteln (SALUNKHE und PATIL, 1991, S. 471).
Auch von staatlicher Seite wird der Patulinbelastung Beachtung geschenkt. Aus der Verwaltungsvorschrift für das Lebensmittel-Monitoring im Jahre 1995 geht hervor, daß die amtlichen Untersuchungseinrichtungen u.a. Apfelmus und Apfelsaft beprobten und auf Patulin untersuchten (GMBl 1995, Nr. 19, S. 366 ff).

[200] Die maximal tolerierbare tägliche Aufnahme von Patulin wird laut WHO für Erwachsene mit 1µg/kg Körpergewicht und für Kinder mit 0,26 µg/kg Körpergewicht angegeben (FOOD LABORATORY NEWS, 1990, S. 40).

[201] Zwei dieser fünf Betriebe sind Hersteller von Kindernahrung. Bei ihnen konnte bei 94% bzw. 100% der Proben kein Patulin nachgewiesen werden.

**Tabelle 6-2: Patulingehalt von apfelhaltigen Produkten (in µg/l oder µg/kg)**

| Lebensmittel | Gesamt-proben-zahl (n) | nicht nachweis-bar (n) | Proben < 50 µg/kg (n) | Proben > 50 µg/kg (n) und in [%] | Untersuchungsjahr und -land |
|---|---|---|---|---|---|
| Apfelsaft (1) | 325 | 308 | 16 | 1 [0,3%] | 1980-83, BRD |
| Apfelsaft (2) | 33 | 32 | 0 | 1 [3,0%] | 1982, BRD |
| klarer Apfelsaft (3) | 17 | 10 | 6 | 1 [5,6%] | 1992, Großbritannien |
| trüber Apfelsaft (3) | 15 | 4 | 7 | 4 [26,7%] | 1992, Großbritannien |
| Apfelsaft, gemischte Fruchtsäfte (4) | 241 | 101 | 69 | 71 [29,5%] | 1989-90, Australien |
| Apfel-, Birnensaftkonzentrate (1) | 25 | 24 | 0 | 1 [4,0%] | 1980-83, BRD |
| Apfelmus und -kompott (2) | 16 | 15 | 1 | 0 [0,0%] | 1982, BRD |

Quellen: (1): KIERMEIER, 1985, S. 391; (2): DITTRICH, 1993, S. 75; (3): MINISTRY OF AGRICULTURE, FISHERIES AND FOOD, 1993, S. 48; (4): BURDA, 1992, S. 797.

Die Zahlen aus der Literatur machen deutlich, daß der Patulingehalt in Apfelprodukten überprüft werden sollte. Kapitel 8 wird zeigen, daß dies in der Praxis auch geschieht, obgleich es in Deutschland keinen gesetzlich festgelegten Grenzwert gibt und die toxische Wirkung auf den Menschen nicht bewiesen ist.

Einige Autoren diskutieren den Zusammenhang zwischen dem Gebrauch von chemischen Pflanzenschutzmitteln und dem Vorkommen von Patulin. So weisen NOGA und LENZ (1993, S. 274) darauf hin, daß die Produktion von Mykotoxinen weitgehend durch den gezielten Einsatz von Fungiziden vermeidbar sei und somit die sachgerechte Verwendung von Pflanzenschutzmitteln einen Beitrag zur Minimierung der Gesundheitsgefährdung des Menschen durch Lebensmittelintoxikationen darstelle. Nach Meinung von SALUNKHE und SHARMA (1991, S. 463) ist es geradezu ironisch, daß in Fragen der Lebensmittelsicherheit Zusatzstoffe, Rückstände und Kontaminanten so stark beachtet, dagegen natürlich vorkommende Toxine (wie z.B. Patulin) kaum berücksichtigt würden. Sie vermuten, daß das Verbot effektiver Pestizide den Pilzbefall von Lebensmitteln und damit die Produktion von giftigen Mykotoxinen sogar erhöhen könne. Diese Vermutung konnte in einer dänischen Studie nicht bestätigt werden: Hier war organisch-biologisch erzeugter Apfelsaft nicht stärker mit Patulin belastet als konventioneller Saft (BERG et al., 1995, S. 64). Das sorgfältige Aussortieren angefaulter Äpfel vor der Weiterverarbeitung zu Apfelsaft war hier eine erfolgreiche Maßnahme zur Verhinderung eines erhöhten Patulingehaltes.

### 6.2.3 Räumliche und zeitliche Eingrenzung

Ausgangspunkt der räumlichen Eingrenzung sind die Äpfel und Apfelprodukte, die auf dem deutschen Lebensmittelmarkt angeboten werden. Äpfel werden sowohl in Deutschland produziert als auch aus dem europäischen und außer-europäischen Ausland importiert. Dies gilt auch für die weiterverarbeiteten Produkte, und so werden neben nationalen auch grenzüberschreitende Kontrollmechanismen untersucht.

Zeitlich möchte die Analyse möglichst aktuell sein. Es kann allerdings nicht davon ausgegangen werden, daß von allen Kontrollinstitutionen Daten für exakt den gleichen Zeitraum zur Verfügung gestellt werden. Der gewählte Bezugsrahmen sind die Kontrollen und Kontrollkosten eines Jahres. Liegen Informationen über mehrere Jahre vor, so werden daraus Durchschnittswerte errechnet.

## 6.3 Methode

In diesem Unterkapitel werden Kriterien zur Darstellung der Kontrolleistung und des Kontrollerfolgs definiert. Anschließend wird die Methode für die Ermittlung und Bewertung der Kosten festgelegt und zuletzt die Vorgehensweise der Fallstudie beschrieben.

Der Nutzen der Kontrolle wird nicht explizit betrachtet. Nach HANF (1991, S. 5) wird bei einer Entscheidung die Handlungsalternative gewählt, deren Ergebnis den subjektiv größten Nutzen zu bringen verspricht. Im Gedankengebäude der Wirtschaftstheorie handeln Anbieter von Lebensmitteln als Gewinnmaximierer. Wer sich für eine Schadstoffkontrolle entscheidet, erwartet demnach davon einen Vorteil, der mindestens so hoch wie die Kosten der Kontrolle sein muß. Indirekt wird mit der Kostenerfassung also der „Mindestnutzen" quantifiziert, den sich Anbieter von Lebensmitteln durch die Kontrolle versprechen.

### 6.3.1 Beschreibung der Kontrolleistung

Zur Darstellung der **Leistung** der Schadstoffkontrolle bieten sich mehrere Indikatoren an:
- Kontrollintensität (z.B. Proben/Einwohner, Proben/kg Produkt, Proben/Charge, Proben/Betrieb)
- Probenzeitpunkt und Probenort
- Analyseintensität (auf welche/wieviele Stoffe wurde untersucht)
- Berichts- und Informationstätigkeiten
- Sanktionstätigkeiten.

Erst das Zusammenspiel dieser einzelnen Elemente der Kontrolle bestimmen die Leistung, die ein Kontrollsystem erbringt. Ein aggregierter **Erfolgsindikator** ist die erzielte Lebensmittelsicherheit. Sie drückt sich in der Wahrscheinlichkeit aus, mit der ein Produkt den angestrebten Grad an Lebensmittelsicherheit (z.B. keine Überschreitung der gesetzlichen Höchstmengen für Pestizide) tatsächlich besitzt. Abzulesen ist die wahrscheinliche Lebensmittelsicherheit an den Ergebnissen repräsentativer Untersuchungen.

## 6.3.2 Ermittlung der Kontrollkosten

Es sollen bei den Anbietern von Äpfeln und Apfelprodukten die Kosten betrachtet werden, die durch die Entscheidung[202] für eine Schadstoffkontrolle ausgelöst werden. Dabei beschränkt sich die Fallstudie auf die Ermittlung der Kosten der direkten Kontrolle, wie sie in Kapitel 2.3.2 definiert wurde. Sie sind nach der Kostensystematik, die in Kapitel 5.1.2.1 vorgestellt wurde, den Prüfkosten zuzuordnen. Dazu werden in Form einer Nachkalkulation die tatsächlich entstandenen Ist-Kosten erfaßt. Sind diese nicht bekannt, werden sie aus anderen vorhandenen Kosteninformationen geschätzt.

Für die staatliche Schadstoffkontrolle von Äpfeln und Apfelprodukten (Kapitel 10) werden ebenfalls die Prüfkosten geschätzt.

Die wesentlichen Kostenarten bei der Schadstoffkontrolle sind die Labor- und Personalkosten.

*Laborkosten*

Bei der Pestizid- und Patulinkontrolle stehen die Kosten der Laboranalysen an erster Stelle. Laut AMEND werden so gut wie keine Pestizidrückstandsuntersuchungen in firmeneigenen Labors durchgeführt, die Analyse sei dazu zu aufwendig und schwierig. Einige Unternehmen wären allerdings in der Lage, Patulinbestimmungen durchzuführen (AMEND, persönliche Mitteilung, 1995). Nur Hersteller von Babykost gaben an, Rückstandsuntersuchungen im betriebseigenen Labor durchzuführen (vergl. Kapitel 8.6). Die Laborkosten müßten also bei den anderen Untersuchungsobjekten in der Regel als pagatorischer Wert[203] vorliegen. Sollte dies nicht der Fall sein, steht alternativ ein kalkulatorischer Wert zur Verfügung, der den durchschnittlichen Preisen akkreditierter privater Labore entspricht[204]. Bei den staatlichen Kontrollen in Kapitel 10 werden die Kontrollkosten der Rückstandsanalyse aus den Kostenschätzungen in Kapitel 3.2.3 abgeleitet. Sie beinhalten auch die Gemeinkosten des staatlichen Kontrollsystems.

*Personalkosten externer Kontrolleure*

Bei überbetrieblichen Kontrollsystemen führen Außenstehende die Kontrollen durch. Bei den Betriebskontrollen[205] und Probenahmen entstehen Lohn- und Reisekosten. Auch dieser Kostenfaktor wird soweit als möglich ermittelt.

---

[202] Es wird, inspiriert von RIEBEL (1994), also von einem entscheidungsorientierten Kostenbegriff ausgegangen. Danach sind „Kosten ... die durch die Entscheidung über das betrachtete Untersuchungsobjekt ausgelösten Ausgaben (im Sinne von Zahlungsverpflichtungen, Auszahlungssumme)" (RIEBEL, 1994, S. 627).
[203] Ein pagatorischer Wert ist ein auf Zahlungsvorgängen beruhender Wert.
[204] Hierzu wurden die aktuellen Preise akkreditierter Prüflaboratorien erfaßt. Die Vorgehensweise und die ermittelten Werte sind im Anhang, Tabelle 6-4 zusammengefaßt.
[205] Wie in Kapitel 7 ausführlich beschrieben wird, bestehen die Kontrollsysteme der Erzeuger (integrierte bzw. ökologische Produktion) nicht nur aus Rückstandsanalysen, sondern auch aus Betriebskontrollen. Letztere überwachen die allgemeine Produktionspraxis und können so auch den Austrag an Pflanzenschutzmitteln

*Nicht berücksichtigte Kosten*

Theoretisch könnten noch eine Reihe weiterer Einzelkostenpunkte berücksichtigt werden, die aber aus verschiedenen Gründen in die Fallstudie nicht einbezogen sind.

Der **Wert des Probenmaterials** wird in der Fallstudie nicht berechnet, sondern als vernachlässigbar eingestuft. Diese Vorgehensweise wäre bei wertvolleren Lebensmitteln als Äpfeln und Apfelprodukten nicht zu rechtfertigen[206]. Auch die bei überbetrieblichen Kontrollsystemen entstehenden **Zeitkosten der Kontrollierten** werden in Anbetracht einer mangelhaften Datenlage nicht einbezogen[207]. Die Vernachlässigung dieses Kostenpunktes wird aber nicht als sehr gravierend eingeschätzt, da bei den „kontroll-induzierten" Aktivitäten oft auch ein „kontroll-unabhängiger" Nutzen entsteht. So führt die von der Kontrolle vorgegebene Dokumentation zu einer besseren betrieblichen Übersicht, und Kontrollbesuche auf dem Betrieb haben oft auch einen positiven Beratungseffekt. Ebenfalls unbeachtet bleiben **allgemeine Verwaltungskosten**, die über die oben dargestellten Aktivitäten hinausgehen. Die Organisation und Evaluation von überbetrieblichen Schadstoffkontrollsystemen beinhaltet einen erheblichen Zeitaufwand. Sie bedarf einer qualifizierten Kraft mit organisatorischen wie kommunikativen Fähigkeiten, der ein angemessener Etat an Sachmitteln zur Verfügung stehen muß. In der Praxis sind die mit der Kontrollverwaltung beauftragten Personen oft auch noch mit vielen anderen Aufgaben betraut. Es wäre unrealistisch davon auszugehen, daß bei der hier gewählten Vorgehensweise (vergl. Kapitel 6.3.4) die tatsächlich der Kontrollverwaltung gewidmeten Personal- und Sachmittel zu erfassen wären. In der Diskussion und Bewertung der ermittelten Kontrollkosten muß daher berücksichtigt werden, daß sie eine Unterschätzung der tatsächlichen Kosten darstellen.

### 6.3.3 Bewertungskriterien

Mit der Bewertung der Kosten sollen folgende Fragen beantwortet werden:
- Welche relative Bedeutung haben Kontrollkosten?
- Werden verschiedene Handelsstufen unterschiedlich stark mit Kontrollkosten belastet?

Zur Beantwortung dieser Fragen werden den Vorschlägen von STEINBACH (1988) folgend zwei erlösorientierte **Kostenindikatoren** gebildet[208]. Zum einen werden die Kontrollkosten einer Handelsstufe in Relation zum Umsatz und zum anderen in Beziehung zur Handelsspanne dargestellt. Die einzelnen Handelsstufen werden im nächsten Gliederungspunkt 6.4 eingehender beschrieben.

---

und damit die Belastung mit Rückständen beeinflussen. Auch bei den Kontrollen der Fruchtsafthersteller (Kapitel 8.2) durch ihren Verband wird der betriebliche Ablauf mit überprüft.
[206] Beispielsweise bei den relativ großen Mengen von Pistazien, die zum Aflatoxinnachweis notwendig sind.
[207] Hierunter fallen z.B. Zeitaufwendungen für Dokumentationen oder die Zeit, die Betriebskontrollen in Anspruch nehmen.
[208] Grundsätzliches zur Bewertung von Kontrollkosten wurde in Kapitel 5.1.2.2 erörtert.

Bei ausreichender Datenlage kann zusätzlich die **relative Effizienz** der Kontrolle in Form von absoluten Kostenvergleichen gemessen werden. Für einen innerbetrieblichen Zeitvergleich werden hierzu die Kosten einer Periode mit denen anderer Perioden verglichen. Der Vergleich ermöglicht die Aussage, ob die Kontrollkosten über die Zeit optimiert wurden. Er ist in dieser einfachen Gegenüberstellung aber nur dann legitim, wenn die Kontrolleistung während des Beobachtungszeitraums nicht verändert wurde bzw. wenn die Preise konstant blieben.

Im zwischenbetrieblichen Vergleich werden die Kosten verschiedener Betriebe oder Kontrollsysteme gegenübergestellt. Diese Untersuchung gibt Hinweise auf die wirtschaftlichste Kontrollorganisation, die in der Praxis beobachtet werden konnte (JOST, 1988, S. 20). Auch hier gilt die Einschränkung, daß die Kontrolleistung vergleichbar sein muß.

Das Datenmaterial der Fallstudie läßt einen Vergleich der relativen Kosteneffizienz nur sehr begrenzt zu. In Kapitel 7 können die Kontrollsysteme von Apfelproduzenten verschiedener Erzeugerregionen über mehrere Jahre und untereinander verglichen werden. Ihr Anspruch an die Kontrolleistung bezieht sich auf die Vorgaben der integrierten Produktion und ist damit recht gut vergleichbar. Allerdings verzerren unterschiedliche staatliche Förderungen die Kostenstrukturen.

### 6.3.4 Vorgehensweise und Datengrundlage

Die Kontrollkosten und -leistungen sind in der Regel nicht in frei zugänglicher Form veröffentlicht, dies gilt für staatliche und insbesondere für private Kontrollinstitutionen. Die Schadstoffkontrolle ist ein sehr sensibler Bereich des Ernährungssektors, und der Nutzen, diesbezügliche Informationen zum Zwecke der Forschung an Externe weiterzugeben, scheint einer Branche, die mit einiger Regelmäßigkeit ihr Image gegen echte oder vermeintliche Lebensmittel-Skandale zu verteidigen hat, nicht gerade groß. Eine persönliche, Vertrauen schaffende Vorgehensweise schien daher angeraten.

Ausgehend von der wenigen, zu diesem Thema veröffentlichten Literatur und mit Hilfe einschlägiger Adreßbücher wurde ein Netzwerk zu Schlüsselpersonen in Kontrollinstitutionen aufgebaut, die von der Seriosität und Sinnhaftigkeit der Fallstudie überzeugt werden konnten. Dazu wurden im Laufe von 18 Monaten über 120 jeweils individuell abgestimmte Briefe geschrieben und ungezählte Telefonate geführt. Diese flexible Methode der Beschaffung vertraulicher Informationen läßt sich am ehesten mit Vorgehensweisen des investigativen Journalismus vergleichen.

Die Kontrollangaben werden, soweit dies sinnvoll ist, mit statistischen Angaben über Produktion, Handel und Weiterverarbeitung von Äpfeln und Apfelprodukten verknüpft. Als hervorragende Informationsquelle diente die jährlich herausgegebene „ZMP Bilanz Obst" der Zentralen Markt- und Preisberichtstelle (ZMP).

Im Laufe der Recherchen stellte sich heraus, daß Informationen über die Schadstoffkontrollen der Apfelerzeuger und des Import- und Großhandels von Tafeläpfeln relativ bereitwillig zur

Verfügung gestellt wurden, während Daten der weiterverarbeitenden Industrie schwer erhältlich waren. Ein für die Rücksender anonym konzipierter Fragebogen wurde daraufhin an vierzehn Apfelsafthersteller und zehn Apfelmusfabrikanten verschickt[209]. Der Rücklauf betrug vier bzw. zwei Antworten. Außerdem wurden die drei maßgeblichen Kinderkostproduzenten Deutschlands angeschrieben, von denen einer antwortete. Daten aus diesen Fragebögen sind als beschreibende Zusatzinformation in die jeweiligen Kapitel eingearbeitet. Aufgrund der kleinen und nicht repräsentativen Stichprobe ist ihre Aussagekraft begrenzt.

Zur Erfassung der Kontrollkosten von ökologisch produzierten Äpfeln wurden alle 47 staatlich anerkannten Kontrollstellen angeschrieben, die SCHMIDT und HACCIUS (1994, S. 497 ff) angeben. Fünfzehn Stellen teilten ihre Gebührensätze mit, sechs Unternehmen waren unbekannt verzogen, vier Firmen führten nach eigenen Angaben keine entsprechenden Kontrollen durch und 22 Kontrollstellen antworteten nicht.

Die staatlichen Kontrollmaßnahmen wurden ebenfalls mit Hilfe einer Vollerhebung erfaßt, die bereits in Kapitel 3 vorgestellt wurde.

## 6.4 Vermarktungswege und Handelsströme im Überblick

Um die einzelnen Kontrollmaßnahmen bei Äpfeln und Apfelprodukten in einen Gesamtrahmen einordnen zu können, werden in diesem Abschnitt die Vermarktungswege überblicksmäßig dargestellt und ihre Bedeutung schätzungsweise angegeben. Die Kenntnis der relativen Bedeutung der Handelsströme ist notwendig zur Gesamtbeurteilung aller Kontrollsysteme in Kapitel 11.

Die Vermarktungswege zwischen Produktion und Konsum von Äpfeln und Apfelprodukten sind in Schaubild 6-1 schematisch dargestellt. Um das Schaubild übersichtlich zu gestalten, sind die Vermarktungswege der weiterverarbeiteten Produkte (Ernährungsindustrie) nur angedeutet und der „Absatz" in die Intervention wurde nicht graphisch dargestellt. Auch die Exporte von deutschen Äpfeln und Apfelprodukten sind nicht eingezeichnet, sondern nur implizit berücksichtigt, indem die Mengenangaben der Kategorie „Auslandserzeugung" die Nettoimporte angeben. Da die deutsche Außenhandelsbilanz eine Nettoeinfuhr von Tafeläpfeln, Apfelsaft, Mostäpfeln und Apfelmus zu verzeichnen hat, schien diese Vereinfachung des Schaubilds gerechtfertigt.

Für die Einteilung der Erzeugung, oberste Ebene des Schaubilds 6-1, und für die Bezugsquellen der Konsumenten, unterste Ebene, konnten durchschnittliche Mengenangaben geschätzt werden. Für die drei Handelsstufen war eine Mengenangabe nicht möglich, hier sind nur die Marktteilnehmer dargestellt.

---

[209] Die Adressaten des Fragebogens waren Firmen, die der Verband der Fruchtsaft-Industrie, Bonn, und das Institut für Lebensmittelkonservierung, Neumünster, für die Befragung vorgeschlagen hatten.

**Schaubild 6-1: Schematische Darstellung der Vermarktungsströme und Handelswege für Tafeläpfel und Apfelprodukte**

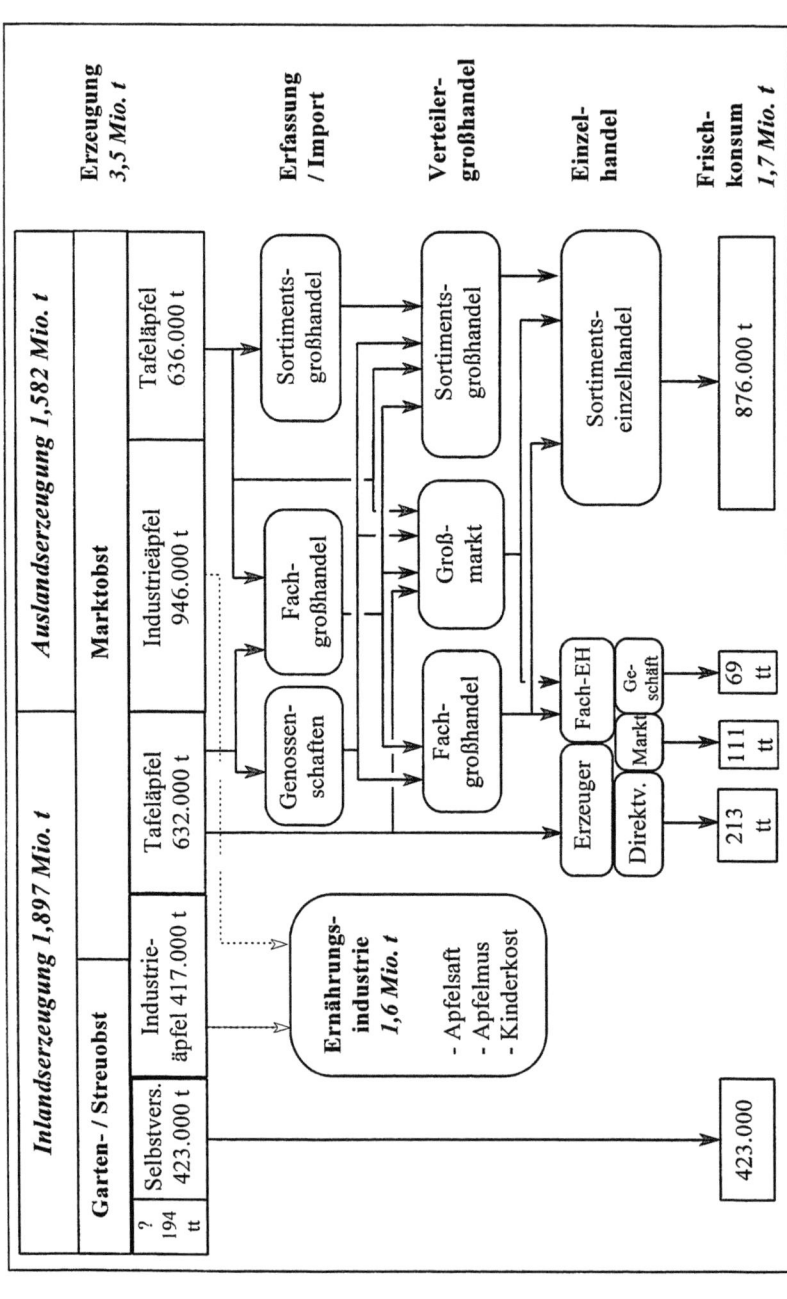

*Quelle:* Eigene Darstellung. Die Mengenangaben beziehen sich auf Tabelle 6-5 und Anhang 1. *Anmerkungen:* Angaben für Jahresdurchschnitt 1991 - 1993. tt = 1.000 t.

*Fallstudie: Fragestellung und Methode*

Die **Erzeugung** ist in Inlandserzeugung (1,897 Mio. t) und Auslandserzeugung (1,582 Mio. t) zu unterteilen. Die Inlandserzeugung ist einerseits in Hausgarten- und Streuobstproduktion und andererseits in Marktapfelproduktion untergliedert. Von der Inlandsproduktion werden 1,055 Mio. t als Tafeläpfel genutzt. Aus dem Ausland werden durchschnittlich 636.000 t Tafeläpfel und 946.000 t[210] Industrieobst eingeführt, letzteres fast ausschließlich als Apfelsaftkonzentrat.

Die Herkünfte der angebotenen Tafeläpfel sind folgendermaßen aufgeteilt:

- Importe                                                38%      (636.000 t)
- Selbstversorgung                                       25%      (423.000 t)
- inländisches Marktobst - Direktvermarktung             21%      (363.000 t)
- inländisches Marktobst - Absatz über Erzeugermärkte[211]   16%  (269.000 t)

Aus Schaubild 6-1 wird deutlich, daß bestimmte Unternehmensarten Funktionen auf mehreren Handelsstufen ausüben und die strenge funktionale Zweiteilung des Großhandels in Erfassungs- und Verteilergroßhandel nicht immer der Praxis entspricht. Bis in die 60er Jahre existierte eine klare Abgrenzung zwischen Import-, Groß- und Einzelhandel. Doch die starke Konzentration im Lebensmittelhandel der letzten Jahrzehnte führte einerseits zu „Sortimentsgroßhändlern", die bundesweit die Zentralen, aber auch Outlets der LEH-Ketten[212] mit dem nahezu gesamten Obst- und Gemüsesortiment beliefern (z.B. Atlanta AG, Bremen). Ihr breites Warenangebot fließt an den Großmärkten vorbei. Andererseits bildeten sich innerhalb der LEH-Ketten handelseigene Kontore oder zentrale Einkaufsorganisationen, welche die klassischen Großhandelsfunktionen übernahmen[213] (GOGOLL, 1995, S. 47). Die Quantifizierung der Warenströme in den einzelnen Handelsstufen ist schwierig. Tendenziell verliert aber der Fachgroß- und -einzelhandel ebenso an Wichtigkeit wie die Großmärkte als traditioneller Umschlagsplatz für Obst. Dagegen wächst die Bedeutung des Sortimentshandels.

---

[210] Diese Zahl errechnet sich aus den Angaben in Tabelle 6-5 wie folgt: [(Nettoeinfuhr Apfelsaft in Litern x 1,3) + Nettoeinfuhr Mostäpfel in Tonnen]. Die Multiplikation der Literangaben mit dem Faktor 1,3 ergibt die Rohwarenmenge in Tonnen.
[211] In den ZMP Statistiken werden die über „Erzeugermärkte" abgesetzten Mengen gesondert ausgewiesen. Hiermit ist der Teil der inländischen Marktobstproduktion angesprochen, der im Erfassungshandel über die Genossenschaften oder den Fachgroßhandel abgesetzt wird.
[212] LEH wird als Abkürzung für den Lebensmitteleinzelhandel benutzt.
[213] Hier ist z.B. das Fruchtkontor der Edeka zu nennen. Die hundertprozentige Tochtergesellschaft der Edeka Zentrale AG setzte 1995 1,35 Mrd. DM um und gilt bereits als drittgrößter deutscher Bananenimporteur und zweitgrößter Reifer (LEBENSMITTEL-ZEITUNG, 2.2.1996). Für die Warenbeschaffung unterhält das Edeka Fruchtkontor, dessen Hauptsitz in Hamburg liegt, regionale Niederlassungen in Köln, München, Bolzano (Italien), Delft-de-Lier (Niederlande) und Valencia (Spanien) (EDEKA, 1994).

Die letzte Ebene in Schaubild 6-1 stellt den privaten Gesamtverbrauch an Äpfeln dar. Die angegebenen Zahlen weisen folgende Bezugsquellen auf[214]:

- Sortimentseinzelhandel          52%    (876.000 t)
- Selbstversorgung                25%    (423.000 t)
- Direkt vom Erzeuger/Sonstiges   13%    (213.000 t)
- Wochenmärkte                     6%    (111.000 t)
- Facheinzelhandelsgeschäft        4%    ( 69.000 t).

Werden die Herkünfte der Erzeugnisse und die Bezugsquellen der Konsumenten gemeinsam betrachtet, so ist der hohe Grad der Selbstversorgung ebenso bemerkenswert wie der beträchtliche Anteil an Äpfeln, den deutsche Erzeuger direkt, unter Umgehung des Großhandels, absetzen. Importe im großem Umfang ergänzen das deutsche Angebot an Äpfeln, und der Sortimentseinzelhandel ist insgesamt für den Verbraucher die Hauptbezugsquelle für Äpfel.

Saft ist das wichtigste weiterverarbeitete Apfelprodukt. Deshalb sind auch für Apfelsaft die Warenströme in Schaubild 6-2 schematisch dargestellt. Die Bedeutung der verschiedenen Herkünfte der Apfelsaftrohware auf dem deutschen Markt wird folgendermaßen geschätzt:

- Nettoimporte                                    63%    (728 Mio. l)
- inländische Mostäpfel aus Streuobstproduktion   28%    (321 Mio. l)
- inländische Mostäpfel aus Marktobstanbau         9%    (110 Mio. l)

Diese Zahlen besagen, daß Apfelsaft zu knapp zwei Drittel aus ausländischer Rohware produziert wird, wichtig ist außerdem der Anteil von Mostäpfeln aus der inländischen Streuobstproduktion. Der Marktobstbau beliefert nur in geringem Maße die Mostereien, sein Produktionsziel sind Tafeläpfel der höchsten Handelsklassen E und I. Lediglich Überschüsse und aussortierte Ware werden als Mostobst abgesetzt.

---

[214] Diese Angaben beruhen auf den Daten in Tabelle 6-6 im Anhang bzw. auf ZMP, 1995a, S. 32-34. Der Prozentsatz zur Selbstversorgung betrug in den neuen Bundesländern sogar 34%; in der Schätzung für Schaubild 6-1 wurde der niedrigere Prozentsatz (25%) der alten Bundesländer verwendet. Die Einkaufsquellen der Großverbraucher (Restaurants, Heime u.ä.) sind hier nicht berücksichtigt. Bei diesen Nachfragern spielt die Hausgartenproduktion sicherlich keine Rolle, sie werden direkt vom Fachgroß- und Sortimentsgroßhandel beliefert.

**Schaubild 6-2: Schematische Darstellung der Warenströme bei Apfelsaft**

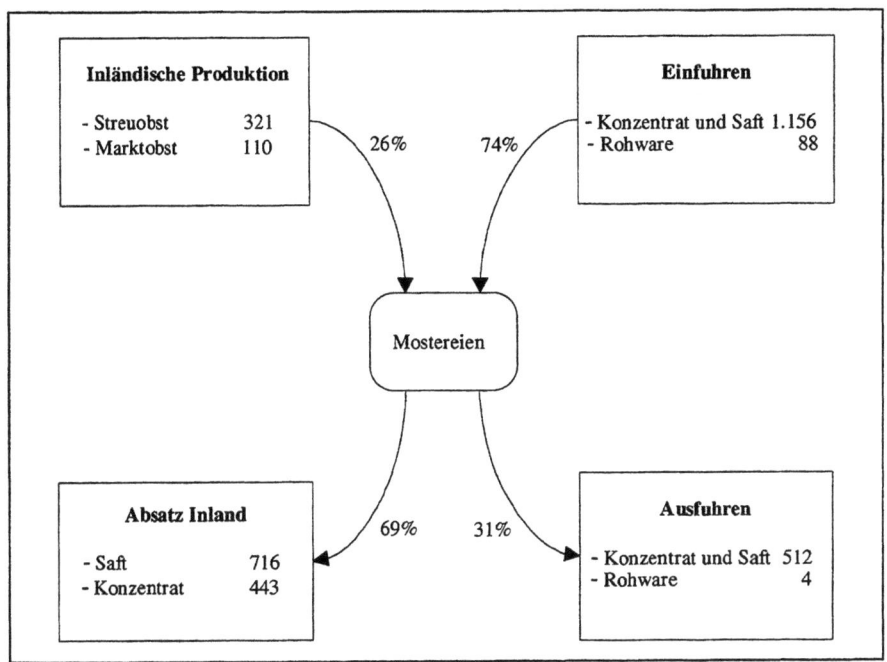

*Anmerkung:* Alle Angaben in Millionen Litern, Jahresdurchschnitt 1991 - 1993. Das Verhältnis Rohware Äpfel zu Apfelsaft beträgt 1,3 kg : 1 Liter.

*Quelle:* Eigene Darstellung. Die Mengenangaben beziehen sich auf die statistischen Angaben und Berechnungen im Anhang, Tabelle 6-5 und die Erläuterungen in Anhang 1.

## 6.5 Fazit

Kapitel 6 führt in die Fallstudie ein. Die Auswahl von Äpfeln und Apfelprodukten als inhaltlicher Schwerpunkt der Fallstudie beruht auf folgenden Gründen. Erstens ist der Verzehr insbesondere von Tafeläpfeln und Apfelsaft weit verbreitet. Es handelt sich also um Produkte von einiger Relevanz. Zweitens liegen, zumindest für Äpfel, repräsentative Daten über deren Schadstoffbelastung vor. Somit liegt eine Basisinformation über die erreichte Lebensmittelsicherheit und über problematische Stoffe vor. Drittens werden verschiedene Anbaumethoden praktiziert, die sich im Pflanzenschutzeinsatz und dessen Kontrolle unterscheiden. Es können also Kontrollmaßnahmen auf der Erzeugerebene untersucht werden. Viertens werden erhebliche Mengen an Äpfeln und Apfelsaftkonzentrat aus dem europäischen Ausland und aus Übersee nach Deutschland importiert. Damit stellt sich die Frage der grenzüberschreitenden Kontrolle. Fünftens werden Äpfel zu so unterschiedlichen Produkten wie Apfelsaft, Apfelmus oder Kinderkost weiterverarbeitet. Das bedeutet, daß auch Schadstoffkontrollen der Lebensmittelindustrie untersucht werden können.

Die Diskussion relevanter Schadstoffe in Äpfeln und Apfelprodukten ergibt, daß Pestizidrückstände und Patulin häufig beobachtet werden, während Umweltkontaminanten keine große Bedeutung haben. Das toxikologische Risiko von Pestizidrückständen und Patulin in Äpfeln und Apfelprodukten ist insgesamt als niedrig einzustufen. Es wird daher in der Fallstudie nicht der Versuch gemacht, die Schadstoffkontrolle in ihren möglichen positiven Gesundheitseffekten darzustellen und damit den Kontrollkosten Gesundheits- und Umwelteffekte gegenüberzustellen. Vielmehr konzentriert sich die Fallstudie auf die Darstellung der Kontrolle und die Erfassung der Kontrollkosten. Im Vordergrund steht die Frage nach ihrer relativen Bedeutung, Effizienz und optimalen Ausgestaltung.

Um die einzelnen Kontrollmaßnahmen in einen Gesamtrahmen einordnen zu können, wurden die Vermarktungswege überblicksmäßig dargestellt und die Handelsströme schätzungsweise quantifiziert. Dabei wurde deutlich, daß Äpfel und die Rohware für Apfelprodukte verschiedene Herkünfte aufweisen und diverse Vermarktungswege parallel vorhanden sind. Für verfügbare Tafeläpfel in Deutschland wurde geschätzt, daß 38% aus dem Ausland kommen, 37% stammen aus der inländischen Marktobsterzeugung. Ein Viertel wird direkt für die Selbstversorgung produziert. Bei Apfelsaft besteht knapp zwei Drittel der Rohware aus Importen.

Die nächsten Kapitel 7 bis 10 untersuchen die Schadstoffkontrollen der Erzeugung, der Ernährungsindustrie, des Handels und der staatlichen Behörden. Eine Gesamtbewertung der Kontrollsysteme und Kontrollkosten wird in Kapitel 11 vorgenommen.

# 7 Fallstudie: Produktionsverfahren der Apfelerzeugung unter besonderer Berücksichtigung des Pflanzenschutzmittel-Einsatzes und der Rückstandskontrolle

Pflanzenschutzmittel werden in der Apfelproduktion hauptsächlich während der Erzeugung ausgebracht, im Einzelfall ist auch eine Nacherntebehandlung zur Vermeidung von Lagerkrankheiten von Interesse. Für die Fragestellungen der Fallstudie ist eine Untersuchung der Apfelproduktion aus zwei Gründen wichtig. Einerseits können der Eintrag von Pestiziden abgeschätzt und andererseits Verfahren zur Rückstandskontrolle untersucht werden.

Das Kapitel 7 erläutert zunächst Produktionsverfahren und Anbaumethoden in der Apfelerzeugung. Dann werden Pflanzenschutzmittel-Einsatz und -Kontrolle in der integrierten Marktapfelproduktion eingehend am Beispiel der Erzeugerregionen Bodensee, Altes Land und Südtirol untersucht. Anschließend werden die Kontrolle und die Kontrollkosten ökologisch produzierter Äpfel angesprochen. Nach einer Diskussion des Pestizideinsatzes in der Streuobst- und Hausgartenproduktion endet das Kapitel in einem zusammenfassenden Fazit.

## 7.1 Produktionsverfahren und Anbaumethoden in der Apfelerzeugung

In der Apfelerzeugung können einerseits drei Produktionsverfahren und andererseits drei Anbaumethoden unterschieden werden. Erstere variieren insbesondere im Pflanzenschutz-Einsatz und dessen Kontrolle. Die Anbaumethoden weisen verschiedene Produktionsrichtungen und -intensitäten auf.

*Produktionsverfahren*

In der Apfelerzeugung werden, wie allgemein in der pflanzlichen Produktion, drei verschiedene Produktionsverfahren beobachtet.

Die **ökologische Produktion** erfolgt nach den „Rahmenrichtlinien zum ökologischen Landbau" (AGÖL, 1991). Innerhalb dieser Rahmenrichtlinien ist nur der Einsatz weniger, nichtchemischer Pflanzenschutzmittel erlaubt. Ökologisch produzierende Betriebe werden einmal jährlich von einer externen, akkreditierten Überwachungsstelle kontrolliert[215]. Bei Äpfeln aus der ökologischen Produktion ist daher ein sehr niedriges Niveau an Pflanzenschutzmittel-Rückständen zu erwarten (diese Erwartung wurde beim Lebensmittel-Monitoring bestätigt, vergl. Tabelle 6-1).

---

[215] Vergleich §9 bzw. Anhang III der Verordnung (EWG) Nr. 2092/91 des Rates vom 24.6.1991 über den ökologischen Landbau und die entsprechende Kennzeichnung der landwirtschaftlichen Erzeugnisse und Lebensmittel, Abl. EG L 198, 22.7.1991, S. 1 ff.

Ein weiteres Produktionsverfahren ist die **integrierte Produktion**. Sie wird in Abschnitt 7.2 noch eingehend beschrieben. Über die staatlichen Limitierungen hinaus steht bei diesem Verfahren den Erzeugern nur eine eingeschränkte Auswahl relativ „unschädlicher" Pflanzenschutzmittel zur Verfügung. Diese Mittel werden von den regionalen Erzeugerverbänden als für die integrierte Produktion geeignet ausgewählt. Die IOBC[216] definiert integrierte Kernobstproduktion als „die wirtschaftliche Produktion qualitativ hochwertiger Früchte unter vorrangiger Berücksichtigung ökologisch sicherer Methoden, um die unerwünschten Nebenwirkungen und die Anwendung von Agrochemikalien zu minimieren mit dem Ziel eines besseren Schutzes der Umwelt und der menschlichen Gesundheit" (CROSS und DICKLER, 1994, S. 17)[217]. Ein wichtiges Element der integrierten Produktion ist das Schadschwellenprinzip: Pflanzenschutzanwendungen werden erst bei Übertretung der wirtschaftlichen Schadschwelle durchgeführt, d.h., wenn die Bekämpfungskosten geringer als die Ertragsverluste durch den Befall sind (STEINER und BAGGIOLINI, 1988, S. 14). Auch bei der integrierten Produktion existiert ein überbetriebliches Kontrollsystem, das aber weitmaschiger und begrenzter ist als in der ökologischen Produktion. Überschreitungen der Rückstandshöchstmengen-Verordnung und die Anwendung von in der integrierten Produktion nicht erlaubten Mitteln sollten bei diesem Produktionsverfahren die Ausnahme sein.

Die sogenannte **konventionelle Produktion** orientiert sich an den Maßgaben der „guten landwirtschaftlichen Praxis". Ihr folgen alle Erzeuger, die sich keinen privatwirtschaftlich definierten Normen und Kontrollsystemen unterworfen haben. Die Pestizidrückstände sollten auch hier unterhalb der Rückstandshöchstmengen-Verordnung liegen. Durch das Fehlen eines überbetrieblichen Kontrollsystems könnten Überschreitungen häufiger zu erwarten sein.

Die drei genannten Produktionsverfahren unterscheiden sich also in ihrem Einsatz an Pflanzenschutzmitteln und in der Intensität von Pflanzenschutzmittel-Kontrollen.

*Anbaumethoden*

In Deutschland wird im Obstbau in die drei Anbaumethoden Marktobst-, Streuobst- und Hausgartenproduktion unterschieden. Diese Bereiche der Obsterzeugung können wie folgt definiert werden.

---

[216] Die IOBC (International Organization for Biological and Integrated Control of Noxious Animals and Plants) ist ein Zusammenschluß staatlicher und anderer amtlicher Institutionen. Die Westpaläarktische Sektion wurde 1956 gegründet und besteht derzeit aus 38 Mitgliedern aus 22 Ländern Europas und des Mittelmeerraumes. Die Hauptaktivitäten werden von rund 20 speziellen Arbeitsgruppen geleistet, von denen die Arbeitsgruppe „Integrierter Pflanzenschutz im Obst- und Hopfenbau" eine der ältesten und größten ist (STEINER und BAGGIOLINI, 1988, S. 5).

[217] Im Pflanzenschutzgesetz wird der integrierte Pflanzenschutz definiert als „eine Kombination von Verfahren, bei denen unter vorrangiger Berücksichtigung biologischer, biotechnischer, pflanzenzüchterischer sowie anbau- und kulturtechnischer Maßnahmen die Anwendung chemischer Pflanzenschutzmittel auf das notwendige Maß beschränkt wird" (GESETZ ZUM SCHUTZ DER KULTURPFLANZEN, § 2, Absatz 2).

Unter **Marktobstbau** werden intensiv bewirtschaftete Anlagen verstanden, die mit nur einer Obstart, nach ausgesuchtem Sortenspiegel, nach einheitlichem System und zur selben Zeit auf gleicher Unterlage gepflanzt wurden. Die Dichtpflanzungen bestehen aus 3.000 und mehr Bäumen pro Hektar. Betriebe mit derartigen Obstanlagen verkaufen das erzeugte Obst vollständig oder überwiegend (MASSANTE, 1990, S. 794). Ziel dieser Produktionsweise sind Tafeläpfel der Handelsklassen E und I.

**Streuobstwiesen** sind hingegen eine „extensiv genutzte Kombination von Hochstamm-Obstbäumen und Grünland" (RÖSLER, 1993, S. 11). Eine typische Streuobstwiese hat eine Baumdichte von ca. 200 Bäume pro ha. Die Bäume können unterschiedlichen Obstarten, Baumformen und Altersklassen angehören. Aufgrund der extensiven Bewirtschaftung entspricht das Obst nicht den äußeren Qualitätsanforderungen der höherpreisigen Handelsklassen. Die Ernte wird daher überwiegend an die Verarbeitungsindustrie verkauft oder, mangels Rentabilität, z.T. überhaupt nicht genutzt.

Unter den Begriff **Hausgartenproduktion** fallen die i.d.R. kleinflächigen Obstanlagen in Haus- und Kleingärten, die der individuellen Selbstversorgung dienen. In Statistiken ist dieser Bereich meistens mit der Streuobstproduktion gemeinsam dargestellt.

Die Bedeutung der drei Anbaumethoden ist aus den Statistiken der ZMP abzulesen. Aus ihnen geht hervor, daß der Streu- und Gartenobstbau im zehnjährigen Mittel (1984 - 1993) knapp zwei Drittel zur gesamten westdeutschen Apfelproduktion beitrug, der Marktobstbau produzierte 37% der Gesamternte. Die jährliche Varianz der Produktion (Alternanz) ist dabei im Marktobstbau mit 22% des Mittelwertes nur halb so groß wie im Streu- und Gartenobstbau (41%) (vergl. Tabelle 7-4 im Anhang).

*Bedeutung der Produktionsverfahren und Anbaumethoden*

Theoretisch kann jede der drei Anbaumethoden im Rahmen der konventionellen, der integrierten oder der ökologischen Produktion durchgeführt werden. Praktisch hat sich im deutschen **Marktobstbau** die integrierte Produktion als gängiges Verfahren durchgesetzt, dies gilt auch für andere wichtige europäische Anbauregionen wie etwa Südtirol. Es wird davon ausgegangen, daß sich im Marktobstbau dieses Produktionsverfahren in Europa auch in Zukunft noch weiter ausdehnt (BLOMMERS, 1994, S. 229). Die Pflanzenschutzmittel-Rückstandskontrolle im Rahmen der integrierten Produktion wird in Kapitel 7.2 eingehend untersucht. Die ökologische Apfelproduktion hat im Marktobstbau eine geringe mengenmäßige Bedeutung[218]. Ihre Kontrolle gemäß der EU-Bio-Verordnung umfaßt deutlich mehr Aspekte als die Kontrolle der integrierten Produktion. Die Kontrollkosten diskutiert Abschnitt 7.3. Die klassische konventio-

---

[218] Über die Verbreitung ökologisch produzierter Tafeläpfel liegen selbst beim „Beratungsdienst Ökologischer Obstbau e.V." keine gesicherten Zahlen vor. GATTENLÖHNER (1994, S. 1) schätzt für die Region Bodensee, daß ca. 2% der Marktobstflächen ökologisch bewirtschaftet werden.

nelle Produktion mit schematischen Spritzplänen und Düngeempfehlungen besteht heute weitgehend nur noch theoretisch und wird in der Fallstudie nicht weiter untersucht.

Umgekehrt proportional zu ihrer wirtschaftlichen Bedeutung ist der jeweilige Bekanntheitsgrad der integrierten und ökologischen Produktion. Eine Umfrage der CMA von 1992 zeigte, daß 93% der Verbraucher alternativ/biologische Verfahren kannten. Die integrierte Produktion war nur 21% der Befragten ein Begriff (CMA, 1993, S.25).

Die **Streuobst- und Hausgartenproduktion** ist nicht eindeutig einem der drei Produktionsverfahren zuzuordnen, i.d.R. finden aber in diesen Produktionsbereichen auf der Erzeugerstufe keine Schadstoffkontrollen statt. Eine Ausnahme stellen hier die Kontrollverfahren bei dem Streuobst dar, das im Rahmen regionaler Vermarktungsprojekte zu „Apfelsaft aus kontrolliertem Streuobst" weiterverarbeitet wird. Beispielhaft hierfür wird dazu ein Kontroll- und Vermarktungsprojekt aus der Region Bodensee in Kapitel 8.4 vorgestellt.

Die Fallstudie hat nicht zur Aufgabe, die verschiedenen Produktionsverfahren und Anbaumethoden der Apfelerzeugung generell auf ihre Wirtschaftlichkeit hin zu vergleichen. Statt dessen werden in einer kurzfristigen Betrachtung bei unveränderter Technik sowie gegebener Produktionsanlage nur die variablen Kosten der direkten Kontrolle untersucht und dem Kontrollerfolg gegenübergestellt.

### 7.2 Pflanzenschutzmittel-Einsatz und -Kontrolle in der integrierten Produktion

#### 7.2.1 Bedeutung der integrierten Marktapfelproduktion

In Deutschland wurden 1992 ca. 40.400 ha[219] für die Marktapfelproduktion genutzt, dabei entfielen 68% der Flächen auf die alten und 32% auf die neuen Bundesländer (ZMP, 1994a, S. 23)[220]. Knapp die Hälfte der Marktapfelpflanzungen in Deutschland befinden sich in Baden-Württemberg (11.051 ha) und Niedersachsen (7.971 ha) (ZMP, 1994a, S. 23). Der Anteil der integriert bewirtschafteten Apfelflächen entsprach in diesen beiden Bundesländern 1992 gut 80% der Gesamtfläche (vergl. Tabelle 7-5 und Tabelle 7-6 im Anhang)[221]. Die zentralen Anbauregionen in diesen Bundesländern sind dabei der Bodensee und das Alte Land, auch Niederelbe genannt.

---

[219] Laut ZMP (1994a, S. 19, Anmerkungen) beruhen diese wie die folgenden Angaben eher auf einer Unterschätzung.

[220] In den Jahren 1993 und 1994 trugen die neuen Bundesländer nur noch 23% bzw. 17% zur gesamtdeutschen Marktapfelproduktion bei (ZMP, 1995a, S. 41). Der Anteil der neuen Bundesländer wird auch in Zukunft eher noch weiter sinken, allein im Wirtschaftsjahr 1994/95 wurden EU-Rodeprämien für 3.500 ha beantragt (AGRA-EUROPE, 27.12.1994).

[221] In den vier Anbauregionen Baden-Württemberg, Niederelbe, Rheinland und Rheinland-Pfalz betrug die Kernobstfläche mit integrierter Produktion im Jahre 1992 ca. 21.600 ha (SESSLER und POLESNY, 1993, S. 259). Dies entspricht 74% der gesamten Kernobstfläche in den alten Bundesländern (ZMP, 1994a, S. 23).

Der größte Anteil an importierten Äpfeln stammt aus der italienischen Anbauregion Südtirol[222]. Auch hier ist die integrierte Produktion Standard. Die Fallstudie konzentriert sich auf die Untersuchung der Kontrolle der integrierten Produktion in den genannten drei Regionen Bodensee (Baden-Württemberg), Altes Land (Niedersachsen) und Südtirol (Italien).

### 7.2.2 Einsatz von Pflanzenschutzmitteln in der integrierten Apfelproduktion

In der Praxis können Obstanlagen von einer Vielzahl von Pilzkrankheiten, Spinnmilben, Schadinsekten, Unkräutern, Viruserkrankungen und Mycoplasmosen befallen werden[223]. Tabelle 7-7 im Anhang gibt einen Überblick über die wichtigsten Krankheiten und Schädlinge sowie über die in der integrierten Produktion erlaubten Pflanzenschutzmittel bzw. deren Wirkstoffe. Zwischen den diesbezüglichen Angaben aus Baden-Württemberg und Niedersachsen waren keine Unterschiede zu beobachten.

Die Bezeichnung „erlaubt" bedarf in diesem Zusammenhang einer Erläuterung, sie steht zum Teil im widersprüchlichen Bezug zu dem Begriff „zugelassen". **Zugelassen** wird ein Pflanzenschutzmittel nach dem Verfahren des Pflanzenschutzgesetzes vom 15.9.1986. Die Zulassung erfolgt durch die Biologische Bundesanstalt für Land- und Forstwirtschaft und ist in der Regel auf zehn Jahre befristet. Ist die Zulassung eines Mittels abgelaufen, darf es nicht mehr in Verkehr gebracht oder eingeführt werden (Gesetz zum Schutz der Kulturpflanzen, § 11-16). Zwischen 1985 und 1991 sank die Anzahl zugelassener Pflanzenschutzmittel für alle Kulturen in Deutschland um 55% von 1.736 auf 956 Präparate (EFKEN, 1993, S. 215). Eine ausgelaufene, nicht neu beantragte Zulassung ist nicht zwangsläufig ein Hinweis, daß dieses Mittel den heutigen Zulassungsbestimmungen nicht mehr genügen würde. Eventuell stehen auch die für den Antragsteller bei der Zulassung entstehenden Kosten in einem ungünstigen Verhältnis zu den über den Verkauf des Mittels erwarteten Einnahmen. Gerade für Kulturen geringerer Bedeutung ist aufgrund der hohen Forschungs- und Zulassungskosten ein Rückgang der angebotenen Präparate zu beobachten (GIANESSI, 1989, S. 11). Zu den sogenannten kleinen Kulturen zählt in Deutschland auch der Obstbau, wenngleich die Behandlungslücken im Gemüsebau als noch ernster eingeschätzt werden (AGRA-EUROPE, 21.6.1993).

Im Rahmen des Pflanzenschutzgesetzes, § 7 ist der Bundesminister für Ernährung, Landwirtschaft und Forsten auch dazu ermächtigt, die Anwendung eines Pflanzenschutzmittels zu **verbieten**. Ist ein Mittel verboten, so darf es weder gehandelt noch ausgebracht werden.

---

[222] Im Durchschnitt der Jahre 1990-1993 lieferte Italien 35% aller Tafelapfelimporte, gefolgt von Frankreich (16%). Wichtigste Lieferländer aus der südlichen Hemisphäre waren Neuseeland (9%), Chile und Südafrika (je 7%) (ZMP, versch. Jhg).

[223] Auch nichtparasitäre Krankheiten wie Calciummangel (Stippigkeit) oder Schalenbräune spielen in der Apfelproduktion eine Rolle und werden mit Pflanzenschutzmitteln bekämpft. Gegen Viruserkrankungen gibt es keine wirksamen Pflanzenschutzmittel, hier kommen züchterische Maßnahmen (virusfreie Unterlagen) zur Anwendung. Generell ist die Anfälligkeit eines Baumes für einen Krankheitsbefall abhängig von zahlreichen Standortfaktoren und der Sorte.

Das „Aufbrauchen" von Pflanzenschutzmittel-Vorräten, deren Zulassung abgelaufen ist und deren Anwendung aber nicht explizit nach § 7 PflSchG einem Verbot unterliegt, ist **erlaubt**. Diese rechtliche Grauzone - weder Zulassung noch Anwendungsverbot - wird z.T. weit ausgelegt. So ist das Mittel zur chemischen Fruchtausdünnung, Amidthin, seit sieben Jahren nicht mehr zugelassen. Trotzdem wurde es noch 1995 offiziell vom Obstbauversuchsring des Alten Landes wie folgt empfohlen: „Die Zulassung für das Präparat Amidthin ist zum 31.12.1988 ausgelaufen. Dennoch wurde es sowohl für die Obstpraxis als auch speziell für den Integrierten Obstbau weiterhin empfohlen, da einerseits auf dieses letzte noch verfügbare Ausdünnungsmittel nicht verzichtet werden kann, andererseits gesundheitliche Bedenken oder Umweltprobleme nicht bekannt sind" (OVR, 1995, S. 169).

**Nicht erlaubt** im Sinne der integrierten Produktion sind gesetzlich zugelassene Mittel, die aber z.B. aufgrund ihres breiten Wirkungsspektrums auch Nützlinge beeinträchtigen. Die Erzeugerverbände geben jährlich aktualisierte Positivlisten an ihre Mitglieder heraus, auf denen die Pflanzenschutzmittel aufgezählt sind, die in der integrierten Produktion eingesetzt werden dürfen.

Trotz des Bemühens, in der integrierten Produktion den Einsatz chemischer Pflanzenschutzmittel auf das erforderliche Mindestmaß zu begrenzen, ist der heutige, intensive Marktapfelanbau auf häufige Pestizidausbringungen angewiesen. Eine Auswertung von 7.654 Betriebsheften, die den Pflanzenschutzeinsatz von gut 2.500 Obsterzeugern in Baden-Württemberg über drei Jahre beinhaltet (1991-1993), zeigt folgende Pflanzenschutzpraxis in der integrierten Produktion:

- 13,8 Fungizidspritzungen
- 4,4 Insektizidbehandlungen
- 1,7 Herbizidanwendungen
- 1 Akarizidausbringung pro Jahr (HELLMANN und SESSLER, 1995, S. 80).

Der häufige Pflanzenschutzmittel-Einsatz in der Marktapfelproduktion läßt den Schluß zu, daß diese Maßnahmen eine wichtige ertragssichernde Funktion haben.

Über die Kosten des Pflanzenschutzes in der integrierten Produktion liegen drei Literaturhinweise vor. SESSLER (1993, S. 3) multiplizierte die oben zitierten durchschnittlichen Aufwendungen mit üblichen und in der integrierten Produktion erlaubten Mitteln. Pro Hektar ergaben sich dabei jährliche Pflanzenschutzmittel-Kosten von 1.546 DM[224]. Diese Berechnung entspricht größenordnungsmäßig den Kostenangaben für Pflanzenschutzaufwendungen von 1.430 DM/ha aus dem Rheinland (LANDWIRTSCHAFTSKAMMER RHEINLAND, 1991, S. 31). Jüngste Faustzahlen des KTBL nennen für den integrierten Apfelanbau jährliche Pflanzenschutzmittel-Kosten von 1.208 DM/ha (KTBL, 1995, S. 62).

---

[224] 995 DM für Fungizide, 357 DM für Insektizide und je 97 DM für Akarizide und Herbizide.

Die Kosten des Pflanzenschutzes können im Verhältnis zu den gesamten Produktionskosten betrachtet werden. Insgesamt stellen die variablen Spezialkosten, denen auch die Pflanzenschutzaufwendungen zugeordnet werden, nur einen kleinen Teil der Gesamtkosten in der Kernobsterzeugung dar. Vergleichbare durchschnittliche Produktionskosten für das Rheinland und Südtirol sind in Tabelle 7-1 dargestellt[225].

Tabelle 7-1: Exemplarische jährliche Produktionskosten der Kernobsterzeugung in Deutschland und Italien

|  | Rheinland | | Südtirol | | |
| --- | --- | --- | --- | --- | --- |
|  | DM/ha | in % | Lire/ha | DM/ha | in % |
| Feste Kosten | 8.914 | 28 | 2.000.000 | 2.011 | 10 |
| Kosten der Anlage | 4.937 | 16 | 3.700.000 | 3.721 | 18 |
| Variable Spezialkosten | 6.672 | 21 | 6.318.000 | 6.353 | 31 |
| *davon Pflanzenschutzmittel* | *1.430* | *5* | *2.356.000* | *2.369* | *12* |
| Lohnkosten | 11.036 | 35 | 8.382.000 | 8.429 | 41 |
| Gesamtkosten | 31.559 | 100 | 20.400.000 | 20.514 | 100 |
| Ertrag dt/ha | 270 | - | n.v. | 385 | - |
| PSM-Kosten/t | 53 | - | n.v. | 62 | - |
| Lohnkosten/t | 409 | - | n.v. | 219 | - |
| Akh/t | 24 | - | n.v. | 16 | - |

*Anmerkungen:* Die Position „Feste Kosten" ist zwischen den Ländern nicht vergleichbar.
Bei den Lohnkosten werden im Rheinland von 660 Akh à DM 16,72 und in Südtirol von 600 Akh à DM 12,29 ausgegangen.
Umrechnungskurs: 1.000 Lire = 1,0056 DM (Jahresdurchschnitt für 1994).
Für den Ertrag wurde für Südtirol der zehnjährige Durchschnittsertrag gewählt.
*Quellen:* LANDWIRTSCHAFTSKAMMER RHEINLAND, 1991, S. 37; WERTH, 1994, S. 70, 82.

Die Angaben in Tabelle 7-1 dokumentieren den relativ geringen Stellenwert der Pflanzenschutzmittel-Kosten im Rahmen der Gesamtkosten der Kernobsterzeugung. Die Anlagen- und Lohnkosten repräsentieren deutlich höhere Beträge. Die höheren Pflanzenschutzmittel-Kosten in Südtirol (2.369 DM/ha) weisen auf eine intensivere Pflanzenschutzmittel-Ausbringung als in Deutschland (1.430 DM/ha) hin, da das Preisniveau für Pflanzenschutzmittel in Italien tendenziell etwas niedriger ist als in Deutschland[226]. Bezogen auf eine Tonne Äpfel belaufen sich Pflanzenschutzmittel-Kosten in den beiden Modellrechnungen auf 53 bzw. 62 DM.

Die Kostenersparnis im Pflanzenschutz steht damit vermutlich nicht im Vordergrund der integrierten Apfelproduktion. Trotzdem sollen die widersprüchlichen Argumente genannt werden, ob die integrierte Produktion teurer oder billiger als die konventionelle ist: Einerseits wird in der integrierten Produktion tendenziell weniger gespritzt als im konventionellen Anbau. Andererseits kann die eingeschränkte Mittelwahl den Pflanzenschutz in der integrierten

---

[225] Im Rheinland wird von einem intensiv bewirtschafteten 5 ha Obstbaubetrieb ausgegangen. Der Südtiroler Modellbetrieb umfaßt 4 ha.
[226] Vergleich der einzelnen Präparatkosten in KTBL, 1995, S. 27 ff und WERTH, 1994, S. 14.

Produktion wiederum verteuern. Die nützlingsschonenden Effekte der integrierten Produktion wiederum können einerseits zu zusätzlichen Pflanzenschutzmittel-Einsparungen führen[227]. Andererseits erfordert die integrierte Produktion aber auch einen vermehrten Zeitaufwand in der Anlagenüberwachung[228]. In der Literatur wird hierfür ein Mehraufwand gegenüber der konventionellen Produktion von 12 Stunden je ha und Jahr bzw. 229 DM veranschlagt (KRAUTHAUSEN, 1989, S. 146). In Relation zum Gesamtarbeitszeitbedarf in einem Vollertragsjahr von 569 Akh/ha[229] sind dies nur 2% des jährlichen Arbeitsaufwands.

Die Entscheidung für die integrierte Produktion wurde bisher meist aus anbautechnischen Gründen, wie z.B. zunehmende Resistenzen, gefällt (BLOMMERS, 1994, S. 231). Erst mit der allmählichen Nutzung der integrierten Produktion als Qualitäts- und Herkunftsmerkmal wird das Anbauverfahren Teil einer Marketingstrategie, die auf die Nachfrage nach unbelasteten, umweltschonend produzierten und kontrollierten Lebensmitteln reagiert.

### 7.2.3 Kontrollen in der integrierten Marktapfelproduktion

Ein wichtiger Aspekt der integrierten Produktion ist die externe Kontrolle. Sie überprüft, ob die vorgegebenen Anbaurichtlinien von den Erzeugern eingehalten werden. Verbindlich sind dabei die jeweiligen Vorgaben der Erzeugerverbände. Für die Fallstudie sind dies die Richtlinien

- des Landesverbandes Erwerbsobst Baden-Württemberg e.V. (1989)
- der Arbeitsgemeinschaft Integrierter Obstanbau an der Niederelbe (1992)
- der Arbeitsgruppe für den integrierten Obstbau in Südtirol (AGRIOS) (1995).

Alle drei Richtlinien beziehen sich auf die Bereiche Anbauplanung, jährliche Pflegemaßnahmen, Ernte und Lagerung. Bezüglich des Pflanzenschutzes gelten folgende Bestimmungen:

- Es dürfen nur die in jährlich aktualisierten Listen ausgewiesenen Pflanzenschutzmittel zum Einsatz kommen. Tabelle 7-7 im Anhang weist die 1995 in Deutschland in der integrierten Produktion erlaubten Mittel aus.
- Der Einsatz von Wachstumsregulatoren ist in allen drei Regionen nur zur Fruchtausdünnung erlaubt.
- Nacherntebehandlungen sind in allen Untersuchungsgebieten untersagt.
- Die Pflanzenschutzgeräte müssen alle zwei Jahre (Baden-Württemberg und Niedersachsen) bzw. alle fünf Jahre (Südtirol) einer externen Gerätekontrolle unterworfen werden.

---

[227] Dies wird z.B. durch die Schonung der natürlichen Feinde der Spinnmilbe beobachtet (DICKLER, 1989, S. 57).
[228] Hierunter fallen Aufgaben wie Astprobenkontrollen, visuelle Kontrollen, Klopfproben und die Überwachung von Pheromonfallen.
[229] vergl. KTBL, 1995, S. 67.

*Fallstudie: Erzeugerkontrollen* 167

- Die Erzeuger müssen ein Betriebsheft führen. Darin werden, neben Behandlungs- und Düngemaßnahmen, auch Ergebnisse der Anlagenüberwachung und andere, nicht-chemische Maßnahmen vermerkt.

Der integriert produzierende Obsterzeuger verpflichtet sich weiterhin, sich der Betriebsheftkontrolle, der Betriebskontrolle und der Rückstandskontrolle zu unterziehen. Dies bedeutet praktisch, daß er sein Betriebsheft der entsprechenden Kontrollinstitution vorlegt, autorisierten Personen den Zugang zu seinem Betrieb zwecks direkter Kontrolle der Produktionsweise gewährt und die Entnahme von Boden-, Blatt- und Fruchtproben zur Rückstandsuntersuchung zuläßt. Hiermit liegt ein überbetriebliches Kontrollsystem der Erzeugung vor.

Der Kontrollaufwand, die Kontrollergebnisse und -kosten wurden für die drei Regionen so umfassend wie möglich erhoben. Die Ergebnisse werden im Folgenden dargestellt.

### 7.2.4 Fallbeispiel Bodensee[230]

Am vollständigsten konnten die Daten für Baden-Württemberg insgesamt und gesondert für die Region Bodensee erfaßt werden[231]. In Baden-Württemberg nahmen zwischen 1991 und 1994 jährlich ca. 2.900 Betriebe an der integrierten Produktion teil. Durchschnittlich bewirtschafteten diese Betriebe 3,3 ha Kernobstfläche. Die Hälfte der Betriebe befindet sich in der Region Bodensee. Durch eine Betriebsgröße von 4,8 ha vereinen sie auf sich 71% der integriert bewirtschafteten Kernobstfläche in Baden-Württemberg. Betriebe mit integrierter Produktion bearbeiten 84% der gesamten Kernobstfläche des Marktobstbaus in Baden-Württemberg[232].

#### 7.2.4.1 Kontrollmaßnahmen

Die drei Kontrollmaßnahmen Betriebsheftkontrolle, Betriebskontrolle und Rückstandskontrolle konzentrieren sich auf die Erzeugerbetriebe. Im Gegensatz zu den anderen beiden Regionen werden auf der Vermarktungsstufe keine gesonderten Kontrollen für integriert produziertes Obst durchgeführt. Auf dieser Stufe setze bereits, so ein Argument der Beteiligten, die amtliche Überwachung ein.

---

[230] Wenn nicht anders angegeben, beziehen sich die Angaben dieses Abschnitts auf Tabelle 7-5 im Anhang.
[231] Der Grund für die gute Datenlage in Baden-Württemberg liegt neben der generellen Kooperationsbereitschaft vieler Beteiligter darin, daß die Kontrolle der integrierten Produktion über ein Forschungsprojekt an der Landesanstalt für Pflanzenschutz optimiert wurde. Neben dem Abschlußbericht des Forschungsprojektes wurde über die Kontrolle auch in weiteren Publikationen in der Fachpresse berichtet.
[232] Zum Kernobst zählen Äpfel, Birnen und Quitten, wobei letztere keine wirtschaftliche Bedeutung im Marktobstbau haben. In Baden-Württemberg sind 94% der Kernobstflächen mit Äpfeln bepflanzt, auf 6% werden Birnen kultiviert. Am Bodensee liegt der Flächenanteil von Äpfeln am Kernobst bei 98% (STATISTISCHES LANDESAMT BADEN-WÜRTTEMBERG, 1993, S. 149).

*Betriebsheftkontrollen*

Durch die Betriebsheftkontrolle können die gesamten Maßnahmen des Betriebes mit relativ geringem Aufwand überprüft werden. Die Kontrolle wird mittlerweile vom Landesverband für Erwerbsobstbau durchgeführt. Theoretisch sollen alle Hefte der zur integrierten Produktion angemeldeten Betriebe kontrolliert werden. Tatsächlich reichten von 1991 bis 1994 durchschnittlich 94% der Betriebe am Bodensee ihre Hefte ein[233]. Davon wurden 15% beanstandet.

In den Betriebsheften wird die dort aufgezeichnete Wahl der Pflanzenschutzmittel überprüft. Im Jahre 1991 hatten 7,7% der baden-württembergischen Obstbauern in der integrierten Produktion nicht erlaubte Pflanzenschutzmittel angewendet, dieser Prozentsatz sank in den Folgejahren auf 2,6 bzw. 1,3%. Ab 1992 wurden auch die von anerkannten Werkstätten ausgestellten Kontrollplaketten der Pflanzenschutzgeräte über das Betriebsheft überprüft. Während 1992 noch 10,8% der Landwirte keine gültige Kontrollplakette vorweisen konnten, halbierte sich der Prozentsatz im nächsten Jahr (LANDESANSTALT FÜR PFLANZENSCHUTZ, 1994, S. 15). Der sich in den Kontrollergebnissen abzeichnende positive Trend im Umgang mit Pflanzenschutzmitteln und Sprühgeräten weist darauf hin, daß die Kontrolle eine Verbesserung der Anbaupraxis bewirkte.

*Betriebskontrollen*

In den betrachteten vier Jahren wurden jährlich 21% der Betriebe kontrolliert, ihre Auswahl erfolgte nach dem Zufallsprinzip unter Berücksichtigung der Betriebsgröße. Zwei geschulte Obsterzeuger begutachteten dabei das Betriebsheft, die Pflanzenschutz-Einrichtungen und zwei Obstanlagen. Mit Hilfe eines Kontrollbogens wurde festgehalten, ob und wie weit Grund- und Zusatzanforderungen der integrierten Produktion erfüllt wurden (LANDESANSTALT FÜR PFLANZENSCHUTZ, 1994, Anhang, S. 2-4). Im Durchschnitt erfüllten 5% der Betriebe die Anforderungen nicht.

*Rückstandskontrollen*

Proben zur Rückstandskontrolle wurden, ebenfalls nach dem Zufallsprinzip, von 11% der Betriebe gezogen. Die Rückstandsuntersuchungen führten private Labore durch. Die Leistungsfähigkeit der privaten Labore wurde von der Landesanstalt für Pflanzenschutz über eine externe Kontrolle überprüft. Dabei zeigten sich nicht alle privaten Anbieter gleich kompetent in der Rückstandsanalytik. Die Rückstandsuntersuchungen beschränkten sich auf einige ausgesuchte Pflanzenschutzmittel, die im Rahmen der integrierten Produktion *nicht erlaubt* sind. Damit besteht eine deutliche Aufgabentrennung zur amtlichen Überwachung, die u.a. die Einhaltung von Höchstmengen aller *zugelassener* Mittel sowie den Einsatz *verbotener*

---

[233] Erzeuger, die kein Betriebsheft einreichen bzw. deren Aufzeichnungen der integrierten Produktion nicht entsprechen, dürfen ihre Ware nicht unter dem Zeichen „Herkunft und Qualität Baden-Württemberg - aus integriertem und kontrolliertem Anbau" vermarkten.

Pflanzenschutzmittel zu überprüfen hat. In den Jahren 1991-1993 wurde jede Probe auf durchschnittlich 2,9, auf 4,1 bzw. auf 8 Wirkstoffe untersucht (LANDESANSTALT FÜR PFLANZENSCHUTZ, 1994, S.13-15).

Über den Zeitraum 1991-1994 enthielten durchschnittlich 2% der überprüften Äpfel Wirkstoffe, die in der integrierten Produktion nicht erlaubt waren. Die Analyseergebnisse sind im Anhang in Tabelle 7-8 dargestellt. Bei keinem dieser nachgewiesenen Mittel lagen Konzentrationen vor, die oberhalb der gesetzlichen Höchstmengen lagen - gesundheitliche Schadwirkungen für den Verbraucher waren also nicht zu erwarten. Allerdings bestand für Daminozid ein Anwendungsverbot, so daß hier eine Ordnungswidrigkeit aufgedeckt wurde. Die zuständigen Regierungspräsidien wurden informiert.

Das enge Wirkstoffspektrum in der Rückstandskontrolle auf Erzeugerebene gibt keinen Aufschluß über die generelle Rückstandssituation. Da die Laboranalysen aber durch die Betriebs- und Betriebsheftkontrollen ergänzt werden, die jeweils die gesamte integrierte Pflanzenschutzpraxis überprüfen, ist insgesamt ein breiterer Kontrollansatz realisiert.

### 7.2.4.2 Kontrollkosten

Die durchschnittlichen gesamten Kontrollkosten von rund 121.500 DM[234] wurden zu 58% durch die Rückstandsuntersuchungen verursacht, die Betriebskontrollen trugen mit 31% und die Betriebsheftkontrollen mit 11% zu den Gesamtkosten bei. Diese Kostenverteilung konnte nur geschätzt werden, scheint aber plausibel. Bessere Konditionen in der Rückstandsanalytik wären eine Möglichkeit, die Kontrolle noch kosteneffektiver zu gestalten.

Wird die Kostenschätzung auf weitere Kenngrößen bezogen, so muß zunächst beachtet werden, daß das Land Baden-Württemberg die Kontrollkosten zu 60% übernimmt. Die verbleibenden 40% tragen die Obstbetriebe über ihre Verbandsbeiträge. Für sie ergeben sich durchschnittliche jährliche Kontrollkosten von 34 DM/Betrieb bzw. 7 DM/ha. Je nach Ertragshöhe liegen die Kontrollkosten pro Tonne bei 24-28 Pfennig.

Die Kontrollkosten können weiterhin in Beziehung zum ab-Hof Auszahlungspreis gesetzt werden. Auf den sogenannten Erzeugermärkten (Zwischenhandelsstufe) wurde am Bodensee in den letzten drei Jahren die Tonne Tafeläpfel für durchschnittlich 700 DM[235] abgesetzt. Die Vermarktungskosten, die auf dieser Handelsstufe für Sortierung, gekühlte Lagerung und sonstige Gebühren entstehen, werden in der Literatur mit 285 DM/t[236] angegeben (GEKLE et

---

[234] Für die Kontrolle eines Betriebsheftes wurden 10 DM kalkuliert. Die Kontrolleure wurden für jede Betriebskontrolle mit je 60 DM pro Kontrolle entschädigt, 1994 wurde dieser Betrag auf 65 DM angehoben. Die Kosten für die Rückstandsanalysen betrugen durchschnittlich 446 DM/Probe.
[235] Eigene Berechnung aus unveröffentlichten Daten der Landesstelle für Landwirtschaftliche Marktkunde, Schwäbisch-Gmünd. Gewichteter durchschnittlicher Erzeugerpreis für alle Tafeläpfel (Handelsklasse I-III) der Jahre 92/93 bis 94/95.
[236] Diese Summe beinhaltet folgende Gebühren pro Tonne: CA-Kühllager 130 DM, Sortierung 80 DM, Vermarktungsgebühr 70 DM, CMA-Werbebeitrag 5 DM.

al., 1994, S. 45). Damit ergibt sich ein durchschnittlicher Auszahlungspreis an die Landwirte von 415 DM/t. Die „netto" Kontrollkosten (40% der Gesamtkosten), die die Erzeuger zu tragen haben, entsprechen somit ca. 0,06% des Umsatzes der Produzenten (siehe auch Tabelle 7-2).

### 7.2.5 Fallbeispiel Altes Land[237]

Im Alten Land wird die integrierte Obstproduktion vom „Obstbauversuchsring des Alten Landes" (OVR) unterstützt, etwa 90% aller Obstbetriebe dieser Region sind im OVR organisiert[238]. Im Jahre 1995 betreute der OVR 959 Obstbauern, die knapp 9.300 ha Obstfläche bewirtschaften (vergl. Tabelle 7-6 im Anhang). An der integrierten Produktion nahmen 69% der Betriebe teil, denen 81% der Fläche zur Verfügung stand. Sie verfügten damit durchschnittlich über 11,4 ha. Äpfel werden auf schätzungsweise 90% dieser Fläche angebaut.

Die Erzeugerorganisationen haben gemeinsam mit Vertretern von Fruchthandelsunternehmen die Arbeitsgruppe „Anbau und Vermarktung von Integriertem Obst aus dem Alten Land" gegründet. Diese Arbeitsgruppe zeichnet für die Vermarktung, Werbung und Kontrolle integrierter Ware verantwortlich. Für die Finanzierung ihrer Aktivitäten werden 5 DM/t erhoben, bei einem durchschnittlichen Ertrag von 25 - 30 t/ha steht dieser Organisation somit ein Budget von knapp einer Million Mark zur Verfügung.

#### 7.2.5.1 Kontrollmaßnahmen

Für die Durchführung der Kontrolle der integrierten Produktion beauftragt die Arbeitsgemeinschaft das Pflanzenschutzamt Hannover. Das Pflanzenschutzamt wiederum stellt für diese Aufgabe einen Zeitangestellten für fünf Monate im Jahr an. Dieser Angestellte überprüft die Betriebshefte, kontrolliert 20% der Betriebe vor Ort und zieht dabei etwa ein Drittel der vorgesehenen Proben für die Rückstandsuntersuchungen. Die restlichen zwei Drittel der Proben werden später im Jahr den Lagern der Vermarkter entnommen.

*Betriebsheftkontrollen*

Zur Betriebsheftkontrolle standen zwischen 1992 und 1995 nur 55-61% der Hefte zur Verfügung, Beanstandungen wurden nahezu gar nicht ausgesprochen. Es ist nicht bekannt, ob die gut 40% der Betriebe, die kein Betriebsheft einreichten, von der integrierten Produktion ausgeschlossen wurden.

---

[237] Wenn nicht anders angegeben, beziehen sich die Angaben dieses Abschnitts auf Tabelle 7-6 im Anhang.
[238] Die folgenden Informationen sind unveröffentlichtem Material entnommen, das die OVR freundlicherweise zur Verfügung stellte.

*Betriebskontrollen*

Die Betriebskontrollen wurden bei 20% der Betriebe durchgeführt, die Beanstandungen lagen um 3%.

*Rückstandsuntersuchungen*

Als dritte Kontrollkomponente wurden Rückstandsuntersuchungen bei 10% der Betriebe durchgeführt. Die Analyse führte die Landwirtschaftliche Untersuchungs- und Forschungsanstalt Hameln durch. Im Jahre 1994, für das genaue Informationen vorliegen, untersuchte sie 58 Proben auf Fungizid-, 5 Proben auf Pyrethroid- und 3 Proben auf Phosphorsäureester-Rückstände. Viermal wurde dabei der Einsatz des nicht mehr zugelassenen Fungizids Captan festgestellt. Die Beanstandungsquote für die Erzeuger- und Vermarkterproben lag zwischen 1992 und 1995 bei 6-12%.

### 7.2.5.2 Kontrollkosten

In den Jahren 1992 bis 1995 betrugen die gesamten Kontrollkosten im Alten Land durchschnittlich 35.250 DM[239]. Daraus errechnen sich jährliche Kontrollkosten von 50 DM/Betrieb bzw. 5 DM/ha. Bezogen auf eine Tonne Äpfel ergeben sich, je nach Ertragshöhe, Kontrollkosten in der Höhe von 15 - 18 Pfennig.

Der durchschnittliche Erzeugermarktpreis für die Jahre 1994 und 1995 lag bei 578 DM/t (AGRA-EUROPE, 3.7.1995). Der Abzug für Lagerung, Sortierung und Vermarktung beträgt etwa 270 DM[240]. Daraus errechnet sich ein Auszahlungspreis an die Erzeuger von 308 DM/t. Die Kontrollkosten entsprechen somit 0,05 bis 0,06% des Umsatzes der Erzeuger.

In diesem einfachen Zahlenbeispiel sind die Förderungen des Landes Niedersachsen für den integrierten Obstanbau nicht berücksichtigt. Das Land gibt keine flächen- oder kontrollbezogenen Zuschüsse. Dafür wurde aber die Vermarktung von Obst von 1991-1994 mit 23 Mio. DM unterstützt. Auch für die kommenden Jahre sind staatliche Hilfen vorgesehen (NASILOWSKI, 1995, S. 27).

### 7.2.6 Fallbeispiel Südtirol[241]

Die Hauptanbaugebiete für Äpfel in Italien liegen in Südtirol, Trentino und der Emilia Romagna (GROSS, 1984, S. 10). Südtirol ist das größte Anbaugebiet für Kernobst in Europa.

---

[239] Die Aufwendungen für den Angestellten betrugen dabei 22.000 DM (Gehalt und Fahrtkosten). Die Rückstandskontrollen verursachten, entsprechend der Gebührenordnung der Landwirtschaftlichen Untersuchungs- und Forschungsanstalt Hameln, Laborkosten in Höhe von ca. 13.250 DM. Daraus errechnet sich ein Durchschnittspreis von 220 DM/Probe.

[240] Diese Zahl beruht auf folgender Schätzung einer Obstbäuerin aus dem Alten Land: Lagerung: 180 DM/t; Sortierung: 50 DM/t, Vermarktung und Gebühren: 40 DM/t.

[241] Wenn nicht anders angegeben, beziehen sich die Angaben dieses Abschnitts auf Tabelle 7-9 im Anhang.

Durch die günstigen klimatischen Bedingungen können hier deutlich höhere Erträge als in Deutschland erzielt werden: In den 90er Jahren wurden knapp 400 dt/ha geerntet, dies liegt etwa 25% über dem Ertragsniveau in Deutschland (WERTH, 1994, S. 82). Die Region Südtirol produziert jährlich rund 645.000 t Äpfel, das sind 30% der italienischen und 8% der EU-Erzeugung[242]. Durchschnittlich 254.000 t südtiroler Äpfel werden jährlich exportiert, davon wurden im letzten Jahrzehnt 80% nach Deutschland ausgeführt (WERTH, 1994, S. 127). Werden die Ausfuhrdaten von WERTH (1994) mit den Einfuhrdaten der ZMP (versch. Jhg.) verknüpft, so läßt sich errechnen, daß 1990-1992 über 90% aller italienischen Apfelexporte nach Deutschland aus Südtirol stammten. Die Pflanzenschutzpraxis und das Kontrollsystem in Südtirol sind angesichts dieser großen Präsenz südtiroler Ware auf dem deutschen Markt von großer Relevanz.

Der Beginn der integrierten Obstproduktion in Südtirol hatte seinen Ursprung in anbautechnischen Problemen. In den 60er Jahren hatte ein unbekümmerter, ungezielter und vorbeugender Einsatz breitenwirksamer, synthetischer Insektizide vorgeherrscht. Dies führte in den 70er Jahren zu Resistenzbildungen und einer dramatischen Ausbreitung z.B. der Blattaschenmotte (*Lithocolletis blancardella*), des Birnenblattsaugers (*Psylla pyri*), der Spinnmilbe (*Panonychus ulmi*) und der Pfennigminiermotte (*Leucoptera malifoliella*). Die modernen Pflanzenschutzmittel hatten z.T. ihre Wirkung verloren, und der Obstbau stand der massenhaften Vermehrung der Schädlinge praktisch machtlos gegenüber. In einem neuen vernetzten Verständnis von Pflanzenschutz wurde daraufhin in den 80er Jahren der integrierte Pflanzenschutz eingeführt. Neben der direkten, chemischen Bekämpfung von Schädlingen wurde nun auch die Wirkungs- und Lebensweise von Nützlingen (z.B. Raubmilben, Kugelkäfer oder Raubwanzen) erforscht und beachtet (DRAHORAD, 1989, S. 43 ff).

Im Jahre 1988 wurde die AGRIOS (Arbeitsgruppe für integrierten Obstbau in Südtirol) gegründet[243]. Ihr gehören der Südtiroler Beratungsring für Obst- und Weinbau, die Verbände der Südtiroler Obstgenossenschaften, das Versuchszentrum Laimburg, das Assesorat für Land- und Forstwirtschaft sowie Bauernvereinigungen und Privatvermarkter an. Die AGRIOS ist federführend in der Organisation und Kontrolle der integrierten Obstproduktion. Schon 1991 wurden auf 87% der gesamten Obstfläche Südtirols nach den Richtlinien der integrierten Produktion produziert. Im Jahre 1995 nahmen an der integrierten Obstproduktion rund 5.800 Betriebe teil, sie bewirtschafteten knapp 80% der südtiroler Obstfläche und waren durchschnittlich mit 2,2 ha Obstanlagen ausgestattet (vergl. Tabelle 7-9 im Anhang). Auch in Südtirol ist die integrierte Produktion somit schon seit mindestens fünf Jahren „Standard".

---

[242] Mittelwert für 1983-1992, errechnet aus Daten in WERTH, 1994, S. 131.
[243] Soweit nicht anders angegeben, sind die folgenden Informationen zwei persönlichen Mitteilungen von Frau Dr. Irene MORANDELL, AGRIOS entnommen.

### 7.2.6.1 Kontrollmaßnahmen

In Südtirol wird die Kontrolle der integrierten Produktion von vier Beamten des Pflanzenschutzamtes der Provinz Bozen durchgeführt, die dieser Aufgabe insgesamt zwölf Personenmonate widmen (MARAN, 1995, persönliche Mitteilung). Zur Unterstützung werden über vier Monate im Sommer drei Hilfskräfte von der AGRIOS zusätzlich eingestellt und bezahlt, die Arbeitsleistung der Beamten ist für die AGRIOS kostenlos. Die Proben für die Rückstandskontrolle werden z.T. während der Betriebskontrolle entnommen und zum Teil später in den Lagern der Handelsfirmen gezogen.

Der Zwischen- und Großhandel wird in Südtirol über 43 Genossenschaften, 20 Obsthändler und 3 Versteigerungen abgewickelt. Das Kontrollprogramm der integrierten Produktion erfaßt auch diesen Bereich durch Lagerhauskontrollen (hier wird geprüft, ob das als integrierte Produktionsware gekennzeichnete Obst tatsächlich aus der integrierten Produktion stammt) und Rückstandsanalysen der eingelagerten Äpfel. Letztere überprüfen die in der integrierten Produktion verbotene Nacherntebehandlung.

*Betriebsheftkontrollen*

Die Betriebshefte wurden zwischen 1991 und 1994 von durchschnittlich 86% der Betriebe eingereicht, davon wurden im Schnitt 13% beanstandet.

*Betriebskontrollen*

Die Stichprobe für die Betriebskontrolle wird nach dem Zufallsprinzip ausgesucht. Bei der Kontrolle wird das Betriebsheft eingesehen, eine Anlage begangen und eine Rückstandsprobe (mit Gegenprobe) gezogen. 1991-1995 wurden in Südtirol durchschnittlich 13% der Betriebe überprüft, bei weniger als 1% wurden Mängel festgestellt. Dieser geringe Prozentsatz erklärt sich z.T. daraus, daß sich viele Betriebe nach Ankündigung der Kontrolle kurzfristig von der integrierten Produktion abmeldeten[244]. Es wird vermutet, daß die AGRIOS, wie auch in anderen Anbaugebieten üblich, eine Betriebskontrollintensität von 20% angestrebt hatte, u.a. aber wegen der Abmeldungen im Durchschnitt nur 13% überprüfen konnte. Für 1996 sollen die Richtlinien so verändert werden, daß die kurzfristige Selbstabmeldung nicht mehr möglich ist (MARAN, 1995, persönliche Mitteilung).

*Rückstandskontrollen*

Die Rückstandsuntersuchungen der Erzeuger (Blattproben) konzentrieren sich vorrangig auf Insektizide (Phosphorsäureester) und zusätzlich noch auf Akarizide. Fungizide wurden nur 1991 und 1992 untersucht, da hier aufgrund einer breiten Liste erlaubter Mittel Übertretungen unwahrscheinlich sind. Allerdings wurden in diesen Jahren unerlaubte Dithiocarbamate

---

[244] Auf diesen Umstand gehen die AGRIOS Notizen vom 10.4.1995 explizit ein.

nachgewiesen (vergl. Tabelle 7-10 im Anhang). Von 1991 bis 1994 wurden die Proben jeweils auf 12, 8, 22 bzw. 49 Wirkstoffe untersucht. Die Analysen der eingelagerten Äpfel dienen hauptsächlich der Überprüfung der nicht erlaubten Antioxidantien Diphenylamin (DPA), Etoxyquin und Benzimidazole. Dies sind Wirkstoffe, die gegen Lagerkrankheiten eingesetzt werden.

Insgesamt wurde durchschnittlich etwa eine Probe je zehn Betriebe gezogen. Die Beanstandungen schwankten bei den Erzeugern zwischen 3,8% (1991) und 18,4% (1993). Bei den Rückstandskontrollen der eingelagerten Äpfel wurden z.T. sehr hohe Beanstandungsquoten beobachtet: 54,1% im Jahre 1992 und 38,6% im folgenden Jahr. Das Hauptproblem lag hier im massiven Einsatz der unzulässigen Antioxidanz Diphenylamin, die insbesondere die Schalenbräune während der Lagerung verhindert (LAL KAUSHAL und SHARMA, 1995, S. 112).

### 7.2.6.2 Kontrollkosten

Die Kontrollkosten konnten überschlagsmäßig für das Jahr 1994 und genauer für 1995 erfaßt werden[245]. 1995 betrugen die geschätzten Gesamtkosten 123.093 DM[246]. Durch die Übernahme von 60% der Personalkosten durch den Staat sind die Kosten der Erzeuger hauptsächlich durch die Rückstandsanalysen bestimmt. Bezogen auf die einzelbetrieblichen Kenngrößen wird geschätzt, daß die Kontrolle der integrierten Produktion für die Erzeuger 15 DM/Betrieb bzw. 7 DM/ha kostet. Je nach Ertragslage bedeutet dies Kontrollkosten von 17 - 20 Pfennig pro Tonne. Der durchschnittliche Auszahlungspreis der Genossenschaften von 1991 bis 1993 betrug 624 Lire/kg bzw. 587 DM/t[247]. Die Kontrollkosten entsprechen damit schätzungsweise 0,03% des Umsatzes der südtiroler Apfelerzeuger.

Im Jahre 1994 hatten in Südtirol einige Obstgenossenschaften damit begonnen, in der Handelsklasse I bei nicht-integriert produzierter Ware einen Preisabschlag von 10-15 Lire/kg vorzunehmen. Dies wurde 1995 von fast allen Genossenschaften übernommen, im nachfolgenden Handel konnte eine Preisdifferenzierung allerdings (noch) nicht durchgesetzt werden. Im Mai 1996 wurde der Unterschied im Auszahlungspreis bereits mit 40 Lire/kg angegeben (LEBENSMITTEL-ZEITUNG, 3.5.1996). In DM und auf die Tonne umgerechnet entspricht dieser Preisabschlag 37,60 DM/t und ist damit ein Vielfaches der geschätzten Kontrollkosten von 20

---

[245] Schätzungen, die auf Angaben von MARAN (1995, persönliche Mitteilung) beruhen, ergeben Betriebsheftkontrollkosten von 18.800 DM bzw. 3,40 DM/Heft. Für eine Betriebskontrolle wird ein Aufwand von 52 DM geschätzt. MARAN (1995) hatte die Personalkosten des Pflanzenschutzamtes Bozen für Betriebs- und Betriebsheftkontrollen angegeben. Die Personalkosten der AGRIOS wurden, gemäß der Gewichtung der Kosten des Pflanzenschutzamtes, entsprechend auf die zwei Aufgaben Betriebsheft- und Betriebskontrolle aufgeteilt.
[246] Hier wie bei allen Berechnungen für Südtirol wurde der Umrechnungskurs: 1.000 Lire = 0,94 DM zugrunde gelegt. Dieser Kurs entspricht dem Mittelwert des Devisenkurses der Frankfurter Börse 1994 und 1995 (DEUTSCHE BUNDESBANK, 1996, S. 11). Ein Umrechnungskurs für jedes Jahr (1995 lag der mittlere Wechselkurs 14% unter dem von 1994) würde eine zwischen den Jahren differenzierende Genauigkeit suggerieren, die den hier gemachten groben Kostenschätzungen nicht entspricht.
[247] Eigene Berechnung nach den Obststatistiken des Raiffeisenverbandes Südtirol, versch. Jhg..

Pfennig pro Tonne. Für die südtiroler Erzeuger wird die Entscheidung, *keine* integrierte Produktion zu betreiben, allmählich teuer.

### 7.2.6.3 Sanktionsmaßnahmen

In Südtirol gibt es, neben den Preisabschlägen für konventionell produzierte Ware, zwei sanktionierende Maßnahmen innerhalb des Systems der integrierten Produktion: den Ausschluß und Geldbußen.

Der **Ausschluß** von Erzeugern, Lagerhaltern oder Vermarktern aus dem Programm der integrierten Produktion ist für höchstens zwei Jahre möglich (Artikel 22)[248]. Der Ausschluß wird von der AGRIOS ausgesprochen. Ausgeschlossen werden Betriebe, die dies selbst beantragen (Selbstabmeldung), die sich der vorgesehenen Kontrolle widersetzen, die die Schutzmarke mißbräuchlich verwenden, und die vorgeschriebene Voraussetzungen nicht erfüllen.

Neben dem Ausschluß können auch **Geldbußen** in Höhe von 282 bis 2.820 DM für Anbaubetriebe und 1.410 bis 14.100 DM für Vermarktungsbetriebe verhängt werden (Artikel 27). Sie werden von staatlicher Seite bei „gröberen fahrlässigen oder absichtlichen Unterlassungen und Falschmeldungen" auferlegt. Von 1993 bis 1995 wurden 55 Erzeuger- und 19 Vermarktungsbetriebe mit Geldstrafen sanktioniert (MARAN, 1995, persönliche Mitteilung).

### 7.2.7 Vergleich der Kontrollen der drei Regionen

Die Untersuchung der integrierten Apfelproduktion in den drei Anbaugebieten Bodensee, Altes Land und Südtirol zeigt, daß die Erzeugung und Kontrolle auf recht einheitlichen Grundlagen beruhen. Alle drei Regionen berufen sich auf die Anbau- und Kontrollvorgaben der integrierten Produktion, die Normen sind gut vergleichbar. In der Ausführung der Kontrolle sind allerdings Unterschiede zu beobachten. Sie beziehen sich nicht nur auf die praktische Organisation der Kontrolle, sondern umfassen auch die Kontrollintensität und die Kontrollkosten.

Es läge nahe, aus Indikatoren wie Kontrollintensität und Umfang sowie Inhalt der Beanstandungen auch Unterschiede in der Qualität der Kontrolle in den einzelnen Anbaugebieten abzuleiten[249]. Dieser Ansatz soll allerdings nicht weiter verfolgt werden, da der *qualitative* Vergleich der Kontrollsysteme der einzelnen Regionen nicht die Fragestellung der Fallstudie ist und das vorliegende Datenmaterial dazu auch nur teilweise ausreichen würde.

---

[248] Die in diesem Textteil gemachten Aussagen und Artikelbezeichnungen beziehen sich auf das Landesgesetz über den „Integrierten Anbau" vom 30.4.1991 Nr. 12, das im Rundschreiben „Sanktionen" von der AGRIOS vom 16.7.1991 erläutert wird.
[249] So wurden beispielsweise am Bodensee die Betriebshefte von durchschnittlich 94% aller Betriebe kontrolliert, 15% wurden anschließend beanstandet. Im Alten Land reichten nur 57% der Betriebe ein Betriebsheft ein, die Beanstandungsquote lag in drei von vier Jahren bei 0%. Neben einer unterschiedlichen Kontrollintensität sind hier auch qualitative Unterschiede in der Kontrolle zu vermuten.

Das *quantitative* Ziel der Kontrolle der integrierten Produktion im Sinne der Fallstudie lautet, daß keine Rückstände unerlaubter Pflanzenschutzmittel in Äpfeln sein sollten. Aus diesem Blickwinkel erscheint die Kontrolle am Bodensee mit 2% Beanstandungen am erfolgreichsten vor dem Alten Land (9%) und Südtirol (10%)[250].

#### 7.2.7.1 Vergleich der Durchführung der Kontrollen

Erwähnenswert sind Unterschiede in der *Stichprobenziehung*. Im Alten Land und in Südtirol werden ein Teil der Proben für die Rückstandsanalyse während der Betriebskontrollen, ein weiterer Teil später bei den Vermarktern gezogen. Am Bodensee werden hingegen die Betriebe für die Betriebskontrolle (20%) und für die Rückstandskontrolle (10%) in getrennten Stichproben ausgesucht. Damit ist das Netz der Erzeugerkontrolle am Bodensee dichter als in den beiden anderen Regionen. Andererseits scheint angesichts der unerlaubten Nacherntebehandlungen, die in Südtirol aufgedeckt wurden, eine Rückstandskontrolle im direkt nachgelagerten Erfassungshandel empfehlenswert. Eine Überprüfung der Nacherntebehandlung ist nicht Teil des baden-württembergischen Kontrollsystems.

Ein *psychologisch* zu nennender Unterschied kann in der Wahl der Betriebskontrolleure ausgemacht werden. Es ist für einen Obstbauern sicherlich ein Unterschied, ob ein Zeitangestellter des Pflanzenschutzamtes (Altes Land), zwei Erzeuger des eigenen Verbandes (Bodensee) oder Beamte des Ministeriums (Südtirol) die Kontrolle vornehmen. Vorteilhaft beim baden-württembergischen System scheint der Umstand, daß zwei Personen zusammen kontrollieren. Dies fördert die Objektivität. Daß die Kontrolleure außerdem bekannte Erzeuger der Region sind, unterstreicht den Aspekt der Selbstkontrolle, der durch die soziale Zusammengehörigkeit von Kontrolleur und Kontrollierten erreicht wird. Je nach der Ernsthaftigkeit, mit der ein Erzeugerverband seine Qualität sichern und kontrollieren möchte, kann die persönliche Bekanntschaft zwischen Kontrolleur und Kontrolliertem motivierend wirken oder „scharfe Kontrollen" erschweren. Staatliche Kontrolleure haben zwar einerseits den Nimbus des Unparteiischen und Unbestechlichen, verwässern aber andererseits den privaten Charakter der Erzeugerkontrollen. Eine weitere Alternative in der Durchführung der Kontrolle haben die niederländischen Obst- und Gemüseerzeuger im Februar 1996 gewählt. Sie gaben die Selbstkontrolle auf und beauftragten die unabhängige, zur internationalen SGS-Organisation gehörende Firma „Agro-Control" mit der Kontrolle der integrierten Produktion (LEBENSMITTEL-ZEITUNG, 30.8.1996).

---

[250] Vergleich Tabelle 7-5, Tabelle 7-6 und Tabelle 7-9, Durchschnitt der Jahre 1991-1994 am Bodensee, 1992-1995 im Alten Land und 1991-1993 in Südtirol. Da in den Regionen jeweils auf verschiedene und unterschiedlich viele Wirkstoffe untersucht wurde, ist der Vergleich nicht unproblematisch.

## 7.2.7.2 Vergleich der Kontrollkosten

Im weiteren Vergleich soll die Analyse der Kontrollkosten im Vordergrund stehen, mögliche qualitative Unterschiede in der Kontrolle werden vernachlässigt. Hierzu ist zunächst zu beobachten, daß die Labor- und Personalkosten, bezogen auf eine Untersuchung bzw. auf einen Monatslohn, zwischen den Regionen stark variieren.

Am Bodensee sind die Kosten pro Rückstandsanalyse doppelt so hoch wie im Alten Land. Dies erklärt sich daraus, daß erstere mit privaten Laboren arbeiten, während letztere eine staatliche Untersuchungsanstalt nutzen. Auch in Südtirol werden die Proben von einem staatlichen Institut zu einer, verglichen mit dem Bodensee, sehr günstigen Gebühr untersucht[251]. Für das Alte Land und Südtirol ist anzunehmen, daß die Laborgebühren nicht den Marktpreisen entsprechen und somit die Rückstandsanalyse subventioniert wird.

Große Preisunterschiede werden auch bei den Personalkosten beobachtet, die größtenteils auf unterschiedliche Löhne zurückzuführen sind. Direkte Vergleiche sind zwischen dem Alten Land und Südtirol möglich. Der Zeitangestellte im Alten Land wird mit 4.000 DM pro Monat vergütet, während die Hilfskräfte in Südtirol 1.890 DM pro Monat erhalten (MARAN, 1995, persönliche Mitteilung).

Die ermittelten Kontrollkosten sind in Tabelle 7-2 vergleichend zusammengestellt. Der Vergleich der Kosten zwischen den Anbauregionen läßt folgende Schlußfolgerungen zu:

- Alle drei Kontrollkomponenten (Betriebsheft, Betrieb, Rückstandsanalyse) beziehen sich auf die Einheit „Betrieb". Diese Kontrollebene ergibt sich daraus, daß hier die Entscheidung über den Pflanzenschutzmittel-Einsatz gefällt und ausgeführt wird. Daraus resultiert, daß kleinstrukturierte Erzeugergebiete wie Südtirol eine höhere Kontrollintensität pro Tonne Äpfel aufweisen als großflächigere Regionen wie das Alte Land. In Südtirol kommen auf eine Rückstandsanalyse schätzungsweise 782 t Äpfel, am Bodensee sind dies 1.096 t und im Alten Land 8.592 t pro einer Rückstandsanalyse.

- Die Gesamtkosten pro Hektar schwanken zwischen 5 DM (Altes Land) und 17 DM (Bodensee). Nach Abzug der direkten staatlichen Zuschüsse zur Kontrolle betragen die Nettokosten, die von den Erzeugern zu tragen sind, 5-7 DM/ha und Jahr.

- Neben der Betriebsgröße ist das Ertragsniveau eine weitere wichtige Bestimmungsgröße der relativen Kontrollkosten. In Südtirol werden etwa 100 dt/ha mehr geerntet als in Deutschland, dies senkt die Kontrollkosten pro Tonne. Die gesamten Kontrollkosten pro Tonne betragen, je nach Ertragsniveau[252], 57-68 Pfennig am Bodensee, 24-27 Pfennig in Südtirol und 16-19 Pfennig im Alten Land.

---

[251] Im Durchschnitt kostet eine Rückstandsanalyse in der Bodenseeregion 448 DM. Da diese Zahl indirekt ermittelt wurde, kann auch eine Überschätzung vorliegen. Eine direkte Kostenangabe liegt für 1994 vor, hier betrugen die Kosten pro Probe 332 DM. Im gleichen Jahr wurde im Alten Land 220 DM/Probe bezahlt, in Südtirol lagen die Kosten für 1995 bei 72 DM/Probe (vergl. Tabelle 7-5, Tabelle 7-6 und Tabelle 7-9).

[252] 250-350 dt/ha in Deutschland und 350-400 dt/ha in Südtirol

- Die Nettokosten können auch auf den ab-Hof Auszahlungspreis bezogen werden, der den Umsatz der Obsterzeuger ausdrückt. Die Nettokontrollkosten entsprechen nach diesem Indikator 0,03 bis 0,07% des Erzeugerumsatzes.

**Tabelle 7-2: Vergleich der Kontrollen der integrierten Produktion in drei Regionen**

|  | Bodensee (1993) | Altes Land (1995) | Südtirol (1994/95) |
|---|---|---|---|
| Anzahl integriert produzierender Betriebe (n) | 1.412 | 664 | 5.838 |
| Fläche unter integrierter Produktion (ha) | 6.708 | 7.561 | 13.050 |
| durchschnittliche Betriebsgröße (ha) | 4,8 | 11,4 | 2,2 |
| **Betriebsheftkontrolle** | | | |
| Kontrollintensität (% Betriebe überprüft) | 92 | 61 | 75 |
| davon Beanstandungen (%) | 9 | 0 | 8 |
| **Betriebskontrolle** | | | |
| Kontrollintensität (% Betriebe überprüft) | 20 | 22 | 12 |
| davon Beanstandungen (%) | 6 | 3 | 1 |
| **Rückstandskontrolle** | | | |
| Kontrollintensität (% Betriebe überprüft) | 11 | 10 | 11 |
| davon Beanstandungen (%) | 5 | 5 | 11 |
| Tonnen Äpfel/1 Rückstandskontrolle [a] | 1.096 | 8.592 | 782 |
| **Kosten der Kontrolle (DM pro Jahr)** | | | |
| Personal | 47.010 | 22.000 | 56.498 |
| Labor | 67.133 | 14.740 | 66.595 |
| Gesamtkosten | 114.143 | 36.740 | 123.093 |
| staatliche Zuschüsse zur Kontrolle | 68.489 | 0 | 33.840 |
| Nettokosten | 45.654 | 36.740 | 89.253 |

| *Kostenindikatoren* | GK | NK | GK | GK | NK |
|---|---|---|---|---|---|
| Kosten DM/Betrieb | 81,00 | 32,00 | 55,00 | 21,00 | 15,00 |
| Kosten DM/ha | 17,00 | 7,00 | 5,00 | 9,00 | 7,00 |
| Kosten DM/t bei eher niedrigem Ertrag | 0,68 | 0,27 | 0,19 | 0,27 | 0,20 |
| Kosten DM/t bei eher höherem Ertrag | 0,57 | 0,23 | 0,16 | 0,24 | 0,17 |
| ab-Hof Auszahlungspreis DM/t | 415,00 | 415,00 | 308,00 | 587,00 | 578,00 |
| Kosten in % des Umsatzes (eher niedriger E.) | 0,16 | 0,07 | 0,06 | 0,05 | 0,03 |
| Kosten in % des Umsatzes (eher höherer E.) | 0,14 | 0,05 | 0,05 | 0,04 | 0,03 |

*Anmerkungen:* IP: Integrierte Produktion.
GK: Kostenindikator bezieht sich auf die Gesamtkosten.
NK: Kostenindikator bezieht sich auf die Nettokosten.
Eher niedriger Ertrag: Bodensee und Altes Land 250 dt/ha, Südtirol 350 dt/ha.
Eher höherer Ertrag: Bodensee und Altes Land 300 dt/ha, Südtirol 400 dt/ha.
a: Es wurden eher niedrige Erträge angenommen.

*Quellen:* Angaben aus Tabelle 7-5, Tabelle 7-6 und Tabelle 7-9 (im Anhang); Auszahlungspreise siehe Fußnote 235, 247 sowie entsprechende Angaben auf Seite 171.

### 7.2.7.3 Maßnahmen aufgrund der Kontrollergebnisse

In Kapitel 2 wurden die drei Hauptaufgaben der Kontrolle, nämlich Normsetzung, direkte Kontrolle anhand der Norm und Maßnahmen aufgrund der Kontrollergebnisse, diskutiert. Die Normsetzung ist in der integrierten Produktion durch die detaillierten Anbaurichtlinien und Mittellisten eindeutig gewährleistet. Auch die direkte Kontrolle anhand der Norm wird durchgeführt. Die Maßnahmen aufgrund der Kontrollergebnisse sind indes von geringer Wirkung und werden hier noch einmal kritisch erörtert.

Ökonomische Beweggründe zur Einhaltung der gesetzten Normen können befürchtete Sanktionen bei Aufdeckung der Normverletzung oder Anreize zur Normeinhaltung sein. Ein Anreiz über höhere Preise für Ware aus integrierter Produktion konnte ab 1994 in Ansätzen nur in Südtirol beobachtet werden. Allerdings wurde hier der Anreiz als Malus (Preisabschlag) für Ware aus konventioneller Produktion realisiert. In Deutschland wird übereinstimmend versichert, daß integriert produzierte Äpfel keinen höheren Preis erhalten. Allerdings betonen Fruchthändler, daß sie Ware aus der integrierten Produktion aufgrund ihres geringeren Rückstandsrisikos bevorzugt kaufen - sicherlich ein Anreiz auf einem Markt mit zumindest saisonalem Überangebot.

Durch die fehlende Preisdifferenzierung ist die übliche Sanktionsmaßnahme, Ausschluß aus dem Programm der integrierten Produktion für ein Jahr, für die deutschen Erzeuger kein abschreckendes Risiko - sie können mit einigem Geschick ihre aberkannte Ware zum gleichen Preis verkaufen. Diesbezüglich scheint Südtirol erneut eine Vorreiterrolle zu spielen, seit 1993 werden hier neben Ausschlüssen bei gröberen Verstößen auch Geldbußen verhängt.

Auch das Instrument der Information wird nach den vorliegenden Daten nicht stark genutzt. Nur in Südtirol werden die Beanstandungsquoten den Mitgliedern überhaupt mitgeteilt. Wer vorsätzlich unerlaubte Pflanzenschutzmittel einsetzt, wird in keiner der untersuchten Regionen öffentlich genannt, es findet also auch keine „soziale Sanktionierung" statt.

Trotz des unterentwickelten Anreiz- und Sanktionsinstrumentariums ist die integrierte Apfelproduktion weit verbreitet. Dies ist aus der historischen Entwicklung der integrierten Produktion zu erklären. Sie begann als „integrierter Pflanzenschutz" und war zunächst eine rein anbautechnische Weiterentwicklung (Vermeidung von Resistenzen, Förderung von Nützlingen, Beachtung des Schadschwellenprinzips), die auch von staatlicher Seite durch Beratung und finanzielle Förderung unterstützt wurde und wird. Daraus hat sich Ende der 80er Jahre die integrierte Produktion entwickelt, die im modernen Marktobstbau zum Standard geworden ist.

Betriebswirtschaftlich betrachtet beinhaltet die integrierte Produktion keine nennenswerten Nachteile gegenüber der konventionellen Produktion. Allerdings stellt sie höhere Anforderungen an die Betriebsleitung. Erst in den letzten Jahren wurde die integrierte Produktion mit regionalen Herkunfts-, Güte- und Kontrollzeichen verknüpft und die umweltschonende

Produktion sowie die niedrige, kontrollierte Pflanzenschutzmittel-Belastung als Marketingargument genutzt. Soll sich dieses Konzept durchsetzen, so sind Anreize über eine Preisdifferenzierung einerseits und ein ausgereiftes Sanktionskonzept andererseits notwendig.

Angesichts der niedrigen Kontrollkosten für den einzelnen Erzeuger sind die staatlichen Beihilfen schon heute überflüssig.

### 7.3 Pflanzenschutzmittel-Einsatz und -Kontrolle in der ökologischen Produktion

Der ökologische Landbau verfolgt eine Vielzahl von Zielen, die nicht nur die Qualität der Produkte, sondern auch bestimmte Anforderungen an den Produktionsprozeß beinhalten. Ein ganz wesentliches Kriterium der ökologischen Produktion ist der Verzicht auf synthetische Pflanzenschutzmittel. Dies impliziert, daß Produkte aus dem ökologischen Landbau rückstandsfrei sein sollten. Die Rückstandsfreiheit wird „oft als ein bzw. *das* Qualitätskriterium für Produkte der ökologischen Wirtschaftsweise angesehen" (WOESE et al., 1995, S. 5).

Nach einem kurzen Abriß über den Pflanzenschutz in der ökologischen Produktion wird in Abschnitt 7.3.2 das Kontrollverfahren nach der EG-Bio-Verordnung vorgestellt. Anschließend werden, auf der Basis einer Umfrage bei akkreditierten Kontrollstellen, die Kontrollkosten für einen 5 ha und einen 11 ha großen Obstbetrieb geschätzt.

#### 7.3.1 Einsatz von Pflanzenschutzmitteln in der ökologischen Apfelproduktion

Bei der Darstellung der integrierten Apfelproduktion war herausgearbeitet worden, daß die Anlagen jährlich mit durchschnittlich 20 verschiedenen Pflanzenschutzmitteln behandelt werden (vergl. S. 164). Auch im biologischen Obstbau ist der Krankheits- und Schädlingsbefall häufig. In einer Untersuchung von Biobetrieben in der Schweiz stellte sich der Apfelschorf als wichtigster Krankheitserreger und die mehlige Apfelblattlaus als bedeutendster Schädling heraus (HÄSELI et al., 1995, S. 39).

Neben allgemeinen Maßnahmen wie Sortenwahl, Bodenbearbeitung, Düngung und Förderung von Nützlingen werden auch im Bioanbau Pflanzenschutzmittel ausgebracht. Zum direkten Pflanzenschutz sind einige wenige Mittel zugelassen, die in Anlage 2 der Rahmenrichtlinien zum ökologischen Landbau aufgezählt sind (AGÖL, 1991, S. 32 f). Gegen Pilzkrankheiten werden im biologischen Obstbau insbesondere Netzschwefel und Kupfersalze eingesetzt. Als Mittel gegen tierische Schädlinge sind u.a. Virus-, Pilz- und Bakterienpräparate sowie Pyrethrumextrakt zugelassen. In der schweizerischen Untersuchung wird ausgeführt, daß biologische Obstbetriebe mehrheitlich 10-15 Pflanzenschutzbehandlungen pro Jahr durchführten und Apfelschorf und Apfelmehltau mit Netzschwefel und Kupfer bekämpften. Die Schädlingsbekämpfung gestaltete sich bei zu später Behandlung mit den erlaubten Insektiziden z.T. schwierig (HÄSELI et al., 1995, S. 36 f).

## 7.3.2 Kontrollverfahren nach der EG-Bio-Verordnung 2092/91

Der ökologische Landbau zeichnet sich nicht nur durch spezifische Produktionsverfahren, sondern auch durch ein enges Kontrollnetz aus. Die heute gültigen Mindestanforderungen an die Kontrolle sind durch die EG-Bio-Verordnung 2092/91 definiert[253]. Sie fordert u.a.

- die vollständige Beschreibung der Betriebseinheit
- die Vorlage einer jährlichen Anbauplanung
- eine belegte Betriebsbuchführung, aus der Ursprung, Art und Menge aller angekauften Betriebsstoffe ebenso nachzuvollziehen sind wie Art, Menge und Abnehmer aller verkauften Produkte
- eine vollständige Besichtigung der Betriebseinheit mindestens einmal im Jahr.

Den Anforderungen gemäß werden anerkannt ökologisch produzierende Betriebe also mindestens einmal jährlich kontrolliert. Die Betriebskontrollen haben damit eine Kontrollintensität von 100%. Im Vordergrund der Kontrollen stehen die Aufzeichnungen und eine Sichtkontrolle der Betriebsabläufe. Proben zur Rückstandsanalyse können, müssen aber nicht entnommen werden. Nur bei Verdacht auf Anwendung unzulässiger Mittel ist eine Probenahme und anschließende chemische Untersuchung zwingend vorgeschrieben. Anders als in der integrierten Produktion werden also keine systematischen Rückstandskontrollen durchgeführt.

## 7.3.3 Geschätzte Kontrollkosten für Obstbaubetriebe

In diesem Abschnitt werden die aufgrund der EG-Bio-Verordnung 2092/91 anfallenden Kontrollkosten geschätzt. Dazu wurden alle 47 staatlich anerkannten Kontrollstellen in Deutschland angeschrieben, die bei SCHMIDT und HACCIUS (1994, S. 497 ff) genannt sind. Die Kontrollstellen wurden gebeten, die Jahresgebühr für ein routinemäßiges Kontrollverfahren für einen 5 ha und einen 11 ha großen spezialisierten Obstbetrieb anzugeben. Diese Betriebsgrößen wurden deshalb gewählt, weil sie der durchschnittlichen Betriebsgröße der Marktobsterzeuger am Bodensee bzw. im Alten Land entsprechen.

Von den 47 angeschriebenen Kontrollstellen antworteten 15. Die jährlichen durchschnittlichen Kontrollkosten betrugen, ohne Fahrtkosten und Mehrwertsteuer, 480 DM für den 5 ha großen und 600 DM für den 11 ha großen Obstbetrieb. Um die relative Bedeutung der Kontrollkosten einschätzen zu können, werden sie in der folgenden Tabelle 7-3 mit fiktiven Erträgen in Zusammenhang gebracht. Dabei entspricht ein Ertragsniveau von 100 dt/ha einer unterdurchschnittlichen Ernte und 300 dt/ha sehr guten Erträgen.

---

[253] Anhang III der Verordnung (EWG) Nr. 2092/91 des Rates vom 24.6.1991 über den ökologischen Landbau und die entsprechende Kennzeichnung der landwirtschaftlichen Erzeugnisse und Lebensmittel, Abl. EG L 198, 22.7.1991.

**Tabelle 7-3: Kontrollkosten für ökologisch wirtschaftende Obstbetriebe**

| Fiktive Erträge | 5 ha großer Obstbetrieb | | | 11 ha großer Obstbetrieb | | |
|---|---|---|---|---|---|---|
| | 100 dt/ha | 200 dt/ha | 300 dt/ha | 100 dt/ha | 200 dt/ha | 300 dt/ha |
| Ertrag (t/Betrieb) | 50 | 100 | 150 | 110 | 220 | 330 |
| Umsatz DM/Betrieb [a] | 118.000 | 236.000 | 354.000 | 259.600 | 519.200 | 778.800 |
| Kontrolle nach EG-Öko-Verordnung | | | | | | |
| Kontrollkosten DM/Betrieb | 480 | 480 | 480 | 600 | 600 | 600 |
| Kontrollkosten DM/ha | 96 | 96 | 96 | 55 | 55 | 55 |
| Kontrollkosten DM/t | 9,60 | 4,80 | 3,20 | 5,45 | 2,73 | 1,82 |
| Kontrollkosten in % Umsatz | 0,41 | 0,20 | 0,14 | 0,23 | 0,12 | 0,08 |

*Anmerkungen:* a: Für die Kalkulation des Umsatzes wurde der durchschnittliche Großhandelspreis für ökologische Äpfel aus dem Jahre 1994 (236 DM/dt) gewählt (ZMP, 1995b, S. 77).

Die Kontrollkosten entsprechen dem gemittelten Wert der Kontrollgebühren von 15 zugelassenen Kontrollstellen, die auf eine schriftliche Befragung antworteten. Es wurden 3 Stunden pro Kontrolle kalkuliert. Fahrtkosten, Zusatzgebühren bei Verdachtsfällen und MwSt. sind in der Schätzung nicht enthalten.

*Quelle:* Eigene Erhebung, Daten vom August 1996.

Tabelle 7-3 zeigt Kontrollkosten in der Höhe von 96 bzw. 55 DM pro Betrieb. Diese Beträge sind 5-10 fach höher als in der integrierten Produktion (vergl. mit Tabelle 7-2). Für die Beurteilung der Kontrollkosten pro Tonne Äpfel wurden drei fiktive Ertragshöhen betrachtet. Je nach Ertragshöhe schwanken die Kontrollkosten zwischen 1,82 und 9,60 DM/t. Für den größeren Betrieb (11 ha) sind die Kontrollkosten pro Tonne 43% niedriger als für den kleineren Betrieb.

Der ökologische Landbau zeichnet sich nicht nur durch hohe Kontrollkosten, sondern auch durch Preise aus, die deutlich über denen der nicht ökologischen Produkte liegen. Die ZMP ermittelte 1994 für ökologisch produzierte Äpfel einen Jahresmittelwert von 4.360 DM/t im Direktabsatz, 3.150 DM/t im Einzelhandel und 2.360 DM/t im Großhandel (ZMP, 1995b, S. 77). Für die Kalkulation in Tabelle 7-3 wurde der Preis im Großhandel angenommen. Er ist nicht direkt mit den ab-Hof Auszahlungspreisen in Tabelle 7-2 zu vergleichen. Da aber die Direktvermarktung bzw. Lieferungen direkt an den Einzelhandel bei ökologischen Produkten eine wichtige Rolle spielen, dürfte der Umsatz der Biobetriebe mindestens bei den in Tabelle 7-3 errechneten Werten liegen. Die Kontrollkosten entsprechen bei dieser Kalkulation in Abhängigkeit von Betriebsgröße und Ertragsniveau 0,08 bis 0,41% des Umsatzes. Mit aller gebotenen Vorsicht läßt sich aus diesen Zahlen ablesen, daß die Kontrollkosten der ökologischen Betriebe bei sehr guten Erträgen (300 dt/ha) einen vergleichbar großen Anteil am Umsatz haben wie bei den Betrieben der integrierten Produktion mit einem Ertrag von 350 dt/ha.

Nicht berücksichtigt in diesem einfachen Vergleich sind das größere Ertragsrisiko im ökologischen Landbau und die staatlichen Zuschüsse für dieses Produktionsverfahren[254]. Auch zeichnet sich die ökologische Wirtschaftsweise oft dadurch aus, daß die Betriebe, entgegen dem Spezialisierungstrend in der konventionellen Landwirtschaft, verschiedene Betriebszweige der pflanzlichen und tierischen Produktion betreiben. Die extensiv genutzte Streuobstwiese mag daher, neben intensiv bewirtschafteten ökologischen Obstbetrieben in den spezialisierten Obstbauregionen, in der Produktion von „Öko-Obst" ebenfalls eine Rolle spielen.

Ein gewichtiger Unterschied zwischen dem integrierten und ökologischen Kontrollsystem sind die Möglichkeiten für Sanktionen. Dem ökologischen Kontrollsystem steht mit der Aberkennung des Status als anerkannt ökologisch produzierender Erzeuger eine wirksame Maßnahme zur Verfügung. Nach einer Aberkennung können Äpfel nicht mehr zu den deutlich höheren Preisen für ökologische Ware vermarktet werden. Den Produzenten sind dann auch die entsprechenden Vermarktungswege verschlossen: Auch der ökologische Groß- und Einzelhandel sowie die weiterverarbeitende Industrie unterliegen Betriebskontrollen mit der Überwachung von Wareneingängen und Warenausgängen. Für diese Produktströme sind jeweils die Erzeugerzertifikate vorzuweisen[255].

### 7.4 Streuobst- und Hausgartenproduktion

Die Apfelerzeugung des Streu- und Gartenobstbaus übertrifft auch heute noch, trotz eines kräftigen Rückgangs in den letzten Jahrzehnten, die des intensiven Marktobstbaus. Die bundesweiten Statistiken über diesen Bereich sind allerdings relativ ungenau. Die letzte flächendeckende Bestandsfeststellung fand 1965 statt. Im zehnjährigen Durchschnitt (1984-1993) trug die Streuobst- und Hausgartenproduktion knapp zwei Drittel zur westdeutschen Gesamternte bei (vergl. Tabelle 7-4 im Anhang). In einer baden-württembergischen Studie wird die Hausgartenproduktion über die Einkommens- und Verbrauchsstichprobe geschätzt und mit Ergebnissen der repräsentativen Streuobsterhebung von 1990[256] verknüpft. Diese kommt dabei zu dem Ergebnis, daß die gesamte Kernobsternte in Baden-Württemberg für das Mittel 1990/91 zu 50% aus dem Streuobstanbau, zu 33% aus dem Marktobstanbau und zu 17% aus der Hausgartenproduktion stammte (MAAG, 1992, S. 452). Bundesweit erhobene Daten von 1992 sagen aus, daß der private Gesamtverbrauch von Äpfeln in den alten Bundesländern zu einem Viertel und in den neuen Bundesländern zu einem Drittel über die Selbstversorgung gedeckt wurde (ZMP, 1995a, S. 34).

---

[254] Die meisten Bundesländer fördern die Umstellung und Beibehaltung der ökologischen Obstproduktion mit Zuschüssen von 1.000-1.500 DM/ha (vergl. Tabelle 7-11).
[255] Siehe hierzu z.B. RÜEGG (1995), REYNAUD (1995) und WEISHAUPT (1995).
[256] Eine repräsentative Streuobsterhebung wurde nur in den Bundesländern Baden-Württemberg, Bayern, Nordrhein-Westfalen und Rheinland-Pfalz durchgeführt (MAAG, 1992, S. 449).

Produzenten von Streu- und Gartenobst konsumieren und verwerten ihre Äpfel häufig selbst. Zusätzlich können sie, je nach Erntejahr und Saison, als Anbieter ihrer Überschüsse auf dem kommerziellen Frischobst- und Verwertungsmarkt auftreten. In der Nachsaison und in schlechten Erntejahren fragen sie als Verbraucher Äpfel und Apfelprodukte aus dem Marktobstbau nach. Die Märkte für Subsistenz- und Verkaufsproduktion sind also eng miteinander verknüpft, und die Erntemengen des Streu- und Gartenobstes beeinflussen wesentlich die Preise auf dem deutschen Apfelmarkt (JANSSEN, 1993, S. 90; MAAG, 1992, S. 452).

### 7.4.1 Pflanzenschutzmittel in der Streuobstproduktion

Über den Pestizideinsatz in der Streuobstproduktion liegen keine verläßlichen Angaben vor. Es ist aber davon auszugehen, daß in dieser extensiven Produktionsform mit den arbeitstechnisch aufwendigen Hochstämmen ein intensiver Pflanzenschutzmittel-Einsatz wie im Marktobstbau in der Regel nicht wirtschaftlich ist und daher auch nicht zur Anwendung kommt. Da der überwiegende Teil der Streuobstwiesen nicht zu einem anerkannt ökologisch wirtschaftenden Betrieb gehört, könnte diese Produktionsweise als „unkontrolliert-ökologisch" klassifiziert werden.

### 7.4.2 Pflanzenschutzmittel in der Hausgartenproduktion

In der Hausgartenproduktion ist es denkbar, daß nicht nur wirtschaftliche Gesichtspunkte bei der Entscheidung für oder gegen den Einsatz von Pflanzenschutzmitteln eine Rolle spielen. JÄGER-MISCHKE (1991) analysierte mehrere Befragungen von Haus- und Kleingärtnern, die in Deutschland in den 80er Jahren durchgeführt wurden. Aus den Studien konnte abgeleitet werden, daß schätzungsweise 75-80% aller Haus- und Kleingärtner Pestizide verwendeten und dabei weit von einem guten Informationsstand über deren ordnungsgemäße Anwendung entfernt waren (ebd., S. 139). Obstbäume wurden zu 46% chemisch behandelt, dabei stand die Bekämpfung von Insekten im Vordergrund (ebd., S. 133 und 136). Personen mit einem „stark entwickelten Problembewußtsein" wendeten Pflanzenschutzmittel weniger an (ebd., S. 138). Es ist daher zu vermuten, daß mit dem wachsenden Umweltbewußtsein, das im letzten Jahrzehnt weite Teile der Bevölkerung erfaßt hat, der Pestizideinsatz in Haus- und Kleingärten tendenziell eher zurückgeht. Diese Tendenz berichten auch Studien aus den USA (HUANG, et al., 1991, S. 50). Allerdings ist auch heute noch von einem verbreiteten Pflanzenschutzmittel-Einsatz durch Haus- und Kleingärtner auszugehen. So nimmt die Firma Bayer an, daß kürzlich aufgetretene Funde des Herbizids Diuron im Oberflächengewässer durch unsachgemäße Handhabung durch Hobbygärtner verursacht wurde (AGRA-EUROPE, 15.1.1996). Bisher sind Pflanzenschutzmittel für jeden zugänglich. Die Biologische Bundesanstalt für Land- und Forstwirtschaft (BBA) bereitet allerdings eine Novelle des Pflanzenschutzgesetzes vor, die eine Positivliste geeigneter Pflanzenschutzmittel für den Haus- und Kleingartenbereich enthalten soll (AGRA-EUROPE, 12.2.1996). Ob es Einschränkungen oder Verbote geben soll, ist noch nicht geklärt. Indirekt beschreitet die BBA einen pragmatischen Weg, für Hobbygärtner ungeeignete Mittel unattraktiv zu gestalten: Der Verkauf dieser Wirkstoffe wird nur in so großen Packungsgrößen zugelassen, daß der Kauf für Haus- und Kleingärtner sehr unrentabel ist[257]. Zumindest Hobbygärtner, die nach ökonomischen Maximen handeln, würden diese Pflanzenschutzmittel dann nicht anwenden.

Rückstandskontrollen finden in der Streuobst- und Hausgartenproduktion i.d.R. nicht statt. Ein Großteil des Streuobstes wird weiterverarbeitet, nur wenig kann als Tafelobst abgesetzt werden[258]. Die Schadstoffkontrollen der Ernährungsindustrie und des Umweltschutzprojektes „Apfelsaft aus Streuobstanbau" werden in Kapitel 8 näher untersucht.

## 7.5 Fazit

Kapitel 7 führt zu Beginn in Produktionsverfahren und Anbaumethoden der Apfelerzeugung ein. Im intensiven Marktobstbau dominiert national und international das Verfahren der integrierten Produktion. Weiterhin von großer Bedeutung ist in Deutschland die Apfelerzeugung auf Streuobstwiesen und in Hausgärten. Ökologisch produzierte Äpfel haben einen geringen mengenmäßigen Stellenwert.

Die **integrierte Apfelproduktion** zeichnet sich durch die Bemühungen um einen möglichst geringen Pflanzenschutzmittel-Einsatz aus, einige gesetzlich zugelassene Mittel sind in diesem Produktionsverfahren verboten. Im Durchschnitt werden in der integrierten Produktion gut 20 Pflanzenschutzmittel-Behandlungen pro Jahr durchgeführt.

Die Einhaltung der Anbauvorschriften wird durch drei Kontrollmaßnahmen überprüft. Alle an der integrierten Produktion teilnehmenden Obsterzeuger müssen ein Betriebsheft führen und dieses zur jährlichen Kontrolle an ihren Verband einreichen. Bei 20% der Erzeuger wird außerdem eine Betriebskontrolle durchgeführt, von 10% der Produzenten werden Blatt- oder Apfelproben auf Rückstände untersucht.

Die Umsetzung dieser Kontrollvorgaben und die damit verbundenen Kosten wurden für die bedeutsamen Anbauregionen Bodensee, Altes Land und Südtirol eingehend untersucht. Dabei konnte festgestellt werden, daß sich die Rückstandsuntersuchungen auf ein enges Wirkstoffspektrum beschränkten. Ziel dieser Analysen ist zu überprüfen, ob Pflanzenschutzmittel angewendet wurden, die in der integrierten Produktion verboten sind. Keine der drei Anbauregionen untersuchte das gesamte Rückstandsspektrum. Die Kontrollintensität lag ca. zwischen 782 und 8.590 Tonnen pro einer Rückstandsuntersuchung.

Die Kontrollkosten werden in ihrer absoluten Größe und relativen Bedeutung von der Betriebsgröße, dem Ertragsniveau, den direkten staatlichen Zuschüssen und von indirekten Subventionen wie z.B. die kostengünstige Nutzung staatlicher Labore, beeinflußt. Die

---

[257] Telefonische Auskunft der BBA am 27.2.1996.
[258] Praktiker vermuten, daß 10% der Streuobsternte als Tafelobst abgesetzt werden kann.

jährlichen Gesamtkosten der Kontrolle integriert produzierender Erzeuger variieren zwischen 21 DM/Betrieb in Südtirol und 81 DM/Betrieb am Bodensee. Je nach Ertragshöhe und Auszahlungspreis entsprechen diese Kontrollkosten 0,03 bis 0,16% des Umsatzes auf Erzeugerebene.

Sanktionsmaßnahmen bei Übertretung der Vorschriften der integrierten Produktion konnten nur in Südtirol beobachtet werden. Hier scheint sich auch bei den Genossenschaften allmählich eine Preisdifferenzierung zwischen konventioneller und integrierter Ware zu entwickeln.

Nach Meinung der Verfasserin wird sich die integrierte Produktion in Zukunft zu einem nachfrageorientierten Qualitätsmanagement- und Kontrollsystem entwickeln müssen. Den Handel und die Verbraucher interessiert primär die gesamte Rückstandsbelastung von Äpfeln und nicht die Überprüfung einiger Mittel. Daher werden folgende zukünftigen Schritte empfohlen:

- Erhalt und Vertiefung eines engen Kontrollnetzes.
- Probenahmen beim Erzeuger *und* im Erfassungshandel.
- breite Rückstandsanalyse der Blatt- und Apfelproben auf alle erlaubten und verbotenen Wirkstoffe.
- Entwicklung eines fühlbaren Sanktionsapparates einerseits und Durchsetzung einer Preisdifferenzierung zwischen integrierter und konventioneller Ware andererseits. Ersteres können die Obstbauverbände intern entwickeln. Letzteres müßte in Kooperation mit dem Handel erreicht werden. Vorbedingung für eine erfolgreiche Preisverhandlung wäre eine einwandfreie und geprüfte Ware. Außerdem muß das Qualitätsmerkmal „garantiert integrierte und geprüfte Produktion" bis zum Einzelhandel erhalten und auch dort preislich honoriert werden. Damit werden Handelskontrollen im Sinne einer Überprüfung des Warenflusses, wie in der ökologischen Produktion realisiert, unabdingbar.
- Beendigung staatlicher Zuschüsse für das Kontrollsystem. Eine Fortführung der Zuschüsse wäre für den Fall zu überdenken, in dem die Kontrollsysteme der integrierten Produktion eine umfassende Rückstandsüberprüfung vornähmen und damit die amtliche Lebensmittelüberwachung entlasten würden. In diesem Fall wäre eine Weiterleitung der Untersuchungsergebnisse an die Untersuchungsämter (wie z.B. bei den Untersuchungsringen der Fruchtgroßhändler üblich, vergl. Kapitel 9.1) notwendig.

Die kontrolliert biologische oder auch **ökologische Produktion** verspricht u.a. Freiheit von synthetischen Pflanzenschutzmitteln. Nach der EG-Bio-Verordnung muß sich jeder anerkannte Öko-Betrieb von einer unabhängigen Kontrollstelle jährlich überprüfen lassen. Diese Überprüfung kostet die Betriebe ca. 480-600 DM pro Jahr. Auch hier beeinflussen Betriebsgröße und Ertragsniveau die relative Bedeutung der Kosten. Sie liegen mit 1,82 bis 9,60 DM/t zwar deutlich über den Kosten der integrierten Produktion. Durch die höheren Absatzpreise für Öko-Äpfel entsprechen die Kontrollkosten aber nur 0,08 - 0,41% des geschätzten Umsatzes eines spezialisierten, ökologisch produzierenden Betriebs.

Anders als in der integrierten Produktion werden in der Kontrolle der ökologischen Produktion keine systematischen Rückstandsuntersuchungen vorgenommen. Da davon ausgegangen wird, daß synthetische Pestizide nicht eingesetzt werden, erfolgt eine chemische Rückstandskontrolle nur im Verdachtsfall.

Angesichts des großen Krankheitsdrucks und Schädlingsbefalls in Obstanlagen existiert der Anreiz, zu chemischen Mitteln zu greifen. Ergebnisse des bundesweiten Lebensmittel-Monitoring hatten gezeigt, daß ein kleiner Prozentsatz der als ökologisch deklarierten Äpfel synthetische Pflanzenschutzmittel-Rückstände aufwies (vergl. Tabelle 6-1). Rückstandsuntersuchungen anhand eines systematischen Stichprobenplans wären daher für den ökologischen Obstbau eine sinnvolle Ergänzung des bestehenden Kontrollsystems. Sie wären gleichzeitig eine Investition in das gute Image und die hohe Glaubwürdigkeit, die ökologische Produkte z.Z. bei den Verbrauchern genießen.

Über den Pflanzenschutzmittel-Einsatz im **Streuobstbau** liegen keine Informationen vor. Aufgrund der geringen Rentabilität dieser Flächen wird ein geringer Pestizidgebrauch vermutet. Rückstandskontrollsysteme wurden nicht beobachtet.

Auch in der **Hausgartenproduktion** sind keine Kontrollen bekannt. Da hier Produzent und Konsument identisch sind, hätte eine Kontrolle auch nicht einen mit den anderen Produktionsbereichen vergleichbaren Effekt der Minderung von Unsicherheit. Bezüglich des Pflanzenschutzmittel-Einsatzes in Hausgärten zeigen Untersuchungen, daß Hobbygärtner durchaus Pestizide ausbringen. Eine genügende Kenntnis über den Umgang mit Pflanzenschutzmitteln ist bei dieser Anwendergruppe nicht unbedingt gegeben. Restriktionen bei dem Verkauf von Pflanzenschutzmittel gibt es bisher nicht, sind aber in Vorbereitung.

Die Kontrollaktivitäten, die in diesem Kapitel auf Erzeugerebene beobachtet werden konnten, dienen vorrangig der Produktion von Tafeläpfeln. Das anschließende Kapitel 8 betrachtet die Weiterverarbeitung von Industrieäpfeln in der Ernährungsindustrie und die dort etablierten Schadstoffkontrollen.

# 8 Fallstudie: Die Weiterverarbeitung von Äpfeln und Schadstoffkontrollen der Ernährungsindustrie

Äpfel können zu verschiedenen Produkten wie Saft, Konzentrat, Schaumwein, Essig, Apfelmus oder Trockenfrüchte weiterverarbeitet werden. Aus den Abfällen (Schalen, Gehäuse) kann u.a. Pektin hergestellt werden (LAL KAUSHAL und SHARMA, 1995, S. 112). Neue Produkte, die der Ernährungsindustrie als Inhaltsstoffe angeboten werden, sind z.B. Süßstoff oder Ballaststoffe auf Apfelbasis (BOLLINGER, 1991). Auch in weiteren Lebensmitteln wie etwa Apfelkuchen oder Kinderkost werden Äpfel verwendet. Einen Überblick über wichtige Apfelprodukte bietet der erste Abschnitt dieses Kapitels.

Die darauf folgenden vier Unterkapitel untersuchen die Schadstoffkontrollen verschiedener Segmente der Ernährungsindustrie. Als erstes wird das Kontrollsystem der Fruchtsaftindustrie beschrieben. Danach werden die Kontrollmaßnahmen beleuchtet, die für das Nischenprodukt „Apfelsaft aus kontrolliertem Streuobstbau" entwickelt wurden. Nach Anmerkungen zu den Schadstoffkontrollen der Apfelmushersteller wird als letzter Punkt das Kontrollsystem der Kinderkostprodukte diskutiert und in diesem Zusammenhang auch der Babykostskandal aus dem Jahr 1994 aufgerollt und beurteilt.

## 8.1 Wichtige Apfelprodukte im Überblick

Aus einschlägigen Veröffentlichungen des Statistischen Bundesamtes (Fachserie 4, Produzierendes Gewerbe, Reihe 3.1) und aus Außenhandelsdaten der ZMP läßt sich die verfügbare Menge an Äpfeln und wesentlichen Apfelprodukten in Deutschland schätzen (vergl. Tabelle 6-5 im Anhang). Der daraus berechnete, durchschnittliche jährliche Konsum pro Kopf beträgt

- 21 kg Tafeläpfel
- 14 l Apfelsaft
- 0,8 kg Apfelmus
- 46 g getrocknete Äpfel[261].

Weiterhin von Interesse ist die Kinderkost, da hier einerseits eine besonders empfindliche Bevölkerungsgruppe angesprochen wird und andererseits für Kinderkost die strengen Rückstandsbestimmungen der Diätverordnung gelten. Die im Inland verfügbare Menge an industriell hergestellter obst- und gemüsehaltiger Kindernahrung beziffert sich auf 61.600 t. Bezogen auf alle 4-18 Monate alten Kinder bedeutet dies einen durchschnittlichen Jahreskonsum von 68 kg pro Kind (vergl. Tabelle 6-5 im Anhang). Der Apfelanteil an der obst- und gemüsehaltigen Kinderkost ist nicht mit ausreichender Genauigkeit zu quantifizieren.

---

[261] Die Bedeutung getrockneter Äpfel ist so gering, daß dieses Produkt in der Fallstudie nicht weiter untersucht wird.

Die geschätzten Konsumdaten weisen darauf hin, daß Apfelsaft eine überragende Bedeutung innerhalb der weiterverarbeiteten Produkte hat. Die „Eigenkelterei" (direkte Verarbeitung von Mostäpfeln) hat dabei einen stark saisonalen Charakter. Mostäpfel werden zwischen September und November zu Direktsaft weiterverarbeitet oder als Apfelsaftkonzentrat zunächst zwischengelagert und später rückverdünnt[262]. Auch Apfelmus wird in den Herbstmonaten direkt nach der Ernte hergestellt. Eine kontrollierte Lagerung[263] der rohen Industrieäpfel, wie es etwa beim Tafelobst üblich ist, wird aus Kostengründen nicht praktiziert.

Aus Schaubild 6-2 war bereits hervorgegangen, daß schätzungsweise drei Viertel der Rohware für Apfelsaft aus dem Ausland stammt. Der ganz überwiegende Teil ausländischer Ware wird dabei als Apfelsaftkonzentrat importiert und bei sogenannten „Abfüllern" mit entmineralisiertem Wasser rückverdünnt. Außenhandelsdaten für die Jahre 1991 - 1993 weisen Italien als Hauptlieferanten von Apfelsaftkonzentrat aus (31%). Etwa zwei Drittel des eingeführten Apfelsaftkonzentrates kommt aus Ländern außerhalb der EU. Die wichtigsten Herkunftsländer sind hier die Türkei (17)%, die ehemalige Sowjetunion[264] (16%) und Ungarn (6%)[265].

Der Fruchtsaftmarkt zeichnet sich durch eine recht konzentrierte Angebotsstruktur aus. Im Jahre 1995 entfielen 70% des Branchenumsatzes auf die elf größten Unternehmen (LEBENSMITTEL-ZEITUNG, 28.6.1996). Die Qualität von Apfelsaft wird überbetrieblich von der Schutzgemeinschaft der Fruchtsaft-Industrie kontrolliert.

## 8.2 Überbetriebliche Kontrollen durch die Schutzgemeinschaft der Fruchtsaft-Industrie

Die relevanten Schadstoffe im Apfelsaft sind Pflanzenschutzmittel-Rückstände und Patulin. Die Pflanzenschutzmittel sind von den Apfelerzeugern ausgebracht worden. Rückstände sind in der Rohware nachweisbar. Die wesentlichen Schritte der Fruchtsaftgewinnung sind die Entsaftung (meist durch Extraktion) und anschließende Pasteurisation (VOLLMER et al., 1990, S. 182 f). Patulin kann auch noch während des Mostvorgangs vor der Pasteurisation gebildet werden, wenn sich die entsprechenden Schimmelpilze in fauliger Rohware vermehren konnten.

AMEND (1995, persönliche Mitteilung) erläuterte, daß die Fruchtsaftindustrie aufgrund der aufwendigen Analytik i.d.R. keine betriebsinternen Rückstandsuntersuchungen durchführt. Statt dessen hat sich ein branchenweites Qualitätskontrollsystem entwickelt, dessen Aufbau

---

[262] Das Volumen kann hierbei etwa auf ein Siebtel reduziert werden. Apfelsaftkonzentrat wird meist durch Eindampfen im Vakuum hergestellt, flüchtige Aromen werden getrennt gewonnen und später wieder zugesetzt. Aromaschonender ist die Gefriertrocknung, die für Apfelsaft aber in der Regel zu teuer ist (VOLLMER et al., 1990, S. 184).

[263] Darunter wird eine gekühlte Lagerung mit kontrolliertem Sauerstoff-, Stickstoff- und Kohlendioxidgehalt verstanden (VOLLMER et al., 1990, S. 17).

[264] Speziell Rußland, Moldavien und die Ukraine.

[265] STATISTISCHES BUNDESAMT, Fachserie 7, Außenhandel, Reihe 2, versch. Jhg. Die Prozentzahlen beziehen sich auf die Position 200970 110 und 190.

und Leistung dargestellt werden. Auch die Kosten des Systems werden geschätzt, und es wird ein Ausblick auf zukünftige Kontrollstrategien gegeben.

### 8.2.1 Historische Entwicklung

Seit Ende der 60er Jahre wird die Fruchtsaftindustrie, besonders im Sektor der Zitrussäfte, mit Fälschungen konfrontiert. Neben der relativ leicht nachzuweisenden Streckung durch den Zusatz von Wasser, Zucker und Säure, werden auch billige Fremdsäfte oder Mineralstoffe zugesetzt. Raffinierter ist die Beimischung einzelner Aminosäuren und anderer Komponenten, wobei darauf geachtet wird, trotz Beimischungen Grenzwerte nicht zu überschreiten. Diese Fälschungsmaßnahmen sind inzwischen so weit verfeinert, daß sie auch mit Hilfe der Dünnschicht-Chromatographie nicht sofort auffallen (KORTH, 1994, S. 25).

Aufgrund der verbreiteten Fälschungen gründete der Verband der Fruchtsaft-Industrie e.V. (VdF) 1974 die Schutzgemeinschaft der Fruchtsaft-Industrie (SGF)[266]. Der „Zweck des Vereins ist,

- den freien, lauteren Wettbewerb zu fördern
- die Mitglieder vor unlauterem Wettbewerb zu schützen und bei der Erfüllung ihrer Sorgfaltspflicht sowie
- bei der Abwehr ungerechtfertigter Angriffe zu unterstützen" (SGF, 1991, § 2).

Zur Erreichung dieses Zwecks überwacht die Schutzgemeinschaft die Qualität, die ordnungsgemäße Beschaffenheit und die Kennzeichnung der am Markt befindlichen Säfte. Gegen Wettbewerbsverstöße werden Maßnahmen bzw. Sanktionen eingeleitet (SGF, 1991, § 2).

Zu Beginn der Arbeit der Schutzgemeinschaft hatte diese eine „Polizeifunktion", und sanktionierende Maßnahmen standen im Vordergrund. Sie reichten bis zur Herausgabe eines Weißbuches vertrauenswürdiger Rohstofflieferanten, es kam zu Verbandsausschlüssen, zu Gerichtsverfahren und sogar zu Unternehmensaufgaben (BRENDLE-BEHNISCH, 1994, S. 18; KORTH, 1994, S. 24).

Inzwischen ist der Anreiz, dem Kontrollsystem anzugehören, erheblich gewachsen. Zusätzlich zu den SGF-Marktkontrollen wurde 1986 das freiwillige Kontrollsystem (FKS) eingeführt. Im Mittelpunkt steht hier ein vorausschauendes Qualitätssicherungssystem unter Einbeziehung von Roh- und Halbwaren. Es finden Betriebskontrollen auf allen Herstellungsstufen statt. Zweifelhafte Fertigware kann entlang der Kontrollkette bis zur Rohware zurückverfolgt werden (BRENDLE-BEHNISCH, 1994, S. 21).

Die FKS-Verarbeitungsbetriebe verpflichten sich, entweder Ware von FKS-Rohwarenherstellern zu beziehen (sog. Systemware) oder, bei Kauf von Nicht-Systemware, diese selber auf ihre einwandfreie Qualität hin zu untersuchen (SGF, 1993, S. 5-6). Neben einer

---

[266] Im folgenden Text mit „Schutzgemeinschaft" abgekürzt.

systematischen, betrieblichen Eigenkontrolle lagern FKS-Betriebe außerdem mindestens zwölf Monate lang Rückstellmuster eingekaufter und produzierter Partien, die im Fall einer Kontrolle oder Beanstandung zur Verfügung stehen (SGF, o.J., Anlage 3).

Als Beurteilungsbasis der Kontrollen gelten u.a. die sogenannten RSK-Werte. Dies sind Richtwerte und Schwankungsbreiten bestimmter Kennzahlen, die für einen Großteil der auf dem Markt befindlichen Säfte mit statistischen Methoden erarbeitet wurden[267]. Pflanzenschutzmittel und Patulin sind nicht Teil dieser Parameter. Weiterhin orientieren sich die Analysen und Bewertungen der Schutzgemeinschaft an den Leitlinien des Europäischen Verbandes der Fruchtsaft-Industrie A.I.J.N. (*Association of the Industry of Juices and Nectars from Fruits and Vegetables of the European Economic Community*). Diese Leitlinien beinhalten neben Parametern entsprechend der RSK-Werte auch maximal erlaubte Konzentrationsangaben für Patulin, Arsen und Schwermetalle. Pflanzenschutzmittel werden auch hier nicht erwähnt (A.I.J.N., 1993, S. 6.3.-3). In der Europäischen Richtlinie 93/77/EWG für Fruchtsäfte und einige gleichartige Erzeugnisse vom 21.9.1993 heißt es weiterhin in Artikel 5, daß der Schwefeldioxidgehalt in Fruchtsaft 10 mg/l nicht überschreiten darf.

Schadstoffe spielen in dem freiwilligen Kontrollsystem also keine zentrale Rolle, werden aber, wie der nächste Abschnitt zeigt, z.T. mit überprüft. Eine kürzlich durchgeführte Untersuchung der Zeitschrift test bestätigt, daß bei Apfelsäften in erster Linie Verfälschungen vorgefunden werden, die Schadstoffbelastung aber unproblematisch ist. Fünf von 35 untersuchten Apfelsäften enthielten unerlaubte Zusätze. Die Säfte wurden auch auf Pflanzenschutzmittelrückstände, Patulin und Nitrat untersucht. Die Zeitschrift test bescheinigte durchgängig eine „sehr geringe" oder „geringe" Belastung (TEST, 6/1996, S. 86 ff)[268].

### 8.2.2 Allgemeine Kontrolleistungen der Schutzgemeinschaft

Im Jahre 1994 waren 362 Branchenfirmen Mitglied der Schutzgemeinschaft, dies entspricht fast allen Abfüllern und dem größten Teil der Lieferanten in Deutschland. Am freiwilligen Kontrollsystem FKS nahmen 263 Firmen teil: 120 Abfüller, 118 Halbwarenhersteller und 25 Händler und Makler. Die Schutzgemeinschaft zog bei Betriebsinspektionen und im Handel insgesamt 2.091 Proben, davon wurden ca. 1.200 untersucht[269]. Untersuchungsschwerpunkte waren u.a. auch Verderbnisindikatoren, Pflanzenschutzmittel und Patulin.

---

[267] Die RSK-Werte für Apfelsaft beziehen sich auf eine sensorische Analyse und auf die chemische Analyse folgender Parameter: relative Dichte, reduktionsfreies Extrakt, Mono- und Disaccharide, Fruchtsäuren, biogene Säuren und Ethanol, Mineralstoffe, Formolzahl, Prolin, D-Sorbit, HMF (Hydroxymethyl-Furfural).
[268] Wie stark die Industrie auf das Kontrollurteil der Verbrauchervertretung Stiftung Warentest reagiert, zeigt die einstweilige Verfügung, die der Safthersteller Klindworth GmbH erwirkte. Seinem klaren Apfelsaft war von test eine mangelhafte Sensorik beschieden worden. In einer Nachprüfung mit anderen Mustern wurde die sensorische Qualität dann besser beurteilt. Die Aussagen über den Geschmack von Klindworths Apfelsaft im Testheft mußten daraufhin überklebt werden (LEBENSMITTEL-ZEITUNG, 5.7.1996).
[269] Der Unterschied zwischen gezogenen und untersuchten Proben erklärt sich wie folgt: Viele Abfüller beziehen ihren Rohstoff bei dem gleichen Lieferanten. In diesen Fällen wird nur eine Stichprobe der bei den Abfüllern gezogenen Proben untersucht.

*Fallstudie: Kontrollen der Industrie* 193

Bei den **Betriebskontrollen** werden FKS-Unternehmen beprobt, sie vereinen auf sich etwa 90% des Angebots an Saft in Deutschland. In 192 Fällen stammte die Rohware der FKS-Teilnehmer nicht von FKS-Produzenten. Nur in wenigen Fällen war die dann erforderliche Qualitätsprüfung der Rohware nicht durchgeführt worden (SGF, 1995, S. 14-16).

Als **Marktkontrollen** werden die Kontrollen bezeichnet, bei denen Proben auf der Einzelhandelsstufe gezogen werden. Hier untersucht die Schutzgemeinschaft vor allem Produkte der Hersteller, die *nicht* am FKS teilnehmen. De facto werden also alle am Markt angebotenen Fruchtgetränke in der SGF-Stichprobenziehung berücksichtigt.

Zur Beurteilung der Kontrolleistung werden die insgesamt 2.091 Proben daher einem Saftvolumen von 4,3 Mrd. l gegenübergestellt. Diese Menge ist schätzungsweise das gesamte Volumen der Saftproduktion 1993 in Deutschland[270]. Hieraus errechnet sich eine durchschnittliche Probendichte von einer Probe pro zwei Mio. Liter.

### 8.2.3 Allgemeine Sanktionsmaßnahmen

Das Bündel an Korrektur- und Sanktionsmaßnahmen der Schutzgemeinschaft umfaßt folgende Bereiche:

- einfache Korrekturhinweise
- Verpflichtungserklärungen, bei denen verbindliche Maßnahmen zur Qualitätssicherung vereinbart werden
- strafbewehrte Unterlassungserklärungen, bei denen für jeden Fall der Wiederholung eine Vertragsstrafe fest vereinbart wird
- einstweilige Verfügungen, die bei Gericht erwirkt werden und z.B. eine Ordnungsstrafe für den Fall der Wiederholung festlegen
- Unterlassungsklagen bei Gericht (SGF, 1995, S. 20).

Für das Jahr 1994 wurden 85 einfache Korrekturhinweise ausgesprochen und 57 Verpflichtungs- bzw. Unterlassungserklärungen abgegeben. Beanstandungen wegen gesundheitsgefährdender Qualitätsabweichungen mußten nicht ausgesprochen werden, Schadstoffe schienen eine untergeordnete Rolle zu spielen[271].

---

Analytische Schwerpunkte bei den Untersuchungen waren: Zuckerung von Säften und Halbwaren, Wässerung (Überstreckung) bei Konzentrat-Rückverdünnung, Fremdwasserzusatz bei Direktsäften, Anwendung nicht geeigneter/nicht erlaubter Technologie, Pulp Wash-Zusatz, Prüfung auf **Verderbsindikatoren**, Zusatz synthetischer Aromastoffe, Anwendung nicht erlaubter Säuerungsmittel oder anderer Substanzen, Nachweis von **Pflanzenschutzmitteln**, Nachweis von **Patulin** (SGF, 1995, S. 19).

[270] Addition der Angaben über Fruchtsäfte, Fruchtnektare, Fruchtsaftkonzentrat, Fruchtsirup, Fruchtweine und Fruchtsaftgetränke (ZMP, 1995a, S. 97).

[271] Hauptbeanstandungsgründe waren: Zuckerung von Halb- und Fertigwaren, Pulp Wash in Orangensaft, Fremdwasserzusatz in **Apfelsaft**, Überstreckung von Direktsäften, Zusatz von Zitronensaft zu Orangensaft bzw. -nektar, Zusatz von Citronensäure in Sauerkirschsäften und -maischen, sonstige Säuerungen, Produktionsfehler aller Art (SGF, 1995, S. 22).

### 8.2.4 Kosten der Kontrollen von Apfelsaft

In diesem Abschnitt wird der Versuch unternommen, die Kosten der Schutzgemeinschaft für Kontrolle von Apfelsaft zu schätzen. Von der Schutzgemeinschaft konnte nicht in Erfahrung gebracht werden, wieviele ihrer jährlichen Untersuchungen dem Apfelsaft gelten. Sie gibt aber an, daß sich die Gewichtung der Proben an der Marktbedeutung der einzelnen Fertigproduktgruppen orientiert. Kernobst wird dabei eine Marktbedeutung von 25% zugesprochen (SGF, 1995, S. 35-36)[272].

Für den Industrieverband VdF und sein Kontrollorgan die Schutzgemeinschaft gilt eine gemeinsame Beitragsordnung (WIESENBERGER, 1994, S. 11). Unternehmen, die zugleich Mitglied im VdF und der Schutzgemeinschaft sind, dies dürfte die Regel sein, können sich die Beitragszahlungen an die Schutzgemeinschaft in voller Höhe beim VdF anrechnen lassen. Dies bedeutet, daß die Kontrolle für ordentliche Verbandsmitglieder keine zusätzlichen Kosten verursacht. Damit wird es den Mitgliedern sicherlich erleichtert, sich der Schutzgemeinschaft anzuschließen.

Der Umsatz der 208 Direktmitglieder des VdF betrug 1993 rund 4,5 Mrd. DM (VdF, 1995, S. 6). Nach diesen Zahlen setzt ein durchschnittlicher Mitgliedsbetrieb 21,7 Mio. DM im Jahr um. Solch ein Durchschnittsbetrieb müßte nach den Statuten der SGF einen Jahresbeitrag von 13.530 DM entrichten, dies entspricht 0,06% seines Umsatzes.

Die Kontrollkosten sollen nach zwei Verfahren geschätzt werden. In der Kostenschätzung I wird der gesamte geschätzte Verbandsbeitrag als Kontrollkosten auf die Apfelsaftproduktion umgelegt. Dieses Vorgehen impliziert eine Überschätzung der tatsächlichen Kontrollkosten, da der Verband seinen Mitgliedern sicherlich auch noch andere Dienstleistungen bietet. In Kostenschätzung II werden nur die geschätzten tatsächlich durchgeführten Rückstands- und Patulinuntersuchungen berücksichtigt und mit den üblichen Gebühren privater Labore bewertet. Dieses Vorgehen hat eine Unterschätzung der tatsächlichen Kontrollkosten zur Folge. Es berücksichtigt weder die zum Kontrollsystem zählenden Betriebskosten noch die Personalkosten der Kontrolle. Die wirklichen Kontrollkosten der Schutzgemeinschaft liegen vermutlich zwischen den Ergebnissen der Kostenschätzungen I und II.

*Kostenschätzung I*

Etwa ein Viertel des Umsatzes der Mitglieder des VdF, also 1,129 Mrd. DM, wird durch die Produktion von Apfelsaft und apfelhaltigen Getränken erzielt. Ein Verbands- und Kontrollbei-

---

[272] Dieser Anteil läßt sich in etwa auch aus der deutschen Produktionsstatistik herauslesen. Kernobstsaft und Kernobstwein hatte 1993 einen Anteil von 19% (Volumen) bzw. 16% (Umsatz) an der deutschen Saftproduktion; der tatsächliche Anteil an Äpfeln muß noch höher liegen, da sie auch in anderen Produkten wie Fruchtsaftkonzentrat, Fruchtnektar- und Fruchtsaftgetränken verarbeitet werden (vergl. ZMP, 1995a, S. 97-98).

*Fallstudie: Kontrollen der Industrie* 195

trag von 0,06% summiert sich für diese Produkte auf knapp 700.000 DM. Bezogen auf 1.000 l Apfelsaft zu den Preisen von 1993 nehmen die Kontrollkosten damit folgende Größe an:

- Zur Produktion von 1.000 l Apfelsaft werden 1.300 kg Mostäpfel benötigt. 1993 kostete diese Menge an Rohware 224 DM[273].
- 1.000 l Apfelsaft konnten 1993 vom Safthersteller für 810 DM abgesetzt werden[274].
- Verbraucher zahlten in diesem Jahr für 1.000 l Apfelsaft 1.610 DM[275].
- Die Kontrollkosten für den Safthersteller in Form des Verbandsbeitrags betragen 0,06% des Umsatzes, also 49 Pfennig für 1.000 l.

Damit entsprechen die Verbands- und Kontrollkosten 0,08% der Handelsspanne Mosterei - Rohware (586 DM) bzw. 0,06% der Handelsspanne Einzelhandel - Mosterei (800 DM). Die Kosten sind mit Sicherheit überschätzt, da der gesamte Verbandsbeitrag der Kontrolle zugeordnet wurde.

*Kostenschätzung II*

Alternativ kann folgende Kostenschätzung vorgenommen werden: Tatsächlich wurden nur ca. 1.200 Proben chemisch untersucht (vergl. S. 192). Ein Viertel, also 300, sind schätzungsweise Apfelsaftproben. Die Laborkosten für Apfelsaft belaufen sich auf ca. 168.600 DM[276]. Bezogen auf einen Apfelsaftumsatz von 1,129 Mrd. DM entsprechen diese Kontrollkosten 0,015 % des Umsatzes bzw. 12 Pfennig pro 1.000 Liter Saft. Dieser Wert stellt eine Unterschätzung dar, da hier z.B. die Kosten der Betriebskontrollen nicht enthalten sind.

Die tatsächlichen Kontrollkosten liegen wahrscheinlich zwischen den in Kostenschätzung I und Kostenschätzung II errechneten Werten. Festzuhalten bleibt, daß eine durchschnittliche Kontrollintensität von 1 Probe pro 2 Mio. l Saftproduktion und Kontrollkosten zwischen 12 - 49 Pfennig pro 1.000 l geschätzt werden.

### 8.2.5 Internationale Weiterentwicklung der Kontrolle

Ein wachsendes Beitrittsinteresse an dem freiwilligen Kontrollsystem besteht bei Rohwarenlieferanten aus der Dritten Welt. Die Schutzgemeinschaft beteiligt sich in diesem Zusammenhang an der *International Raw Material Assurance* (IRMA). Die IRMA war zunächst als zusätzliche Absicherung und Hilfestellung für die deutschen Fruchtsaftbetriebe bei ihrer globalen Rohwarenbeschaffung konzipiert. Die vor-Ort-Kontrolle der Roh- und Halbwarenbetriebe in den Produktionsländern wird inzwischen aber auch von Fruchtsaftherstellern in Dänemark,

---

[273] 172,2 DM/t (ZMP, 1995a, S. 86, Durchschnittspreise für Mostäpfel).
[274] STATISTISCHES BUNDESAMT, 1994, Fachserie 4, Reihe 3.1.
[275] STATISTISCHES BUNDESAMT, 1994, Fachserie 17, Reihe 7.
[276] Es werden Untersuchungskosten von 562 DM/Analyse angenommen. Dies ist der durchschnittliche Preis, den 1995 Handelslabore für eine Rückstandsanalyse (DFG S-19 Methode) und den Nachweis von Patulin in Rechnung stellen (vergl. Tabelle 6-4).

Österreich, Schweden und den Niederlanden genutzt. Finnland, Großbritannien, Kroatien und Ungarn haben Interesse an einer IMRA-Kooperation angemeldet (SGF, 1995, S. 36).

1994 wurden im Rahmen der IRMA/FKS-Kontrollen 118 Rohwarenhersteller in 27 Ländern überprüft. (SGF, 1995, S. 6-8). Über 60% des gesamten Einkaufvolumens an Fruchtsaft-Rohwaren in Europa sind in das IRMA-Kontrollsystem eingebunden. Die in den IRMA-Ländern verarbeiteten Halbwaren stammen zu knapp 90% (Volumen) von FKS-Halbwarenherstellern (SGF, 1995, S. 17).

Eine weitere internationale Fortentwicklung industrieller Selbstkontrolle fand auf europäischer Ebene statt. Im März 1994 konstituierte sich in Brüssel das *European Quality Control System for Juices and Nectars from Fruits and Vegetables* (EQCS). Es hat die Rechtsform einer Europäischen Wirtschaftlichen Interessenvertretung. Zur Zeit gehören ihm Saftindustrieverbände aus Deutschland, Frankreich, Großbritannien, Dänemark, Österreich und den Niederlanden sowie der Verband der Europäischen Fruchtsaft-Industrie an. Es baut auf dem Subsidiaritätsprinzip auf, d.h. es wird von den einzelnen nationalen Kontrollsystemen wie der Schutzgemeinschaft getragen (ECKES, 1994, S. 30).

Die Saftbranche ist nach eigenen Angaben die erste Sparte innerhalb der Lebensmittelindustrie, die europaweit ein freiwilliges Kontrollorgan geschaffen hat (EQCS, 1994, S. 2). Ziel der EQCS ist die Installierung von gleichwertigen Kontrollsystemen für die Produkte der Branche in allen EU-Ländern, dies soll einen fairen Wettbewerb fördern (LEBENSMITTEL-ZEITUNG, 25.3.1994).

In den Richtlinien wird vorgegeben, daß Teilnehmer in den Betrieben und am Markt beprobt werden. Nichtteilnehmer werden ebenfalls durch die Analyse ihrer Marktprodukte überprüft. Es soll jährlich wenigstens 1 Probe pro 2,5 Mio. Liter (aber nicht über 40 Proben pro Hersteller) gezogen werden, davon müssen mindestens 50% auch untersucht werden. Jeder teilnehmende Betrieb wird wenigstens zweimal jährlich inspiziert, die Kontrollbesuche sind angekündigt (EQCS, 1995, S. 17-18). Korrigierende und sanktionierende Maßnahmen schließen Geldstrafen, Gerichtsverfahren, Rückrufaktionen, Information der Öffentlichkeit und Ausschluß aus dem Kontrollverbund ein (EQCS, 1995, S. 23-24). Die Richtlinien ähneln stark dem freiwilligen Kontrollsystem FKS in Deutschland, das im europäischen Raum eine Vorreiterrolle gespielt hat.

Die Schutzgemeinschaft hat sich in den letzten Jahren über ihre Kontrolltätigkeit hinaus auch anderen Aufgaben zugewandt. Aus EU-Mitteln unterstützt, beteiligt sie sich an der angewandten Forschung und arbeitet an der Entwicklung bzw. Weiterentwicklung von neuen Methoden in der Fruchtsaftanalytik (WIESENBERGER, 1994, S. 13).

## 8.3 Innerbetriebliche Kontrollstrategien der Saftindustrie

Das überbetriebliche Kontrollsystem durch die Schutzgemeinschaft stellt eine Strategie dar, das Qualitätsniveau branchenweit zu überprüfen. Es schützt den lauteren Wettbewerb, und das FSK dient besonders den Unternehmen, die ihre Rohware aus dem Ausland beziehen. Um einen gewissen Qualitätsstandard zu erreichen und zu halten, sind aber noch vor der überbetrieblichen Kontrolle zusätzliche betriebsinterne Maßnahmen notwendig.

Als betriebsinterne Strategie wird ein modernes **Qualitätsmanagement** nach DIN EN ISO 9.000 ff empfohlen. Mit Unterstützung des baden-württembergischen Landwirtschaftsministeriums wurde für die mittelständische Fruchtsaftindustrie hierfür ein Musterhandbuch für das Qualitätsmanagement erstellt, das eine kostengünstige Zertifizierung erleichtern soll (AGRA-EUROPE, 9.4.1996). Mit Hilfe eines modernen Qualitätsmanagements können sich besonders kleinere Betriebe im Sinne der Differenzierungs- und Konzentrationsstrategie auf höherpreisige Qualitätssäfte und Spezialitäten ausrichten.

Eine Maßnahme zur Sicherung und Steuerung der Rohwarenqualität stellt der **Vertragsanbau** dar. Dazu wird berichtet, daß der Marktführer für Apfelsaft, das Unternehmen Becker's Bester GmbH, jährlich 50.000 t Äpfel verarbeitet und die Qualität der Mostäpfel über langfristig angelegte Liefer- und Anbauverträge sichert. In Thüringen und Sachsen-Anhalt wurden in Kooperation mit der Raiffeisen-Warengenossenschaft für Becker kürzlich 300 ha Apfelanlagen neu angepflanzt (LEBENSMITTEL-ZEITUNG, 22.3.1996).

Ebenfalls über den Vertragsanbau sichert das folgende System den Schadstoffgehalt in Apfelsaft:

## 8.4 Apfelsaft aus kontrolliertem Streuobstbau

Streuobst entspricht in seinen äußerlichen Qualitätsmerkmalen häufig nicht den Anforderungen der höherpreisigen Handelsklassen E und I und wird daher hauptsächlich als Industrieobst vermarktet. Im zehnjährigen Mittel betrugen die Erzeugerpreise für Mostäpfel mit 21 DM/dt nur ein knappes Viertel der entsprechenden Vergütung für Tafeläpfel (ZMP, versch. Jhg.). Da sich die Nutzung der Streuobstwiesen über die Mostapfelproduktion nur in seltenen Fällen lohnt, sind diese Flächen in den letzten Jahren immer mehr zurückgegangen (NABU, 1994).

Die extensiv genutzten, hochstämmigen Streuobstbestände stellen ein von über 5.000 Tier- und Pflanzenarten belebtes, vielseitiges Ökosystem dar, das von den Naturschutzverbänden BUND (Bund für Umwelt und Naturschutz Deutschland e.V.) und NABU (Naturschutzbund Deutschland e.V.) geschützt und gefördert wird. Hierzu wurde vom NABU ein bundesweites Qualitätszeichen für Streuobsterzeugnisse entwickelt, das in Form eines Lizenzsystems feste Vertragsbedingungen zwischen Landwirten, Mostereien und dem NABU vorsieht. Eine wichtige Komponente des Lizenzsystems sind garantierte Abnahmepreise, die über den üblichen Preisen für Mostäpfel liegen (NABU, 1994). Dieses sogenannte „Aufpreismodell" ist regional zu den verschiedensten Varianten weiterentwickelt worden. RÖSLER (1994) schätzt, daß 1994 an ca. 60 Orten in Deutschland etwa 2 Mio. l Saft aus Streuobstäpfeln über Aufpreismodelle abgesetzt wurden. Schwerpunkt war dabei Baden-Württemberg mit knapp 30 und Nordrhein-Westfalen mit ca. 20 Projekten (RÖSLER, 1994, S. 41). Damit stellt Apfelsaft aus kontrolliertem Streuobstbau ein Nischenprodukt dar, das aber regional durchaus eine größere Bedeutung erlangen kann[277].

Die Fallstudie untersucht das Streuobst-Aufpreismodell der Bodenseeregion. Die Hauptforderungen und Garantien dieses Projektes lauten wie folgt:

- Landwirte verpflichten sich, die Äpfel entsprechend der Richtlinien der AGÖL (Arbeitsgemeinschaft ökologischer Landbau) ohne synthetische Pflanzenschutzmittel auf überwiegend hochstämmigen Bäumen extensiv (max. 200 Bäume/ha) zu erzeugen und abgängige Bäume durch Hochstammneupflanzungen zu ersetzen.

- Regionale Mostereien (Lizenznehmer) garantieren die Abnahme bestimmter Mengen Streuobst zu vorher vereinbarten Preisen, die deutlich über dem Saisonpreis für konventionelle Früchte liegen (z.Z. 35 DM/dt)[278].

- Der Apfelsaft wird im Rahmen einer strengen Qualitätskontrolle hergestellt und darf weder mit Farb- noch Konservierungsstoffen versehen werden.

- Der Lizenznehmer erhält das Recht, seine Produkte mit dem NABU-Qualitätszeichen[279] auszuzeichnen.

- Der örtliche Naturschutzbund sammelt stichprobenartig (jährlich von 5% der Erzeuger) Frucht- oder Blattproben und läßt diese nach der Standardmethode DFG S19 auf Pestizidrückstände untersuchen.

- Die Ortsgruppen des Naturschutzbundes entnehmen jährlich pro 50.000 l Saft eine Probe. Diese wird auf Patulin[280], Hydroxymethyl-Furfural[281], Nitrat[282] und ab 1995 auch auf Pflanzenschutzmittel untersucht (BUND, 1995).

---

[277] In Anhang 1 wurde geschätzt, daß in Deutschland ca. 320 Mio. l Apfelsaft aus Streuobst produziert werden. Die 2 Mio. l „kontrollierter Apfelsaft" aus den Aufpreismodellen der Naturschutzverbände stellen somit weniger als 1% des Gesamtvolumens dar.

[278] Ähnliche feste Abnahmen zu deutlich höheren Preisen scheinen sich auch anderenorts zu etablieren. So bietet der Hersteller von Demeter-Saft (Firma Völkel) Streuobstproduzenten 40 DM/dt, wenn die Streuobstbestände zukünftig nach Demeter-Richtlinien bewirtschaftet werden (NABU, 1995, S. 3).

[279] Die Einführung eines kontrollierten Qualitätszeichens scheint wichtig, da der Begriff „Streuobst" nicht geschützt ist. Während 1991 in Deutschland maximal 5 Mio. Flaschen mit dem Hinweis „Streuobst" vermarktet wurden, waren es 1994 bereits rund 20 Mio.. Nur bei 10% ist dabei von einer höherwertigen und kontrollierten Qualität auszugehen (Aussage der NABU in: AGRA-EUROPE, 28.8.1995).

[280] Der im Saftprojekt maximal zulässige Wert beträgt 40 µg/kg.

[281] Hydroxymethyl-Furfural (HMF) entsteht, wenn Hexosen in verdünnten Säuren erhitzt werden (BALTES, 1989, S. 80f). HMF ist daher in der Lebensmittelchemie ein wichtiger Parameter, mit dem z.B. die schonende Erhitzung von Apfelsaft gemessen werden kann. Der HMF-Wert darf im hier vorgestellten Projekt nicht über 5 mg/kg liegen (BUND, 1995).

Den Absatz des Apfelsaftes mit dem NABU-Qualitätszeichen übernahmen in den ersten Jahren ehrenamtliche Mitglieder von NABU und BUND. Seit 1991 wird die gesamte Produktion ab Hof, ab Mosterei oder über den Handel abgesetzt, die Naturschutzverbände übernehmen lediglich die oben beschriebenen Lizenzvergabe- und Kontrollfunktionen. Die Nachfrage nach dem kontrollierten Streuobst-Apfelsaft übersteigt oftmals das Angebot, und weitere Landwirte versuchen, in das Projekt einzusteigen. Die Apfelsaftproduktion wird aber durch die begrenzte Kapazität der beteiligten, regionalen Mostereien beschränkt (NABU, 1992, S. 11-13). Ab Herbst 1995 haben die Keltereien ein gemeinsames Etikett zum Aufbau einer regionalen Markenidentität entwickelt und für den Ausbau des Vertriebs einen gemeinsamen Außendienstmitarbeiter eingestellt (BUND, 1995).

Das Projekt begann 1987 mit der Produktion von 215 hl Saft. Wesentliche Kennzahlen für 1990-1995 sind in Tabelle 8-1 zusammengestellt. Zwischen 1990 und 1995 konnte der Ausstoß an Apfelsaft von 510 auf 3.500 hl gesteigert werden. Übertretungen der oben genannten Rückstandsparameter wurden 1994, für dieses Jahr liegen die Analysedaten vor, nicht beobachtet[283].

Die gesamten Kontrollkosten konnten durch eine erhebliche Produktionsausweitung von 1994 auf 1995 deutlich gesenkt werden. 1994 betrugen sie ca. 32 DM/t Streuobst bzw. 5 Pfennig pro Liter Apfelsaft. Im Jahre 1995 konnten die Kontrollkosten durch die Vervierfachung des Angebots und durch bessere Preiskonditionen bei den Untersuchungslabors auf ca. 13 DM/t Streuobst bzw. auf 2 Pfennig pro Liter Apfelsaft gesenkt werden. Größenordnungsmäßig entsprechen 5 Pfennig den Flaschenreinigungskosten und 2 Pfennig den Etikettierungskosten kleiner Keltereien[284]. 1995 betrug die Kontrollintensität eine Rückstandsprobe (Blatt-, Apfel- und Saftproben) pro 23.000 Liter Saft.

Die Kontrollkosten werden den Mostereien von dem zuständigen NABU oder BUND Büro in Rechnung gestellt. Seit 1994 übernimmt das Land Baden-Württemberg 60% der nachgewiesenen Kontrollkosten und unterstützt auch Werbe- und Verkaufsförderungsaktivitäten (Informationsblätter, Anzeigen, Ausstellungsbeteiligungen etc.). Die Mostereien rechnen ihre Kontroll- und Werbekosten mit dem Ministerium für ländlichen Raum, Ernährung, Landwirtschaft und Forsten ab. Durch den Zuschuß verringern sich die „Nettokontrollkosten" für die Keltereien auf 1,4% ihres Umsatzes 1994 und auf 0,5% im Jahre 1995.

---

[282] Der Nitratgehalt gibt Aufschluß darüber, ob Direktsaft unerlaubter Weise mit Apfelsaftkonzentrat verschnitten wurde (Nitrat ist im Wasser enthalten, mit dem Konzentrat rückverdünnt wird). Reiner Apfelsaft aus Streuobstanbau darf in der Region Bodensee maximal 5 ml Nitrat pro kg Saft enthalten (BUND, 1995).

[283] Es wurden eine Apfel- und fünf Saftproben untersucht. Pflanzenschutzmittel konnten nicht nachgewiesen werden. Die Patulinwerte hatten einen Mittelwert von 2,8 µg/l (1,7 bis 6,1) die HMF-Werte betrugen <1 bis 1,6 mg/l und der Nitratwert lag unter 1 mg/l.

[284] Vergl. die betriebswirtschaftliche Darstellung über die Herstellung von „Bio-Apfelsaft" in Ostbayern von WIRTHGEN und KUHNERT (1992, S. 606 f).

**Tabelle 8-1:** Streuobst im Bodenseekreis und das NABU-Vermarktungskonzept: Produktion, Apfelsafterzeugung und Kontrolle 1990-1995

|  | 1990 | 1991 | 1992 | 1993 | 1994 | 1995 |
|---|---|---|---|---|---|---|
| **Erzeugung und Verarbeitung** | | | | | | |
| Apfelernte Streuobst insgesamt (dt) | 33.702 | 11.310 | 68.493 | 22.748 | 38.680 | n.v. |
| an Saftaktion beteiligte Landwirte (n) | n.v. | n.v. | 40 | 40 | 40 | 150 |
| in Saftaktion verarbeitete Menge (dt) | 730 | 650 | 1.050 | 1.050 | 1.185 | 5.000 |
| Auszahlung an Produzenten (DM) [a] | 29.200 | 26.000 | 42.000 | 42.000 | 47.400 | 175.000 |
| an Saftaktion beteiligte Mostereien (n) | 2 | 3 | 3 | 3 | 3 | 4 |
| Apfelsaftproduktion (l) | 51.000 | 46.000 | 73.000 | 73.000 | 83.000 | 350.000 |
| Abgabepreis der Keltereien (DM/l) | n.v. | n.v. | n.v. | 1,30 | 1,30 | 1,42 |
| Umsatz der Keltereien (DM) | n.v. | n.v. | n.v. | 94.900 | 107.900 | 497.000 |
| Einzelhandelspreis (DM/l) | n.v. | n.v. | n.v. | 1,90 | 1,90 | 2,29 |
| Umsatz des Einzelhandels (DM) | n.v. | n.v. | n.v. | 138.700 | 157.700 | 801.500 |
| **Kontrolle und Kontrollkosten** | | | | | | |
| Anzahl Blatt- und Apfelproben (n) | n.v. | n.v. | n.v. | n.v. | 1 | 8 |
| Kosten der Probennahme (DM) | n.v. | n.v. | n.v. | n.v. | 65 | 520 |
| Laborkosten (DM) | n.v. | n.v. | n.v. | n.v. | 253 | 1.760 |
| Anzahl Saftproben (n) | n.v. | n.v. | n.v. | n.v. | 5 | 7 |
| Kosten der Probennahme (DM) | n.v. | n.v. | n.v. | n.v. | 325 | 455 |
| Laborkosten (DM) | n.v. | n.v. | n.v. | n.v. | 3.205 | 3.710 |
| Kontrollkosten insgesamt (DM) | n.v. | n.v. | n.v. | n.v. | 3.848 | 6.445 |
| Kontrollkosten/t Streuobst (DM) | n.v. | n.v. | n.v. | n.v. | 32,47 | 12,89 |
| Kontrollkosten/l Apfelsaft (DM) | n.v. | n.v. | n.v. | n.v. | 0,05 | 0,02 |
| Kontrollkosten in % des Abgabepreises der Keltereien | n.v. | n.v. | n.v. | n.v. | 3,57 | 1,30 |
| Kontrollkosten in % des Endpreises | n.v. | n.v. | n.v. | n.v. | 2,44 | 0,80 |
| Anzahl Rückstandsübertretungen (n) | n.v. | n.v. | n.v. | n.v. | 0 | keine Ang. |

*Anmerkung:* a: Der saisonunabhängige Festpreis betrug 1987-1994 40 DM/dt, 1995 35 DM/dt.
*Berechnungen der Kontrollkosten:* 1994 tatsächliche Kosten; 1995 Kalkulation aufgrund Kontrollverpflichtung (8 Blatt-/ 7 Saftproben) und aktuelle Laborkosten BUND Ravensburg. Kosten der Begehung und ersten Erfassung der Streuobstwiesen sind nicht enthalten.
*Quellen:* NABU (1992) S. 10, 12, 15; BUND (1995).

Bezogen auf 1.000 l Apfelsaft bestand 1995 folgende Kostenstruktur (vergl. Tabelle 8-1):

- Zur Produktion von 1.000 l Apfelsaft werden 1.300 kg Mostäpfel benötigt. 1995 kostete diese Menge an Rohware 455 DM.
- 1.000 l Apfelsaft wurden von den Mostereien für 1.420 DM abgesetzt.
- Verbraucher zahlten 1995 für 1.000 l Apfelsaft 2.290 DM.
- Die „Nettokontrollkosten" betrugen 7,40 DM für 1.000 l.

Damit entsprechen die Kontrollkosten 0,77% der Handelsspanne Mosterei - Rohware (965 DM) bzw. 0,85% der Handelsspanne Einzelhandel - Mosterei (870 DM).

## 8.5 Schadstoffkontrollen bei Apfelmus

Apfelmus wird aus geschälten und entkernten Äpfeln hergestellt. Die Apfelstücke werden in Dampf gedünstet und anschließend püriert. Das Mus wird mit Zucker und Gewürzen abgeschmeckt und durch Zugabe von Säure und nochmaligem Erhitzen haltbar gemacht (LAL KAUSHAL und SHARMA, 1995, S. 116).

Im Durchschnitt werden in Deutschland 0,8 kg Apfelmus pro Kopf und Jahr verzehrt, 13% der Fertigware wird eingeführt, sie stammt fast ausschließlich aus Belgien und den Niederlanden[285]. Damit ist das Marktvolumen eher klein, hinzu kommt, daß der Absatz stagniert[286]. Dieser Trend ist auch in anderen Ländern zu beobachten. In den USA ist der Absatz von Apfelmus sogar rückläufig. Als Gründe dafür werden angegeben, daß konserviertes Obst z.t. durch frisches Obst substituiert wird. Außerdem gilt eingemachtes Obst als altmodisch und als nicht so wertvoll für die Ernährung wie Frischobst. Zusätzlich geben Konservierungs- und Zusatzstoffe Apfelmus ein schlechtes Image (UETZ et al., 1984, S. 1).

Aufgrund der hohen Transportkosten muß die Verarbeitung regional begrenzt in der Nähe der Erntestandorte erfolgen (PROMETEIA, 1994, S. 13-37). Schwierig ist auch die Bewältigung der saisonalen Arbeitsspitzen[287], da eine Lagerung der Rohware zu teuer wäre. Apfelmus wird in Deutschland von vielen Herstellern angeboten. Allein in vier Kieler Supermärkten und in einem Bioladen, alle innerhalb von 500 m an einer Einkaufstraße gelegen, konnten zehn verschiedene Apfelmushersteller identifiziert werden. Nur ein Produkt aus kontrolliert biologischem Anbau wies auf eine anerkannt kontrollierte Qualität hin. Bei den anderen Apfelmusangeboten waren die Herkunft der Rohware, eine überprüfbare Sicherheit der Qualitätskontrolle oder auch nur die Höhe der Zutaten nicht ausgewiesen. Um so erstaunlicher ist die beobachtete Preisvarianz von 0,92 bis 4,76 DM/kg mit einem Median von 1,59 DM/kg (vergl. Tabelle 8-4 im Anhang).

Im Rahmen der Fallstudie war vorgesehen, die Schadstoffkontrolle auch bei Apfelmus ausführlich zu untersuchen. Im Laufe der Nachforschungen konnten keine überbetrieblichen Kontrollorganisationen wie bei der Fruchtsaft-Industrie gefunden werden. Vermutlich sprechen der relativ kleine Markt für Obstkonserven, die polypolistische Anbieterstruktur und geringe Qualitätsprobleme gegen die Bildung eines überbetrieblichen Kontrollsystems.

Zur Untersuchung der internen Schadstoffkontrolle wurden an zehn Hersteller von Apfelmus Fragebögen verschickt, von denen nur zwei beantwortet wurden. Die Jahresproduktion dieser zwei Firmen entspricht ca. 10% der deutschen Produktion[288]. Aus den Antworten geht hervor,

---

[285] vergl. Tabelle 6-5 bzw. STATISTISCHES BUNDESAMT, Fachserie 7, Außenhandel.
[286] Produktions- und Handelsstatistiken belegen einen gleichbleibenden Verbrauch von Apfelkonserven im letzten Jahrzehnt (ZMP, versch. Jhg.).
[287] So produziert beispielsweise die Firma Odenwald zwei Drittel ihrer Jahresmenge an Obstkonserven von Mai bis Oktober (LEBENSMITTEL-ZEITUNG, 18.12.1995).
[288] Da das Statistische Bundesamt nur Unternehmen ab 10 Angestellten erfaßt, muß die tatsächliche Produktion höher als in Tabelle 6-5 angegeben sein.

daß eines der Unternehmen sein Rohmaterial aus Deutschland, den Niederlanden, Italien, Belgien und Frankreich bezieht und nicht auf Schadstoffe kontrolliert. Als Anmerkung wurde notiert:

*„Bei der Frühjahrsproduktion (Verarbeitung von Lageräpfeln) stellen wir nach dem Kochen verschiedentlich leichten Bittergeschmack fest, der wohl auf die verwendeten Spritzmittel, die in die Haut tiefer eingedrungen sind, zurückzuführen ist. Insbesondere ist dies bei französischen Äpfeln festzustellen".*

Diese sensorische Beobachtung scheint den Hersteller nicht so beeindruckt zu haben, daß die Rohware chemisch untersucht worden wäre.

Das andere Unternehmen gibt an, seine Rohware nur aus Deutschland zu beziehen. Rohware wie Endprodukt würden auf Organochlor- und Organophosphorpestizide sowie auf Pyrethroide untersucht. In den Jahren 1993 und 1994 wären keine positiven Befunde beobachtet worden. Sollte dies der Fall sein, würde dieser Hersteller die Ware an den Zulieferer zurückweisen.

Die zwei beantworteten Fragebögen bieten keine ausreichende Grundlage, die Schadstoffkontrolle bei Apfelmus einzuschätzen und die dabei anfallenden Kosten zu quantifizieren. Da überwiegend inländische Ware verarbeitet wird und viele kleinere Hersteller Apfelmus anbieten, ist es wahrscheinlich, daß die Schadstoffkontrolle für dieses Produkt keine bedeutende Rolle spielt und daher keinen größeren Kostenfaktor darstellt.

Allerdings setzen auch obstverarbeitende Betriebe Qualitätsmanagement-Konzepte um, wie sie in Kapitel 5.3 bereits besprochen wurden. Ein Beispiel hierfür ist die Firma Odenwald, eine Tochter der französischen Andros-Gruppe. Odenwald verzeichnet einen jährlichen Umsatz von 150 Mio. DM und hat sich im Herbst 1995 nach DIN EN ISO 9.002 zertifizieren lassen. Die Zertifizierung stand im Zusammenhang mit einem generellen Total Quality Management Konzept. Zu vermuten ist, daß eine Schadstoffkontrolle Teil des Qualitätsmanagements ist. Nach Aussage des geschäftsführenden Gesellschafters von Odenwald hat das TQM zu einer Qualitätsverbesserung geführt, die vom Markt honoriert wurde. Mittlerweile erwirtschafte Odenwald 27% seines Umsatzes mit der Produktion von Handelsmarken für die Handelsketten Tengelmann und Spar. Durch die Zertifizierung wäre die Akzeptanz im Handel deutlich gestiegen (LEBENSMITTEL-ZEITUNG, 18.12.1995).

Insgesamt liegt die Vermutung nahe, daß Apfelmus von Anbieterseite eher zufällig, unsystematisch und relativ selten auf Schadstoffe überprüft wird.

### 8.6 Das Kontrollsystem für Kinder-Gläschenkost

Rein mengenmäßig ist die Verarbeitung von Äpfeln zu industrieller Kinderkost von noch geringerer Bedeutung als Apfelmus. Im Durchschnitt der Jahre 1992 - 1993 wurden auf dem Inlandsmarkt 64.303 t obst- und gemüsehaltige Kindernahrung angeboten, die allerdings einen

Umsatz von 315 Mio. DM erwirtschafteten (vergl. Tabelle 8-2). Der genaue Anteil von Äpfeln an der obst- und gemüsehaltigen Kindernahrung läßt sich nicht präzisieren, in den obsthaltigen Gläschen ist Apfel jedoch eine häufige Zutat.

Das Kontrollsystem und die Kontrollkosten bei Gläschenkost werden im folgenden Abschnitt diskutiert und am Beispiel des Herstellers Alete präzisiert. Anschließend werden die Kontrollkosten der Hersteller für die ganze Branche geschätzt. Der Abschnitt 8.6.2 behandelt dann den „Babykost-Skandal" des Jahres 1994.

### 8.6.1 Kontrollsystem und Kontrollkosten

Aus dem Blickwinkel der Schadstoffkontrolle sind die Maßnahmen der Kinderkosthersteller von großem Interesse. Kinderkost wird für einen besonders sensiblen Teil der Bevölkerung produziert[289]. Für sie gelten die strengen Richtlinien der Diätverordnung[290]. In § 14 der Diätverordnung wird ausgeführt, daß diätetische Lebensmittel für Säuglinge oder Kleinkinder folgende Anforderungen erfüllen müssen:

- Pestizidrückstände von maximal 0,01 mg/kg[291]
- Nitratgehalt von maximal 250 mg/kg
- Bakterienhemmstoffreiheit bei Milch
- Freiheit von Rückständen an Schleif- und Poliermitteln
- maximal 10.000 Keime/ml
- keine Colibakterien und maximal 150 aerobe, sporenbildende Keime je 0,1 ml genußfertigen Lebensmittels (ZIPFEL, 1994, S. 7).

Diese gesetzlichen Auflagen stellen an die Hersteller von Kinderkost hohe Anforderungen. Die Erfüllung der Anforderungen durch besondere Qualitätssicherungs- und Schadstoffkontrollmaßnahmen wird exemplarisch für die Firma Alete beschrieben[292].

#### 8.6.1.1 Das Kontrollsystem des Babykostherstellers Alete

Alete hatte 1993 nach eigenen Angaben einen Marktanteil an Gläschenkost[293] von 52% und bietet in diesem Produktsegment 43 Sorten an (BRANDES, 1994, S. 26). Der zweite bedeuten-

---

[289] BRANDES (1994, S. 11) weist darauf hin, daß auch Haushalte ohne Kinder Babynahrung konsumieren. Insgesamt gehen aber 90% der Umsätze der gesamten Branche an Kinder im Alter bis zu 18 Monaten (LEBENSMITTELPRAXIS 2/96, S. 30).

[290] Verordnung über diätetische Lebensmittel, Neufassung vom 25.8.1988.

[291] Dieser Wert ist politisch festgesetzt und orientiert sich nicht immer an den analytischen Möglichkeiten. So liegt die Bestimmungsgrenze z.B. für Phosalon bei 0,03 mg/kg. Auch die Nachweisgrenze für Dithiocarbamate liegt eine Zehnerpotenz über den Forderungen der Diätverordnung (HERMES, 1993, S. 59). Faktisch fordert der niedrige Grenzwert von 0,01 mg/kg von den Herstellern das Inverkehrbringen rückstandsfreier Ware.

[292] Wenn nicht anders angegeben, stammen die folgenden Angaben aus direkten Mitteilungen der Nestlé Alete GmbH.

de Hersteller dieser Produktgruppe ist das Unternehmen Hipp. Für die Gläschenkost verarbeitet Alete pro Jahr ca. 10.000 t Frischäpfel, die im Vertragsanbau in Deutschland u.a. am Bodensee, in Mecklenburg-Vorpommern und in Brandenburg angebaut werden[294]. Der Vertrag mit den Erzeugern beinhaltet Vereinbarungen über die Fläche, die Abnahmemenge und den Abnahmepreis[295]. Weiterhin wird den Erzeugern ein Behandlungsplan und ein Maßnahmenkatalog mit phytosanitären und kulturtechnischen Maßgaben vorgegeben.

Die Kontrolle aller Erzeuger, der Vertragsanbau, wird auch für die Erzeugung anderer wichtiger Rohstoffe (Gemüse, Milch, Fleisch) eingesetzt und erfolgt durch den „Alete Agrar- und Öko-Service". Dieser Service, mit einem Budget von 700.000 DM und 5 Mitarbeitern ausgestattet,

- begutachtet die Produktionsflächen
- berät die Erzeuger
- kontrolliert die Produktion und Lagerung.

Im Laufe der Verarbeitung führt Alete Eingangs-, Produktions- und Abschlußkontrollen durch. Im Jahre 1994 wurden ca. 150 Apfelproben untersucht, dazu wurde ein breites Screening auf ca. 250 Pestizide und Schwermetalle durchgeführt. Die Probenintensität beträgt damit eine Probe pro 67 Tonnen. 67 Tonnen entsprechen etwa dem Ertrag von 2,7 ha. Diese Größenordnung läßt den Schluß zu, daß die Ernte jedes Erzeugers mindestens einmal untersucht wurde.

Für die interne Schadstoffkontrolle arbeiten bei Alete 15 Mitarbeiter, dieser Abteilung stehen 1,5 Mio. DM jährlich zur Verfügung. Außerdem läßt Alete jährlich für 2 Mio. DM Untersuchungen von externen Labors vornehmen.

Die Kontrollkosten (Agrar- und Ökoservice, interne Qualitätssicherung und externe Schadstoffuntersuchungen) summieren sich insgesamt auf 4,2 Mio. DM. Der Jahresumsatz 1993 von Nestlé Alete in Deutschland betrug 660 Mio. DM (HANDELSBLATT, 6.10.1994). Damit entsprechen die Kontrollkosten 0,6% des Umsatzes[296].

---

[293] Glaskost ist mit 605 Mio. DM Marktvolumen das größte Segment (47%) am Markt für Kindernahrung, gefolgt von Milchnahrungen (450 Mio. DM), Getreidebreien (166 Mio. DM), Kinderteegetränken (37 Mio. DM) und Heilnahrungen (16 Mio. DM) (EUROHANDELSINSTITUT, 1994, S. 220).

[294] AGRA-EUROPE (21.8.1995) meldete, daß inzwischen zwei namhafte deutsche Babykosthersteller mit Apfelerzeugern in Mecklenburg-Vorpommern durch Vertragsanbau kooperieren. Die neuen Bundesländer zeichnen sich durch ausgedehnte Flächen aus, die sich zur Produktion einheitlicher Partien von Sorten und Qualitäten eignen. Große Produktionseinheiten erleichtern auch die Kontrolle.

[295] Über die Höhe des Abnahmepreises machte Alete keine konkreten Angaben. Branchenkenner gehen davon aus, daß an die Hersteller von Kinderkost unsortierte Ware der Handelsklassen I oder II, ab 65 mm Durchmesser abgeliefert wird. Den Erzeugern würde dafür 500 DM/t ausbezahlt. Dieser Preis liegt deutlich über den Auszahlungspreisen von 308-415 DM/t, die die Erzeuger von integriert produzierten Tafeläpfeln erhalten (siehe Tabelle 7-2 in Kapitel 7.2).

[296] Hipp verwendet nach eigenen Angaben 10% seines Umsatzes zur Kontrolle seiner Produkte (BRANDES, 1994, S. 24). „Kontrolle" beinhaltet hier neben der speziellen Schadstoffkontrolle vermutlich alle Maßnahmen einer umfassenden Qualitätskontrolle.

## 8.6.1.2 Schätzung der branchenweiten Kontrollkosten

Die Kostenschätzungen aus den Angaben von Alete sollen für eine branchenweite Betrachtung genutzt werden. Tabelle 8-2 gibt mit einigen generellen Daten zur obst- und gemüsehaltigen Kinderkost einen Überblick über dieses Marktsegment.

**Tabelle 8-2: Obst- und gemüsehaltige Kinder-Gläschenkost 1992-1993**

|  | 1992 | 1993 | Durchschnitt |
| --- | --- | --- | --- |
| Inlandsproduktion (t) | 65.005 | 68.060 | 66.533 |
| Inlandsproduktion (Verkaufspreis ab Werk in 1.000 DM) | 318.686 | 333.367 | 326.027 |
| Verkaufspreis (DM/190 g Gläschen) | 0,93 | 0,93 | 0,93 |
| Endverbraucherpreis (DM/190 g Gläschen) | 1,83 | 1,88 | 1,86 |
| Inlandsabsatz (t) | 63.728 | 64.877 | 64.303 |
| Anzahl der 4 - 18 Monate alten Kleinkinder | 956.161 | 937.744 | 946.953 |
| Verfügbare Menge pro Kind und Jahr (kg) | 66,6 | 69,2 | 67,9 |
| Ausgaben pro Kind und Jahr (DM) | 642 | 685 | 663 |
| Verfügbare Menge pro Kind und Tag (g) | 183 | 190 | 186 |
| Kontrollkosten (0,6% des Verkaufspreises) (DM) |  |  | 1.956.159 |
| Kontrollkosten DM pro Tonne |  |  | 29,40 |
| Kontrollkosten DM pro Kind und Jahr |  |  | 2,00 |

*Anmerkung:* Die Inlandsproduktion 1993 von anderer Säuglings- und Kleinkindernahrung betrug 59.282 t milchhaltige und 5.814 t getreidehaltige Produkte.
*Quellen:* STATISTISCHES BUNDESAMT, Fachserie 4, 1994, Reihe 3.1; Fachserie 17, 1994, Reihe 7; Statistisches Jahrbuch, 1995; ZMP, 1995a, S. 164

Die Handelsspanne pro Gläschen beträgt durchschnittlich 93 Pfennig oder 50% des Verbraucherpreises. Der Gläschenpreis variiert dabei nicht in Abhängigkeit vom Inhalt (eigene Marktbeobachtungen). Dieser Umstand deutet darauf hin, daß die Rohstoffpreise dieses aufwendig weiterverarbeiteten Produktes eine untergeordnete Rolle in der Preisgestaltung des Endproduktes spielen.

In Tabelle 8-2 wird vereinfachend davon ausgegangen, daß die im Inland verfügbare obst- und gemüsehaltige Kindernahrung nur von Kindern in einem Alter zwischen vier und 18 Monaten verzehrt wird, dies sind knapp 950.000 Kleinkinder. Daraus läßt sich ein jährlicher Konsum von ca. 68 kg pro Kind bzw. ein Tageskonsum von knapp einem Gläschen ableiten.

In einer einfachen Berechnung wird erstens angenommen, daß Aletes Kontrollkosten eine branchenübliche Höhe betragen. Zweitens wird vorausgesetzt, daß die Kontrollkosten für obst- und gemüsehaltige Nahrung im Vergleich zu anderer Kinderkost durchschnittlich hoch sind.

Treffen diese Annahmen zu, so können branchenweit Kontrollkosten in der Höhe von 0,6% des Umsatzes angesetzt werden. Nach diesem Ansatz beziffern sich die Kontrollkosten für die gesamte obst- und gemüsehaltige Kinderkost auf 1,956 Mio. DM. Dieser Betrag entspricht Kontrollkosten von 29,40 DM/t bzw. 2 DM pro Jahr und Kind.

## 8.6.2 Exkurs: Der „Babykost-Skandal" von 1994

Kontrollierte und sichere Ware anzubieten, ist auf dem Markt für Kinderkost von höchster Priorität, und die beiden Marktführer Alete und Hipp sparen auf ihren Etiketten nicht mit Hinweisen wie „Bio Anbau" (Hipp), „mit Äpfeln aus kontrolliertem Hipp Obstanbau", „streng kontrolliert nach dem Alete Sicherheitssystem" oder „Äpfel aus dem Alete kontrollierten Vertragsanbau". Der sogenannte Babykost-Skandal vom April 1994 beweist, welchen Stellenwert die Rückstandsproblematik gerade bei diesem Produkt hat.

### 8.6.2.1 Chronologie des Skandals

Aus verschiedenen Quellen[297] läßt sich für diesen Lebensmittel-Skandal folgender Ablauf rekonstruieren:

- Im Herbst 1993 beendet die Drogeriemarkt-Kette Schlecker die Listung der Kinderkostprodukte des Herstellers Hipp. Hipp, der nach eigenen Angaben 20% seines Umsatzes über den Verkauf seiner Produkte in den 4.200 Filialen von Schlecker erwirtschaftete, sah sich nicht mehr in der Lage, zu den von Schlecker geforderten Preisen zu liefern.

- Schlecker bietet ab diesem Zeitpunkt zu sehr günstigen Preisen die Eigenmarke AS-Baby-Produkte an, die von der spanischen Firma Hero España, einer Tochterfirma des Schweizer Lebensmittelkonzerns Hero, produziert wird.

- Im Dezember 1993 stellt die amtliche Landesuntersuchungsanstalt Freiburg Lindanrückstände in Schleckers Gläschenkost „Gemüseallerlei" fest. Der Vertreiber wird benachrichtigt und sagt zu, die beanstandeten Chargen vom Markt zu nehmen. Da eine akute Gesundheitsgefährdung nicht vorlag, war mit Schlecker eine „stille" Rückrufaktion der noch im Handel befindlichen, nicht verkehrsfähigen Ware vereinbart worden (WARNING, 1994, Rdn. 169).

- Am 31.1.1994 und 4.2.1994 kauft die Verbraucher Initiative e.V. 15 Gläschen der Hersteller Hipp, Alete und Schlecker und läßt diese auf Organochlor- und Organophosphorverbindungen untersuchen. Die Untersuchungen sollen aufgrund von Tips aus der Industrie, also von Schleckers Konkurrenten, erfolgt sein. In vier der fünf Schleckerprodukte sind Pflanzenschutzmittel-Rückstände[298] nachweisbar. In drei Fällen liegen die Werte über der in der Diät-Verordnung geforderten Höchstmenge von 0,01 mg/kg (vergl. Tabelle 8-5 im Anhang). Die Ergebnisse werden am 5.4.1994 in einer Presseerklärung veröffentlicht.

- Zeitgleich erscheinen auch Presseerklärungen der Zeitschrift ÖKO-TEST, die ebenfalls Kinderkost untersucht hatte. Auch ihre Analysen hatten Dithiocarbamate, Carbendazim und

---

[297] AGRA-EUROPE, 18.4.1994; BAUERNBLATT, 16.4.1994; DIE VERBRAUCHER INITIATIVE, 5.4.1994; DIE WELT, 8.4.1994; DIE ZEIT, 15.4.1994; FRANKFURTER ALLGEMEINE ZEITUNG, 7. und 9.4.1994;HERMES 1993; ÖKO-TEST 6.4.1994, 5/94 und Sonderheft 14, 1994.

[298] Alle vier nachgewiesenen Wirkstoffe (Lindan, Brompropylat, Chlorfenvinphos und Tetradifon) sind in Deutschland für die Anwendung in der Landwirtschaft nicht zugelassen.

*Fallstudie: Kontrollen der Industrie* 207

DDT in Schlecker-Produkten gefunden. Zusätzlich wurden auch Pestizidrückstände in Produkten von Milupa und Aldi gefunden[299]. Die beiden Untersuchungen finden einen breiten Widerhall in den Massenmedien.

- Schlecker ordnet den Rückruf seiner AS-Babykost an.
- Vorsichtshalber ziehen auch Aldi (Marke Leckermatz) und Milupa einige Glaskostprodukte vom Markt zurück. In „Leckermatz Birne und Apfel mit Aprikose" hatte ÖKO-TEST Dithiocarbamate gefunden (ÖKO-TEST, 13.5.1994, S. 34). Bei Milupa, die erst kürzlich Glaskostprodukte in ihr Angebot aufgenommen hatte, waren ebenfalls Pflanzenschutzmittel-Rückstände in den Produkten „Baby-Apfel" und „Pfirsich in Apfel" gefunden worden. Obwohl die Rückstände unterhalb der gesetzlichen Grenzwerte lagen, erklärte Milupa, ab sofort nur noch kontrolliert biologische Rohstoffe zu verwenden (AGRA-EUROPE, 18.4.1994).

Die Marktführer Hipp und Alete, die ca. 95% des Marktes für Gläschenkost beherrschen, profitierten von dem Babykost-Skandal. Billiganbieter Schlecker wurde vom Markt gedrängt. Auch Aldi stellte die Herstellung seiner Marke Leckermatz ein, und Milupa, Marktführer im Segment Säuglingsmilchnahrung[300], hat sich im Gläschenangebot auf ein Kernsortiment (Breie und Früchte) beschränkt (LEBENSMITTELPRAXIS, 8/1996, S. 36). 1996, zwei Jahre nach dem „Skandal", finden sich bei Schlecker neben Produkten von Alete und Milupa auch wieder ca. 60 Artikel von Hipp im Regal (ebd.).

Neben dem qualitativen Wettbewerb, aus dem Hipp und Alete als Gewinner hervorgingen, sind auf dem Gläschenkostmarkt nach dem Skandal aber auch weiterhin preispolitische Strategien zu beobachten[301]. Seit dem Frühjahr 1994 bereichern preisgünstige Handelsmarken zum Beispiel von Rewe und Tengelmann („Die Weißen", „Ja!") den Wettbewerb. Als Reaktion darauf bietet Alete die günstigere Produktlinie „Angebot mit Herz" und Hipp die Zweitmarke „Bebivita" an (LEBENSMITTELPRAXIS, 8/1996, S. 36; ICKSTADT, 1994).

### 8.6.2.2 Staatliche Reaktionen auf den Babykost-Skandal

Als Reaktion auf den Skandal untersuchten 1994 die amtlichen Überwachungsstellen vermehrt Kinderkost auf Rückstände[302]. Aus der Befragung aller staatlichen Untersuchungsämter (vergl.

---

[299] Pressemitteilungen „Überhöhte Pestizidwerte auch bei Milupa und Aldi" und „Milupa nimmt Produkte vom Markt", beide vom 6. April 1994. Die Pressemitteilung, in der die Untersuchungen der Schlecker-Ware veröffentlicht wurden, machte ÖKO-TEST der Verfasserin leider nicht zugänglich. Im ÖKO-TEST, Heft Mai 1994, erscheint ein Artikel über Obstbreie im Glas. Die inzwischen vom Markt genommenen Marken sind nicht mit aufgeführt.

[300] 1993 hatte Milupa einen wertmäßigen Anteil an Säuglingsmilchnahrung von 42,1%, gefolgt von Alete (33,5%) und Humana (16%). Auf die restlichen Anbieter entfielen 8,4% (MARKANT HANDELSMAGAZIN, 5/1994).

[301] Zu den verschiedenen Wettbewerbsstrategien siehe die Ausführungen in Kapitel5.1.3.

[302] So berichtet die CLUA Sigmaringen, eine Mehrzahl der Proben wäre im Zusammenhang mit dem sogenannten Babykost-Skandal untersucht worden. Die unseriöse Berichterstattung der Medien hätte zu einem enormen, zusätzlichen Arbeitsaufwand geführt. Zum Teil wären die aufwendigen Analysen auch auf

Kapitel 3.2) konnten die Meldungen aus sechs Bundesländern zu diesem Aspekt ausgewertet werden. Die Angaben der Ämter sind in Tabelle 8-3 zusammengestellt:

**Tabelle 8-3: Amtliche Lebensmittelüberwachung 1994: Untersuchung von Säuglings- und Kinderkost**

| | |
|---|---:|
| Bevölkerung im Untersuchungsgebiet (Mio.) | 37,771 |
| **Insgesamt untersuchte Lebensmittel** (Warencode 01 - 59) | 231.859 |
| davon Beanstandungen in Prozent | 16,3 |
| Insgesamt Untersuchungen von Säuglings- und Kleinkindernahrung (Warencode 48) | 3.096 |
| davon Beanstandungen in Prozent | 6,5 |
| Kindernahrungsproben in Prozent von insgesamt | 1,3 |
| **Rückstandsuntersuchungen pflanzlicher Lebensmittel** | 10.907 |
| davon Höchstmengenüberschreitungen in Prozent | 3,1 |
| Rückstandsuntersuchungen von Säuglings- und Kleinkindernahrung | 1.578 |
| davon Höchstmengenüberschreitungen in Prozent | 2,9 |
| Rückstandsuntersuchungen Kindernahrung in Prozent aller pflanzlichen Lebensmittel | 14,5 |
| Geschätze Rückstandsanalysen Kindernahrung bundesweit | 3.392 |
| Kontrollintensität (Tonnen pro einer Analyse) | 39 |
| Geschätzte Kontrollkosten (DM) | 4.850.560 |

*Anmerkungen:* Für die Extrapolation auf Bundesebene wurden die Angaben aus den sechs Bundesländern gemäß ihres Bevölkerungsanteils an der Gesamtbevölkerung mit dem Faktor 2,149 multipliziert.

Für die Berechnung der Kontrollintensität wurde von einer Gesamtproduktion an Säuglings- und Kleinkindernahrung von 133.156 t ausgegangen (vergl. Anmerkungen in Tabelle 8-2).

Für die Kostenschätzung wurden die durchschnittlichen Angaben privater Labore für ein Screening von sechs Wirkstoffgruppen angesetzt (vergl. Tabelle 6-4). Der Wert beträgt 1.430 DM/Probe.

*Quelle:* Eigene Erhebung. Zusammenstellung von Daten aus Baden-Württemberg, Bayern, Hamburg, Niedersachsen, Rheinland-Pfalz und Thüringen. Vollständige Quellenangabe siehe Tabelle 3-1.

Insgesamt überprüften 1994 die staatlichen Stellen in den sechs Bundesländern 3.096 Proben von Säuglings- und Kleinkindernahrung, dies entspricht 1,3% aller Untersuchungen überhaupt. In der speziellen Rückstandsanalytik pflanzlicher Lebensmittel[303] wurden 10.907 Proben untersucht, 1.578 (14,5%) aller Untersuchungen entfielen dabei auf die Kindernahrung. Höchstmengenüberschreitungen wurden in 46 Fällen (2,9%) festgestellt.

In der Annahme, daß die Angaben der sechs Bundesländer repräsentativ sind, kann der Kontrollaufwand für ganz Deutschland geschätzt werden. Danach wurden 1994 bundesweit

---

Weisung der Staatsanwaltschaft erfolgt (CLUA Sigmaringen, 1994, S. 109). Die CLUA Stuttgart ergänzt, daß aufgrund der Pressemitteilungen in Baden-Württemberg das Gesamtprogramm an Gläschenkost aller Babykosthersteller überprüft worden wäre (CLUA Stuttgart, 1994, S. 64).

[303] Unter diesen Begriff fallen die Rückstandsuntersuchungen auf Pflanzenschutzmittel.

schätzungsweise 3.392 Proben von Kinder- und Säuglingsnahrung auf Rückstände hin untersucht. Bezogen auf die gesamte inländische Produktion dieser Produkte entspricht dies einer Kontrollintensität von 39 Tonnen pro Probe. Die geschätzten Kosten, die diese Untersuchungen verursachten, betrugen 4,85 Mio. DM.

Mit Sicherheit wird auch in anderen Jahren Kindernahrung von der amtlichen Lebensmittelüberwachung überprüft. Es wäre interessant, anhand mehrjähriger Datenreihen einerseits zu quantifizieren, wieviele zusätzliche Analysen durch den Skandal verursacht wurden. Andererseits wäre es aufschlußreich zu bestimmen, welche Produkte 1994 weniger als sonst auf Rückstände untersucht wurden. Da die staatlichen Laborkapazitäten begrenzt sind, müßte ein Substitutionsprozeß stattgefunden haben. Nach einem Vergleich der Belastung der durch den Skandal „verdrängten" Produkte mit der Kinderkost wäre es anschließend eventuell möglich, den skandalbedingten Substitutionsprozeß aus toxikologischer Sicht zu bewerten[304]. Leider liegen ausreichende Daten für eine solchermaßen ausgerichtete „Skandalanalyse und -bewertung" nicht vor[305].

## 8.7 Fazit

In der Ernährungsindustrie ist die Schadstoffkontrolle keine isolierte Aktivität, sondern Teil der Qualitätssicherung. In der Weiterverarbeitung von Äpfeln konnten dabei verschiedene Kontrollorganisationen, Kontrollintensitäten und -kosten beobachtet werden.

Die Fruchtsaftindustrie ist überwiegend auf eine internationale Rohstoffbeschaffung angewiesen. Durch den hohen Anreiz, Saft zu verfälschen, hat sich in der Branche mit der Schutzgemeinschaft der Fruchtsaftindustrie ein überbetriebliches Kontrollsystem entwickelt, das auch Nichtmitglieder überprüft. Bedingt durch die wachsende Internationalität des Fruchtsaftmarktes nimmt auch das Kontrollsystem grenzüberschreitende Strukturen an. Die Kontrollintensität für Apfelsaft beträgt schätzungsweise eine Probe pro 2 Mio. l, die geschätzten Kontrollkosten liegen zwischen 12 und 49 Pfennig pro 1.000 Liter.

Als betriebsinterne Maßnahmen stehen der Fruchtsaftindustrie moderne Qualitätsmanagement-Konzepte und die Sicherung der Rohwarenqualität über den Vertragsanbau zur Verfügung.

Ein Nischen- und Prämiumsprodukt im Saftsegment ist Apfelsaft aus „kontrolliert ungespritztem Streuobst". Mit den Bezeichnungen „kontrolliert", „ungespritzt" und „Streuobst" werden

---

[304] Die Ernährungskommission der Deutschen Gesellschaft für Kinderheilkunde äußerte in ihrer Stellungnahme zum Babykost-Skandal: „Gesundheitsschäden sind bei den Säuglingen und Kindern, die die besagte Gläschenkost erhielten, selbst bei hohem Konsum nicht vorstellbar" (ERNÄHRUNGSKOMMISSION DER DEUTSCHEN GESELLSCHAFT FÜR KINDERHEILKUNDE, 1994, S. 495).

[305] Aus den vorliegenden Jahresberichten der Untersuchungsämter kann lediglich anekdotenhaft berichtet werden, daß im „Skandaljahr" 1994 die CLUA Karlsruhe und Sigmaringen 85% bzw. 239% mehr Rückstandsuntersuchungen bei Säuglings- und Kindernahrung durchführten als im Jahr davor. Für die Landesuntersuchungsanstalt Nordbayern kann der Vergleich zwischen 1994 und 1995 gezogen werden. Danach sanken 1995 die Rückstandsuntersuchungen von Kinderkost um 807% von 127 auf 14 Untersuchungen.

bei diesem Produkt die Merkmale kontrollierte Rückstandsfreiheit und Umweltschutz (Erhalt ökologisch wertvoller Streuobstwiesen) miteinander verknüpft. Umweltschutzgruppen tragen bei diesem Konzept die Verantwortung für die Anbau- und Rückstandskontrolle. Der Rohwarenpreis ist doppelt so hoch wie für konventionelle Ware, der Verbraucherpreis liegt 42% über dem des konventionellen Apfelsaftes. Auch nach Abzug der staatlichen Zuschüsse und ohne Berücksichtigung der ehrenamtlichen Mitwirkung der Naturschutzverbände liegen die geschätzten Kontrollkosten mit 7,40 DM/1.000 Liter 15fach über denen der konventionellen Fruchtsaftindustrie. Allerdings ist die Kontrollintensität mit einer Kontrolle pro 23.000 Liter um den Faktor 87 höher als beim konventionellen Apfelsaft.

Bei Apfelmus, einem weniger bedeutsamen Produkt, das von vielen kleineren Herstellern erzeugt wird, konnten keine überbetrieblichen Kontrollverfahren beobachtet werden. Zur Bewertung innerbetrieblicher Schadstoffkontrollen waren zu wenig gesicherte Daten verfügbar.

Bei Kindergläschenkost ist ein hohes Maß an Lebensmittelsicherheit gesetzlich vorgeschrieben und wird von den Verbrauchern auch erwartet. Am Beispiel des Herstellers Alete konnte das Kontrollsystem der Branche aufgezeigt werden. Neben dem Verfahren des Vertragsanbaus, das eine direkte Beratung und Kontrolle der Landwirte einschließt, existiert eine umfangreiche interne Qualitätssicherung im eigenen Labor. Zusätzlich werden externe Labore mit bestimmten Aufgaben betraut. Insgesamt werden für Alete Kontrollkosten geschätzt, die 0,6% des Umsatzes entsprechen. Für das Rohprodukt Apfel wurde eine Kontrollintensität von einer Rückstandsuntersuchung pro 67 Tonnen berechnet. Branchenweit summieren sich die geschätzten Kontrollkosten für obst- und gemüsehaltige Gläschenkost auf knapp 2 Mio. DM. Dieser Wert entspricht Kontrollkosten von 29,40 DM/t bzw. 2 DM pro Kleinkind und Jahr.

Im Frühjahr 1994 fand der „Babykost-Skandal" großes öffentliches Interesse. Die Verbraucher-Initiative und die Zeitschrift Öko-Test hatten in Gläschen des Billig-Anbieters Schlecker überhöhte Pestizidrückstände festgestellt, die keine gesundheitsgefährdend hohe Dosis darstellten. Auch bei Produkten von Milupa und Aldi wurden Unregelmäßigkeiten beobachtet. Der Skandal führte dazu, daß Schlecker und Aldi ihre Herstellung von Gläschenkost einstellten und Milupa ganz auf Rohware aus ökologischem Landbau umstellte. Gewinner des Skandals waren die beiden Marktführer Hipp und Alete, die gemeinsam 95% des Marktes für Gläschenkost bedienen.

Der Skandal veranlaßte die amtliche Überwachung dazu, 1994 schätzungsweise 14,5% ihrer Rückstandsanalysen der Produktgruppe „Säuglings- und Kleinkindernahrung" zu widmen. Für diese knapp 3.400 Untersuchungen werden bundesweite Kontrollkosten von 4,85 Mio. DM angenommen.

Nach den Kontrollen der Erzeuger und der Industrie ist der Handel die dritte wichtige private Institution auf dem Markt für Äpfel und Apfelprodukte. Die Schadstoffkontrollen des Groß- und Einzelhandels erörtert das folgende Kapitel 9.

## 9 Fallstudie: Kontrollmaßnahmen der Handelsunternehmen bei Äpfeln und Apfelprodukten

In diesem Kapitel werden die Kontrollmaßnahmen des Groß- und Einzelhandels untersucht. Überblicksmäßig wurden die einzelnen Marktteilnehmer bereits in Schaubild 6-1 vorgestellt. Beim Fachgroßhandel ist die Kontrolle frischer Tafeläpfel relevant, Industrieobst wird von diesen spezialisierten Firmen nicht gehandelt. Dem Fachgroßhandel gilt der erste Teil dieses Kapitels.

Der Sortimentsgroß- und -einzelhandel, der ein breites Angebot führt und daher Tafeläpfel und Apfelsaft, Apfelmus und Kinderkost verkauft, muß in seinem Qualitätssicherungssystem alle Produkte überprüfen und wurde daher auch bezüglich aller Produkte untersucht. Auch Schadstoffkontrollen auf Wochenmärkten und im Facheinzelhandel werden im Abschnitt 9.2 erörtert.

Die Datenbasis zur Beantwortung der hier gestellten Fragen ist unterschiedlich. Der Fruchtimport- und Großhandel ist in zwei überbetrieblichen Untersuchungsringen organisiert, deren Probenverfahren und -ergebnisse der Verfasserin zur Verfügung gestellt wurden. Teilweise führen einzelne Import- und Großhandelsunternehmen auch noch zusätzlich zu den Untersuchungsringen weitere Rückstandsuntersuchungen durch. Angaben über diese einzelbetrieblichen Kontrollen auf der Großhandelsstufe konnten nur beispielhaft und überschlagsmäßig erhalten werden. Es wurden Handelshäuser in Hamburg und Bremen telefonisch zur Rückstandskontrolle befragt.

Noch ungenauer sind die Angaben des Lebensmitteleinzelhandels (LEH). Hier war die Bereitschaft, überhaupt Auskunft zu geben, in der Regel geringer als im Fachgroßhandel. Das Sortiment der großen LEH-Ketten, die den ganz überwiegenden Anteil am Lebensmittelumsatz bestreiten[306], umfaßt oft über 40.000 Artikel, so daß verständlicherweise auch der Überblick für ein bestimmtes Produkt nicht direkt vorliegen dürfte. Es wurden sechs umsatzstarke Einzelhandelsketten telefonisch befragt. Trotz der ungenauen Datenlage sollen ergänzende Eindrücke aus den Interviews in der Fallstudie wiedergegeben werden.

### 9.1 Kontrollen des Import- und Großhandels

Der klassische Fruchtimport- und Großhandel in Deutschland zeichnet sich durch folgende Charakteristika aus:

---

[306] Im Jahre 1994 setzten die 50 größten Unternehmen des LEH 97% des gesamten Umsatzvolumens der Branche um, zwei Drittel des Umsatzes werden in den Filialen von Metro, Rewe, Edeka, Aldi, Karstadt/Hertie und Tengelmann realisiert (LEBENSMITTEL-ZEITUNG, 1995, S. 10f). Wie im Abschnitt 6.4 erläutert wurde, werden aber nur etwa 50% der Äpfel von den Verbrauchern im Sortimentseinzelhandel gekauft.

- ausgeprägte Produktspezialisierung auf Obst, Gemüse, Südfrüchte und Exoten
- zentrale Verteilungsfunktion, Distribution an Großhandel oder LEH
- wenige relevante Umschlagplätze (die Hafenstädte Antwerpen, Bremen, Hamburg, Rotterdam)
- Plazierung an den Großmärkten
- Vertrieb im Abhol- oder Zustellverfahren.

Neben den typischen Frucht-Import-Unternehmen mit eigenem Lager, Großmarktstand und, je nach Warenangebot, auch eigener Bananenreiferei und Packstation, gibt es auf dieser Handelsstufe auch sogenannte Agenturen und *Marketing Boards*. Der Agent hat kein physisch verfügbares Warenangebot, sondern tritt als Vermittler zwischen ausländischen Lieferanten und inländischen Groß- oder Einzelhändlern auf. Ausländische, halbstaatliche oder genossenschaftlich organisierte Vermarktungsorganisationen, sogenannte *Marketing Boards*, unterhalten in den Exportländern eigene Büros. Sie operieren normalerweise mit einem festen Abnehmerkreis und liefern zu Festpreisen (SCHMACK, 1990, S. 331)[307]. Weiterhin operieren die internen Handelsorganisationen der LEH-Ketten auf der Großhandelsstufe.

Der Umsatz aller 3.026 Unternehmen des gesamten Großhandels mit Obst und Gemüse bezifferte sich 1992 auf 25,9 Mrd. DM (ZMP, 1995a, S. 15). Der Wert importierten Obstes betrug in diesem Jahr 8,9 Mrd. DM. Der Anteil frischer Tafeläpfel aus dem Ausland belief sich dabei auf rund 970 Mio. DM und bezog sich auf ein Handelsvolumen von 675.000 t. Die über die Erzeugermärkte und damit über den Großhandel vermarkteten deutschen Tafeläpfel entsprachen einem Umsatz von 268 Mio. DM (270.000 t) (ZMP, 1994a, S. 66, 80, 82). Damit entsprechen Importäpfel 71% der Menge und 78% des Umsatzes aller Tafeläpfel, die über den Großhandel abgesetzt werden.[308]

Durch saisonal gestaffelte Referenzpreise und Zölle[309] wird die Einfuhr von Tafeläpfeln aus Drittländern praktisch auf wenige Monate im Jahr beschränkt: Drei Viertel der Einfuhren wurden 1992 in den Monaten April bis Juli getätigt. Dagegen werden Äpfel aus EU-Staaten nahezu ganzjährig eingeführt, mit einem produktions- und lagertechnisch bedingten Rückgang von Mai bis Juli (ZMP, 1994a, S. 90).

---

[307] Ein Beispiel für ein *Marketing Board* ist der südafrikanische Monopolvermarkter Unifruco, der seine Ware in Deutschland über ein Panelsystem vermarktet. Das Panel besteht aus sieben Fruchthandelshäusern, die die südafrikanischen Früchte als Kommissionsware zu einem Festpreis vertreiben. Die Kommission beträgt derzeit vier Prozent (LEBENSMITTEL-ZEITUNG, 9.2.1996).

[308] Es sei an dieser Stelle noch einmal darauf hingewiesen, daß schätzungsweise 363.000 t deutscher Tafeläpfel aus dem Marktobstbau jährlich von den Erzeugern selbst auf Groß- und Wochenmärkten oder direkt verkauft werden (vergl. Kapitel 6.4 bzw. Schaubild 6-1).

[309] AID, 1990, S. 31. Als Außenhandelsinstrumente stehen der EU Zölle, eine Ausgleichsabgabe bei Unterschreitung des festgesetzten Referenzpreises und eine Schutzklausel für außergewöhnlich kritische Marktsituationen zur Verfügung (WÖHLKEN, 1991, S. 170 f, vergl. auch EWG VO Nr. 1035/72, L 118 vom 20.5.1972).

*Fallstudie: Kontrollen des Handels* 213

Der Importeur ist das erste Glied in der inländischen Handelskette. Er wird daher von der Rechtsprechung lebensmittelrechtlich und wettbewerbsrechtlich dem landwirtschaftlichen Erzeuger gleichgestellt. Ebenfalls ist auch der Großhändler nicht von seiner Sorgfaltspflicht freigestellt (SCHMACK, 1995, S.1). Um sich qualitativ und rechtlich abzusichern, stehen den Unternehmen dieser Handelsstufe Untersuchungsringe von zwei, im Prinzip um die gleiche Aufgabe konkurrierenden Verbänden zur Verfügung:

- der Verband des Hanseatischen Frucht-Import- und Großhandels Hamburg-Bremen e.V.
- der Zentralverband des Deutschen Früchte-Import- und Großhandels e.V. (ZVF).

Laut Aussage eines Fruchtgroßhändlers ist nur eine Firma Mitglied in beiden Verbänden. Die Kontrollmaßnahmen der beiden Untersuchungsringe werden zunächst einzeln dargestellt und dann gemeinsam bewertet.

### 9.1.1 Untersuchungsring des Verbandes des Hanseatischen Frucht-Import- und Großhandels Hamburg-Bremen e.V.

Dieser Kontrollring wurde 1971 eingerichtet. Schwerpunkt der Untersuchungen sind Pflanzenschutzmittel- und Zusatzstoffanalysen bei Importproben. Über die Mitgliedschaft im Kontrollring kann eine Firma im Bedarfsfall auch auf das Untersuchungszertifikat einer anderen Mitgliedsfirma zurückgreifen[310]. Das heißt, der Untersuchungsring stellt eine Versicherung gegen die Auswirkungen einer Beanstandung dar. Die amtliche Lebensmittelüberwachung geht in der Regel bei den Mitgliedsfirmen davon aus, daß sie ihre Sorgfaltspflicht erfüllt haben (VERBAND DES HANSEATISCHEN FRUCHT-IMPORT- UND GROSSHANDELS, 1985, S. 1 f).

Das mit der Untersuchung beauftragte private Handelslabor zieht die Proben (die zu beprobende Firma wird kurz vorher benachrichtigt) am Großmarkt und rechnet die Laborkosten direkt mit dieser Firma ab. Der Verband erfaßte 1985[311] mit seinem Untersuchungsring ca. 95% der über Hamburg und Bremen eingeführten Waren, bundesweit wird ein Anteil an Obstimporten von weit über 50% geschätzt. Die Untersuchungsergebnisse werden den zuständigen Behörden in Hamburg und dem Gesundheitsministerium in Bonn zur Verfügung gestellt (VERBAND DES HANSEATISCHEN FRUCHT-IMPORT- UND GROSSHANDELS, 1985, S. 3).

Stellt der Untersuchungsring vermehrte Überschreitungen bei einem Produkt einer bestimmten Region im In- oder Ausland fest, so nimmt der Verband Kontakt mit den dort verantwortlichen Institutionen auf. Diese direkte Rückmeldung hat, so der Verband, in jedem Falle Erfolg gehabt (MOLDENHAUER, 1993, persönliche Mitteilung).

---

[310] Beispiel: Im Monat Oktober werden bei Firma X italienische Trauben und bei Firma Y spanische Melonen vom Untersuchungsring beprobt. Sollten bei Firma X von dritter Seite (Staat oder LEH) spanische Melonen beanstandet werden, so kann sie sich haftungsrechtlich mit dem Zertifikat der Firma Y erfolgreich verteidigen.

[311] Aktuellere Angaben waren nicht erhältlich.

Die gemittelten Untersuchungsergebnisse der Jahre 1991-1994 des Untersuchungsringes sind im Anhang, Tabelle 9-3 zusammengefaßt. Jährlich wurden durchschnittlich 2.028 Proben (1.239 Obst, 789 Gemüse) analysiert, die am häufigsten untersuchten Obst- und Gemüsearten sind gesondert ausgewiesen[312].

Die Beanstandungsquote beträgt bei Obst durchschnittlich 2%, deutlich darüber liegen Zitronen (10%), Apfelsinen (6%) und Erdbeeren (5%) (vergl. Tabelle 9-3 im Anhang). Die Beanstandungen bei Importobst sind in Tabelle 9-1 noch einmal nach Herkunftsländern aufgeschlüsselt. Dabei wird deutlich, daß vor allem Spanien ein „Problemland" darstellt: 20% aller Proben aber 53% aller Beanstandungen beziehen sich auf spanische Produkte, sie haben eine durchschnittliche Beanstandungsquote von 6,8%[313]. Eine Beanstandungsquote von 3,2% ergibt sich für Italien[314], während die übrigen Länder zusammengefaßt eine Quote von 1,1% aufweisen.

Tabelle 9-1: **Beanstandungen bei Importobst nach Herkunftsland, 1991-1994**

|  | Proben 1991-1994 | | Beanstandungen 1991-1994 | | Beanstandungen der Proben |
|---|---|---|---|---|---|
|  | n | % | n | % | % |
| Spanien | 959 | 20 | 65 | 53 | 6,8 |
| Italien | 679 | 14 | 22 | 18 | 3,2 |
| andere Länder | 3.218 | 66 | 35 | 29 | 1,1 |
| insgesamt | 4.856 | 100 | 122 | 100 | 2,5 |

*Quelle*: Eigene Zusammenstellung aus Monatsberichten des Untersuchungsringes des Hanseatischen Frucht-Import- und Großhandels.

Äpfel werden, nach Tafeltrauben und Bananen, mit 102 Proben/Jahr am dritthäufigsten untersucht und unterdurchschnittlich oft beanstandet (1%). Aus Drittländern stammten 57% der Proben, 29% waren europäischer und 11% deutscher Herkunft (vergl. Tabelle 9-3 im Anhang). Um die tatsächliche Untersuchungspraxis des Fruchtgroß- und Importhandels bei Äpfeln umfassender zu analysieren, werden die Untersuchungsergebnisse des Verbandes des Hanseatischen Frucht-Import- und Großhandels mit denen des Zentralverbandes des Deutschen Früchte-Import- und Großhandels (ZVF) in Kapitel 9.1.3 zusammengefaßt. Sie werden nach der Beschreibung des ZVF diskutiert.

---

[312] Die Gemüsedaten sollen im Rahmen der Fallstudie nicht weiter diskutiert werden. Interessant ist das gegenüber Obst höhere Beanstandungsniveau (4%), die geringe Relevanz der Ware aus Drittländern (5%) und die höhere Probenquote deutscher (18%) und europäischer (72%) Produkte. Besondere Problemprodukte sind nach diesen Daten Salat, Kohlrabi und Paprika.
[313] Die beanstandeten Proben beziehen sich insbesondere auf Zitronen (36), Apfelsinen (13) und Erdbeeren (5).
[314] Besonders häufig wurden Trauben (8), Erdbeeren (4) und Nektarinen (4) beanstandet.

*Fallstudie: Kontrollen des Handels* 215

## 9.1.2 Zentralverband des Deutschen Früchte-Import- und Großhandels e. V. (ZVF)

Der ZVF bietet seinen Mitgliedern ebenfalls einen Untersuchungsring zur Wahrung der lebensmittelrechtlichen Sorgfaltspflicht an. Dieser Untersuchungsring wurde 1978 gegründet. Jedes teilnehmende Unternehmen zahlt einen Basisbetrag von 2.950 DM[315]. Damit sind die Firma und ihre verantwortlichen Mitarbeiter durch eine Rechtsschutzversicherung abgesichert, und zwölf Proben werden gratis untersucht. Jede weitere Probe wird mit 230 DM zzgl. MwSt. in Rechnung gestellt.

Bei Bedarf können ausgesuchte Speditionsunternehmen an Grenzübergängen Proben ziehen und verschicken. Dieses Verfahren könnte für Agenturen (s.o.), die nicht in den physischen Besitz ihrer Ware kommen, angemessen sein. Für Entnahme, Verpackung und Versand der Proben werden Gebühren in Höhe von 37,50 DM zzgl. MwSt. erhoben.

Zu dem Serviceangebot des Verbandes gehört u.a. auch die administrative Abwicklung möglicher Beanstandungen. Außerdem senden die Mitglieder bei Musterziehung durch die amtliche Lebensmittelüberwachung beim Untersuchungsring eine Gegenprobe ein. Diese wird, je nach Auftrag, sachgerecht gelagert (40 DM) oder untersucht (170 DM). Bei gravierenden und gehäuften Überschreitungen setzt sich auch dieser Verband mit den Ursprungsländern in Verbindung (SCHMACK, 1995).

In den Jahren 1992 bis 1995 untersuchte der ZVF durchschnittlich 87 Apfelproben pro Jahr[316]. Davon stammten 73% aus EU-Ländern (mit Schwerpunkt Frankreich und Italien), 21% aus Drittländern (insbesondere Neuseeland und Chile) und 6% aus Deutschland (vergl. Tabelle 9-4 im Anhang)[317]. Je zwei Beanstandungen wurden 1992 und 1993 festgestellt, die Beanstandungsquote variiert damit von 0 bis 3%.

## 9.1.3 Zusammengefaßte Betrachtung der Kontrollen beider Verbände

Die Kontrollanstrengungen beider Verbände für das Produkt Tafelapfel zeigt Tabelle 9-2. Die Angaben beziehen sich auf ein Jahr und wurden aus den Daten 1992-1994 gemittelt.

---

[315] Preis 1995 für Verbandsmitglieder, zzgl. MwSt.. Nichtmitglieder zahlen 4.200 DM zzgl. MwSt. und eine einmalige Aufnahmegebühr in Höhe von 2.500 DM (ZVF, 1995, S. 3).

[316] Andere Obst- und Gemüsearten wurden auch untersucht, die entsprechenden Daten liegen aber nicht vor.

[317] Es bleibt den Mitgliedsfirmen überlassen zu entscheiden, welche Produkte aus welchen Herkunftsländern zur Rückstandsuntersuchung eingeschickt werden. Dies bedeutet einerseits, daß die Proben keiner statistischen Zufallsstichprobe entsprechen. Andererseits fließt in die Entscheidung, welche Ware beprobt wird, die Sachkenntnis und Erfahrung der Händler mit ein und könnte somit deren Risikoeinschätzung von bestimmten Waren und Erzeugerregionen widerspiegeln.

**Tabelle 9-2:** Jährliche Rückstandskontrollen der Großhandelsverbände bei Äpfeln (Mittelwert der Jahre 1992-1994)

| Herkunftsland | Importe$^a$ Tonnen | in Prozent | Proben Anzahl | in Prozent | t/Probe |
|---|---|---|---|---|---|
| Italien | 239.522 | 26 | 42 | 24 | 5.703 |
| Frankreich | 87.595 | 9 | 42 | 24 | 2.086 |
| Südafrika | 42.473 | 5 | 24 | 14 | 1.770 |
| Chile | 33.488 | 4 | 17 | 10 | 1.970 |
| Argentinien | 24.007 | 3 | 11 | 6 | 2.182 |
| Deutschland | 307.335 | 33 | 8 | 5 | 38.417 |
| Belgien | 28.457 | 3 | 8 | 5 | 3.557 |
| Neuseeland | 47.956 | 5 | 7 | 4 | 6.851 |
| Niederlande | 99.887 | 11 | 6 | 3 | 16.648 |
| USA | 1.682 | 0,2 | 6 | 3 | 280 |
| Brasilien | 9.919 | 1 | 1 | 1 | 9.919 |
| Polen | 3.062 | 0,3 | 1 | 1 | 3.062 |
| Rumänien | 1.831 | 0,2 | 1 | 1 | 1.831 |
| | | | | | |
| insgesamt aus EU-Ländern | 455.461 | 49 | 98 | 56 | 4.648 |
| insgesamt aus Drittländern | 163.807 | 18 | 68 | 39 | 2.409 |
| insgesamt Importe | 619.268 | 67 | 166 | 95 | 3.731 |
| insgesamt beprobt | 926.602 | 100 | 174 | 100 | 5.325 |
| nicht beprobte Importländer | 25.396 | | | | |
| | | | | | |
| Beanstandungen | | | 2 | | |
| Beanstandungen in % | | | 1,1 | | |
| | | | | | |
| **Kontrollkosten** | | | | | |
| Laborkosten insgesamt (DM) | | | 40.020 | | |
| Laborkosten nur Importe (DM) | | | 38.180 | | |
| Großhandelspreis der Importe (DM/t) | 1.172 | | | | |
| Kontrollkosten/import. Tonne (DM) | 0,06 | | | | |
| Kosten in % des Importumsatzes | 0,005 | | | | |

*Anmerkung:* a: Mengenangabe für Deutschland entspricht dem Absatz über Erzeugermärkte.
*Berechnungen:* Die Kontrollintensität (t/Probe) ist nur berechenbar, wenn die weiter unten gemachte Annahme der Realität entspricht.
Für eine Rückstandskontrolle wurden Kosten von 230 DM veranschlagt.
*Quellen:* Eigene Zusammenstellung aus unveröffentlichten Daten des Zentralverbandes des deutschen Früchte-Import- und Großhandels e.V. und des Untersuchungsringes des Verbandes des Hanseatischen Frucht-Import- und Großhandels; ZMP, 1994a, S. 44, 81 f; ZMP, 1995a, S. 106; Statistisches Bundesamt, Fachserie 7, Außenhandel, Reihe 2, 1993 S. 58, 1994, S. 59-60.

Aus dem Dreijahresdurchschnitt ist abzulesen, daß jeweils ein knappes Viertel der Proben italienischen und französischen Äpfeln galt. Südafrikanische Ware wurde am dritthäufigsten beprobt (14%), gefolgt von chilenischen (10%) und argentinischen Äpfeln (6%). Die anderen Herkunftsländer spielen in den Rückstandskontrollen eine untergeordnete Rolle. Aus den

Gesprächen mit den Großhändlern wie auch aus Tabelle 9-2 geht hervor, daß deutsche Äpfel, gemessen am Handelsvolumen, kaum überprüft werden.

Zur Schätzung der Kontrollintensität wurden den Probenzahlen Import- bzw. Handelsdaten der ZMP gegenübergestellt. Dieses Vorgehen beruht auf einer Annahme, die nicht überprüfbar ist: Es wird angenommen, daß die in den beiden Untersuchungsringen organisierten Händler ein für den gesamten Großhandel repräsentatives Warenangebot an Äpfeln aufweisen. Nur wenn die Händler in dieser Beziehung eine repräsentative Stichprobe darstellen, darf die Kontrollintensität durch die Verbindung der Probenzahl mit Großhandelsdaten geschätzt werden. Ob diese Annahme gerechtfertigt ist, konnte auch mit Hilfe der Verbände nicht geklärt werden. Im folgenden Absatz wird die Annahme als angenommen angesehen.

Die Kontrollintensität für Äpfel aus Drittländern ist mit 2.586 t pro Probe fast doppelt so hoch wie für EU-Herkünfte (4.648 t pro Probe), deutsche Ware wird um eine Zehnerpotenz seltener überprüft (38.417 t pro Probe). Ein Vergleich der Kontrollintensität auf Länderebene ist angesichts der nicht geklärten Repräsentativität der beprobten Ware gewagt; in Europa fallen die Niederlande und Italien und in Übersee Neuseeland durch eine niedrige Kontrollintensität auf. Dies könnte bedeuten, daß die Fruchtimporteure in Äpfel aus diesen Ländern ein besonders hohes Vertrauen haben. Eine herkunftsbezogene Untersuchung der 743 repräsentativ gezogenen Apfelproben aus dem ersten Jahr des bundesweiten Lebensmittel Monitoring (1988/1989) gibt den Fruchtgroßhändlern recht. Der Anteil an Höchstmengenüberschreitungen in dieser Untersuchung variiert, je nach Herkunft, stark. Während deutsche Äpfel nur 0,6% Überschreitungen aufzeigen, erwiesen sich 2,6% der italienischen und 5,4% der niederländischen Proben als positiv. Französische Ware lag mit 8,8% über der Höchstmengenverordnung. Chilenische Äpfel zeigten in 2,8% Stichproben Überschreitungen (WEIGERT et al., 1990, S. 27). Diese divergierenden Rückstandsergebnisse harmonieren gut mit den unterschiedlichen Kontrollintensitäten des Großhandels, allein die auffallend niedrige Kontrollintensität der Niederlande geht hiermit nicht konform.

Die insgesamt sechs Beanstandungen, die in den drei Jahren ausgesprochen wurden, bezogen sich auf Proben mit den Herkünften Frankreich (2), Italien (2), Südafrika (1) und Deutschland (1). Angesichts der niedrigen Beanstandungsquote von 1% (1993) bis 3% (1992) und der geringen jährlichen Probenzahl pro Land erlauben diese Daten keine Rückschlüsse auf Rückstandsunterschiede bei Äpfeln unterschiedlicher Herkünfte.

Für die Kosten der Rückstandskontrollen der beiden Verbände wurden 230 DM pro Probe angesetzt. Dieser Betrag entspricht der Untersuchungsgebühr, die der ZVF seinen Mitgliedern für eine zusätzliche Analyse in Rechnung stellt. Der jährliche Durchschnitt der Untersuchungskosten beträgt 40.020 DM. Es ist davon auszugehen, daß diese Angaben eine Unterschätzung der wahren Kontrollkosten dieser Handelsstufe darstellen, da die individuellen, direkt von einer Firma in Auftrag gegebenen Proben in diese Schätzung nicht einbezogen sind. Hierzu zählen sehr große Importfirmen ebenso wie die Importabteilungen, die sich die LEH-Ketten vermehrt aufbauen.

Sollte die oben gemachte Annahme über die Repräsentativität der Mitglieder in den Untersuchungsringen zutreffen, können die Laborkosten auch auf die gehandelte Tonne umgerechnet werden. Die Analysekosten der Importäpfel entsprechen 6 Pfennig/t bzw. 0,005% des Umsatzes. Äpfel aus Drittländern sind mit Laborkosten von 9 Pfennig/t deutlich höher belastet als europäische Äpfel mit 5 Pfennig/t. Für deutsche Äpfel ergeben sich lediglich Kontrollkosten von 0,5 Pfennig/t.

Dieser errechnete Größenwert der Kontrollkosten liegt eine Zehnerpotenz unter der groben Schätzung eines wichtigen Fruchtimporteurs. Er überschlug, daß sein Unternehmen ca. eine Probe pro 450 t zöge, die Laboranalysen würden damit ca. 0,04% des Umsatzes mit Äpfeln ausmachen. Ein weiterer Großhändler bewertete die Rückstandskontrollkosten als nicht zu vernachlässigende Größe. Gerade beim Massenartikel Apfel sei die Vermarktungsspanne klein und weiter sinkend. Der Gewinn läge in dieser Sparte bei unter 1% des Umsatzes. Nach dieser Einschätzung entsprächen die Rückstandsanalysekosten der Verbände mindestens 0,5% des Gewinns. MOLDENHAUER (1993, persönliche Mitteilung) betont, daß „alle ... erwähnten [Schadstoffkontroll-] Kosten absolut keinen Einfluß auf den Abgabepreis und damit letzten Endes auf den Endverbraucherpreis haben".

## 9.2 Kontrollen des Einzelhandels

Auf der Einzelhandelsebene wird Obst von verschiedenen Unternehmensformen angeboten, die in Schaubild 6-1 dargestellt wurden. Im einzelnen ist zu differenzieren zwischen den verschiedenen Betriebsformen des Sortimentshandels (organisierte Einzelhändler, Supermärkte, Warenhäuser, Discounter), die häufig von einer Zentrale beliefert werden und dabei einer Abnahmepflicht unterliegen. Insgesamt werden hier 52% des privaten Verbrauchs an Äpfeln gedeckt. An zweiter Stelle steht der Konsum selbsterzeugter Äpfel mit 25% des Verbrauchs. Über den direkten Absatz vom Erzeuger zum Verbraucher werden 13% aller Äpfel verkauft, auf Wochenmärkten und im Einzelhandelsfachgeschäft werden 6 bzw. 4% aller Äpfel erstanden.

Wie schon eingangs ausgeführt, sind die vorliegenden Informationen über den Kontrollaufwand auf der Einzelhandelsstufe gering. Überbetriebliche, externe Kontrollorganisationen wie im Import- und Großhandel oder in der Fruchtsaftindustrie konnten nicht beobachtet werden. Es wird davon ausgegangen, daß der unabhängige Facheinzelhändler keine eigenen Kontrollen durchführen läßt, dies bestätigten die Eigentümer einiger Obstfachgeschäfte in Kiel. Das gleiche wird auch für Betreiber von Marktständen angenommen, die, wie der Obstfachhandel, ihre Ware direkt vom Fachgroßhandel oder auf Großmärkten beziehen. Die selbstvermarktenden Erzeuger verfügen über genaue Informationen bezüglich der Pflanzenschutzmittel-Behandlung ihrer Ware. Auch sie führen, jenseits der Kontrollverfahren der Erzeugerverbände, bei denen sie mit einiger Wahrscheinlichkeit Mitglied sind, vermutlich keine weiteren Kontrollen vor der Vermarktung durch. Dies bedeutet, daß 23% aller Äpfel auf der Einzelhandelsstufe aller Wahrscheinlichkeit nach nicht durch privatwirtschaftliche Initiativen auf Rückstände überprüft werden.

Auch bei Äpfeln aus der Hausgartenproduktion wird angenommen, daß Rückstandsuntersuchungen nicht vorgenommen werden. Im Vergleich zu den eben aufgezeigten Bezugsquellen ist hier der Verbraucher gleichzeitig der Erzeuger und weiß daher, ob und womit seine Äpfel behandelt wurden. Wird von einem gut informierten und verantwortungsvollen Selbstversorger ausgegangen, ist eine Kontrolle für diese Ware überflüssig. Hinweise aus der Literatur (vergl. Kapitel 7.4) lassen allerdings befürchten, daß Hobbygärtner nicht immer über ausreichendes Wissen über den Einsatz von und Umgang mit Pflanzenschutzmitteln verfügen. Festzuhalten bleibt, daß für dieses Warensegment, das 25% des Gesamtverzehrs ausmacht, keine Rückstandskontrollen beobachtet werden konnten.

Die großen LEH-Ketten, der Sortimentshandel, verfügen in der Regel über ein internes Qualitätssicherungssystem, das Rückstandskontrollen einschließt. Sie vermarkten 52% der für den Verzehr verfügbaren Tafeläpfel. Die vertraulich gemachten Angaben bezüglich der Qualitätssicherung einer bedeutenden Kette werden hier zur Veranschaulichung wiedergegeben: Das Unternehmen hat eine zentrale Qualitätssicherungsabteilung, die für die ganze Unternehmensgruppe einschließlich aller Filialen zuständig ist. Der Probenplan, die Auswahl der zu untersuchenden Lebensmittel, beruht auf folgenden Kriterien:

- Umsatzanteil des Produktes
- Endverbraucherreklamationen in der Vergangenheit
- Beanstandungen von der staatlichen Lebensmittelüberwachung in der Vergangenheit
- Auffälligkeit bei eigenen Untersuchungen in der Vergangenheit.

Aus diesem Kriterienkatalog wird deutlich, daß Beschwerden der Verbraucher, die in Kapitel 4.3.2 als eine mögliche Handlungsalternative für Konsumenten diskutiert wurden, ebenso einen Einfluß auf den Probenplan der Unternehmen haben wie amtliche Beanstandungen.

Die Laboranalysen werden von externen Instituten durchgeführt, und die jährlichen Laborkosten entsprechen 0,007% des Umsatzes dieser Unternehmensgruppe im Food-Bereich. Tafeläpfel wurden als unproblematisch bezeichnet und im letzten Jahr daher nur zwei mal untersucht. Apfelsaft und Apfelmus wurden etwa 20 mal zur Untersuchung eingeschickt.

## 9.3 Fazit

In dem Geflecht eines komplex strukturierten Obsthandels konnten verschiedene Kontrollaktivitäten beobachtet werden. Die Durchführung der Kontrolle scheint dabei u.a. von zwei Komponenten abhängig zu sein:

- vom Maß an Unsicherheit darüber, ob Äpfel mit Rückständen belastet sind
- vom Grad der Angebotsbündelung.

Unsicherheit des Anbieters über das Maß an Rückstandsbelastung besteht weder bei Tafeläpfeln zur Selbstversorgung noch beim Direktabsatz der Erzeuger. Für dieses Warensegment, das schätzungsweise ein gutes Drittel des gesamten privaten Verbrauchs an Äpfeln ausmacht, konnten keine Kontrollen auf der Handelsebene beobachtet werden.

Das Angebot ist auf der Ebene des **Import- und Großhandels** am stärksten gebündelt. Auf dieser Stufe der Lebensmittelkette haben sich innerhalb der beiden Fruchtgroßhandelsverbände zwei Untersuchungsringe gebildet, die Obst und Gemüse auf Rückstände untersuchen. Zwischen den beiden Ringen konnte keine Zusammenarbeit beobachtet werden. Die Vorgehensweise der Untersuchungsringe bei der Kontrolle deutet darauf hin, daß ihr vorrangiges Ziel die gerichtlich belegbare Einhaltung der Sorgfaltspflicht ihrer Mitglieder ist, also ein eher defensives als präventives Verhalten. Die Probenpläne beider Untersuchungsringe sind nicht auf einer statistischen Grundlage aufgebaut, sondern bleibt den Händlern überlassen. Die Proben werden jeweils auf „Standardschadstoffe" untersucht, in der Regel Organochlor- und Organophosphorverbindungen[318]. Auch wenn viele fragliche Pflanzenschutzmittel damit abgedeckt werden, ist das mögliche Belastungsspektrum von Äpfeln wesentlich breiter (vergl. Kapitel 6.2.2). Die Kosten der Rückstandskontrollen von Importäpfeln betragen schätzungsweise 6 Pfennig/t.

Das Maß der Unsicherheit über die Rückstandsbelastung von Äpfeln scheint mit der Entfernung zwischen Erzeugung und Konsum zu wachsen. Ausländische Äpfel werden von den Untersuchungsringen des Handels sehr viel stärker kontrolliert als inländische, und die Kontrollintensität für Äpfel aus der Südhalbkugel scheint deutlich höher als für Ware aus der EU.

Die Rückstandskontrollen des **Sortimentseinzelhandels** konnten nur andeutungsweise erfaßt werden. Die Qualitätssicherungssysteme des organisierten LEH schließen vermutlich Schadstoffkontrollen bei Äpfeln und Apfelprodukten mit ein.

Mit der Darstellung der Schadstoffkontrollen des Handels endet die Analyse der Kontrollaktivitäten privater Institutionen. Das folgende Kapitel untersucht die Frage des staatlichen Engagements.

---

[318] Diese Aussage beruht auf folgenden Beobachtungen: Der ZVF verlangt pro Probenuntersuchung 230 DM, dieser Betrag entspricht etwa den Preisen der Handelslabore für eine Standarduntersuchung wie die DFG S19 Methode.
Beim Hanseatischen Untersuchungsring wurde für alle 408 ausgewerteten Apfelanalysen angegeben, daß auf Organochlor- und Organophosphorverbindungen untersucht wurde. Nur neun Mal wurde zusätzlich ein weiterer Wirkstoff untersucht. In den Sommermonaten werden Äpfel aus Übersee allerdings regelmäßig auch auf künstliche Wachsung überprüft (82 Analysen).

# 10 Fallstudie: Staatliche Überwachung von Äpfeln und Apfelprodukten

Das zehnte Kapitel stellt die letzte Einzelanalyse im Rahmen der Fallstudie vor. Sie untersucht die staatlichen Maßnahmen zur Überwachung von Äpfeln und Apfelprodukten. Dazu werden im ersten Teil die direkten Schadstoffuntersuchungen erfaßt und bewertet, die von amtlicher Seite durchgeführt werden. Der zweite Teil diskutiert die indirekten Wege, über die der Staat auf die Kontrolle der Lebensmittelsicherheit von Äpfeln und Apfelprodukten Einfluß nimmt.

## 10.1 Schadstoffuntersuchungen der amtlichen Lebensmittelüberwachung

Dieses Unterkapitel geht der Frage nach, wieviele Rückstands- und Patulinuntersuchungen von staatlicher Seite durchgeführt werden. Dazu wurden Daten aus dem Jahr 1994 untersucht. Zur Quantifizierung der amtlichen Schadstoffuntersuchungen bei Äpfeln und Apfelprodukten wurden Fragebögen, die an die staatlichen Untersuchungsämter verschickt worden waren, bzw. die entsprechenden Jahresberichte der Behörden ausgewertet. Die Angaben aus acht Bundesländern konnten für die Fragestellung dieses Kapitels genutzt werden. In diesen acht Bundesländern leben ca. die Hälfte der Einwohner Deutschlands. Die Angaben sind im Anhang, Tabelle 10-2 zusammengestellt. Die Zahlen aus den acht Bundesländern wurden anschließend auf die gesamte Bundesrepublik hochgerechnet. Diesem Vorgehen liegt die Annahme zugrunde, daß die Angaben der acht Bundesländer repräsentativ für ganz Deutschland sind.

Zunächst soll die Kontrollintensität für die einzelnen Produkte betrachtet werden. Anschließend werden die Kosten der Kontrolle geschätzt.

### 10.1.1 Kontrollintensitäten

Die Kontrollintensitäten für die einzelnen Produkte sind in Tabelle 10-1 berechnet. Sie listet in der ersten Spalte die geschätzten bundesweiten Rückstands- und Patulinuntersuchungen für das Jahr 1994 auf. Die zweite Spalte führt die Mengen auf, mit denen das jeweilige Produkt auf dem deutschen Lebensmittelmarkt vertreten ist[319]. Aus diesen beiden Angaben wurde in der dritten Spalte die Kontrollintensität der amtlichen Lebensmittelüberwachung geschätzt.

---

[319] Um konsistent mit den bisher in der Fallstudie gemachten Mengenangaben zu bleiben, wurde der Durchschnitt der Jahre 1991-1993 angegeben. Die Verknüpfung dieser Daten mit den Überwachungszahlen aus 1994 wird als unproblematisch angesehen, da sich die Mengen von einem Jahr zum nächsten nicht drastisch ändern.

**Tabelle 10-1: Geschätzte amtliche Schadstoffuntersuchungen von Äpfeln und Apfelprodukten, 1994**

| | Anzahl der Untersuchungen bundesweit (1) | Tonnen bzw. tsd. l auf dem deutschen LM.-Markt (2) | Kontrollintensität (t bzw. tsd. l pro Untersuchung) | Kostenschätzung I (3) | | Kostenschätzung II (4) | |
|---|---|---|---|---|---|---|---|
| | | | | Gesamtkosten | Kosten DM/t bzw. DM/tsd. l | Gesamtkosten | Kosten DM/t bzw. DM/tsd. l |
| **Rückstandsuntersuchungen** | | | | | | | |
| Frischobst | 7.480 | 6.212.000 | 830 | 2.251.480 | 0,36 | 6.417.840 | 1,03 |
| darunter Äpfel (5) | 2.014 | 1.269.000 | 630 | 606.214 | 0,48 | 1.728.012 | 1,36 |
| inländ. Äpfel (6) | 1.269 | 633.000 | 499 | 381.969 | 0,60 | 1.088.802 | 1,72 |
| ausländ. Äpfel (6) | 745 | 636.000 | 854 | 224.245 | 0,35 | 639.210 | 1,01 |
| Säuglings- u. Kleinkindernahrung (7) | 3.641 | 133.156 | 37 | 1.095.941 | 8,23 | 3.123.978 | 23,46 |
| Fruchtsäfte | 412 | 2.782.288 | 6.753 | 124.012 | 0,04 | 353.496 | 0,13 |
| darunter Apfelsaft | 154 | 1.158.000 | 7.519 | 46.354 | 0,04 | 132.132 | 0,11 |
| Obstprodukte | 251 | 677.372 | 2.699 | 75.551 | 0,11 | 215.358 | 0,32 |
| **Patulinuntersuchungen** | | | | | | | |
| Fruchtsäfte | 610 | 2.782.288 | 4.561 | 159.210 | 0,06 | 523.380 | 0,19 |
| darunter Apfelsaft | 494 | 1.159.000 | 2.346 | 128.934 | 0,11 | 423.852 | 0,37 |
| Gesamtkosten Äpfel und Apfelsaft (DM) | | | | 781.502 | | 2.283.996 | |

Anmerkungen: (1): Extrapolation auf Basis der Daten im Anhang, Tabelle 10-2 (acht Bundesländer, 41,4 Mio. Einwohner).

(2): Die Angaben sind Mittelwerte der Jahre 1991-1993 (vergl. Tabelle 6-5 im Anhang); für Frischobst außer Kernobst, ZMP, 1995a, S. 22; für Obstprodukte siehe Obstkonserven, ZMP, 1995a, S. 97, 151, 163; für Fruchtsäfte siehe ZMP, 1995a, S. 98, 165.

(3): Kostenschätzung nach mittleren Preisen privater Labore (vergl. Anhang, Tabelle 6-4): Rückstandsuntersuchung 301 DM/Probe, Patulinnachweis 261 DM/Probe.

(4): Kostenschätzung in Anlehnung an Tabellen 3-1 und 3-5. Danach wurden für das Jahr 1994 bundesweit 508.879 Untersuchungen und Gesamtkosten von 435.893.690 DM geschätzt. Aus diesen Angaben errechnen sich Kosten von 858 DM/Probe.

(5): Es wurde vereinfachend angenommen, daß das untersuchte Kernobst zu 100% aus Äpfeln besteht.

(6): Sechs Bundesländer hatten zur Herkunft des untersuchten Kernobstes Angaben gemacht (vergl. Tabelle 10-2). Daraus ergab sich eine Verteilung von 63% inländischem und 37% ausländischem Kernobst.

(7): Durch eine größere Datengrundlage (8 Bundesländer statt 6) weicht diese Zahl etwas von der Schätzung in Tabelle 8-3 ab.

Quelle: Eigene Darstellung und Berechnungen.

Die Zahlen in Tabelle 10-1 erlauben folgende Aussagen:

- Frische Tafeläpfel werden mit einer durchschnittlichen Kontrollintensität von einer Probe pro 630 t auf Rückstände untersucht. Dabei werden von der amtlichen Lebensmittelüberwachung deutsche Äpfel 1,7 mal intensiver beprobt als ausländische Ware[320]. Angesichts der Kontrollringe der Fruchtimporteure, die ihre Untersuchungsergebnisse ja auch den staatli-

---

[320] Die staatlichen Kontrollen im Herkunftsland werden in dieser Betrachtung vernachlässigt.

Fallstudie: Staatliche Kontrollen 223

chen Stellen vorlegen (vergl. Kapitel 9.1), scheinen sich auf diesem Gebiet Wirtschaft und Staat zu ergänzen.

- Die hohe Kontrollintensität von Säuglings- und Kleinkindernahrung ist stark von dem „Babykost-Skandal" im Jahre 1994 beeinflußt und wurde in Kapitel 8.6.2 bereits eingehend diskutiert. Es ist mit großer Sicherheit zu vermuten, daß die Kontrollintensität in anderen Jahren niedriger ist (siehe auch Fußnote 305).
- Obstprodukte weisen eine recht geringe Kontrollintensität von knapp 2.700 t pro Rückstandsuntersuchung auf. Die Überwachung von Apfelmus innerhalb dieser Warengruppe konnte nicht gesondert erfaßt werden.
- Noch geringer sind die Rückstandsuntersuchungen bei Fruchtsäften bzw. Apfelsaft. Für diese Produkte wurde eine Kontrollintensität von 6,7 bzw. 7,5 Mio. Liter pro einer Rückstandsuntersuchung geschätzt.
- Patulinuntersuchungen werden bei Apfelsaft mit 2,3 Mio l pro Untersuchung dreimal häufiger durchgeführt als die Rückstandsuntersuchungen. Die größere Kontrolldichte für Patulin entspricht den Angaben aus der Literatur, nachdem dieser Schadstoff bei Apfelsaft eine größere Bedeutung hat als die Pestizidrückstände (vergl. Kapitel 6.2.2).

Zusammenfassend kann gesagt werden, daß die staatliche Lebensmittelüberwachung verschiedene Produkte verschieden intensiv kontrolliert. Die differierenden Kontrollintensitäten stimmen mit der unterschiedlichen relativen Bedeutung der Beanstandungen überein: Bei Säuglings- und Kleinkindernahrung überschritten 2,5% aller Proben die zulässigen Höchstwerte für Pflanzenschutzmittel. Bei Tafeläpfeln waren es 1,1% und bei Obstprodukten und Fruchtsäften 0% aller untersuchten Proben. Einen Patulinwert von über 50 µg/l wiesen 0,6% aller Apfelsäfte auf (vergl. Tabelle 10-2). Die Kontrollintensitäten sind mit dem Koeffizienten 0,76 negativ mit dem Merkmal „prozentuale Grenzwertüberschreitung" korreliert. Das heißt, Produkte mit einer höheren Beanstandungsquote werden vom Staat häufiger untersucht. Damit zeigt sich, daß die Überwachungsbehörden zumindest in dem begrenzten Warensegment von Äpfeln und Apfelprodukten ihre Kontrollintensität an die zu erwartenden Beanstandungen anpassen[321].

### 10.1.2 Kontrollkosten

In Tabelle 10-1 sind zwei alternative Ansätze zur Kostenschätzung der amtlichen Schadstoffuntersuchungen dokumentiert.

Kostenschätzung I multipliziert die Anzahl der Untersuchungen mit durchschnittlichen Gebühren privater Handelslabore. Für die Rückstandsanalytik wird ein Standardscreening nach

---

[321] Diese Schlußfolgerung ist nur dann zulässig, wenn der Anteil an Planproben bei allen Produkten gleich groß ist. Diese Annahme ist mit dem vorliegenden Datenmaterial nicht zu überprüfen. Zumindest bei Säuglings- und Kleinkindernahrung ist es wahrscheinlich, daß ein überdurchschnittlich großer Anteil an Verdachtsproben untersucht wurde.

DFG Methode S19 angenommen. Die so berechneten Kosten geben damit allein den Wert einer routinemäßigen Laboranalytik wieder. Die Probenahme und allgemeine Verwaltungs- und Gemeinkosten sind nicht berücksichtigt. Die jährlichen Kosten für die Schadstoffkontrolle von Tafeläpfeln und Apfelsaft betragen nach diesem Ansatz rund 780.000 DM.

In Kostenschätzung II wird davon ausgegangen, daß die Schadstoffuntersuchungen von Äpfeln und Apfelprodukten einen durchschnittlichen Aufwand für den staatlichen Kontrollapparat bedeuten. Aus den in Kapitel 3 geschätzten Zahlen über die Anzahl der Untersuchungen (Tabelle 3-1) und die gesamten Kosten der Überwachung (Tabelle 3-5) wurden durchschnittliche Kosten pro Untersuchung von 858 DM errechnet. Nach diesem Ansatz betragen die jährlichen Kosten für die Schadstoffkontrolle von Tafeläpfeln und Apfelsaft rund 2,28 Mio. DM. Die Schätzung beinhaltet die Kosten der Probenahme ebenso wie anteilige Gemeinkosten. Der absolute Wert der Berechnung sollte mit Vorsicht interpretiert werden, da er auf einer Vielzahl von Annahmen und Extrapolationen beruht. Trotzdem veranschaulicht er, im Vergleich zum zwei Drittel kleineren Wert der Kostenschätzung I, daß der Aufwand der staatlichen Schadstoffkontrolle neben den Laborkosten noch gewichtige weitere Faktoren beinhaltet.

Bezogen auf eine Tonne Äpfel liegen die Kontrollkosten, je nach Schätzung, bei 0,48 - 1,36 DM. Für 1.000 Liter Apfelsaft betragen die staatlichen Kontrollkosten 10 bis 30 Pfennig.

## 10.2 Indirekte staatliche Mitwirkung bei der Schadstoffkontrolle von Äpfeln und Apfelprodukten

In qualitativer Form soll in diesem Abschnitt dargelegt werden, welchen Beitrag der Staat auch noch indirekt zur Schadstoffkontrolle von Äpfeln und Apfelprodukten leistet. Diskutiert werden die Bereiche der Normgebung, der Förderung der Apfelerzeugung und Erzeugerkontrolle und die Betriebskontrollen der amtlichen Lebensmittelüberwachung in der Ernährungsindustrie.

### 10.2.1 Normgebung

Die privaten und staatlichen Kontrollen, die in den einzelnen Kapiteln der Fallstudie beschrieben wurden, bauen auf der staatlichen Gesetzgebung auf. Die Normsetzung wurde in Kapitel 3.1 ausführlich dargestellt. Es sei daher an dieser Stelle nur noch einmal daran erinnert, daß für Pflanzenschutzmittel ein staatliches Zulassungsverfahren gilt. Außerdem dürfen Pflanzenschutzmittel-Rückstände nur bis zu einer gesetzlichen Höchstmenge in Lebensmitteln vorliegen. Für viele Wirkstoffe bestehen auch internationale Normen, die durch die Codex Alimentarius Kommission festgelegt wurden. Damit gibt der Staat ein Normengerüst vor, anhand dessen Kontrolle definiert werden kann. Zum Teil werden auch Kontrollverfahren vorgegeben (z.B. in der EG-Bio-Verordnung, vergl. Kapitel 7.3).

Für die staatliche Normsetzung sind nicht nur toxikologische Gründe und anbautechnische Gegebenheiten ausschlaggebend. So sind die gesetzlichen Vorgaben für Rückstände in Säuglings- und Kinderkost mit 0,01 mg/kg ein politischer Wert. Dieser Einheitswert beruht nicht auf toxikologischen Risikoabschätzungen und ist zum Teil in der praktischen Analytik in dieser Genauigkeit gar nicht nachzuweisen (vergl. die Ausführungen in Fußnote 291). Die starken öffentlichen Reaktionen auf den „Babykost-Skandal" scheinen allerdings zu zeigen, daß der Gesetzgeber hier dem Wunsch der Bevölkerung nach besonders sicherer Kinderkost entspricht (vergl. Kapitel 8.6.2).

Für Patulin bestehen keine gesetzlichen Grenzwerte, obwohl dieses Schimmelgift häufig in Obstprodukten wie z.B. Apfelsaft nachgewiesen werden kann. Hier erweist sich das gesetzliche Regelwerk als lückenhaft. Angesichts der über 600 Patulinuntersuchungen, die staatliche Untersuchungsämter jährlich allein bei Fruchtsäften vornehmen, würde ein gesetzlicher Grenzwert den Handlungsspielraum bei Übertretungen deutlich verbessern. Es läge nahe, bei Fruchtsäften allgemein oder zumindest für Apfelsaft den von der WHO empfohlenen Grenzwert von 50 µg pro Liter Saft zu übernehmen.

### 10.2.2 Förderung der Erzeuger und der Erzeugerkontrollen

Bei der Untersuchung der Rückstandskontrollen durch die Apfelerzeuger hatte sich gezeigt, daß die einzelnen Bundesländer verschiedentlich entweder die integrierte Produktion allgemein oder direkt deren Kontrolle finanziell unterstützen. Auch die ökologische Produktion und Streuobstwiesen erhalten in vielen Bundesländern Zuschüsse. Wettbewerbsverzerrend sind hier die unterschiedlich hohen Förderungen je nach Bundesland (vergl. Tabelle 7-11 im Anhang).

Rein auf den Aspekt der Pestizidkontrolle bezogen wäre es vermutlich kosteneffektiver, dem Obstbau keine Beihilfen zu gewähren. Dann würden sich, zumindest theoretisch, die Preise je nach der angebotenen Lebensmittelsicherheit ausdifferenzieren können. Die Konsumenten von Äpfeln würden für das Niveau an Lebensmittelsicherheit bezahlen, das sie nachfragen. Durch die augenblickliche Förderungspraxis unterstützen alle Steuerzahler eines Bundeslandes die integrierte oder ökologische Produktion - unabhängig davon, ob sie Äpfel überhaupt konsumieren.

Ganz allgemein unterstützt der Staat den Obstbau auch durch die Förderung der Forschung. Spezialisierte Forschungsanstalten z.B. in York (Altes Land) und Bavendorf (Bodensee), erarbeiten gerade auch im Bereich des Pflanzenschutzes Empfehlungen für die Erzeuger, die auf die Pflanzenschutzpraxis und damit Rückstandssituation Einfluß nehmen.

### 10.2.3 Betriebskontrollen der Ernährungsindustrie

In Rahmen der amtlichen Lebensmittelüberwachung werden neben direkten Rückstandsuntersuchungen auch Betriebskontrollen durchführt. Die Kontrolle beispielsweise des internen Qualitätssicherungssystems eines Apfelsaftherstellers könnte indirekt auf die Sicherheit der

Produkte Einfluß nehmen. Die Auseinandersetzung mit den staatlichen Kontrolleuren ist ein Impuls für Unternehmen der Ernährungsindustrie, sich mit modernen Qualitätsmanagementkonzepten auseinanderzusetzen.

## 10.3 Fazit

Das zehnte Kapitel untersuchte die staatlichen Maßnahmen bei der Schadstoffkontrolle von Äpfeln und Apfelprodukten. Zur Schätzung der amtlichen Pestizid- und Patulinuntersuchungen wurde eine Befragung der staatlichen Untersuchungsämter ausgewertet. Danach werden Tafeläpfel mit einer Kontrollintensität von einer Probe pro 630 t auf Pflanzenschutzmittel-Rückstände untersucht. Inländische Äpfel werden dabei öfter untersucht als ausländische Äpfel. Die Kontrollintensität von Obstprodukten, zu denen auch Apfelmus zählt, beträgt mit 1 Probe pro 2.699 t kaum ein Viertel der Frischäpfelkontrollen. Noch seltener sind die Pestizidanalysen von Apfelsaft (1 Probe pro 7,5 Mio. Liter). Auf das Mykotoxin Patulin wird von amtlicher Seite jeder 2,3 millionste Liter Apfelsaft überprüft. Die unterschiedlichen Kontrollintensitäten entsprechen den unterschiedlich häufigen Höchstwertüberschreitungen der einzelnen Produkte.

Neben der Berechnung von Kontrollintensitäten wurden auch die Kosten der staatlichen Schadstoffkontrolle geschätzt. Je nach Schätzansatz lagen die jährlichen Untersuchungskosten für Tafeläpfel und Apfelsaft zwischen 781.500 und 2.284.000 DM.

Der zweite Teil des Kapitels diskutierte die indirekten Maßnahmen, durch die der Staat auf die Schadstoffkontrolle bei Äpfeln und Apfelprodukten Einfluß nimmt. Dabei wurde zunächst der grundlegende Beitrag durch die Normgebung genannt. Während für Pflanzenschutzmittel ein umfangreiches Regelwerk entwickelt wurde, fehlt es an einem gesetzlichen Grenzwert für Patulin.

Großen Einfluß hat die staatliche Förderung der Obsterzeugung bzw. der Erzeugerkontrollen. Wettbewerbsverzerrend ist die Tatsache, daß die Höhe der staatlichen Förderung bestimmter Produktionsverfahren zwischen den Bundesländern variiert. Einen weiteren, nicht quantifizierten indirekten Einfluß des Staates auf die Sicherheit von Apfelprodukten stellen die Betriebskontrollen der Ernährungsindustrie dar.

Für eine abschließende Bewertung der staatlichen Überwachungsmaßnahmen müssen diese im Zusammenspiel mit den privaten Kontrollsystemen betrachtet werden. Erst wenn hierbei überprüft wurde, ob sich staatliche und private Kontrollen ergänzen, überschneiden oder „zu weite Maschen" im Kontrollnetz verbleiben, ist eine umfassende Bewertung möglich. Dieser Aufgabe einer Gesamtbewertung der einzelnen Maßnahmen stellt sich das folgende Kapitel 11.

# 11 Fallstudie: Gesamtbewertung der einzelnen Kontrollmaßnahmen

In den Kapiteln 6 bis 10 wurden die einzelnen Institutionen untersucht, die Schadstoffkontrollen bei Äpfeln und Apfelprodukten durchführen. Für eine Bewertung der insgesamt erzielten Lebensmittelsicherheit müssen die einzelnen Kontrollmaßnahmen gemeinsam betrachtet werden. Diese Fragestellung behandelt das vorliegende Kapitel.

Die Gesamtbewertung beschränkt sich auf die beiden Produkte Tafeläpfel und Apfelsaft. Dies sind die mengenmäßig wichtigsten Produkte, über deren Schadstoffkontrolle auch die meisten Informationen gesammelt werden konnten. Es werden jeweils die geschätzten Kontrollintensitäten und Kontrollkosten vorgestellt und anschließend das beobachtete Kontrollsystem bewertet.

## 11.1 Schadstoffkontrollen von Tafeläpfeln

### 11.1.1 Darstellung der erzielten Kontrollintensität und der gesamten Kontrollkosten

Die gesamten Kontrollen, die bei Tafeläpfeln für die einzelnen Produktionsverfahren und Handelsbereiche beobachtet werden konnten, sind im Anhang, Tabelle 11-4 gemeinsam dargestellt. Ökologisch produzierte Äpfel können in den hier angestrengten Vergleich nicht einbezogen werden, da das Kontrollsystem dieser Produktionsrichtung nur im Verdachtsfall Rückstandskontrollen einbezieht. Weder über die Häufigkeit dieser Rückstandskontrollen noch über die Menge ökologisch produzierter Äpfel liegen gesicherte Daten vor. Da keine verläßlichen Informationen über die Kontrollen des Einzelhandels eingeholt werden konnten, sind die Kontrollintensitäten und -kosten direktvermarkteter und zwischengehandelter deutscher Ware in dieser Zusammenstellung sehr ähnlich. Aus Gründen der Übersichtlichkeit wurde in Tabelle 11-1 daher eine vereinfachte Darstellung gewählt. Hier wird die direktvermarktete Ware nicht gesondert betrachtet, und auch die Äpfel zur Selbstversorgung, die mit großer Wahrscheinlichkeit keiner Rückstandskontrolle unterliegen, sind nicht aufgeführt.

**Tabelle 11-1: Gesamtbetrachtung aller inländischen Schadstoffkontrollen von Marktäpfeln (Angaben pro Jahr - vereinfachte Darstellung)**

|  | Inlandserzeugung (nur Marktproduktion) | | Auslandserzeugung | | |
| --- | --- | --- | --- | --- | --- |
|  | konventionelle Produktion | integrierte Produktion | EU | Drittländer | Summe |
| **Menge Äpfel (1.000 t)** | 165 | 467 | 468 | 168 | 1.268 |
| **Geschätzte Kontrollen (n)** | | | | | |
| Erzeugerkontrollen | 0 | 851 | ? | ? | 851 |
| Großhandelskontrollen | 2 | 6 | 98 | 68 | 174 |
| Einzelhandelskontrollen | ? | ? | ? | ? | ? |
| staatliche Kontrollen | 331 | 938 | 548 | 197 | 2.014 |
| Summe Kontrollen | 333 | 1.795 | 646 | 265 | 3.039 |
| Tonnen/1 Probe | 495 | 260 | 724 | 634 | 417 |
| Kontrollen/1.000 t | 2,02 | 3,84 | 1,38 | 1,58 | 2,40 |
| **Kostenschätzung (DM)** | | | | | |
| Erzeugerkontrollen | 0 | 689.310 | ? | ? | 689.310 |
| Großhandelskontrollen | 602 | 1.806 | 29.498 | 20.468 | 52.374 |
| staatliche Kontrollen | 283.998 | 804.804 | 470.184 | 169.026 | 1.728.012 |
| Summe Kontrollkosten | 284.600 | 1.495.920 | 499.682 | 189.494 | 2.469.696 |
| Kontrollkosten DM/t | 1,72 | 3,20 | 1,07 | 1,13 | 1,95 |

*Anmerkung:* ?: Keine Information über Kontrollen.
*Quelle:* Die vollständige Zusammenstellung aller Kontrollen bei Tafeläpfeln findet sich im Anhang, Tabelle 11-4. Dort sind auch die Berechnungsgrundlagen aufgeführt.

Im Durchschnitt wird in Deutschland bei jeder 417. Tonne gehandelter Äpfel eine Rückstandsuntersuchung durchgeführt. Zwei Drittel aller beobachteten Analysen führt die amtliche Lebensmittelüberwachung durch, 28% sind Erzeugerkontrollen im Rahmen der integrierten Produktion und 6% Kontrollen des Großhandels. Die Groß- und Einzelhandelskontrollen sind unterschätzt[322], liegen aber in ihrem tatsächlichen Umfang mit großer Wahrscheinlichkeit unter den staatlichen Kontrollen und den Erzeugerkontrollen. Die durchschnittlichen Kontrollkosten belaufen sich auf 1,95 DM/t.

Die Kontrollintensitäten und -kosten variieren zwischen den vier verschiedenen Gruppen inländischer und ausländischer Ware. Die Anzahl aller Kontrollen pro 1.000 t und die Kontrollkosten in DM/t sind in Schaubild 11-1 graphisch verdeutlicht.

---

[322] Die Unterschätzung beruht auf der Tatsache, daß nur die Rückstandskontrollen der überbetrieblichen Untersuchungsringe des Großhandels erfaßt wurden. Einzelbetriebliche Kontrollen konnten nicht quantifiziert werden.

Fallstudie: Gesamtbewertung 229

**Schaubild 11-1: Gesamte inländische Kontrollen und Kontrollkosten bei Marktäpfeln (Jährliche Durchschnittswerte nach Herkunft)**

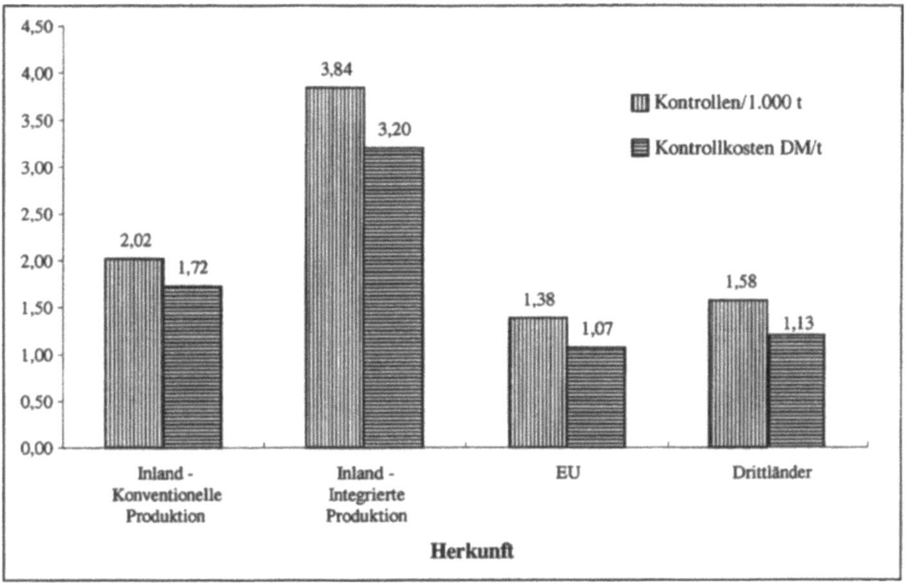

| Herkunft | Kontrollen/1.000 t | Kontrollkosten DM/t |
|---|---|---|
| Inland - Konventionelle Produktion | 2,02 | 1,72 |
| Inland - Integrierte Produktion | 3,84 | 3,20 |
| EU | 1,38 | 1,07 |
| Drittländer | 1,58 | 1,13 |

*Quelle:* Eigene Darstellung. Angaben pro Jahr, Daten siehe Tabelle 11-1.

Mit 3,84 Kontrollen pro 1.000 t sind die inländischen, integriert produzierten Äpfel am häufigsten rückstandskontrolliert. An zweiter Stelle steht die deutsche, konventionell erzeugte Ware mit einer Kontrollintensität von 2,02 Kontrollen pro 1.000 t. Bei Importware wurden Kontrollen in den Erzeugerländern nicht berücksichtigt, da hier keine vollständigen Informationen vorliegen. In Deutschland werden Äpfel aus Drittländern mit 1,58 Rückstandskontrollen pro 1.000 t häufiger kontrolliert als Äpfel aus der EU mit 1,38 Kontrollen pro 1.000 t.

Die Kontrollkosten variieren zwischen den vier Warengruppen analog zur Kontrollintensität und schwanken innerhalb einer Bandbreite von 1,07 bis 3,20 DM/t.

Die Unterschiede in der Kontrollintensität insgesamt beruhen auf einem differierenden Engagement der einzelnen Kontrollinstitutionen. Die Verteilung der Kontrollen auf die einzelnen Kontrollinstitutionen bildet Schaubild 11-2 ab.

**Schaubild 11-2: Verteilung der inländischen Kontrollen von Marktäpfeln auf die einzelnen Kontrollinstitutionen (Durchschnittswerte nach Herkunft)**

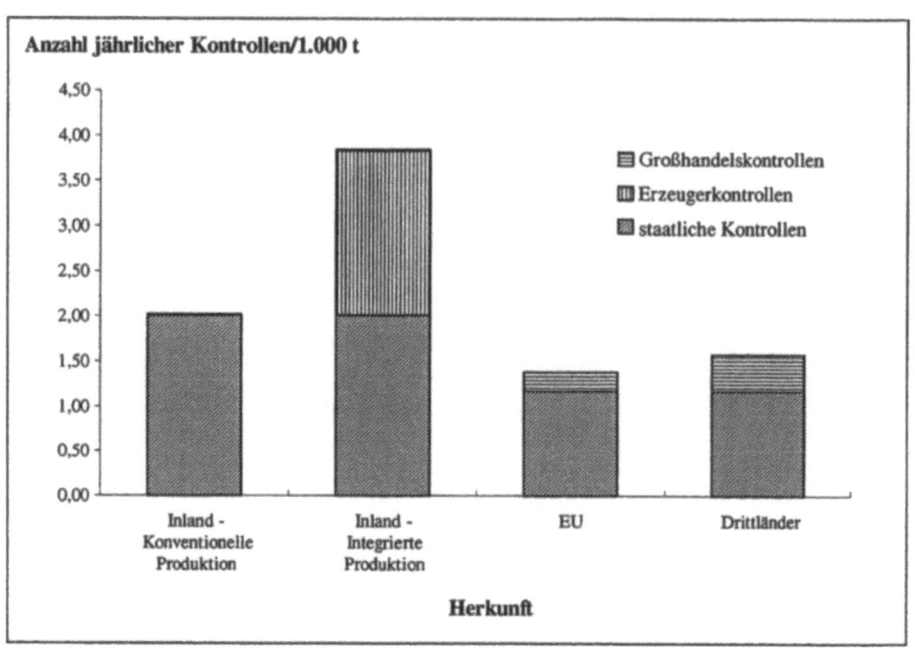

*Quelle*: Eigene Darstellung. Berechnungen nach Daten aus Tabelle 11-1.

Schaubild 11-2 liegt die Annahme zugrunde, daß die staatliche Überwachung bei inländischer und ausländischer Ware eine unterschiedliche Kontrollintensität aufweist. Dieses Untersuchungsverhalten war ein Ergebnis der Analyse in Kapitel 10. In Anbetracht des europäischen Binnenmarktes müßten theoretisch die staatlichen Kontrollen europäischer Äpfel sehr niedrig sein, da hier die Überwachung im Erzeugungsland ausreichen sollte (Subsidiaritätsprinzip). Allerdings hatten die Ausführungen in Kapitel 3.1.3 gezeigt, daß von einer EU-weit gleich intensiven und effektiven Lebensmittelüberwachung noch nicht ausgegangen werden kann.

Das vorliegende Datenmaterial war nicht differenziert genug, um verschiedene staatliche Kontrollintensitäten innerhalb der Obergruppe ausländischer Äpfel festzustellen. Ebenfalls konnte nicht erfaßt werden, ob integrierte und konventionelle inländische Ware unterschiedlich häufig von der Lebensmittelüberwachung untersucht wird. Da auch in den Berichten der Untersuchungsämter keine diesbezüglichen Hinweise gefunden wurden, ist eine einheitliche amtliche Beprobung jeweils innerhalb der Kategorie inländischer bzw. ausländischer Äpfel wahrscheinlich.

Durch die Selbstkontrollen der Erzeuger sind integriert produzierte Äpfel aus Deutschland um 90% häufiger rückstandskontrolliert als konventionell erzeugte Äpfel. Allerdings darf bei diesem quantitativen Vergleich nicht außer acht gelassen werden, daß sich die Selbstkontrolle

*Fallstudie: Gesamtbewertung* 231

der deutschen Erzeuger bisher nur auf die Analyse weniger, in der integrierten Produktion verbotener Wirkstoffe beschränkt.

Ausländische Äpfel werden in Deutschland insgesamt seltener untersucht als inländische. Dieses Ergebnis entspricht den Erwartungen, da Importäpfel bereits im Erzeugerland einem Kontrollsystem unterlagen. Die staatlichen Kontrollen in Deutschland werden bei diesem Warensegment von den Untersuchungen der Großhandelsverbände ergänzt. Es sei daran erinnert, daß die Untersuchungsringe des Großhandels ihre Kontrollergebnisse an die staatlichen Behörden weiterleiten. Das heißt, daß die Informationen aus den Untersuchungen des Großhandels der Lebensmittelüberwachung zur Verfügung stehen und damit in deren Planprobengestaltung einfließen kann.

Für Südtiroler Ware ist es möglich, eine grenzüberschreitende Betrachtung vorzunehmen. In Kapitel 7 wurden für die integrierte Produktion in Südtirol Erzeugerkontrollen in einer Intensität von einer Rückstandskontrolle pro 782 t geschätzt (vergl. Tabelle 7-2). Für diese Äpfel, die einen Anteil von 43% an den Einfuhren aus Europa haben, erhöht sich damit die Kontrollintensität von 1,38 auf 2,66 Kontrollen pro 1.000 Tonnen. Dieser Wert liegt zwischen der Kontrollintensität konventioneller und integrierter deutscher Marktäpfel. Ein vollständiger Vergleich mit deutschen Äpfeln ist allerdings erst dann möglich, wenn auch die Anzahl staatlicher Kontrollen in Italien bekannt wären.[323]

### 11.1.2 Bewertung der Schadstoffkontrollen von Tafeläpfeln

Dieser Abschnitt bewertet die im vorgehenden Abschnitt vorgestellten Indikatoren. Dazu werden die folgenden Fragen beantwortet:

- Welchen relativen Stellenwert haben die Kontrollkosten?
- Ist die realisierte Kontrollintensität ausreichend?
- Wie ist die Verknüpfung der einzelnen Kontrollsysteme zu bewerten?

---

[323] Interessant sind in diesem Zusammenhang auch die Abläufe des chilenischen Obstsektors. Chile ist neben Neuseeland und Südafrika einer der drei wichtigen Obstexportländer der südlichen Hemisphäre. Nach Informationen des chilenischen Landwirtschaftsministeriums werden von staatlicher Seite nur die Produkte, die für den inländischen Konsum bestimmt sind, auf Rückstände überprüft. Diese Kontrollen obliegen dem Gesundheitsministerium, und es gelten die nationalen Gesetze bzw. die Höchstmengen des Codex Alimentarius. Im Exportsektor bestehen feste Verträge zwischen den Produzenten und Exporteuren. Die Exportfirmen sind in der *Asociación de Exportadores de Chile* organisiert. Dieser Verband informiert die Produzenten jährlich detailliert über die jeweiligen Pflanzenschutznormen der 13 wichtigsten Abnehmerländer. Das bedeutet, daß in Form des Vertragsanbaus bereits die Pflanzenschutzpraxis in Chile an die Bedingungen des Empfängerlandes angepaßt wird. In privaten Laboren, die vom Landwirtschaftsministerium für Rückstandsuntersuchungen offiziell anerkannt sind, werden Exportäpfel stichprobenartig auf Rückstände untersucht. Der Umfang der Kontrollen konnte nicht in Erfahrung gebracht werden (SANCHEZ GRUNERT, 1995, persönliche Mitteilung; ASOCIACIÓN DE EXPORTADORES DE CHILE, 1995, persönliche Mitteilung).

*Bewertung der Kontrollkosten*

Die Kontrollkosten können, gemäß den Vorüberlegungen in Kapitel 6.3.3, mit Hilfe der Umsätze und der Handelsspannen in ihrer relativen Bedeutung diskutiert werden. Unter Umsatz wird der Verkaufspreis der jeweiligen Handelsstufe verstanden. Die Handelsspanne definiert sich aus der Differenz der Verkaufspreise der jeweiligen Handelsstufen. Die Differenz zwischen Verbraucher- und Erzeugerpreis wird als Marktspanne bezeichnet (KOESTER, 1992, S. 121).

Die Berechnung von Preisen und Handelsspannen ist in Anhang 2 beschrieben. Die Untersuchung von halbmonatlichen Preisnotierungen über 36 Monate (Januar 1991 bis Dezember 1993) zeigt recht konstante Handelsspannen, die relativ unabhängig von absoluten Preisschwankungen und sortenspezifischen Preisvariationen sind. Diese Beobachtung entspricht den theoretischen Erwartungen, da die Vermarktungskosten größtenteils unabhängig von Preisen und Sorten sein müßten.

Eine Verknüpfung der Preise und Handelsspannen mit den Kontrollkosten zeigt die nachfolgende Tabelle 11-2. Hier sind einerseits die durchschnittlichen Preise und Handelsspannen im Median für die Sorte Golden Delicious dargestellt. Andererseits sind die Kontrollkosten aus Tabelle 11-1 in DM/t ausgewiesen.

Die Handelsspanne zwischen Produktion und Erzeugermarkt symbolisiert hauptsächlich die Kosten für Lagerung, Sortierung und Verpackung. Die nachfolgenden Handelsspannen beinhalten einerseits die Kosten der Distribution und andererseits den Gewinn der einzelnen Handelsstufen. Der Anteil des Produzentenpreises am Einzelhandelspreis beträgt 14%.

Für die Erzeuger der integrierten Produktion betragen die geschätzten Kontrollkosten rund 0,3% ihres Umsatzes. Die Kosten der Handelskontrollen eingeführter Äpfel entsprechen 0,006% des Umsatzes und 0,02% der Handelsspanne der Importeure. Insgesamt schlagen die Kontrollen des Großhandels, hier wurde Erzeuger- und Großmarktebene gemeinsam betrachtet, nur mit 0,003% des Umsatzes bzw. 0,004% der Handelsspanne zu Buche.

Bezogen auf den Einzelhandelspreis betragen die Kosten der staatlichen Kontrollen rund 0,04%. Würden alle Kontrollkosten auf den Verbraucher abgewälzt, so hätten diese einen Anteil von 0,06% am Verbraucherpreis. Bei einem durchschnittlichen Konsum von 16 kg Marktäpfeln entspricht dieser Anteil 3 Pfennig Kontrollkosten pro Verbraucher und Jahr.

Die sehr niedrigen absoluten und relativen Kostenindikatoren machen deutlich, daß die Kosten der Schadstoffkontrolle bei Äpfeln auf keiner Handelsstufe von großer Bedeutung sind.

**Tabelle 11-2: Preise, Handelsspannen und Kosten der Schadstoffkontrolle am Beispiel der Sorte Golden Delicious**

| Erläuterung | Absatzstufe | Preis DM/t (Median) | Handelsspanne DM/t (Median) | Handelsspanne in % des jeweiligen Verkaufspreises |
|---|---|---|---|---|
| 1 | Produktion | 439 | | |
| 1 | Erzeugermarkt | 1.004 | 565 | 56 |
| 1 | Großmarkt | 1.365 | 380 | 28 |
| 1 | Einzelhandel | 3.250 | 1.895 | 58 |
| | Marktspanne | | 2.811 | 86 |

| | Kontrollinstitution | Durchschnittliche Kontrollkosten DM/t | in % des jeweiligen Verkaufspreises | in % der jeweiligen Spanne |
|---|---|---|---|---|
| 2 | integrierte Produktion | 1,48 | 0,337 | |
| 3 | Importhandel | 0,08 | 0,006 | 0,021 |
| 4 | Großhandel insgesamt | 0,04 | 0,003 | 0,004 |
| 5 | Staat | 1,38 | 0,042 | |
| 6 | Summe für alle Äpfel | 1,95 | 0,060 | 0,069 |

*Erläuterungen:* (1): Angaben aus Tabelle 11-8 bzw. Anhang 2. Preise und Handelsspannen sind jeweils Medianwerte von 69 Preisbeobachtungen (Januar 1991 bis Dezember 1993) und addieren sich nicht zur Marktspanne auf.

(2): Berechnung nur für Erzeuger im Rahmen der inländischen integrierten Produktion.

(3): Berechnung nur für Importware, Preis und Handelsspanne der Großmarktebene.

(4): Berechnung auf Grundlage des Großmarktpreises bzw. der Handelsspanne Erzeugermarkt plus Großmarkt.

(5): Berechnung auf Grundlage des Einzelhandelspreises.

(6): Durchschnittliche Kontrollkosten für alle vermarkteten Äpfel. Berechnung auf Grundlage des Einzelhandelspreises bzw. der Marktspanne.

*Quelle:* Eigene Berechnungen nach Angaben in Anhang 2, Tabelle 11-8 und Tabelle 11-1.

Im Vergleich der Kostenbelastung der einzelnen Kontrollinstitutionen in Tabelle 11-2 sind klare Unterschiede zu beobachten:

- Die Kontrollkosten der integrierten **Produktion** haben mit rund 0,3% einen hundertfach höheren Anteil am Umsatz der Erzeuger als die Kontrollkosten, die dem **Großhandel** in bezug auf seinen Umsatz entstehen.

- Die Kosten der staatlichen Kontrolle werden letztendlich vom Steuerzahler, also den **Verbrauchern** finanziert. Die staatlichen Kontrollkosten sind von allen Kontrollinstitutionen am höchsten (vergl. Tabelle 11-1, letzte Spalte).

*Bewertung der Kontrollintensität*

Im Obstbau ist ein intensiver chemischer Pflanzenschutz üblich. Überschreitungen von zulässigen Höchstmengen und der Einsatz unzulässiger Präparate sind damit nicht auszuschließen. In Kapitel 6.2.2.1 waren die Beanstandungen im Rahmen des bundesweiten Lebensmittel-Monitoring ausführlich beschrieben worden. Daraus ging hervor, daß eine akute Gesundheitsgefährdung durch Pflanzenschutzmittel-Rückstände bei Äpfeln nicht zu erwarten ist. Allerdings wurden Rückstände auf Äpfeln zum Verzehrszeitpunkt häufig nachgewiesen. Auch, wenn Höchstmengenüberschreitungen selten beobachtet wurden, mußte die gleichzeitige Belastung mit mehreren Wirkstoffen bei 24% aller Äpfel festgestellt werden (vergl. Tabelle 6-1 und Tabelle 1-9 im Anhang). In diesem Fall stößt das toxikologische Bewertungsinstrumentarium an seine Grenzen. Das chronische bzw. langfristige gesundheitliche Risiko, das durch eine Mehrfachbelastung mit Pflanzenschutzmitteln in niedrigen Konzentrationen möglicherweise verursacht wird, kann zum heutigen Erkenntnisstand nicht benannt werden (vergl. hierzu auch die Ausführungen in Kapitel 1.2.3).

Die praktische Schlußfolgerung aus einem intensiven chemischen Pflanzenschutz und einer entsprechenden Rückstandssituation einerseits und einer lückenhaften Risikobewertung andererseits muß dahingehend lauten, das unbekannte Risiko im Sinne des präventiven Gesundheitsschutzes weitestgehend zu minimieren. Das Ziel der Schadstoffkontrollen bei Äpfeln muß also sein, dazu beizutragen, die Rückstandsbelastung zum Verzehrszeitpunkt möglichst gering zu halten. Dazu müßten einerseits unzulässig belastete Äpfel noch rechtzeitig aus dem Verkehr gezogen werden können und andererseits der Verursacher erhöhter Rückstände zur Rechenschaft gezogen werden kann.

In der Regel werden Äpfel nach der Ernte von den Erzeugern oder vom Erfassungshandel in Großkisten à 300 kg eingelagert. Zum Verkaufszeitpunkt werden sie aus dem Lager genommen und entsprechend den Anforderungen der abnehmenden Hand sortiert und verpackt. Bei sortierter und verpackter Ware ist die Identität des einzelnen Erzeugers schwer oder gar nicht mehr zu rekonstruieren, da für die Zusammenstellung von Verkaufspartien oft die Ware mehrerer Erzeuger benötigt wird. Ein weiterer Informationsverlust findet im Einzelhandel statt. Hier werden Äpfel häufig nicht in der Originalverpackung angeboten, sondern lose präsentiert. Bei Beanstandungen zu diesem Zeitpunkt kann oft der Verursacher nicht mehr identifiziert werden. Es ist dann auch nicht mehr möglich, die ganze belastete Partie noch auszusondern.

Nur bei Erzeugerkontrollen kann davon ausgegangen werden, daß einerseits unzulässig hoch belastete Äpfel noch rechtzeitig aus dem Verkehr gezogen werden können und andererseits der Verursacher zur Rechenschaft gezogen werden kann. Deshalb soll die Kontrollintensität auf dieser Ebene eingehender diskutiert werden.

Zur Verdeutlichung des Zusammenhangs zwischen Kontrollintensität, realisierter Lebensmittelsicherheit (ausgedrückt als Anteil rückstandskonformer Ware) und Kontrollkosten soll ein einfaches Rechenexempel für Rückstandskontrollen auf Erzeugerebene dienen. Dazu werden folgende Überlegungen angestellt:

- Ein bestimmter Prozentsatz der Obsterzeuger übertritt die Pflanzenschutznormen. Da die tatsächliche Höhe dieses Prozentsatzes unbekannt ist, wird von drei Übertretungswahrscheinlichkeiten ausgegangen: Szenario A mit 5%, Szenario B mit 10% und Szenario C mit 15%. Fünf Prozent Überschreitungen wurden am Bodensee und im Alten Land beobachtet,

*Fallstudie: Gesamtbewertung* 235

wenn eine Kontrollwahrscheinlichkeit von 10% existiert (vergl. Tabelle 7-2). Beanstandungen von über 10% sind aus Südtirol bekannt, wo die Rückstandsanalyse mehr Wirkstoffe beinhaltet (vergl. Tabelle 7-9). Da alle in Kapitel 7 untersuchten Kontrollsysteme nur ein begrenztes Wirkstoffspektrum überprüfen, werden 15% als Obergrenze der tatsächlichen Überschreitungshäufigkeit angesetzt[324].

- Vereinfachend wird angenommen, daß jede verübte Überschreitung im Falle einer Kontrolle auch aufgedeckt wird. Diese hundertprozentige „Trefferquote" der Kontrolle ist in der Praxis sicherlich geringer, da einerseits nur ein Teil der Anlagen durch Blatt- oder Fruchtproben überprüft werden kann. Andererseits können bei den chemischen Rückstandsanalysen aus Kostengründen nicht immer alle potentiellen Wirkstoffe auch untersucht werden.

- Weiterhin wird angenommen, daß es bei positiven Kontrollergebnissen möglich ist, die ganze belastete Ware vom Markt fernzuhalten.

- Schließlich wird vereinfachend davon ausgegangen, daß die Übertretungswahrscheinlichkeit nicht von der Kontrollwahrscheinlichkeit beeinflußt wird. In der Realität wäre bei fühlbaren Sanktionsmaßnahmen zu erwarten, daß die Übertretungen der Pflanzenschutzrichtlinien bei steigender Kontrollhäufigkeit abnehmen.

- Es werden auch die entsprechenden Kontrollkosten abgebildet. Für ihre Schätzung wurde von einem 2,2 ha großen Obstbetrieb mit einem moderaten Betriebsertrag von 55 t Äpfeln pro Jahr ausgegangen. In Anlehnung an die Preise privater Labore (vergl. Tabelle 6-4) werden für eine Rückstandsanalyse nach der Methode DFG S19 Kosten von 301 DM veranschlagt. Für die Probenahme werden 65 DM kalkuliert. Dieser Wert entspricht den Gebühren, welche die NABU für die Probenahme von Streuobst in Rechnung stellt (vergl. Tabelle 8-1). Für die Verwaltung der Rückstandskontrollen werden pauschal 34 DM angesetzt. Die Gesamtkosten einer fiktiven Rückstandskontrolle betragen damit insgesamt 400 DM. Die Möglichkeit einer Kostendegression bei steigender Kontrollintensität wird nicht berücksichtigt[325].

Schaubild 11-3 verdeutlicht den Zusammenhang von Kontrollintensität, Rückstandskonformität und Kontrollkosten unter den eben gemachten Annahmen:

---

[324] Es muß ergänzt werden, daß Übertretungen von Pflanzenschutznormen im Sinne der integrierten Produktion *nicht* zwangsläufig eine Übertretung von gesetzlichen Höchstmengen bedeuten. Sie stellen also nicht grundsätzlich eine Gefährdung des Verbrauchers dar, sondern beschreiben eher die Bereitschaft eines bestimmten Anteils von Erzeugern, Normen zu verletzen. Da Rückstandskontrollen letztendlich Verhaltenskontrollen sind, ist die Beachtung des „menschlichen Übertretungspotentials" wichtig. Im bundesweiten Lebensmittel-Monitoring lagen die Höchstmengenüberschreitungen bei Äpfeln bei gut 2% (vergl. Tabelle 6-1).

[325] Tatsächlich dürften private Handelslabore bei größeren Kontrollaufträgen Rabatte einräumen (vergl. Tabelle 6-4). Da bei Äpfeln aber neben der Standardmethode DFG S19 z.T. auch andere Nachweismethoden notwendig sind, stellen durchschnittliche Kontrollkosten von 301 DM pro Untersuchung nach Meinung der Verfasserin einen realistischen Wert dar.

## Schaubild 11-3: Kontrollintensität, rückstandskonforme Ware und Kontrollkosten

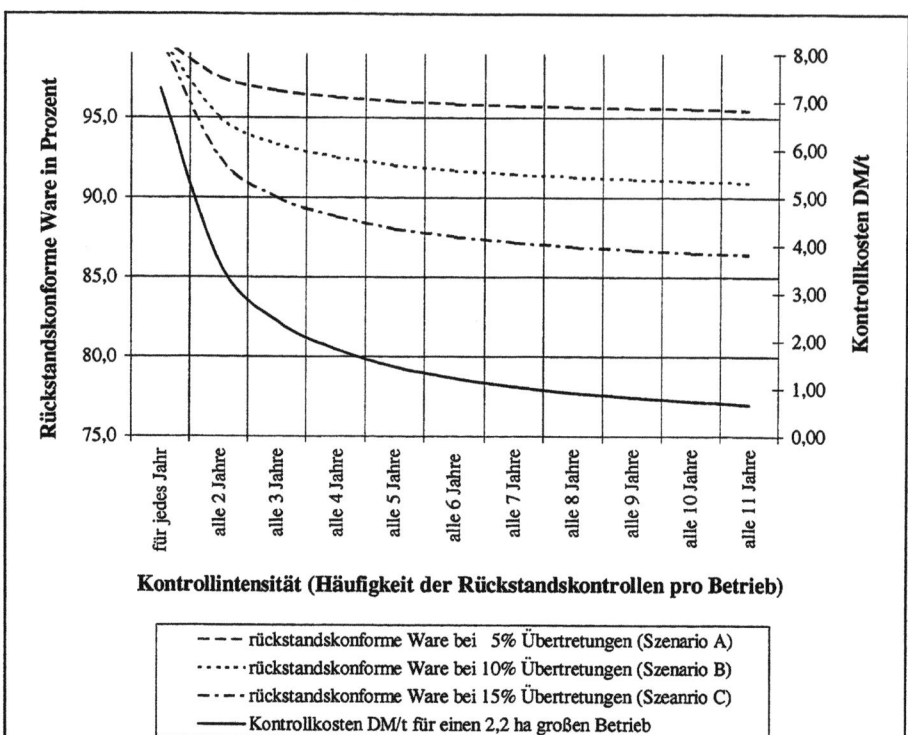

*Quelle:* Eigene Darstellung nach normativen Vorgaben.

Das Schaubild zeigt, daß bei der momentan üblichen Kontrollhäufigkeit von einer Rückstandskontrolle in 10 Jahren (10% aller Erzeuger jährlich) der Prozentsatz rückstandskonformer Ware nur wenig oberhalb der angenommenen Ausgangslage von 95% (Szenario A), 90% (Szenario B) bzw. 85% (Szenario C) liegt.

Die Kontrollintensität könnte danach festgelegt werden, welches **Sicherheitsniveau** angestrebt wird. Dieser Zusammenhang kann am Schaubild abgelesen werden. Wird z.B. eine Rückstandskonformität von 95% angestrebt, dann müßten bei einer angenommenen Übertretungswahrscheinlichkeit von 10% (Szenario B) die Betriebe alle 2 Jahre kontrolliert werden, für Szenario C liegt die Kontrollintensität etwa bei 1,5 Jahren. Liegt die Übertretungswahrscheinlichkeit nur bei 5% (Szenario A), wären theoretisch gar keine Kontrollen notwendig.

Soll hingegen eine Rückstandskonformität von beispielsweise 97,5% erreicht werden, müßte eine Erzeugergemeinschaft, je nach der Übertretungswahrscheinlichkeit ihrer Mitglieder, zweijährige (Szenario A), anderthalbjährige (Szenario B) oder fast schon jährliche (Szenario C) Kontrollen durchführen.

Eine weitere Entscheidungskomponente zur Festlegung der Kontrollintensität sind die **Kontrollkosten**. Sie sind in Schaubild 11-3 ebenfalls abgebildet. Die heutige Praxis von einer Rückstandskontrolle in 10 Jahren kostet in diesem Beispiel durchschnittlich 73 Pfennig pro Tonne[326].

Stünde ein Entgelt z.B. in Höhe des CMA-Werbebeitrags (5 DM/t)[327] zur Finanzierung eines Kontrollprogramms zur Verfügung, so wären Kontrollen alle 1,5 Jahre möglich. Der garantierte Prozentsatz rückstandskonformer Ware könnte damit auf 95% (Szenario C) bis 99% (Szenario A) gesteigert werden.

Jährliche Kontrollen würden nach Schaubild 11-3 Kosten von 7,27 DM/t verursachen. Dieser Betrag kann im Verhältnis zum Einzelhandelspreis diskutiert werden. Er beträgt im Beispiel von Tabelle 11-2 für Golden Delicious 3.250 DM/t. Die Kosten jährlicher Kontrollen von 7,27 DM/t entsprächen damit 0,2% des Einzelhandelspreises bzw. würden das Kilo Äpfel um weniger als einen Pfennig (0,72 Pfennig) verteuern. Es wäre lohnend, in weiterführenden Studien zu untersuchen, ob Verbraucher bereit wären, „den Kontrollpfennig" für die Garantie rückstandskontrollierter Äpfel aus integrierter Produktion zu bezahlen. „Jährliche Rückstandskontrollen aller Betriebe" wäre ein nachvollziehbares Argument, das an die Verbraucher kommunizierbar sein sollte. Sollte sich eine Zahlungsbereitschaft der Konsumenten in der Höhe von einem Pfennig/kg abzeichnen, so wäre als nächstes zu überprüfen, welche logistischen Maßnahmen in der Handelskette notwendig wären, um die Äpfel aus rückstandskontrollierter Produktion von Waren aus konventioneller Produktion zu unterscheiden. Wegweisend könnten die auf Importäpfeln zu beobachtenden Label (Aufkleber) sein. Diese Technik erlaubt die Kennzeichnung jeden Apfels unabhängig von der Verpackung. Denkbar wäre, die Label mit einer Losnummer[328] zu versehen und sie während der automatischen Einzelapfelbewertung[329] im Verlauf des Sortierprozesses aufzubringen. Würde sich eine derartige Kennzeichnung durchsetzen, könnte auch das einfache Umdeklarieren[330] von ausländischem Obst, das widerrechtlich als deutsche Ware angeboten wird, zumindest für den Premiumsbereich integriert produzierter und kontrollierter Äpfel erschwert werden.

---

[326] Es wird hier von einem regelmäßigen, ertragsabhängigen Kontrollbeitrag für alle Erzeuger ausgegangen. Der Beitrag ist unabhängig davon, ob ein Betrieb in einem gegebenen Jahr tatsächlich rückstandskontrolliert wird.
[327] vergl. GEKLE et al., 1994, S. 45.
[328] Ein Los ist „die Gesamtheit von Verkaufseinheiten eines Lebensmittels, das unter praktisch gleichen Bedingungen erzeugt, hergestellt oder verpackt wurde" (LOS-KENNZEICHNUNGS-VERORDNUNG, § 1, Absatz 2). Bei Tafeläpfeln wäre es sinnvoll, mit einer Losnummer den Erzeuger und die Lager/Verpackungsstelle zu kennzeichnen.
[329] In den automatischen Sortieranlagen wird jeder Apfel einzeln gewogen und auch nach seiner Farbe sortiert. An dieser Stelle müßte das Anbringen eines Labels technisch gut umsetzbar sein.
[330] Zur Zeit ist das sogenannte Eindeutschen von ausländischem Obst einfach: Es genügt eine falsche oder fehlende Angabe auf der Rechnung, den Begleitpapieren bzw. auf dem Preisschild (LEBENSMITTEL-ZEITUNG, 23.6.1995).

*Bewertung der Verknüpfung der einzelnen Kontrollsysteme*

Es können drei Schnittstellen zwischen den drei Kontrollsystemen diskutiert werden:

Die Schnittstelle zwischen **Erzeuger- und Großhandelskontrollen** ist dergestalt, daß die Untersuchungsringe der Großhändler deutsche Ware praktisch nicht kontrollieren (vergl. Tabelle 11-1). Auch wenn über die einzelbetrieblich durchgeführten Rückstandsuntersuchungen des Großhandels keine Informationen vorliegen, sind umfangreiche Kontrollen angesichts des geringen Engagements der Verbände unwahrscheinlich. Hier scheint ein Vertrauen der abnehmenden Hand gegenüber einheimischer Ware zu herrschen, das angesichts der seltenen Erzeugerkontrollen der integrierten Produktion und der nicht existierenden Erzeugerkontrollen der konventionellen Produktion (die ein gutes Viertel der deutschen Marktobstproduktion ausmacht) eher überrascht.

Die Schnittstelle **Erzeugerkontrollen - staatliche Überwachung** ist nur spekulativ zu bewerten. Vermutlich gibt es hier keine direkten Berührungspunkte, da die Kontrollen der integrierten Produktion bisher der Überprüfung des *Anbauverfahrens* dienen und nicht auf eine umfassende Höchstmengenkontrolle im Sinne des *Verbraucherschutzes* abzielen. Aus den Jahresberichten der Untersuchungsämter geht nicht hervor, daß die Behörden einen Unterschied zwischen integrierter und konventioneller Ware machen. Ein Informationsaustausch zwischen der Lebensmittelüberwachung und den Erzeugerkontrollsystemen gibt es nach Wissen der Verfasserin nicht.

Die Kooperation zwischen **Großhandelskontrollen und staatlicher Überwachung** funktioniert besser. Wie bereits erwähnt wurde, teilen die Untersuchungsringe des Großhandels ihre Kontrollergebnisse den zuständigen Behörden mit. Der Staat reagiert auf die Großhandelskontrollen durch eine geringere Kontrollintensität ausländischer Äpfel im Vergleich zu inländischen Äpfeln.

### 11.1.3 Ausblick: Entwurf eines abgestimmten und vereinheitlichten Kontrollkonzeptes für Tafeläpfel

Die vorgehenden Abschnitte haben die real existierenden Kontrollsysteme beschrieben und kritisch bewertet. In diesem Unterkapitel soll diese Kritik konstruktiv für die Formulierung eines verbesserten Kontrollkonzeptes genutzt werden. Die Kontrollaktivitäten der drei beschriebenen Institutionen könnten einerseits für sich optimiert und andererseits aufeinander abgestimmt und vereinheitlicht werden.

Die staatliche Lebensmittelüberwachung sollte ihre Planproben für Äpfel[331] bundesweit koordinieren. Die Proben sollten so weit als möglich am Anfang der Vermarktungskette

---

[331] Diese Forderung gilt selbstverständlich für alle Produkte mit regionalen Erzeugungsschwerpunkten und bestimmten Einfuhrwegen.

*Fallstudie: Gesamtbewertung*

gezogen werden, da hier das Angebot noch relativ gebündelt vorliegt[332]. Dies bedeutet höhere Probenahmen in Erzeugergebieten, in denen auch der Erfassungshandel angesiedelt ist, in Hafenstädten und an den Grenzen. Weiterhin dezentral verbleibt die staatliche Kontrolle der Selbstvermarkter, soweit diese nicht anerkannt integriert produzieren.

Es wäre technisch und organisatorisch gesehen ein relativ geringer Mehraufwand, die Rückstandsanalysen der integriert produzierenden Erzeuger einerseits zu intensivieren und andererseits einem breiten Screening, also einem Nachweis auf viele Wirkstoffe, zu unterziehen. Wichtig wäre, das Qualitätsmerkmal „rückstandskontrolliert" über die Vermarktungskette bis zum Verbraucher zweifelsfrei zu erhalten. Hierzu wurden auf Seite 237 Vorschläge gemacht.

Ein freiwilliges Kontrollsystem muß durch Anreize und Sanktionen seine Wirksamkeit sichern. Gesteigerte und vertiefte Erzeugerkontrollen sind realistischerweise nur dann zu erwarten, wenn die Rückstandskontrollen von der abnehmenden Hand auch honoriert werden. Die Einhaltung der Normen muß durch einen entschiedenen Sanktionsmechanismus unterstützt werden.

Die Ergebnisse der Erzeugerkontrollen könnten der örtlichen Lebensmittelüberwachung mitgeteilt werden. Sie könnte vermehrt Einblick in Aufbau und Inhalt der Erzeugerkontrolle nehmen, statt selbst Rückstandsuntersuchungen durchzuführen. Solches Vorgehen entspräche einer „Kontrolle der Kontrolle", wie sie im Bereich leichtverderblicher Produkte über das HACCP-Konzept bereits praktiziert wird (vergl. Kapitel 5.4.2). Ein ähnliches Vorgehen empfiehlt sich für die Zusammenarbeit zwischen Staat und Großhandel.

Aus organisatorischer Sicht ist das Vorhandensein von zwei Untersuchungsringen für den Großhandel ungünstig. Existierte nur eine Organisation für die ganze Branche, wie beispielsweise bei Fruchtsaft die Schutzgemeinschaft der Fruchtsaft-Industrie, so könnte die Kontrolle leichter bedarfsgerecht realisiert werden. Allerdings bringt die Arbeit von zwei Untersuchungsringen einen Aspekt des Wettbewerbs in die Rückstandskontrolle, der eventuell effizienzsteigernd wirkt. Wichtig wäre ein systematischer Probenplan, der zwischen den beiden Untersuchungsringen abgestimmt ist und der Herkunftsmengen, die Größe der gehandelten Partien und die Kontrollergebnisse aus der Vergangenheit berücksichtigt. Der Probenplan für den Großhandel könnte sich an dem Probenplan der amtlichen Überwachung orientieren.

Von wachsender Bedeutung sind vertikal integrierte Handelsströme innerhalb des Sortimenthandels. Einkäufer der großen Handelsketten ordern direkt in Bozen, Kapstadt oder Fried-

---

[332] Es liegen keine Informationen darüber vor, an welchem Punkt des Absatzweges die staatlichen Stellen zur Zeit ihre Apfelproben entnehmen. Im Falle einer Beanstandung können nur Proben von Direktvermarktern und bestenfalls noch Proben aus den Lagern des Erfassungshandels Hinweise auf den Erzeuger geben und eine weitere Vermarktung belasteter Ware verhindern. Beanstandungen bei Proben aus dem Einzelhandel erinnern diesen an seine Sorgfaltspflicht, die Verbraucher hingegen können nicht mehr geschützt werden. Zum Zeitpunkt der Ergebnisse der chemischen Rückstandsanalyse sind die entsprechenden Partien verkauft und verzehrt.

richshafen. Die Lebensmittelüberwachung muß mit diesen multinationalen Strukturen schritthalten und das interne Qualitätsmanagement des Sortimenthandels überwachen können. Erzeugergemeinschaften, die umfassend rückstandskontrollierte Qualitätsware anbieten, können den Anforderungen dieser Kunden genügen.

## 11.2 Schadstoffkontrollen von Apfelsaft

### 11.2.1 Darstellung der erzielten Kontrollintensität und der gesamten Kontrollkosten

Die Kontrollen, die bei Apfelsaft beobachtet werden konnten, wurden in Kapitel 8 und 10 im einzelnen besprochen. Zusammengefaßt sind sie in Tabelle 11-3 wiedergegeben.

Tabelle 11-3: Gesamtbetrachtung aller inländischen Schadstoffkontrollen von Apfelsaft (Angaben pro Jahr)

| Menge Apfelsaft (Mio. l) | 1.675 | vergl. Schaubild 6-2, Inlandsabsatz und Export |
|---|---|---|
| **Geschätzte Kontrollen (n)** | | |
| Einzelbetriebliche Kontrollen | ? | keine Informationen |
| SGF-Kontrollen | 300 | vergl. Kostenschätzung II, Kapitel 8.2.4 |
| staatliche Kontrollen | 648 | vergl. Tabelle 10-1 |
| Summe Kontrollen | 948 | |
| Kontrollen/1 Mio. Liter | 0,57 | |
| Kontrollen/1.000 t Rohware | 0,44 | |
| **Schätzung der Laborkosten (DM)** | | |
| SGF-Kontrollen | 168.600 | vergl. Kostenschätzung II, Kapitel 8.2.4 |
| staatliche Kontrollen | 175.288 | vergl. Kostenschätzung I, Tabelle 10-1 |
| Summe Laborkosten | 343.888 | |
| Laborkosten DM/1.000 l | 0,21 | |
| Laborkosten DM/t Rohware | 0,16 | |
| **Schätzung der Gesamtkosten (DM)** | | |
| SGF-Kontrollen | 820.750 | vergl. Kostenschätzung I, Kapitel 8.2.4 |
| staatliche Kontrollen | 555.984 | vergl. Kostenschätzung II, Tabelle 10-1 |
| Summe Gesamtkosten | 1.376.734 | |
| Gesamte Kontrollkosten DM/1.000 l | 0,82 | |
| Gesamte Kontrollkosten DM/t Rohware | 0,63 | |

*Quelle:* Eigene Darstellung.

Die Angaben beziehen sich auf ein Jahr und auf die gesamte Produktion[333]. Es liegen keine Informationen über das Ausmaß einzelbetrieblicher Kontrollen auf Hersteller- oder Handelsebene vor.

Die Kontrollen der Schutzgemeinschaft der Fruchtsaft-Industrie (SGF) und der amtlichen Lebensmittelüberwachung werden auf insgesamt 948 Apfelsaftuntersuchungen pro Jahr geschätzt. Dies entspricht einer **Kontrollintensität** von 0,57 Kontrollen pro 1 Mio. Liter bzw. 1 Kontrolle pro 1,75 Mio. Liter. Die Kontrollintensität läßt sich auch für den Rohwareneinsatz berechnen. Mit 0,44 Kontrollen pro 1.000 Tonnen entspricht die geschätzte Kontrollintensität von Apfelsaft nur einem Fünftel der Kontrollintensität von Tafeläpfeln (2,4 Kontrollen/1.000 t, vergl. Tabelle 11-1). Gut zwei Drittel der Untersuchungen werden von amtlicher Seite durchgeführt.

Eine schlüssige Schätzung der **Kontrollkosten** ist mit den bestehenden Daten schwierig zu erstellen. Tabelle 11-3 weist einmal die Schätzung der reinen Laborkosten aus. Sie belaufen sich auf 21 Pfennig pro 1.000 Liter. Bei der Schätzung der Gesamtkosten wurden die Zahlen aus den entsprechenden pauschalen Kalkulationen in Kapitel 8 und 10 übernommen. Nach diesem Ansatz betragen die Gesamtkosten 82 Pfennig pro 1.000 Liter. Dieser Wert stellt mit einiger Wahrscheinlichkeit eine Überschätzung der wahren Gesamtkosten dar (siehe die diesbezügliche Diskussion in den Kapiteln 8.2.4 und 10.1.2).

### 11.2.2 Bewertung der Schadstoffkontrollen von Apfelsaft

*Bewertung der Kontrollkosten*

Im vorherigen Abschnitt wurde bereits erwähnt, daß die Erfassung der Kontrollkosten bei Apfelsaft einerseits lückenhaft ist, andererseits der Wert von 82 Pfennig pro 1.000 l eher eine Überschätzung darstellt. Unter der Annahme, daß dieser Betrag aber in etwa die tatsächliche Größenordnung der Kontrollkosten wiedergibt, kann seine Relevanz in der Beziehung zum Einzelhandelspreis verdeutlicht werden.

1993 betrug der durchschnittliche Verbraucherpreis für Apfelsaft 1,61 DM/l[334]. Die gesamten Kosten der Schadstoffkontrollen von Apfelsaft (0,082 Pfennig/l) entsprechen somit 0,05% des Verbraucherpreises. Bei einem durchschnittlichen jährlichen Apfelsaftkonsum von 14 l pro Kopf (vergl. S. 189) summieren sich die geschätzten Kontrollkosten auf 1,15 Pfennig pro Kopf und Jahr.

---

[333] Deutschland ist ein Nettoexporteur von Apfelsaft. Da die Hersteller und die amtliche Lebensmittelüberwachung für die Qualität der gesamten Produktion verantwortlich sind, wurden die Kontrollen mit der Menge des Inlandsabsatzes plus des Exports in Relation gesetzt.
[334] STATISTISCHES BUNDESAMT, 1994, Fachserie 17, Reihe 7.

Die absolut wie relativ geringen Kontrollkosten legen den Schluß nahe, daß auch für Apfelsaft die Schadstoffkontrollen keinen wesentlichen Kostenfaktor darstellen[335].

*Bewertung der Kontrollintensität*

Es fehlen repräsentative Daten über die Schadstoffbelastung von Apfelsaft. Da damit der „Kontrollbedarf" nicht bekannt ist, ist es schwierig, die Kontrollintensität zu bewerten. Im Gegensatz zu Tafeläpfeln, die als einzelne Frucht verzehrt werden und bei denen deshalb die Belastung des einzelnen Apfels relevant ist, werden bei der Saftherstellung große Partien von Mostäpfeln zusammen verarbeitet und dann abgefüllt. Höchstmengenüberschreitungen von Pflanzenschutzmitteln sind durch den Vermischungseffekt während der Verarbeitung mit großer Wahrscheinlichkeit nicht zu erwarten[336]. Dies bestätigen die amtlichen Untersuchungen aus dem Jahre 1994. Es konnten bei Fruchtsäften keine Überschreitungen von Pflanzenschutzmittel-Höchstmengen festgestellt werden. Auch bei Patulinuntersuchungen waren weniger als 1% der Proben auffällig (vergl. Tabelle 10-2 im Anhang). Deshalb liegt auch der Schwerpunkt der privaten Kontrollen auf dem Nachweis von Verfälschungen und nicht von Schadstoffen (vergl. Kapitel 8.2).

Das Zusammenwirken des privaten Kontrollsystems der Schutzgemeinschaft und der staatlichen Überwachung wird von einem Vertreter der Lebensmittelüberwachung wie folgt eingeschätzt: Staatliche Untersuchungsämter und privatwirtschaftliche Kontrollinstitutionen bearbeiteten den gleichen Problemkreis, allerdings aus unterschiedlichen Blickwinkeln und mit unterschiedlichen Mitteln. Während bei der staatlichen Lebensmittelüberwachung vor allem der Schutz des Verbrauchers und die Einhaltung rechtlicher Vorschriften im Vordergrund stünden, hätte die industrielle Selbstkontrolle daneben auch das Interesse, den fairen Wettbewerb zu wahren. Staatliche Überwachung und industrielle Selbstkontrolle ergänzten sich somit harmonisch, und es käme zu einer Synergie, die allen zugute kommt (WALLRAUCH, 1994, S. 5). Die funktionierende Selbstkontrolle der Fruchtsaftindustrie ermögliche es der staatlichen Kontrolle, sich stärker anderen Stoff- und Produktgruppen zuzuwenden (ebd., S. 7).

Anders als bei Äpfeln stehen der privaten Kontrolle der Fruchtsaftindustrie auch Sanktionsmaßnahmen zur Verfügung. Auch hier ergänzen sich in WALLRAUCHs Augen Staat und Wirtschaft. Nach seiner Einschätzung ist das Instrument des Bußgeldes, das den Untersuchungsämtern zur Verfügung steht, wenig wirksam. Dagegen könnte das Kontrollsystem der Schutzgemeinschaft der Fruchtsaft-Industrie von der strafrechtlichen Unterlassungserklärung

---

[335] Ein weitaus höherer, absolut aber immer noch geringer Betrag war für die Schadstoffkontrolle von Apfelsaft aus kontrolliertem Streuobstbau errechnet worden. 1995 kostete die externe Kontrolle der Hersteller 2 Pfennig pro Liter (vergl. Seite 199).

[336] Grundsätzlich gilt auch für Apfelsaft das Problem der Mehrfachbelastung mit verschiedenen Pflanzenschutzmitteln (vergl. S. 234). Bei deutschen Mostäpfeln, die überwiegend aus dem Streuobstbau stammen, dürfte der Pflanzenschutzmittel-Einsatz gering sein. Wenig Informationen liegen allerdings über die Pflanzenschutzpraxis in den Ländern vor, aus denen der Großteil des in Deutschland weiterverarbeiteten Apfelsaftkonzentrats kommt.

über eine einstweilige Verfügung bis hin zur Klage die volle Palette wettbewerbsrechtlicher Mittel einsetzen (ebd., S. 6).

## 11.3 Fazit

Das elfte Kapitel beschließt die Fallstudie mit einer zusammenfassenden Betrachtung aller beobachteten Schadstoffkontrollen. Bei gehandelten Tafeläpfeln wurden Erzeugerkontrollen im Rahmen der integrierten Produktion, Kontrollen des Großhandels und des Staates berücksichtigt. Die gesamte durchschnittliche Kontrollintensität beträgt 2,4 Kontrollen pro 1.000 t. Die Kontrollkosten belaufen sich auf 1,95 DM/t. Intensität und Kosten variieren je nach Produktionsverfahren und Herkunft. Sie sind am höchsten bei integriert produzierter Ware aus dem Inland und am niedrigsten bei Importäpfeln aus der EU. Bei einer vergleichenden Gesamtbewertung müßten die Kontrollen, die bei eingeführten Äpfeln bereits in ihren Herkunftsländern durchgeführt wurden, mit berücksichtigt werden.

Bezogen auf den Verbraucherpreis betragen die gesamten Kontrollkosten 0,06%. Bei einem durchschnittlichen Konsum von 16 kg Marktäpfeln entspricht dieser Anteil 3 Pfennig Kontrollkosten pro Verbraucher und Jahr. Die sehr niedrigen absoluten und relativen Kostenindikatoren machen deutlich, daß die Kosten der Schadstoffkontrolle bei Äpfeln auf keiner Handelsstufe von großer Bedeutung sind.

Im Vergleich der Kostenbelastung der einzelnen Kontrollinstitutionen sind Unterschiede zu beobachten. Die Kontrollkosten der integrierten Produktion haben mit rund 0,3% einen hundertfach höheren Anteil am Umsatz der Erzeuger als die Kontrollkosten, die dem Großhandel in bezug auf seinen Umsatz entstehen. Die Kosten der staatlichen Kontrolle werden letztendlich vom Steuerzahler, also den Verbrauchern finanziert. Dieser Betrag ist von allen Kontrollinstitutionen am höchsten.

Für die Bewertung der Kontrollintensität ist es notwendig, ein Referenzsystem zu haben: Welches Niveau an Lebensmittelsicherheit wird angestrebt, und erreicht das beobachtete Kontrollnetz dieses Niveau? Unter Einbeziehung toxikologischer Maßgaben wird festgestellt, daß das gesundheitliche Risiko von Pflanzenschutzmittel-Rückständen auf Äpfeln nicht abgeschätzt werden kann. Obwohl eine akute Gefährdung nicht vorliegt, wird im Sinne des präventiven Verbraucherschutzes eine möglichst geringe Belastung zum Verzehrszeitpunkt empfohlen.

Bei keinem der dargestellten Kontrollsysteme wurden Angaben über das angestrebte Niveau an Lebensmittelsicherheit gemacht. Daher wird anhand normativer Vorgaben der Zusammenhang zwischen Kontollintensität, Rückstandskonformität und Kosten demonstriert. Es folgt ein Entwurf eines abgestimmten und vereinheitlichten Kontrollkonzeptes für Tafeläpfel. Es schlägt Verbesserungen für die staatliche Lebensmittelüberwachung, für die Selbstkontrollen der Erzeuger und des Handels sowie für die Interaktion dieser drei Institutionen vor.

Für Apfelsaft liegt die gesamte Kontrollintensität mit 0,57 Kontrollen pro 1 Mio. Liter deutlich unter denen der Tafeläpfel. Auch die Kosten (82 Pfennig pro 1.000 l) sind geringer. Bei einem durchschnittlichen Konsum von 14 l addieren sie sich auf 1,15 Pfennig pro Verbraucher und Jahr. Die Synergieeffekte zwischen der industriellen Selbstkontrolle und der amtlichen Überwachung werden günstig beurteilt.

# 12 Zusammenfassung und Schlußfolgerungen

Die vorliegende Arbeit untersucht die Kontrolle von Rückständen, Verunreinigungen und Krankheitserregern in Lebensmitteln. Der Schwerpunkt liegt dabei in der ökonomischen Betrachtung und Bewertung dieses zunächst technischen Problems. Einen allgemeinen Überblick bieten die ersten fünf Kapitel. Kapitel 6 bis 11 konkretisieren die Darstellung und Bewertung der Schadstoffkontrolle in Form einer Fallstudie. Sie untersucht die privaten und staatlichen Kontrollen bei Äpfeln und Apfelprodukten.

Der folgende Abschnitt bietet eine Zusammenfassung der Arbeit. Daran schließen sich die Schlußfolgerungen an. Eine englischsprachige Zusammenfassung beendet das Kapitel.

## 12.1 Zusammenfassung

*Das erste Kapitel faßt die toxikologisch-hygienische Ausgangslage zusammen.* Eine toxikologische Risikobewertung von Verunreinigungen und Rückständen ist selten mit der Präzision und Aussagekraft möglich, wie sie von der besorgten Öffentlichkeit gefordert wird. Methodische Schwierigkeiten bei der Bewertung von niedrigen Konzentrationen und Mehrfachbelastungen erschweren ein eindeutiges Urteil von Seiten der Toxikologen ebenso wie der Mangel an repräsentativ erhobenen Daten.

Aus einschlägigen Studien wurde die Relevanz der einzelnen Schadstoffe und Schadorganismen abgeleitet. Weitverbreitet sind mikrobielle Krankheitserreger in Lebensmitteln. Sie lösen in Deutschland jährlich bei schätzungsweise 2,4 Mio. Menschen eine Lebensmittelinfektion aus. Auch einige Tierarzneimittel können akut gesundheitsgefährend für den Konsumenten sein. Dies gilt insbesondere für die illegal verabreichten Masthilfen. Die amtliche Lebensmittelüberwachung steht hier einem international organisierten Schwarzmarkt gegenüber. Der Gehalt von Blei und persistenten Organochlorverbindungen in Lebensmitteln konnte in den letzten Jahren durch entsprechende gesetzliche Auflagen gesenkt werden. Nitrat und Cadmium werden hingegen in einigen Lebensmitteln weiterhin noch in bedenklichen Konzentrationen vorgefunden. Pflanzliche Lebensmittel sind mit einer Vielfalt von Pflanzenschutzmittel-Rückständen behaftet. Höchstmengenüberschreitungen werden aber selten beobachtet.

*Im zweiten Kapitel wird der Begriff der Lebensmittelsicherheit anhand wirtschaftstheoretischer Überlegungen eingeordnet.* Dabei steht hinter dem Begriff Lebensmittelsicherheit kein absolutes Konzept totaler Sicherheit. Statt dessen definiert sich Lebensmittelsicherheit über die Wahrscheinlichkeit, mit der eine gewisse Belastung zu erwarten ist. Die gesundheitliche Unbedenklichkeit bzw. Lebensmittelsicherheit wird wie die anderen Merkmale eines Lebensmittels angeboten und nachgefragt.

Kennzeichnend für Schadstoffgehalte ist, daß sie ohne entsprechende Laboranalysen nicht erkennbar sind. Damit zählt die Lebensmittelsicherheit zu den sogenannten Glaubensgütern. Eine asymmetrische Informationsverteilung bezüglich des Wissens um Schadstoffgehalte ist auf dem Lebensmittelmarkt häufig zu beobachten. Sie kann bewirken, daß sich überdurchschnittliche Produkte (mit niedrigem Schadstoffgehalt) trotz der latent vorhandenen Nachfrage am Markt nicht etablieren können. Diesem Marktversagen können staatliche und private Interventionen entgegenwirken. Die über das Lebensmittelrecht vorgeschriebene Lebensmittelsicherheit trägt die Züge eines öffentlichen Gutes. Von ihrer Nutzung ist niemand, der am Lebensmittelmarkt teilnimmt, ausschließbar oder kann sich ausschließen. Ein höheres Niveau an Lebensmittelsicherheit realisiert sich über den Markt (z. B. Produkte aus kontrolliert biologischem Anbau) und kann als privates Gut eingeordnet werden.

Kontrolle ist das zentrale Instrument, um die Sicherheit von Lebensmitteln mit ausreichender Wahrscheinlichkeit garantieren zu können. Die verschiedenen Marktteilnehmer verbinden mit der Kontrolle unterschiedliche Ziele. Der Staat muß kontrollieren, ob sein gefordertes Niveau an Lebensmittelsicherheit eingehalten wird. Verbraucherorganisationen können Lebensmittel auf Schadstoffe untersuchen, um das Informationsdefizit der Konsumenten abzubauen oder um auf Defizite im staatlichen Kontrollsystem hinzuweisen. Anbieter von Lebensmitteln müssen durch Kontrollen die Unbedenklichkeit ihrer Produkte überprüfen. Dazu verpflichtet sie das Gesetz. Bei Systemen angebotsseitiger Selbstregulierung müssen Kontrollmechanismen der beteiligten Anbieter bestehen, um Übertretungen seitens ihrer Mitglieder zu verhindern.

*Das dritte Kapitel hat die staatlichen Maßnahmen zum Thema.* Die Normsetzung nimmt bei der staatlichen Bereitstellung von Lebensmittelsicherheit einen breiten Raum ein. Neben dem LMBG regeln zahlreiche Einzelbestimmungen die gesetzlichen Vorschriften zur Lebensmittelsicherheit. Dabei führt die steigende Globalisierung der Märkte (europäischer Binnenmarkt, GATT 1994) auch zu einer zunehmenden Globalisierung der Standards. Während die Harmonisierungsbestrebungen und das Prinzip der gegenseitigen Anerkennung in der EU bisher zu keinem nennenswerten Rückgang an Lebensmittelsicherheit geführt haben, bleibt abzuwarten, welchen Einfluß die neue Welthandelsordnung ausüben wird. Sie stützt sich auf die Standards des Codex Alimentarius, eine Normsetzung unterhalb des deutschen und europäischen Sicherheitsniveaus ist damit möglich.

Die direkte Kontrolle, also die staatliche Lebensmittelüberwachung, hat nicht nur die Überwachung der Lebensmittelsicherheit, sondern auch den Schutz vor Täuschung zur Aufgabe. Dies erschwert die isolierte Betrachtung der staatlichen Schadstoff- und Hygienekontrollen. Eine Analyse der Beanstandungsgründe läßt vermuten, daß der Täuschungsschutz die meisten öffentlichen Ressourcen beansprucht. Die niedrigen gesundheitsbezogenen Beanstandungsquoten können als Indiz dafür gelten, daß insgesamt ein hohes Maß an Lebensmittelsicherheit realisiert ist.

Die Organisation der Lebensmittelüberwachung ist in Deutschland in jedem Bundesland unterschiedlich gestaltet, und die Untersuchungen werden innerhalb eines Landes häufig von verschiedenen Anstalten durchgeführt. 1994 gab es bundesweit 111 Untersuchungsanstalten. Eine effiziente und fachübergreifende Untersuchungstätigkeit wird durch diese dezentrale Struktur erschwert, eine zentrale Lenkungs- und Koordinierungsstelle fehlt. Die regionale Hoheit über die Lebensmittelüberwachung wird um so antiquierter, je internationaler sich das Lebensmittelangebot entwickelt.

Die Untersuchungsämter wurden über ihre Untersuchungstätigkeiten befragt. Aus den Antworten kann abgeleitet werden, daß die Lebensmittelüberwachung in Deutschland jährlich ca. eine halbe Millionen Proben untersucht. Dies entspricht gut 6 Proben pro 1.000 Einwohner. In einer Kostenschätzung wurde errechnet, daß die amtliche Lebensmittelüberwachung in Deutschland jährlich mindestens 436 Mio. DM kostet (5,37 DM pro Einwohner). Der Anteil der Proben und der Kosten, die dabei für die Schadstoffkontrolle aufgewendet wurden, ist nicht solide schätzbar.

*Das vierte Kapitel untersucht die Nachfrage nach Lebensmittelsicherheit und diskutiert Kontrollmöglichkeiten der Verbraucher.* Veröffentlichte Meinungsumfragen zeigen, daß Verbraucher Schadstoffen in Lebensmitteln ein relativ hohes Risiko zuordnen. Dabei zeigen sich die Deutschen im internationalen Vergleich überdurchschnittlich besorgt. Während Verbraucher nach Meinung von Ernährungsexperten einerseits das Risiko von Schadstoffen, aber auch von Schadorganismen überschätzen, unterschätzen sie andererseits die Gesundheitsgefahren, die durch falsches Ernährungsverhalten verursacht werden. Psychologische Modelle erklären, daß einige Charakteristika des Schadstoffrisikos wie z.B. die Unsicherheit über die Risikowirkung oder die Unfreiwilligkeit und mangelnde Kontrolle des Risikonehmers zu der beobachteten Risikoüberschätzung führen. Die Kommunikation über Risiken zwischen Fachleuten und der Öffentlichkeit scheint im Fall der Schadstoffe in Lebensmitteln besonders schwierig.

Ökonomen haben insbesondere in den USA mit Hilfe verschiedener Methoden wie der hedonistischen Preisanalyse oder der kontingenten Bewertungsmethode die Nachfrage nach Lebensmittelsicherheit quantifiziert. Die Ergebnisse lassen erkennen, daß „absolute Schadstofffreiheit" ein Gut ist, das nur von einer (beachtenswerten) Minderheit bezahlt wird bzw. würde. Dagegen wird die Nachfrage nach einem garantiert kontrollierten Sicherheitsstandard mit einem niedrigen Schadstoffniveau von einer größeren Käufergruppe artikuliert.

Die Handlungsalternativen, mit denen Konsumenten die Sicherheit ihrer Lebensmittel beeinflussen bzw. kontrollieren können, beinhalten präventive Maßnahmen im Haushalt, individuelle Beschwerden bei Behörden und Lebensmittelanbietern, eigene Kontrollen im Rahmen von Verbraucher-Initiativen und Konsumverzicht bei Bekanntgabe von „Lebensmittel-Skandalen". Breitenwirksame Kontrollen durch private Verbraucher-Initiativen konnten nicht beobachtet werden. Institutionalisierte Kontrollorgane wie die Stiftung Warentest legen den Schwerpunkt ihrer Kontrollen auf Nonfood-Produkte. Die privatwirtschaftlich organisierte Zeitschrift ÖKO-TEST kommt mit absolut wie relativ höheren Lebensmitteltests dem Informations- und Kontrollbedürfnis des „kritischen Öko-Verbrauchers" entgegen. Die regelmäßig auftretenden „Lebensmittel-Skandale" beruhen meistens nicht auf akut gesundheitsgefährdenden Tatsachen. Für die einzelnen Haushalte überwiegen dann häufig die negativen Effekte eines Skandals. Er löst zunächst Angst oder Verunsicherung aus und führt daraufhin zu suboptimalen Konsumveränderungen.

*Im fünften Kapitel werden die Kontrollstrategien der Angebotsseite betrachtet.* Das Angebot von Lebensmitteln erreicht in Deutschland den Endverbraucher i.d.R. über ein mehrstufiges System. Die

Anzahl, Größe und Konzentration der Unternehmen ist auf den einzelnen Angebotsstufen unterschiedlich. Entsprechend variieren die Möglichkeiten zur Selbstkontrolle. Prinzipiell ist jeder Teilnehmer der Lebensmittelkette auch Nachfrager von Rohstoffen oder anderen Inputs. Damit unterliegen Anbieter von Lebensmitteln der gleichen Unsicherheit bezüglich der Schadstoffgehalte wie die Verbraucher. Generell bedeuten für Anbieter Rückstände, Verunreinigungen oder Krankheitserreger in Lebensmitteln eine Minderung der von ihnen angebotenen Qualität.

Die Unternehmensentscheidung über Art und Ausmaß der Kontrolle wird u.a. von den Kontrollkosten bestimmt. Zur Definition und Einteilung der Kontrollkosten bietet sich die Systematik an, die allgemein für Qualitätskosten entwickelt wurde (Fehlerverhütungs-, Prüf- und Fehlerkosten). Zur Bewertung der Kontrollkosten können diese mit erlös- oder kostenorientierten Kenngrößen in Relation gesetzt werden. Für eine Gesamtkostenoptimierung empfiehlt es sich, mehrere Kostenindikatoren zu berücksichtigen.

Im betrieblichen Management ist die Schadstoff- und Schadorganismenkontrolle häufig ein Element eines umfassenderen Qualitätsmanagementsystems. Ein speziell für Schadorganismen entwickeltes System stellt das HACCP-Konzept dar. Weiterführende Konzepte sind ein normengerechtes und zertifiziertes Qualitätsmanagement nach DIN EN ISO 9.000 ff, das Total Quality Management und die Fehlermöglichkeits- und Einflußanalyse FMEA. Weitere Kontrollformen sind überbetrieblich organisierte Selbstkontrollen und die Minderung von Unsicherheit durch vertikale Integration.

Lebensmittelsicherheit ist ein Produktmerkmal, dessen Ausprägung auch durch die gewählte Wettbewerbsstrategie eines Unternehmens bestimmt wird. Es ist grundsätzlich möglich, als Kostenführer, über die Differenzierungs- oder über die Konzentrationsstrategie wettbewerbsfähig zu sein und zu bleiben. Allerdings zeigt sich in Fragen der Lebensmittelsicherheit die Kostenführerschaft als besonders riskante Strategie. Viele Unternehmen haben die Kontrolle der Lebensmittelsicherheit allerdings bisher noch nicht als betriebswirtschaftliche Strategiekomponente erkannt.

*Mit dem sechsten Kapitel werden die Grundlagen für die Fallstudie gelegt.* Zunächst wird die Auswahl von Äpfeln und Apfelprodukten als inhaltlicher Schwerpunkt der Fallstudie begründet. Neben der Relevanz dieser Produktgruppe gestalten die verschiedenen privaten Kontrollsysteme in Erzeugung, Weiterverarbeitung und Handel die Analyse vielseitig. Die Diskussion relevanter Schadstoffe in Äpfeln und Apfelprodukten ergibt, daß Pestizidrückstände und das Schimmelgift Patulin häufig beobachtet werden, während Umweltkontaminanten keine große Bedeutung haben.

Um die einzelnen Kontrollmaßnahmen in einen Gesamtrahmen einordnen zu können, werden die Vermarktungswege dargestellt und die Bedeutung der Handelsströme geschätzt. Für den deutschen Markt wird errechnet, daß 38% der Tafeläpfel aus dem Ausland kommen, 37% stammen aus der inländischen Marktobsterzeugung. Ein Viertel wird von den privaten Haushalten direkt für die Selbstversorgung produziert. Bei Apfelsaft stammt knapp zwei Drittel der Rohware aus dem Ausland.

*Im siebten Kapitel werden die Selbstkontrollen der Erzeuger beleuchtet.* Im intensiven Marktobstbau dominiert national und international das Verfahren der integrierten Produktion.

Sie zeichnet sich u.a. durch die Bemühungen um einen schonenden Pflanzenschutzmittel-Einsatz aus. Im Durchschnitt werden in der integrierten Apfelproduktion gut 20 Pflanzenschutzmittel-Wirkstoffe pro Jahr ausgebracht. Die Einhaltung der Anbauvorschriften wird durch drei Kontrollmaßnahmen überprüft. Alle an der integrierten Produktion teilnehmenden Obsterzeuger müssen ein Betriebsheft führen und dieses zur jährlichen Kontrolle an ihren Verband einreichen. Bei 20% der Erzeuger wird außerdem eine Betriebskontrolle durchgeführt, von 10% der Produzenten werden Blatt- oder Apfelproben auf Rückstände untersucht. Die Umsetzung dieser Kontrollvorgaben und die damit verbundenen Kosten wurden für die bedeutsamen Anbauregionen Bodensee, Altes Land und Südtirol eingehend untersucht. Dabei konnte festgestellt werden, daß sich die Rückstandsuntersuchungen auf ein enges Wirkstoffspektrum beschränkten. Ziel dieser Kontrollen war, zu überprüfen, ob Pflanzenschutzmittel angewendet wurden, die in der integrierten Produktion verboten sind. Keine der drei Anbauregionen untersuchte das gesamte Rückstandsspektrum. Die geschätzte Kontrollintensität lag zwischen 782 und 8.590 Tonnen pro einer Rückstandsuntersuchung.

Die Kontrollkosten werden in ihrer absoluten Größe und relativen Bedeutung von der Betriebsgröße, dem Ertragsniveau, den direkten staatlichen Zuschüssen und von indirekten Subventionen wie z.B. die kostengünstige Nutzung staatlicher Labore beeinflußt. Die geschätzten jährlichen Gesamtkosten der Kontrolle integriert produzierender Erzeuger variiert zwischen 21 DM/Betrieb in Südtirol und 81 DM/Betrieb am Bodensee. Je nach Ertragshöhe und Auszahlungspreis entsprechen diese Kontrollkosten 0,03 bis 0,16% des Umsatzes auf Erzeugerebene. Angesichts der geringen Höhe der geschätzten Kosten ist eine staatliche Subventionierung der Kontrolle nach Meinung der Verfasserin überflüssig.

Für integriert produzierte und kontrollierte Äpfel konnten in Deutschland keine im Vergleich zur konventionellen Produktion höheren Absatzpreise beobachtet werden. Es fehlt auch an einem überzeugenden Sanktionsmechanismus, der bei Übertretungen greifen würde.

Die kontrolliert biologische oder auch ökologische Produktion verspricht u.a. Freiheit von synthetischen Pflanzenschutzmitteln. Nach der EG-Bio-Verordnung muß sich jeder anerkannte Öko-Betrieb von einer unabhängigen Kontrollstelle jährlich überprüfen lassen. Diese Überprüfung kostet 5-11 ha große Betriebe ca. 480-600 DM pro Jahr. Auch hier beeinflussen Betriebsgröße und Ertragsniveau die relative Bedeutung der Kosten. Insgesamt liegen sie deutlich über denen der integrierten Produktion. Durch die höheren Absatzpreise für Öko-Äpfel entsprechen sie aber nur 0,08 - 0,41% des geschätzten Umsatzes eines auf Obst spezialisierten, ökologisch produzierenden Betriebs. Anders als in der integrierten Produktion werden in der Kontrolle der ökologischen Produktion keine systematischen Rückstandsuntersuchungen vorgenommen, sie erfolgen nur im Verdachtsfall.

Durch die höheren Preise für Öko-Äpfel enthält dieses Produktionsverfahren ein automatisches Sanktionsmittel: Bei Normübertretungen erfolgt ein Ausschluß aus der Vermarktungskette ökologischer Produkte.

Über den Pflanzenschutzmittel-Einsatz im Streuobstbau liegen keine Informationen vor. Aufgrund der geringen Rentabilität dieser Flächen wird ein geringer Pestizidgebrauch vermutet. Rückstandskontrollsysteme wurden nicht beobachtet. Auch in der Hausgartenproduktion sind keine Kontrollen bekannt. Untersuchungen zeigen, daß Hobbygärtner durchaus Pestizide ausbringen. Eine genügende Kenntnis über den Umgang mit Pflanzenschutzmitteln ist bei dieser Anwendergruppe nicht unbedingt gegeben. Restriktionen für den Verkauf von Pflanzenschutzmitteln an Privatpersonen gibt es bisher nicht.

*Das achte Kapitel stellt die Kontrollen der Ernährungsindustrie dar.* Die Fruchtsaftindustrie ist überwiegend auf eine internationale Rohstoffbeschaffung angewiesen. Durch den hohen Anreiz, Saft zu verfälschen, hat sich in der Branche mit der Schutzgemeinschaft der Fruchtsaft-Industrie ein überbetriebliches Kontrollsystem entwickelt, das auch Nichtmitglieder überprüft. Bedingt durch die wachsende Internationalität des Fruchtsaftmarktes arbeitet das Kontrollsystem inzwischen grenzüberschreitend. Die Kontrollintensität der Schutzgemeinschaft für Apfelsaft beträgt schätzungsweise eine Probe pro 2 Mio. l. Die geschätzten Kontrollkosten liegen zwischen 12 und 49 Pfennig pro 1.000 Liter. Als betriebsinterne Maßnahmen stehen der Fruchtsaftindustrie moderne Qualitätsmanagementkonzepte und die Sicherung der Rohwarenqualität über den Vertragsanbau zur Verfügung.

Ein Nischen- und Prämiumsprodukt im Saftsegment ist Apfelsaft aus „kontrolliert ungespritztem Streuobst". Mit den Bezeichnungen „kontrolliert", „ungespritzt" und „Streuobst" werden bei diesem Produkt die Merkmale kontrollierte Rückstandsfreiheit und Umweltschutz (Erhalt ökologisch wertvoller Streuobstwiesen) miteinander verknüpft. Umweltschutzgruppen tragen bei diesem Konzept die Verantwortung für die Anbau- und Rückstandskontrolle. 1994 gab es in Deutschland etwa 60 regionale Streuobstsaft-Projekte. Ein entsprechendes Projekt am Bodensee wurde genauer untersucht. Der Rohwarenpreis war hier doppelt so hoch wie für konventionelle Ware, der Verbraucherpreis lag 42% über dem des konventionellen Apfelsaftes. Auch nach Abzug der staatlichen Zuschüsse und ohne Berücksichtigung der ehrenamtlichen Mitwirkung der Naturschutzverbände betrugen die geschätzten Kontrollkosten mit 7,40 DM / 1.000 Liter das 15fache der Kosten der konventionellen Fruchtsaftindustrie. Die Kontrollintensität ist mit einer Kontrolle pro 23.000 Liter um den Faktor 87 höher als beim konventionellen Apfelsaft.

Bei Apfelmus, einem weniger bedeutsamen Produkt, das von vielen kleineren Herstellern erzeugt wird, konnten keine überbetrieblichen Kontrollverfahren beobachtet werden. Zur Bewertung innerbetrieblicher Schadstoffkontrollen waren zu wenig gesicherte Daten verfügbar.

Bei Kindergläschenkost ist ein hohes Maß an Lebensmittelsicherheit gesetzlich vorgeschrieben und wird von den Verbrauchern auch erwartet. Am Beispiel des Herstellers Alete wurde das Kontrollsystem der Branche aufgezeigt. Neben dem Verfahren des Vertragsanbaus, das eine direkte Beratung und Kontrolle der Landwirte einschließt, existiert eine umfangreiche interne Qualitätssicherung im eigenen Labor. Zusätzlich werden externe Labore einbezogen. Insgesamt wurden für Alete Kontrollkosten geschätzt, die 0,6% des Umsatzes entsprechen. Für das Rohprodukt Apfel wurde eine Kontrollintensität von einer Rückstandsuntersuchung pro 67 Tonnen errechnet. Branchenweit summieren sich die geschätzten Kontrollkosten für obst- und gemüsehaltige Gläschenkost auf knapp 2 Mio. DM. Dieser Wert entspricht Kontrollkosten von 29,40 DM/t bzw. 2 DM pro Kleinkind und Jahr.

Im Frühjahr 1994 fand der „Babykost-Skandal" großes öffentliches Interesse. Die Verbraucher-Initiative e.V. und die Zeitschrift ÖKO-TEST hatten in Gläschen des Discounters Schlecker überhöhte Pestizidrückstände festgestellt, die aber keine gesundheitsgefährdend hohe Dosis darstellten. Auch bei Produkten von Milupa und Aldi wurden Unregelmäßigkeiten beobachtet. Der Skandal führte dazu, daß Schlecker und Aldi ihre Herstellung von Gläschenkost einstellten und Milupa ganz auf Rohware aus ökologischem Landbau umstellte. Gewinner des Skandals waren die beiden Marktführer Hipp und Alete. Der Skandal veranlaßte die amtliche Überwachung dazu, 1994 schätzungsweise 14,5% ihrer Rückstandsanalysen von Pflanzenschutzmitteln der Produktgruppe „Säuglings- und Kleinkindernahrung" zu widmen. Für diese knapp 3.400 Untersuchungen werden bundesweite Kontrollkosten von 4,85 Mio. DM angenommen.

*Das neunte Kapitel zeigt, daß auch der Handel Schadstoffkontrollen durchführt.* Das Angebot ist auf der Ebene des Import- und Großhandels am stärksten gebündelt. Auf dieser Stufe der Lebensmittelkette haben sich innerhalb der beiden Fruchtgroßhandelsverbände zwei Untersuchungsringe gebildet, die Obst und Gemüse auf Rückstände untersuchen. Die Vorgehensweise der Untersuchungsringe deutet darauf hin, daß ihr vorrangiges Ziel die gerichtlich belegbare Einhaltung der Sorgfaltspflicht ihrer Mitglieder ist. Zwischen den beiden Ringen konnte keine Zusammenarbeit beobachtet werden. Die Probenpläne beider Untersuchungsringe sind nicht auf einer statistischen Grundlage aufgebaut. Die Probenauswahl bleibt z.T. den einzelnen Händlern überlassen. Das Obst wird i.d.R. standardmäßig auf Organochlor- und Organophosphorverbindungen untersucht. Auch wenn viele relevante Pflanzenschutzmittel damit abgedeckt werden, geht das mögliche Belastungsspektrum von Äpfeln darüber hinaus. Die beiden Untersuchungsringe des Großhandels analysieren zusammen jährlich durchschnittlich 174 Apfelproben auf Rückstände, davon sind 166 Proben Importäpfel. Die Kosten der Rückstandskontrollen von Importäpfeln betragen schätzungsweise 6 Pfennig/t. Das Maß der Unsicherheit über die Rückstandsbelastung von Äpfeln scheint mit der Entfernung zwischen Erzeugung und Konsum zu wachsen. Ausländische Äpfel werden von den Untersuchungsringen des Handels sehr viel stärker kontrolliert als inländische, und die Kontrollintensität für Äpfel aus der Südhalbkugel scheint deutlich höher als für Ware aus der EU.

Die Rückstandskontrollen des Sortimentseinzelhandels konnten nur andeutungsweise erfaßt werden. Die Qualitätssicherungssysteme des organisierten LEH schließen vermutlich Schadstoffkontrollen bei Äpfeln und Apfelprodukten mit ein. Beim Facheinzelhandel und bei Direktvermarktern wurden keine Rückstandskontrollen beobachtet.

*Im zehnten Kapitel werden die staatlichen Schadstoffkontrollen von Äpfeln und Apfelprodukten dargestellt.* Die staatlichen Untersuchungsämter wurden über ihre entsprechenden Pestizid- und Patulinuntersuchungen befragt. Danach werden Tafeläpfel mit einer Kontrollintensität von einer Probe pro 630 t auf Pflanzenschutzmittel-Rückstände untersucht. Inländische Äpfel überprüft der Staat dabei öfter als ausländische. Die Kontrollintensität von Obstprodukten, zu denen auch Apfelmus zählt, beträgt mit 1 Probe pro 2.699 t kaum ein Viertel der Frischäpfelkontrollen. Noch seltener sind die Pestizidanalysen von Apfelsaft (1 Probe pro 7,5 Mio. Liter). Das Mykotoxin Patulin wird von amtlicher Seite mit einer Intensität von einer Probe pro 2,3 Mio. Liter überprüft. Die unterschiedlichen Kontrollintensitäten entsprechen den unterschiedlich häufigen Höchstwertüberschreitungen der einzelnen Produkte.

Neben der Berechnung von Kontrollintensitäten wurden auch die Kosten der staatlichen Schadstoffkontrolle geschätzt. Je nach Berechnungsgrundlage lagen die jährlichen Untersuchungskosten für Tafeläpfel und Apfelsaft bundesweit zwischen 781.500 und 2.284.000 DM.

*Das elfte Kapitel beschließt die Fallstudie mit einer gemeinsamen Betrachtung aller beobachteten Schadstoffkontrollen.* Bei gehandelten Tafeläpfeln beträgt die gesamte durchschnittliche Kontrollintensität 2,4 Kontrollen pro 1.000 t. Die Kontrollkosten belaufen sich auf 1,95 DM/t. Intensität und Kosten variieren je nach Produktionsverfahren und Herkunft. Die gesamte Kontrollintensität für Apfelsaft liegt mit 0,57 Kontrollen pro 1 Mio. Liter deutlich unter denen der Tafeläpfel. Auch die Kosten (82 Pfennig pro 1.000 l) sind geringer.

In Relation zum Verbraucherpreis haben die Kontrollkosten von Tafeläpfeln einen Anteil von 0,06%. Bei einem durchschnittlichen Konsum von 16 kg Marktäpfeln entspricht dieser Anteil 3 Pfennig Kontrollkosten pro Verbraucher und Jahr. Der geschätzte mittlere Konsum von Apfelsaft liegt bei 14 l. Hier addieren sich die Kontrollkosten auf 1,15 Pfennig pro Verbraucher und Jahr. Ihre Höhe entspricht 0,05% des Verbraucherpreises für Apfelsaft.

Die sehr niedrigen absoluten und relativen Kostenindikatoren machen deutlich, daß die Kosten der Schadstoffkontrolle bei Äpfeln und Apfelprodukten auf keiner Handelsstufe von großer Bedeutung sind. Im Vergleich der Kostenbelastung der einzelnen Kontrollinstitutionen sind klare Unterschiede zu beobachten. Die Kontrollkosten der integrierten Produktion haben mit rund 0,3% einen hundertfach höheren Anteil am Umsatz der Apfelerzeuger als die Kontrollkosten, die dem Fruchtgroßhandel in bezug auf seinen Umsatz entstehen. Die Kosten der staatlichen Kontrolle sind bei Tafeläpfeln wie Apfelsaft absolut von allen Kontrollinstitutionen am höchsten. Sie werden über Steuergelder finanziert und letztlich von den Verbrauchern getragen.

Für die Bewertung der Kontrollintensität ist es notwendig, ein Referenzsystem zu haben: Welches Niveau an Lebensmittelsicherheit wird angestrebt und erreicht das beobachtete Kontrollnetz dieses Niveau? Unter Einbeziehung toxikologischer Maßgaben muß festgestellt werden, daß das gesundheitliche Risiko von Pflanzenschutzmittel-Rückständen auf Äpfeln nicht abgeschätzt werden kann. Obwohl eine akute Gefährdung nicht vorliegt, wird im Sinne des präventiven Verbraucherschutzes eine möglichst geringe Belastung empfohlen. Bei keinem

## Zusammenfassung und Schlußfolgerungen

der dargestellten Kontrollsysteme wurden Angaben über das angestrebte Niveau an Lebensmittelsicherheit gemacht. Daher wird anhand normativer Vorgaben für Äpfel der Zusammenhang zwischen Kontrollintensität, Rückstandskonformität und Kosten demonstriert. Ihm folgt der Entwurf eines abgestimmten und vereinheitlichten Kontrollkonzeptes für Tafeläpfel. Es schlägt Verbesserungen für die staatliche Lebensmittelüberwachung, für die Selbstkontrollen der Erzeuger und des Handels sowie für die Interaktion dieser drei Institutionen vor. Die Synergieeffekte zwischen der Selbstkontrolle der Fruchtsaftindustrie und der amtlichen Überwachung werden günstig beurteilt.

### 12.2 Schlußfolgerungen

Die Schlußfolgerungen beziehen sich auf die drei Teilnehmer am Markt für Lebensmittelsicherheit. Abschließend werden Anregungen für die weitere Forschung formuliert.

*Anforderungen an den Staat*

In einer industrialisierten Welt mit einer intensiven Agrarproduktion werden Lebensmittel auch in Zukunft mit einer Vielzahl von Schadstoffen belastet sein. An den Staat leiten sich daraus folgende Forderungen ab:

- Um den Handlungsbedarf für Schutzmaßnahmen nennen zu können, ist die Kenntnis über die Verbreitung von Schadstoffen und über ihre Toxizität Voraussetzung. Der Staat ist daher aufgerufen, mit Nachdruck das Instrument des **Lebensmittel-Monitoring** auszubauen und mit repräsentativen Verzehrsstudien zu verknüpfen. Bisher fehlen in Deutschland verläßliche Angaben über die durchschnittliche und maximale Belastung von Lebensmitteln mit Schadstoffen.

- Das für Schadstoffe gültige **Gesetzeswerk** ist unvollständig. Besonders für Verunreinigungen, aber auch z.B. für einige Mykotoxine fehlen rechtsverbindliche Höchstmengen. Ihre Festsetzung müßte aus Gründen des Verbraucherschutzes nach toxikologischen Gesichtspunkten erfolgen. Die fehlenden Rechtsnormen verhindern bisher auch die Anwendung des Strafrechts.

- Die staatliche **Lebensmittelüberwachung** ist in ihrem organisatorischen Aufbau reformbedürftig. Die dezentrale Organisation auf Länderebene ohne eine zentrale Lenkung entspricht nicht den Anforderungen, welche eine Überwachung des internationalen Warenflusses stellt. Weiterhin würde eine intelligente Verknüpfung von Betriebs- und Produktkontrollen eine effizientere Überwachung ergeben.

- Auch die inhaltliche **Planprobengestaltung** der amtlichen Überwachung bedarf einer grundlegenden Überarbeitung mit Hilfe wissenschaftlicher Methoden. Statt pauschaler Vorgaben (z.B. 5 Proben pro 1.000 Einwohner) müßte sich die Kontrollintensität produktbezogen nach einem vorher definierten Niveau angestrebter Lebensmittelsicherheit orientieren. Die Anpassung müßte klare Prioritäten setzen und die heutigen Ernährungsgewohnheiten berücksichtigen. In die Entscheidung über die staatliche Planprobengestaltung müßten die Risiken bestimmter Schadstoffe ebenso einfließen wie die Kosten der Überwachung.

*Verbraucherpolitik*

- In Anbetracht einer sensibilisierten und verunsicherten Öffentlichkeit sollte die staatliche Lebensmittelüberwachung eine aktive **Informationspolitik** betreiben. Die Bürger haben das Recht, über den Umfang und die Ergebnisse der staatlichen Kontrolle informiert zu werden. Hierzu müssen moderne Methoden der Öffentlichkeitsarbeit und Risikokommunikation genutzt werden.

- In Deutschland spielen unabhängige **Verbraucherorganisationen** im Bereich der Schadstoffkontrolle von Lebensmitteln eine untergeordnete Rolle. Als Korrektiv staatlicher und privatwirtschaftlicher Kontrollsysteme erfüllt eine kompetente und aktive Vertretung der Verbraucherinteressen eine wichtige Funktion. Ihre Förderung durch entsprechende verbraucherpolitische Maßnahmen ist zu wünschen.

*Entwicklungstrends im Lebensmittelangebot*

Anbieter von Lebensmitteln tragen die ursächliche Verantwortung für die Sicherheit ihrer Produkte. Zum Erhalt einer wettbewerbsfähigen Agrar- und Ernährungswirtschaft könnten die folgenden Punkte beitragen:

- Die Erzeuger **landwirtschaftlicher Produkte** werden mit steigenden Qualitätsanforderungen konfrontiert. Qualitätssicherungskonzepte, die für die industrielle Produktion entwickelt wurden, sind nicht direkt auf die Landwirtschaft übertragbar. Es gilt, für die Primärproduktion flexible und ergebnisorientierte Systeme der überbetrieblichen Selbstkontrolle zu entwickeln, die aus technischer, administrativer und wirtschaftlicher Sicht befriedigend sind. Diesbezüglich wurden in Kapitel 11 für integriert produzierende Obsterzeuger Anregungen gegeben.

- Das Kontrollnetz **ökologischer Produkte** ist relativ dicht und umfaßt alle Stufen der Erzeugung und Vermarktung. Die üblichen Betriebskontrollen sind allerdings nicht immer ausreichend, einen unerlaubten Einsatz synthetischer Pflanzenschutz- oder Tierarzneimittel aufzudecken. Sie sollten daher durch systematische Rückstandsanalysen ergänzt werden.

- Unternehmen der **Ernährungswirtschaft** dürfen die Schadstoffkontrolle nicht nur als rein technische Aufgabe der Qualitätssicherung begreifen, sondern sollten auch die damit verbundenen Kosten und Wettbewerbsaspekte berücksichtigen. Unternehmensstrategien sollten unter Einbeziehung dieser drei Elemente entwickelt werden. Hier besteht insbesondere für mittelständische Unternehmen noch ein Nachholbedarf, der auch durch die branchenspezifischen Verbände unterstützt werden könnte.

- Der **Importhandel** trägt die Verantwortung für die Sicherheit eingeführter Lebensmittel. Kontrollen zum Einfuhrzeitpunkt dienen der stichprobenartigen Überwachung und haftungsrechtlichen Absicherung. Präventive Maßnahmen wie die direkte Abmachung über Produktionsverfahren und Kontrollsysteme im Erzeugerland wären tiefergreifende Vorkehrungen, das gewünschte Maß an Lebensmittelsicherheit zu erzielen.

*Schwerpunkte zukünftiger Forschung*

An die Disziplinen der Wirtschafts- und Sozialwissenschaften stellt der Bereich der Lebensmittelsicherheit eine Reihe unbeantworteter Fragen.

- Wenig bekannt sind die Bestimmungsgründe der gesetzlichen **Normgebung** im Lebensmittelrecht. Es wäre lohnend, den Einfluß toxikologischer, wirtschaftlicher und politischer Argumente auf beispielsweise die Festlegung von Pflanzenschutzmittel-Höchstmengen zu quantifizieren. In einem zweiten Schritt könnte dann ein Entscheidungsinstrumentarium erarbeitet werden, das mit minimalen Kosten die Festlegung des optimalen Grenzwertes ermöglicht.
- Das Gesundheitsrisiko, das von Schadstoffen ausgeht, wird mittels toxikologischer Parameter beschrieben. Diese Parameter sind für Laien schwer verständlich. Der Bedarf an erfolgreichen Konzepten der **Risikokommunikation**, die zur Verbesserung und Versachlichung des Informationsflusses zwischen Wissenschaft / Staat und Öffentlichkeit beitragen, ist groß. Hierzu wäre ein interdisziplinäres Vorgehen unter Berücksichtigung der Psychologie und der Medien- und Kommunikationswissenschaften vorzuschlagen.
- Die **Nachfrage** nach sicheren Lebensmitteln muß in Deutschland empirisch erst noch quantifiziert werden. Die nordamerikanische Literatur bietet für solch ein Unterfangen reichhaltige methodische Anregungen. Der Aspekt der Kontrolle wurde allerdings noch nicht explizit untersucht. Es wäre besonders lohnend, die Zahlungsbereitschaft zur Finanzierung möglichst realistischer Kontrollkonzepte zu testen. Ein Beispiel dazu bietet der Vorschlag, den Verbraucherpreis für ein Kilogramm integriert produzierter und kontrollierter Äpfel um „einen Kontrollpfennig" zu erhöhen (vergl. Kapitel 11).
- Die ökonomischen Auswirkungen von „**Lebensmittel-Skandalen**" verdienen eine eingehende Untersuchung. Dabei wären Analysen auf Haushalts- und Betriebsebene ebenso wichtig wie eine volkswirtschaftliche Betrachtungsweise.

Lebensmittelsicherheit und Schadstoffkontrollen stellen eine Anforderung dar, die Staat und Anbieter täglich zu erfüllen haben. Die komplexe Aufgabe, effektive und effiziente Kontrollsysteme zu entwickeln und umzusetzen, erfordert eine enge Kooperation von Naturwissenschaftlern und Ökonomen.

## 12.3 Summary

The economics of food safety control are the topic of this dissertation. The investigation is devoted to four objectives. Firstly, the economic dimension of the primarily technical problem of food safety is elaborated. Secondly, actual private and public safety controls for apples and apple products in Germany are described and, thirdly, assessed from a toxicological and economic point of view. Finally, the general system of food safety control, which consists in Germany of public and private interventions, is evaluated.

The work is divided into two parts. Part one (chapters 1-5) gives an overview of the general situation. The second part (chapters 6-11) reports a case study which analyzes food safety controls for fresh apples and apple products. The twelfth chapter summarizes the results obtained and formulates policy recommendations and future research priorities.

The structure of the dissertation is as follows: Chapter 1 gives an introduction to the *scientific base* of food safety problems. After discussing methods and limits of toxicological risk assessment, the actual situation in Germany is described.

Chapter 2 offers some theoretical thoughts on the *economics of food safety*. Food safety is characterized by attributes such as uncertainty and asymmetric information. It is described as being partially a public and partially a private good. Control is one major instrument for attaining a certain degree of food safety.

*Government interventions* are investigated in Chapter 3. One important public contribution is the provision of norms and standards. The growing globalization of food markets through the single European Market and the GATT Accord signed in 1994 is leading to a globalization of food standards. Public food inspection is carried out in Germany by each Bundesland independently. It is estimated that government institutions analyze about half a million food samples annually. The costs of the entire inspection system in 1994 are calculated at 436 million DM.

Chapter 4 discusses the *demand for food safety*. Opinion polls reveal that Germans are specifically concerned consumers. Economists have studied the willingness of US consumers to pay for safer food, and equivalent empirical investigations of German and European consumers are recommended. An analysis of private consumer organizations reveals little activity in the area of food safety control. Consumers can have a strong impact in the case of so-called „food scandals", where many consumers alter their purchasing behavior simultaneously. The „economics of food scandals" are an interesting area still to be studied from a micro and macro economic perspective.

Chapter 5 describes the *control strategies of food suppliers*. A supplier of food is responsible for the safety of his or her product. Self control within an enterprise applies to the food industry, where general quality management concepts like HACCP, ISO 9000 or Total Quality Management are (or could be) in use. Agricultural producers or other individuals with matching interests are organized in sector-wide control systems. Vertical integration is an organizational form that can simplify food safety procedures. The costs of food safety control are one determinant to be considered. It is suggested that the general classification of quality costs be applied when analyzing control costs. But food safety is not only a costly technical challenge. It is also a product attribute of growing importance to consumers. Therefore, food safety as an element of competition is elaborated.

Chapter 6 presents the *scope and method of the case study*. Apples and apple products are selected because of their high relevance in consumption. Toxicological data show multiple but low pesticide residues on apples. In addition, apple products can be contaminated with the mycotoxin patulin. Residue controls in production, industry and trade occurs via a variety of private control systems. The high proportion of imports (38% of apples, 74% of apple juice) indicates that cross-border considerations are important.

Chapter 7 investigates the production of apples and *producer controls*. Nowadays, the standard method in Germany and many other countries is the so-called 'integrated production'. This method includes the aim of reduced pesticide use. The corresponding control system encompasses, inter alia, the analysis of pesticide residues (10% of all fruit growers are checked annually). The research investigates the control system and the control costs for the important apple growing areas around Lake Constance (Southern Germany), in the Altes Land (Northern Germany) and South Tyrol (Italy). In Germany, a lack of higher prices for 'integrated' apples and only rudimentary sanctions in case of violations are observed.

All growers of organic apples are controlled annually. Their control costs are much higher than for farmers practising integrated production. Due to higher prices, the relative importance of costs is comparable. The control system of organic farmers, according to European law, does not include systematic residue analyses. It is recommended that such analyses be incorporated into organic production control systems.

Chapter 8 looks at the *safety controls of the food industry*. Adulteration of juice has been a constant threat. Therefore, an industry-wide organization, the „Schutzgemeinschaft der Fruchtsaft-Industrie" conducts an elaborate control system which includes non-members as well as foreign raw materials. For apple sauce producers, no external control system could be observed. Manufacturers of baby food (who also process apples) are subject to strict food safety standards. They have an intense internal self-control system and operate directly with farmers on a contractual basis. The „baby food scandal" of 1994 provides insight into actions of Germany's few baby food manufacturers and the concerned public.

Chapter 9 summarizes the *control activities of the trade sector*. Fruit importers are organized in two control organizations which analyze import samples for pesticide residues. No definite information could be obtained on the controls implemented by food retailers. Independent shop-keepers do not carry out chemical controls.

Chapter 10 specifies and quantifies the controls of apple and apple products which are conducted by *public food inspection* authorities.

*All private and public controls* for pesticide residues and patulin are discussed jointly in Chapter 11. Control intensities and control costs vary by production method and origin. The mean control intensity of fresh apples is 2,4 residue controls per 1.000 t. The costs are estimated to amount to 1,95 DM/t. The control intensity of apple juice is 0,57 controls per 1 million liters. The respective costs are calculated to be 0,82 DM/1.000 liters. These control costs correspond to 0,05-0,06% of consumer prices. If an average annual consumption of 16 kg apples and 14 l juice per capita is assumed, control costs add up to 0,03 DM for apples and 0,01 DM for apple juice. It is concluded that these control costs are not of heigh relevance to producers, manufacturers, traders or consumers.

For the evaluation of the control intensity observed, a normative approach combining control intensity, safety conformity and costs is chosen. It shows that actual producer controls have little influence on the safety conformity of apples. Controls within the trade chain occur too late to sort out non-conform batches. Therefore, suggestions for an improved control system are made. They include proposals for each control institution and recommendations for cooperation between private control systems and public food inspection.

Chapter 12 summarizes the dissertation and formulates *policy recommendations* in the areas of food legislation, food inspection and consumer policy. Food safety trends concerning production, processing and trade are predicted. It is suggested that future research could aim at

- a better understanding of the public norm setting process
- the development of successful risk communication concepts
- an empirical analysis of the demand for food safety in Germany and Europe
- an economic analysis of „food scandals".

Food safety and food safety control will remain a challenge to be tackled by governments and food suppliers. The complex task of developing and maintaining effective and efficient control systems provides food scientists and economists with a wide field for interdisciplinary cooperation.

# Literaturverzeichnis

## A Allgemeine Literatur

ADESHINA, F. und TODD, E. 1991. Application of Biological Data in Cancer Risk Estimations of Chlordane and Heptachlor. Regulatory Toxicology and Pharmacology 14, S. 59-77.

AGÖL (ARBEITSGEMEINSCHAFT ÖKOLOGISCHER LANDBAU) 1991. Rahmenrichtlinien zum ökologischen Landbau. 13., durchgesehene Auflage, Bad Dürkheim.

AGRIOS (ARBEITSGRUPPE FÜR INTEGRIERTEN OBSTBAU IN SÜDTIROL) AGRIOS Notizen Nr. 12, 1991; Nr. 4, 1992; Nr. 5, 1993; Nr. 5, 1994; Nr. 5, 1995, Lana.

AGRIOS (ARBEITSGRUPPE FÜR DEN INTEGRIERTEN OBSTBAU IN SÜDTIROL) 1995. Richtlinien für den integrierten Kernobstbau. 6. Auflage, Lana.

AID 1990. EG - Marktordnungen - Begleittext. Bonn.

A.I.J.N. (ASSOCIATION OF THE INDUSTRY OF JUICES AND NECTARES FROM FRUITS AND VEGETABLES OF THE EUROPEAN ECONOMIC COMMUNITY) 1993. Code of Practice for Evaluation of Fruit and Vegetable Juices. o.O.

AKADEMIE FÜR DAS ÖFFENTLICHE GESUNDHEITSWESEN 1994. Lebensmittelkontrolleur / Lebensmittelkontrolleurin. Düsseldorf.

AKERLOF, G. 1970. The Market for „Lemons": Quality Uncertainty and the Market Mechanism. Quarterly Journal of Economics 84 (3), S. 488-500.

ALVENSLEBEN, R. VON 1995. Neue Untersuchungsergebnisse über das Image der Landwirtschaft. Vortrag anläßlich der Hochschultagung 1995 der Agrarwissenschaftlichen Fakultät der Christian-Albrechts-Universität zu Kiel, 20. Oktober 1995. (Unveröffentlichte Folie).

AMES, B., MAGAU, R. UND GOLD, L. 1987. Ranking of Possible Carcinogenic Substances. Science 236, S. 271-279.

AMES, B., PROFET, M., UND GOLD, L. 1990a. Dietary pesticides (99,99% all natural). Proceedings of the National Academy of Sciences 87, S. 7777-7781.

AMES, B., PROFET, M., UND GOLD, L. 1990b. Nature's chemicals and synthetic chemicals: comparative toxicology. Proceedings of the National Academy of Sciences 87 (19), S. 7782-7786.

ANTLE J. UND CAPALBO, S. 1994. Pesticides, Productivity, and Farmer Health: Implications for Regulatory Policy and Agricultural Research. American Journal of Agricultural Economics 76 (3), S. 598-602.

ANTLE, J. UND PINGALI, P. 1994. Pesticides, Productivity, and Farmer Health: A Philippine Case Study. American Journal of Agricultural Economics 76 (3), S. 418-430.

ARBEITSGEMEINSCHAFT INTEGRIERTER OBSTANBAU AN DER NIEDERELBE 1992. Richtlinien für den integrierten Obstanbau an der Niederelbe. 3. Auflage, Jork.

AULD, M. 1990. Food Risk Communication: Lessons from the Alar Controversy. Health Education Research 5 (4), S. 535-543.

BADEN-WÜRTTEMBERG 1993. Staatshaushalt 1993/94, Einzelplan 08, Kapitel 0827 und Einzelplan 10, Kapitel 1009. Stuttgart.

BAKER, G. UND CROSBIE, P. 1994 Consumer Preferences for Food Safety Attributes: A Market Segment Approach. Agribusiness 10 (4), S. 319-324.

BALTES, W. 1989. Lebensmittelchemie. 2. Auflage, Berlin, Heidelberg.

BANNOCK, G., BAXTER, R. UND DAVIS, E. 1992. Dictionary of Economics. London.

BAYERN: Haushaltsplan Freistaat Bayern 1993/94, Einzelplan 03A, Kapitel 0337. München 1993.

BECK, U. 1986. Risikogesellschaft - Auf dem Weg in eine andere Moderne. Frankfurt am Main.

BEITZ, H. UND BANASIAK, U. 1989. Toxikologische Aspekte des integrierten Pflanzenschutzes im Obstbau. Tagungsbericht, Akademie der Landwirtschaftswissenschaften DDR, Berlin (278), S. 61-74.

BELITZ, H.-D., UND GROSCH, W. 1987. Lehrbuch der Lebensmittelchemie. Dritte, überarbeitete Auflage. Berlin.

BERG, H. 1993. Kontrolle ist nur Stichprobensystem. Lebensmittel-Zeitung (39), S. 47.

BERG, T., RASMUSSEN, G., THORUP, I. 1995. Mycotoxins in Danish Food. Copenhagen.

BERG, W. 1990. Die behördliche Warnung - eine neue Handlungsform des Verwaltungsrechts? Zeitschrift für das gesamte Lebensmittelrecht 18 (5), S. 565-576.

BfT (BUNDESVERBAND FÜR TIERGESUNDHEIT) 1995. Umsatz in Zahlen. Tiergesundheit im Blickpunkt 18 (5), S. 1.

BGVV (BUNDESINSTITUT FÜR GESUNDHEITLICHEN VERBRAUCHERSCHUTZ UND VETERINÄRMEDIZIN) 1995. National Residue Control Plan 1995. Zentralstelle zur Koordinierung und Erfassung von Rückstandskontrollen bei Schlachttieren und Fleisch. Berlin.

BGVV (BUNDESINSTITUT FÜR GESUNDHEITLICHEN VERBRAUCHERSCHUTZ UND VETERINÄRMEDIZIN) 1996. Rückstandskontrollen bei Schlachttieren und Fleisch belegen die fortwährende illegale Anwendung bestimmter Substanzen. BgVV Pressedienst, Berlin 7.8.1996.

BLL (BUND FÜR LEBENSMITTELRECHT UND LEBENSMITTELKUNDE E.V.) 1986. Der Krise ausgeliefert? Ein Leitfaden für Krisenmanagement im Lebensmittelbereich. Bonn.

BLL (BUND FÜR LEBENSMITTELRECHT UND LEBENSMITTELKUNDE E.V.) 1995. In Sachen Lebensmittel. Das gemeinschaftliche Lebensmittelrecht. Eine Zwischenbilanz zum 31.12.1994. Reinheim.

BLOMMERS, L. 1994. Integrated Pest Management in European Apple Orchards. Annual Review of Entomology 39, S. 213-241.

BLÜTHGEN, A., HEESCHEN, W. UND RUOFF, U. 1996. Polychlorierte Dibenzodioxine und -furane (PCDD/F) im lebensmittelliefernden Ökosystem - Eine kurze Darstellung des aktuellen Eintrags in die Umwelt und des Vorkommens in Lebensmitteln. Verbraucherdienst 41 (2), S. 28-33.

BML (BUNDESMINISTERIUM FÜR ERNÄHRUNG, LANDWIRTSCHAFT UND FORSTEN) 1994. BML Daten-Analysen. Statistischer Monatsbericht (10).

BML (BUNDESMINISTERIUM FÜR ERNÄHRUNG, LANDWIRTSCHAFT UND FORSTEN) 1995. Statistisches Jahrbuch über Ernährung, Landwirtschaft und Forsten 1995. Münster.

BML (BUNDESMINISTERIUM FÜR ERNÄHRUNG, LANDWIRTSCHAFT UND FORSTEN) 1996. Agrarbericht 1996. Agrar- und ernährungspolitischer Bericht der Bundesregierung. Bonn.

BOLLINGER, H. 1991. Apple-Based Products for the Food Processing Industry. Food Marketing and Technology 5 (6), S. 5-8.

BRANDES, S. 1994. Käufereinstellungen und -verhalten auf dem Markt für Säuglings- und Kleinkindernahrung - unter besonderer Berücksichtigung von Bio-Produkten. Diplomarbeit, Institut für Agrarökonomie, Christian-Albrechts-Universität zu Kiel.

BRENDLE-BEHNISCH, G. 1994. Vom Frust zum FKS. In: SGF (Schutzgemeinschaft der Fruchtsaft-Industrie e.V.) (Hrsg.): 20 Jahre. Zornheim, S. 17-22.

BROCKMEIER, M. 1993. Ökonomische Analyse der Nahrungsmittelqualität. Dissertation, Fachbereich Ernährungs- und Haushaltswissenschaften, Justus-Liebig-Universität, Gießen.

BROMBACHER, J. 1992. Ökonomische Analyse des Einkaufsverhaltens bei einer Ernährung mit Produkten des ökologischen Landbaus. Schriftenreihe des Bundesministers für Ernährung, Landwirtschaft und Forsten, Heft 406. Münster-Hiltrup.

BRÜGGEMANN, J. UND OCKER, H. 1993. Über den Schwermetallgehalt im Brotgetreide und im Brotsortiment aus den alten und neuen Bundesländern. In: VDLUFA. Reihe Kongreßberichte (105), S. 157-160.

BRUNE, H. 1975. Stärkung der kollektiven Verbraucherposition. In: Scherhorn, G. (Hrsg.): Verbraucherinteresse und Verbraucherpolitik. Kommission für wirtschaftlichen und sozialen Wandel, Band 17, Göttingen, S. 105-120.

BRUNN, H. 1993. Die Dioxine. Beschreibung wesentlicher Eigenschaften einer Stoffgruppe. Ernährungsumschau **40** (7), S. 291-298.

BUNDESGESUNDHEITSBLATT 1995. Richtwerte für Schadstoffe in Lebensmitteln. (5), S. 204-206.

BUNDESKRIMINALAMT 1992. Polizeiliche Kriminalstatistik 1992.

BUNDESKRIMINALAMT 1994. Polizeiliche Kriminalstatistik 1994.

BURDA, K. 1992. Incidence of Patulin in Apple, Pear, and Mixed Fruit Products Marketed in New South Wales. Journal of Food Protection **55** (10), S. 796-798.

BUZBY, J. UND ROBERTS, T. 1996. Microbal Foodborne Illness. The Costs of Being Sick and the Benefits of New Prevention Policy. Choices (1), S. 14-17.

CALDENTEY, P. 1996. Innovation and Vertical Competition in the Food System. In: Galizzi, G. und Venturini, L. (Hrsg.): Economics of Innovation: The Case of the Food System. Heidelberg, S. 119-132.

CARRIQUI, A.L., JENSEN, H. UND NUSSER, S. 1991. Modeling Chronic Versus Acute Human Health Risk from Contaminants in Food. In: Caswell, J. (Hrsg.): Economics of Food Safety. New York, S. 69-88.

CASWELL, J. 1993. What Price Food Safety? Food Policy **18** (6), S. 527-528.

CHOI, E. JENSEN, H. 1991. Modeling the Effect of Risk on Food Demand and the Implications for Regulation. In: Caswell, J. (Hrsg.): Economics of Food Safety. New York, S. 29-44.

CLASSEN, H., ELIAS, P. UND HAMMES, W. 1987. Toxikologisch-hygienische Beurteilung von Lebensmittelinhalts- und -zusatzstoffen sowie bedenklicher Verunreinigungen. Berlin.

CLAUßEN, T UND LIPPERT, K. 1995. Qualitätsmanagement in der Lebensmittelindustrie. In: Streinz, R. (Redaktor): Lebensmittelrechts-Handbuch. Lose Blatt- Textsammlung. München, Kapitel III, Rdn. 300-346.

CLUA (CHEMISCHE LANDESUNTERSUCHUNGSANSTALT) FREIBURG [1994]. Jahresbericht 1994. Freiburg.

CLUA (CHEMISCHE LANDESUNTERSUCHUNGSANSTALT) KARLSRUHE [1994]. Jahresbericht 1994. Karlsruhe

CLUA (CHEMISCHE LANDESUNTERSUCHUNGSANSTALT) SIGMARINGEN [1994]. Jahresbericht 1994. Sigmaringen.

CLUA (CHEMISCHE LANDESUNTERSUCHUNGSANSTALT) STUTTGART [1994]. Jahresbericht 1994. Stuttgart.

CMA (CENTRALE MARKETING-GESELLSCHAFT DER DEUTSCHEN AGRARWIRTSCHAFT MBH) [1993]. Marktpotentiale und Einstellungen aus Verbrauchersicht zu alternativen Nahrungsmitteln/Biokost. CMA Mafo-Briefe, Kennziffer 312. Bonn.

CMA (CENTRALE MARKETING-GESELLSCHAFT DER DEUTSCHEN AGRARWIRTSCHAFT MBH) 1993. Verbraucher greifen öfter mal zu „Biokost". Spezial-Pressedienst Nr. 42. Bonn.

CODEX ALIMENTARIUS COMMISSION 1992. Codex Alimentarius. General Requirements. Volume I, 2. Auflage, Rom.

CODEX ALIMENTARIUS COMMISSION 1993. Report of the twenty-fifth Session of the Codex Committee on Pesticide Residues, Havanna, Cuba, 19-26 April 1993. ALINORM 93/24A. Rom.

CODEX ALIMENTARIUS COMMISSION 1995. Report of the twenty-sixth Session of the Codex Committee on Pesticide Residues, The Hague, 11-18 April 1994. ALINORM 95/24A. Rom.

COHRSSEN, J. UND COVELLO, V. 1989. Risk Analysis: A Guide to Principles and Methods for Analyzing Health and Environmental Risks. United States Council on Environmental Quality, Executive Office of the President (Washington).

CRISSMAN, C., COLE, D. UND CARPIO, F. 1994. Pesticide Use and Farm Worker Health in Ecuadorian Potato Production. American Journal of Agricultural Economics **76** (3), S.593-597.

CROPPER, M. 1994. Economic and Health Consequences of Pesticide Use in Developing Country Agriculture: Discussion. American Journal of Agricultural Economics **76** (3), S. 605-607.

CROSBY, P. 1990. Qualität ist machbar. Hamburg.

CROSS, J. UND DICKLER, E. 1994. Guidelines for Integrated Production of Pome Fruits in Europe. Technical Guideline III, 2. Ausgabe. IOBC wprs Bulletin **17** (9).

CURTIN, L. UND KRYSTYNAK, R. 1991. An Economic Framework for Assessing Foodborne Disease Control Strategies with an Application to Salmonella Control in Poultry. In: Caswell, J. (Hrsg.): Economics of Food Safety. New York, S. 131-154.

DAHL, F. UND STIEREN, R. 1996. Motivationsfaktoren für den Aufbau und die Weiterentwicklung eines Qualitätsmanagementsystems in Schweinemastbetrieben. In: Jürgens, P., Petersen, B. und Roux, N. (Hrsg.): Aufbau und Zertifizierung von QM-Systemen in der Agrarwirtschaft. Lösungsbeispiele, Erfahrungen und Perspektiven. FCL-Schriftenreihe Band 5. Münster, S. 43-48.

DE PALMA, A., MYERS, M. UND PAPAGEORGIOU, Y. 1994. Rational Choice under an Imperfect Ability to Choose. The American Economic Review **84** (3), S. 419-440.

DEMERS, P. UND ROSENSTOCK, L. 1991. Occupational Injuries and Illnesses among Washington State Agricultural Workers. American Journal of Public Health **81** (12), S. 1656-1658.

DEUTSCHE BUNDESBANK 1996. Monatsberichte. Statistische Beihefte, Reihe : Devisenkursstatistik, (Februar). Frankfurt.

DEUTSCHER BUNDESTAG 1990. Drucksache 11/7662 vom 10.8.1990. Antwort der Bundesregierung auf die Große Anfrage der Grünen - Drucksache 11/5379: Pestizid-Rückstände in Lebensmitteln und ihr Gefahrenpotential für die Gesundheit - Tragen Kinder das größte Risiko? Bonn.

DGE (DEUTSCHE GESELLSCHAFT FÜR ERNÄHRUNG E.V.) 1992. Ernährungsbericht 1992. Frankfurt am Main.

DGQ (DEUTSCHEN GESELLSCHAFT FÜR QUALITÄT) 1985. Qualitätskosten. DGQ-Schrift 14-17. Berlin.

DGQ (DEUTSCHEN GESELLSCHAFT FÜR QUALITÄT) 1992. Qualitätssicherung von Lebensmitteln. DGQ-Schrift 21-11. Berlin.

DICKLER, E. 1989. Stand der Entwicklung und Einführung des integrierten Pflanzenschutzes in die Obstbaupraxis der Bundesrepublik Deutschland. Tagungsbericht, Akademie der Landwirtschaftswissenschaften der DDR, Berlin (278), S. 53-60.

DIE VERBRAUCHER INITIATIVE E.V. 1994. Babykost mit Pestiziden. Schlecker handelt unverantwortlich. Pressedienst, Pressemitteilung vom 5.4.1994.

DIEHL, J.F. 1992. Die toxische Gesamtsituation heute. Gedanken zum WHO-Bericht "Diet, nutrition and the prevention of chronic diseases". Zeitschrift für Ernährungswissenschaft **31** (3), S. 225-245.

DIEHL, J.F. 1993a. Über den Beitrag der Ernährung zur Vermeidung chronischer Krankheiten. AID-Verbraucherdienst **38** (11), S. 235-247.

DIEHL, J.F. 1993b. Will Irradiation Enhance or Reduce Food Safety? Food Policy **18** (2), S. 143-151.

DITTRICH, H. 1993. Mikrobiologie der Frucht- und Gemüsesäfte. In: Dittrich, H. (Hrsg.): Mikrobiologie der Lebensmittel. Getränke. Hamburg, S. 53-80.

DRAHORAD, W. 1989. Erfahrungen mit dem integrierten Pflanzenschutz im Südtiroler Obstbau. Tagungsbericht, Akademie der Landwirtschaftswissenschaften der DDR, Berlin, (278), S. 43-52.

DRESCHER, K. 1993. Vertraglich vertikale Koordination in der deutschen Landwirtschaft. Aachen.

DUNKELBERG, H.: Rückstände. In: Fülgraff, G. (Hrsg.): Lebensmittel-Toxikologie. Stuttgart, S. 106-154.

ECKERT, D. 1991. Gestaltungsfragen des Lebensmittelrechts in Deutschland und Europa. Chancen und Risiken. Zeitschrift für das gesamte Lebensmittelrecht **18** (3), S. 221-240.

ECKERT, D. 1993. Lebensmittelrecht im Wandel. Zeitschrift für das gesamte Lebensmittelrecht **20** (1-2), S. 15-27.

ECKERT, D. 1995. Die neue Welthandelsordnung und ihre Bedeutung für den internationalen Verkehr mit Lebensmitteln. Zeitschrift für das gesamte Lebensmittelrecht **22** (4), S. 363-395.

ECKES, P. 1994. SGF - Keimzelle der europäischen EQCS-Idee. In: SGF (Schutzgemeinschaft der Fruchtsaft-Industrie e.V.) (Hrsg.): 20 Jahre. Zornheim, S.29-31.

EDEKA FRUCHTKONTOR GMBH [1994]: [PR-Broschüre anläßlich der Fachmesse Fruit Logistica, Berlin, Januar 1994]. Hamburg.

EFKEN, J. 1993. Wirtschaftsumschau. Der Pflanzenschutzmarkt im Jahre 1992. Agrarwirtschaft **92** (4/5), S. 213-216.

EISGRUBER, H. UND STOLLE, A. 1994. Hygienerisiken und Kontrollmaßnahmen in der Gemeinschaftsverpflegung. Ernährungs-Umschau **41** (9), S. 336-338.

EMDE, H. 1992. Neue Perspektiven der Lebensmittelkontrolle oder innerbetriebliche Qualitätssicherung und amtliche Lebensmittelüberwachung. Archiv für Lebensmittelhygiene **43** (2), S. 45-48.

EOM, Y. 1993. Self-Protection, Risk Information and Ex Ante Values of Food Safety and Nutrition. In: Valuing Food Safety and Nutrition. Conference, June 2-4, 1993, Alexandria, Virginia.

EOM, Y. 1994. Pesticide Residue Risk and Food Safety Valuation: A Random Utility Approach. American Journal of Agricultural Economics **76** (4), S. 760-771.

EQCS (EUROPEAN QUALITY CONTROL SYSTEM) 1995. EQCS Concept. Zornheim.

EQCS (EUROPEAN QUALITY CONTROL SYSTEM): EQCS Media Information. Zornheim 1994.

ERNÄHRUNGSKOMMISSION DER DEUTSCHEN GESELLSCHAFT FÜR KINDERHEILKUNDE 1994. Rückstände von Pflanzenschutz-, Schädlingsbekämpfungs- und Vorratsschutzmitteln in „Gläschenkost". Sozialpädiatrie **16** (8), S. 495.

EUROHANDELSINSTITUT 1994. Handel aktuell '94. Köln.

EUROPÄISCHE KOMMISSION 1994. Uruguay-Runde. Globales Übereinkommen - Globale Vorteile. Luxembourg.

EUROPÄISCHE KOMMISSION, GENERALDIREKTION INDUSTRIE 1995. Ernährungswissenschaft und Verfahren der Nahrungsmittelherstellung. Berichte des Wissenschaftlichen Lebensmittelausschusses, 34. Folge. Luxemburg.

EUROPÄISCHES PARLAMENT, GENERALDIREKTION WISSENSCHAFT 1994. Europäisches Verbot der Verwendung von Hormonen in der Rindfleischproduktion. Reihe Umwelt, Volksgesundheit und Verbraucherschutz W-10. Luxembourg.

EUROSTAT 1995. Jahrbuch 1995. Europa im Blick der Statistik 1983-1993. Luxembourg.

FALCONI, C. UND ROE, T. 1991. A Model of the Demand and Supply of the Health Effects of Food Substances. In: Caswell, J.: Economics of Food Safety. New York, S. 45-68.

FALKINGER, J. 1993. The Impact of Quality and Reliability on Demand. Jahrbücher für Nationalökonomie und Statistik **211** (5-6), S. 421-425.

FAO 1991. Pesticide Residues in Food - 1991. FAO Plant Production and Protection Paper 111, Rom.

FAO 1992. Pesticide Residues in Food - 1992. FAO Plant Production and Protection Paper 116, Rom.

FAO 1993a. Pesticide Residues in Food - 1993. FAO Plant Production and Protection Paper 122, Rom.

FAO 1993b. Codex Alimentarius - Pesticide Residues in Food. Volume 2, 2. Ausgabe, Rom.

FAO 1993c. This is Codex Alimentarius. Rom.

FAO 1994. Pesticide residues in food - 1994. FAO Plant Production and Protection Paper 127, Rom.

FAO UND WHO 1988. Introducing Codex Alimentarius. Rom.

FAO UND WHO 1992. Protecting Consumers through Improved Food Quality and Safety. Theme Paper No. 2, International Conference on Nutrition: Nutrition and Development - a global assessment - 1992. Rom.

FOEGEDING, P. UND ROBERTS, T. 1996. Assessment of Risks Associated with Foodborne Pathogens: An Overview of a Council for Agricultural Science and Technology Report. Journal of Food Protection (Supplement), S. 19-23.

FOOD MARKETING INSTITUTE 1995. Trends in Europe. Consumer Attitudes and the Supermarket 1995. Washington, D.C..

FRANZEN, MAIKE 1991. Die Darstellung der Landwirtschaft in ausgewählten Printmedien. Diplomarbeit, Institut für Agrarökonomie, Christian-Albrechts-Universität zu Kiel.

FREIDHOF, E. 1991. Anmerkungen zum Gemeinschaftlichen Lebensmittelrecht im Binnenmarkt. AID-Verbraucherdienst **36** (8), S. 157-163.

FROHN, H. 1996. Erwartungen aus der Sicht der Verbraucher. Verbraucherforschung für das Nahrungsmittelmarketing (Agrarmarketing). In: Dachverband Wissenschaftlicher Gesellschaften der Agrar-, Forst-, Ernährungs-, Veterinär- und Umweltforschung e.V. (Hrsg.): Schriftenreihe agrarspectrum, Band 25, S. 113-123. Frankfurt am Main.

FÜLGRAFF, G. (HRSG.) 1989 : Lebensmittel-Toxikologie. Inhaltsstoffe, Zusatzstoffe, Rückstände, Verunreinigungen. Unter Mitarbeit von H. Dunkelberg, P.S. Elias, H.-J. Hapke, D. Hötzel, H. Zucker. Stuttgart.

GATTENLÖHNER, U. 1994. Vermarktungssituation für Obst (Tafelobst) aus kontrolliert ökologischem Anbau am Bodensee. Kurzvortrag im Fachseminar Ökologischer Erwerbsobstbau am Bodensee. Ludwigshafen, 11.8.1994.

GEKLE, L., SILBEREISEN, R., UND BEYER, F. 1994. Lage und die Aussichten des Erwerbsobstbaus in Baden-Württemberg. Stuttgart-Hohenheim.

GEORGII, S., BRUNN, H., STOJANOWIC, V. UND MUSKAT, E. 1989. Fremdstoffe in Lebensmitteln - Ermittlung einer täglichen Aufnahme mit der Nahrung. Deutsche Lebensmittel-Rundschau **85** (12), S. 385-389.

GIANESSI, L. 1989. The Environmental and Economic Tradeoffs of Pesticide Policies. AERE Newsletter (November), S. 9-13.

GIERL, H. UND HÖRTER, T. 1991. Saisonale Schwankungen von Obst- und Gemüsepreisen. Agrarwirtschaft **40** (11), S. 350-353.

GOEDICKE, H.-J. 1989. Exposition durch Rückstände auf Blattoberflächen nach Anwendung von phosphororganischen Insektiziden im intensiven Apfelanbau. Zeitschrift für die gesamte Hygiene **35** (9), S. 533-535.

GOGOLL, C. 1995. Möglichkeiten und Grenzen zentraler Beschaffung im Fruchthandel. Düsseldorf.

*Literaturverzeichnis*

GORNY, D. 1989. Betriebseigene Kontrollsysteme als Gegenstand der Lebensmittelüberwachung - Richtlinie Nr. 89/397/EWG über die amtliche Lebensmittelüberwachung. Deutsche Lebensmittel-Rundschau **85** (11), S. 354-357.

GORNY, D. 1990. Das externe Lebensmittelaudit. Ein wichtiges Instrument der Qualitätssicherung. Hamburg.

GORNY, D. 1995. Qualitätssicherungssysteme und lebensmittelrechtliche Sorgfaltspflicht. Zeitschrift für das gesamte Lebensmittelrecht **22** (1), S. 1-14.

GROß, H. 1984. Die Wettbewerbsfähigkeit der Tafelapfelproduktion in ausgewählten Regionen der Europäischen Gemeinschaft. Frankfurt.

HAGNER, C. 1994. Die Nachfrage nach Müsliprodukten. Gibt es eine zusätzliche Zahlungsbereitschaft für die Eigenschaft „Bio"? Agrarwirtschaft **43** (10), S. 362-368.

HAHN, P. 1993. Produkthaftung und Qualitätssicherung. Leitfaden für die Lebensmittelwirtschaft. 2. überarbeitete und erweiterte Auflage. Hamburg.

HAMMITT, J. 1986. Estimating Consumer Willingness-to-Pay to Reduce Foodborne Risk. Prepared by the Rand Corporation for U.S. Environmental Protection Agency, R-3447-EPA, Washington, D.C.

HANF, C.-H. 1991. Entscheidungslehre. Einführung in die Informationsbeschaffung, Planung und Entscheidung unter Unsicherheit. 2., unveränderte Auflage. München, Wien.

HANSMIRE, M. UND WILLETT, L. 1993. Price Transmission Processes: A Study of Price Lags and Asymmetric Price Response Behavior for New York Red Delicious and McIntosh Apples. Department of Agricultural Economics, Cornell University. Ithaca.

HAPKE, H.-J. 1989. Verunreinigungen. In: Fülgraff, G. (Hrsg.): Lebensmittel-Toxikologie. Stuttgart, S. 155-201.

HÄSELI, A., NIGGLI, U., BOSSHARD, E. UND SCHÜEPP, H. 1995. Pflanzenschutz im biologischen Obstbau - Eine Zustandsanalyse. Schweizerische Zeitschrift zum Obst-Weinbau (2), S. 36-39.

HAYES, D., SHOGREN, J., SHIN, S., UND KLIEBENSTEIN, J. 1995. Valuing Food Safety in Experimental Auction Markets. American Journal of Agricultural Economics **77** (1), S. 40-53.

HECKNER, W. 1993. Die Lebensmittelüberwachung im Binnenmarkt. Zeitschrift für das gesamte Lebensmittelrecht **20** (1-2), S. 205-215.

HECKNER, W. 1994. Kühler Kopf in der Krisensituation - die Bewältigung von Lebensmittel-Gefahrenfällen. Zeitschrift für das gesamte Lebensmittelrecht **21** (1), S. 1-17.

HEESCHEN, W. UND BLÜTHGEN, A. 1994. Dioxine in der Nahrungskette - Risikobewertung und gesundheitliche Vorsorge. Schriftenreihe der Agrarwissenschaftlichen Fakultät der Universität Kiel, Band 77. Vorträge zur Hochschultagung 1994. Kiel, S. 183-191.

HELBIG, R. 1995. Qualität sichern über die ganze Kette. DLG-Mitteilungen (5), S. 56-58.

HELLMANN, M. UND SESSLER, B. 1995. Betriebsheftauswertung 1991-1993 in der integrierten Produktion von Kernobst in Baden-Württemberg. Erwerbsobstbau **37** (3), S. 78-81.

HELZER, M. 1996. Qualitätsmanagement in der Landwirtschaft. In: Jürgens, P., Petersen, B. und Roux, N. (Hrsg.): Aufbau und Zertifizierung von QM-Systemen in der Agrarwirtschaft. Lösungsbeispiele, Erfahrungen und Perspektiven. FCL-Schriftenreihe Band 5. Münster, S. 97-105.

HEMPELMANN, B. 1995. Konsumsicherheit: Produzentenhaftung versus Konsumentenhaftung - eine spieltheoretische Analyse. Schmalenbachs Zeitschrift für betriebswirtschaftliche Forschung **47** (12), S. 1119-1139.

HENKE, K.-D., BEHRENS, C. ARAB, L. UND SCHLIERF, G. 1986. Die Kosten ernährungsbedingter Krankheiten. Schriftenreihe des Bundesministers für Jugend, Familie und Gesundheit Band 179. Stuttgart.

HENSON, S. UND TRAILL, B. 1993. The Demand for Food Safety. Market imperfections and the role of government. Food Policy **18** (2), S. 152-162.

HERMES, P. 1993. Gut im Futter? ÖKO-TEST (11), S. 55-62.

HERMES, P. 1995. Apfelsaft. In: ÖKO-TEST (Sonderteil 2), S. 54-57.

HERZBERG, A. 1994. Regulierung und Überwachung bei Lebensmitteln. Eine ordnungstheoretische und ökonomische Analyse staatlicher Normsetzungsmaßnahmen und der amtlichen Lebensmittelkontrolle. Bayreuth (= Schriften zum Lebensmittelrecht, Band 3).

HESSISCHES MINISTERIUM FÜR FRAUEN, ARBEIT UND SOZIALORDNUNG [1994]. Ergebnisse der amtlichen Lebensmittelüberwachung in Hessen für das Jahr 1994. Wiesbaden.

HOLZER, A. 1995. Bericht über den 8. Deutschen Lebensmitteltag. Zeitschrift für das gesamte Lebensmittelrecht **22** (5), S. 599-605.

HORST, M. 1989. Behördliche Warnungen. Zeitschrift für das gesamte Lebensmittelrecht **17** (4), S. 530-537.

HORST, M. 1994. Der Bedarf an Information und Kooperation zwischen Politik, Verwaltung und Wirtschaft bei der Gestaltung und Durchführung des Lebensmittelrechts. Zeitschrift für das gesamte Lebensmittelrecht **21** (5-6), S. 475-495.

HUANG, C., MISRA, S. UND OTT, S. 1991. Modeling Consumer Risk Perception and Choice Behavior: The Case of Chemical Residues in Fresh Produce. In: Mayer, R. (Hrsg.): Enhancing Consumer Choice: Proceedings of the Second International Conference on Research in the Consumer Interest, Snowbird, August 1990. Columbia, S. 49-58.

HUFEN, F. 1993. Kooperation von Behörden und Unternehmen im Lebensmittelrecht. Neue Instrumente des Verwaltungsrecht, insbesondere: Akkreditierung, Zertifizierung, Betriebsbeauftragte und kooperative Qualitätssicherung. Zeitschrift für das gesamte Lebensmittelrecht **20** (3), S. 233-249.

ICKSTADT, C. 1994. Riesendruck im Babygläschen. Horizont, 22.7.1994.

IVA (INDUSTRIEVERBAND AGRAR E.V.) 1990. Wirkstoffe in Pflanzenschutz- und Schädlingsbekämpfungsmitteln. Physikalisch-chemische und toxikologische Daten. München.

JÄGER-MISCHKE, I. 1991. Haus- und Kleingärten - Informationsstand mangelhaft. In: Ruhnau, M., Altenburger, R. und Bödeker, W. (Hrsg.): Pestizid Report. Göttingen, S. 131-140.

JANSSEN, H. 1993. Der Streuobstbau und der Obstmarkt. In: Vielfalt in aller Munde. Perspektiven der Bewirtschaftung und Vermarktung im bundesweiten Streuobstbau. Evangelische Akademie Bad Boll, Materialien 5/93, S. 85-95.

KALISCHNIGG, G. UND LEGEMANN, P. 1982. Studie zum Aufbau eines Monitoring-Systems Umweltchemikalien in Lebensmitteln. Bundesgesundheitsamt, Zentrale Erfassungs- und Bewertungsstelle für Umweltchemikalien (ZEBS), Berlin, 1/1982.

KANDAOUROFF, A. 1994. Qualitätskosten. Eine theoretisch-empirische Analyse. Zeitschrift für Betriebswirtschaft **64** (6), S. 765-786.

KATALYSE (INSTITUT FÜR ANGEWANDTE UMWELTFORSCHUNG E.V.) 1990. Chemie in Lebensmitteln. 44., vollständig neubearbeitete, aktualisierte und erweiterte Auflage, Köln.

KELLER, L. 1996. Aufgabenfeld - Qualitätsmanagement - Gemeinsam Konzepte entwickeln. In: Jürgens, P., Petersen, B. und Roux, N. (Hrsg.): Aufbau und Zertifizierung von QM-Systemen in der Agrarwirtschaft. Lösungsbeispiele, Erfahrungen und Perspektiven. FCL-Schriftenreihe Band 5. Münster, S. 21-25.

KIBLER, R. UND LEPSCHY-V. GLEISSENTHALL, J. 1990. Zufuhr von Polychlorierten Biphenylen (PCB) über den Gesamtverzehr. Zeitschrift für Lebensmittel-Untersuchung und -Forschung (191), S. 214-216.

KIERMEIER, F. 1985. Das Mycotoxin-Problem: Ergebnisse der Lebensmittelüberwachung. Zeitschrift für Lebensmittel-Untersuchung und -Forschung (180), S. 389-393.

KINSEY, J. 1993. GATT and the Economics of Food Safety. Food Policy **18** (2), S. 163-176.

KOESTER, U. 1992. Grundzüge der landwirtschaftlichen Marktlehre. 2., völlig neubearbeitete und wesentlich erweiterte Auflage. München.

KOHLMEIER, L., KROKE, A., PÖTZSCH, J., KOHLMEIER, M., UND MARTIN, K. 1993. Ernährungsabhängige Krankheiten und ihre Kosten. Schriftenreihe des Bundesministeriums für Gesundheit, Band 27. Bayreuth.

KOLB, H. 1993. Lebensmittelbedingte Erkrankungen im Spannungsfeld des Hygienebewußtseins - ein Versuch zu dessen Weiterentwicklung. AID-Verbraucherdienst **38** (3), S. 47-50.

KORTH, A. 1994. SGF - kein Wintermärchen - Bericht eines Zeitzeugen. In: SGF (Schutzgemeinschaft der Fruchtsaft-Industrie e.V.) (Hrsg.): 20 Jahre. Zornheim, S. 23-28.

KRÄMER, J. 1991. Mikrobiologie. In: Frede, W. (Hrsg.): Taschenbuch für Lebensmittelchemiker und -technologen. Band 1. Berlin, S. 83-94.

KRAUTHAUSEN, H.-J. 1989. Aufwand für Planung und Durchführung des Pflanzenschutzes bei konventionellem und integriertem Apfelanbau. In: Biologische Bundesanstalt für Land- und Forstwirtschaft (Hrsg.): Vergleichsbetriebe für den integrierten Pflanzenschutz im Obstbau. Mitteilungen der Biologischen Bundesanstalt für Land- und Forstwirtschaft, Heft 252, S. 141-148.

KRUG, W. UND REHM, N. 1983. Kosten-Nutzen-Analyse der Salmonelloseüberwachung. Schriftenreihe des Bundesministers für Jugend, Familie und Gesundheit, Band 131, Stuttgart-Köln-Mainz.

KTBL (KURATORIUM FÜR TECHNIK UND BAUWESEN IN DER LANDWIRTSCHAFT E.V.) 1995. Datensammlung Obstbau. Darmstadt.

KUHLMANN, E. 1990. Verbraucherpolitik. München.

KÜHN, T. 1991. Umweltrelevante Rückstände. In: Frede, W. (Hrsg.): Taschenbuch für Lebensmittelchemiker und -technologen. Band 1. Berlin, S. 51-82.

KÜPPER, C. 1995. Antibiotikaresistenz - Auch ein ernährungsbedingtes Problem? Ernährungsumschau **42** (9), S. 326-327.

KÜPPER, C. 1996. Lebensmittelinfektionen und -intoxikationen: aktuelle Aspekte. Ernährungsumschau **43** (7), S. 249-252.

KUTSCH, T. 1992. Ernährung als Risiko: Reklamationsverhalten und Reaktionen auf Lebensmittelskandale. In: Finke, K. und Linscheid, J. (Hrsg.): Vorträge der 44. Hochschultagung der Landwirtschaftlichen Fakultät der Universität Bonn vom 25.2.1992. Münster.

LACASSE, S. UND COSTANTE, J. 1989. Success without Alar. American Fruit Grower **109** (8), S. 6-7.

LAIRD, S. UND YEATS, A. 1990. Trends in Non-tariff Barriers of Developed Countries, 1966-1986. Weltwirtschaftliches Archiv **126** (2), S. 299-325.

LAL KAUSHAL, B. UND SHARMA, P. 1995. Apple. In: Salunkhe, D. und Kadam, S. (Hrsg.): Handbook of Fruit Science and Technology. Production, Composition, Storage, and Processing. New York.

LANDEFIELD, J. UND SESKIN, E. 1982. The Economic Value of Life: linking theory to practice. American Journal of Public Health, **72** (6), S. 555-566.

LANDESANSTALT FÜR PFLANZENSCHUTZ (HRSG.) 1994. Abschlußbericht zum Forschungsprojekt „Untersuchungen zur Überwachung der Anforderungen für eine integrierte und kontrollierte Erzeugung von Obst für das Herkunfts- und Qualitätszeichen". Stuttgart.

LANDESANSTALT FÜR PFLANZENSCHUTZ (HRSG.) 1995. Pflanzenschutz im Erwerbs-Obstbau 1995. Stuttgart.

LANDESUNTERSUCHUNGSAMT FÜR DAS GESUNDHEITSWESEN NORDBAYERN [1994]. Jahresbericht 1994. Erlangen.

LANDESUNTERSUCHUNGSAMT FÜR DAS GESUNDHEITSWESEN SÜDBAYERN [1994]. Jahresbericht 1994. Oberschleißheim.

LANDESVERBAND ERWERBSOBSTBAU BADEN-WÜRTTEMBERG E.V 1989. Richtlinie für die integrierte und kontrollierte Erzeugung von Kernobst in Baden-Württemberg, 1. Auflage, Stuttgart.

LANDESVERBAND ERWERBSOBSTBAU BADEN-WÜRTTEMBERG E.V 1995. Integrierter Kernobstanbau 1994. Obst und Garten **114** (8), S. 362.

LANDWIRTSCHAFTSKAMMER RHEINLAND 1991. Der Nordrheinische Obstbau betriebswirtschaftlich betrachtet. Anregungen für Produktion und Absatz. Schriftenreihe der Landwirtschaftskammer Rheinland, Heft 7, 4. Auflage, Bonn.

LASSEN, J. 1993. Food Quality and the Consumers. MAPP (=Market-based Process and Product Innovation in the Food Sector) working paper Nr. 8. Århus.

LEBENSMITTELZEITUNG [1995]: Ausgewählte Handels- und Strukturdaten 1994/95. Frankfurt am Main.

LICHTENSTEIN, S., FISCHHOFF, B., SLOVIC, P., LAYMAN, M. UND COMBS, B. 1978. Judged Frequency of Lethal Events. Journal of Economic Psychology: Human Learning and Memory, **4**, S. 551-578.

LIN, C.-T. UND MILON, J. 1993. Attribute and Safety Perceptions in a Double-Hurdle Model of Shellfish Consumption. American Journal of Agricultural Economics **75** (3), S. 724-729.

MAAG, G. 1992. Zur Situation im Obstanbau. In: Baden-Württemberg in Wort und Zahl **9**, S. 445-453.

MACHOLZ, R. 1991. Toxikologie. In: Frede, W. (Hrsg.): Taschenbuch für Lebensmittelchemiker und -technologen. Band 1. Berlin, S. 211-224.

MAGAT, W. UND VISCUSI, W. 1992. Informational Approaches to Regulation. Cambridge.

MALISCH, R. 1991. Tierbehandlungsmittel. In: Frede, W. (Hrsg.): Taschenbuch für Lebensmittelchemiker und -technologen. Band 1. Berlin, S. .37-50.

MALORNY, C. UND KASSEBOHM, K. 1994. Brennpunkt TQM. Stuttgart.

MARAN, H., HALLER, E. UND JAKOMET, K. 1991. Ergebnisse der Feldkontrollen 1991 im integrierten Obstbau Südtirols. Obstbau Weinbau **28** (11), S. 302-304.

MARSHALL, E. 1991. A Is for Apple, Alar and ... Alarmist? Science **254** (10), S. 20-22.

MASSANTE, S. 1990. Ernten im Marktobstbau 1990. Wirtschaft und Statistik (11), S. 794-797.

MAURER, O. UND DRESCHER, K. 1996. Industrial Standards as Driving Forces of Corporate Innovation and Internationalization. In: Galizzi, G. und Venturini, L. (Hrsg.): Economics of Innovation: The Case of the Food System. Heidelberg, S. 221-237.

MC KINLEY, E UND CARLTON, W. 1991. Patulin. In: Sharma, R. und Salunkhe, D. (Hrsg.): Mytoxins and Phytoalexins. Boca Raton, S. 191-236.

MCCONELL, R., ANTÓN, A. UND MAGNOTTI, R. 1990. Crop Duster Aviation Mechanics: High Risk for Pesticide Poisoning. American Journal of Public Health **80** (10), S. 1236-1239.

MCCORRISTON, S. 1996. Economics of Vertical Market Competition. In: Galizzi, G. und Venturini, L. (Hrsg.): Economics of Innovation: The Case of the Food System. Heidelberg, S. 257-271.

MEYER-ABICH, K. 1990. Wie ist die Zulassung von Risiken für die Allgemeinheit zu rechtfertigen? Überlegungen zur Akzeptabilität von Risiken in öffentlicher Verantwortung. In: Schüz, M. (Hrsg.): Risiko und Wagnis. Die Herausforderung der industriellen Welt. Pfullingen.

MIETHKE, H. UND BERG, H. 1992. Zur Umsetzung der EG-Richtlinie über die amtliche Lebensmittelüberwachung in nationales Recht. Deutsche Lebensmittel-Rundschau 88 (7), S. 222-227.

MINISTERIN FÜR WISSENSCHAFT, FORSCHUNG UND KULTUR DES LANDES SCHLESWIG-HOLSTEIN 1994. Anlage 6: Durchschnittsbeträge für Personalkosten im Jahre 1994. In: Haushaltsrunderlaß 1996. Kiel, den 23.12.1994.

MINISTRY OF AGRICULTURE, FISHERIES AND FOOD. 1993. Mycotoxins: Third Report. Food Surveillance Paper No. 36. London.

MÜCKE, W. 1989. Gesichtspunkte bei der Ermittlung von Schadstoffwirkungen. AID-Verbraucherdienst 34 (11), S. 223-231.

MULTILATERAL TRADE NEGOTIATIONS, THE URUGUAY ROUND 1993. Agreement on the Application of Sanitary and Phytosanitary Measures. In: Final Act Embodying the Results of the Uruguay Round of Multilateral Trade Negotiations. GATT Secretariat, MTN/FA (UR-93-0246), Geneva 15 December 1993.

NABU (NATURSCHUTZBUND DEUTSCHLAND) 1992. Alternative Vermarktung von Streuobst am Bodensee als Beitrag zur Erhaltung von Streuobstwiesen. Überlingen.

NABU (NATURSCHUTZBUND DEUTSCHLAND) 1994. NABU-Qualitätszeichen für Streuobsterzeugnisse. Mayen.

NABU (NATURSCHUTZBUND DEUTSCHLAND) 1995. Streuobst-Rundbrief 2/95.

NASILOWSKI, K. 1995. Keine einheitliche Förderung des Integrierten Obstbaues. VDL Journal (3), S. 26-28.

NOGA, G. UND LENZ, F. 1993. Die integrierte Obstproduktion unter besonderer Berücksichtigung der Fruchtqualität. In: Kutsch, T. (Hrsg.): Ernährungsforschung - interdisziplinär. Darmstadt, S. 261 - 287.

NRC (NATIONAL RESEARCH COUNCIL) 1993. Pesticides in the Diets of Infants and Children. Washington D.C..

NÜSSEL, M. 1996. Erfahrungen eines Schweinemästers beim Aufbau eines QM-Systems und dessen Zertifizierung. In: Jürgens, P., Petersen, B. und Roux, N. (Hrsg.): Aufbau und Zertifizierung von QM-Systemen in der Agrarwirtschaft. Lösungsbeispiele, Erfahrungen und Perspektiven. FCL-Schriftenreihe Band 5. Münster, S. 69-73.

O'ROURKE, A. 1990. Anatomy of a Disaster. Agribusiness 6 (5), S. 417-424.

OBERHOFER, H. 1994. Data about Integrated Fruit Production in South Tyrol 1994. IOBC International Workshop on Guidelines for Integrated Pome Fruit Production, Oeschberg, 6.10.1994.

OCKER, H.-D., EICH, E., TIETZ, U. UND MROWIETZ, E. 1995. Rückstände von Pflanzenschutzmitteln und Schwermetallgehalte in den gesamtdeutschen Brotgetreideernten (BEE) der Jahre 1991-1993. - Teil I: Pflanzenschutzmittelrückstände. Getreide Mehl und Brot 49 (2), S. 118-123.

OLTERSDORF, U. 1994. Die unterschiedliche Einschätzung von Ernährungsrisiken. Ernährungs-Umschau 41 (8), S. 292-295.

OTT, S., HUANG, C. UND MISRA, S. 1991. Consumers' Perceptions of Risks from Pesticide Residues and Demand for Certification of Residue-Free Produce. In: Caswell, J. (Hrsg.): Economics of Food Safety. New York, S. 175-188.

OVR (OBSTBAUVERSUCHSRING DES ALTEN LANDES E.V.) 1995. Führer durch das Obstjahr 1995, unter besonderer Berücksichtigung des Integrierten Anbaus. 62. Ausgabe, Jork.

PAULUS, K. UND CHRISTELSOHN, M. 1993. Qualitätssicherung: Bedeutung für die Landwirtschaft. In: VDLUFA-Schriftenreihe 37. Kongreßband, S. 433-436.

PICHARDT, K. 1994. Qualitätssicherung - Lebensmittel: präventives und operatives Qualitätsmanagement vom Rohstoff bis zum Fertigprodukt. Berlin.

PINGALI, P., MARQUEZ, C. UND PALIS, F. 1994. Pesticides and Philippine Rice Farmer Health: A Medical and Economic Analysis. American Journal of Agricultural Economics **76** (3), S. 587-592.

POMMEREHNE, W. UND RÖMER, A. 1992. Ansätze zur Erfassung der Präferenzen für öffentliche Güter. Jahrbuch für Sozialwissenschaft **43**, S. 171-210.

PORTER, M. 1992. Wettbewerbsvorteile: Spitzenleistungen erreichen und behaupten (= Competitive advantage). 3. Auflage, Frankfurt am Main, New York.

PROJEKTTRÄGERSCHAFT FORSCHUNG IM DIENSTE DER GESUNDHEIT 1991. Die Nationale Verzehrsstudie. Ergebnisse der Basisauswertung. Materialien zur Gesundheitsforschung Band 18. Bonn.

PROMETEIA CALCOLO SRI 1994. Verarbeitung von Obst und Gemüse und Herstellung von Konserven. In: Kommission der Europäischen Gemeinschaften: Panorama der EU-Industrie '94. Luxembourg, S. 13-32 - 13-37.

RAIFFEISENVERBAND SÜDTIROL [1992]. Obststatistik Geschäftsjahr 1991/92. Bozen.

RAIFFEISENVERBAND SÜDTIROL [1993]. Obststatistik Geschäftsjahr 1992/93. Bozen.

RAIFFEISENVERBAND SÜDTIROL [1994]. Obststatistik Geschäftsjahr 1993/94. Bozen.

RAVENSWAAY, E. VAN UND HOEHN, J 1991a. Contingent Valuation and Food Safety: The Case of Pesticide Residues in Food. Staff Paper No. 91-13, Department of Agricultural Economics, Michigan State University, East Lansing.

RAVENSWAAY, E. VAN UND HOEHN, J. 1991b. Consumer Willingness to Pay for Reducing Pesticide Residues in Food: Results of a Nationwide Survey. Staff Paper No. 91-18, Department of Agricultural Economics, Michigan State University, East Lansing.

RAVENSWAAY, E. VAN UND HOEHN, J. 1991c. Consumer Perspectives on Food Safety Issues: The Case of Pesticide Residues in Fresh Produce. Staff Paper No. 91-20, Department of Agricultural Economics, Michigan State University, East Lansing.

REENTS, C. 1993. Inhaltsanalyse landwirtschaftlicher Themen in ausgewählten Printmedien 1990-1992. Diplomarbeit, Institut für Agrarökonomie, Christian-Albrechts-Universität zu Kiel.

REYNAUD, M. 1995. Quality Maintenance in Processing and Trade. In: Haccius, M., Bernd, A. und Geier, B. (Hrsg): Proceedings of the 4th International IFOAM Conference on Trade in Organic Products. Frankfurt, 28.2.-2.3.1995, S. 127.

RIEBEL, P. 1994. Einzelkosten- und Deckungsbeitragsrechunung: Grundfragen einer markt- und entscheidungsorientierten Unternehmensrechnung. 7., überarbeitete und wesentlich erweiterte Auflage, Wiesbaden.

RINGBECK, J. 1987. Werbeplanung für Low-Involvement-Produkte. Marketing **9** (4), S. 237-245.

RIX, C. 1994. Lebensmittelskandale - Untersuchungen des Einflusses von soziodemographischen Merkmalen, Einstellungen und der Medienberichterstattung auf die Bekanntheit von Lebensmittelskandalen. Ergebnisse und Probleme einer Telefonbefragung bei Freisinger Haushalten. Diplomarbeit, Professur für Landwirtschaftliche Marktlehre, Technische Universität München Weihenstephan.

ROBERTS, L. 1989. Pesticides and Kids. Science **243** (3), S. 1280-1281.

ROBERTS, T. UND FOEGEDING, P. 1991. Risk Assessment for Estimating the Economic Costs of Foodborne Disease Caused by Microorganisms. In: Caswell, J. (Hrsg.): Economics of Food Safety. New York, S. 103-130.

ROBERTS, T. UND MARKS, S. 1995. Valuation by the Cost of Illness Method: The Social Costs of *Escherichia coli* O157:H7 Foodborne Disease. In: Caswell, J. (Hrsg.): Valuing Food Safety and Nutrition. Boulder.

ROBERTS, T., JENSEN, H., UND UNNEVEHR, L. 1995. Tracking Foodborne Pathogens from Farm to Table: Data Needs to Evaluate Control Options. U.S. Department of Agriculture, Economic Research Service, Food and Consumer Economics Division. Miscellaneous Publication Number 1532. Washington, D.C..

RODRICKS, J. 1992. Calculated Risks. Understanding the toxicity and human health risks of chemicals in our environment. Cambridge.

RÖMER, A. 1991. Der kontingente Bewertungsansatz: eine geeignete Methode zur Bewertung umweltverbessernder Maßnahmen? Zeitschrift für Umweltpolitik (4), S. 411-456.

RÖSLER, M. 1993. Streuobstbau in Boll. Vorstellung einer umfassenden Modellstudie. In: Vielfalt in aller Munde. Perspektiven der Bewirtschaftung und Vermarktung im bundesweiten Streuobstbau. Evangelische Akademie Bad Boll, Materialien 5/93, S.11-24.

RÖSLER, M 1994. Aufpreismodelle im Streuobstbau. In: Haug, H. und Rösler, M. (Hrsg.): Ohne Moos nichts los - Streuobst zu gerechten Preisen. Dokumentation der Tagung für Landwirte, Interessenten von Mostereien, Naturschutz- und Landschaftspflegeverbänden, Baumschulen und aus der Agrar- und Naturschutzverwaltung. Templin, 2.-4.12.1994, S. 41-46.

RÜEGG, E. 1995. Assurance of Organic Origin of Produce - Perspective of a Private Inspection Body. In: Haccius, M., Bernd, A. und Geier, B. (Hrsg): Proceedings of the 4th International IFOAM Conference on Trade in Organic Products. Frankfurt, 28.2.-2.3.1995, S. 122-126.

RUND, B. 1995. Schadstoffkontrolle durch Verbraucherinitiativen? Die Arbeit von privaten Verbänden zur Durchsetzung von Verbraucherinteressen am Lebensmittelmarkt. Diplomarbeit, Institut für Ernährungswirtschaft und Verbrauchslehre, Christian-Albrechts-Universität zu Kiel.

SALUNKHE, D. UND PATIL, S. 1991. Mycotoxins: Future Prospects and Research Needs. In: Sharma, R. und Salunkhe, D. (Hrsg.): Mytoxins and Phytoalexins. Boca Raton, S.467-478.

SALUNKHE, D. UND SHARMA, R. 1991. Detoxification of Mycotoxins. In: Sharma, R. und Salunkhe, D. (Hrsg.): Mytoxins and Phytoalexins. Boca Raton, S. 461-466.

SANTER, H. 1996. Belastung mit Fremdstoffen im Obstbau. Obstbau Weinbau 33 (4), S. 101-103.

SCHÄFERMEYER, S. UND DICKLER, E. 1991. Vergleichende Untersuchungen zu Richtlinien für die integrierte Kernobstproduktion in Europa. Berlin.

SCHEBLER, A. 1996. Maßnahmen der Bayerischen Staatsregierung zur Förderung der Zertifizierung von landwirtschaftlichen Selbsthilfegruppen. In: Jürgens, P., Petersen, B. und Roux, N. (Hrsg.): Aufbau und Zertifizierung von QM-Systemen in der Agrarwirtschaft. Lösungsbeispiele, Erfahrungen und Perspektiven. FCL-Schriftenreihe Band 5. Münster, S. 49-55.

SCHLENZ, U. 1996. Qualitätssicherung bei Lebensmitteln. Kiel.

SCHMACK, G. 1990. Der Obsthandel in der Bundesrepublik. Gartenbau 37 (10), S. 330-332.

SCHMACK, G. 1995. Der Untersuchungsring im Zentralverband. Zentralverband des Deutschen Früchte-Import- und Grosshandels e.V., 27.10.1995, Bonn.

SCHMIDT, H. UND HACCIUS, M. 1994. EG-Verordnung „Ökologischer Landbau". Eine juristische und agrarfachliche Kommentierung. 2., vollständig überarbeitete und ergänzte Auflage. Karlsruhe.

SCHMIDT, K. UND KOLB, H. 1996. Die Situation der Lebensmittelinfektionen aus nationaler und europäischer Sicht. Verbraucherdienst 41 (1), S. 4-9.

SCHULZE, H. UND MÜCKE, W. 1983. Lebensmittelrecht und Entwicklungsländer. In: Cremer, H.-D. (Hrsg.): Nahrung und Ernährung. Handbuch der Landwirtschaft und Ernährung in Entwicklungsländern, Band 2. 2., völlig neubearbeitete und erweiterte Auflage. Stuttgart.

SCHULZE, K. 1989. Lebensmittelüberwachung in der Praxis. In: Streinz, R. (Redaktor): Lebensmittelrechts-Handbuch. Lose Blatt- Textsammlung. München, Kapitel IV, Rdn. 91-173.

SCHUTZGEMEINSCHAFT DER FRUCHTSAFT-INDUSTRIE E.V. [O.J.] Das Freiwillige Kontrollsystem (FKS). Zornheim.

SCHUTZGEMEINSCHAFT DER FRUCHTSAFT-INDUSTRIE E.V. 1991. Satzung. 4. geänderte Fassung.

SCHUTZGEMEINSCHAFT DER FRUCHTSAFT-INDUSTRIE E.V. 1993. Ausführungsbestimmungen zum Freiwilligen Kontrollsystem FKS. Zornheim, 25.11.1993.

SCHUTZGEMEINSCHAFT DER FRUCHTSAFT-INDUSTRIE E.V. 1995. Geschäftsbericht Geschäftsjahr 1994. Zornheim.

SCHWAB, G. 1996. Alles unter Kontrolle. Das HACCP-Konzept im Käsebedienungsbereich. Lebensmittel-Zeitung (16), 19.4.1996, S. 54-55.

SCHWARTZ, A. 1995. Legal Implications of Imperfect Information in Consumer Markets. Journal of Institutional and Theoretical Economics 151 (1), S. 31-48.

SENAUER, B. 1993. The Impact of Reduced Agricultural Chemical Use on Food: A Review of the Literature for the United States. In: Landwirtschaft und Chemie. Hrsg.: P.M. Schmitz und M. Hartmann. Kiel, S. 253-279.

SENAUER, B., ASP, E. UND KINSEY, J. 1991. Food Trends and the Changing Consumer. St. Paul.

SESSLER, B. 1993. Pflanzenschutzkosten in der integrierten und konventionellen Produktion von Kernobst. Unveröffentlicht, Stuttgart.

SESSLER, B. UND POLESNY, F. 1993. Kontrollen zur integrierten Produktion von Obst in Europa. Obstbau Weinbau 30 (9), S. 259-261.

SHARMA R. UND SALUNKHE, D. 1991. Occurrence of Mycotoxins in Foods and Feeds. In: Sharma, R. und Salunkhe, D. (Hrsg.): Mytoxins and Phytoalexins. Boca Raton, S. 13-32.

SIEBER, U. 1991. Lebensmittelstrafrecht in der Bundesrepublik Deutschland - Bedeutung, Charakteristika und Perspektiven. Zeitschrift für das gesamte Lebensmittelrecht 18 (5), S. 451-478.

SIEBERT, H. 1992. Einführung in die Volkswirtschaftslehre. 11., überarbeitete und ergänzte Auflage, Stuttgart.

SINGER, E., UND ENDRENY, P. 1993. Reporting on Risk. How the Mass Media Portray Accidents, Diseases, Disasters, and Other Hazards. New York.

SLOVIC, P. 1986. Informing and Educating the Public about Risk. Risk Analysis 6 (4), S. 403-415.

SMITH, M., RAVENSWAAY, E. VAN, THOMPSON, S. 1988. Sales Loss Determination in Food Contamination Incidents: An Application to Milk Bans in Hawaii. American Journal of Agricultural Economics 70 (3), S. 513-520.

SMULDERS, F., UND JOHNSON, J. 1990. Meat Hygiene: Processing, Packaging, Preservation. Outlook on Agriculture 19 (2), S. 85-93.

SOCKETT, P. 1993. Social and Economic Aspects of Food-borne Disease. Food Policy 18 (2), S. 110-119.

SRU (RAT VON SACHVERSTÄNDIGEN FÜR UMWELTFRAGEN) 1987. Umweltgutachten 1978. Drucksache 8/1938, Deutscher Bundestag, 8. Wahlperiode.

SRU (RAT VON SACHVERSTÄNDIGEN FÜR UMWELTFRAGEN) 1987. Umweltgutachten 1987. Drucksache 11/1568, Deutscher Bundestag, 11. Wahlperiode.

SRU (RAT VON SACHVERSTÄNDIGEN FÜR UMWELTFRAGEN) 1994. Umweltgutachten 1994. Drucksache 12/6995, Deutscher Bundestag, 12. Wahlperiode.

STAATLICHES TIERÄRZTLICHES UNTERSUCHUNGSAMT AULENDORF 1995. Tiergesundheit und Verbraucherschutz. Jahresbericht 1995. Aulendorf.

STADT NÜRNBERG, UMWELTREFERAT 1994. Daten zur Nürnberger Umwelt. Sonderheft: Tätigkeitsbericht der Abteilung Lebensmittelchemie des Chemischen Untersuchungsamtes. Berichtsjahr 1994. Nürnberg.

STATISTISCHES BUNDESAMT: Fachserie 4, Produzierendes Gewerbe. Reihe 3.1, Produktion im Produzierenden Gewerbe. Wiesbaden, verschiedene Jahrgänge.

STATISTISCHES BUNDESAMT: Fachserie 7, Außenhandel. Reihe 2, Außenhandel nach Waren und Ländern (Spezialhandel). Wiesbaden, verschiedene Jahrgänge.

STATISTISCHES BUNDESAMT: Fachserie 12, Gesundheitswesen. Reihe 2, Meldepflichtige Krankheiten. Wiesbaden, verschiedene Jahrgänge.

STATISTISCHES BUNDESAMT: Fachserie 12, Gesundheitswesen. Reihe 4, Todesursachen in Deutschland. Wiesbaden, verschiedene Jahrgänge.

STATISTISCHES BUNDESAMT: Fachserie 17, Preise. Reihe 7, Preise und Preisindizes für die Lebenshaltung. Wiesbaden, verschiedene Jahrgänge.

STATISTISCHES BUNDESAMT 1995. Statistisches Jahrbuch für die Bundesrepublik Deutschland 1995. Wiesbaden.

STATISTISCHES LANDESAMT BADEN-WÜRTTEMBERG 1993. Flächen und Baumbestände des Marktobstbaus 1992. Statistik von Baden-Württemberg Band 471. Stuttgart.

STEINBACH, W. 1988. Qualitätskosten. In: Masing, W. (Hrsg.): Handbuch der Qualitätssicherung. 2., völlig neubearbeitete Auflage. München, Wien.

STEINER, H. UND BAGGIOLINI, M. 1988. Anleitung zum integrierten Pflanzenschutz im Apfelbau. 2., überarbeitete und erweiterte Auflage, Stuttgart.

STRECKER, O., REICHERT, J. UND POTTEBAUM, P. 1990. Marketing für Lebensmittel: Grundlagen und praktische Entscheidungshilfen. 2., überarbeitete Auflage. Frankfurt am Main.

STREINZ, R. 1993. Deutsches und Europäisches Lebensmittelrecht. Der Einfluß des Rechts der Europäischen Gemeinschaften auf das deutsche Lebensmittelrecht. Wirtschaft und Verwaltung (1), S. 3-82.

STREINZ, R. UND HAMMERL, C. 1994. Aufbau, Vollzug und Praxis der Lebensmittelüberwachung. In: Streinz, R. (Redaktor): Lebensmittelrechts-Handbuch. Lose Blatt- Textsammlung. München, Kapitel IV, Abschnitt A, Rdn. 1-90.

TÄUFEL, A., TERNES, W., TUNGER, I. UND ZOBEL, M. (HRSG.) 1993. Lebensmittel-Lexikon. 3., neubearbeitete und aktualisierte Auflage. Hamburg.

TEUFEL, M. UND NIESSEN, K.-H 1991.: Rückstände in Muttermilch. Ernährungs-Umschau 38 (4), S. 142-147.

THIER, H.-P. 1991. Pflanzenschutzmittel. In: Frede, W. (Hrsg.): Taschenbuch für Lebensmittelchemiker und -technologen. Berlin, S. 27-50.

THIER, H.-P. UND FREHSE, H. 1986. Rückstandsanalytik von Pflanzenschutzmitteln. Stuttgart.

THOMPSON, M: 1986. Willingness to Pay and Accept Risk to Cure Chronic Disease. American Journal of Public Health **76** (4), S. 392-396.

TODD, E.C.D. 1989a. Preliminary Estimates of Costs of Foodborne Disease in Canada and Costs to Reduce Salmonellosis. Journal of Food Protection, **52** (8), S. 586-594.

TODD, E.C.D. 1989b. Preliminary Estimates of Costs of Foodborne Disease in the United States. Journal of Food Protection, **52** (8), S. 595-601.

TOLLE, E. 1994. Informationsökonomische Erkenntnisse für das Marketing bei Qualitätsunsicherheit der Konsumenten. Schmalenbachs Zeitschrift für betriebswirtschaftliche Forschung **46** (11), S. 926-938.

TÖPNER, W. 1993. Rückstände und Kontaminanten. Zeitschrift für das gesamte Lebensmittelrecht **20** (1-2), S. 75-90.

TORDOIR, W., MARONI, M, UND HE, F. (HRSG.) 1994. Health Surveillance of Pesticide Workers. A Manual for Occupational Health Professionals. Toxicology **91** (Sonderheft).

UETZ, M., ANDERSON, B. UND MCLAUGHLIN, E. 1984. The Applesauce Industry: Market Analysis and Strategic Implications. Department of Agricultural Economics, Cornell University, Ithaca.

UMWELTBUNDESAMT 1992. Daten zur Umwelt 1990/91. Berlin.

UMWELTBUNDESAMT 1994. Daten zur Umwelt 1992/93. Berlin.

UNGEMACH, F. 1996. Risikobewertung hormonaler Leistungsförderer durch die Brüsseler Konferenz. In: Akademie für Tiergesundheit e.V. (AfT) (Hrsg.): Hormonale Leistungsförderer - Endokrinologische Grundlagen und Ergebnisse der Brüsseler Konferenz. Symposium in Leipzig, 12.6.1996.

UNGERN-STERNBERG, T. VON UND WEIZSÄCKER, C. VON 1981. Marktstruktur und Marktverhalten bei Qualitätsunsicherheit. Zeitschrift für Wirtschafts- und Sozialwissenschaften **101** (6), S. 609-626.

VAHRENKAMP, K. 1991. Verbraucherschutz bei asymmetrischer Information: informationsökonomische Analysen verbraucherpolitischer Maßnahmen. München (= Volkswirtschaftliche Forschung und Entwicklung, Band 67).

VDF (VERBAND DER DEUTSCHEN FRUCHTSAFT-INDUSRIE E.V.) 1994. Geschäftsbericht 1993. Bonn.

VDF (VERBAND DER DEUTSCHEN FRUCHTSAFT-INDUSRIE E.V.) 1995. Geschäftsbericht 1994. Bonn.

VERBANDES DES HANSEATISCHEN FRUCHT-IMPORT- UND -GROßHANDELS HAMBURG-BREMEN E.V. 1985. Der Untersuchungsring des Verbandes des Hanseatischen Frucht-Import- und -Großhandels Hamburg-Bremen e.V. Hamburg.

VOLLMER, G., JOSST, G., SCHENKER, D., STURM, W., VREDEN, N. 1990. Lebensmittelführer. Inhalte - Zusätze - Rückstände. Band 1. Stuttgart.

WAGNER, B. 1995. Antwort der Bundesregierung auf die kleine Anfrage der Abgeordneten Marina Steindor und der Fraktion BÜNDNIS 90/DIE GRÜNEN betreffend „Die Beratungen der Codex Alimentarius Kommission über Fragen der Bio- und Gentechnologie". Bundestags-Drucksache 13/1654, Bonn.

WALLRAUCH, S. 1994. Industrielle Selbstkontrolle aus Sicht der Lebensmittelüberwachung. In: SGF (Schutzgemeinschaft der Fruchtsaft-Industrie e.V.) (Hrsg.): 20 Jahre, Zornheim, S. 5-8.

WARNING, W. 1994. Rückstandsrecht. In: Streinz, R. (Redaktor): Lebensmittelrechts-Handbuch. Lose Blatt- Textsammlung. München, Kapitel II, Rdn. 167-202.

WEBER, C. UND BALZER, W. 1992. Pestizide in Nahrungsmitteln: Besonders gefährlich für Kinder. 2. Auflage. Bad Dürkheim (=SÖL-Sonderausgabe Nr. 32).

WEIGERT, P. 1987. Antrag und Beschreibung des Forschungsvorhabens. Forschungsvorhaben Bundesweites Monitoring. Modellhafte Entwicklung und Erprobung eines bundesweiten Monitoring zur Ermittlung der Belastung von Lebensmitteln mit Rückständen und Verunreinigungen. Bundesgesundheitsamt, Zentrale Erfassungs- und Bewertungsstelle für Umweltchemikalien (ZEBS), Berlin.

WEIGERT, P., BLATTMANN-GRESCHNIOK, M., NIERMANN, R. UND KÖNIG, F. 1990. Pestizide in Lebensmitteln der Anlaufphase des Forschungsvorhabens „Bundesweites (Lebensmittel-) Monitoring. Bundesgesundheitsamt, Zentrale Erfassungs- und Bewertungsstelle für Umweltchemikalien (ZEBS), ZEBS-Hefte 3/1990, Berlin.

WEINSTEIN, K. 1991. When Pesticides Go Public. Regulating Pesticides by Media after Alar. In: American Chemical Society Symposium Series 1991, Band 446, S. 277-283.

WEISHAUPT, R. 1995. Quality Management in Organic Food Production. In: Haccius, M., Bernd, A. und Geier, B. (Hrsg): Proceedings of the 4th International IFOAM Conference on Trade in Organic Products. Frankfurt, 28.2.-2.3.1995, S. 128-131.

WELLERT, K. 1994. Zur Wettbewerbsfähigkeit von Molkerei- und Schlachtunternehmen im vereinten Deutschland. Göttingen.

WELZL, E. 1984. Schadstoffe - Probleme unserer Ernährung. Aktuelle Ernährung, 9, S. 243-250.

WERTH, K. 1994. Der Südtiroler Obstbau in Zahlen. Bozen.

WIECHMANN, D. 1995. Das Zertifikat bietet keine Garantie. Qualitätssysteme machen Kontrollen nicht überflüssig. Lebensmittel-Zeitung (39), 29.9.1995, S. 94-96.

WIEGAND, G. 1994. Zur Ökonomik der Kontrolle von Schadstoffen in Lebensmitteln. Schriftenreihe der Agrarwissenschaftlichen Fakultät der Universität Kiel. Band 77, S.193-202.

WIEGAND, G., UND BRAUN, J. VON 1994 Zur Ökonomik von Schadstoffen in Lebensmitteln. Neue methodische und empirische Herausforderungen. Agrarwirtschaft 43 (8-9), S. 295-307.

WIESENBERGER, A. 1994. SGF Woher - Wohin? In: SGF (Schutzgemeinschaft der Fruchtsaft-Industrie e.V.) (Hrsg.): 20 Jahre. Zornheim, S. 9-16.

WILDEMANN, H. 1992. Kosten- und Leistungsbeurteilung von Qualitätssicherungssystemen. Zeitschrift für Betriebswirtschaft 62 (7), S. 761-782.

WIRTHGEN, B. UND KUHNERT, H. 1992. Hofeigene Verarbeitung im ökologischen Landbau. In: Berichte über Landwirtschaft Band 70, S. 592-632.

WOESE, K., LANGE, D., BOESS, C., UND BÖGL, K. 1995. Bio-Lebensmittel auf dem Prüfstand. Ökologisch und konventionell erzeugte Lebensmittel im Vergleich. Bundesinstitut für gesundheitlichen Verbraucherschutz und Veterinärmedizin, Berlin. BgVV Hefte 07/1995.

WÖHLKEN, E. 1991. Einführung in die Landwirtschaftliche Marktlehre. 3. Auflage, Stuttgart.

WOLL, A. 1993. Allgemeine Volkswirtschaftslehre. 11., überarbeitete und ergänzte Auflage, München.

WOLLENBERG, H. 1995. Lebensmitteluntersuchung - hoheitliche Aufgabe oder Dienstleistung? Zeitschrift für das gesamte Lebensmittelrecht 22 (5), S. 479-486.

ZEBS (ZENTRALE ERFASSUNGS- UND BEWERTUNGSSTELLE FÜR UMWELTCHEMIKALIEN) 1994. Abschlußbericht. Forschungsvorhaben Bundesweites Monitoring. Modellhafte Entwicklung und Erprobung eines bundesweiten Monitoring zur Ermittlung der Belastung von Lebensmitteln mit Rückständen und Verunreinigungen. Oktober 1988 bis März 1993. Herausgeben von D. Arnold. Berlin.

ZILBERMAN, D. UND CASTILLO, F. 1994. Economic Health Consequences of Pesticide Use in Developing Country Agriculture: Discussion. American Journal of Agricultural Economics 76 (3), S. 603-604.

ZINK, K. UND SCHILDKNECHT, R. 1992. Total Quality Konzepte - Entwicklungslinien und Überblick. In: Zink, K. (Hrsg.): Qualität als Management. Total Quality Mangement. 2., überarbeitete Auflage, Landsberg am Lech.

ZIPFEL, W. 1994. Lebensmittelrecht, Band 1. München.

ZMP (ZENTRALE MARKT- UND PREISBERICHTSTELLE) 1992. ZMP Bilanz Obst 92. Bonn.

ZMP (ZENTRALE MARKT- UND PREISBERICHTSTELLE) 1994a. ZMP Bilanz Obst 1994. Bonn.

ZMP (ZENTRALE MARKT- UND PREISBERICHTSTELLE) 1994b. ZMP Bilanz Milch 1994. Bonn.

ZMP (ZENTRALE MARKT- UND PREISBERICHTSTELLE) 1994c. ZMP Bilanz Vieh und Fleisch 1994. Bonn.

ZMP (ZENTRALE MARKT- UND PREISBERICHTSTELLE) 1994d. ZMP Bilanz Eier und Geflügel 1994. Bonn.

ZMP (ZENTRALE MARKT- UND PREISBERICHTSTELLE) 1994e. ZMP Bilanz Kartoffeln 1994. Bonn.

ZMP (ZENTRALE MARKT- UND PREISBERICHTSTELLE) 1994f. ZMP Bilanz Gemüse 1994. Bonn.

ZMP (ZENTRALE MARKT- UND PREISBERICHTSTELLE) 1995a. ZMP Bilanz Obst 95. Bonn.

ZMP (ZENTRALE MARKT- UND PREISBERICHTSTELLE) 1995b. Verkaufspreise im ökologischen Landbau. Arbeitsbericht 1995 Band 8. Bonn.

ZVF (ZENTRALVERBAND DES DEUTSCHEN FRÜCHTE-IMPORT UND -GROßHANDELS E.V. 1995. Struktur und Arbeitsweise des Untersuchungsringes. Berlin, Bonn.

## B Literatur ohne Verfasser

Gabler Wirtschafts-Lexikon. 12., vollständig neu bearbeitete und erweiterte Auflage. Wiesbaden: Gabler Verlag 1988.

Duden Fremdwörterbuch. Band 5. 4., neu bearbeitete und erweiterte Auflage. Mannheim : Bibliographisches Institut 1982.

## C Zeitschriftenartikel ohne Verfasser

*Agra-Europe:*

21.6.1993, Länderberichte: Integrierter Obstbau braucht spezielle Pflanzenschutzmittel. S. 36-38.

17.1.1994, Europa-Nachrichten: Subsidiarität in der rechtspraxis der Gemeinschaft. S. 4-5.

18.4.1994, Kurzmeldungen: Milupa verarbeitet nur noch Bioprodukte. S. 27.

18.4.1994, Länderberichte: Parteien ziehen unterschiedliche Schlüsse aus Babykostskandal. S. 57-59.

5.12.1994, Kurzmeldungen: Südtiroler Apfelernte überraschend auf Rekordniveau. S. 6-7.

27.12.1994, Kurzmeldungen: Apfelbaumrodung: Anträge für mehr als 4200 Hektar. S. 27

3.7.1995, Kurzmeldungen: Gutes Ergebnis der Apfelsaison 1994/95 an der Niederelbe. S. 14.

31.7.1995, Kurzmeldungen: Codex Alimentarius legt neue Grenzwerte fest. S. 29.

14.8.1995, Dokumentation: Vereinfachung der EU-Rechtsvorschriften. S. 1-18.

21.8.1995, Kurzmeldungen: Brick sieht Anzeichen für Erholung des Obstbaus. S. 7-8.

28.8.1995, Länderberichte: Nabu fördert Streuobstvermarktung mit eigenem Qualitätszeichen. S. 30-31.

12.2.1996, Europa-Nachrichten: Auch Australien und Neuseeland klagen gegen EU-Hormonverbot. S. 23.

12.2.1996, Kurzmeldungen: Auf Pflanzenschutzmittel im Haus- und Kleingarten verzichten. S. 40-41.

4.3.1996, Europa-Nachrichten: Agrarminister für Verbot von Beta-Agonisten. S. 9-11.

11.3.1996, Kurzmeldungen: Überprüfung der Rückstands-Höchstwerte in Fischen dauert an. S. 22.

25.3.1996, Europa-Nachrichten: Hormonsündern geht es an die Brieftasche. S. 1-2.

9.4.1996, Länderberichte: Härtere Konkurrenz am Fruchtsaftmarkt. S. 20-21.

28.5.1996, Europa-Nachrichten: Kommission bestätigt BST-Moratorium. S. 16-17.

*Bauernblatt*

16.4.1994, S. 4-5: Schattenseiten des Preisdrucks.

*Die Welt*

8.4.1994: Streit um giftige Babynahrung.

*Die Woche*
1.8.1993, [Kurzmeldung in der Rubrik „Gemischtwaren", Textbeginn „Ein Fressen für Anwälte ..."], S. 10.

*Die Zeit*
15.4.1994: Hauptsache billig.
15.4.1994: Viel Geschrei um Babybrei.

*DLG-Mitteilungen:*
BSE: Hektische Wochen. DLG-Mitteilungen (1996) 5, S. 4.

*Ernährungsumschau:*
Lebensmittel - eine Gefahr für die Gesundheit? Expertentreffen der WHO.
Ernährungs-Umschau 42 (1995) 5, S. 185.

*Farmers Weekly*
13.5.1994: EFAW Pesticide Action. S. 12.

*Food Laboratory News*
Evaluation of PCBs and Patulin. Food Laboratoty News (1990) 21, S. 36-40.

*Frankfurter Allgemeine Zeitung*
7.4.1994: Hero nimmt alle Obst- und Gemüseprodukte für Babies vom Markt.
9.4.1994: Die Giftwerte sind kaum noch zu messen.

*Handelsblatt*
6.10.94: Mehr Babykost aus Ostdeutschland.

*Lebensmittel Praxis*
Keine Trendumkehr. 2/1996, S. 30.
Babynahrung. Gut für die Kundenbindung. 8/1996, S. 30-36.

*Lebensmittel-Zeitung*

| | |
|---|---|
| 25.3.1994, S. 30: | Selbstkontrolle für Fruchtsäfte. |
| 23.6.1995, S. 28: | Wider ein falsches Obstzeugnis. |
| 18.12.1995, S. 18: | Odenwald steigert Absatz und Umsatz. |
| 9.2.1996, S. 18: | Südafrikas Obstindustrie strafft System. |
| 23.2.1996, S. 25 | [Kurzmeldung ohne Titel, Textbeginn „Kanada ..."]. |
| 22.3.1996, S. 17: | Mehr Saft von Becker's. |
| 19.4.1996, S. 20 | Hormonmast spart Viertel der Kosten. |
| 3.5.1996, S. 90: | Kaum noch Rückstände. |
| 31.5.1996, S. 42 | Heilig ist den Testern nur ihre Unabhängigkeit. |
| 28.6.1996, S. 20 | Belebung im Fruchtmarkt. |
| 5.7.1996, S. 20 | Kompromiß nach Apfelsaft-Test. |
| 30.8.1996, S. 84: | Schmetterlinge signalisieren Umweltschonung. |

*Markant Handelsmagazin*
Angebot stärker am Bedarf orientieren. 5/1994.

*Öko-Test*
Milupa nimmt Produkte vom Markt. Pressemitteilung, Frankfurt, 6.4.94.
Gut im Futter? Test Babykost. Öko-Test Sonderheft Nr. 14, 13.5.94, S. 34-49.
Vom Markt gefegt. Öko-Test (1994) 5, S. 35-38.
Impressum. Öko-Test (1994) 7, S. 34.

*Test*
Panschereien aufgedeckt. (1996) 6, S. 86-91.

## D Zitierte Gesetzestexte

Allgemeine Verwaltungsvorschrift über den **Monitoring-Plan** 1995. GMBl (1995) Nr. 19, S. 366-372.

**Eiprodukte-Verordnung** vom 17.12.1993

**Fleischhygiene-Verordnung** vom 30.10.1986, i.d.F. der ÄndVO vom 7.11.1991.

**Futtermittelgesetz** vom 2.7.1975, BGBl. I S. 1745-1753; geändert am 12.1.1987, BGBl. I S. 128-140; angepaßt am 26.2.1993, BGBl. I, S. 278; EWR-Ausführungsgesetz vom 27.4.1993, BGBl. I S. 512.

Gesetz gegen den **unlauteren Wettbewerb** vom 7.7.1909.

Gesetz gegen **Wettbewerbsbeschränkungen** vom 27.7.1957 i.d.F. vom 20.2.1990.

Gesetz über die **Haftung** fehlerhafter Produkte vom 15.12.1989.

Gesetz zum Schutz der Kulturpflanzen (**Pflanzenschutzgesetz** - PflSchG) vom 15.9.1986. BGBl I S. 1505, zuletzt geändert durch Gesetz vom 28.6.1990, BGBl. I, S. 1221).

**Hühner-Salmonellen-Verordnung** vom 11.4.1994

**Hühnerei-Verordnung** vom 5.7.1994

**Los-Kennzeichnungs-Verordnung** (LKV) vom 23.6.1993. BGBl. I, Nr. 31 vom 29.6.1993.

Richtlinie 88/146/EWG vom 16.3.1988 zum Verbot des Gebrauchs von bestimmten Stoffen mit **hormonaler Wirkung** im Tierbereich (Abl. Nr. L 70 vom 16.3.1988, S. 16).

Richtlinie 89/397/EWG des Rates vom 14.6.1989 über die **amtliche Lebensmittelüberwachung** (Abl. L vom 30.6.1989, S. 23).

Richtlinie 90/642/EWG des Rates vom 27.11.1990 über die Festsetzung von Höchstgehalten an **Rückständen von Schädlingsbekämpfungsmitteln** auf und in bestimmten Erzeugnissen pflanzlichen Ursprungs, einschließlich Obst und Gemüse (Abl. Nr. L 350 S. 71).

Richtlinie 93/43/EWG des Rates vom 14.6.1993 über **Lebensmittelhygiene** (Abl. L vom 19.7.1993, S. 1).

Richtlinie 93/77/EWG des Rates vom 21. September 1993 für **Fruchtsäfte** und einige gleichartige Erzeugnisse.

Richtlinie 93/99/EWG des Rates vom 29. Oktober 1993 über zusätzliche Maßnahmen im Bereich der **amtlichen Lebensmittelüberwachung** (Abl. L 290 vom 24.11.1993, S. 14).

**Trinkwasserverordnung** vom 22.5.1986, BGBl I, S. 760, geändert am 12.12.1990, BGBl I, S. 2613.

Verordnung (EWG) 2377/90 des Rates vom 26.6.1990 zur Schaffung eines Gemeinschaftswesens für die Festsetzung von Höchstmengen für **Tierarzneimittelrückstände** in Nahrungsmitteln tierischen Ursprungs (Abl. Nr. L 224 vom 18.8.1990, S. 1).

Verordnung (EWG) 315/93 des Rates vom 8.2.1993 zur Festlegung von gemeinschaftlichen Verfahren zur **Kontrolle von Kontaminanten** in Lebensmitteln (Abl. Nr. L 37 vom 13.2.1993, S. 1).

Verordnung Nr. 2092/91 des Rates vom 24.6.1991 über den **ökologischen Landbau** und die entsprechende Kennzeichnung der landwirtschaftlichen Erzeugnisse und Lebensmittel, Abl. EG L 198, 22.7.1991, S. 1 ff.

Verordnung Nr. 90/2377/EWG: Verordnung des Rates zur Schaffung eines Gemeinschaftsverfahrens für die Festsetzung von **Höchstmengen für Tierarzneimittelrückstände in Nahrungsmitteln tierischen Ursprungs** vom 26.6.1990, Abl. EG Nr. L 224, S. 1.

Verordnung über **diätische Lebensmittel**, Neufassung vom 25.8.1988

Verordnung über Höchstmengen an Rückständen von Pflanzenschutz- und Schädlingsbekämpfungsmitteln, Düngemitteln und sonstigen Mitteln in oder auf Lebensmitteln und Tabakerzeugnissen (**Rückstands-Höchstmengenverordnung** - RHmV) vom 1.9.1994 (BGBl. I, S. 2299 ff) mit der zweiten Änderungsverordnung vom 7.3.1996 (BGBl. I Nr. 14 vom 14.3.1996, S. 376 ff).

Verordnung über Höchstmengen an **Schadstoffen** in Lebensmitteln (Schadstoff-Höchstmengenverordnung - SHmV) vom 23.3.1988 (BGBl. I, S. 422 ff).

Verordnung über Stoffe mit **pharmakologischer Wirkung** vom 24.9.1984, BGBl I S. 1713, in der letzten Änderung vom 24.6.1994, BGBl I, S. 1416.

Zweites Gesetz zur Änderung des **Lebensmittel- und Bedarfsgegenständegesetztes (LMBG)**, 25.11.94, BGBl, I, S. 3538 ff.

## E Persönliche Mitteilungen / Unveröffentlichtes Material

AMEND, P.
Gesellschaft für Lebensmittel-Forschung
Schriftliche Mitteilung vom 15.6.1995
Landgrafenstraße 16 — 10787 Berlin – Tel. 030 - 261 90 75

ARNOLD, D.:
Zentrale Erfassungs- und Bewertungsstelle für Umweltchemikalien (ZEBS) – Bundesinstitut für gesundheitlichen Verbraucherschutz und Veterinärmedizin (BgVV)
Telefonische Mitteilungen, Januar 1996
Postfach 33 00 13, 14191 Berlin – Tel. 030 - 84 12 0.

ASOCIACIÓN DE EXPORTADORES DE CHILE A.G.
Schriftliche Mitteilung vom 9.8.1996
Casilla 10096 Centro – Santiago – Chile – Tel.: 02 - 206 66 04

BAHLSEN KG, Rechtsabteilung
Telefonische Mitteilung vom 1.7.1996
Podbielskistr. 289 – 30655 Hannover – Tel.: 0511 - 96 00

BBA (BIOLOGISCHE BUNDESANSTALT FÜR LAND- UND FORSTWIRTSCHAFT BERLIN UND BRAUNSCHWEIG)
Messeweg 11/12, 38104 Braunschweig – Tel.: 0531 - 2995

HERR BESSER
Redaktion ÖKO-TEST
Postfach 900 766 – 60447 Frankfurt a.M. – Tel.: 069 - 97 777 134

BOHL, A.
Bundesverband der Lebensmittelkontrolleure e.V.
Schriftliche Mitteilung vom 12.6.1996
Rosenweg 9 – 25524 Itzehoe – Tel.: 04821 - 69 236

Herr BUCKL
Landesuntersuchungsamt für das Gesundheitswesen Südbayern
Schriftliche Mitteilung vom 13.6.1996
Veterinärstr. 2 – 85762 Oberschleißheim, Tel.: 089 - 315 601

BUND (BUND FÜR UMWELT UND NATURSCHUTZ DEUTSCHLAND E.V.):
Informationen über Apfelsaft aus Streuobstanbau in der Bodenseeregion, September und Oktober 1995.
Herr U. Miller – BUND – Leonhardstr. 1 – 88212 Ravensburg – Tel. 0751 - 21 45 1

Herr BUX
Innenministerium
Telefonische Mitteilung, 13.6.1996
Richard-Wagner-Str. 15 – 70184 Stuttgart – Tel.: 0711-231 3929

FRIEß, H.
Landesuntersuchungsamt für das Gesundheitswesen Nordbayern
Schriftliche Mitteilung vom 24.6.1996
Postfach 25 09 – 91013 Erlangen

MARAN, H.:
Mitteilung vom 12.12.1995
Pflanzenschutzamt – Brennerstraße 6 – 39100 Bozen – Italien – Tel.: 0030 - 471 - 99 51 40

MOLDENHAUER, H.:
Verband des Hanseatischen Frucht-Import- und Großhandels Hamburg-Bremen e.V.
Mitteilung vom 22.8.1993.
Oberhafenstr. 3 – 20097 Hamburg – Tel. 040 - 33 76 24

MORANDELL, I.:
Arbeitsgruppe für integrierten Obstbau in Südtirol
Mitteilungen vom 16.8. und 10.9.1995
Andreas-Hofer-Straße 9 – 39011 Lana – Italien – Tel.: 0039 - 473 - 565083

NESTLÉ DEUTSCHLAND AG
Mitteilungen vom 13.9.1995 (Frau L.-S. Wilke) und 24.11.1995 (Dr. M. Woerner)
81662 München – Tel.: 089 - 41 16 0

OBSTBAUVERSUCHSANSTALT
Mitteilungen vom 6.2., 12.5. und 12.12. 1995
Westerminnerweg 22, 21635 Jork – Tel. 04162 - 60 16 0

OBSTREGION BODENSEE E.V.:
Gespräch mit Herrn E. Setz, Geschäftsführer, am 14.8.1995
Schumacherhof – 88213 Ravensburg-Bavendorf

OLTHOF, P.D:A.
Directorate for Food and Product Safety
Ministry of Health, Welfare and Sports
Schriftliche Mitteilung vom 30.8.1995
Postbox 3008 – 2280 MK Rijswijk – Niederlande – Tel.: 070 - 340 79 11

SANCHEZ GRUNERT, L.
Ministerio de Agricultura
Departamento Protección Agrícola
Schriftliche Mitteilung vom 22.8.1995
Teatinos 40 – Santiago – Chile

Herr STÖPPLER
Staatliches Tierärztliches Untersuchungsamt Aulendorf
Schriftliche Mitteilung vom 21.6.1996
Postfach 11 27 – 88321 Aulendorf – Tel.: 07525 - 942 200

TIETJEN, U.:
Bundestierärztekammer
Schriftliche Mitteilung vom 29.2.1996
Oxfordstraße 10 – 53111 Bonn – Tel. 0228 - 65 57 60

# Anhang

Anhang 1: Annahmen bei der Kalkulation von „Warenströme Äpfel und Apfelprodukte 1991-1993" (Tabelle 6-5, Schaubilder 6-1 und 6-2)

Anhang 2: Dokumentation Handelsspannenberechnung

Anhangstabellen zu den Kapiteln 1 - 11

**Anhang 1: Annahmen bei der Kalkulation von „Warenströme Äpfel und Apfelprodukte 1991-1993" (Tabelle 6-5, Schaubilder 6-1 und 6-2)**

Um die Warenströme von Äpfeln und Apfelprodukten näherungsweise zu quantifizieren, wurden in Tabelle, 6-5 Außenhandelsdaten mit Daten der Inlandsproduktion und Verarbeitung verknüpft. Eine Schwierigkeit lag dabei darin, daß es über die Verwendung von Äpfeln aus der Hausgarten- und Streuobstproduktion keine Informationen gibt[373]. Sie wurde daher indirekt über die Warenströme der weiterverarbeiteten Produkte ermittelt.

In den Berechnungen wurde mit dem Mittelwert der Jahre 1991-1993 gearbeitet, um den Effekt der in der Obstproduktion typischen Ertragsschwankungen abzuschwächen. Daten vor 1991 konnten nicht berücksichtigt werden, da sie sich z.T. nur auf die alten Bundesländer bezogen. Daten für den Zeitraum nach 1993 waren nicht für alle relevanten Produkte verfügbar.

*Tafeläpfel*

Aus den Daten der ZMP (Vergleich der Erntemengen mit Absatz der Erzeugermärkte) geht hervor, daß 50% der deutschen Produktion von Marktäpfeln nicht über die Erzeugermärkte abgesetzt wird. Dies führt zu Annahme 1 und 2.

1. Es wird angenommen, daß, nach Abzug des Rohmaterials für Apfelmus, diese direkt abgesetzte Menge zu 100% aus Tafeläpfeln besteht. Das bedeutet, daß insgesamt 75% der Marktobstproduktion als Tafeläpfel abgesetzt wird. Diese Zahl scheint realistisch.

2. In einer von der ZMP veröffentlichen Studie von 1992 wird angegeben, daß private Haushalte 25% ihres Gesamtverbrauchs von Äpfeln über die Selbstversorgung decken (ZMP, 1995a, S. 34). Wird die Summe der abgesetzten Tafeläpfel aus dem Marktobstbau (632.000 t) und den Nettoimporten (636.000 t) daraufhin als 75% des Gesamtbedarfs interpretiert, dann werden also 423.000 t Äpfel aus der Haus- und Streuobstproduktion als Tafeläpfel verzehrt.

Der gesamte inländische Konsum an Tafeläpfeln beträgt damit 1,7 Mio. Tonnen bzw. 21 kg pro Kopf und Jahr. Diese Menge scheint plausibel und teilt sich auf folgende Herkünfte auf:

- Importe 38% (636.000 t)
- Selbstversorgung 25% (423.000 t)
- Marktobst - Direktvermarktung 21%[374] (363.000 t)
- Marktobst - Erzeugermärkte 16% (269.000 t).

Diese Angaben können mit einer anderen Berechnung verglichen werden: Laut Schätzungen des BML wurden in den alten Bundesländern im Dreijahresdurchschnitt 1991-1993 von den Erzeugern 38% der gesamten Apfelernte selbst verbraucht. Als Eßobst wurden 36% verkauft, während 23% als Verwer-

---

[373] Auch das Statistische Bundesamt und der Verband der Fruchtsaft-Industrie konnten auf keine genaueren als die in Tabelle 6-5 zitierten Quellen verweisen. Schon die Erntemengen aus der Hausgarten- und Streuobstproduktion sind bereits grobe Schätzungen.

[374] Diese Angabe deckt sich größenordnungsmäßig gut mit Angaben der ZMP, wonach 27% (alte Bundesländer) bzw. 19% (neue Bundesländer) der gekauften Äpfel auf Wochenmärkten, vom Erzeuger oder von sonstigen Quellen erstanden werden (ZMP, 1995a, S. 32-33).

tungsobst abgesetzt wurden, drei Prozent sind als nicht abgeerntete Menge verzeichnet. Aus der Tabelle des BML geht nicht hervor, auf welche Mengenangaben sich die Prozentangaben stützen. (BML, 1994, S. 840).

Werden die Prozentangaben des BML auf die Erntemengen dieser Jahre bezogen (vergl. Tabelle 6-5), so beträgt die Selbstversorgung 612.000 t [423.000], das vermarktete Tafelobst 574.000 t [632.000] und das Verwertungsobst 446.000 t [648.000]. Die Zahlen in eckigen Klammern beziehen sich auf die von der Verfasserin gemachte Schätzung. Werden diese mit den Angaben des BML verglichen, so ist die Selbstversorgung noch unterschätzt und der Anteil von Industrieobst überschätzt.

*Apfelsaft*

Eindeutig sind die statistischen Angaben über den Außenhandel mit Mostäpfeln, Apfelsaftkonzentrat und Apfelsaft (Nettoeinfuhr 728 Mio. l). Ebenso gibt es Informationen über den relativ bescheidenen Anteil von Mostäpfeln aus der Marktobstproduktion (110 Mio. l). Es gibt aber keine Daten darüber, wieviel Tonnen aus der Hausgarten- und Streuobstproduktion zu Saft weiterverarbeitet werden, dies wird daher indirekt geschätzt.

Die inländische Produktion von Apfelsaft und Apfelsaftkonzentrat schließt die Weiterverarbeitung bzw. das Abfüllen ausländischer Roh- und Halbware mit ein. Das Statistische Bundesamt[375] weist für 1991-1993 eine <u>Kernobst</u>saftproduktion von durchschnittlich 715 Mio. l[376] aus (Position 6825 52).

3.  Es wird vereinfachend angenommen, daß dies zu 100% Apfelsaft ist (der jährliche Konsum von Birnensaft ist sehr gering).

Das Statistische Bundesamt weist weiterhin gesondert auch die Produktion von 70 Mio. l <u>Fruchtsaftkonzentrat</u> aus (Position 6825 64).

4.  Hier wird angenommen, daß es sich um 100% Apfelsaftkonzentrat handelt mit einer durchschnittlichen Dichte von 70° Brix. Dies läßt sich zu einem Volumen von 443 Mio. l Apfelsaft umrechnen (multipliziert mit 6,3). Es wird weiterhin angenommen, daß das in Deutschland produzierte Apfelsaftkonzentrat <u>nicht</u> im gleichen Jahr zu Saft weiterverarbeitet wurde, sonst hätte das Statistische Bundesamt eine Ware zweimal erfaßt. Diese Annahme scheint plausibel, da Deutschland 512 Mio. l Apfelsaft, hauptsächlich in Konzentratform, exportiert.

Insgesamt wurden damit 1.159 Mio. l Apfelsaft und Apfelsaftkonzentrat im Inland produziert.

5.  Bezüglich der Einfuhren kann davon ausgegangen werden, daß ein Großteil als Apfelsaftkonzentrat gehandelt wird und durch die notwendige Aufbereitung in Deutschland in den inländischen Produktionsstatistiken erfaßt wird. Auch die Einfuhren von verkaufsfertigem Apfelsaft bedingt normalerweise noch eine Abfüllung in handelsübliche Flaschen in Deutschland, auch diese Ware dürfte dadurch in der Inlandsstatistik erfaßt sein. Die Nettoeinfuhren von Mostäpfeln, Halbwaren und Apfelsaft betragen 728 Mio. l.

---

[375] Statistisches Bundesamt: Produzierendes Gewerbe 1994. Fachserie 4, Reihe 3.1. Wiesbaden 1995.
[376] Dieser Wert ist eher eine Unterschätzung. Laut VdF wurden 1991-1993 pro Jahr durchschnittlich 739 Mio. l Apfelsaft verbraucht (VdF, 1994, S. 42; pro Kopf Verbrauch mit Bevölkerungszahl multipliziert).

Die Annahmen führen einerseits zu einer Überschätzung (Annahme 4). Andererseits erfaßt das Statistische Bundesamt nur Unternehmen ab zehn Mitarbeiter, so daß kleine, regionale Mostereien nicht erfaßt sind und die tatsächliche Produktion höher liegt.

Die Herkunft der Rohware der angenommenen 1.159 Mio. l Apfelsaft und Apfelsaftkonzentrat sind

- Importe                              63%    (728 Mio. l)
- Mostäpfel aus Marktobstanbau         9%     (110 Mio. l)
- ungeklärt (Streuobstproduktion)      28%    (321 Mio. l)

Die 28% „ungeklärte" Herkunft entsprechen 417.000 t Äpfel. Es wird angenommen, daß dieser Bedarf aus dem Angebot an Streuobst gedeckt wird.

*Geschätzte Verwendung von Äpfeln aus Hausgärten und Streuobstwiesen*

Nach den oben gemachten Annahmen ist die Verwendung der 1.034.000 t Äpfel aus dieser Produktionsrichtung wie folgt:

- Tafeläpfel für Selbstversorgung      41%    (423.000 t)
- Zu Saft weiterverarbeitet            40%    (417.000 t)
- ungeklärte Verwendung                19%    (194.000 t)

Abgesehen von den sehr ungenauen Schätzungen der Hausgarten- und Streuobsternten ist es nicht unwahrscheinlich, daß 19% nicht bzw. alternativ genutzt werden. Insgesamt ist das Volumen dieser Produktionsrichtung vermutlich stark unterschätzt, da die ZMP nur Ernten für die alten Bundesländer ausweist.

*Weitere Probleme der Schätzung*

In den hier dargelegten Kalkulationen konnten die folgenden zwei Bereiche nicht berücksichtigt werden:
- Verluste
- Rohwarenbedarf für weitere Verarbeitungsprodukte wie z.B. apfelhaltige Kinderkost, Apfelwein, Apfelsaft in Erfrischungsgetränken etc..

Es wird angenommen, daß bei Beachtung der nicht berücksichtigten Bereiche die berechneten Anteile der einzelnen Herkünfte nicht wesentlich beeinflußt würden.

## Anhang 2: Dokumentation Handelsspannenberechnung

Für Tafeläpfel wurden die Handelsspannen zwischen den vier Stufen Erzeuger, Erfassungshandel (Erzeugermärkte), Großmärkte und Einzelhandel für die Jahre 1991-1993 geschätzt. Dazu wurden beispielhaft die Sorten Cox Orange und Golden Delicious ausgewählt, die in den veröffentlichten Preisstatistiken besonders umfassend dargestellt sind. Das vorliegende Datenmaterial und die notwendigen Anpassungen zur Berechung der Handelsspannen seien im folgenden kurz beschrieben.

*Erzeugermarktdaten*

Die ZMP veröffentlicht halbmonatliche Absatzmengen und Durchschnittserlöse für die einzelnen Apfelsorten auf Erzeugermärkten (ZMP, 1994, Tab. 42; 1992, Tab. 39). Die Angaben sind für 1991-1993 in Tabelle 11.5, Spalte 2 und 5, wiedergegeben. Unter Erzeugermärkten soll die erste Handelsstufe (Erfassungshandel) für inländische Marktäpfel verstanden werden (vergl. Schaubild 6-1). Grundlage der ZMP Statistik sind alle Handelsklassen. Daten der Region Bodensee (vergl. Tabelle 11-6) zeigen, daß im mehrjährigen Durchschnitt der Gesamtdurchschnittspreis 96% (Cox Orange) bzw. 95% (Golden Delicious) des Preises der Handelsklasse 1 darstellt. Am Gesamtumsatz ist die Handelsklasse 1 mit 96% bei Cox Orange und 87% bei Golden Delicious die dominierende Qualitätsstufe.

*Großmarktdaten*

Wöchentliche Großmarktabgabepreise sind in den ZMP Bilanzen Obst nach Erzeugnis, Sorte, Herkunft, und Größe dargestellt (ZMP, 1994, Tab. 122; 1992, Tab. 120). Für die Jahre 1992 und 1993 werden von der ZMP z.B. sechs verschiedene Notierungen für Cox Orange und elf für die Sorte Golden Delicious ausgewiesen. Fehlende Mengen- und Handelsklassenangaben erlauben keine direkten Aggregationen (etwa für die Berechnung eines Durchschnittspreises einer bestimmten Sorte). Direkte Anfragen an die acht umsatzstärksten deutschen Großmärkte bestätigten, daß es keine Daten zur Berechnung von Durchschnittspreisen für Äpfel auf dieser Handelsstufe gibt.

Aus diesem Datenmaterial sollte trotzdem ein einheitlicher Sortenpreis auf der Großmarktstufe geschätzt werden. Dazu wurden folgende Annahmen getroffen und Berechnungen durchgeführt:

- Um den Vergleich mit den Erzeugermarktdaten plausibel zu gestalten, wurden nur die fünf Notierungen inländischer Ware ausgewählt (70-80mm, 65-70mm und 60-65mm bei Cox Orange; 70-80mm und 65-70mm bei Golden Delicious).
- Vereinfachend wurde angenommen, daß die Region Bodensee und die Daten aus den Jahren 1992/93-1994/95 repräsentativ den Anteil der Fruchtgrößen pro Sorte darstellen. Aus dem mehrjährigen Mittel der Region Bodensee wurde zunächst die Verteilung der Fruchtgrößen pro Sorte berechnet (siehe Spalte „Durchschnittliche Verteilung" in Tabelle 11-7). Die in den Großhandelsdaten vertretenen drei bzw. zwei Notierungen entsprechen 61% (Cox Orange) bzw. 58% (Golden Delicious) der gesamten abgesetzten Menge in der Handelsklasse 1 der jeweiligen Sorte.
- Innerhalb der drei bzw. zwei gewählten Fruchtgrößen wurden die Preise entsprechend ihrer mengenmäßigen Bedeutung neu gewichtet:

Cox Orange                    Golden Delicious
70-80mm = 30%                 70-80mm = 60%
65-70mm = 54%                 65-70mm = 40%
60-65mm = 16%

Mit Hilfe dieser Gewichtung wurden die wöchentlichen Preisnotierungen innerhalb der Sorte zusammengefaßt und, um die Vergleichbarkeit mit den Daten auf den anderen Handelsstufen zu vereinfachen, in eine halbmonatliche Darstellung gebracht (vergl. Tabelle 11-5).

*Einzelhandelspreise*

Durchschnittliche Einzelhandels- bzw. Verbraucherpreise werden ebenfalls von der ZMP veröffentlicht (ZMP, 1994, Tab. 126; 1992, Tab. 123). Die Notierungen sind wöchentlich, für 1992 und 1993 für die alten und neuen Bundesländer untergliedert und auf die Sorten Cox Orange und Golden Delicious begrenzt. Aufgrund dieser Sortenwahl wurden bei den Groß- und Erzeugermärkten (s.o.) auch nur diese zwei Sorten in die Berechnungen aufgenommen.

Die Verbraucherpreise der alten Bundesländer sind in Tabelle 11-5, Spalte 4 und 7 halbmonatlich zusammengefaßt. Sie beziehen sich auf alle Handelsklassen und Fruchtgrößen und beinhalten auch ausländische Ware.

*Produzenten (ab-Hof) Preis*

Die konkreten Auszahlungspreise an die Apfelerzeuger sind nicht veröffentlicht. Von den notierten Erzeugermarktpreisen sind noch folgende Kosten der Sortierung, Verpackung, Lagerung und Vermarktung zu substrahieren, um den Auszahlungspreis zu erhalten:

| | |
|---|---|
| Sortierung und Verpackung in Eurosteige | 340 DM |
| Lagerung im CA-Lager | 150 DM |
| Vermarktungsgebühr | 70 DM |
| CMA-Werbebeitrag | 5 DM |
| Gesamt | 565 DM[377] |

Unter Berücksichtigung der hier aufgezählten Kosten beträgt der Produzentenpreis für Cox Orange 623 DM/t und für Golden Delicious 439 DM/t.

*Berechnung der Handelsspannen*

Die Handelsspannen zwischen den drei Handelsstufen wurden für jeden Beobachtungszeitraum einzeln berechnet und sind in Tabelle 11-5, Spalte 8-13 wiedergegeben. Bei der Berechnung der Handelsspannen sind eine Reihe von Vereinfachungen vorgenommen worden:

---

[377] Sortierungs-, Verpackungs- und Lagerungsgebühren nach KTBL, 1995, S. 41. Die Vermarktungsgebühr und der CMA-Werbebeitrag wurden in dieser Höhe von GEKLE et al. (1994, S. 45) beschrieben.

- Während die Erzeugermarkt- und Großmarktpreise einen Durchschnitt aller Handelsklassen darstellen, beziehen sich die Verbraucherpreise nur auf die Handelsklasse I. Da aber 80-90% der abgesetzten Mengen an Cox Orange und Golden Delicious dieser Handelsklasse angehören und der Durchschnittspreis auf Erzeugerebene nur 5% unter dem Preis für die Handelsklasse I liegt, wird diese Inkoherenz vernachlässigt.
- Die Einzelhandelspreise beinhalten auch ausländische Ware, Erzeuger- und Großmarktpreise beschränken sich hingegen nur auf Äpfel deutscher Herkunft. Die enge Korrelation zwischen Großmarkt- und Einzelhandelspreisen (0,91 bzw. 0,94, vergl. Tabelle 11-8) stützt die Vermutung, daß dieser Umstand die Höhe der Spanne nicht wesentlich beeinflußt.
- In der vorliegenden Berechung, die einen Zeitraum von drei Jahren betrachtet, wurde darauf verzichtet, die Preise zu deflationieren[378].
- Es wurde ebenfalls darauf verzichtet, eine Zeitspanne in die Berechung der Handelsspanne einzubeziehen. Der rein technische Ablauf des Apfelabsatzes läßt vermuten, daß die Ware in jeder Handelsstufe eine gewisse Zeit verbleibt[379]. Dieser Zeitverbleib kann aber ohne weitere Nachforschungen nicht genau bestimmt werden. Außerdem setzen Erzeuger wie Händler kontinuierlich Ware ab, Äpfel sind durch die Möglichkeit der CA-Lagerung monatelang lagerbar.

Tabelle 11-5 gibt die halbmonatlichen und die durchschnittlichen Handelsspannen der Jahre 1991-1993 an. Der Median beträgt

- 380 - 411 DM/t für die Handelsspanne Erzeugermarkt - Großmarkt
- 1.895 - 1.947 DM/t für die Handelsspanne Großmarkt - Einzelhandel.

Die weiter oben berechneten Kosten der Sortierung, Verpackung, Lagerung und Vermarktung (565 DM/t) können als Handelsspanne der Handelsstufe Produzent - Erzeugermärkte interpretiert werden.

---

[378] Hier wird der Argumentation von GIERL UND HÖRTER (1991, S. 352) gefolgt. In ihrer Untersuchung von Obst- und Gemüsepreisen beziehen sie sich ebenfalls auf dreijährige Datenreihen der ZMP und verzichten angesichts der kurzen Zeitspanne auf die Berücksichtigung der allgemeinen Preissteigerung.

[379] Zur Theorie der Preisverzögerung (*price lag*) und ihre Anwendung auf den nordamerikanischen Apfelmarkt siehe HANSMIRE UND WILLETT, 1993.

**Tabelle 1-8: Pflanzenschutzmittel und PCB in tierischen Lebensmitteln**

| Lebensmittel | Stoff | Gesamtprobenzahl (n) | Proben mit Rückständen (n) | Proben mit Rückständen (%) | Höchstmengenüberschreitungen (n) |
|---|---|---|---|---|---|
| Milch | HCB | 3.546 | 3.053 | 86 | |
| | PCB 153 | 3.551 | 2.253 | 63 | 4 |
| | PCB 138 | 3.549 | 2.039 | 57 | 3 |
| | DDE-p,p' | 3.553 | 1.905 | 54 | |
| | Lindan | 3.548 | 1.835 | 52 | 1 |
| | PCB 180 | 3.548 | 1.519 | 43 | 4 |
| | PCB 28 | 3.546 | 44 | 1 | 1 |
| | PCB 52 | 3.546 | 33 | 1 | 1 |
| Eier | DDE-p,p' | 1.906 | 1.248 | 65 | |
| | HCB | 1.900 | 831 | 44 | |
| | PCB 153 | 1.903 | 651 | 34 | 1 |
| | PCB 138 | 1.903 | 599 | 31 | 1 |
| | PCB 180 | 1.903 | 486 | 26 | 1 |
| | Lindan | 1.902 | 485 | 25 | |
| | Dieldrin | 1.900 | 433 | 23 | |
| | PCB 101 | 1.902 | 82 | 4 | 1 |
| Rinderleber | PCB 153 | 3.912 | 3.439 | 88 | 34 |
| | PCB 138 | 3.912 | 3.438 | 88 | 30 |
| | PCB 180 | 3.912 | 2.920 | 75 | 20 |
| | HCB | 3.906 | 2.813 | 72 | |
| | HCH-ß | 3.905 | 1.989 | 51 | 2 |
| | DDE-p,p' | 3.908 | 1.987 | 51 | |
| | Lindan | 3.904 | 1.283 | 33 | |
| | HCH-alpha | 3.902 | 920 | 24 | 1 |
| | PCB 101 | 3.904 | 342 | 9 | 1 |
| | PCB 52 | 3.904 | 285 | 7 | 1 |
| Rinderfett | HCB | 3.063 | 2.382 | 78 | 1 |
| | PCB 153 | 3.063 | 2.131 | 70 | 15 |
| | PCB 138 | 3.063 | 1.830 | 60 | 11 |
| | DDE-p,p' | 3.061 | 1.802 | 59 | |
| | PCB 180 | 3.062 | 1.574 | 51 | 12 |
| | Lindan | 3.062 | 971 | 32 | |
| | HCH-alpha | 3.057 | 490 | 16 | 1 |
| | PCB 101 | 3.053 | 132 | 4 | 1 |
| | HCH-ß | 3.055 | 92 | 3 | 1 |
| Schweineleber | DDE-p,p' | 1.483 | 625 | 42 | |
| | HCB | 1.494 | 568 | 38 | |
| | PCB 153 | 1.494 | 555 | 37 | 1 |
| | Lindan | 1.494 | 549 | 37 | |
| | PCB 138 | 1.494 | 545 | 36 | 2 |
| | PCB 180 | 1.494 | 411 | 28 | 3 |

Fortsetzung nächste Seite

**Tabelle 1-8 (Forts.): Pflanzenschutzmittel und PCB in tierischen Lebensmitteln**

| Lebensmittel | Stoff | Gesamtprobenzahl | Proben mit Rückständen | | Höchstmengenüberschreitungen |
|---|---|---|---|---|---|
| | | (n) | (n) | (%) | (n) |
| Schweinefett | DDE-p,p' | 2.506 | 1.197 | 48 | |
| | HCB | 2.499 | 1.092 | 44 | |
| | PCB 153 | 2.498 | 628 | 25 | 3 |
| | PCB 138 | 2.498 | 597 | 24 | 4 |
| | PCB 180 | 2.498 | 486 | 19 | 2 |
| | Lindan | 2.498 | 474 | 19 | 1 |
| | PCB 28 | 2.498 | 122 | 5 | 1 |
| | PCB 52 | 2.498 | 114 | 5 | 1 |
| Regenbogenforelle | DDE-p,p' | 1.891 | 1.597 | 84 | |
| | PCB 153 | 1.888 | 1.526 | 81 | |
| | PCB 138 | 1.889 | 1.522 | 81 | |
| | HCB | 1.876 | 1.332 | 71 | 1 |
| | Lindan | 1.878 | 1.174 | 63 | |
| | PCB 101 | 1.890 | 1.173 | 62 | |
| | PCB 180 | 1.880 | 1.164 | 62 | |
| | DDD-p,p' | 1.892 | 1.093 | 58 | |
| | PCB 52 | 1.879 | 871 | 46 | |

*Quelle:* Eigene Darstellung nach ZEBS, 1994, S. 148 ff, 166, 178 ff.

**Tabelle 1-9: Mehrfachrückstände organischer Stoffe in Obst und Gemüse, 1988-1992**

| | Gesamte Proben | Rückstände pro Probe: | | | | | | | Belastungsindex |
|---|---|---|---|---|---|---|---|---|---|
| | | 0 oder 1[a] | | 2 | | 3 | | 4 und mehr | |
| Lebensmittel | (n) | (n) | (%) | (n) | (%) | (n) | (%) | (n) | (%) | |
| Mohrrüben | 1.601 | 1.357 | 85 | 157 | 10 | 53 | 3 | 34 | 2 | 1,23 |
| Tomaten | 1.718 | 1.413 | 82 | 197 | 11 | 78 | 5 | 30 | 2 | 1,26 |
| Pfirsiche | 1.499 | 1.178 | 79 | 192 | 13 | 91 | 6 | 38 | 3 | 1,33 |
| Äpfel | 2.854 | 2.159 | 76 | 420 | 15 | 171 | 6 | 104 | 4 | 1,38 |
| Gemüsepaprika | 1.108 | 810 | 73 | 111 | 10 | 76 | 7 | 111 | 10 | 1,54 |
| Kopfsalat | 2.941 | 1.809 | 62 | 538 | 18 | 314 | 11 | 280 | 10 | 1,68 |
| Erdbeeren | 2.901 | 1.263 | 44 | 864 | 30 | 439 | 15 | 343 | 12 | 1,96 |

*Anmerkungen:* a: Aus den Angaben der ZEBS kann nicht disaggregiert werden, ob eine Probe 0 oder 1 Rückstand enthält.

Belastungsindex: Eigene Berechnung nach folgender Formel:

[ (Anzahl Einfachbelastung) + 2 (Anzahl Zweifachbelastung) + 3 (Anzahl Dreifachbelastung) + 4 (Anzahl Vierfachbelastung)] : (Anzahl gesamte Proben).

*Quelle:* ZEBS, 1994, S. 7, 58 und 64.

**Tabelle 1-10: Stichproben des Bundesweiten Lebensmittel-Monitoring, 1988-1992**

|  | konventionelle Erzeugung Inland | konventionelle Erzeugung Ausland | ökologische Erzeugung Inland | konventionelle Importproben in % der gesamten konventionellen Proben | ökologische Proben in % der gesamten inländischen Proben | durchschnittlicher Verbrauch pro Kopf und Jahr |
|---|---|---|---|---|---|---|
| Sammelmilch | 3.549 | - | 324 | - | 8 | 70,5 l |
| Rind | 3.931 | 528 | 330 | 12 | 8 | 14,5 kg |
| Schwein | 2.890 | 340 | - | 11 | - | 40,8 kg |
| Regenbogenforelle | 906 | 1.096 | - | 55 | - | n.a. |
| Hühnereier | 1.431 | 574 | - | 29 | - | 235 Stück |
| Kartoffeln | 2.392 | 357 | - | 13 | - | 43,1 kg |
| Weißkohl | 1.876 | - | - | - | - | 4,2 kg [b] |
| Erdbeeren | 1.174 | 2.060 | - | 64 | - | 5,8 kg |
| Kopfsalat | 1.275 | 1.865 | 461 | 60 | 27 | 2,8 kg |
| Spinat [a] | 1.263 | 1.035 | 380 | 45 | 23 | 0,6 kg |
| Tomaten | 72 | 1.698 | - | 96 | - | 15,2 kg |
| Pfirsiche | - | 1.534 | - | 100 | - | 3,9 kg |
| Gemüsepaprika | - | 1.183 | - | 100 | - | n.a. |
| Mohrrüben | 910 | 752 | 380 | 45 | 29 | 4,6 kg |
| Äpfel | 1.525 | 1.363 | 395 | 47 | 21 | 31,8 kg |

*Anmerkungen:* a: Im Probenplan wurde frischer und tiefgefrorener Spinat berücksichtigt. Da die Herkunft der Tiefkühlkost (Inland oder Ausland) nicht immer eindeutig festgestellt werden konnte, aber von einem Importanteil von etwa 50% ausgegangen werden kann, sind bei dieser Aufstellung die 1.178 Tiefkühlproben je zur Hälfte der Rubrik "konventionell Inland" und "konventionell Ausland" zugeordnet worden.

b: Angabe für Weiß- und Rotkohl.

*Quellen:* Für die Stichprobenverteilung siehe ZEBS, 1994, S. 22 ff; Für den durchschnittlichen Verbrauch siehe ZMP Bilanz Milch 94, S. 40; ZMP Bilanz Vieh und Fleisch 94, S. 26 f.; ZMP Bilanz Eier und Geflügel 94, S. 27; ZMP Bilanz Kartoffeln 94, S. 39; ZMP Bilanz Gemüse 94, S. 8; ZMP Bilanz Obst 94, S. 9.

## Tabelle 1-11: Ergebnisse der amtlichen Futtermittelüberwachung, 1991-1994

| | 1991 | 1992 | 1993 | 1994 | Durchschnitt |
|---|---|---|---|---|---|
| **Kontrollierte Betriebe (n)** | 5.095 | 5.556 | 5.171 | 6.525 | 5.587 |
| Hersteller (n) | 1.716 | 1.702 | 1.598 | 1.969 | 1.746 |
| Vertriebsunternehmer (n) | 2.719 | 2.950 | 2.809 | 3.318 | 2.949 |
| Tierhalter (n) | 660 | 904 | 764 | 1.238 | 892 |
| **Betriebliche Buchprüfung (n)** | 850 | 996 | 992 | 700 | 885 |
| **Probenentnahmen (n)** | 14.880 | 14.352 | 13.649 | 14.149 | 14.258 |
| Hersteller oder Händler (n) | 14.060 | 13.153 | 12.773 | 13.034 | 13.255 |
| Tierhalter (n) | 820 | 1.199 | 876 | 1.115 | 1.003 |
| **Anzahl der Einzelbestimmungen (n)** | 113.796 | 112.047 | 108.063 | 112.300 | 111.552 |
| davon Beanstandungen (%) | 4,3 | 5,2 | 6,5 | 5,4 | 5,4 |
| Leistungsförderer (n) | 3.209 | 3.303 | 3.607 | 4.055 | 3.544 |
| davon Überschreitungen (%) | 2,9 | 2,5 | 2,9 | 1,9 | 2,6 |
| Kokzidiostatika (n) | 375 | 349 | 567 | 731 | 506 |
| davon Überschreitungen (%) | 1,9 | 1,4 | 0,5 | 0,1 | 1,0 |
| Unzulässige Zusätze (n) | 722 | 821 | 1.242 | 958 | 936 |
| davon Beanstandungen (%) | 9,4 | 4,9 | 8,9 | 9,1 | 8,1 |
| Verbotene Stoffe (n) | 521 | 58 | 126 | 94 | 200 |
| davon Beanstandungen (%) | 0,6 | 10,3 | 0,8 | 0,0 | 2,9 |
| Mikrobiol. Untersuchungen (n) | 1.953 | 1.694 | 1.979 | 2.764 | 2.098 |
| davon Beanstandungen (%) | 6,4 | 6,9 | 7,6 | 5,0 | 6,5 |
| Aflatoxin B1(n) | 2.129 | 1.649 | 1.504 | 1.910 | 1.798 |
| davon Beanstandungen (%) | 0,2 | 0,2 | 0,3 | 0,1 | 0,2 |
| Chlorierte Kohlenwasserstoffe (n) | 12.995 | 13.648 | 11.531 | 10.303 | 12.119 |
| davon Beanstandungen (%) | 0,1 | 0,4 | 0,1 | 0,0 | 0,2 |
| Schwermetalle (n) | 5.735 | 5.327 | 3.626 | 3.809 | 4.624 |
| davon Beanstandungen (%) | 0,8 | 0,9 | 0,1 | 0,1 | 0,5 |
| Sonstige unerwünschte Stoffe (n) | 2.393 | 2.484 | 2.024 | 2.607 | 2.377 |
| davon Beanstandungen (%) | 0,7 | 0,5 | 1,5 | 0,4 | 0,8 |
| Insg. Untersuchungen mit Relevanz für Lebensmittelsicherheit (n) | 30.032 | 29.333 | 26.206 | 27.231 | 28.201 |
| in Prozent aller Untersuchungen | 26,4 | 26,2 | 24,3 | 24,2 | 25,3 |
| **Maßnahmen bei Beanstandungen (n)** | | | | | |
| keine Maßnahme | 1.869 | 2.546 | 3.481 | 3.427 | 2.831 |
| Hinweise und Belehrungen | 1.071 | 1.474 | 1.682 | 1.077 | 1.326 |
| Verwarnungen | 1.131 | 1.028 | 1.112 | 1.002 | 1.068 |
| Bußgeldverfahren: eingeleitet | 820 | 766 | 749 | 558 | 723 |
| abgeschlossen | 474 | 404 | 470 | 450 | 450 |
| eingestellt | 123 | 143 | 167 | 120 | 138 |
| Strafverfahren: eingeleitet | 2 | 12 | 0 | 0 | 4 |
| abgeschlossen | 1 | 4 | 1 | 0 | 2 |
| eingestellt | 0 | 1 | 0 | 0 | 0,3 |
| Maßnahmen in % der Beanstandungen | 61,8 | 56,3 | 50,4 | 43,5 | 53,0 |

Quelle: Eigene Zusammenstellung und Berechnungen nach den Jahresstatistiken der amtlichen Futtermittelüberwachung 1991-1994; ohne Einzelergebnisse aus Schleswig-Holstein und dem Saarland.

**Tabelle 3-7: Aufbau der Lebensmittelüberwachung in den 16 Bundesländern**

| Bundesland | Verwaltungsstufe 1 | Verwaltungsstufe 2 | Verwaltungsstufe 3 |
|---|---|---|---|
| Baden-Württemberg | Umweltministerium<br>Ministerium für Ländl. Raum<br>Innenministerium | Regierungspräsidien in<br>Karlsruhe, Freiburg,<br>Tübingen, Stuttgart | Landrat<br>Gemeinden<br>Verwaltungsgemeinschaft. |
| Bayern | Bayrisches Staatsmin. für<br>Arbeit, Familie, Frauen und<br>Gesundheit | Bezirksregierungen in<br>Oberbayern, Niederbayern,<br>Oberpfalz, Oberfranken,<br>Mittelfranken, Unterfranken, Schwaben | Landrat<br>Stadtverwaltung |
| Berlin | Senatsverwaltung für<br>Gesundheit | | 23 Bezirksämter |
| Brandenburg | Ministerium für Ernährung,<br>Landwirtschaft und Forsten | | Veterinär- und Lebensmittelüberwachungsamt |
| Bremen | Senator für Gesundheit,<br>Jugend und Soziales<br>Senator für Inneres und<br>Sport | | Untersuchungsamt<br>Ortspolizeibehörde (Stadt-<br>u. Polizeiamt Bremen)<br>Oberbürgermeister |
| Hamburg | Behörde für Gesundheit,<br>Arbeit und Soziales | 7 Bezirksämter: Wirtschafts- und<br>Ordnungsamt | in Ortsämtern: Wirtschafts- und<br>Ortsabteilungen |
| Hessen | Hessisches Ministerium für<br>Jugend, Familie und<br>Gesundheit | Regierungspräsidien in<br>Darmstadt, Kassel, Gießen | Landrat<br>Oberbürgermeister<br>Wissenschaftliche<br>Sachverständige |
| Mecklenburg-<br>Vorpommern | Landwirtschaftliches<br>Ministerium | | Landrat<br>Oberbürgermeister |
| Niedersachsen | Ministerium für Ernährung,<br>Landwirtschaft und Forsten | Bezirksregierungen in<br>Hannover, Braunschweig,<br>Lüneburg, Weser-Ems | Landrat<br>Oberbürgermeister |
| Nordrhein-Westfalen | Ministerium für Umwelt,<br>Raumordnung<br>und Lebensmittel | Bezirksregierungen in<br>Arnsberg, Detmold,<br>Düsseldorf, Köln, Münster | Kreisordnungsbehörde:<br>Lebensmittelüberwachungsamt |
| Rheinland-Pfalz | Ministerium für Umwelt | Bezirksregierungen in<br>Koblenz, Trier, Neustadt | Landrat<br>Stadtverwaltung |
| Saarland | Ministerium für Frauen,<br>Gesundheit und Soziales<br>Ministerium für Inneres | | Landrat<br>Stadtverwaltungspräsident<br>Oberbürgermeister<br>Veterinäramt<br>Gewerbe- und Kontrolldienst der Schutzpolizei |
| Sachsen | Sächsisches Staatsministerium<br>für Soziales, Gesundheit<br>und Familie | Regierungspräsidien in<br>Chemnitz, Dresden,<br>Leipzig | Landrat<br>Stadtverwaltung |
| Sachsen-Anhalt | Ministerium für Ernährung,<br>Landwirtschaft und Forsten | Regierungspräsidien in<br>Halle, Dessau, Magdeburg | Veterinär- und Lebensmittelüberwachungsamt |
| Schleswig-Holstein | Ministerium für Natur<br>und Umwelt<br>Ministerium für Ernährung,<br>Landwirtschaft und Forsten | | Landrat<br>Oberbürgermeister<br>Bürgermeister |
| Thüringen | Ministerium für Soziales<br>und Gesundheit | Landesverwaltungsamt | Veterinär- und Lebensmittelüberwachungsamt |

Quelle: Eigene Zusammenstellung nach STREINZ und HAMMERL, 1994, Rd. 25-88b.

**Tabelle 3-8: Übersicht der Lebensmittel-Untersuchungsämter in den 16 Bundesländern**

| Bundesland | Untersuchungsanstalten | Anzahl |
|---|---|---|
| Baden-Württemberg | Chemisches Landesuntersuchungsamt | 4 |
| | Chemisches Untersuchungsamt | 3 |
| | Staatliches tierhygienisches Untersuchungsamt | 3 |
| | Tierhygienisches Institut | 1 |
| | Landesgesundheitsamt Baden-Württemberg | 1 |
| Bayern | Landesuntersuchungsamt (mit Außenstellen) | 2 |
| Berlin | Landesuntersuchungsinstitut für Lebensmittel, Arzneimittel und Tierseuchen | 1 |
| | Strahlenmeßstellen der Senatsverwaltung | |
| Brandenburg | Landesamt für Ernährung, Landwirtschaft und Flurordnung Brandenburg (LELF) | 1 |
| | Veterinär- und Lebensmitteluntersuchungsamt | 3 |
| Bremen | Chemische Untersuchungsanstalt | 1 |
| | Veterinäramt | 1 |
| | Veterinäruntersuchungsamt | 1 |
| | Hygieneinstitut | 1 |
| Hamburg | Chemische und Lebensmitteluntersuchungsanstalt | 1 |
| | Veterinäruntersuchungsanstalt | 1 |
| | Medizinaluntersuchungsanstalt | 1 |
| | Veterinäramt | 1 |
| | Schlachthof | 1 |
| | Veterinäramt Grenzdienst | 1 |
| Hessen | Medizinal- Lebensmittel- und Veterinäruntersuchungsamt | 3 |
| Mecklenburg-Vorpommern | Landesveterinär- und Lebensmitteluntersuchungsamt (mit Außenstellen) | 1 |
| Niedersachsen | Lebensmitteluntersuchungsamt | 2 |
| | Veterinäruntersuchungsamt für Fische und Fischwaren | 1 |
| | Bedarfsgegenständeuntersuchungsamt | 1 |
| Nordrhein-Westfalen | Chemisches Landesuntersuchungsamt | 1 |
| | Chemisches Untersuchungsamt | 24 |
| | Veterinärämter | 3 |
| | Medizinalämter/-stellen | |
| Rheinland-Pfalz | Chemische Untersuchungsämter | 4 |
| | Landesveterinäruntersuchungsamt | 1 |
| | Gesundheitsämter (mit Außenstellen) | 26 |
| | Medizinaluntersuchungsamt | 3 |
| Saarland | Staatliches Institut für Gesundheit und Umwelt (SIGU) | 1 |
| | Radioaktivitätsmessungsstellen | 2 |
| Sachsen | Landesuntersuchungsanstalt für das Gesundheits- und Veterinärwesen Sachsen (mit Außenstellen) | 1 |
| Sachsen-Anhalt | Veterinär- und Lebensmitteluntersuchungsamt | 2 |
| Schleswig-Holstein | Lebensmittel- und Veterinäruntersuchungsamt (mit Außenstellen) | 1 |
| Thüringen | Medizinal- Lebensmittel- Veterinäruntersuchungsamt | 1 |
| | Veterinär- und Lebensmittelinstitute | 4 |

Quelle:  Eigene Zusammenstellung nach STREINZ und HAMMERL, 1994, Rd. 25-88b.

**Tabelle 3-9: Haushalt der Chemischen Landesuntersuchungsanstalten und tierärztlichen Untersuchungsämter, Baden-Württemberg, 1994**

| | Chemische Landesuntersuchungsanstalten | Tierärztliche Untersuchungsämter | Summe Chemische und Tierärztliche Untersuchungsämter | |
|---|---|---|---|---|
| | in 1.000 DM | in 1.000 DM | in 1.000 DM | % von II |
| I GESAMTEINNAHMEN | 758,0 | 5.340,0 | 6.098,0 | |
| II GESAMTAUSGABEN | 43.139,0 | 22.081,5 | 65.220,5 | |
| II.1 Personalausgaben | 29.750,0 | 17.244,4 | 46.994,4 | 72 |
| II.1.1 Beamte | 9.240,0 | 4.884,4 | 14.124,4 | |
| II.1.2 Angestellte | 18.950,0 | 9.965,6 | 28.915,6 | |
| II.1.3 Arbeiter | 1.335,0 | 1.669,4 | 3.004,4 | |
| II.1.4 sonstige Personalausgaben | 180,0 | 725,0 | 905,0 | |
| II.2 sächliche Verwaltungsausgaben | 5.356,0 | 3.729,0 | 9.085,0 | 14 |
| II.2.1 Untersuchungsmittel, Reagenzien etc. | 2.150,0 | 2.040,0 | 4.190,0 | |
| II.2.2 Geräte etc. und deren Unterhalt | 1.050,0 | 270,0 | 1.320,0 | |
| II.2.3 sonstige sächliche Verwaltungsausgaben | 2.156,0 | 1.419,0 | 3.575,0 | |
| II.3 Baumaßnahmen | | | | |
| II.4 sonstige Sachinvestitionen | 5.520,0 | 1.108,1 | 6.628,1 | 10 |
| II.4.1 Erstbeschaffung Geräte | 3.195,0 | 700,0 | 3.895,0 | |
| II.4.2 Ergänzungsbeschaffung Geräte | 1.805,0 | | 1.805,0 | |
| II.4.3 sonstige Sachinvestitionen | 520,0 | 408,1 | 928,1 | |
| II.5 Zuweisungen, Zuschüsse, etc. | 2.513,0 | | 2.513,0 | 4 |
| III NETTOKOSTEN Untersuchungsämter (II - I) | 42.381,0 | 16.741,5 | 59.122,5 | |
| IV Summe III, nur Anteil Lebensmittelüberwachung | 42.381,0 | 2.678,6 | 45.059,6 | |
| V 495 Lebensmittelkontrolleure x 0,67 x 49.800 DM | | | 16.516,2 | |
| VI KOSTEN ÜBERWACHUNG (IV + V) | | | 61.575,8 | |
| ÜBERWACHUNGSKOSTEN DM/EINWOHNER | | | 6,04 | |

Anmerkungen: I - III: Aus Staatshaushalt 1993/94.

IV: Aus Hinweisen von STÖPPLER (persönliche Mitteilung, 21.6.1996) wurde abgeleitet, daß 16% des Personals der tierärztlichen Untersuchungsämter mit Aufgaben der Lebensmittelüberwachung betraut sind. Daher wurden nur 16% der Kosten der tierärztlichen Untersuchungsämter in die Kostenschätzung einbezogen.

V: BUX (persönliche Mitteilung, 13.6.1996) teilte mit, daß 1996 in Baden-Württemberg 495 Polizeibeamte im Rahmen des Wirtschaftskontrolldienstes (WKD) als Lebensmittelkontrolleure tätig seien. Da diese Beamten auch z.B. das Gewerbe- und Umweltrecht kontrollierten, würden sie schätzungsweise zwei Drittel ihrer Arbeitszeit den Kontrollen im Sinne des LMBG widmen. Es wurde für die Kostenschätzung angenommen, daß die Zahl der Kontrolleure 1994 der des Jahres 1996 entsprach. Für die „lebensmittelüberwachungsfremden" Tätigkeiten wurde mit dem Faktor 0,67 (zwei Drittel) korrigiert.

Die Vergütung der Lebensmittelkontrolleure wurde pauschal mit dem Tarif der Besoldungsgruppe A8, Durchschnittsbeträge für Personalkosten im Jahre 1994, geschätzt.

Quellen: Eigene Berechnungen aus: BADEN-WÜRTTEMBERG, 1993/94; BUX, 1996; MINISTERIN FÜR WISSENSCHAFT, FORSCHUNG UND KULTUR, Anlage 6 (Durchschnittsbeträge für Personalkosten im Jahre 1994); STAATLICHES TIERÄRZTLICHES UNTERSUCHUNGSAMT AULENDORF, 1995; STÖPPLER, 1996, persönliche Mitteilung.

**Tabelle 3-10: Haushalt der Landesuntersuchungsämter für das Gesundheitswesen, Bayern 1994**

|  | in 1.000 DM | in % von II |
|---|---|---|
| **I GESAMTEINNAHMEN** | **13.414,0** | |
| **II GESAMTAUSGABEN** | **74.550,2** | |
| **II.1 Personalausgaben** | **56.147,2** | **75** |
| II.1.1 Beamte | 16.354,0 | |
| II.1.2 Angestellte | 32.637,2 | |
| II.1.3 Arbeiter | 6.525,0 | |
| II.1.4 sonstige Personalausgaben | 631,0 | |
| **II.2 sächliche Verwaltungsausgaben** | **12.041,0** | **16** |
| II.2.1 Untersuchungsmittel, Reagenzien etc. | 3.480,0 | |
| II.2.2 Geräte etc. und deren Unterhalt | 1.800,0 | |
| II.2.3 sonstige sächliche Verwaltungsausgaben | 6.761,0 | |
| **II.3 Baumaßnahmen** | **2.870,0** | **4** |
| **II.4 sonstige Sachinvestitionen** | **3.492,0** | **5** |
| II.4.1 Erstbeschaffung Geräte | 1.860,0 | |
| II.4.2 Ergänzungsbeschaffung Geräte | 1.440,0 | |
| II.4.3 sonstige Sachinvestitionen | 192,0 | |
| **III NETTOKOSTEN Untersuchungsämter (II - I)** | **61.136,2** | |
| IV Summe III, nur Anteil Lebensmittelüberwachung | 37.904,4 | |
| V 376 Lebensmittelkontrolleure x 49.800 DM | 18.724,8 | |
| **VI KOSTEN ÜBERWACHUNG (IV + V)** | **56.629,2** | |
| **ÜBERWACHUNGSKOSTEN DM/EINWOHNER** | **4,79** | |

*Anmerkungen:* I-III: Aus Haushaltsplan 1993/94.

IV: Aus den persönlichen Mitteilungen von BUCKL (13.6.1996) und FRIESS (24.6.1996) konnte abgeleitet werden, daß 62% der Beamten und Angestellten der Landesuntersuchungsämter mit Aufgaben im Sinne der Lebensmittelüberwachung betraut sind. Daher wurden die Nettokosten der Untersuchungsämter zu 62% in die Kostenrechnung über die Lebensmittelüberwachung aufgenommen.

V: 1994 hatte der Bundesverband der Lebensmittelkontrolleure 369 bayerische Mitglieder. Da nach Aussage von BOHL (1996, persönliche Mitteilung) ca. 95% aller Kontrolleure in dem Verband organisiert sind, wurde für Bayern die Anzahl von 376 Kontrolleuren geschätzt.

Die Vergütung der Lebensmittelkontrolleure wurde pauschal mit dem Tarif der Besoldungsgruppe A8, Durchschnittsbeträge für Personalkosten im Jahre 1994, geschätzt.

*Quellen:* Eigene Berechnungen aus: BAYERN, 1993/94; BOHL, 1996; BUCKL, 1996, FRIESS, 1996; LANDESUNTERSUCHUNGSAMT FÜR DAS GESUNDHEITSWESEN SÜDBAYERN (S. 139 f) und NORDBAYERN (S. 107), MINISTERIN FÜR WISSENSCHAFT, FORSCHUNG UND KULTUR, Anlage 6 (Durchschnittsbeträge für Personalkosten im Jahre 1994).

**Tabelle 4-4: Risikofaktoren und Risikoempfinden**

| Faktor | Gesteigertes Risikoempfinden (Beispiele in Klammern) | Verringertes Risikoempfinden (Beispiele in Klammern) |
|---|---|---|
| Ausmaß | Viele Opfer pro Risikoeintritt (Flugzeugabsturz) | Wenige Opfer pro Risikoeintritt (Todesfälle bei Stürzen) |
| Wahrscheinlichkeit | Hohe Eintrittswahrscheinlichkeit (Lungenkrebs bei Rauchern) | Niedrige Eintrittswahrscheinlichkeit (seltene Krankheit) |
| Katastrophenpotential | Todesfälle /Verletzungen sind zeitlich oder räumlich konzentriert (Bophal) | Zufällige Verteilung der Todesfälle /Verletzungen (Autounfälle) |
| Umkehrbarkeit | Irreversible Konsequenzen (AIDS) | Reversible Konsequenzen (Gonorrhöe) |
| Eintritt der Risikowirkung | Verzögert (chronische Effekte, Krebs) | Sofort (Verbrennungen) |
| Wirkung auf zukünftige Generationen | Wirkung gleich/größer für zukünftige Generationen (Abbau Ozonschicht) | Wirkung auf jetzige Generation beschränkt (Sonnenbaden) |
| Wirkung auf Kinder | Kinder sind besonders betroffen (Mißbildungen ungeborener Kinder) | Risiko gilt nur für Erwachsene (Unfallrisiko am Arbeitsplatz) |
| Identität der Opfer | Identifizierbare Opfer (ertrunkene Seeleute) | Statistische Opfer (Opfer bei Autobahnunfällen) |
| Bekanntheit | Unbekannte Risiken (Abbau der Ozonschicht) | Bekannte Risiken (Unfälle im Haushalt) |
| Verständnis über Risikowirkung | Persönliche Unkenntnis über Risikoentstehung (Supergau) | Persönliches Verständnis über Risikoentstehung (Feuer) |
| Unsicherheit in wissenschaftlicher Bewertung | Unsichere /kontroverse wissenschaftl. Risikobewertung (Atomenergie) | Risiko von Wissenschaft gut erforscht (Autounfälle) |
| Grauenhaftigkeit des Risikos | Risiko erzeugt Furcht, Entsetzen, (freigesetzte toxische Chemikalien) | Risiko erscheint nicht schrecklich (Lebensmittelvergiftung) |
| Freiwilligkeit | Unfreiwillige Exposition (Luftverschmutzung) | Risiko freiwillig eingegangen (Skifahren) |
| Eigenkontrolle | Wenig persönliche Kontrolle (Mitfahrer im Auto) | Einige persönliche Kontrolle (Fahrer eines Autos) |
| Nutzen | Nutzen eines Risikos fraglich (Atomenergie) | Eindeutiger Nutzen (Autofahren) |
| Gleichheit | Kein direkter Nutzen für vom Risiko Betroffenen (Anwohner Mülldeponie) | Scheinbar gleiche Verteilung von Risiko und Nutzen (Impfungen) |
| Vertrauen in Institutionen | Wenig Vertrauen in zuständige Institutionen (Überwachungsbehörden) | Vertrauen in zuständige Institutionen (unabhängige Universitäten) |
| Persönliche Betroffenheit | Persönlich vom Risiko betroffen (Anwohner an einer Mülldeponie) | Persönlich nicht betroffen (Mülldeponie für Gefahrenstoffe ist weit weg) |
| Risikoauslöser | Risiko ausgelöst durch menschliches Versagen (Industrieunfall) | Risiko durch Natur ausgelöst (Blitz) |
| Beachtung in Medien | Große Medienbeachtung (Flugzeugabsturz) | Wenig Beachtung in Medien (Arbeitsunfälle) |

Quelle: eigene Übersetzung nach COHRSSEN und COVELLO, 1989, S. 10-11.

**Tabelle 4-5:** Private Verbraucherorganisationen im Bereich der Schadstoffkontrolle von Lebensmitteln

| Name | Straße | PLZ | Stadt | Telefon |
|---|---|---|---|---|
| Allergie Verein in Europa | Petersgasse 27 | 36037 | Fulda | 0661-71003 |
| Arbeitsgemeinschaft der Verbraucherverbände AgV | Heilsbachstr. 20 | 53123 | Bonn | 0228-64890 |
| Arbeitsgemeinschaft der Wissenschaftsläden AWILA - Wissenschaftsladen Gießen e.V. | Gutenbergstr. 13 | 35390 | Gießen | 0641-390384 |
| B.A.U.C.H. Beratung und Analyse-Verein für Umweltchemie | Wilsnacker Str. 15 | 10559 | Berlin | 030-3944908 |
| Chemie und Umwelt | Hausmannstr. 9/10 | 30159 | Hannover | 0511-1640322 |
| Die Verbraucher-Initiative e.V. | Breite Str. 51 | 53111 | Bonn | 0228-7263393 |
| Eltern für unbelastete Nahrung | Königsweg 7 | 24103 | Kiel | 0431-672041 |
| Elternverein Restrisiko e.V. | Danziger Str. 77 | 65191 | Wiesbaden | 0611-547182 |
| Elternverein Restrisiko Emsland e.V. | Alte Haselünner Straße 8 | 49838 | Langen | 05904-1339 |
| Greenpeace e.V. | Vorsetzen 53 | 20459 | Hamburg | 040-311860 |
| Institut für Mensch und Natur e. V. | Obere Str. 41 | 27283 | Verden/Aller | 04231-81928 |
| Katalyse - Institut für angewandte Umweltforschung | Weinsbergstr. 190 | 50825 | Köln | |
| Öko-Institut Freiburg | Postfach 6266 | 79038 | Freiburg | 0761-452950 |
| Pestizid Aktions-Netzwerk e.V. | Gaussstr. 17 | 22765 | Hamburg | 040-393978 |
| Robin Wood e.V. | Nernstweg 32 | 22765 | Hamburg | 040-3909556 |
| Umweltberatung Fulda | Sveriberg 6 | 36073 | Fulda | 0661-71003 |
| Umweltinstitut München e. V. | Elsässer Str. 30 | 81667 | München | 089-4802971 |

*Quelle:* RUND, 1995, S. 72.


### Hinweise zu Tabelle 6-3, S. 301

*Anmerkungen:* LD50: Mittlere tödliche Dosis, bei der 50% der Testtiere sterben.

LC50: Mittlere tödliche Luftkonzentration, bei der 50% der Testtiere sterben

MRL: Maximum Residue Limits, maximale Rückstandskonzentrationen in Äpfeln, empfohlen vom Codex Alimentarius.

HM: Höchstmenge an Rückständen in Äpfeln gemäß der deutschen RückstandsHöchstmengenverordnung.

max. Wert: Maximal gemessener Wert im Lebensmittel-Monitoring.

WHO Gefahrenklassifikation: Ia = extrem gefährlich, Ib = hoch gefährlich, II = mäßig gefährlich, III = leicht gefährlich, u.h. = akute Gefahr unwahrscheinlich.

(K): Kaninchen; (MA): Maus; (ME): Meerschweinchen; (R): Ratte.

w: MLR wurde zurückgezogen, n.e.: Wirkstoff wurde nicht evaluiert.

Auswahl der Pestizide aufgrund des bundesweiten Lebensmittel-Monitoring, vergl. Tabelle 6-1.

*Quellen:* FAO, 1991, 1992, 1993a, 1993b, 1994; IVA, 1990; TORDOIR et al., 1994; ZEBS, 1994, Anlage 5, Bd. 2, S. 592 ff.

**Tabelle 6-3: Toxikologische Informationen über die häufigsten Pestizide in Äpfeln**

| Wirkstoff | Verwendung | chemische Gruppen-zugehörigkeit | LD 50 oral (mg/kg) | LD 50 dermal (mg/kg) | LC 50 Inhalation (mg/l) | Haut-reizwir-kung | Augen-reizwir-kung | dermale Sensi-bilisie-rung | MRL mg/kg | HM mg/kg | max. Wert mg/kg | WHO Klassifi-kation |
|---|---|---|---|---|---|---|---|---|---|---|---|---|
| Brompropylat | Akarizid | Benzil-säureester | >5000 (R) | >4000 (R) | >4000 (R) | | | | w | 2,00 | 1,46 | u.h. |
| Captan | Fungizid | Phthalsäure-derivat | 9000 (R) 2000 (K) | >22600 (K) | >55 (1 h) (R) | (K) | (K) | | 10,00 | 3,00 | 1,90 | u.h. |
| Chlorpyrifos | Insektizid | org. Phosphor-säureester | 135-245 (R), 1000-2000 (K), 504 (Me), 102 (Ma) | >2000 (K) | | | (K) | | 1,00 | 0,20 | 0,46 | II |
| Dichlofluanid | Fungizid | Anilinderivat | >5000 (R) | >5000 (R) | ca. 1,2 (Staub) (R) | | (K) | (Me) | 5,00 | 5,00 | 1,00 | u.h. |
| Dithiocarbamate | Fungizid | | Wirkungen je nach Wirkstoff variabel, insgesamt niedrige WHO Gefahrenklassifikation | | | | | | 5,00 | 2,00 | 4,95 | II-III, u.h. |
| Parathion | Insektizid/ Akarizid | org. Phosphor-säureester | ca. 2 (R) | 50 (R) | ca. 0,05 (R) | | | | 0,05 | 0,50 | 0,82 | Ia |
| Phosalon | Insektizid/ Akarizid | org. Phosphor-verb. und Benzoxalon | 135 (R) | 1500 (R) >1000 (K) | | | | | w | 2,00 | 1,52 | II |
| Tetradifon | Akarizid | Diphenylsul-fonderivat | >14700 (R) | >10000 (K) | >3 (R) | | | | n.e. | 0,01 | 0,30 | u.h. |
| Vinclozolin | Fungizid | Oxazolidin-Derivat | >15000 (R) | >2500 (R) | >29,1 (R) | | | (Me) | 1,00 | 0,05 | 2,39 | u.h. |

Erläuterungen siehe vorherige Seite

**Tabelle 6-4: Preise für Rückstandsuntersuchungen privater Handelslabore 1995 (DM/Probe)**

| Labor | Organochlor-/Organophosphor-pestizide (DFG S-19) | Carbendazime DFG S-378 | Dithiocarbamate DFG S-15 | Methyl-Carbamate DFG S-25 | Daminozid | Pyrethroide DFG S-23 [a] | Probenvorbereitung [b] | Summe Pestizide | Patulin ISO 8128 | Rabatt in % bei 10 / 100 Proben [c] |
|---|---|---|---|---|---|---|---|---|---|---|
| 1 | 350 | 250 | 180 | 250 | 500 | | | 1.530 | 350 | 12 / 25 |
| 2 | 400 | 250 | 150 | 200 | 300 | 250 | 30 | 1.580 | 180 | 10 / 25 |
| 3 | 390 | 240 | 280 | 280 | 280 | 390 | | 1.860 | 480 | 11 / 31 |
| 4 | 150 | 120 | 120 | 120 | 120 | 120 | | 750 | 100 | 0 / 16 |
| 5 | 215 | | | | | | | | 195 | 10 / 20 |
| 6 | 810[d] | | | | | 380 | | | | 9 / 28 |
| Mittelwert | 301 | 215 | 183 | 213 | 300 | 285 | | 1.430 | 261 | |
| Minimum | 150 | 120 | 120 | 120 | 120 | 120 | | 750 | 100 | |
| Maximum | 400 | 250 | 280 | 280 | 500 | 390 | | 1.860 | 480 | |

*Anmerkungen:* Der Deutsche Verband unabhängiger Institute für Lebensmittelanalytik und Qualitätssicherung e.V. wurde um die Adressen derjenigen Mitglieder gebeten, die Pestizidrückstands- und Patulinuntersuchungen bei Äpfeln und Apfelprodukten durchführen könnten. 11 Labore wurden genannt. In einem ausführlichen Anschreiben wurden diese Labore gebeten, in Form eines Angebotes die Kosten für die acht in der Tabelle aufgeführten Untersuchungen mitzuteilen. Sechs Labore beantworteten die Anfrage.

a: Laut Labor 1 werden Pyrethroide in der DFG Methode S-19 mit untersucht.

b: Außer Labor 2 (mit 30 DM für Aufbereitung der Apfelproben) wurden keine Preisunterschiede zwischen Tafeläpfeln, Apfelsaft, Apfelmus oder Kinderkost gemacht.

c: Durch den Rabatt ergibt sich ein durchschnittlicher Preis für alle Pestizide von 1.293 DM/Probe bei 10 Proben und 1.061/Probe bei 100 Proben.

d: incl. Pyrethroide.

*Quelle:* Eigene Erhebung, Angebote von sechs Handelslaboren, aktuelle Preise Sommer 1995 ohne MwSt.

**Tabelle 6-5: Warenströme Äpfel und Apfelprodukte**

| | 1991 | 1992 | 1993 | Mittelwert | Quelle / Berechnungen |
|---|---|---|---|---|---|
| **AUSSENHANDEL** | | | | | |
| Einfuhr Tafeläpfel t | 731.240 | 675.351 | 651.000 | **685.864** | ZMP, 1995, S. 106 |
| Ausfuhr Tafeläpfel t | 73.907 | 38.386 | 37.406 | **49.900** | ZMP, 1995, S. 120 |
| **Nettoeinfuhr Tafeläpfel t** | **657.333** | **636.965** | **613.594** | **635.964** | berechnet aus Differenz |
| Einfuhr Apfelsaft 1.000 l | 1.047.185 | 1.139.760 | 1.279.692 | **1.155.546** | ZMP, 1995, S. 165. Incl. rückgerechnete Konzentrate |
| Ausfuhr Apfelsaft 1.000 l | 531.758 | 418.737 | 584.858 | **511.784** | ZMP, 1995, S. 165. Incl. rückgerechnete Konzentrate |
| **Nettoeinfuhr Apfelsaft 1.000 l** | **515.427** | **721.023** | **694.834** | **643.761** | berechnet aus Differenz |
| Einfuhr Mostäpfel t | 177.085 | 59.166 | 106.009 | **114.087** | ZMP, 1995, S. 107 |
| Ausfuhr Mostäpfel t | 10.181 | 3.615 | 1.402 | **5.066** | ZMP, 1995, S. 120 |
| **Nettoeinfuhr Mostäpfel t** | **166.904** | **55.551** | **104.607** | **109.021** | berechnet aus Differenz |
| Einfuhr Apfelmus t | 17.535 | 16.365 | | **16.950** | ZMP, 1994, S. 156; 1995, S. 162 |
| Ausfuhr Apfelmus t | 11.409 | 6.039 | | **8.724** | ZMP, 1994, S. 167; 1993 nicht mehr ausgewiesen |
| **Nettoeinfuhr Apfelmus t** | **6.126** | **10.326** | | **8.226** | berechnet aus Differenz |
| Einfuhr Babykost t | 3.373 | 3.542 | 3.766 | **3.560** | ZMP, 1994, S. 156; 1995, S. 162 |
| Ausfuhr Babykost t | 3.844 | 4.819 | 6.949 | **5.204** | ZMP, 1995, S. 164 |
| **Nettoausfuhr Babykost** | **471** | **1.277** | **3.183** | **1.644** | berechnet aus Differenz |
| Einfuhr getrocknete Äpfel t | 4.235 | 4.439 | 4.997 | **4.557** | ZMP, 1994, S. 135; 1995, S. 143 |
| Ausfuhr getrocknete Äpfel t | 1.234 | 414 | 825 | **824** | ZMP, 1995, S. 145 |
| **Nettoeinfuhr getrocknete Äpfel t** | **3.001** | **4.025** | **4.172** | **3.733** | berechnet aus Differenz |
| **INLANDSPRODUKTION** | | | | | |
| **Ernte Marktobst t** | **597.000** | **1.108.000** | **883.000** | **862.667** | ZMP, 1995, S. 229 |
| davon als Tafeläpfel über Erzeugermarkt t | 188.813 | 270.326 | 348.876 | 269.338 | ZMP, 1991, S. 56; 1994, S. 66 |
| davon als Mostäpfel über Erzeugermarkt t | 45.421 | 247.571 | 135.160 | 142.717 | ZMP, 1991, S. 56; 1994, S. 66 |
| " in Apfelsaftäquivalenten 1.000 l | 34.939 | 190.439 | 103.969 | 109.783 | berechnet : 1,3 |
| davon als Kochäpfel über Erzeugermarkt t | 6.504 | 26.991 | 19.090 | 17.528 | ZMP, 1991, S. 56; 1994, S. 66 |
| " in Apfelmusäquivalenten t | 6.315 | 26.205 | 18.534 | 17.018 | berechnet : 1,03 |

**Tabelle 6-5 (Forts.): Warenströme Äpfel und Apfelprodukte**

| | 1991 | 1992 | 1993 | Mittelwert | Quelle / Berechnungen |
|---|---|---|---|---|---|
| davon als Kochäpfel direktvermarktet t | 41.185 | 32.635 | 36.945 | 36.922 | berechnet aus "Warenfluß Apfelmus" |
| " in Apfelmusäquivalenten t | 39.985 | 31.684 | 35.869 | 35.846 | berechnet : 1,03 |
| davon in die Intervention t | 0 | 54.143 | 46.383 | 33.509 | ZMP, 1995, S. 252 |
| Rest als Direktvermarktung Tafeläpfel t | 315.077 | 476.334 | 296.546 | 362.652 | berechnet als Restgröße |
| Tafeläpfel aus Marktobst insgesamt t | 503.890 | 746.660 | 645.422 | 631.991 | berechnet |
| " in % der gesamten Marktobsternte | 84 | 67 | 73 | 75 | berechnet |
| Ernte Hausgärten und Streuobst t | 415.486 | 1.849.854 | 835.980 | 1.033.773 | ZMP, 1994, S. 26. Nur alte Bundesländer |
| davon als Tafeläpfel Selbstversorger t | | | | 422.652 | berechnet, 25% vom gesamten Tafelapfelkonsum |
| davon als Mostäpfel t | | | | 417.307 | berechnet, siehe Warenfluß Apfelsaft |
| " in Apfelsaftäquivalenten 1.000 l | | | | 321.005 | berechnet : 1,3 |
| davon Verwendung unklar | | | | 193.815 | berechnet (Ernte - Tafeläpfel - Mostäpfel) |
| **INLANDSVERARBEITUNG** | | | | | |
| Kernobstsaftproduktion 1.000 l | 695.200 | 690.963 | 760.192 | 715.452 | StaBu, 1994, Fachserie 4/R. 3.1; ZMP, 1995, S. 97 |
| Fruchtsaftkonzentrat 1.000 l | 82.900 | 59.680 | 68.353 | 70.311 | StaBu, 1994, Fachserie 4/R. 3.1; ZMP, 1995, S. 97 |
| " in Apfelsaftäquivalenten 1.000 l | 522.270 | 375.984 | 430.624 | 442.959 | berechnet * 6,3 |
| Gesamte geschätzte Apfelsaftproduktion 1.000 l | 1.217.470 | 1.066.947 | 1.190.816 | 1.158.411 | berechnet (Kernobstsaft + Fruchtsaftkonzentrat) |
| **Produktion Apfelmus t** | 46.300 | 57.889 | 54.403 | 52.864 | StaBu, 1994, Fachserie 4/R. 3.1; ZMP, 1995, S. 97 |
| " in Apfeläquivalenten t | 47.689 | 59.626 | 56.035 | 54.450 | berechnet *1,03 |
| **Prod. Kindernahrung Obst- u. Gemüsebasis t** | 56.736 | 65.005 | 68.060 | 63.267 | StaBu, 1994, Fachserie 4/R. 3.1 '91 nur ABL |
| **WARENFLUSS APFELMUS** | | | | | |
| Produktion Apfelmus t | 46.300 | 57.889 | 54.403 | 52.864 | StaBu, 1994, Fachserie 4/R. 3.1; ZMP, 1995, S. 97 |
| " in Apfeläquivalenten t | 47.689 | 59.626 | 56.035 | 54.450 | berechnet * 1,03 |
| Kochäpfel Marktobst (Erzeugermärkte) t | 6.504 | 26.991 | 19.090 | 17.528 | ZMP, 1991, S. 56; 1994, S. 66 |
| Kochäpfel Marktobst (Direktvermarktung) t | 41.185 | 32.635 | 36.945 | 36.922 | berechnet (Produktion - Marktobst) |

Tabelle 6-5 (Forts.): Warenströme Äpfel und Apfelprodukte

| | 1991 | 1992 | 1993 | Mittelwert | Quelle / Berechnungen |
|---|---|---|---|---|---|
| **WARENFLUSS APFELSAFT** | | | | | |
| Gesamte geschätzte Apfelsaftproduktion 1.000 l | 1.217.470 | 1.066.947 | 1.190.816 | 1.158.411 | StaBu, 1994, Fachserie 4/R. 3.1 '90 und '91 nur ABL |
| Nettoeinfuhr Apfelsaft 1.000 l | 515.427 | 721.023 | 694.834 | 643.761 | ZMP, 1994, S. 168. Rückgerechnete Konzentrate inkl. |
| Nettoeinfuhr Mostäpfel 1.000 l | 128.388 | 42.732 | 80.467 | 83.862 | ZMP, 1994, S. 77 und 109 |
| Mostäpfel Marktobstbau 1.000 l | 34.939 | 190.439 | 103.969 | 109.782 | ZMP, 1991, S. 56; 1994, S. 66 |
| Apfelsaft aus Hausgarten-/Streuobstprod. 1.000 l | 538.716 | 112.753 | 311.546 | 321.005 | berechnet (Produktion - Nettoeinf. - Marktobst) |
| " in Mostäpfeln t | 700.331 | 146.579 | 405.010 | 417.307 | berechnet * 1,3 |
| **GESCHÄTZTER KONSUM** | | | | | |
| Einwohner in der BR Deutschland in 1.000 | 79.753 | 80.257 | 80.975 | 80.328 | ZMP, 1995, S. 223 |
| Verfügbare Tafeläpfel t | | | | 1.690.606 | berechnet (Inlandsproduktion + Nettoimporte) |
| **Verfügbare Tafeläpfel kg/Kopf** | | | | 21 | berechnet : Einwohner |
| Verfügbarer Apfelsaft 1.000 l | 1.217.470 | 1.066.947 | 1.190.816 | 1.158.411 | Inlandsproduktion |
| **Verfügbarer Apfelsaft l/Kopf** | 15 | 13 | 15 | 14 | berechnet : Einwohner |
| Verfügbarer Apfelsaft in Apfeläquivalenten t | 1.582.711 | 1.387.031 | 1.548.061 | 1.505.934 | berechnet * 1,3 |
| Verfügbarer Apfelmus insgesamt t | 52.426 | 68.215 | 60.321 | 60.321 | berechnet (Inlandsproduktion + Nettoimporte) |
| **Verfügbarer Apfelmus kg/Kopf** | 0,7 | 0,8 | 0,8 | 0,8 | berechnet : Einwohner |
| Verfügbarer Apfelmus in Apfeläquivalenten t | 53.999 | 70.261 | | 62.130 | berechnet * 1,03 |
| Verfügbare getrocknete Äpfel t | 3.001 | 4.025 | 4.172 | 3.733 | Nettoimporte |
| **Verfügbare getrocknete Äpfel Gramm/Kopf** | 38 | 50 | 52 | 46 | berechnet : Einwohner |
| Verfügbarer Trockenäpfel in Apfeläquivalenten t | 9.603 | 12.880 | 13.350 | 11.945 | berechnet * 3,2 |
| Verfügbare Äpfel insgesamt t | | | | 3.270.615 | (Tafeläpfel + Apfelsaft + Apfelmus + getr. Äpfel) |
| **Verfügbare Äpfel insgesamt kg/Kopf** | | | | 40,7 | berechnet : Einwohner |
| Verfügbare Äpfel Gramm/Kopf/Tag | | | | 112 | berechnet : 365 |
| Verfügbare obst- u. gemüsehalt. Kindernahrung t | | 63.728 | 64.877 | 64.303 | berechnet (Inlandsproduktion - Nettoausfuhren) |
| Anzahl der 4 - 18 Monate alten Kleinkinder | | 956.161 | 937.744 | 946.953 | geschätzt mit Daten von StaBu, 1995, S. 69 |
| **Obst- u. gemüsehalt. Kindernahrung kg/Kleinkind** | | 66,6 | 69,2 | 67,9 | berechnet : Kleinkinder |
| " in Gramm pro Tag | | 183 | 190 | 186 | berechnet : 365 |

## Tabelle 6-6: Einkaufsstätten für Äpfel 1993 (in Prozent der Einkaufsmenge)

|  | alte Bundesländer | neue Bundesländer | Gesamt |
|---|---|---|---|
| Sortimentshandel insgesamt | 68 | 75 | 69 |
| Verbrauchermärkte | 27 | 26 | 27 |
| Discounter | 22 | 25 | 23 |
| Supermärkte/SB-Geschäfte | 18 | 23 | 19 |
| Kauf- und Warenhäuser | 1 | 1 | 1 |
| Vom Erzeuger und Sonstige | 18 | 10 | 17 |
| Wochenmärkte | 9 | 10 | 9 |
| Facheinzelhandel | 5 | 6 | 5 |

*Anmerkung:* Für die Berechnung von „Gesamt" wurden, entsprechend der Bevölkerungsanteile, die alten Bundesländer mit 82% und die neuen Bundesländer mit 18% gewichtet.
*Quelle:* ZMP, 1995a, S. 32-33.

## Tabelle 7-4: Apfelernten in Westdeutschland 1984 - 1993 (t)

|  | Marktobstbau | Streu- und Gartenobstbau | Gesamt | Streuobst in % von Gesamt |
|---|---|---|---|---|
| 1984 | 614.178 | 1.185.091 | 1.799.269 | 66 |
| 1985 | 600.753 | 808.947 | 1.409.700 | 57 |
| 1986 | 708.972 | 1.471.138 | 2.180.110 | 67 |
| 1987 | 500.175 | 577.184 | 1.077.359 | 54 |
| 1988 | 766.468 | 1.700.532 | 2.467.000 | 69 |
| 1989 | 765.583 | 960.922 | 1.726.505 | 56 |
| 1990 | 623.440 | 1.171.879 | 1.795.319 | 65 |
| 1991 | 365.269 | 415.486 | 780.755 | 53 |
| 1992 | 910.000 | 1.849.854 | 2.759.854 | 67 |
| 1993 | 700.000 | 835.980 | 1.535.980 | 54 |
| Mittelwert | 655.484 | 1.097.701 | 1.753.185 | 63 |
| Standardabweichung | 144.269 | 445.946 | 572.478 |  |
| Standardabw. in % des Mittelw. | 22 | 41 | 33 |  |

*Quelle:* ZMP, versch. Jhg.

Tabelle 7-5: Kontrollaufwand, -ergebnisse und -kosten der integrierten Obstproduktion in Baden-Württemberg und der Region Bodensee, 1991-1994

|  | 1991 | | 1992 | | 1993 | | 1994 | | Ø 91-94 |
|---|---|---|---|---|---|---|---|---|---|
|  | Ba.-Wü. | Bodensee | Ba.-Wü. | Bodensee | Ba.-Wü. | Bodensee | Ba.-Wü. | Bodensee | Bodensee |
| **Produktionsstruktur** | | | | | | | | | |
| Kernobstbetriebe IP (n) | 2.921 | 1.369 | 3.100 | 1.539 | 2.830 | 1.412 | 2.840 | 1.413 | 1.433 |
| Kernobstfläche insgesamt (ha) | n.v. | n.v. | 12.891 | n.v. | n.v. | n.v. | n.v. | n.v. | n.v. |
| Kernobstfläche IP (ha) | 8.558 | 6.355 | 10.852 | 7.757 | 9.707 | 6.708 | 9.596 | 6.636 | 6.864 |
| IP-Fläche in % von insgesamt | - | - | 84 | - | - | - | - | - | - |
| **Kontrolle der Erzeuger** | | | | | | | | | |
| Betriebsheftkontrollen (n) | 2.262 | 1.254 | 2.921 | 1.495 | 2.572 | 1.305 | 2.338 | n.v. | 1.351 |
| Beanstandungen (n) | 353 | 216 | 644 | 261 | 275 | 120 | 386 | n.v. | 199 |
| Beanstandungen (%) | 16 | 17 | 22 | 17 | 11 | 9 | 17 | n.v. | 15 |
| Betriebskontrollen (n) | 578 | 281 | 669 | 366 | 564 | 283 | 586 | 295 | 306 |
| Beanstandungen (n) | 58 | 21 | 31 | 7 | 29 | 16 | 49 | n.v. | 15 |
| Beanstandungen (%) | 10 | 7 | 5 | 2 | 5 | 6 | 8 | n.v. | 5 |
| Rückstandskontrollen (n) | 278 | 151 | 333 | 187 | 260 | 153 | 267 | 141 | 158 |
| Beanstandungen (n) | 6 | 3 | 2 | 0 | 10 | 8 | 17 | n.v. | 4 |
| Beanstandungen (%) | 2 | 2 | 1 | 0 | 4 | 5 | 6 | n.v. | 2 |
| **Kontrollintensität** | | | | | | | | | |
| Betriebsheftk. in % der Betriebe | 77 | 92 | 94 | 97 | 91 | 92 | 82 | n.v. | 94 |
| Betriebsk. in % der Betriebe | 20 | 21 | 22 | 24 | 20 | 20 | 21 | 21 | 21 |
| Rückstandsk. in % der Betriebe | 10 | 11 | 11 | 12 | 9 | 11 | 9 | 10 | 11 |
| **Kontrollkosten (DM)** | | | | | | | | | |
| Personalk. Betriebsheftkontrolle | 22.620 | 12.540 | 29.210 | 14.950 | 25.720 | 13.050 | 23.380 | 13.570 | 13.528 |
| Personalk. Betriebskontrollen | 69.360 | 33.720 | 80.280 | 43.920 | 67.680 | 33.960 | 76.180 | 38.290 | 37.473 |
| Laborkosten | 174.180 | 94.610 | 130.810 | 73.460 | 114.083 | 67.133 | 151.713 | 46.870 | 70.518 |
| Gesamtkosten | 266.160 | 140.870 | 240.300 | 132.330 | 207.483 | 114.143 | 251.273 | 98.730 | 121.518 |
| Nettokosten/Betrieb [a] | 36 | 41 | 31 | 34 | 29 | 32 | 35 | 28 | 34 |
| Nettokosten/ha [a] | 12 | 9 | 9 | 7 | 9 | 7 | 10 | 6 | 7 |
| Nettokosten/t bei 250 dt/ha [a] | 0,50 | 0,35 | 0,35 | 0,27 | 0,34 | 0,27 | 0,42 | 0,24 | 0,28 |
| Nettokosten/t bei 300 dt/ha [a] | 0,41 | 0,30 | 0,30 | 0,23 | 0,28 | 0,23 | 0,35 | 0,20 | 0,24 |

*Anmerkung:* IP: integrierte Produktion.

*Berechnungen:* Für 1991-1994 wurden aus den Gesamtkosten für Baden-Württemberg die Einzelkosten wie folgt kalkuliert: Betriebskontrollen 120 DM/Betrieb (1994: 130 DM); Betriebsheftkontrolle 10 DM/Heft; die verbleibende Differenz zu den Gesamtkosten wurde der Rückstandskontrolle zugeordnet. Für die Region Bodensee wurden die gleichen Einzelkosten pro Kontrollart unterstellt und so über die Kontrollleistungen die Kosten geschätzt. Für 1994 standen direkte Kostendaten durch die Obstregion Bodensee zur Verfügung.
Bei „Kernobstfläche insgesamt" wurden 10% zur amtlichen Statistik hinzuaddiert (Nettoflächenangaben der Landwirte plus ca. 10% für die als Vorgewende benötigte Fläche).
a: Berücksichtigung von 40% der Gesamtkosten; 60% werden vom Land Baden-Württemberg übernommen.

*Quellen:* LANDESANSTALT FÜR PFLANZENSCHUTZ, 1994; LANDESVERBAND ERWERBSOBSTBAU BADEN-WÜRTTEMBERG, 1995; OBSTREGION BODENSEE, 1995, pesönliche Mitteilung; STATISTISCHES LANDESAMT BADEN-WÜRTTEMBERG, 1993, s. 149.

**Tabelle 7-6: Kontrollaufwand, Kontrollergebnisse und Kontrollkosten der Integrierten Obstproduktion im Alten Land, 1991-1995**

|  | 1991 | 1992 | 1993 | 1994 | 1995 | Mittelwert 1992-1995 |
|---|---|---|---|---|---|---|
| **Produktionsstruktur** | | | | | | |
| Obstbetriebe OVR insgesamt (n) | 1.036 | 994 | 975 | 967 | 959 | 974 |
| Obstbetriebe IP (n) | 685 | 734 | 715 | 689 | 664 | 701 |
| IP-Betriebe in % von insgesamt | 66 | 74 | 73 | 71 | 69 | 72 |
| Obstfläche insgesamt (ha) | 9.302 | 9.335 | 9.224 | 9.299 | 9.286 | 9.286 |
| Obstfläche IP (ha) | 7.004 | 7.568 | 7.708 | 7.697 | 7.561 | 7.634 |
| IP-Fläche in % von insgesamt | 75 | 81 | 84 | 83 | 81 | 82 |
| **Kontrolle der Erzeuger** | | | | | | |
| **Betriebsheftkontrollen (n)** | | 412 | 395 | 380 | 404 | 398 |
| Beanstandungen (n) | | 0 | 0 | 7 | 0 | 2 |
| Beanstandungen (%) | | 0 | 0 | 2 | 0 | 0 |
| **Betriebskontrollen (n)** | | 146 | 145 | 140 | 147 | 145 |
| Beanstandungen (n) | | 3 | 5 | 5 | 4 | 4 |
| Beanstandungen (%) | | 2 | 3 | 4 | 3 | 3 |
| **Rückstandskontrollen (n)** | 95 | 20 | 24 | 17 | 22 | 21 |
| Beanstandungen (n) | 3 | 3 | 3 | 1 | 1 | 2 |
| Beanstandungen (%) | 3 | 15 | 13 | 6 | 5 | 9 |
| **Kontrolle der Vermarkter** | | | | | | |
| Lager- u. Handelsfirmen insg. (n) | | | | 32 | 57 | 45 |
| Rückstandskontrollen (n) | | 23 | 41 | 49 | 45 | 40 |
| Beanstandungen (n) | | 2 | 5 | 3 | 3 | 3 |
| Beanstandungen (%) | | 9 | 12 | 6 | 7 | 8 |
| **Kontrollintensität** | | | | | | |
| Betriebsheftkontr. in % der Betriebe | | 56 | 55 | 55 | 61 | 57 |
| Betriebskontr. in % der Betriebe | | 20 | 20 | 20 | 22 | 21 |
| Alle Rückstandskontr. in % d. Betriebe | 14 | 6 | 9 | 10 | 10 | 9 |
| **Kontrollkosten (DM)** | | | | | | |
| Personalkosten | | 22.000 | 22.000 | 22.000 | 22.000 | 22.000 |
| Laborkosten | | 9.460 | 14.300 | 14.500 | 14.740 | 13.250 |
| Gesamtkosten der Kontrolle | | 31.460 | 36.300 | 36.500 | 36.740 | 35.250 |
| Gesamtkosten/Betrieb | | 43 | 51 | 53 | 55 | 50 |
| Gesamtkosten/ha | | 4 | 5 | 5 | 5 | 5 |
| Gesamtkosten/t bei 250 dt/ha | | 0,17 | 0,19 | 0,19 | 0,19 | 0,18 |
| Gesamtkosten/t bei 300 dt/ha | | 0,14 | 0,16 | 0,16 | 0,16 | 0,15 |

*Anmerkungen:* OVR: Obstbauversuchsring des Alten Landes. IP: integrierte Produktion.
*Berechnung:* Für die Rückstandsanalysen wurden, entsprechend den Angaben für 1994, Kosten von 220 DM/Probe angenommen.
*Quelle:* OVR, unveröffentlichtes Material, eigene Zusammenstellung.

**Tabelle 7-7: Pflanzenschutzmittel in der Apfelerzeugung in Deutschland, 1995**

| Krankheit / Schädling | in der integrierten Produktion erlaubte Wirkstoffe | zugelassene, aber in IP nicht erlaubte Wirkstoffe | Bemerkungen |
|---|---|---|---|
| **Pilzkrankheiten** | **Wirkstoffe in Fungiziden** | | |
| Apfelschorf | Bitertanol, Dichlofluanid, Dithianon, Fenarimol, Flusilazol, Mancozeb, Metiram, Myclobutanil, Penconazol, Pyrifenox, Triforin | Maneb-Zineb-Schwefel, Propineb | wirtschaftlich bedeutendste Krankheit |
| Lagerschorf und Lagerfäulen | Benomyl, Dichlofluanid, Thiophanate-methyl | | große Verluste möglich |
| Apfelmehltau | Fenarimol, Flusilazol, Myclobutanil, Penconazol, Pyrifenox, Schwefel, Tridimentol, Triforin | Maneb-Zineb-Schwefel | bei anfälligen Sorten sind große Schäden möglich |
| Obstbaumkrebs | Kupferoxychlorid, Kupferhydroxyd | | |
| Kelchfäule | Dichlofluanid | | |
| **Schädlinge** | **Wirkstoffe in Insektiziden / Akariziden** | | |
| Blatt- u. Schildläuse | Kaliseife, Mineralöl, Oxydementon-methyl, Parathion-methyl, Pirimicarb, Phosalon | beta-Cyfluthrin, Deltamethrin, Dimethoat, Propoxur | |
| Blattsauger | Amitraz, Diflubenzuron, Fenoxycarb | Deltamethrin, Propoxur | |
| Eulenraupen | Diflubenzuron, Phosalon, Triflumuron | Dimethoat, Propoxur | |
| Blutlaus | Pirimicarb | Propoxur | |
| Sägewespen | Oxydementon-methyl, Parathion-methyl, Phosalon | Dimethoat, Propaxur | |
| Frostspanner und Raupen | Bacillus thuringiensis, Diflubenzuron, Parathion-methyl, Phosalon, Triflumuron | beta-Cyfluthrin, Deltamethrin, Dimethoat | |
| Apfelwickler | Diflubenzuron, Fenoxycarb, Granuloseviren, Parathion-methyl, Phosalon, Triflumuron | beta-Cyfluthrin, Deltamethrin, Dimethoat | in Südtirol z.T. Resistenzprobleme |
| Fruchtschalenwickler | Fenoxycarb, Parathion-methyl, Phosalon | Deltamethrin | |
| Apfelblütenstecher | Phosalon | | |
| Miniermotten | Diflubenzuron, Fenoxycarb, Triflumuron | | |
| Spinnmilben | Clofentezin, Hexythiazox, Mineralöl, Rapsöl | Amitraz, Azocyclotin | am Bodensee z.T. Resistenzprobleme |
| **Wachstumsregler** | Amidthin, Ethephon | | nur f. Fruchtaus-dünnung, große Arbeitsersparnis |
| **Mäuse** | Aluminiumphosphid, Zinkphosphid-Giftgetreide, Chlorphacinon | | |
| **Unkräuter** | Diuron, Glyphosat, Fluazifop-butyl, Glufosinate, MCPA | Propyzamid | |

Quellen: LANDESANSTALT FÜR PFLANZENSCHUTZ, 1995, S. 18, 20-22, 27; OVR, 1995, S. 79 ff.

**Tabelle 7-8: Unerlaubte Wirkstoffe bei Rückstandsuntersuchungen in Baden-Württemberg, 1991-1993 (Anzahl Beanstandungen)**

|  | 1991 | 1992 | 1993 | Bemerkung |
|---|---|---|---|---|
| Brompropylat |  |  | 4 | Akarizid, keine Zulassung in Deutschland |
| Captan | 1 |  | 1 | Fungizid, Zulassung ausgelaufen |
| Cypermethrin | 1 |  |  | Insektizid, in konventioneller Produktion erlaubt |
| Daminozid | 1 |  |  | Wachstumsregler, seit 1991 Anwendungsverbot |
| Dimethoat | 1 |  | 2 | Insektizid, in konventioneller Produktion erlaubt |
| Dicofol |  |  | 2 | Akarizid |
| Endosulfan |  |  | 1 | Insektizid, in konventioneller Produktion erlaubt |
| Fenpropathrin |  | 1 |  | Akarizid und Insektizid |
| Folpet | 2 | 1 | 1 | Fungizid, nicht zugelassen |
| Insgesamt | 6 | 2 | 11 |  |

*Anmerkung:* Bei keinem der unerlaubt eingesetzten Mittel wurde die gesetzliche Höchstmenge überschritten.

*Quelle:* LANDESANSTALT FÜR PFLANZENSCHUTZ, 1994, S. 14; eigene Ergänzungen.

### Anmerkungen zu Tabelle 7-9, S. 311

*Anmerkungen:* Die Kontrollergebnisse werden z.T. nicht durch die Anzahl der ausgeschlossenen Betriebe, sondern in ausgeschlossenen Flächen dargestellt.

a: Da Anzahl der Rückstandskontrollen auf Vermarktungsebene unbekannt, Unterschätzung.

b: Gesamtkosten ohne Personalkosten Pflanzenschutzamt, da diese den Erzeugern nicht in Rechnung gestellt werden.

*Berechnungen:* Die Angaben in Lire wurden mit einem Wechselkurs 1.000 Lire = 0,94 DM umgerechnet. Dies entspricht dem durchschnittlichen Wechselkurs 1994-1995 (DEUTSCHE BUNDESBANK, 1996, S. 11).

*Quellen:* Zusammenstellung aus AGRA-EUROPE 5.12.1994; AGRIOS Notizen 1992-1995; MARAN et al. (1991) S. 302 f; MARAN (1995, persönliche Mitteilung); MORANDELL (1995, persönliche Mitteilung); OBERHOFER (1994) S. 2.

Tabelle 7-9: Kontrollaufwand, Kontrollergebnisse und Kontrollkosten der Integrierten Obstproduktion in der Region Südtirol, 1991-1995

|  | 1991 | 1992 | 1993 | 1994 | 1995 |
|---|---|---|---|---|---|
| **Produktionsstruktur** | | | | | |
| Obstbetriebe IP (n) | 6.844 | 6.648 | 6.316 | 5.795 | 5.838 |
| Obstfläche insgesamt (ha) | 17.000 | 17.610 | 17.160 | 16.990 | 16.520 |
| Obstfläche IP (ha) | 14.755 | 14.444 | 13.900 | 12.916 | 13.050 |
| IP-Fläche in % von insgesamt | 87 | 82 | 81 | 76 | 79 |
| **Kontrolle der Erzeuger** | | | | | |
| Betriebsheftkontrollen (n) | 6.038 | 6.000 | 5.685 | 4.320 | - |
| Beanstandungen (ha) | 1.700 | 1.075 | 3.411 | 982 | - |
| Beanstandungen (%) | 11,5 | 7,4 | 24,5 | 7,6 | - |
| Betriebskontrollen (n) | 770 | 1.200 | 815 | 613 | 731 |
| Beanstandungen (n) | 84 ha | 60 Betr. | 74 ha | 72 ha | - |
| Beanstandungen (%) | 0,6 | 0,9 | 0,5 | 0,6 | - |
| Rückstandskontrollen (n) | 399 | 402 | 407 | 362 | 588 |
| Beanstandungen (n) | 15 | 20 | 75 | 41 | - |
| Beanstandungen (%) | 3,8 | 5,0 | 18,4 | 11,3 | - |
| **Kontrolle der Vermarkter** | | | | | |
| Lager- Handelsfirmen insg. (n) | - | - | - | 66 | 66 |
| Lager- Handelsfirmen IP (n) | 58 | 54 | 53 | 50 | 50 |
| Lagerkontrollen (n) | - | - | 159 | 155 | 180 |
| Beanstandungen (n) | - | - | - | - | 3 |
| Beanstandungen (%) | - | - | - | - | 1,7 |
| Rückstandskontrollen (n) | 296 | 37 | 44 | keine Ang. | 337 |
| Beanstandungen (n) | 15 | 20 | 17 | 90.000t | 22 |
| Beanstandungen (%) | 5,1 | 54,1 | 38,6 | 16,0 | 6,5 |
| **Kontrollintensität** | | | | | |
| Betriebsheftkontrolle in % d. Betriebe | 88 | 90 | 90 | 75 | |
| Betriebskontrolle in % der Betriebe | 11 | 18 | 13 | 11 | 13 |
| Lagerkontrollen in % der Firmen | | | 300 | 310 | 360 |
| Rückstandskontrollen in % d. Betriebe | 10 | 7 | 7 | 6[a] | 16 |
| **Kontrollkosten (DM)** | | | | | |
| Personalkosten Pflanzenschutzamt | - | - | - | keine Ang. | 33.840 |
| Personalkosten AGRIOS | - | - | - | 11.750 | 22.658 |
| Laborkosten | - | - | - | 78.960 | 66.595 |
| Gesamtkosten der Kontrolle | - | - | - | 90.710 | 123.093 |
| Gesamtkosten/Betrieb [b] | - | - | - | 16 | 15 |
| Gesamtkosten/ha [b] | - | - | - | 7 | 7 |
| Gesamtkosten/t bei 350 dt/ha [b] | - | - | - | 0,20 | 0,20 |
| Gesamtkosten/t bei 400 dt/ha [b] | - | - | - | 0,18 | 0,17 |

Anmerkungen siehe vorherige Seite

**Tabelle 7-10: Unerlaubte Wirkstoffe bei Rückstandsuntersuchungen in Südtirol, 1991-1994 (Anzahl Beanstandungen)**

|  | 1991 | 1992 | 1993 | 1994 | Bemerkung |
|---|---|---|---|---|---|
| **Erzeugerproben** | | | | | |
| Azinphosmethyl | | | * | * | Insektizid und Akarizid |
| Azocyclotin | | | * | | Akarizid |
| Carbaryl | 1 | 1 | * | | Insektizid |
| Cyhexathin | | | * | | Akarizid |
| Dimethoat | 3 | 1 | * | * | Insektizid |
| Dithiocarbamate | 11 | 18 | | | Fungizid |
| Endosulfan | | | * | | Insektizid |
| Omethoat | | | * | | Insektizid und Akarizid |
| Parathion | | | | * | Insektizid und Akarizid |
| Propargite | | | | * | Akarizid |
| Vamidothion | | | | * | Insektizid |
| **Vermarkterproben** | | | | | |
| Benzimidazole | | * | | | Antioxidanz |
| Brompropylat | * | | | | Akarizid |
| Chlopyrifos | | | 1 | | Insektizid |
| Dicofol | | | 1 | | Akarizid |
| Dimethoat | * | | 1 | | Insektizid |
| DPA | * | * | 12 | | Antioxidanz |
| Endosulfan | * | | | | Insektizid |
| Etoxyquin | | * | | | Antioxidanz |
| Tetradifon | | | 1 | | Akarizid |
| Thiabendazol | * | | 1 | | Fungizid |

*Anmerkung*: *: Keine quantitativen Angaben.
*Quelle*: Eigene Darstellung nach Angaben von MORANDELL, 1995, persönliche Mitteilung.

**Tabelle 7-11: Staatliche Zuschüsse im Obstbau 1995 (DM/ha)**

| Produktionsverfahren | integriert (IP) | ökologisch (ÖP) | | Bemerkungen |
|---|---|---|---|---|
| | | Umstellung | Beibehaltung | |
| Baden-Württemberg | 100 | 400 | 400 | 60% Zuschuß für Kontrolle IP |
| Bayern | - | 1.000 | 1.000 | |
| Brandenburg | 1.050 | - | 1.500 | |
| Hamburg | - | - | - | ab 1996 Zuschüsse für IP und ÖP geplant |
| Hessen | 350 Dünger [a]/ 250 Herbizide [a] | 1.440/+200/ha bis 10 ha) | | [a] Zuschüsse bei Verzicht auf synth. Dünger bzw. Herbizide |
| Mecklenburg-Vorpommern | 900 | - | - | wegen Etatschwierigkeiten max. 460 DM ausgezahlt |
| Niedersachsen | - | 1.400 | 1.200 | |
| Nordrhein-Westfalen | - | 960 | 800 | |
| Rheinland-Pfalz | 800/1.100 [a] | 1.400 | 1.200 | [a] bei Herbizidverzicht |
| Saarland | - | 1.200 | 800 | |
| Sachsen | 900 | 1.500 | 1.300 | |
| Sachsen-Anhalt | - | 1.400 | 1.400 | |
| Schleswig-Holstein | - | - | - | |
| Thüringen | 900/1.050 [a] | 1.200 | 1.200 | [a] bei Herbizidverzicht |

*Quelle:* Eigene Erhebung. Telefonische Befragung der zuständigen Landesministerien.

**Tabelle 8-4: Apfelmusangebot in fünf Kieler Einzelhandelsgeschäften, Sommer 1995**

| Hersteller | Produktbezeichnung | Zutaten | gekauft bei | Menge (g) | Preis (DM) | DM/kg |
|---|---|---|---|---|---|---|
| Odenwald-Konservenfabrik | natreen Apfelmus diätisches Lebensmittel | Äpfel, Cyclamat, Saccharin, Zitronensäure, Ascorbinsäure | SPAR | 340 | 1,79 | 5,26 |
| BSB Sonnen Bassermann | Apfelmus aus ausgesuchten Apfelsorten | Äpfel, Zucker, Äpfelsäure, Ascorbinsäure | SPAR | 355 | 1,69 | 4,76 |
| Stute / SPAR | Apfelmus Tauperle | Äpfel, Zucker, Zitronensäure, l-Ascorbinsäure | SPAR | 710 | 0,99 | 1,39 |
| Linkenheil | das andere Apfelmus | Äpfel, Zucker, Ascorbinsäure | SKY | 350 | 1,19 | 3,40 |
| Karlsruher Konservenfabrik / SPAR | Apfelmus aus ausgesuchten Apfelsorten | Äpfel, Zucker, Zitronensäure, Ascorbinsäure | SPAR | 720 | 1,29 | 1,79 |
| Westfalia Nahrungsmittel | Sterngold Apfelmus | Äpfel, Zucker, Zitronensäure | ALDI | 710 | 0,65 | 0,92 |
| Schwabenfrucht Konserven | Schwabenfrucht Apfelmus | Äpfel, Zucker, Zitronensäure, l-Ascorbinsäure | PENNY | 710 | 0,65 | 0,92 |
| Staud's, Österreich | Apfelmus Delicious | Delicious Äpfel, Wasser, Zucker, Gewürze, Zitronensaft | SPAR | 320 | 5,29 | 16,53 |
| Scala, Holland | Apfelmus | Äpfel, Zucker, Glycosesyrup, Ascorbinsäure | SPAR | 720 | 0,99 | 1,38 |
| Grüne Welle | Apfelmus aus kontr. biologischem Anbau | 90% Äpfel, Blütenhonig | 1000 Körner | 720 | 2,79 | 3,88 |
| Mittelwert | | | | | | 4,02 |
| Median | | | | | | 2,60 |
| Median ohne natreen und Staud's | | | | | | 1,59 |

Anmerkung: In der zweiten Medianberechnung wurden natreen und Staud's wegen abweichender Inhaltsstoffe ausgeschlossen.
Quelle: Eigene Erhebung.

## Tabelle 8-5: Untersuchungsergebnisse Babykost, Verbraucher Initiative e.V., April 1994

| Proben | Ergebnis | |
|---|---|---|
| Gruppe und Produktbeschreibung | Organochlor-pestizide | Organophosphor-pestizide |
| **Schinken/Gemüse** | | |
| Hipp: Schinken und Gemüseallerlei m. Eiernudeln | nicht nachweisbar | nicht nachweisbar |
| Alete: Schinken und Gemüseallerlei m. Eiernudeln | nicht nachweisbar | nicht nachweisbar |
| Schlecker: Schinkennudeln mit Gemüse | nicht nachweisbar | nicht nachweisbar |
| **Broccoli/Blumenkohl** | | |
| Hipp: Rahmgemüse | nicht nachweisbar | nicht nachweisbar |
| Alete: Sahnebroccoli mit Vollkorndinkel | nicht nachweisbar | nicht nachweisbar |
| Schlecker: Gemüseallerlei | Lindan: 0,054 mg/kg | nicht nachweisbar |
| **Birchermüsli** | | |
| Hipp: Birchermüsli | nicht nachweisbar | nicht nachweisbar |
| Alete: Vollkornfrüchtemüsli Pfirsich und Apfel | nicht nachweisbar | nicht nachweisbar |
| Schlecker: Birchermüsli | Brompropylat: 0,003 mg/kg | Chlorfenvinphos: < 0,01 mg/kg; Dimethoat: < 0,01 mg/kg |
| **Reisfrüchtebrei Apfel/Birne** | | |
| Hipp: Vollkornreisbrei in Früchten | nicht nachweisbar | nicht nachweisbar |
| Alete: Vollkornfrüchtebrei Aprikose und Apfel | nicht nachweisbar | nicht nachweisbar |
| Schlecker: Vollkornbrei in Früchten | Brompropylat: 0,097 mg/kg; Tetradifon: 0,003 mg/kg | Chlorfenvinphos: 0,01 mg/kg |
| **Apfel/Birne bzw. Banane** | | |
| Hipp: Birne in Apfel | nicht nachweisbar | nicht nachweisbar |
| Alete: Birne in Apfel | nicht nachweisbar | nicht nachweisbar |
| Schlecker: Apfel mit Banane | Tetradifon: 0,002 mg/kg | Chlorfenvinphos: 0,02 mg/kg; Dimethoat: 0,01 mg/kg; |

*Quelle:* DIE VERBRAUCHER INITIATIVE E.V., April 1994

**Tabelle 9-3: Rückstandskontrollen des Hanseatischen Untersuchungsrings von Äpfeln 1991-1994**

| Monat | Jan. | Feb. | März | Apr. | Mai | Juni | Juli | Aug. | Sep. | Okt. | Nov. | Dez. | Insgesamt | in % von Insgesamt | Beanstandung aus: |
|---|---|---|---|---|---|---|---|---|---|---|---|---|---|---|---|
| **Proben 1991** | 2 | 1 | 5 | 24 | 18 | 9 | 27 | 11 | 2 | 5 | 6 | 3 | 113 | - | - |
| davon aus BRD | 1 | - | 1 | 1 | 1 | - | - | - | - | - | - | - | 4 | - | - |
| davon aus EU | 1 | 1 | 2 | 1 | 1 | 2 | 1 | - | 2 | 3 | 3 | - | 17 | - | - |
| davon aus Drittländern | - | - | 1 | 22 | 16 | 6 | 26 | 9 | - | - | - | 3 | 86 | - | - |
| ohne Herkunftsangabe | - | - | 1 | - | - | 1 | - | 2 | - | 2 | 3 | - | 6 | - | - |
| Beanstandungen | - | - | - | - | - | - | - | - | - | - | - | - | 1 | - | Argentinien |
| **Proben 1992** | 7 | 3 | 2 | 31 | 6 | 19 | 2 | 1 | 0 | 7 | 3 | 1 | 82 | - | - |
| davon aus BRD | - | - | - | 3 | - | - | - | 1 | - | 2 | 1 | 1 | 8 | - | - |
| davon aus EU | 1 | - | 1 | 9 | - | 1 | - | - | - | 4 | 2 | - | 18 | - | - |
| davon aus Drittländern | 6 | 2 | 1 | 19 | 6 | 16 | 2 | - | - | 1 | - | - | 53 | - | - |
| ohne Herkunftsangabe | - | 1 | - | - | - | 2 | - | - | - | - | - | - | 3 | - | - |
| Beanstandungen | - | - | - | 1 | - | 1 | - | - | - | - | - | - | 2 | - | BRD/Südafrika |
| **Proben 1993** | 10 | 3 | 4 | 11 | 19 | 16 | 5 | 12 | 7 | 4 | 11 | 5 | 107 | - | - |
| davon aus BRD | 5 | 3 | - | - | 1 | - | - | 1 | 2 | 3 | 4 | - | 19 | - | - |
| davon aus EU | 5 | - | 4 | 2 | - | 1 | - | 2 | 5 | 1 | 6 | 5 | 31 | - | - |
| davon aus Drittländern | - | - | - | 9 | 18 | 15 | 5 | 7 | - | - | 1 | - | 55 | - | - |
| ohne Herkunftsangabe | - | - | - | - | - | - | - | 2 | - | - | - | - | 2 | - | - |
| Beanstandungen | - | - | - | - | - | - | - | - | - | - | - | - | keine | - | keine |
| **Proben 1994** | 4 | 3 | 5 | 16 | 24 | 8 | 6 | 10 | 6 | 12 | 8 | 4 | 106 | - | - |
| davon aus BRD | 2 | 1 | 2 | - | 1 | - | - | 1 | - | 4 | 2 | - | 13 | - | - |
| davon aus EU | 2 | 2 | 2 | 2 | 8 | 3 | 3 | 8 | 6 | 6 | 6 | 4 | 52 | - | - |
| davon aus Drittländern | - | - | 1 | 14 | 15 | 5 | 3 | 1 | - | - | 1 | - | 39 | - | - |
| ohne Herkunftsangabe | - | - | - | - | - | - | - | - | - | 2 | - | - | 2 | - | - |
| Beanstandungen | - | - | - | - | - | - | - | - | - | - | - | - | keine | - | keine |
| **Summe/Monat** | 23 | 10 | 16 | 82 | 67 | 52 | 40 | 34 | 15 | 28 | 28 | 13 | 408 | 100 | |
| Summe aus BRD | 8 | 4 | 3 | 4 | 3 | 0 | 0 | 3 | 2 | 9 | 7 | 1 | 44 | 11 | |
| Summe aus EU | 9 | 3 | 9 | 14 | 9 | 7 | 4 | 10 | 13 | 14 | 17 | 9 | 118 | 29 | |
| Summe aus Drittländern | 6 | 2 | 3 | 64 | 55 | 42 | 36 | 17 | 0 | 1 | 4 | 3 | 233 | 57 | |

*Anmerkung:* a: Durch einige fehlende Herkunftsverweise ergibt die Summe der Herkünfte nicht immer die Anzahl der Proben insgesamt.
*Quelle:* Eigene Zusammenstellung aus unveröffentlichten Monatsberichten des Untersuchungsrings des Verbandes des Hanseatischen Frucht-Import- und Großhandels.

**Tabelle 9-4:** Anzahl der Rückstandskontrollen des Zentralverbandes des Deutschen Früchte-Import- und Großhandels bei Äpfeln, 1992-1995

| Herkunftsland | 1992 | 1993 | 1994 | 1995 | Durchschnitt | in % |
|---|---|---|---|---|---|---|
| Frankreich | 29 | 38 | 32 | 23 | 31 | 35 |
| Italien | 25 | 22 | 34 | 24 | 26 | 30 |
| Neuseeland | - | 9 | 4 | 7 | 7 | 8 |
| Chile | 3 | 8 | 7 | 7 | 6 | 7 |
| Deutschland | 4 | 7 | 5 | 4 | 5 | 6 |
| Niederlande | 2 | 5 | 5 | 4 | 4 | 5 |
| Argentinien | 5 | 5 | 2 | 2 | 4 | 4 |
| Belgien | 1 | 4 | 4 | 1 | 3 | 3 |
| USA | 1 | 0 | 0 | 2 | 1 | 1 |
| Südafrika | 0 | 1 | 1 | 2 | 1 | 1 |
| Brasilien | 0 | 1 | 1 | 0 | 1 | 1 |
| Spanien | 0 | 0 | 0 | 1 | 0 | 0 |
| Insgesamt | 70 | 100 | 95 | 77 | 87 | 100 |
| insgesamt aus EU-Ländern | 57 | 69 | 75 | 53 | 63 | 73 |
| insgesamt aus Drittländern | 9 | 24 | 15 | 20 | 19 | 21 |
| Beanstandungen | 2 | 2 | 0 | 0 | | |
| Beanstandungen in % von insgesamt | 3 | 2 | 0 | 0 | | |

*Anmerkung:* Angaben für 1995 ohne den Monat Dezember.
*Quelle:* Eigene Zusammenstellung aus unveröffentlichten Daten des Zentralverbandes des deutschen Früchte-Import- und Großhandels e.V.

**Tabelle 10-2: Amtliche Schadstoffuntersuchungen 1994**

| Bundesland | Baden-Württemb. | Bayern | Brandenburg | Hamburg | Niedersachsen | Rheinl.-Pfalz | Saarland | Thüringen | Summe | Summe bundesweit |
|---|---|---|---|---|---|---|---|---|---|---|
| Bevölkerung 1993 in Millionen | 10,196 | 11,818 | 2,546 | 1,699 | 7,616 | 3,904 | 1,085 | 2,538 | 41,402 | 81,179 |
| **Rückstandsuntersuchungen pflanzlicher Lebensmittel** | 4.257 | 1.526 | keine A. | 312 | 2.402 | 1.475 | keine A. | 935 | 10.907 | 23.442 |
| - Frischobst (Warencode 29) | 1.175 | 425 | 311 | 114 | 718 | 579 | 186 | 307 | 3.815 | 7.480 |
| darunter Kernobst | 356 | 60 | 162 | 2 | 192 | 102 | 51 | 102 | 1.027 | 2.014 |
| davon > Höchstmenge | 7 | 2 | 1 | 0 | 0 | 1 | 0 | 0 | 11 | 22 |
| darunter inländisches Kernobst | keine A. | 33 | keine A. | 2 | 110 | 31 | 50 | 91 | 317 | 898 |
| darunter ausländisches Kernobst | keine A. | 27 | keine A. | 0 | 82 | 64 | 1 | 11 | 185 | 524 |
| - Säuglings- u. Kleinkindernahrung (Warencode 48) | 513 | 335 | 175 | 15 | 480 | 129 | 104 | 106 | 1.857 | 3.641 |
| davon > Höchstmenge | 8 | 26 | 0 | 0 | 5 | 7 | 0 | 0 | 46 | 90 |
| - Fruchtsäfte (Warencode 31) | 72 | 3 | 0 | 0 | 17 | 5 | 113 | 0 | 210 | 412 |
| davon > Höchstmenge | 0 | 0 | 0 | 0 | 0 | 0 | 0 | 0 | 0 | 0 |
| darunter Apfelsaft | 31 | keine A. | 0 | 0 | 5 | 1 | 19 | 0 | 56 | 154 |
| - Obstprodukte (Warencode 30) | 40 | 0 | 10 | 23 | 7 | 36 | 6 | 6 | 128 | 251 |
| davon > Höchstmenge | 0 | 0 | 0 | 0 | 0 | 0 | 0 | 0 | 0 | 0 |
| **Untersuchungen von Fruchtsäften auf Patulin** | 72 | 86 | 5 | 8 | 48 | 87 | 5 | 0 | 311 | 610 |
| - darunter Apfelsaft | 68 | keine A. | 5 | 0 | 46 | 56 | 5 | 0 | 180 | 494 |
| davon Patulin > 50 µl/l | 0 | keine A. | 0 | 0 | 0 | 1 | 0 | 0 | 1 | 3 |

*Quelle:* Eigene Erhebung bzw. Angaben aus Jahresberichten der Untersuchungsämter.

Tabelle 11-4: Gesamtbetrachtung aller inländischen Schadstoffkontrollen von Tafeläpfeln (Durchschnittliche Angaben pro Jahr)

| Absatzweg[1] | Selbstver-sorgung | Inlandserzeugung | | | | Auslandserzeugung | | | Summe |
|---|---|---|---|---|---|---|---|---|---|
| | | Direktvermarktung | | Erfassungshandel | | Importhandel | | | |
| Produktionsverfahren/Herkunftsland[1] | | KP | IP | | KP | EU | Drittländer | | |
| **Menge Äpfel (1.000 t)[1]** | 423 | 56 | 157 | 310 | 109 | 468 | 168 | | 1.691 |
| **Geschätzte Kontrollen (n)** | | | | | | | | | |
| Erzeugerkontrollen[2] | | | 286 | 565 | 2 | ? | ? | | 851 |
| Großhandelskontrollen[3] | | | | 6 | | 98 | 68 | | 174 |
| Einzelhandelskontrollen[4] | | | | | | | | | |
| staatliche Kontrollen[5] | | 112 | 315 | 623 | 219 | 548 | 197 | | 2.014 |
| Summe Kontrollen | | 112 | 601 | 1.194 | 221 | 646 | 265 | | 3.039 |
| Tonnen/1 Probe | | 500 | 261 | 260 | 493 | 724 | 634 | | 556 |
| Proben/1.000t | 0,00 | 2,00 | 3,83 | 3,85 | 2,03 | 1,38 | 1,58 | | 1,80 |
| **Kostenschätzung (DM)** | | | | | | | | | |
| Erzeugerkontrollen[6] | | | 231.660 | 457.650 | 602 | 29.498 | 20.468 | | 689.310 |
| Großhandelskontrollen[7] | | | | 1.806 | | | | | 52.374 |
| staatliche Kontrollen[8] | | 96.096 | 270.270 | 534.534 | 187.902 | 470.184 | 169.026 | | 1.728.012 |
| Summe Kontrollkosten | 0 | 96.096 | 501.930 | 993.990 | 188.504 | 499.682 | 189.494 | | 2.469.696 |
| Kontrollkosten DM/t | 0,00 | 1,72 | 3,20 | 3,21 | 1,73 | 1,07 | 1,13 | | 1,46 |

▓ : Keine Kontrolle
░ : Keine Information über Kontrollen

Anmerkungen siehe nächste Seite.

## Erläuterungen zu Tabelle 11-4, S. 319

*Anmerkungen:*    KP: Konventionelle Produktion.

                 IP: Integrierte Produktion

                 EU: Europäische Union

*Erläuterungen:*    (1): Die Mengenangaben über Absatzwege und Produktionsverfahren sind Tabelle 6-5 im Anhang entnommen. Bei der Verteilung von konventioneller und integrierter Produktion wurde in der Direktvermarktung wie im Erfassungshandel von einem Verhältnis 26:74 ausgegangen (vergl. Fußnote 223 in Kapitel 7.2.1).

(2): Nach Fußnote 223 in Kapitel 7.2.1 werden in Deutschland 468.000 t Äpfel integriert produziert. Bei einem mittleren Ertrag von 25 t/ha entspricht dies einer Fläche von 18.720 ha. In Deutschland sind Baumobstbetriebe durchschnittlich 2,2 ha groß (ZMP, 1995a, S. 37). Daraus ergibt sich, daß schätzungsweise 8.509 Betriebe nach den Richtlinien der integrierten Produktion Äpfel erzeugen. Bei 10% der Betriebe werden jährlich Rückstandsuntersuchungen durchgeführt. Die geschätzten Erzeugerkontrollen betragen damit bundesweit 851 pro Jahr. Die Verteilung der Kontrollen zwischen IP-Direktvermarktung und IP-Erfassungshandel erfolgte nach dem Verhältnis der erzeugten Mengen.

(3): Die Anzahl der Großhandelskontrollen stellen eine Unterschätzung dar, da nur die Angaben aus den Untersuchungsringen (vergl. Tabelle 9-2) zur Verfügung stehen. Zusätzliche Einzelkontrollen der Fruchthandelsunternehmen sind nicht erfaßt.

(4): Es war nicht möglich, zuverlässige Angaben über die Rückstandsuntersuchungen des Einzelhandels zu erhalten. Im Rahmen der Qualitätssicherungsmaßnahmen der großen Einzelhandelsketten sind diese denkbar.

(5): Angaben aus Tabelle 10-1. Es wurde angenommen, daß sich die staatlichen Kontrollen bei den verschiedenen Untergruppen der Inlands- bzw. Auslandserzeugung entsprechend dem Verhältnis der abgesetzten Mengen aufteilen.

(6): Multiplikation der Erzeugerkontrollen mit 810 DM (Gesamtkosten der Kontrolle/Betrieb am Bodensee, vergl. Tabelle 7-2). Dieser Wert schließt die Kontrollkosten der gesamten integrierten Produktion ein, also auch die Betriebs- und Betriebsheftkontrollen.

(7): Multiplikation der Großhandelskontrollen mit 301 DM. Dieser Wert entspricht dem durchschnittlichen Preis privater Handelslabore für den Rückstandsnachweis nach DFG Methode S19 (vergl. Tabelle 6-4 im Anhang). Die allgemeinen Verwaltungs- und Gemeinkosten der Fruchthandelskontrollen waren nicht zu ermitteln. Die Kostenangaben stellen daher eine Unterschätzung dar.

(8): Multiplikation der staatlichen Kontrollen mit 858 DM. Dieser Wert wurde in Anlehnung an die Tabellen 3-1 und 3-5 berechnet. Danach wurden für das Jahr 1994 bundesweit 508.879 Untersuchungen und Gesamtkosten von 435.893.690 DM geschätzt. Aus diesen Angaben errechnen sich durchschnittliche Kosten von 858 DM/Probe.

Anhang

Tabelle 11-5: Halbmonatliche Erzeugermarkt-, Großmarkt- und Einzelhandelspreise für sowie Handelsspannen für die Sorten Cox Orange und Golden Delicious, 1991-1993 (DM/dt)

| | i Preise | | | | | | Handelsspannen | | | | | |
|---|---|---|---|---|---|---|---|---|---|---|---|---|
| | Cox Orange | | | Golden Delicious | | | Erzeuger-Großmarkt | | Großmarkt-Einzelhandel | | Erzeuger-Einzelhandel | |
| | Erzeuger-märkte | Groß-märkte | Einzel-handel | Erzeuger-märkte | Groß-märkte | Einzel-handel | Cox | Golden | Cox | Golden | Cox | Golden |
| Jan 91 | 166,7 | 193,1 | 391,5 | 89,7 | 127,7 | 315,0 | 26,3 | 38,0 | 198,4 | 187,3 | 224,8 | 225,3 |
| Jan 91 | 167,7 | 205,4 | 400,5 | 84,9 | 133,1 | 321,0 | 37,6 | 48,2 | 195,1 | 188,0 | 232,8 | 236,1 |
| Feb 91 | 169,3 | 218,0 | 405,0 | 89,2 | 134,4 | 323,0 | 48,7 | 45,2 | 187,0 | 188,6 | 235,7 | 233,8 |
| Feb 91 | 181,5 | 222,7 | 408,5 | 100,0 | 136,5 | 327,0 | 41,2 | 36,6 | 185,8 | 190,5 | 227,0 | 227,1 |
| Mär 91 | 186,4 | 227,9 | 419,0 | 104,1 | 133,0 | 322,5 | 41,4 | 29,0 | 191,1 | 189,5 | 232,6 | 218,4 |
| Mär 91 | 184,7 | 238,7 | 421,3 | 110,4 | 145,7 | 332,5 | 54,0 | 35,3 | 182,7 | 186,3 | 236,7 | 221,6 |
| Apr 91 | 174,1 | 222,6 | 462,5 | 115,1 | 161,2 | 343,0 | 48,5 | 46,1 | 239,9 | 181,8 | 288,4 | 227,9 |
| Apr 91 | 179,6 | 220,8 | 483,0 | 113,6 | 164,4 | 353,0 | 41,3 | 50,8 | 262,2 | 188,6 | 303,4 | 239,4 |
| Mai 91 | 176,0 | 225,0 | 485,5 | 122,3 | 154,6 | 360,0 | 49,0 | 32,3 | 260,5 | 205,4 | 309,5 | 237,7 |
| Mai 91 | 134,8 | - | 490,5 | 130,0 | 161,4 | 361,0 | - | 31,4 | - | 199,6 | 355,8 | 231,0 |
| Jun 91 | - | - | 493,0 | 151,6 | 176,3 | 376,5 | - | 24,6 | - | 200,2 | - | 224,9 |
| Jun 91 | - | - | 484,0 | 155,7 | 182,1 | 400,0 | - | 26,4 | - | 217,9 | - | 244,3 |
| Jul 91 | - | - | 476,5 | 161,0 | 199,4 | 439,5 | - | 38,4 | - | 240,1 | - | 278,5 |
| Jul 91 | - | - | - | 149,5 | 208,3 | 470,3 | - | 58,7 | - | 262,1 | - | 320,8 |
| Aug 91 | - | - | - | - | - | 485,0 | - | - | - | - | - | 485,0 |
| Aug 91 | - | - | - | - | - | 493,3 | - | - | - | - | - | 493,3 |
| Sep 91 | 252,3 | 385,0 | 449,0 | - | - | 462,5 | 132,7 | - | 64,0 | - | 196,7 | 462,5 |
| Sep 91 | 253,1 | 295,6 | 480,0 | 162,4 | 246,4 | 433,5 | 42,5 | 84,0 | 184,4 | 187,1 | 226,9 | 271,1 |
| Okt 91 | 225,2 | 262,9 | 496,0 | 178,1 | 223,9 | 430,5 | 37,6 | 45,8 | 233,1 | 206,6 | 270,8 | 252,4 |
| Okt 91 | 189,7 | 268,9 | 502,0 | 175,0 | 216,9 | 431,0 | 79,2 | 42,0 | 233,1 | 214,1 | 312,3 | 256,0 |
| Nov 91 | 161,4 | 268,3 | 499,0 | 168,8 | 210,7 | 435,0 | 106,9 | 42,0 | 230,7 | 224,3 | 337,7 | 266,2 |
| Nov 91 | 159,4 | 276,2 | 507,0 | 170,1 | 199,0 | 439,5 | 116,8 | 29,0 | 230,8 | 240,5 | 347,6 | 269,5 |
| Dez 91 | 159,5 | 280,4 | 508,0 | 145,3 | 201,5 | 445,5 | 120,9 | 56,2 | 227,6 | 244,0 | 348,5 | 300,2 |
| Dez 91 | 179,8 | 286,3 | 508,7 | 143,7 | 198,9 | 443,0 | 106,6 | 55,2 | 222,3 | 244,1 | 328,9 | 299,3 |
| Jan 92 | 209,4 | 285,7 | 516,0 | 144,4 | 196,7 | 447,5 | 76,3 | 52,3 | 230,3 | 250,8 | 306,6 | 303,2 |
| Jan 92 | 214,4 | 292,1 | 524,0 | 135,0 | 192,6 | 444,5 | 77,7 | 57,6 | 231,9 | 251,9 | 309,6 | 309,5 |
| Feb 92 | 253,3 | 299,4 | 527,5 | 142,4 | 190,6 | 449,5 | 46,2 | 48,3 | 228,1 | 258,9 | 274,2 | 307,1 |
| Feb 92 | 257,6 | 300,7 | 519,5 | 134,8 | 187,4 | 446,0 | 43,1 | 52,6 | 218,8 | 258,6 | 261,9 | 311,2 |
| Mär 92 | 254,3 | 295,3 | 522,0 | 135,4 | 186,6 | 445,0 | 41,0 | 51,2 | 226,7 | 258,4 | 267,7 | 309,6 |
| Mär 92 | 249,6 | 295,0 | 515,3 | 133,6 | 186,5 | 441,0 | 45,4 | 52,9 | 220,4 | 254,5 | 265,8 | 307,4 |
| Apr 92 | 262,4 | 296,2 | 526,0 | 127,2 | 183,4 | 432,5 | 33,8 | 56,2 | 229,8 | 249,1 | 263,6 | 305,3 |
| Apr 92 | 231,0 | 315,1 | 553,5 | 133,2 | 178,3 | 442,5 | 84,1 | 45,1 | 238,4 | 264,2 | 322,5 | 309,3 |
| Mai 92 | 172,7 | 320,0 | 555,0 | 131,1 | 177,9 | 447,0 | 147,3 | 46,8 | 235,0 | 269,1 | 382,3 | 315,9 |
| Mai 92 | 113,4 | 320,0 | 552,0 | 135,7 | 181,3 | 454,0 | 206,7 | 45,6 | 232,0 | 272,7 | 438,7 | 318,3 |
| Jun 92 | - | 320,0 | 561,0 | 136,5 | 180,6 | 453,5 | - | 44,1 | 241,0 | 272,9 | - | 317,0 |
| Jun 92 | - | - | 541,0 | 133,1 | 186,0 | 462,5 | - | 52,9 | - | 276,5 | - | 329,4 |
| Jul 92 | - | - | 514,5 | 129,2 | 191,4 | 460,0 | - | 62,2 | - | 268,6 | - | 330,8 |
| Jul 92 | - | - | 502,0 | 100,4 | 196,7 | 458,7 | - | 96,3 | - | 262,0 | - | 358,2 |

**Tabelle 11-5 (Forts.)**

|  | Preise | | | | | | Handelsspannen | | | | | |
|---|---|---|---|---|---|---|---|---|---|---|---|---|
|  | Cox Orange | | | Golden Delicious | | | Erzeuger-Großmarkt | | Großmarkt-Einzelhandel | | Erzeuger-Einzelhandel | |
|  | Erzeuger-märkte | Groß-märkte | Einzel-handel | Erzeuger-märkte | Groß-märkte | Einzel-handel | Cox | Golden | Cox | Golden | Cox | Golden |
| Aug 92 | - | - | 443,0 | 121,6 | 202,6 | 437,0 | - | 80,9 | - | 234,5 | - | 315,4 |
| Aug 92 | 101,4 | 172,5 | - | 52,7 | 171,2 | 397,3 | 71,1 | 118,6 | - | 226,1 | - | 344,7 |
| Sep 92 | 83,2 | 128,3 | 345,0 | 75,0 | 142,1 | 300,0 | 45,1 | 67,1 | 216,7 | 157,9 | 261,8 | 225,0 |
| Sep 92 | 62,8 | 103,5 | 280,5 | 59,5 | 109,0 | 274,0 | 40,7 | 49,5 | 177,0 | 165,0 | 217,7 | 214,5 |
| Okt 92 | 53,7 | 83,4 | 253,0 | 57,1 | 87,5 | 257,0 | 29,7 | 30,3 | 169,6 | 169,5 | 199,3 | 199,9 |
| Okt 92 | 59,2 | 86,5 | 245,5 | 52,7 | 85,3 | 243,0 | 27,2 | 32,5 | 159,0 | 157,7 | 186,3 | 190,3 |
| Nov 92 | 71,9 | 92,4 | 245,0 | 59,6 | 83,9 | 241,5 | 20,5 | 24,4 | 152,6 | 157,6 | 173,1 | 182,0 |
| Nov 92 | 71,2 | 98,2 | 247,5 | 56,7 | 83,7 | 239,5 | 27,1 | 27,0 | 149,3 | 155,8 | 176,3 | 182,9 |
| Dez 92 | 67,1 | 100,1 | 247,0 | 51,1 | 82,7 | 240,5 | 33,0 | 31,6 | 146,9 | 157,8 | 179,9 | 189,4 |
| Dez 92 | 75,9 | 98,0 | 246,7 | 66,1 | 82,5 | 243,0 | 22,1 | 16,4 | 148,7 | 160,5 | 170,8 | 176,9 |
| Jan 93 | 81,0 | 106,1 | 258,5 | 59,9 | 84,3 | 240,5 | 25,2 | 24,3 | 152,4 | 156,3 | 177,5 | 180,6 |
| Jan 93 | 81,7 | 112,1 | 262,0 | 60,6 | 85,6 | 243,5 | 30,5 | 25,1 | 149,9 | 157,9 | 180,4 | 183,0 |
| Feb 93 | 88,4 | 112,9 | 263,0 | 63,5 | 88,6 | 241,5 | 24,5 | 25,1 | 150,1 | 152,9 | 174,6 | 178,0 |
| Feb 93 | 87,0 | 112,3 | 266,0 | 64,5 | 88,1 | 251,5 | 25,3 | 23,7 | 153,7 | 163,4 | 179,0 | 187,0 |
| Mär 93 | 90,8 | 114,0 | 268,5 | 65,1 | 90,0 | 252,5 | 23,1 | 24,9 | 154,5 | 162,5 | 177,7 | 187,4 |
| Mär 93 | 87,6 | 116,7 | 274,7 | 62,8 | 92,1 | 255,7 | 29,1 | 29,3 | 158,0 | 163,6 | 187,1 | 192,9 |
| Apr 93 | 85,7 | 117,2 | 311,5 | 63,5 | 90,3 | 266,5 | 31,5 | 26,7 | 194,3 | 176,3 | 225,8 | 203,0 |
| Apr 93 | 77,8 | 122,2 | 371,0 | 63,9 | 89,3 | 274,0 | 44,3 | 25,4 | 248,8 | 184,7 | 293,2 | 210,1 |
| Mai 93 | 85,9 | 116,0 | 402,5 | 67,3 | 91,2 | 277,5 | 30,2 | 23,9 | 286,5 | 186,3 | 316,6 | 210,2 |
| Mai 93 | 58,7 | 105,0 | 421,5 | 66,6 | 90,8 | 290,0 | 46,3 | 24,2 | 316,5 | 199,2 | 362,8 | 223,4 |
| Jun 93 | 49,0 | 105,0 | 420,0 | 63,0 | 89,8 | 301,0 | 56,0 | 26,8 | 315,0 | 211,2 | 371,0 | 238,0 |
| Jun 93 | 98,4 | - | 422,5 | 66,8 | 93,4 | 298,0 | - | 26,5 | - | 204,7 | 324,1 | 231,2 |
| Jul 93 | - | - | 395,0 | 58,4 | 90,4 | 300,5 | - | 32,0 | - | 210,2 | - | 242,1 |
| Jul 93 | - | - | 377,5 | 93,9 | 98,0 | 300,0 | - | 4,1 | - | 202,0 | - | 206,1 |
| Aug 93 | 119,3 | - | - | 115,2 | 120,0 | 309,0 | - | 4,8 | - | 189,0 | - | 193,9 |
| Aug 93 | 139,4 | 133,1 | 360,0 | 117,8 | 119,0 | 298,7 | -6,3 | 1,2 | 226,9 | 179,7 | 220,6 | 180,9 |
| Sep 93 | 119,3 | 150,1 | 300,0 | 106,8 | 151,7 | 275,0 | 30,8 | 45,0 | 149,9 | 123,3 | 180,8 | 168,3 |
| Sep 93 | 88,8 | 126,1 | 281,0 | 89,2 | 136,2 | 272,0 | 37,3 | 47,0 | 154,9 | 135,9 | 192,2 | 182,8 |
| Okt 93 | 76,9 | 117,2 | 274,5 | 77,9 | 106,1 | 269,5 | 40,3 | 28,3 | 157,3 | 163,4 | 197,6 | 191,7 |
| Okt 93 | 66,9 | 113,3 | 264,0 | 71,1 | 97,1 | 263,0 | 46,4 | 25,9 | 150,7 | 166,0 | 197,1 | 191,9 |
| Nov 93 | 73,1 | 112,0 | 261,5 | 68,8 | 99,4 | 265,5 | 39,0 | 30,5 | 149,5 | 166,2 | 188,5 | 196,7 |
| Nov 93 | 81,9 | 115,3 | 269,0 | 67,9 | 104,9 | 274,0 | 33,3 | 37,1 | 153,7 | 169,1 | 187,1 | 206,1 |
| Dez 93 | 84,6 | 119,2 | 272,5 | 69,4 | 107,5 | 278,0 | 34,6 | 38,1 | 153,3 | 170,5 | 187,9 | 208,6 |
| Dez 93 | 94,2 | 114,7 | 270,0 | 66,7 | 108,5 | 274,5 | 20,5 | 41,8 | 155,3 | 166,0 | 175,8 | 207,8 |
| Mittel | 137,0 | 191,9 | 403,3 | 102,8 | 143,1 | 351,0 | 51,6 | 40,3 | 198,4 | 202,3 | 252,1 | 252,5 |
| Median | 119,3 | 172,5 | 420,0 | 100,4 | 136,5 | 325,0 | 41,1 | 38,0 | 194,7 | 189,5 | 232,8 | 231,1 |
| Stdabw. | 65,1 | 85,9 | 107,4 | 37,8 | 47,0 | 83,9 | 36,6 | 19,5 | 47,5 | 40,1 | 67,6 | 69,6 |

Quelle: Eigene Zusammenstellung aus ZMP, versch. Jhg. Für weitere Erläuterungen siehe Anhang 2.

Tabelle 11-6: **Großhandelsabgabepreise für Cox Orange und Golden Delicious, Region Bodensee 1992/93 - 1994/95**

|  | 1992 / 1993 | 1993 / 1994 | 1994 / 1995 | Durchschnitt |
|---|---|---|---|---|
| **Cox Orange** | | | | |
| Preis gesamt (DM/dt) | 69,80 | 87,60 | 90,30 | 82,57 |
| Preis Kl.1 (DM/dt) | 70,40 | 90,30 | 97,90 | 86,20 |
| Preis Kl. 1 in % von Preis gesamt | 100,9 | 103,1 | 108,4 | 104 |
| Menge gesamt (t) | 9.239,462 | 8.673,1090 | 7.437,788 | 8.450,1 |
| Menge Kl. 1 (t) | 9.050,859 | 8.044,8770 | 6.322,535 | 7.806,1 |
| Menge Kl. 1 in % gesamt | 98,0 | 92,8 | 85,0 | 92 |
| Umsatz gesamt (DM) | 6.449.144 | 7.597.643 | 6.716.323 | 6.921.037 |
| Umsatz Kl. 1(DM) | 6.371.805 | 7.264.524 | 6.189.762 | 6.608.697 |
| Umsatz Kl. 1 in % gesamt | 98,8 | 95,6 | 92,2 | 96 |
| **Golden Delicious** | | | | |
| Preis gesamt (DM/dt) | 56,10 | 73,00 | 74,50 | 67,87 |
| Preis Kl.1 (DM/dt) | 57,50 | 77,70 | 80,60 | 71,93 |
| Preis Kl. 1 in % von Preis gesamt | 102,5 | 106,4 | 108,2 | 106 |
| Menge gesamt (t) | 12.204,496 | 13.679,858 | 12.513,173 | 12.799 |
| Menge Kl. 1 (t) | 11.075,591 | 11.253,274 | 9.370,748 | 10.567 |
| Menge Kl. 1 in % gesamt | 90,8 | 82,3 | 74,9 | 83 |
| Umsatz gesamt (DM) | 6.846.722 | 9.986.296 | 9.322.314 | 8.718.444 |
| Umsatz Kl. 1(DM) | 6.368.465 | 8.743.794 | 7.552.823 | 7.555.027 |
| Umsatz Kl. 1 in % gesamt | 93,01 | 87,56 | 81,02 | 87 |
| **Beide Sorten** | | | | |
| Menge Kl. 1 insgesamt (t) | 20.126 | 19.298 | 15.693 | 18.373 |
| Umsatz Kl. 1 insgesamt (DM) | 12.740.270 | 16.008.318 | 13.742.585 | 14.163.724 |
| Durchschnittspreis Kl. 1 (DM/dt) | 63,30 | 82,95 | 87,57 | 77,94 |

*Quelle:* Eigene Zusammenstellung von Daten der Landesstelle für Landwirtschaftliche Marktkunde, Schwäbisch Gmünd. Für weitere Erläuterungen siehe Anhang 2.

**Tabelle 11-7: Absatz der Sorten Cox Orange und Golden Delicious nach Fruchtgröße in der Region Bodensee, 1992/93 - 1994/95 (Angaben in Tonnen)**

| | 1992/93 | | 1993/94 | | 1994/95 | | Durchschnittl. Verteilung | Gewichtung für |
|---|---|---|---|---|---|---|---|---|
| | Tonnen | % | Tonnen | % | Tonnen | % | % | Berechnung |
| **Cox Orange, Kl. 1** | | | | | | | | |
| 90-95 mm | 0,380 | 0,0 | 49,394 | 0,6 | 2,709 | 0,0 | 0,2 | - |
| 85-90 mm | 1,417 | 0,0 | 6,772 | 0,1 | - | 0,0 | 0,0 | - |
| 80-90 mm | 111,595 | 1,2 | 118,557 | 1,5 | 26,500 | 0,4 | 1,0 | - |
| 80-85 mm | 183,175 | 2,0 | 220,151 | 2,7 | 43,003 | 0,7 | 1,8 | - |
| 75-85 mm | 15,708 | 0,2 | 3,089 | 0,0 | 3,628 | 0,1 | 0,1 | - |
| 75-80 mm | 631,482 | 7,0 | 938,131 | 11,7 | 504,345 | 8,0 | 8,9 | - |
| **70-80 mm** | **1.719,535** | **19,0** | **1.479,663** | **18,4** | **963,301** | **15,2** | **17,5** | **30%** |
| 70-75 mm | 820,318 | 9,1 | 1.117,889 | 13,9 | 1.022,991 | 16,2 | 13,0 | - |
| 65-75 mm | 291,127 | 3,2 | 141,938 | 1,8 | 108,945 | 1,7 | 2,2 | - |
| **65-70 mm** | **2.714,606** | **30,0** | **2.311,448** | **28,7** | **2.511,338** | **39,7** | **32,8** | **54%** |
| 60-70 mm | 938,190 | 10,4 | 1.195,919 | 14,9 | 621,682 | 9,8 | 11,7 | - |
| **60-65 mm** | **1.508,391** | **16,7** | **404,457** | **5,0** | **471,595** | **7,5** | **9,7** | **16%** |
| 55-65 mm | 9,449 | 0,1 | 6,023 | 0,1 | 6,432 | 0,1 | 0,1 | - |
| 55-60 mm | 90,295 | 1,0 | 51,446 | 0,6 | 35,802 | 0,6 | 0,7 | - |
| 50-55 mm | 0,114 | 0,0 | - | - | - | - | 0,0 | - |
| 0-0 mm | 15,077 | 0,2 | - | - | 0,264 | 0,0 | 0,1 | - |
| Gesamt | 9.050,859 | 100,0 | 8.044,877 | 100,0 | 6.322,535 | 100,0 | 100,0 | - |
| **Golden Delicious Kl. 1** | | | | | | | | |
| 90-95 mm | 2,592 | 0,0 | 21,974 | 0,2 | - | - | 0,1 | - |
| 85-90 mm | - | - | 1,368 | 0,0 | - | - | 0,0 | - |
| 80-90 mm | 479,589 | 4,3 | 649,903 | 5,8 | 281,743 | 3,0 | 4,4 | - |
| 80-85 mm | 81,072 | 0,7 | 222,101 | 2,0 | 71,035 | 0,8 | 1,2 | - |
| 75-85 mm | 89,806 | 0,8 | 56,504 | 0,5 | 30,542 | 0,3 | 0,5 | - |
| 75-80 mm | 1.468,108 | 13,3 | 2.358,801 | 21,0 | 2.054,682 | 21,9 | 18,7 | - |
| **70-80 mm** | **3.545,525** | **32,0** | **3.273,418** | **29,1** | **2.432,409** | **26,0** | **29,0** | **52%** |
| 70-75 mm | 1.459,849 | 13,2 | 1.531,242 | 13,6 | 1.142,105 | 12,2 | 13,0 | - |
| 65-75 mm | 434,769 | 3,9 | 325,238 | 2,9 | 240,439 | 2,6 | 3,1 | - |
| **65-70 mm** | **2.830,320** | **25,6** | **2.600,356** | **23,1** | **2.900,839** | **31,0** | **26,5** | **48%** |
| 60-70 mm | 32,676 | 0,3 | 12,464 | 0,1 | 10,565 | 0,1 | 0,2 | - |
| 60-65 mm | 2,301 | 0,0 | 12,527 | 0,1 | 10,206 | 0,1 | 0,1 | - |
| 0-0 mm | 648,984 | 5,9 | 187,378 | 1,7 | 196,183 | 2,1 | 3,2 | - |
| Gesamt | 11.075,591 | 100,0 | 11.253,274 | 100,0 | 9.370,748 | 100,0 | 100,0 | - |

*Quelle:* Eigene Zusammenstellung von Daten der Landesstelle für Landwirtschaftliche Marktkunde, Schwäbisch Gmünd. Für weitere Erläuterungen siehe Anhang 2.

**Tabelle 11-8: Preise und Handelsspannen der Sorten Cox Orange und Golden Delicious, 1991-1993**

|  | Cox Orange | | | Golden Delicious | | |
| --- | --- | --- | --- | --- | --- | --- |
|  | *Erzeuger-markt* | *Groß-markt* | *Einzel-handel* | *Erzeuger-markt* | *Groß-markt* | *Einzel-handel* |
| **Preise DM/t** | | | | | | |
| Anzahl Beobachtungen | 59 | 57 | 67 | 69 | 69 | 72 |
| Median | 1.193 | 1.725 | 4.200 | 1.004 | 1.365 | 3.250 |
| Standardabw. in % Median | 54,6 | 49,8 | 25,6 | 37,6 | 34,4 | 25,8 |
| **Handelsspannen** | *Erzeuger-markt - Großmarkt* | *Groß-markt - Einzel-handel* | *Erzeuger-markt - Einzel-handel* | *Erzeuger-markt - Großmarkt* | *Groß-markt - Einzel-handel* | *Erzeuger-markt - Einzel-handel* |
| Preiskorrelationen | 0,91 | 0,91 | 0,81 | 0,92 | 0,94 | 0,87 |
| Spanne DM/t (Median) | 411 | 1.947 | 2.328 | 380 | 1.895 | 2.279 |
| Standardabw. in % Median | 89,1 | 24,4 | 29,0 | 51,3 | 21,2 | 30,1 |
| Spanne in % vom Verkaufspreis | 24 | 46 | 55 | 28 | 58 | 70 |

*Berechnungen:* Die Zahlen beziehen sich auf halbmonatliche Preise, Januar 1991 bis Dezember 1993. Für weitere Erläuterungen siehe Anhang 2.

*Quelle:* Eigene Berechnung nach ZMP, versch. Jhg..

MIX
Papier aus verantwortungsvollen Quellen
Paper from responsible sources
FSC® C105338

If you have any concerns about our products,
you can contact us on
**ProductSafety@springernature.com**

In case Publisher is established outside the EU,
the EU authorized representative is:
**Springer Nature Customer Service Center GmbH
Europaplatz 3, 69115 Heidelberg, Germany**

Printed by Libri Plureos GmbH
in Hamburg, Germany